Michael Seidel
Thermodynamik – Verstehen durch Üben
De Gruyter Studium

Weitere empfehlenswerte Titel

Thermodynamik – Verstehen durch Üben
Michael Seidel, in Planung für 2025
Band 2: Kreisprozessthermodynamik
ISBN 978-3-11-101707-5, e-ISBN (PDF) 978-3-11-101774-7
Band 3: Wärmeübertragung und Wärmeübertrager
ISBN 978-3-11-101708-2, e-ISBN (PDF) 978-3-11-101765-5

Thermodynamik
Hauptsätze, Prozesse, Wärmeübertragung
Herbert Windisch, 2023
ISBN 978-3-11-107964-6, e-ISBN (PDF) 978-3-11-108019-2

Thermodynamik
Von Energie und Entropie zu Wärmeübertragung und Phasenübergängen
Rainer Müller, 2023
ISBN 978-3-11-107008-7, e-ISBN (PDF) 978-3-11-107033-9

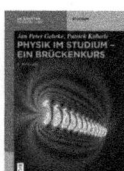

Physik im Studium – Ein Brückenkurs
Jan Peter Gehrke, Patrick Köberle, 2021
ISBN 978-3-11-070392-4, e-ISBN (PDF) 978-3-11-070393-1

Physikalische Chemie Kapieren
Sebastian Seiffert, Wolfgang Schärtl, 2024
Quantenmechanik Spektroskopie Statistische Thermodynamik
ISBN 978-3-11-073732-5, e-ISBN (PDF) 978-3-11-073757-8
Thermodynamik Kinetik Elektrochemie
ISBN 978-3-11-107248-7, e-ISBN (PDF) 978-3-11-107274-6

Michael Seidel

Thermodynamik – Verstehen durch Üben

Band 1: Zustandsänderungen und Hauptsätze

3., überarbeitete und wesentlich erweiterte Auflage

DE GRUYTER
OLDENBOURG

Autor
Prof. Dr.-Ing. Michael Seidel
Rheinische Hochschule Köln
m.th.seidel@gmx.de

ISBN 978-3-11-101706-8
e-ISBN (PDF) 978-3-11-101757-0
e-ISBN (EPUB) 978-3-11-101798-3

Library of Congress Control Number: 2024947479

Bibliografische Information der Deutschen Nationalbibliothek
Die Deutsche Nationalbibliothek verzeichnet diese Publikation in der Deutschen Nationalbibliografie;
detaillierte bibliografische Daten sind im Internet über
http://dnb.dnb.de abrufbar.

© 2025 Walter de Gruyter GmbH, Berlin/Boston, Genthiner Straße 13, 10785 Berlin
Coverabbildung: Catherine Falls Commercial / Moment / Getty Images
Satz: VTeX UAB, Lithuania

www.degruyter.com
Fragen zur allgemeinen Produktsicherheit:
productsafety@degruyterbrill.com

Vorwort oder Warum Verstehen durch Üben?

Omnia per ipsum facta sunt et sine ipso factum est nihil quod factum est.
(Joh. 1,3)

Ist Thermodynamik für Sie immer noch ein hürdenreiches Mysterium? Verzweifeln Sie nicht, Sie befinden sich in bester Gesellschaft! Selbst unangefochtene Koryphäen auf dem Gebiet der Physik haben mit der Thermodynamik gewisse Schwierigkeiten! Arno Sommerfeld erwähnte einmal sinngemäß, dass man nach der ersten Befassung mit Thermodynamik nichts davon verstehe. Beim zweiten Anlauf denke man nun bis auf einige kleine Details alles verstanden zu haben, beim dritten Durcharbeiten des Stoffes merke man jedoch, nichts davon tatsächlich zu begreifen, aber inzwischen daran gewöhnt sei, dies nicht mehr als störend zu empfinden.

Der Abfassung des Manuskriptes lagen meine Erfahrungen als Hochschullehrer mit den bisherigen Auflagen von Thermodynamik – Verstehen durch Üben zugrunde. Der Umfang der Adversarien legte es nahe, ganz neu über Struktur und Inhalt dieses Lehrbuches nachzudenken. Zukünftig wird nun Thermodynamik – Verstehen durch Üben als völlig neu konzipiertes aber das Bewährte bewahrend in drei Bänden erscheinen. Hier liegt nun der erste Band vor, der sich mit Zustandsänderungen und den beiden Hauptsätzen der Thermodynamik beschäftigt. Der zweite Band behandelt dann die Kreisprozessthermodynamik in neuer Gestaltung und der zukünftig dritte wird die Wärmeübertragung zum Gegenstand haben.

Die Übungsbeispiele wurden nun konsequenter den maßgeblichen theoretischen Grundlagen zugeordnet und die erläuternden Kommentare dort verstärkt. Die Übungssequenzen sind erkennbar an den Überschriften dritter Ordnung.

Die Leserinnen und Leser werden schnell, je nachdem wo sie gerade abzuholen sind, einen eigenen Stil für die Arbeit mit diesem Buch finden. Man muss nicht Kapitel für Kapitel hintereinander abarbeiten. Gleichfalls können einzelne Übungsaufgaben, die nach dem Stand individueller Vorkenntnisse allzu trivial erscheinen, getrost übersprungen werden. Für den nachhaltigen Lernerfolg und Kompetenzgewinn bitte ich aber dringend, das Kapitel 1.1 im Abschnitt Einleitung vollständig und aufmerksam zu lesen!

Es ist kein Zeichen einer heutzutage immer mehr verkommenden Studienmoral, wenn Hochschullehrer vor anstehenden Prüfungen mit der studentischen Nachfrage einer Stoffabgrenzung konfrontiert werden. Bei zeitlich völlig ausgetakteten Studienverlaufsplänen muss man dies als geradezu natürlichen Reflex ansehen. So ist es bedauerlich und doch Tatsache, dass es Studierenden nur in ganz wenigen Fällen gelingt, aus der Beschäftigung mit dem Stoff von sich selbst aus zu erkennen, was von „größerer Relevanz" ist. Genau diese Umstände wurden bei der Stoffauswahl von Thermodynamik – Verstehen durch Üben besonders berücksichtigt, um eine effiziente und wirksame Hilfe für die Prüfungsvorbereitung anzubieten. Dabei läuft man Gefahr, bei den Studierenden lediglich eine Art „Prüfungsintelligenz" auszubilden, denn Klausurinhalte legen die

https://doi.org/10.1515/9783111017570-201

Hochschullehrer nach eigenem Ermessen und doch immer wieder nach einem gewissen Schema fest. Später entscheidet der Berufsweg des Studierenden darüber, was wichtig ist. Deshalb muss es Anspruch eines Buchautors sein, bei aller nötigen Beschränkung in der Stoffdarbietung, möglichst viele Anregungen zu vermitteln, sich später mit dem Stoff weiter zu beschäftigen. Dies war auch mein Ziel. Ob ich diesem Anspruch genügen konnte, muss nun die Aufnahme des Buches in der Leserschaft zeigen.

Obwohl die Thermodynamik eine recht junge Wissenschaft ist, hat sie sich – gewachsen an den zentralen Herausforderungen für die Zukunft der Menschheit – heute zu einer Königsdisziplin in der Ingenieurwissenschaft entwickelt. Mit ihren Prinzipien zur Analyse von Energie- und Stoffumwandlungen halten wir nichts Geringeres als den Schlüssel in der Hand, den Fortbestand unserer Zivilisation sicherstellen zu helfen. Der als Genesis in der Bibel überlieferte Bericht zur Erschaffung des Universums ist kein wissenschaftlicher Bericht über den Urknall, sondern enthält die an alle Menschen gerichtete Botschaft: Unsere Welt ist schön und wir sollten dankbar sein, in ihr leben zu dürfen. Sie besitzt als Ganzes einen unschätzbar hohen Eigenwert und wir dürfen unser Bemühen nicht darauf richten, die vorgefundene Natur in nützliche sowie in nicht nützliche Bereiche zu teilen, um jene nicht nützlichen Bereiche der völligen Zerstörung preiszugeben, etwa durch Atomwaffen oder durch überzogene Ausbeutung der Ressourcen. Wer gelernt hat, das Instrumentarium der Hauptsätze der Thermodynamik souverän zu handhaben, kann die Gefahren daraus fundiert einordnen. Nicht derjenige, der jetzt am lautesten schreit oder die radikalsten Forderungen stellt, besitzt automatisch die sinnvollste Strategie zur Meisterung der Zukunftsaufgaben. Die sich hier immer deutlicher herausschälenden Konflikte bilden den Hintergrund für die zukünftigen moralischen Herausforderungen im Ingenieurberuf. Insofern ist der Einstieg in die Thermodynamik nicht nur reizvoll, sondern ein Gebot der Stunde, um über einen zuverlässigen Kompass zu verfügen, wie mit diesen Zielkonflikten umzugehen ist. Es wäre wünschenswert, wenn dieses Wissen in einem viel breiterem Umfang Eingang in den Kanon unserer Allgemeinbildung finden würde. So hoffe ich, mit diesem Buch das Interesse am Ingenieurberuf zu wecken. Wer sich so angesprochen fühlt, wird in diesem Beruf eine tiefe Erfüllung finden.

Für die Möglichkeit, das Manuskript fertig zu stellen, schulde ich zwei Stellen großen Dank. In der Station Franziskus im St. Antonius Krankenhaus Köln erfuhr ich bei meinem durch Krankheit erzwungenen Aufenthalt jene verständnisvolle Zuwendung und Behandlung, die mir die Kraft gab, die schon längere Zeit unterbrochene Arbeit am Manuskript wieder aufzunehmen. Vom Verlag hat Frau Skambraks mich stets sehr zuvorkommend und verständnisvoll begleitet. Diese motivierende Zusammenarbeit hat wesentlich zum erfolgreichen Abschluss des Vorhabens beigetragen.

Zum Schluss ein Rat zum Umgang mit diesem Buch, den Altmeister Johann Wolfgang von Goethe so treffend formuliert hat, dass ich ihn nur noch zitieren kann:

„Ein Blick ins Buch und zwei ins Leben,
das wird die rechte Form dem Geiste geben!"

Rösrath, im November 2024   Michael Seidel

Inhalt

https://doi.org/10.1515/9783111017570-202

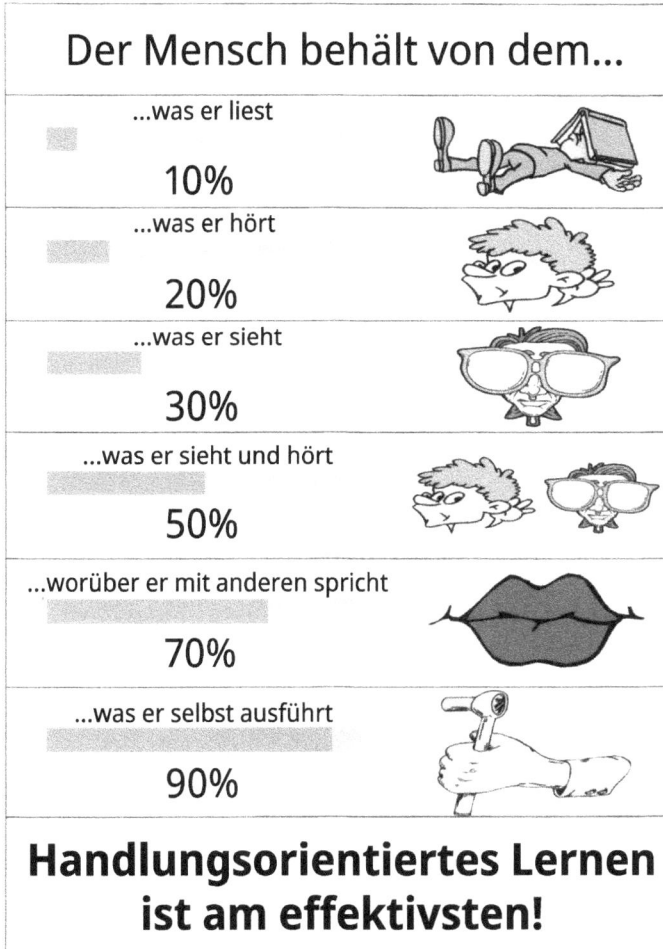

Der Mensch behält von dem...

...was er liest

10%

...was er hört

20%

...was er sieht

30%

...was er sieht und hört

50%

...worüber er mit anderen spricht

70%

...was er selbst ausführt

90%

Handlungsorientiertes Lernen ist am effektivsten!

Nach einer Studie der American Audiovisual Society

1 Einleitung

1.1 Nachhaltiger Lernerfolg und Hinweise für das Lösen von Aufgaben

Auf den ersten Blick scheint dieses Kapitel überflüssig zu sein, denn das hier vorliegende Buch enthält sehr viele, bis ins Detail ausgeführte und kommentierte Musterlösungen zu typischen Fragestellungen der Technischen Thermodynamik.

Umfangreich durchgerechnete Beispielaufgaben als zentraler Lehrbuchinhalt provozieren bedauerlicherweise immer noch Einwände, man zerstöre bei den Studierenden den Anreiz zum kreativ selbstständigen Lösen von Problemen. Schwierigkeiten beim Erlernen der klassischen Thermodynamik dadurch zu umgehen, den Stoff unmittelbar mit technischen Anwendungen zu verknüpfen, würde außerdem dazu führen, den Unterschied zwischen dem Allgemeingültigen und dem nur unter ganz bestimmten Bedingungen Geltenden nicht mehr zu erkennen. Diese Kritik ist nicht völlig unberechtigt. Sie geht aber ins Leere, wenn man das Angebot im hier vorliegenden Buch bestimmungsgemäß nutzt. Bevor wir uns also dem in der grauen Box hier hinterlegten „Kochrezept" für das Lösen von Aufgaben zuwenden, sind im Vorfeld zwei wichtige Fragen zu beantworten:

1. **Wodurch unterscheidet sich die klassische Thermodynamik von anderen Ingenieurfächern?**

   Das Studium der Thermodynamik gleicht dem Erlernen einer Fremdsprache mit einfacher Grammatik, aber überproportional vielen schwierigen Vokabeln. Hier wie dort muss man diese schlicht zuvor auswendig gelernt haben. Alle Versuche, den zweiten Schritt vor dem ersten zu machen, führen zu dem frustrierenden Scheitern. Die „Vokabeln" der Thermodynamik sind Begriffsdefinitionen auf einem sehr hohen Abstraktionsniveau, die eher dem Naturell von Mathematikern als dem von Ingenieuren entsprechen. Ingenieure orientieren sich stark an Zeichnungen und der Anschauung. Deshalb sind didaktisch klug gewählte und wirklichkeitsnahe Beispiele sehr hilfreich, um zu verstehen, was sich hinter dem Begriff verbirgt und in welchem Kontext er steht. Hier setzt das Konzept Thermodynamik – Verstehen durch Üben an. Schon Seneca wusste: „Longum iter est per praecepta, breve et efficax per exempla."[1]

2. **Sollte man den Lernprozess vom speziellen Beispiel zur allgemeinen Theorie oder umgekehrt lenken?**

   Behandelt ein Hochschullehrer die Thermodynamik nur aus der Perspektive einzelner Beispiele, also induktiv vom Speziellen zum Allgemeinen, genügt er Forderungen nach einer praxisnahen Ausbildung auf zu einfache Weise. Aber der Studierende sieht sich bald einer kaum zu beherrschenden Mannigfaltigkeit gegenüber. Im

---

[1] Lang ist der Weg durch Lehren, kurz und erfolgreich durch Beispiele.

https://doi.org/10.1515/9783111017570-001

Kopf muss sehr viel Speicherplatz vorgehalten werden. Deshalb bleibt es nötig, Phänomene auch durch eine allgemeine Theorie zu erklären, um deduktiv ausgehend vom Allgemeinen in das Spezielle vorzustoßen. Spätestens mit der Besprechung der Hauptsätze der Thermodynamik wird dies evident. Nur die Kombination dieser beiden methodischen Ansätze ermöglicht es dem Studierenden, Zusammenhänge erkennend das Wissen neu zu ordnen, um im Kopf ein Gebäude zu errichten, mit dem er kompetent im Berufsleben agieren kann. Das tut auch der Forderung nach einer praxisnahen Ausbildung keinen Abbruch. Immanuel Kant hat es mal sehr gut auf den Punkt gebracht: „Es gibt nichts Praktischeres als eine gute Theorie."

Daraus ist der Schluss zu ziehen, dass ein schlichter Konsum von Musterlösungen ohne theoretische Durchdringung der zugrunde liegenden Sachverhalte nicht zum Erwerb von gewachsenen, abrufbaren Wissen und Können führt. Im Glauben, die Dinge verstanden zu haben, läuft man Gefahr, formal ein mathematisches Instrumentarium zu bemühen, das völlig unsinnige Ergebnisse hervorbringt. Eine bloße Aneinanderreihung von Beispielen führt im schlimmsten Fall dazu, den Wald vor lauter Bäumen nicht mehr zu erkennen. Deshalb sind den Übungsaufgaben im Sinne eines Repetitoriums jeweils die für die Lösung benötigten theoretischen Zusammenhänge vorangestellt. Das ist kein Ersatz für Vorlesungen und Lehrbücher, sondern eine kompakte Zusammenfassung, die das Bewusstsein für wichtige Details noch einmal schärft!

Die Methode Verstehen durch Üben will nicht sämtliche bisherigen und etablierten hochschuldidaktischen Konzepte für die klassische Thermodynamik ersetzen. Sie ist aber gut geeignet, Studierende genau dort abzuholen, wo sie sich im Regelfall nach Erlangung der Hochschulreife befinden. Ferner soll denjenigen geholfen werden, schnell den roten Faden zu finden, die sich neben der Berufsausübung auf diesem Gebiet weiterbilden möchten. Wo setzt Verstehen durch Üben mit komplett aufgegliederten Musterlösungen für einfache praktische Fragestellungen der Technischen Thermodynamik konkret an?

1. Der schlichte Umgang mit Potenzen und Logarithmen, das Differenzieren und Integrieren nichtrationaler Funktionen, die Handhabung von Interpolationsformeln und das Lösen bestimmter Typen von Differentialgleichungen und schließlich auch die Umrechnung von Maßeinheiten müssen während des gesamten Studiums immer wieder geübt werden, um den Reifegrad zu erlangen, über den der berufstätige Ingenieur aktiv verfügen muss.

2. Die hier gesammelten Aufgaben gestatten einen realistischen Blick auf typische Größenordnungen, um gefundene Ergebnisse richtig einordnen zu können und zu beurteilen, inwieweit man angebotenen Lösungen trauen kann. Den Leserinnen und Lesern wird außerdem vor Augen geführt, dass nahezu alle Lösungen auf einigen wenigen, immer gleichen Bausteinen beruhen. Das erleichtert den Einstieg und die Entwicklung einer Strategie für die Bearbeitung neuer Fragestellungen ungemein.

3. Die gewonnenen Lösungen sind oft auf andere Bereiche übertragbar. Die Hinführung zur bewussten Suche solcher Analogien trägt dazu bei, auch auf anderen Fel-

dern der Ingenieurwissenschaft effizient zu kreativen Problemlösungen zu gelangen.

Auf der klassischen Thermodynamik basierende Analysen beruhen auf wenigen physikalischen Grundgesetzen. Dazu gehört die Massenerhaltung mit der Kontinuitätsgleichung für kompressible und inkompressible Fluide sowie die Energieerhaltung nach dem ersten Hauptsatz der Thermodynamik. Der zweite Hauptsatz liefert häufig benötigte Aussagen zur Richtung von spontan ablaufenden Prozessen. In der Literatur wird die große Vielfalt der auftretenden Fragestellungen in einer zwangsweise allgemein gehaltenen und abstrakten Sprache kompakt formuliert. Dadurch entstehen zwei Herausforderungen bei der Untersuchung eines konkreten Problems.

Zunächst sieht es einfach aus, alle Apparate oder Maschinen gleich welcher speziellen Art als „black box" zu betrachten. Die Untersuchungsziele erreicht man ja lediglich aus Berechnungen mit Zustands- und Prozessgrößen an den festgelegten Systemgrenzen, die der realen Geometrie folgen oder auch nur gedacht sein können. Doch insbesondere der Anfänger ohne tatsächlich erworbene Erfahrungen scheitert dann an der Frage, wie das im konkreten Fall zu bewerkstelligen ist. Eigentlich muss man dazu nur wenige Regeln kennen, aber man benötigt eben einen relativ großen eigenen Erfahrungsschatz, um diese Regeln erfolgreich anzuwenden. Die zu jedem Kapitel[2] ausgearbeiteten Beispielaufgaben werden bei ernsthafter Befassung mit den angesprochenen Themen (nur mal kursorisch Überfliegen reicht nicht!) helfen, schnell einen persönlichen Zugang zur Handhabung dieses Instrumentariums zu finden.

Zum anderen entstehen aus der erforderlichen Modellierung des zu untersuchenden Körpers und der in ihm ablaufenden Zustandsänderungen mathematische Gleichungen, für deren Lösung man aktiv und sicher abrufbare Rechenfertigkeiten im Bereich der höheren Mathematik benötigt. Die Beispielaufgaben helfen zu erkennen, an welchen Stellen man vielleicht noch etwas an den Rechenfertigkeiten und bei der Nutzung einer guten mathematischen Formelsammlung arbeiten muss.

Beide Aspekte tragen entscheidend dazu bei, die vorgeblichen hohen Hürden im Fach Thermodynamik mit Bravour zu nehmen. Viel zu schnell sind gerade Berufsanfänger heute geneigt, Fragestellungen auf hohem Abstraktionsniveau einer vermeintlich leistungsfähigen Software anzuvertrauen. Fehlschläge bei den eigentlich mit elementaren Mitteln zu lösenden Aufgaben sind dann bedauerlicherweise fast vorprogrammiert.

Neben der unerlässlichen Beherrschung der Grundlagen geht es bei der Lösung von praktischen Problemen immer auch um das effizient zum Ziel führende methodische Gerüst. Für eine systematische Arbeitsweise wird hierzu ein praktisch bewährtes Schema mit folgenden Schritten vorgeschlagen:

---

2 Die Aufgaben des Kapitels 1 trainieren das Umrechnen von Maßeinheiten und die Fehlerrechnung. Wer das schon sicher beherrscht, kann diese Abschnitte getrost überspringen.

1. Fertigen Sie eine realitätsnahe **Skizze zum Problem** an und verschaffen sich dabei eine Übersicht über alle **bekannte Größen**! Bei einer Zustandsänderung kann man ein passendes Zustandsdiagramm skizzieren, bei einem Prozess das thermodynamische System mit allen ein- und ausgehenden Strömen. Welche Größen bleiben während des Prozesses konstant? Stoffwerte und Naturkonstanten stellen bekannte Größen dar, die in der Aufgabenstellung nicht explizit gegeben sein müssen, aber schnell in der Literatur nachzuschlagen sind. In der Praxis findet man diese Situation so immer vor! Die Stoffwertsuche wird außer für Wasser und Luft manchmal dadurch erschwert, dass diese insbesondere bei Abweichungen von den Normbedingungen nicht hinreichend zuverlässig dokumentiert sind. Stoffwerte, die im Anhang des Buches (Kapitel 6) aufgeführt sind, werden in den Aufgabenstellungen nicht explizit erwähnt.

2. Identifizieren Sie die **gesuchten Größen** und werden Sie sich darüber klar, in welcher Genauigkeit diese benötigt werden!

3. Prüfen Sie die Zulässigkeit von Idealisierungen und vereinfachenden Annahmen. Entwickeln Sie daraus ein **Modell**, das die relevanten Zusammenhänge hinreichend exakt beschreibt!

4. Formulieren Sie die **Bilanzgleichungen** mit zugehörigen Rand- und Anfangsbedingungen sowie – wenn erforderlich – Kopplungsgleichungen in dem zuvor gewonnenen Modell! Mittels äquivalenter Umformungen lösen Sie nach den Unbekannten auf und prüfen die Dimensionen der zu berechnenden Größen. So erkennen Sie schnell aufgetretene Fehler!

5. Berechnen Sie die Unbekannten durch **Einsetzen der bekannten Größen**! Man arbeite so lange wie möglich mit den symbolischen Formelzeichen und setze die gegebenen oder aus Tabellen ermittelten Zahlenwerte erst zum Schluss ein, denn so bleibt man ohne aufwendige Untersuchung zur Fehlerfortpflanzung vor dem Verlust signifikanter Ziffern weitgehend geschützt. Achtung! Manchmal sind Zahlenwerte für Zwischenergebnisse trotzdem hilfreich (z. B. bei mehrfacher Nutzung in bestimmten Rechenschritten). Je nach Einfluss auf die Genauigkeit der nachfolgenden Rechnungen sind weiterführend die volle Taschenrechnergenauigkeit oder eine technisch sinnvolle Anzahl signifikanter Ziffern zu verwenden.

6. Prüfen Sie **Vorzeichen und Größenordnung** der Ergebnisse sowie deren Plausibilität! Übertragen Sie die erhaltenen Resultate auf andere Ihnen bekannte Situationen und leiten Sie aus den Ergebnissen Folgerungen ab!

Das hier skizzierte Vorgehen ist weder Dogma noch Sammlung wohlfeiler Ratschläge. Man kann durchaus – je nach individueller Neigung – den einen oder anderen Schritt weglassen, sollte sich aber, wenn bei der Bearbeitung einer Aufgabe Schwierigkeiten auftreten, an das prinzipielle Vorgehen bei einer Problembearbeitung erinnern.

Gelegentlich enthalten Aufgabenstellungen mehr Angaben, als zwingend für die Beantwortung der gestellten Fragen benötigt. Manchmal sind aber noch zusätzlich Daten aus anderen Quellen zu beschaffen. Für einige Untersuchungen muss man eventuell auch ersatzweise sinnvolle Schätzungen heranziehen. Nahezu immer benötigt man aber ein sehr gutes Allgemeinwissen. Um technische Abläufe realitätsnah zu analysieren, kommt man nur in extrem seltenen Fällen ausschließlich mit den Kenntnissen aus einer einzelnen Fachdisziplin aus!

Der pädagogische Wert ausführlich dokumentierter Lösungen praxisnaher Problemstellungen besteht in der genaueren sowie unbestechlichen Kontrolle eigener Lösungskonzepte und der mathematischen Rechenfertigkeiten, die untrennbar mit dem Ingenieurberuf verbunden sind. Sorgfältig auf die jeweils zu erlernenden Sachverhalte abgestimmt, erleichtern Übungsaufgaben das Begreifen der Vorlesungsinhalte. Wiederholtes Üben schafft die Grundlage für aktives Wissen. Der Schlüssel zum Erfolg in der klassischen Thermodynamik liegt darin, dass man die wenigen, elementaren thermodynamischen Prinzipien nach einem immer gleichartigen methodischen Vorgehen auf die vielfältigsten Gegebenheiten anzuwenden lernt. Sind erst einmal eine größere Auswahl Musteraufgaben aktiv aufgearbeitet und die der Methode bei der Lösungsfindung innewohnende Logik verinnerlicht, kann man auch beliebige andere Aufgaben effizient bearbeiten. Diese kommentierte Aufgabensammlung mit technisch realen Daten will Studierenden gleichzeitig helfen, ein Gefühl für Größenordnungen auszubilden und zu begreifen, wie aufwendig die Beschaffung genauer, echter Daten sein kann.

Wie geht man also mit den hier gesammelten Musterlösungen für einfache in der Praxis in dieser oder in einer modifizierten Form auftauchenden Fragen am besten um?

Wenn Sie die Vorlesungen zu dem betreffenden Stoffgebiet schon gehört und weitgehend verstanden haben, beginnen Sie mit den Übungsaufgaben, die jeweils in einem Kapitel mit einer Überschrift dritter Ordnung erklärt sind. Arbeiten Sie die Musterlösung parallel mit Ihrem Taschenrechner gründlich durch und machen Sie sich Notizen zur Lösungsstrategie. Nach einer gewissen Pause, die bis zu 24 Stunden betragen sollte, nehmen Sie sich die Übungsaufgabe noch einmal vor und decken Sie alles außer der grau unterlegten Aufgabenstellung ab. Jetzt lösen Sie die Aufgabe selbstständig mithilfe der von Ihnen angefertigten Notizen. Wenn Sie an einer Stelle nicht weiterkommen, widerstehen Sie bitte der Versuchung, die Musterlösung aufzudecken. Studieren Sie stattdessen die Kapitel zweiter Ordnung mit der zugehörigen Theorie und versuchen so, den passenden Lösungsansatz zu finden!

Wer als Wiedereinsteiger für die wichtigsten Zusammenhänge eines bestimmten Stoffgebiets eine praxisnahe Auffrischung benötigt oder sich überhaupt auf dem Gebiet der klassischen Thermodynamik für den Maschinenbau weiterbilden möchte, starte jeweils mit den Hauptkapiteln und den Inhalten von Kapiteln mit Überschriften zweiter Ordnung. Notieren Sie sich die Ihnen wichtig erscheinenden Formeln in einer eigenen handschriftlichen Formelsammlung. Danach können Sie sich in gleicher Weise, wie oben beschrieben, mit den in den Kapiteln mit Überschriften dritter Ordnung enthaltenen Übungsaufgaben beschäftigen.

1.2 Thermodynamik im Maschinenbau

Die Menschheit hat sehr früh gelernt, Wärme zu nutzen. Vor circa 200.000 Jahren wärmten sich unsere Vorfahren am Holzfeuer und schon in der Antike hat man im ägyptischen Alexandria die Ausdehnung von Gasen bei Wärmezufuhr zur Öffnung von Tempeltüren genutzt. Wir Menschen sind die einzigen Erdbewohner, die mit ihrer Entwicklung die Fähigkeit hervorgebracht haben, Feuer und Wärme zielgerichtet einzusetzen. Unsere heutige Zivilisation gründet sich auf Energieumwandlungen, bei denen Wärme eine zentrale Rolle spielt. Thermodynamik als Ingenieurwissenschaft begann zunächst mit der Untersuchung von Erscheinungen, die mit Wärme verbunden sind, und hat sich in kurzer Zeit zu einer weitgefächerten *allgemeinen Energielehre* entwickelt, die die Grundgesetze für Energie- und Stoffumwandlungen bereitstellt. Die gewünschten Umwandlungsprozesse laufen in vielfältigen Maschinen und Anlagen ab (zum Beispiel in Kompressoren, in Gas- und Dampfturbinen, in Strahltriebwerken oder in Kühlaggregaten) und sind in der Regel so komplex, dass sie sich auch heute noch einer detaillierten Beschreibung und Berechnungsmöglichkeit entziehen. Erst hinreichende Vereinfachungen der real gegebenen Verhältnisse gestatten quantitative Analysen. Die Technische Thermodynamik verwendet Modelle von besonders hohem Abstraktionsgrad. Sie verzichtet auf die Berücksichtigung der Vielfalt der einzelnen Konstruktionen. Die thermodynamische Analyse beruht auf einer idealisierten Analyse ablaufender Prozesse in einem zur Erreichung der Untersuchungsziele geeigneten Ausschnitt der technischen Realität. Auch die technische Realität wird durch ein vereinfachendes Modell ersetzt, das man thermodynamisches System nennt. Schließlich erfordert das reale Stoffverhalten der am Energietransport beteiligten fluiden Arbeitsmittel (Flüssigkeiten, Dämpfe und Gase) eine vereinfachende mathematische Modellbildung, um die analytische Problembearbeitung beherrschbar zu machen.

    Historisch gewachsene Wissenschaften sind meist kaum klar gegen Wissensgebiete in der Nachbarschaft abzugrenzen. Dies trifft umso mehr auf die Thermodynamik als universelle Energielehre zu, die sich immer auf allgemeingültige Gesetze aus Physik sowie Chemie gestützt hat, andererseits aber konkrete technische Fragestellungen aufgegriffen und durch diese wesentliche Entwicklungsimpulse erfahren hat. Heute beschreibt die Thermodynamik die vielfältigsten Transformationen des Zustandes von Materie umfassend und kann so für sich in Anspruch nehmen, zusammen mit der chemischen Thermodynamik auch eine übergeordnete Theorie zum allgemeinen Stoffverhalten zu sein. Der Verfahrenstechniker betrachtet ihre allgemeinen Aussagen unter dem Aspekt des Verhaltens von Stoffen in ihren jeweiligen Aggregatzuständen sowie der Energieumwandlungen bei chemischen Reaktionen.

Von allen Wissenschaften überhaupt verfügt die klassische Thermodynamik über ein faszinierendes Alleinstellungsmerkmal. Die Bilanzierung der Entropie nach den Prinzipien des zweiten Hauptsatzes macht die Richtung ablaufender Prozesse mathematisch erfassbar. Eine Quantifizierung über die Zustandsgröße Entropie offenbart, wie ein Heute von Gestern oder wie der Status aktueller von zukünftigen Prozessen zu unterscheiden ist. Dieser Zeitvektor ermöglicht es die alltägliche Erfahrung der Vergänglichkeit aller Dinge mit einer abstrakten Rechengröße wie der Entropie zu verbinden.

Zur Erkenntnisgewinnung stehen der Thermodynamik zwei verschiedene Untersuchungsmethoden zur Verfügung. Die *mikroskopische* Betrachtungsweise stützt sich darauf, dass Stoffe aus einer sehr großen Anzahl von Teilchen (Atome, Moleküle, Ionen usw.) mit jeweils unterschiedlichen kinetischen und potentiellen Energien bestehen. Da im Allgemeinen nicht jedes Teilchen rechnerisch einzeln verfolgt werden kann, bedient man sich mathematisch statistischer Methoden (*statistische Thermodynamik*). Wichtige Größen für die Erfassung von Vorgängen sind die in einer definierten Stoffmenge enthaltene Zahl von Teilchen (Avogadro- oder Loschmidt-Konstante), stoffabhängige Größen wie Teilchendurchmesser und Teilchenmasse sowie zustandsabhängige Größen wie Teilchendichte, mittlerer Teilchenabstand, mittlere freie Weglänge, mittlere Teilchengeschwindigkeit und mittlere Stoßfrequenz. Das Verhalten von Gasen wird mit diesen Größen durch die kinetische Gastheorie erklärt. Die statistische Thermodynamik ist heute immer noch überwiegend dem Theoriegebäude der Physik zugeordnet. Nur stellenweise greifen Ingenieure zur Erklärung einzelner Sachverhalte auf diese Betrachtungsweise zurück.

Die *makroskopische* Betrachtung stützt sich nicht auf die Teilchenbewegung, sondern beschreibt die physikalischen Eigenschaften von Raumbereichen, die sehr viel größere Abmessungen als die mittlere freie Weglänge der darin enthaltenen Teilchen besitzen. Man betrachtet die Stoffe als Kontinuum und arbeitet ausschließlich mit direkt messbaren Größen wie der Masse, dem Volumen, dem Druck oder der Temperatur. Die *phänomenologische Thermodynamik* (Phänomen = Erscheinung) als das bevorzugte Arbeitsgebiet der Ingenieure ist die historisch ältere Art der Untersuchung und wird deshalb auch als *klassische* Methode bezeichnet. Sie geht von den Phänomenen in Natur und Technik aus, um Erkenntnisse auf der Grundlage von Erfahrungen zu gewinnen. Zentrale Bedeutung haben der erste und zweite Hauptsatz der Thermodynamik, die als Erfahrungstatsachen in Verbindung mit direkt messbaren Eigenschaften von Systemen formuliert sind.

Die phänomenologische Thermodynamik postuliert Wärme als eine von einem Körper an seine Umgebung oder von der Umgebung auf einen Körper übertragbare Energieform, liefert aber keine Antwort darauf, was einen warmen von einem kalten Körper in seinem Inneren unterscheidet. Hierzu benötigt man die statistische Thermodynamik. Beide Betrachtungsweisen haben also ihre eigenständige wissenschaftliche Berechtigung. Die statistische Thermodynamik erklärt die Temperatur als zentrale Größe in der Thermodynamik aus der Brown'schen Molekularbewegung (dauernde, ungeordnete Bewegung von Teilchen). Insbesondere bei einatomigen Gasen können die Teilchen kinetische Energie im Wesentlichen nur (beim theoretischen Modellstoff ideales Gas ausschließlich) durch translatorische Bewegung speichern. Für alle Teilchen, deren Geschwindigkeit nach der Maxwell'schen Geschwindigkeitsverteilung in einem gewissen Spektrum unterschiedliche Werte annehmen, wird eine mittlere kinetische Energie ermittelt und dieser über den Gleichverteilungssatz eine Temperatur zugeordnet. Hohe Teilchengeschwindigkeiten entsprechen dann hohen Temperaturen. Beim Temperaturausgleich schieben schnellere Teilchen unter Energieabgabe langsamere an, bis alle Teilchen im Mittel gleich schnell sind (thermisches Gleichgewicht). Bei Energiezufuhr wachsen mit höherer Teilchengeschwindigkeit der Betrag des Impulses sowie die Zahl der Stöße an die Wand, was man auf makroskopischer Ebene in einem geschlossenen System als Druckerhöhung bei steigender Temperatur wahrnimmt.

Die Ursachen für den Druck- und Temperaturanstieg von Gasen in geschlossenen Systemen bei Wärmezufuhr sind mit phänomenologischen Methoden nicht zu erklären. Man nimmt diesen Effekt aber zur Kenntnis durch die Aussage des Gay-Lussac'schen Gesetzes, wonach bei Gasen in einem geschlossenen System mit starren Wänden ($V =$ konstant) die Drücke proportional zu den thermodynamischen Temperaturen steigen. Für diese quantitative Erfassung des Zusammenhangs zwischen Temperatur und Druck in einem geschlossenen System liefert die statistische Thermodynamik hingegen nur für einfachste Systeme und mit einem stark idealisierten Gas einigermaßen belastbare Aussagen. Gleichwohl aber kann sie im Unterschied zur klassischen Thermodynamik begründen, warum bei höher werdenden Temperaturen in einem geschlossenen System der Druck wächst. Bei Energiezufuhr steigt im Mittel die kinetische Energie der Gasteilchen, sodass Stöße an die Wand einen höheren Impuls übertragen.

Ingenieure untersuchen fast ausschließlich Fragestellungen in der makroskopischen Ebene. Bei der effizienten Lösung solcher Aufgaben ist die klassische Thermodynamik konkurrenzlos, aber erfordert jedoch größte Exaktheit bei Begriffs- und Modellbildung. Anfänger unterschätzen mitunter den Aufwand, sich zumindest die wichtigsten Grundbegriffe jederzeit aktiv abrufbar einzuprägen. Für die Definition thermodynamischer Grundbegriffe existiert sogar eine deutsche Norm.[3] Wir werden an geeigneter Stelle darauf zurückkommen. Die thermodynamische Begriffsbildung kollidiert an einigen Stellen auch mit der Umgangssprache. So denkt man zum Beispiel bei dem Begriff Wärme umgangssprachlich sowohl an eine im Körper gespeicherte Wärme im Sinne von „Wärmeinhalt" als auch an Wärme, die als Energie zwischen zwei Körpern ausgetauscht werden kann. In der thermodynamischen Fachsprache wird Wärme als den *Zustand* eines thermodynamischen Systems charakterisierender Energieinhalt mit dem Begriff innere Energie U belegt. Die innere Energie ist eine Zustandsgröße.

---

3 DIN 1345 – Thermodynamik – Grundbegriffe vom Dezember 1993.

Davon streng unterschieden wird die Wärme Q als eine ausschließlich durch Temperaturunterschiede an der Grenze zwischen Systemen oder zwischen System und Umgebung in einem *Prozess* übertragbare Energie. Die Prozessgröße Wärme, die durch Temperaturunterschiede an Systemgrenzen einen Wärmestrom zur Übertragung von Wärme auslöst, kann nicht gleichzeitig eine Zustandsgröße sein, die den kalorischen Zustand eines Systems charakterisiert. Die hier vom Thermodynamiker infrage gestellte umgangssprachliche Doppelbedeutung des Begriffes Wärme rührt von der früher gängigen Annahme her, Wärme könne als unzerstörbarer und masseloser Stoff (Caloricum) einem Körper innewohnen. Nach seinerzeitiger Überzeugung führte die Zufuhr von Caloricum zur Temperaturerhöhung eines Körpers. Die betreffenden Stoffe wären in der Lage, um so mehr Caloricum aufzunehmen, je größer ihre „Wärmekapazität" sei. Diese These ging auf den englischen Physiker Joseph Black (1728–1799) zurück, der 1760 den Terminus „spezifische Wärme" oder „spezifische Kapazität des Wärmestoffs" einführte. Immerhin war er damit der Erste, der klar zwischen Wärme und Temperatur unterschied. Zuvor gebrauchte man die Begriffe Wärme und Temperatur völlig synonym. Daraus gingen auch eine Reihe anderer historisch gewachsene Begriffsbildungen hervor wie Wärmereservoir (Wärmespeicher), Reibungswärme sowie „latente" und „fühlbare" Wärme, die sich teilweise bis heute – mit einer eindeutigen Definition versehen – in der Fachsprache gehalten haben.

Unsicherheit ist auch immer zu spüren, wenn es gilt zu erklären, was sich hinter Entropie verbirgt. Dieser Begriff ist ein Homonym, also ein Begriff, der in einem jeweils anderen Kontext eine völlig andere Bedeutung hat. Man denke zum Beispiel an das Wort Bank, das einerseits in der Finanzwelt ein Geldhaus meint und im Alltagsleben eine Sitzgelegenheit beschreibt. So wird auch der Begriff Entropie in verschiedenen wissenschaftlichen Disziplinen für mehrere völlig verschiedene Sachverhalte benutzt. Das begünstigt Verwechslungen und Fehldeutungen. Auf dem Gebiet der Informatik ist Entropie ein Maß für den Informationsgehalt eines Zeichensystems. In der Kunststofftechnik beschreibt Entropie bei der Polymerisation die Zahl der Querverbindungen zwischen den einzelnen Ketten der Monomere. Entropieelastizität steht bei Polymeren für deren Eigenschaft, nach Streckung der Makromolekülketten wieder in den „entropisch günstigeren" Knäuelzustand zurückzukehren. Schließlich soll der Mathematiker John von Neumann im Jahre 1948 Claude Shannon geraten haben, den von ihm gefundenen theoretischen Grenzwert für die Größe des Informationsverlustes in Telefonleitungen Entropie[4] zu nennen, um so in der wissenschaftlichen Debatte einen Vorteil aus der Tatsache zu ziehen, dass sich kaum ein Mensch darunter etwas vorstellen könnte.

> „You should call it entropy. [...] Nobody knows what entropy really is, so in a debate you will always have the advantage."

---

[4] Hinrichsen, Haye: Entropie als Informationsmaß –Entmystifizierung eines schwierig zu vermittelnden Begriffs. Fakultät für Physik und Astronomie der Universität Würzburg.

Hat man sich aber erst einmal in die Begriffswelt der klassischen Thermodynamik ein-
gefunden, verfügt man über einen einzigartigen Werkzeugkasten. Albert Einstein hat
einmal darauf hingewiesen, dass das Instrumentarium der klassischen Thermodynamik mit seiner streng definierten Begriffswelt alle umwälzenden Revolutionen des 20.
Jahrhunderts in der Physik unbeschadet überstanden hat und er allen Skeptikern zum
Trotz davon überzeugt sei, dass das auch zukünftig so sein werde. Dies sei zur Motiva-
tion angefügt, sich der Mühe zu unterziehen, hier tiefer einzutauchen.

An der Schwelle zum 21. Jahrhundert hat sich die phänomenologische Thermodynamik von der engeren Beschränkung auf die Analyse der Energieform Wärme gelöst und
die volle Bandbreite der Möglichkeiten zu Energieumwandlungen stärker in den Fokus
genommen. Deshalb kann man heute berechtigt von der Thermodynamik als allgemeine Energielehre sprechen. Der erste und der zweite Hauptsatz der Thermodynamik sind
ohnehin mit einem allgemeingültigen Anspruch in Energiefragen formuliert.

Die Zukunft der Menschheit ist letztlich untrennbar mit der Frage nach der verfügbaren Energie verbunden. So ist also die Thermodynamik kein abgeschlossenes Wissensgebiet an der Schnittstelle von Physik und Ingenieurwissenschaften, sondern ihr
Instrumentarium muss sich weiter schärfen, um technischen Fortschritt mit nachhal-
tiger Entwicklung zu ermöglichen. Allerdings tun wir auf diesem Weg gut daran, jenes
Wissen, das sich frühere Generationen schon erarbeitet haben, nicht in Vergessenheit
geraten zu lassen.

Der Weg zur wirklichen Beherrschung der klassischen Thermodynamik ist zugegebenermaßen nicht einfach, aber spannend! Stufe um Stufe erklimmt man die Höhen, die
eine immer bessere Sicht auf die Abhängigkeiten von unserer Umgebung ermöglichen.
Den Ingenieuren fällt die Aufgabe zu, das Lebensumfeld für uns und für nachfolgende Generationen immer angenehmer zu gestalten. Mit der heute klar hervortretenden
Notwendigkeit eines Wandels bei Energiegewinnung und -bereitstellung sowie beim Energietransport stellen sich neue Aufgaben, die auf der Basis der mit den Hauptsätzen
der Thermodynamik formulierten naturwissenschaftlichen Erfahrungstatsachen gelöst
werden müssen.

1.3 Modellbildung in der Thermodynamik

Die Aussagen der Hauptsätze der Thermodynamik erscheinen leicht verständlich und
einleuchtend. Die Anwendung auf technische Fragestellungen erfordert jedoch eine Modellbildung, die nur durch intensives Üben erlernt werden kann. Der Erwerb von Kom-
petenzen bei der Handhabung des Instrumentariums der Technischen Thermodynamik
setzt ein umfangreiches und tiefes Wissen zu den Definitionen einer großen Zahl von Begriffen voraus. Nur auf dieser Grundlage können die in der Realität auftauchenden Erscheinungen mit den theoretischen Betrachtungen zu einem thermodynamischen System verknüpft werden. Die dabei zu bewältigende Stofffülle ist eine echte Herausfor-
derung. Der Versuch, diesen zugegebenermaßen mühsamen Wissenserwerb mit dem

Hinweis auf die im World Wide Web gespeicherten Informationen zu überspringen, führt aller Erfahrung nach zum Scheitern!

Die thermodynamisch zu untersuchenden Energie- und Stoffumwandlungen finden in Kompressoren, Motoren, Turbinen, Wärmepumpen oder Reaktoren unterschiedlichster Bauart bei gleichermaßen großer Vielfältigkeit der als Arbeitsmittel eingesetzten Stoffe statt. Wegen dieser Komplexität ist es oft genug enorm schwer, die real ablaufenden Vorgänge wirklichkeitsgetreu zu beschreiben und darauf aufbauend zu berechnen. Die Thermodynamik hat im Laufe ihrer Entwicklung eine ihr eigene einzigartige und zugleich universell anwendbare Untersuchungsmethode entwickelt. Den Anspruch, die ganze technische Vielfalt mit einem einheitlichen analytischen Instrumentarium zu betrachten, erkauft man sich aber durch Modelle auf sehr hoher Abstraktionsstufe mit zumeist zwei Modellebenen, einem Modell von dem konkreten technischen Apparat oder der zu untersuchenden Anlage in Form des thermodynamischen Systems und einem Modell von dem darin umlaufenden fluiden Arbeitsmittel wie beispielsweise ein real nicht existierendes ideales Gas. In beiden Modellebenen erfolgen starke Idealisierungen. Bei der Untersuchung sieht man sich schnell einer großen Zahl einschränkender Voraussetzungen gegenüber. So ist es dann zwingend erforderlich, das Ergebnis im wahrsten Sinne des Wortes kritisch zu würdigen. Die anspruchsvolle Modellbildung bereitet dem Anfänger naturgemäß zunächst Schwierigkeiten, sodass manchmal nicht einmal ein Ansatz für die Lösung des Problems gefunden werden kann. Das ist einer der wesentlichen Gründe dafür, dass Studierende die Thermodynamik als ein schwierig zu erlernendes Fach empfinden. Wurde der Ansatz aber dann in Form von mathematischen Gleichungen gefunden, müssen diese gelöst werden. Bei einfach aufgebauten algebraischen Gleichungen hilft der Taschenrechner und man muss bei der Problemanalyse nicht groß über die in Abbildung 1-1 dargestellte Stufe des mathematischen Modells nachdenken. Anders sieht das aus, wenn man partielle Differentialgleichungen mit komplizierten Anfangs- und Randbedingungen erhält, für deren Lösung numerische Verfahren heranzuziehen sind.

Mit der Wahl eines bestimmten numerischen Verfahrens für den gefundenen mathematischen Ansatz und der Hardware für die EDV treten beim numerischen Rechnen neben den Rundungsfehlern, die auf endliche Maschinendarstellung der Zahlen zurückzuführen sind, auch noch Verfahrensfehler und Rechnungsfehler auf. Oft liefern numerische Verfahren erst nach unendlich vielen Rechenschritten exakte Lösungen. Wenn zum Beispiel die unendliche Potenzreihe einer Funktion durch die n-te Partialsumme dargestellt wird, entsteht unabhängig von der Rechengenauigkeit des verwendeten Rechenapparates ein Verfahrensfehler. Die Rechnungsfehler hingegen sind die Folge der fortgesetzten Akkumulation von Rundungsfehlern. Die mit ungenauen Maschinenzahlen dargestellten Rechenergebnisse können wiederum nur angenähert dargestellt werden. Zur Minderung des Einflusses von Rechnungsfehlern empfiehlt es sich, mathematisch hinreichend stabile Algorithmen auszuwählen.

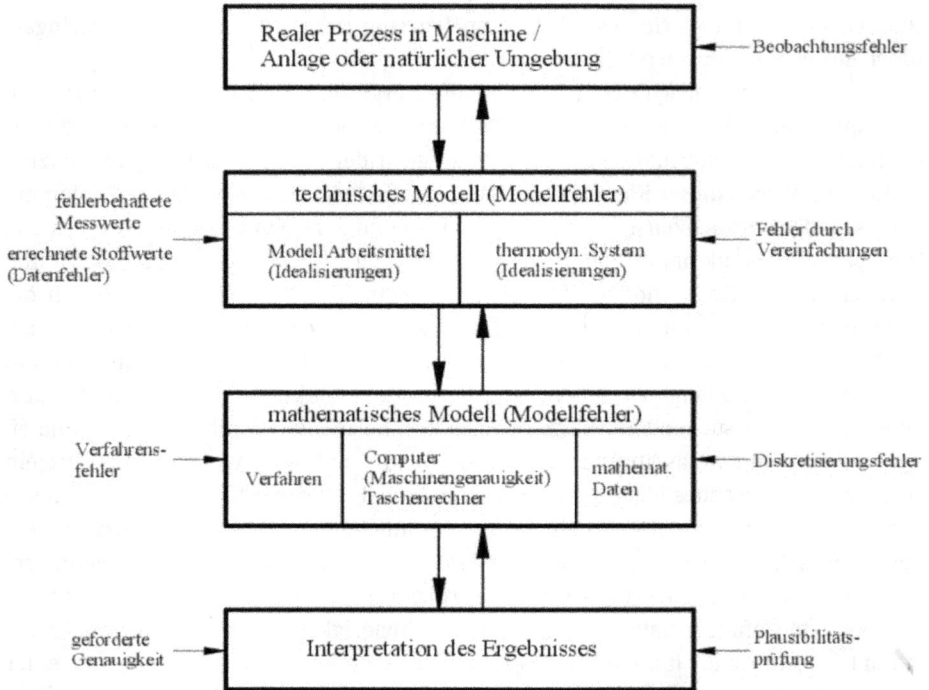

Abb. 1-1: Stufen der Problemanalyse mit zugehöriger Fehlerbetrachtung.

Die letzte in Abbildung 1-1 aufgeführte Stufe ist die oft unterschlagene Interpretation des Ergebnisses. Hier ist an erster Stelle zu fragen, ob das erhaltene Ergebnis überhaupt stimmen kann und plausibel ist. Die Ursachen für Fehler können in allen drei vorangegangenen Analysestufen liegen. Man sollte sich immer die Frage vorlegen, in welcher Genauigkeit Aussagen über die gesuchten Größen benötigt werden. Zu einer ersten Abschätzung oder zur Erfassung eines Trends genügt eine geringere Modellierungstiefe als für die konstruktive Auslegung einer Maschine oder für eine tiefer greifende Optimierung einer bestehenden Anlage. In jedem Fall bleibt es wichtig, kritisch zu prüfen, wie exakt die für die Bearbeitung wichtigen Eingangsdaten vorliegen. Die Eingangsdatengenauigkeit muss immer in einem ausgewogenen Verhältnis zum Modellierungsaufwand stehen.

Die hier in diesem Buch behandelten Beispielaufgaben sind so gewählt, dass man für die gesuchten Größen explizit auflösbare und mit dem Taschenrechner bequem lösbare Gleichungen finden kann. Hinweise zur anzustrebenden Genauigkeit im Verhältnis zur Taschenrechnergenauigkeit enthält das Kapitel 1.6. Wir können uns deshalb auf die ersten beiden Stufen einer thermodynamischen Problemanalyse konzentrieren.

Die Idealisierungen für die Maschine oder Anlage im technischen Modell erfolgen durch die Betrachtung eines zweckmäßig gewählten thermodynamischen Systems in seiner Umgebung oder in Wechselwirkung zu einem anderen thermodynamischen System, womit das tatsächliche Geschehen im Untersuchungsgegenstand auf die im Kern ablaufenden thermodynamischen Zustandsänderungen reduziert wird. Hinweise dazu findet man in Kapitel 2.

Gleichzeitig muss das Stoffverhalten der fluiden Arbeitsmittel (Flüssigkeiten, Dämpfe, Gase) und – wenn es in seltenen Fällen der Untersuchungsgegenstand erfordert – auch das für Festkörper modelliert werden. Dazu stehen verschiedene, unter einschränkenden Voraussetzungen gewonnene Zustandsgleichungen zur Verfügung. Bei Gasen ist beispielsweise zu prüfen, ob die konkreten Bedingungen zu den Annahmen für das Modell ideales Gas passen, für Flüssigkeiten, ob man sie vereinfachend als inkompressibel ansehen kann. Anderenfalls sorgen aufwendigere Zustandsgleichungen leider für einen signifikanten Anstieg des Aufwands bei der Problemlösung. Weiterführende Informationen finden sich in Kapitel 3.

Wenn die ablaufenden Prozesse Energieumwandlungen betreffen, sind neben den thermischen Zustandsgrößen auch die kalorischen zu betrachten und Energiebilanzen nach Maßgabe des ersten Hauptsatzes der Thermodynamik aufzustellen, der auf dem Energieerhaltungssatz beruht. Darauf wird in Kapitel 4 eingegangen.

Insbesondere wenn bei den Energieumwandlungen Wärme beteiligt ist, muss man die Erfahrung machen, dass diese Prozesse nicht immer in alle Richtungen laufen. Bei alleiniger Betrachtung des Energieerhaltungssatzes könnte man darauf setzen, dass der zum Antrieb eines auf dem Meer fahrenden Schiffes erforderliche Energiebetrag durch Umwandlung der im Meerwasser enthaltenen Wärme gewinnbar wäre. Auf seiner Fahrt würde dann das Schiff eine Spur kalten Meerwassers zurücklassen. Leider eine bloße Illusion! In Kapitel 5 behandeln wir mit dem zweiten Hauptsatz der Thermodynamik eine notwendige einschränkende Ergänzung des ersten Hauptsatzes zur Beurteilung der möglichen Richtung von Energieumwandlungen.

Die Bedeutung der Klarheit zentraler Begriffe für das Verständnis der Thermodynamik ist schon betont worden. Manchmal wird man aber mit historisch gewachsenen Begriffen konfrontiert, die eher zur Verwirrung als zur Klarheit darüber führen, was gemeint ist. Dies betrifft schon den Begriff Thermodynamik selber. Thermodynamik ist ein aus den altgriechischen Worten thermós[5] = warm und dýnamis[6] = Kraft zusammengesetztes Kunstwort, was man im weitesten Sinne mit „Wärme bewegen" übersetzen könnte. In der Mechanik versteht man unter Dynamik die Untersuchung von Bewegungsabläufen. Das hat aber mit den typischen Untersuchungsmethoden in der Thermodynamik nichts gemein. Die phänomenologische Thermodynamik geht von Gleichgewichtszuständen aus, die durch aufgeprägte Prozesse in jeweils neue Gleichgewichtszustände

---

5 $\theta\epsilon\rho\mu o\varsigma$.
6 $\delta\nu\nu\alpha\mu\iota\varsigma$.

überführt werden. Das entspricht in der Mechanik eher Untersuchungsmethoden aus der Statik. Konsequenterweise müsste man in diesem Fall eigentlich von Thermostatik sprechen, was aber mit Rücksicht auf den historisch geprägten Begriff nicht erfolgt!

Die thermodynamischen Analysen von Abläufen in Natur und Technik erfolgen nach einem immer gleichen Masterplan mit Idealisierungen auf der Basis standardisierter Modellvorstellungen. Ein anfänglicher Gleichgewichtszustand in einem thermodynamischen System wird durch einen Prozess gestört und in einen neuen thermodynamischen Gleichgewichtszustand überführt. Die Analyse kann sich auf Zustandsänderungen des thermodynamischen Systems beschränken. Dann reicht der Rückgriff auf die Beziehungen zwischen den thermischen Zustandsgrößen aus. Bezieht man jedoch den die Gleichgewichtsänderung auslösenden Prozess ein, benötigt man neben den thermischen auch noch die kalorischen Zustandsgrößen sowie die beteiligten Prozessgrößen. Dann liefern Bilanzgleichungen nach den beiden Hauptsätzen der Thermodynamik und die Beziehungen zwischen den Zustandsgrößen jene neuen Gleichgewichtsbedingungen, die Aussagen darüber ermöglichen, welche Änderungen das betreffende thermodynamische System erfährt.

Den roten Faden für den Einstieg in die thermodynamische Prozessanalyse stellen also folgende Fragen dar:
- Was ist ein thermodynamisches System?
- Wie ist das thermodynamische Gleichgewicht definiert?
- Welche Zustandsgrößen charakterisieren den thermischen Zustand des thermodynamischen Systems?
- Welche Zustandsgrößen charakterisieren den energetischen (kalorischen) Zustand des thermodynamischen Systems?
- Was besagen die Bilanzgleichungen des ersten und zweiten Hauptsatzes der Thermodynamik?

1.4 Größen, Einheiten und Gleichungen

Bei der Messung einer physikalischen Größe[7] wird diese in Vielfachen oder Teilen einer zugehörigen Maßeinheit ermittelt, sie besteht also immer aus einer quantitativen und qualitativen Komponente. Jede physikalische Größe vereinigt in sich eine quantitative Aussage (den Zahlenwert) und eine qualitative Aussage (die Dimension repräsentiert durch eine Einheit). Man kann daher eine physikalische Größe G mit dem Zahlenwert von G als $\{G\}$ und der Einheit von G als $[G]$ immer formulieren in der Form

$$G = \{G\} \cdot [G]$$

---

7 Die Forderung nach der Messbarkeit einer physikalischen Größe als deren Charakteristikum geht auf Albert Einstein zurück.

So lässt sich zum Beispiel die Fallbeschleunigung g darstellen durch ihren mit dem verbindlich als Standard in einer Norm angegebenen Zahlenwert $\{g\} = 9{,}80665$ sowie ihrer Einheit $[g] = 1\,\mathrm{m/s}^2$. Man schreibt als Produkt für die Größe $g = 9{,}80665\,\mathrm{m/s}^2$. Das Multiplikationszeichen zwischen Zahlenwert und Maßeinheit entfällt oft,[8] die Maßeinheit wird (im Unterschied zu den kursiven Formelzeichen) mit senkrecht stehenden lateinischen Buchstaben geschrieben. Der Zahlenwert kann allgemein als Verhältnis von Größe und Einheit dargestellt werden. Der Wert einer Größe ist unabhängig (invariant) von der Einheit. So hängt die Länge einer Strecke nicht vom gewählten Maßsystem ab, aber der Zahlenwert ändert sich mit der Einheit ($l = 20$ cm oder $l = 0{,}2$ m).

Die parallele Verwendung verschiedener Maßsysteme erwies sich im Zuge einer technischen Entwicklung im globalen Maßstab als hinderlich. Die 1901 von Giorgi[9] vorgestellte Idee, Grundeinheiten der Mechanik (Meter, Kilogramm und Sekunde) mit anderen Einheiten in einem kohärenten System zu kombinieren, wurde in mehreren Stufen weiterentwickelt und schließlich von der Generalkonferenz für Maß und Gewichte als System der SI-Einheiten (**S**ystème **I**nternational d'Unitès) angenommen. Es hat sich heute klar als international gültiges Einheitensystem durchgesetzt und ist in Deutschland durch das Gesetz über Einheiten im Messwesen vom 2. Juli 1969 (BGBl. I, S. 709) im geschäftlichen und amtlichen Verkehr ab dem 1. Januar 1978 rechtsverbindlich vorgeschrieben. In einigen angelsächsischen Ländern werden jedoch heute immer noch zusätzlich andere Einheitensysteme angewandt.

Das internationale SI-Einheitensystem wird aus sieben *Basiseinheiten mit zugehörigen Basisgrößen* gebildet (siehe auch DIN 1301-1: 2002-10), für die Untersuchungen der Thermodynamik reichen in der Regel fünf:

Länge gemessen in **Meter (m)**
1 m = Länge der Strecke, die Licht im Vakuum während der Dauer von 1/299.792.458 Sekunden durchläuft (Definition mithilfe der Lichtgeschwindigkeit im Vakuum c).

Masse gemessen in **Kilogramm (kg)**
1 Kilogramm war ursprünglich die Masse eines im internationalen Büro für Maß und Gewichte in Sèvres bei Paris aufbewahrten Zylinders (39 mm Höhe und 39 mm Durchmesser) aus 90 Teilen Platin und 10 Teilen Iridium (Internationaler Kilogrammprototyp). Dieses Urkilogramm bereitete aber zunehmend Probleme, denn seine Eigenschaften hingen von Luftdruck und Luftfeuchtigkeit in der Umgebung ab. Deshalb führte man das Kilogramm mit einem 2019 gefassten Beschluss auf unveränderliche Naturkonstanten zurück, wie es schon für das Meter und die Sekunde erfolgt war. Dabei legte man für den Wert des Planck'schen Wirkungsquantums h mit $h = 6{,}62607015 \cdot 10^{-34}\,\mathrm{kg\,m^2\,s^{-1}}$

---

[8] Achtung! Ausnahme zum Beispiel bei Drehzahl $n = 50\,\mathrm{s}^{-1}$ oder $n = 50\,\dfrac{1}{\mathrm{s}}$ aber $n = 50 \cdot 1/\mathrm{s}$!

[9] Giovanni Giorgi (1871–1950), italienischer Physiker und Mathematiker.

fest. Die in der Wand eines Hohlraumstrahlers schwingenden Atome geben ihre Strahlungsenergie nicht kontinuierlich ab, sondern jeweils in Energieportionen, die man Energiequanten nennt. Die Energie dieser Energiequanten E folgt $E = h \cdot f$. Die Maßeinheit für h ergibt sich damit zu $[h] = 1\,\mathrm{J\,s} = 1\,\mathrm{kg\,m^2\,s^{-1}}$. Löst man den festgelegten Wert für h nach der Maßeinheit kg auf, entsteht mit den Definitionen für Meter und Sekunde:

$$1\,\mathrm{kg} = \left(\frac{h}{6{,}62607015 \cdot 10^{-34}} \right) \frac{\mathrm{m}^2}{\mathrm{s}} = \left(\frac{299.792.458^2}{6{,}62607015 \cdot 10^{-34} \cdot 9.192.631.770} \right) \frac{h \cdot \Delta\nu_{Cs}}{c^2}$$

$$1\,\mathrm{kg} = 1{,}4755214 \cdot 10^{40} \frac{h \cdot \Delta\nu_{Cs}}{c^2}$$

Zeit gemessen in **Sekunden (s)**
Früher definierte man die Maßeinheiten für die Zeit über die Erdrotation. Der durch eine Erdumrundung definierte Tag unterteilt sich in 24 Stunden, eine Stunde in 60 Minuten und eine Minute in 60 Sekunden. Die Sekunde als Basiseinheit[10] war der 86.400-ste Teil 24 · 0 · 60 = 86.400) eines Tages. Die Erde ist aber kein absolut starrer Körper. Sowohl Erdkern und Erdmantel als auch Ozeane und Atmosphäre bewegen sich gegeneinander. Das beeinflusst die Rotation der Erdkruste, von der aus die Tageslänge gemessen wird, um täglich bis zu vier Millisekunden. Kumulieren diese Abweichungen im Laufe der Zeit auf eine Sekunde, wird zur Synchronisierung der Uhren mit dem Tageslauf eine Schaltsekunde eingeführt. Wir auf der Erde lebenden Menschen nehmen die Schwankungen der Erdrotation nicht wahr, für genaue wissenschaftliche Zeitmessungen sind sie ein Problem. Deswegen wird seit 1967 die Maßeinheit für die Zeitmessung aus inneratomaren Vorgängen abgeleitet.

$1\,\mathrm{s}$ = 9.192.631.770-fache der Periodendauer $\Delta\nu_{Cs}$ der dem Übergang zwischen den beiden Hyperfeinstrukturniveaus des Grundzustandes von Atomen des Nuklids ^{133}Cs entsprechenden Strahlung.

Thermodynamische (absolute) Temperatur gemessen in **Kelvin (K)**
$1\,\mathrm{K}$ = der 273,16-te Teil der thermodynamischen Temperatur des Tripelpunktes von Wasser. Diese Festlegung ist immer noch geläufig, aber seit 2019 von der 26. Generalkonferenz für Maß und Gewicht durch eine neue Festlegung über eine Verknüpfung „exakter Werte" für Avogadro-Konstante N_A und Boltzmann-Konstante k ersetzt.

Ein Kelvin entspricht nun der Änderung der thermodynamischen Temperatur, die sich aus einer Änderung der thermischen Energie $E_{th} = k \cdot T$ von $1{,}380649 \cdot 10^{-23}$ J ergibt. (Hinweise dazu auch in Kapitel 1.5)

---

10 secundus (lat.) = die Zweite (bedeutet hier die zweite Unterteilung der Zeit nach der Stunde).

Stoffmenge gemessen in **Mol (mol)**

1 mol = Anzahl der Teilchen, die als Atome in 12/1000 kg des Nuklids ^{12}C enthalten sind.

Elektrische Stromstärke gemessen in **Ampere (A)**

1 A = Stärke eines zeitlich konstanten elektrischen Stromes, der durch zwei im Vakuum parallel im Abstand von 1 m angeordnete, unendlich lange Leiter von vernachlässigbar kleinen Querschnitt fließt, und zwischen diesen pro 1 m Leitungslänge eine elektrodynamische Kraft von $2 \cdot 10^{-7}$ kg m s^{-2} erzeugt.

Lichtstärke gemessen in **Candela (cd)**

1 cd = Lichtstärke in einer bestimmten Richtung einer Strahlungsquelle, die monochromatische Strahlung von $540 \cdot 10^{12}$ Hz aussendet und deren Strahlstärke in dieser Richtung 1/683 Watt durch Steradiant beträgt.

Allgemein ergänzt werden die SI-Einheiten durch die Maßeinheiten für den ebenen Winkel mit Radiant (rad) und für den räumlichen Winkel mit Steradiant (sr). Neben den Basiseinheiten definiert das SI-System eine Reihe von abgeleiteten Einheiten mit speziellen Namen, sodass es für jede Größe genau eine SI-Einheit gibt. Die abgeleiteten Einheiten gehen aus den Basiseinheiten durch einfache Produkt- und Quotientenbildung hervor, die keinen von 1 verschiedenen Faktor enthalten. Derartig gebildete Einheiten heißen kohärent. Diese sieben Basisgrößen reichen aus, um alle anderen benötigten Größen abzuleiten. Alle für die Thermodynamik wichtigen Größen können aus den ersten fünf oben erwähnten Basisgrößen abgeleitet werden. Häufig benötigen wir:

- Kraft gemessen in Newton (N) $1\,N = 1\,kg\,m/s^2$
- Druck gemessen in Pascal (Pa) $1\,Pa = 1\,kg/(s^2\,m) = 1\,N/m^2$
- Energie als Arbeit oder Wärme gemessen in Joule (J) $1\,J = 1\,kg\,m^2/s^2 = 1\,Nm$
- Leistung, Wärmestrom gemessen in Watt (W) $1\,W = 1\,kg\,m^2/s^3 = 1\,J/s$

In kohärenten Einheitensystemen treten bei den abgeleiteten Größenarten oft sehr große oder extrem kleine Zahlenwerte auf. Zur besseren Übersicht werden diese Zahlenwerte um eine oder mehrere Zehnerpotenzen verkleinert oder vergrößert. Die dezimalen Vielfachen einer Einheit erhalten dann wiederum genormte Vorsatzzeichen (siehe Tabelle 1-1), die eingeführt wurden, um die umständliche Schreibweise der Zahlenwerte mit den Zehnerpotenzen vor den Einheiten zu vermeiden.

Bei Angabe einer physikalischen Größe sollte die Vorsilbe der Maßeinheit so gewählt werden, dass ihr Zahlenwert im Bereich zwischen 0,1 und 999,9 liegt.

Tab. 1-1: Vorsilben für dezimale Vielfache und Teile von Einheiten (DIN 1301-1: 2002-10, Auszug).

Vorsilbe	Kurzzeichen	Bedeutung	Vorsilbe	Kurzzeichen	Bedeutung
Exa	E	10^{18}	Dezi	d	10^{-1}
Peta	P	10^{15}	Zenti	c	10^{-2}
Tera	T	10^{12}	Milli	m	10^{-3}
Giga	G	10^{9}	Mikro	µ	10^{-6}
Mega	M	10^{6}	Nano	n	10^{-9}
Kilo	k	10^{3}	Piko	p	10^{-12}
Hekto	h	10^{2}	Femto	f	10^{-15}
Deka	da	10^{1}	Atto	a	10^{-18}

Die Vorsilben für dezimale Vielfache werden ab 10^6 großgeschrieben, alle anderen hingegen kleingeschrieben. Einige häufig verwendete dezimale Vielfache von SI-Einheiten haben eigene Bezeichnungen, zum Beispiel:

- die Volumeneinheit Liter: $1\,\text{Liter} = 1\,\ell = 1\,\text{dm}^3 = 1 \cdot 10^{-3}\,\text{m}^3$
- die Masseeinheit Tonne: $1\,\text{Tonne} = 1\,\text{t} = 1 \cdot 10^3\,\text{kg}$

In Deutschland sind für die Zehnerpotenzen darüber hinaus noch folgende Bezeichnungen üblich: 10^3 = Tausend, 10^6 = Million, 10^9 = Milliarde, 10^{12} = Billion, 10^{15} = Billiarde und 10^{18} = Trillion. Davon abweichend (häufig Quelle für Übersetzungsfehler) verwendet man im angelsächsischen Sprachraum 10^9 = billion, 10^{12} = trillion, 10^{15} = quadrillion sowie 10^{18} = quintillion.

Die in Tabelle 1-1 aufgeführten Vorsilben Hekto, Deka, Dezi und Zenti sollen nur noch vor solchen Einheiten stehen, bei denen sie schon früher üblich waren, also zum Beispiel Hektoliter (hl), Hektopascal (hPa), Dezitonne (dt) oder Zentimeter (cm).

Die Sekunde als Einheit für die Zeit τ gehört zur Familie der SI-Einheiten ($[\tau] = 1\,\text{s}$). Keine SI-Einheiten sind dagegen die häufig verwendeten Einheiten Minute und Stunde für die Zeit.

$$1\,\text{h} = 60\,\text{min.} = 3.600\,\text{s} \qquad 1\,\text{d} = 24\,\text{h} = 1.440\,\text{min.} = 86.400\,\text{s} \qquad 1\,\text{a} = 365\,\text{d} = 8.760\,\text{h}$$

Die Einheit für den Druck Bar ist keine SI-Einheit, steht aber mit der Zehnerpotenz 10^5 in einer Beziehung zur SI-Einheit Pascal ($1\,\text{bar} = 1 \cdot 10^5\,\text{Pa} = 1 \cdot 10^5\,\text{N/m}^2$). Das Bar als Einheit für den Druck ist eine in Deutschland gesetzlich zulässige Maßeinheit, 10^5 als Zehnerpotenz taucht jedoch nicht in der Liste von zugelassenen Vorsilben für dezimale Vielfache von Einheiten auf.

Größere Beträge für die Arbeit in kJ sind mit der nicht zum SI-Maßeinheitensystem gehörenden Einheit kWh manchmal übersichtlicher darstellbar: $1\,\text{kWh} = 3,6 \cdot 10^6\,\text{Ws} = 3.600\,\text{kJ}$.

Zur Umrechnung von m/s im SI-System in km/h als häufig verwendete Einheit für die Geschwindigkeit ergibt sich

$$1\,\frac{\text{km}}{\text{h}} = \frac{1 \cdot 10^3\,\text{m}}{3600\,\text{s}} = \frac{1}{3,6}\,\frac{\text{m}}{\text{s}} \quad \text{und} \quad 1\,\frac{\text{m}}{\text{s}} = 3,6\,\frac{\text{km}}{\text{h}}$$

Wenn ein Massenstrom von kg/s in t/h umzurechnen ist, folgt:

$$1\,\frac{\text{t}}{\text{h}} = \frac{1 \cdot 10^3\,\text{kg}}{3600\,\text{s}} = \frac{1}{3,6}\,\frac{\text{kg}}{\text{s}} \quad \text{und} \quad 1\,\frac{\text{kg}}{\text{s}} = 3,6\,\frac{\text{t}}{\text{h}}$$

Beim Studium älterer Literatur muss man sich gelegentlich mit früher zugelassenen Maßeinheiten auseinandersetzen, die für Druck, Leistung und Arbeit in den Tabellen 6.2-4, 6.2-5 und 6.2-6 im Anhang aufgeführt sind. Außerdem sind im Anhang Umrechnungen diverser Einheiten des angelsächsischen Systems in SI-Einheiten (Tabelle 6.2-7) zu finden.

In Energiestatistiken und im Energiehandel wird gelegentlich noch die Einheit kg Steinkohleneinheiten (**SKE**) verwendet. Sie leitet sich aus dem unteren Heizwert für Steinkohle mit 7.000 kcal/kg ab. 1 kg SKE = 29,3 MJ/kg. Analoges gilt für die auf 1 kg Erdöl bezogene Rohöleinheit (**RÖE**), für die auch die Bezeichnung oe (englisch: oil equivalent) gebräuchlich ist (1 RÖE = 1 oe = 10.000 kcal_{IT} = 41,868 MJ = 11,63 kWh ≈ 1,428 SKE). Für den Vergleich der Erdölqualitäten aus verschiedenen Förderquellen arbeitet man aus praktischen Gründen jedoch meist mit dem Tausendfachen **toe** (one **t**onne of **o**il **e**quivalent). Das entspricht demgemäß der Wärmemenge, die bei Verbrennung einer Tonne Rohöl frei wird (1 toe = 41,868 GJ = 11,63 MWh).

Energie wird in der Thermodynamik öfter als Produkt aus einem Druck und einem Volumen dargestellt. Als Energieeinheit tritt daher bei zahlreichen Rechnungen das Produkt aus einer Druck- und Volumeneinheit auf. Für die praktisch oft verwendeten Einheiten Bar und Liter entstehen dann folgende Beziehungen:

$$1\,\text{bar} \cdot 1\,\text{m}^3 = 10^5\,\frac{\text{N}}{\text{m}^2} \cdot 1\,\text{m}^3 = 10^5\,\text{Nm} = \underline{\underline{100\,\text{kJ}}} \quad \text{und}$$
$$1\,\text{bar} \cdot 1\,\text{dm}^3 = 10^5\,\text{Pa} \cdot 10^{-3}\,\text{m}^3 = 100\,\text{J} = \underline{\underline{0,1\,\text{kJ}}}$$

Naturgesetze existieren unabhängig von den für die betreffenden Größen verwendeten Maßeinheiten. Gleichungen, die ausschließlich die mathematischen Beziehungen zwischen physikalischen Größen beschreiben, heißen *Größengleichungen*. In Größengleichungen sind die Größen immer als Produkt von Zahlenwert und Maßeinheit einzusetzen. Innerhalb der Gleichung betrachtet man jedoch Zahlenwerte und Maßeinheiten getrennt. Eventuell auftretende Umrechnungsfaktoren der Einheiten (im SI-Maßeinheitensystem nur die speziellen Zehnerpotenzen aus Tabelle 1-1 oder auch Tabelle 6.2-2 im Anhang) sind dabei zu berücksichtigen.

Ein Beispiel dafür ist die Definitionsgleichung für die Arbeit W als Produkt einer konstanten Kraft F längs eines Weges s.

$$W = F \cdot s$$

Wenn eine Kraft $F = 6\,\text{kN}$ horizontal eine Verschiebung von $s = 600\,\text{m}$ bewirkt, wurde eine Arbeit $W = 6.000\,\text{N} \cdot 600\,\text{m} = 3.600.000\,\text{Nm} = 3.600\,\text{kWs} = 1\,\text{kWh}$ geleistet. Vorteil der Größengleichung ist, dass sie nicht vorschreiben, welche Einheiten zu verwenden sind, für die Rechnung können sogar – eine korrekte Umrechnung vorausgesetzt – Einheiten benutzt werden, die in der Aufgabenstellung gar nicht genannt wurden.

Bei der Auswertung von Messungen oder bei der Abarbeitung von EDV-Programmen muss eine Größe oftmals mehrfach mit derselben Gleichung berechnet werden. Insbesondere wenn dabei Einheiten umzurechnen sind, kann man zur Erleichterung des Rechenganges *zugeschnittene Größengleichungen* verwenden. Hier treten in der Gleichung stets die Quotienten aus physikalischer Größe und ihrer Einheit auf, also praktisch Zahlenwerte wie zum Beispiel bei der Gewinnung der Celsius-Temperatur aus der Fahrenheit-Temperatur oder der thermodynamischen Temperatur in K aus der Fahrenheit-Temperatur:

$$\frac{t}{°\text{C}} = \frac{5}{9}\left(\frac{t}{°\text{F}} - 32\right) = \left(\frac{t}{°\text{F}} - 32\right) \cdot 1{,}8 \qquad \frac{T}{\text{K}} = \left(\frac{t}{°\text{F}} + 459{,}67\right) \cdot 1{,}8.$$

Mit Bezug auf das Beispiel für die Berechnung der Arbeit, das wir oben zur Erläuterung der Größengleichung verwendet haben, könnten wir hier auch eine zugeschnittene Größengleichung anführen:

$$W = \frac{1}{3{,}6 \cdot 10^6} \cdot \left(\frac{F}{\text{N}}\right) \cdot \left(\frac{s}{\text{m}}\right) \text{kWh}$$

$$W = \frac{1}{3{,}6 \cdot 10^6} \cdot \left(\frac{6.000\,\text{N}}{\text{N}}\right) \cdot \left(\frac{600\,\text{m}}{\text{m}}\right) \text{kWh} = \underline{1\,\text{kWh}}$$

Wenn eine Kraft $F = 6.000\,\text{N}$ horizontal eine Verschiebung von $s = 600\,\text{m}$ bewirkt, wurde eine Arbeit $W = 1\,\text{kWh}$ geleistet.

Zahlenwertgleichungen sind mathematische Verknüpfungen zwischen reinen Zahlen, wie zum Beispiel die Ermittlung von Zahlenwerten der thermodynamischen Temperatur aus Zahlenwerten der Celsius-Temperaturskala:

$$\{T\} = \{t\} + 273{,}15 \qquad \{T\} = \text{Zahlenwert der thermodynamischen Temperatur } T$$
$$\{t\} = \text{Zahlenwert der Celsius-Temperatur } t$$

Zahlenwertgleichungen können immer an den geschweiften Klammern erkannt werden.

Oft entdeckt man Fehler in Gleichungen, indem man die Dimensionen (Maßeinheiten) der Größen untersucht. Die Übereinstimmung der Dimensionen (Maßeinheiten) auf linker und rechter Gleichungsseite ist eine notwendige (nicht hinreichende!) Voraussetzung für die Richtigkeit einer Gleichung. Als Beispiel betrachten wir die Kontinuitätsgleichung:

$$\dot{m} = \frac{c \cdot A}{v} \qquad \dot{m} = \text{Massenstrom gemessen in kg/s}$$

$$c = \text{Strömungsgeschwindigkeit gemessen in m/s}$$

$$A = \text{Querschnittsfläche gemessen in } \text{m}^2$$

$$v = \text{spezifisches Volumen gemessen in } \text{m}^3/\text{kg}$$

Einheitenanalyse: Dimensionsanalyse:

$$1\,\frac{\text{kg}}{\text{s}} = \frac{1\,\text{m/s} \cdot 1\,\text{m}^2}{1\,\text{m}^3/\text{kg}} = 1\,\frac{\text{kg}}{\text{s}} \qquad \frac{\text{Masse}}{\text{Zeit}} = \frac{\text{Länge/Zeit} \cdot \text{Länge}^2}{\text{Länge}^3/\text{Masse}} = \frac{\text{Masse}}{\text{Zeit}}$$

Wir verwenden das Formelzeichen c sowohl für die Strömungsgeschwindigkeit, gemessen in m/s, als auch für die spezifische Wärmekapazität. gemessen in J/(kg K). Die konkrete Bedeutung ergibt sich – nicht immer leicht erkennbar – aus dem Sachzusammenhang. Zweifel beseitigt dann eben eine Analyse der Maßeinheiten oder Dimensionen.

Die Maßeinheit einer abgeleiteten Größe folgt aus einer *Einheitengleichung*. Dabei werden die in einer Größengleichung vorkommenden Größen in eckige Klammern gesetzt und nur die entsprechenden Maßeinheiten betrachtet. So gewinnt man zum Beispiel die Maßeinheit für den Massenstrom $\dot{m}$ mit den Maßeinheiten aus dem Produkt für die Strömungsgeschwindigkeit c und der Querschnittsfläche A geteilt durch das spezifische Volumen v die entsprechende Einheitengleichung

$$[\dot{m}] = \frac{[c] \cdot [A]}{[v]} = \frac{1\,\text{m/s} \cdot 1\,\text{m}^2}{1\,\text{m}^3/\text{kg}} = \underline{\underline{1\,\frac{\text{kg}}{\text{s}}}}$$

1.4.1 Umgang mit SI-Einheiten und gesetzlichen Maßeinheiten

Addieren Sie jeweils die willkürlich in unterschiedlichen Maßeinheiten vorliegenden Summanden zu der Gesamtgröße in der vorgegebenen Maßeinheit!

a) $p = 10\,\text{MPa} + 4\,\text{kPa} + 500\,\text{mbar} =$ bar

b) $p = 1\,\text{hPa} =$ mbar

c) $p = \dfrac{100\,\text{N}}{\text{mm}^2} + \dfrac{100\,\text{N}}{\text{cm}^2} + \dfrac{100\,\text{N}}{\text{m}^2} =$ bar

d) $Q = 360.000\,\text{Ws} + 7{,}2 \cdot 10^6\,\text{J} =$ kWh

e) $Q = 0{,}15\,\text{TJ} + 150\,\text{MJ} =$ GJ

f) $W = 250\,\text{kg}\,\text{m}^2/\text{s}^2 + 0{,}1\,\text{kWs} + 50\,\text{Nm} =$ Nm

g) $\dot{m} = 0{,}72\,\text{t/h} + 1\,\dfrac{\text{kg}}{\text{dm}^3} \cdot 600\,\dfrac{\text{Liter}}{\text{min}} =$ kg/s

h) $V = 1000\,\text{cm}^3 + 0{,}2\,\text{dm}^3 + 10^{-5}\,\text{m}^3 =$ dm^3

i) $l = 20\,\text{mm} + 500\,\mu\text{m} + 10^4\,\text{nm} =$ cm

Lösung:

a) $\quad p = 10\,\text{MPa} + 4\,\text{kPa} + 500\,\text{mbar} = 100\,\text{bar} + 0{,}04\,\text{bar} + 0{,}5\,\text{bar} = 100{,}54\,\text{bar}$

b) $\quad p = 1\,\text{hPa} = 1 \cdot 10^2\,\text{Pa} = 1 \cdot 10^2 \cdot 10^{-5}\,\text{bar} = 1 \cdot 10^{-3}\,\text{bar} = 1\,\text{mbar}$

Die Beziehung 1 hPa = 1 mbar hat bei der Einführung der SI-Einheiten nicht geholfen, konsequent allein auf die Druckeinheit Pascal zu setzen. Fast alle Druckmessgeräte zeigten mbar an, sodass man mit hPa nicht viel anfangen konnte. Wegen dieser Irritationen ließ man als nicht kohärente Einheit das Bar als gesetzliche Einheit für den Druck weiter zu. Die Verknüpfung 1 bar $= 10^5$ Pa erfolgt durch eine eigentlich im SI-System nicht zugelassene Zehnerpotenz!

c) $\quad p = \dfrac{100\,\text{N}}{\text{mm}^2} + \dfrac{100\,\text{N}}{\text{cm}^2} + \dfrac{100\,\text{N}}{\text{m}^2}$

$\quad p = 10^8\,\text{Pa} + 10^6\,\text{Pa} + 10^2\,\text{Pa} = 1000\,\text{bar} + 10\,\text{bar} + 0{,}001\,\text{bar} = 1010{,}001\,\text{bar}$

d) $\quad Q = 360.000\,\text{Ws} + 7{,}2 \cdot 10^6\,\text{J}$

$\quad Q = 360\,\text{kWs} \cdot \dfrac{\text{h}}{3.600\,\text{s}} + \dfrac{7{,}2 \cdot 10^3\,\text{kWs} \cdot \text{h}}{3.600\,\text{s}} = 0{,}1\,\text{kWh} + 2\,\text{kWh} = 2{,}1\,\text{kWh}$

e) $\quad Q = 0{,}15\,\text{TJ} + 150\,\text{MJ} = 150\,\text{GJ} + 0{,}15\,\text{GJ} = 150{,}15\,\text{GJ}$

f) $\quad W = 250\,\text{kg}\,\text{m}^2/\text{s}^2 + 0{,}1\,\text{kWs} + 50\,\text{Nm} = 250\,\text{Nm} + 100\,\text{Nm} + 50\,\text{Nm} = 400\,\text{Nm}$

g) $\quad \dot{m} = 0{,}72\,\text{t/h} + 1\,\dfrac{\text{kg}}{\text{dm}^3} \cdot 600\,\dfrac{\text{Liter}}{\text{min}} = \dfrac{720\,\text{kg}}{3600\,\text{s}} + 1000\,\dfrac{\text{kg}}{\text{m}^3} \cdot \dfrac{0{,}6\,\text{m}^3}{60\,\text{s}} = 10{,}2\,\text{kg/s}$

h) $\quad V = 1000\,\text{cm}^3 + 0{,}2\,\text{dm}^3 + 10^{-5}\,\text{m}^3 = 1\,\text{dm}^3 + 0{,}2\,\text{dm}^3 + 10^{-2}\,\text{dm}^3 = 1{,}21\,\text{dm}^3$

i) $\quad l = 20\,\text{mm} + 500\,\mu\text{m} + 10^4\,\text{nm} = 2\,\text{cm} + 0{,}05\,\text{cm} + 0{,}001\,\text{cm} = 2{,}051\,\text{cm}$

1.4.2 Umgang mit dem angelsächsischen Maßsystem

a) 1 British thermal unit (Btu) ist als die für die Erwärmung von einem britischen Pfund (1 lb) Wasser von 63 auf 64 °F (also um 1 °F oder 1 °R) benötigte Wärmemenge definiert. 1 °Fahrenheit entspricht 5/9 Kelvin. Berechnen Sie daraus das Äquivalent in Joule unter Verwendung der in Tabelle 6.2-7 des Anhangs angegebenen spezifischen Wärmekapazität für Wasser von 1 Btu/(lb °R) = 4,1868 kJ/(kg K)!

b) Die Gallone ist ein Raummaß, das regional sehr unterschiedlich definiert ist. In den USA ist die Gallone als Flüssigkeitsmaß einem mittelalterlichen englischen Weinmaß folgend definiert als Volumen eines Zylinders mit einem Durchmesser von 7 Zoll und einer Höhe von 6 Zoll. Die Kreiskonstante π wurde damals näherungsweise durch 22/7 dargestellt. Berechnen Sie aus diesen Angaben das Äquivalent von 1 US liq. gal in Litern!

Lösung:

a) Mit der aus der Physik bekannten Grundgleichung der Kalorik $Q = m \cdot c \cdot \Delta t$ folgt:

$$Q = 1\,\text{lb} \cdot 1\,\frac{\text{Btu}}{\text{lb}\,^{\circ}\text{R}} \cdot 1\,^{\circ}\text{R} = 0{,}45359237\,\text{kg} \cdot 4{,}1868\,\frac{\text{kJ}}{\text{kg K}} \cdot \frac{5\,\text{K}}{9\,^{\circ}\text{R}} \cdot 1\,^{\circ}\text{R} = \underline{\underline{1055{,}05585262\,\text{J}}}$$

b) Mit den Zylindervolumen $V = \dfrac{\pi}{4}d^2 \cdot h \approx \dfrac{22}{7 \cdot 4}d^2 \cdot h$ und 1 Zoll = 1 inch = 25,4 mm folgt:

$$V = \frac{22}{7 \cdot 4} \cdot 7^2\,\text{in}^2 \cdot 6\,\text{in}$$

$$V == 231\,\text{in}^3 = 231\,\text{in}^3 \cdot \left(\frac{25{,}4^3 \cdot 10^{-9}\,\text{m}^3}{\text{in}^3} \right) = 3.785.411{,}784 \cdot 10^{-9}\,\text{m}^3 = \underline{\underline{3{,}785411784\,\ell}}$$

Königin Anne hat 1706 die auch seinerzeit in England gültige Definition für diese Gallone neu gefasst durch den Rauminhalt eines Quaders mit den Kantenlängen 11 in, 7 in und 3 in. Dieser Quader ist volumengleich zum oben beschriebenen Zylinder, wenn man die irrationale Zahl π durch die Näherung 22/7 ersetzt. Seit 1985 gilt in Großbritannien und Kanada eine auf dem metrischen Liter basierende Gallone (1 imp. gal = 4,54609 ℓ (exakt festgesetzt)), in den USA gilt immer noch die ursprüngliche Definition.

1.4.3 Übungen mit Maßeinheiten in einfachen Zusammenhängen

a) Welcher Druck herrscht in einem See in genau 10 m Tiefe, wenn der äußere Luftdruck mit 760 mm Quecksilbersäule gemessen wird und in welcher Tiefe herrscht dann genau ein Druck von 1 MPa? Die Dichte des Wassers sei mit 1000 kg/m^3, die des Quecksilbers mit 13,5951 g/cm^3 gegeben.

b) Eine Pferdestärke (1 PS) ist die erforderliche Leistung, um ein Gewicht von 75 kp in einer Sekunde einen Meter zu heben. Ermitteln Sie die einer Pferdestärke entsprechende Leistung in W und rechnen Sie die Leistung von 80 PS in kW um!

c) Die Definition der früher für die Wärmemenge gebräuchliche Maßeinheit Kilokalorie (kcal$_{15\,°C}$) bezog sich auf den erforderlichen Energiebetrag, um 1 kg Wasser von 14,5 °C auf 15,5 °C zu erwärmen. Für die spezifische Wärmekapazität von Wasser galt die willkürlich gewählte, aber normierende Festsetzung $c_W = 1\,\text{kcal/(kg grd)}$. Temperaturdifferenzen wurden in grd angegeben, heute in K (früher: 15,5 °C – 14,5 °C = 1 grd; heute: 15,5 °C – 14,5 °C = 1 K).
Berechnen Sie die mittlere spezifische Wärmekapazität von Wasser im oben angegebenen Temperaturbereich unter Nutzung der in Tabelle 6.2-6 aufgeführten Umrechnung von Kilokalorie in Joule!

d) Geben Sie die thermodynamische Temperatur in K für 15 °C an! Berechnen Sie die Temperaturdifferenz $\Delta t = 35\,°C - 15\,°C$!

e) Im August 2002 fielen in Sachsen (Messstelle: Zinnwald Georgenfeld) innerhalb von 24 Stunden 312 mm Regen, was zum Jahrhunderthochwasser der Elbe führte. Das war bis dahin der Rekordwert in Deutschland, ist inzwischen aber schon mit fortschreitendem Klimawandel deutlich übertroffen. Wie viel Liter sind in 24 Stunden pro Quadratmeter gefallen?

f) An einem alten Kran befindet sich die Aufschrift: „Max. 7,5 Mp". Welche Masse in kg kann der Kran maximal anheben?

g) Die örtliche Fallbeschleunigung g kann aus einem Pendelversuch bestimmt werden. Mit welcher der folgenden Gleichungen kann g aus der Periodendauer T_{Pendel} und der Pendellänge l errechnet werden?

$$1)\ g = 4 \cdot \pi^2 \frac{T_{Pendel}}{l^2} \qquad 2)\ g = 2 \cdot \pi \sqrt{\frac{T_{Pendel}}{l}} \qquad 3)\ g = 4 \cdot \pi^2 \frac{l}{T_{Pendel}^2}$$

Lösung:

a) Der Druck p in 10 m Wassertiefe setzt sich aus dem herrschenden Luftdruck p_L und dem durch den Schweredruck des Wassers erzeugten Druck p_W zusammen.

Gegeben sind:
$$\rho_W = 1000\,\frac{\text{kg}}{\text{m}^3} \qquad \rho_{Hg} = 13,5951\,\frac{\text{g}}{\text{cm}^3} \qquad h_W = 10\,\text{m} \qquad h_{Hg} = 760\,\text{mm}$$

p_L = 760 mmQS = 760 Torr = 1 atm (nicht mehr zugelassene Druckeinheiten) herrschender Luftdruck aus $p_L = \rho_{Hg} \cdot g \cdot h_{Hg}$

$$p_L = 13.595,1 \, \frac{\text{kg}}{\text{m}^3} \cdot 9,80665 \, \frac{\text{m}}{\text{s}^2} \cdot 0,76 \, \text{m} = 101.325,01 \, \text{Pa} = 1,01325 \, \text{bar}$$

Mit einer genaueren Angabe der Dichte des Quecksilbers würde man für *760 mm Quecksilbersäule* genau den *physikalischen Normdruck* mit *1,01325 bar* erhalten, der früher mit 760 Torr oder 1 atm angegeben wurde. Mit der verbindlichen Einführung des SI-Einheitensystems muss man sich jetzt für den physikalischen Normdruck die etwas sperrige Zahlenfolge 1,01325 bar einprägen. Vorstöße, den Normdruck weltweit auf 1 bar festzulegen, sind bisher wegen der Konsequenzen bei der Angabe experimentell ermittelter Stoffdaten gescheitert.
Schweredruck der Wassersäule $p_W = \rho_W \cdot g \cdot h_W$

$$p_W = 1.000 \, \frac{\text{kg}}{\text{m}^3} \cdot 9,80665 \, \frac{\text{m}}{\text{s}^2} \cdot 10 \, \text{m} = 98.066,5 \, \text{Pa}$$
$$= 0,980665 \, \text{bar} = 0,980665 \, \text{bar} \approx 1 \, \text{bar}$$

Je 10 m Wassertiefe nimmt der Druck ungefähr um 1 bar zu. Für den Gesamtdruck darf man dann allerdings nicht den an der Wasseroberfläche herrschenden Luftdruck vergessen.

$$p = p_L + p_W = 1,01325 \, \text{bar} + 0,980665 \, \text{bar} = \underline{\underline{1,994 \, \text{bar} \approx 2 \, \text{bar}}}$$

Die Wassertiefe für einen Gesamtdruck von 1 MPa = 10 bar ist dann auch nicht 100 m, sondern genau:

$$h = \frac{p - p_L}{\rho_{H_2O} \cdot g} = \frac{(1.000.000 - 101.324) \, \text{N/m}^2}{1000 \, \text{kg/m}^3 \cdot 9,80665 \, \text{m/s}^2} = \frac{898.675 \, \text{kg/(ms}^2)}{9.806,65 \, \text{kg/m}^2/\text{s}^2} = \underline{\underline{91,64 \, \text{m}}}$$

b) Aus der Definition der Einheit Pferdestärke (vergleiche Tabelle 6.2-5) ergibt sich

$$1 \, \text{PS} = \frac{75 \, \text{kp} \cdot 1 \, \text{m}}{1 \, \text{s}} = \frac{75 \, \text{kg} \cdot 9,80665 \, \text{m/s}^2 \cdot 1 \, \text{m}}{1 \, \text{s}} = 735,49875 \, \frac{\text{Nm}}{\text{s}} = \underline{\underline{735,49875 \, \text{W}}}$$

$$80 \, \text{PS} = 80 \, \text{PS} \cdot 735,49875 \, \frac{\text{W}}{\text{PS}} = 58,8399 \, \text{kW} \approx \underline{\underline{59 \, \text{kW}}}$$

c) $1 \, \text{kcal}_{15 \, °C} = 4,1855 \, \text{kJ}$ (entnommen aus Tabelle 6.2-6)

$$Q = m \cdot \bar{c}_w \cdot \Delta t \qquad \bar{c}_w\big|_{14,5 \, °C}^{15,5 \, °C} = \frac{Q}{m \cdot \Delta t} = \frac{4,1855 \, \text{kJ}}{1 \, \text{kg} \cdot 1 \, \text{K}} = \underline{\underline{4,1855 \, \frac{\text{kJ}}{\text{kg K}}}}$$

(Grundgleichung der klassischen Kalorik und Erklärung Formelzeichen für spezifische Wärmekapazität vergleiche Kapitel 2.3 und 3.3)

d) Aus der Zahlenwertgleichung $\{T\} = 273{,}15 + \{t\}$ folgt $\{T\} = 273{,}15 + 15 = 288{,}15$. Also entsprechen 15 °C einer thermodynamischen Temperatur von 288,15 K.

$$\Delta t = 35\,°C - 15\,°C = \underline{20\,K} \quad \text{führt genauso wie auf} \quad \Delta T = 308{,}15\,K - 288{,}15\,K = \underline{20\,K}$$

Temperaturdifferenzen werden völlig unabhängig davon, ob die Ausgangstemperaturen in Grad Celsius oder Kelvin gegeben sind, immer in *Kelvin* angegeben!

e) Gegeben sind: $\quad h = \dfrac{V}{A}$ in $\dfrac{\text{Liter}}{m^2} \quad\quad A = 1\,m^2$

$V = A \cdot h = 1\,m^2 \cdot 312 \cdot 10^{-3}\,m = 312 \cdot 10^{-3}\,m^3 = \underline{312\,\text{Liter}}$

Man präge sich ein: 1 Liter pro Quadratmeter entspricht einer Niederschlagshöhe von 1 mm!

f) Gegeben sind:

$F = 7{,}5\,Mp = 7.500\,kp \quad$ und $\quad 1\,kp = 1\,kg \cdot 9{,}80665\,m/s^2 = 9{,}80665\,N$

Das Mp (Megapond) ist eine veraltete Maßeinheit für die Kraft (1 Mp = 1.000 kp)

$$F = m \cdot g \quad\quad m = \frac{F}{g} = \frac{7.500\,kg \cdot 9{,}80665\,m/s^2}{9{,}80665\,m/s^2} = \underline{\underline{7.500\,kg}}$$

g) Lösung durch Kontrolle der Einheiten $[g] = 1\,m/s^2$ aus $[T_{Pendel}] = 1\,s$ und $[l] = 1\,m$

1) $[g] = 1\,\dfrac{s}{m^2}$ stimmt nicht $\quad\quad$ 2) $[g] = 1\sqrt{\dfrac{s}{m}}$ stimmt nicht $\quad\quad$ 3) $[g] = 1\,\dfrac{m}{s^2}$ stimmt!

Daraus folgt: Gleichung 3) ist die gesuchte Gleichung; die mathematischen Verknüpfungen in den anderen Gleichungen sind falsch!

1.4.4 Rechnen mit Zehnerpotenzen

Ein zu untersuchendes Gas im physikalischen Normzustand nach DIN 1343 enthalte genau vierhundert Trillionen neunhundertneunundneunzig Milliarden Teilchen.
   a) Welche Stoffmenge in mol liegt vor?
   b) Welches Volumen in Millilitern nimmt das Gas ein?
   c) Wie viele Jahre würden Sie zum Zählen der Teilchen benötigen, wenn der Zählvorgang für ein Teilchen genau eine Zehntelsekunde beträgt?

Gegeben sind:

Zahl der Teilchen: $N = 400.000.000.999.000.000.000 \quad\quad$ Zählrate: $ZR = N/\tau = 1/0{,}1\,s$

Vorüberlegungen:

Bezüglich der verbal gegebenen Teilchenzahl können wir wegen der „Milliarden"-Verwechslungen der Zehnerpotenzen durch unterschiedliche Bedeutungen im deutschen und angelsächsischen Sprachraum ausschließen. Unter Abspaltung der Zehnerpotenzen für die Trillion wäre zu schreiben: $N = 400{,}000000999 \cdot 10^{+18}$. In einen zehn Stellen anzeigenden Taschenrechner könnten wir die Zahl so aber nicht verwenden, wir würden die letzten beiden Dezimalstellen verlieren. Die volle Genauigkeit der Eingangsgröße bleibt erhalten, wenn man eingibt: $N = 4{,}000000999 \cdot 10^{+20}$.

Lösung:

a) Stoffmenge in mol aus der Avogadro-Konstante

$$n = \frac{N}{N_A} = \frac{4{,}000000999 \cdot 10^{+20}}{6{,}02214129 \cdot 10^{+23} \, \text{mol}^{-1}} \approx 0{,}664215734 \cdot 10^{-3} \, \text{mol} \approx 0{,}000664215 \, \text{mol}$$

Trotz einer fast unvorstellbar hohen Zahl von Teilchen haben wir es hier mit einer sehr geringen Stoffmenge zu tun.

b) Volumen in Millilitern (ml)

1. Berechnungsmöglichkeit unter Verwendung der Loschmidt-Konstante N_L

$$V = \frac{N}{N_L} = \frac{4{,}000000999 \cdot 10^{+20}}{2{,}6867805 \cdot 10^{+25} \text{m}^{-3}} \cdot \frac{10^3 \, \text{dm}^3}{\text{m}^{+3}} \approx \underline{14{,}8877104 \, \text{ml}}$$

Die sehr hohe Anzahl der Teilchen im Gas beansprucht im physikalischen Normzustand weniger als 15 ml Raum.

2. Berechnungsmöglichkeit aus (berechneter) Stoffmenge n und molarem Volumen $V_{m,n}$

$$V = n \cdot V_{m,n} = 0{,}664215734 \cdot 10^{-3} \, \text{mol} \cdot 22{,}413968 \, \text{dm}^3/\text{mol} \approx \underline{14{,}88771021 \, \text{ml}}$$

Die Abweichung zu dem Ergebnis oben entsteht durch die Verwendung eines gerundeten Wertes für die Stoffmenge n.

c) benötigte Zeit für die Auszählung

$$\tau = \frac{N}{ZR} = \frac{4{,}000000999 \cdot 10^{+20}}{1/0{,}1 \, \text{s}} = 4{,}000000999 \cdot 10^{+19} \, \text{s}$$

Berechnung der Sekunden in einem Jahr:

$$\left(\frac{365 \, \text{d}}{1 \, \text{a}}\right) \cdot \left(\frac{24 \, \text{h}}{1 \, \text{d}}\right) \cdot \left(\frac{3.600 \, \text{s}}{1 \, \text{h}}\right) = 3{,}1536 \cdot 10^{+7} \, \frac{\text{s}}{\text{a}}$$

Daraus ergibt sich die Anzahl der Jahre mit

$$\frac{4{,}000000999 \cdot 10^{+19}\ \text{s}}{3{,}1536 \cdot 10^{+7}\ \text{s/a}} \approx \underline{\underline{1.268.432.218.000\ \text{a}}}$$

Dieses Ergebnis zeigt auch, wie wichtig eine geeignete Definition der Stoffmenge n ist, denn das Arbeiten mit der absoluten Anzahl von Teilchen führt auf recht unhandliche Zahlen.

1.4.5 Ableitung einer zugeschnittenen Größengleichung

Geben Sie eine zugeschnittene Größengleichung für die Berechnung der Masse von Drähten in kg an, wenn die Materialdichte in g/cm^3, der Durchmesser in mm und die Länge in m eingesetzt werden sollen! Berechnen Sie die Masse eines 200 m langen Kupferkabels (Dichte 8,93 g/cm^3) mit einem Durchmesser von 2,54 mm! Welche Masse besitzt ein doppelt so langes Aluminiumkabel gleicher Stärke (Dichte Aluminium 2,70 g/cm^3)?

Gegeben sind:

m in kg	ρ in g/cm^3	d in mm	l in m
$l_{Cu} = 200\ \text{m}$	$d_{Cu} = 2{,}54\ \text{mm}$	$\rho_{Cu} = 8{,}93\ g/cm^3$	
$l_{Al} = 400\ \text{m}$	$d_{Al} = 2{,}54\ \text{mm}$	$\rho_{Al} = 2{,}70\ g/cm^3$	

Vorüberlegungen:

Zur Ableitung der zugeschnittenen Größengleichung wird in der Größengleichung jede Größe durch die jeweils geforderte Maßeinheit dividiert und zum Erhalt der mathematischen Äquivalenz multipliziert. Die irrationale Zahl π ersetzt man durch die endliche reelle Zahl 3,141592654 (Taschenrechnergenauigkeit). Danach sind die Terme der Gleichung so zusammenzufassen, dass sich die gesuchte zugeschnittene Größengleichung aus einer Zahl und den Quotienten aus physikalischer Größe und geforderter Maßeinheit ergibt.

Das Ergebnis ist sinnvoll mit einer Genauigkeit von drei signifikanten Ziffern anzugeben.

Die Größengleichung, mit der die Masse eines Drahtes aus Materialdichte, Länge und Durchmesser des Drahtes berechnet werden kann, lautet:

$$m = \rho \cdot V = \rho \cdot \frac{\pi}{4} d^2 \cdot l$$

Lösung:

$$\left(\frac{m}{\text{kg}}\right) \cdot \text{kg} = \left(\frac{\rho}{g/cm^3}\right) \cdot g/cm^3 \cdot \frac{\pi}{4} \cdot \left(\frac{d}{\text{mm}}\right)^2 \cdot \text{mm}^2 \cdot \left(\frac{l}{\text{m}}\right) \cdot \text{m}$$

$$\left(\frac{m}{\text{kg}}\right) = \frac{3{,}141592654}{4} \cdot \frac{\text{g} \cdot \text{mm}^2 \cdot \text{m}}{\text{cm}^3 \cdot \text{kg}} \cdot \left(\frac{\rho}{\text{g/cm}^3}\right) \cdot \left(\frac{d}{\text{mm}}\right)^2 \cdot \left(\frac{l}{\text{m}}\right)$$

$$\left(\frac{m}{\text{kg}}\right) = 0{,}785398163 \cdot \frac{10^{-3}\text{kg} \cdot 10^{-6}\text{m}^2 \cdot \text{m}}{10^{-6}\text{m}^3 \cdot \text{kg}} \cdot \left(\frac{\rho}{\text{g/cm}^3}\right) \cdot \left(\frac{d}{\text{mm}}\right)^2 \cdot \left(\frac{l}{\text{m}}\right)$$

$$\left(\frac{m}{\text{kg}}\right) = \frac{0{,}785398163}{1000} \cdot \left(\frac{\rho}{\text{g/cm}^3}\right) \cdot \left(\frac{d}{\text{mm}}\right)^2 \cdot \left(\frac{l}{\text{m}}\right)$$

Masse Cu: $\left(\dfrac{m}{\text{kg}}\right) = \dfrac{0{,}785398163}{1000} \cdot 8{,}93 \cdot 2{,}54^2 \cdot 200 \approx 9{,}04979$ $m \approx \underline{\underline{9{,}05\,\text{kg}}}$

Masse Al: $\left(\dfrac{m}{\text{kg}}\right) = \dfrac{0{,}785398163}{1000} \cdot 2{,}70 \cdot 2{,}54^2 \cdot 400 \approx 5{,}47244$ $m \approx \underline{\underline{5{,}47\,\text{kg}}}$

1.4.6 Einheitenanalyse

I. Kontrolle, ob eine gegebene Größengleichung fehlerfrei übermittelt wurde

Mit welcher der folgenden Gleichungen kann eine Kraft aus einer Geschwindigkeit c, einer Masse m und einem Radius r ermittelt werden?

a) $F = \dfrac{r \cdot c^2}{m}$ b) $F = \dfrac{m \cdot c^2}{r}$ c) $F = \dfrac{c^2}{r \cdot m}$ d) $F = r \cdot \sqrt{m \cdot c}$

Vorüberlegungen:

Die physikalische Größe Kraft wird mit der aus den SI-Basiseinheiten abgeleiteten Maßeinheit $1\,\text{N} = 1\,\text{kg m/s}^2$ gemessen. Die Maßeinheiten für die Ausgangsgrößen lauten:

$[c] = 1\,\text{m/s}$ $[m] = 1\,\text{kg}$ $[r] = 1\,\text{m}$

Lösung:

a) $[F] = \dfrac{1\,\text{m} \cdot 1\,\text{m}^2/\text{s}^2}{1\,\text{kg}} = 1\,\dfrac{\text{m}^3}{\text{kg s}^2}$ entspricht nicht der Definition für Newton!

b) $[F] = \dfrac{1\,\text{kg} \cdot 1\,\text{m}^2/\text{s}^2}{1\,\text{m}} = 1\,\dfrac{\text{kg m}}{\text{s}^2}$ Basiseinheiten liefern die Definition für Newton,

   also diese Gleichung beschreibt eine Kraft!

c) $[F] = \dfrac{1\,\text{m}^2/\text{s}^2}{1\,\text{m} \cdot 1\,\text{kg}} = 1\,\dfrac{\text{m}}{\text{kg s}^2}$ entspricht nicht der Definition für Newton!

d) $[F] = 1\,\text{m} \cdot \sqrt{1\,\text{kg} \cdot 1\,\text{m/s}}$
   $= 1\,\text{m}^{3/2}\,\text{kg}^{1/2}\,\text{s}^{1/2}$ entspricht nicht der Definition für Newton!

II. Maßeinheit für eine durch eine Größengleichung gegebene Größe

Die Wahrscheinlichkeitsdichte $f(v)$ der Maxwell'schen Geschwindigkeitsverteilung gibt an, mit welcher Wahrscheinlichkeit ein Teilchen der Masse m_T mit einer Geschwindigkeit v in einem vorgegebenen Geschwindigkeitsintervall zwischen v und $v + dv$ angetroffen wird.

$$f(v) = 4\pi \cdot \left(\frac{m_T}{\pi \cdot 2 \cdot k \cdot T} \right)^{3/2} \cdot v^2 \cdot e^{-\frac{m_T \cdot v^2}{2 \cdot k \cdot T}}$$

Darin bedeuten:

m_T Masse des Teilchens in kg v Geschwindigkeit in m/s
k Boltzmann-Konstante in J/K T absolute Temperatur in K

Welche Maßeinheit ergibt sich für $f(v)$?

Vorüberlegungen:
Der Exponent zur Basis der natürlichen Zahl e muss dimensionslos sein!
Für die Maßeinheiten der Energie gilt: $1\,\text{J} = 1\,\text{Nm} = 1\,\text{kg}\,\text{m}^2\,\text{s}^{-2}$!

Lösung:

a)   Prüfen, ob der zur Basis e gehörige Exponent dimensionslos ist:

$$1\,\frac{\text{kg} \cdot \text{m}^2/\text{s}^2}{\text{Nm/K} \cdot \text{K}} = 1\,\frac{\text{kg} \cdot \text{m}^2/\text{s}^2}{\text{kg}\,\text{m/s}^2 \cdot \text{m}} = 1.$$

b)   Maßeinheit für die Wahrscheinlichkeitsdichte:

$$[f(v)] = \left(\frac{[m_T]}{[k] \cdot [T]} \right) \cdot [v]^2 = \left(\frac{1\,\text{kg}}{1\,\text{Nm/K} \cdot 1\,\text{K}} \right)^{3/2} \cdot \left(1\,\frac{\text{m}}{\text{s}} \right)^2$$

$$= \left(\frac{1\,\text{kg}}{1\,\text{kg}\,\text{m}^2/\text{s}^2} \right)^{3/2} \cdot \left(1\,\frac{\text{m}^2}{\text{s}^2} \right)$$

Es ist $(\text{m}^{-2})^{\frac{3}{2}} \cdot \text{m}^2 = \text{m}^{-3} \cdot \text{m}^2 = \text{m}^{-1}$ und $(\text{s}^{+2})^{3/2} \cdot \text{s}^{-2} = \text{s}$ sodass folgt:

$$\underline{\underline{[f(v)] = 1\,\text{s/m}}}$$

1.5 Wichtige Naturkonstanten als physikalische Größen

Naturkonstanten treten in verschiedenen Theorien als unverzichtbare Größen auf, ohne dass die betreffende Theorie selber den Wert dieser Konstante angeben kann. Dazu benötigt man Experimente und möglichst exakte Messungen. Mithilfe der dann bestimmten Werte der Naturkonstanten gelangt man von der qualitativen Beschreibung durch eine Formel zu einer quantitativen Beschreibung mit numerischen Werten. Je genauer man die Naturkonstanten erfasst, desto genauer können die quantitativen Aussagen der Theorie getroffen werden.

Das „Committee on Data for Science and Technology" (CODATA) des *International Council of Scientific Unions* (*ICSU*) ist eine in Paris beheimatete Organisation, die in bestimmten zeitlichen Abständen Datensätze zu Naturkonstanten auf der Grundlage der bis zum Stichtag zuverlässigsten international verfügbaren Messwerte veröffentlicht sowie zur einheitlichen Anwendung in Wissenschaft und Technik empfiehlt.

In den Erstauflagen der beiden Bände von Thermodynamik – Verstehen durch Üben wurden folgende für thermodynamische Kalkulationen bedeutsame Naturkonstanten aus dem Datensatz des Jahres 2010 der von CODATA empfohlenen Werte für fundamentale physikalische Konstanten den Berechnungen zugrunde gelegt:

- die Avogadro-Konstante

$$N_A = (6{,}02214129 \pm 0{,}00000027) \cdot 10^{+26} \, \text{kmol}^{-1}$$

- die Loschmidt-Konstante (bei $T = 273{,}15$ K und $p = 1{,}01325$ bar):

$$N_L = (2{,}6867805 \pm 0{,}0000024) \cdot 10^{+25} \, \text{m}^{-3}$$

- die molare (universelle) Gaskonstante des idealen Gases:

$$R_m = (8{,}3144621 \pm 0{,}0000075) \, \text{kJ/(kmol K)}$$

- das molare Volumen des idealen Gases (bei $T = 273{,}15$ K und $p = 1$ bar):

$$V_m = (22{,}710953 \pm 0{,}000021) \, \text{m}^3/\text{kmol}$$

- das molare Volumen des idealen Gases (bei $T = 273{,}15$ K und $p = 1{,}01325$ bar):

$$V_{m,n} = (22{,}413968 \pm 0{,}000020) \, \text{m}^3/\text{kmol} \quad \text{(physikalischer Normzustand)}$$

- die Boltzmann-Konstante:

$$k = (1{,}3806488 \pm 0{,}0000013) \cdot 10^{-23} \, \text{J/K}$$

- die Stefan-Boltzmann-Konstante:

$$\sigma = (5{,}670373 \pm 0{,}000021) \cdot 10^{-8} \, \text{W/(m}^2 \, \text{K}^4)$$

Diese Daten werden der Kontinuität wegen nun auch in den neu konzipierten Büchern verwendet. Das National Institute of Standards and Technology (NIST) des

US-Handelsministeriums veröffentlicht fortlaufend jeweils die neuesten Erkenntnisse dazu aber mit teilweise nur geringfügig abweichenden Werten unter http://physics.nist.gov/cuu/constants.

Die Avogadro- und Loschmidt-Konstanten beziehen sich beide auf die Teilchenzahl. Die Avogadro-Konstante gibt an, wie hoch die Teilchenzahl in einer Stoffmenge von 1 kmol ist, die Loschmidt-Konstante dagegen die Anzahl der Teilchen in einem Kubikmeter eines idealen Gases unter den Bedingungen des physikalischen Normzustandes. Avogadro[11] stellte 1811 die Hypothese auf, dass alle Gase bei gleicher Temperatur und gleichem Druck in gleichem Volumen stets dieselbe Anzahl von Teilchen enthalten. Die Zahl der Teilchen selber gab er nicht an. Die von Avogadro aufgestellte Regel half aber entscheidend bei der Durchsetzung der Vorstellung, dass Stoffe aus kleinsten Teilchen aufgebaut sind. Erst nach dem Tod von Avogadro gelang es Loschmidt[12] 1865, im Zusammenhang mit einer Arbeit über die Größe der Atome die Zahl der Atome in einem Kubikmeter Gas unter den Bedingungen des physikalischen Normzustandes (DIN 1343: 1,01325 bar und 0 °C) zu berechnen. Auf Vorschlag seines Schülers Ludwig Boltzmann wurde diese Zahl Loschmidt-Konstante genannt, die mit der oft verwendeten Avogadro-Konstante N_A und dem molaren Volumen eines idealen Gases im physikalischen Normzustand verknüpft ist über die Beziehung

$$N_L = \frac{N_A}{V_{m,n}} \tag{1.5-1}$$

Zwischen den oben aufgeführten Naturkonstanten bestehen auch noch weitere funktionale Zusammenhänge, zum Beispiel für die universelle (molare) Gaskonstante R_m:

$$R_m = k \cdot N_A \tag{1.5-2}$$

$$R_m = 1{,}3806488 \cdot 10^{-26}\,\frac{kJ}{K} \cdot 6{,}0221429 \cdot 10^{+26}\,\frac{1}{kmol} = 8{,}3144621\,\frac{kJ}{kmol\,K}$$

Mit den in DIN 1343 als Parameter für den physikalischen Normzustand $T_n = 273{,}15\,K$ und $p_n = 1{,}01325\,bar$ festgelegten Größen ist die Loschmidt-Konstante auch zu berechnen aus

$$N_L = \frac{p_n}{k \cdot T_n} \tag{1.5-3}$$

---

11 Lorenzo Romano Amedeo Carlo Avogadro (1776–1856), italienischer Physiker und Chemiker, beobachtete im Jahr 1811, dass sich Schwefel und Sauerstoff stets im gleichen Massenverhältnis zu Schwefeldioxid verbanden. Daraus leitete er die oben erwähnte Hypothese ab, die lange Zeit wissenschaftlich kaum beachtet blieb. Später jedoch wurde sie als fundamentaler Beweis dafür angesehen, dass die Stoffe einen atomaren Aufbau besitzen. Heute fasst man diese Erkenntnis unter dem Begriff Gesetz von Avogadro zusammen.

12 Josef Loschmidt (1821–1895), österreichischer Physiker und Chemiker, bestimmte zunächst die Größe der Luftmoleküle, um daraus ihre Anzahl in einem bestimmten Volumen zu berechnen.

Avogadro-Konstante und Boltzmann-Konstante sind 2019 im Zusammenhang mit der Neufestsetzung der thermodynamischen Temperaturskala durch die 26. Generalkonferenz für Gewicht und Maß wie folgt zu exakten Werten definiert worden:

- $N_A = 6{,}02214076 \cdot 10^{26}\ \text{kmol}^{-1}$
- $k = 1{,}380649 \cdot 10^{-23}\ \text{J/K}$

Ersetzt man in der Grundgleichung für ideales Gas (Formel (3.2-3)) die Stoffmenge n durch N/N_A, so kann unter Verwendung der exakten Werte für gemessenen Druck p, gemessenes Volumen V und gemessene Stoffmenge n die thermodynamische Temperatur festgelegt werden.

$$p \cdot V = n \cdot R_m \cdot T \quad \rightarrow \quad p \cdot V = \frac{N}{N_A} \cdot R_m \cdot T \quad \rightarrow \quad p \cdot V = N \cdot k \cdot T$$

Bei der Definition der Maßeinheit für die Basisgröße absolute Temperatur wollte man nicht von speziellen Stoffgrößen und der Genauigkeit einer Temperaturmessung selber abhängig sein, sondern direkt auf die kinetische Energie der Teilchen in einem Gas zurückgreifen, mit der die Temperatur als Zustandsgröße auch erklärt wird.

Diese Festlegungen haben auch Konsequenzen für die Loschmidt-Konstante, die sich mit (1.5-3) nun per Definition ergibt zu

$$N_L = \frac{p_n}{k \cdot T_n} = \frac{101325\,\text{N/m}^2}{1{,}380649 \cdot 10^{-23}\,\text{J/K} \cdot 273{,}15\,\text{K}} = \underline{\underline{2{,}686780111 \cdot 10^{25}\,\text{m}^{-3}}}$$

Besondere Aufmerksamkeit müssen wir auch einer Konstanten widmen, die eigentlich gar keine Konstante ist. Durch Schwereanomalien der Gebirge und ungleichmäßige Massenverteilung im Erdinneren variiert die Fallbeschleunigung g für jeden einzelnen Ort der Erdoberfläche und nimmt außerdem mit steigender Höhe h über dem Meeresspiegel stetig ab. Die Schwerkraft als Vektorsumme aus der Massenanziehung und der durch die Erdrotation verursachten Zentrifugalkraft ist wegen der Abweichung der Erde von der Kugelgestalt eine komplizierte Funktion der geografischen Breite und des Radiusvektors vom Erdmittelpunkt. Die Berechnung einer genauen, auf den jeweiligen Ort bezogenen Fallbeschleunigung ist deshalb relativ aufwendig. Die Zentrifugalkraft $F_Z = m \cdot \omega^2 \cdot R$ ist eine senkrecht zur Rotationsachse nach außen wirkende Trägheitskraft, die der mitbewegte Beobachter in einem rotierenden System erfährt. Wie Abbildung 1-2 zeigt, wirkt mit $F_{Z,r} = m \cdot \omega^2 \cdot r_E \cdot \cos\varphi$ ihre radiale Komponente der Schwerkraft $F_G = m \cdot g$ entgegen. Vereinfachend wurde dabei unterstellt, dass die Erde eine kugelförmige Gestalt mit dem nominalen Erdradius r_E besitzt. An den Polen ist der Einfluss der Erdrotation auf die Schwerkraft null, am Äquator erreicht dieser Einfluss sein Maximum (siehe Abbildung 1-3).

Experimentelle Werte für konkrete Standorte kann man aus Pendelversuchen gewinnen. Die Fallbeschleunigung wird an den Polkappen mit $g = 9{,}83221\,\text{m/s}^2$ und am

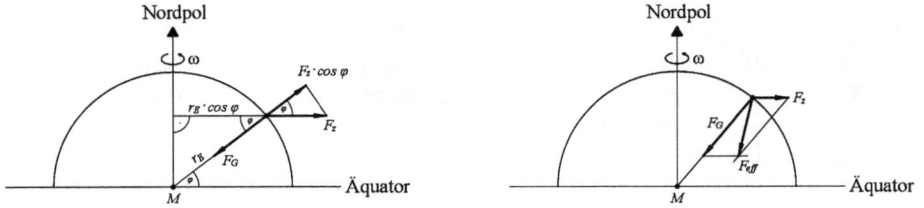

Abb. 1-2: Einfluss der Erdrotation auf die Fallbeschleunigung.

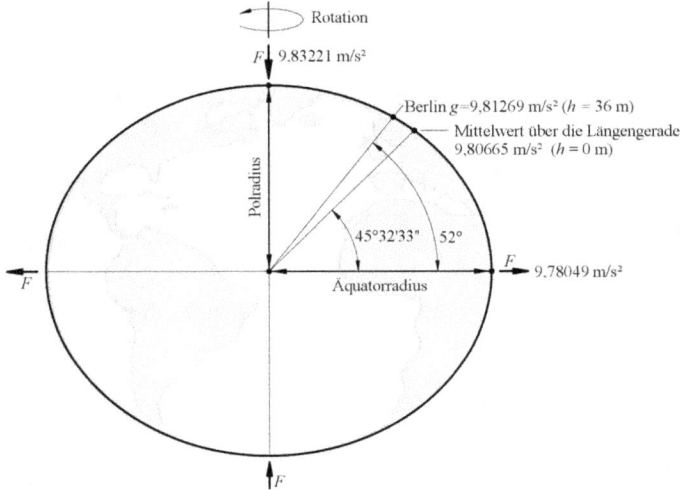

Abb. 1-3: Variabilität der Fallbeschleunigung.

Äquator mit $g = 9{,}78049\,\text{m/s}^2$ angegeben. Rechnerisch ist die anteilige Abnahme der Fallbeschleunigung vom Pol zum Äquator abzuschätzen mit dem Ansatz:

$$F_G - F_{Z,r} = m \cdot g_{\text{eff}} = m \cdot (g_n - (\omega^2 \cdot r_E \cdot \cos\varphi) \cdot \cos\varphi) \quad \text{und}$$

$$\Delta g = g_{\text{eff}} - g_n = \omega^2 \cdot r_E \cdot \cos^2\varphi$$

Eine Drehung der Erde um 360° dauert genau einen Sternentag ($\tau_S = 86.164{,}091\,\text{s}$ oder 23 h, 56 Minuten und 4,091 Sekunden). Ein Stern am Himmel ist dann in der gleichen Position wieder zu sehen.[13] Für die Winkelgeschwindigkeit ω setzen wir dann an $\omega = 2\pi/\tau_S$ und für den nominalen Erdradius $r_E = 6.356.766\,\text{m}$. (Breitengrad am Äquator $\varphi = 0°$, $\cos\varphi = 1$)

---

13 Der Sonnentag ist etwa 4 Minuten kürzer, weil die Erde sich bis zum jeweils nächsten Sonnenhöchststand noch etwas drehen und sich auf ihrer Bahn weiter bewegen muss.

Abb. 1-4: Feststellung der Fallbeschleunigung auf dem Gipfel des Brockens (1142 m) durch das Landesamt für Vermessung und Geoinformation Sachsen-Anhalt.

$$\Delta g = \frac{4\pi^2 \cdot 6.356.766 \,\text{m}}{(86.164{,}091 \,\text{s})^2} = 0{,}033802073 \,\text{m/s}^2 \qquad \frac{\Delta g}{g_n} = \frac{0{,}033802073 \,\text{m/s}^2}{9{,}80665 \,\text{m/s}^2} = 0{,}003446852$$

Die Abweichung zur Fallbeschleunigung am Pol allein durch den Einfluss der Erdrotation beträgt also etwa 3,4 ‰.

Oft ignorieren wir jedoch die konkreten lokalen Abhängigkeiten für die Fallbeschleunigung, ohne den dadurch entstehenden Fehler genau zu kennen. Sicher ist eigentlich nur, dass die häufig verwendete Näherung $g \approx 9{,}81 \,\text{m/s}^2$ kaum zutreffend sein kann. Dennoch gibt es Orte in Deutschland, für die die Fallbeschleunigung exakt mit $g = 9{,}81000 \,\text{m/s}^2$ gemessen wurde. Ein solcher in Abbildung 1-4 dokumentierter Ort ist zum Beispiel der Gipfel des mit 1142 m höchsten Berges im Harz, der Gipfel des Brockens. Hier liegt ein idealtypischer Ausgleich der Abnahme der Fallbeschleunigung mit der Höhe und der durch das Gestein des Berges hervorgerufenen Anomalie vor.

Ingenieure ziehen sich bei solchen Unsicherheiten gern auf die Anwendung von Normen zurück. Für die geografische Breite von 45°32′33″ ist auf Meereshöhe international der Normwert $g_n = 9{,}80665 \,\text{m/s}^2$ festgelegt. Er ist dann verbindlich anzuwenden, wenn keine anderen Informationen vorliegen und die geforderte Ergebnisgenauigkeit dies zulässt.

Wie in Tabelle 1-2 einige Werte für bestimmte europäische Städte zeigen, sind die Abweichungen durch Schwereanomalien zumeist gering. Außerdem verlieren die Schwereanomalien mit zunehmender Höhe über dem Meeresspiegel ihre Bedeutung.

Bei formaler Beschränkung auf das Newton'sche Gesetz der Massenanziehung ist es darüber hinaus möglich, einen vereinfachten Zusammenhang für die Abnahme der Fallbeschleunigung mit einer über dem Meeresspiegel steigenden Höhe h anzugeben (vergleiche DIN ISO 2533 Normatmosphäre). Dabei ist der nominale Erdradius mit $r = 6.356.766 \,\text{m}$ zu berücksichtigen.

$$g(h) = g_n \cdot \left(\frac{r}{r+h} \right)^2 \tag{1.5-4}$$

Tab. 1-2: Fallbeschleunigungen für einige europäische Städte (Werte der Global Gravity Database des Bureau Gravimétrique International (BGI).

Stadt	h in m	g in m/s^2
Helsinki	2	9,819066
Oslo	8	9,819157
Berlin	36	9,812669
Frankfurt a. M.	101	9,810576
Mannheim	101	9,809599
Lissabon	5	9,800884
Sevilla	10	9,799372

Die Formel (1.5-1) wird insbesondere benötigt, wenn sich Untersuchungen auf das Verhalten in höheren Schichten der Atmosphäre beziehen. Die nach der vereinfachten Berechnung mit dem genormten Wert für g_n gemäß (1.5-4) für den Höhenbereich von 60.000 m berechneten Werte weichen nach den Aussagen der DIN ISO 2533 um nicht mehr als 0,001 % von den Werten ab, die mit einer genaueren, aber wesentlich komplexeren Gleichung ermittelt wurden. In der DIN ISO 2533 (vergleiche Tabelle 6.5-1 im Anhang) wird die Abnahme der Fallbeschleunigung mit steigender Höhe zahlenmäßig beschrieben durch:

$$\frac{\mathrm{d}g}{\mathrm{d}h} = -3{,}082 \cdot 10^{-6}\ \frac{\mathrm{m/s}^2}{\mathrm{m}}$$

Damit ist zu erkennen, dass sich Korrekturen bei kleinen Höhenunterschieden kaum lohnen.

1.6 Erreichbare Genauigkeit beim Rechnen mit physikalischen Größen

Die Zahlenwerte physikalischer Größen bestimmt man durch Messungen mit Geräten, deren Anzeigen vom Menschen nur mit beschränkter Genauigkeit ablesbar sind. Abgesehen von sehr seltenen Ausnahmen[14] stellen Zahlenwerte von physikalischen Größen Dezimalzahlen mit beliebig vielen Ziffern dar, von denen aber praktisch nur eine endliche Zahl zuverlässig (sicher im Sinne von statistischen Auswertungen) bestimmt werden kann. Diese Anzahl von Ziffern nennt man *sichere* oder *gültige* oder eben *signifikante Stellen* der physikalischen Größe. Deshalb ist es oft irreführend, ein Ergebnis mit allen vom Taschenrechner angezeigten Ziffern anzugeben. Stattdessen ist das Ergebnis nach Maßgabe der Regeln für die Fehlerfortpflanzung auf die Stellenzahl mit sicheren (signifikanten) Ziffern zu runden. Die zu fordernde Genauigkeit bei der Messung von oder bei

---

14 Eine prominente Ausnahme ist der radioaktive Zerfall von Atomkernen.

der Rechnung mit physikalischen Größen hängt immer vom Ziel der Untersuchung ab. In vielen Fällen kann man unterstellen, wenn es die Genauigkeit der Eingangsgrößen zulässt, mit fünf oder sechs signifikanten Ziffern im Ergebnis eine hinreichende technische Genauigkeit erreicht zu haben.

Der Zahlenwert einer physikalischen Größe G wird in wissenschaftlicher Notation dargestellt als $\{G\} = A \cdot 10^b$ mit der Mantisse A ($1 \leq A \leq 10$) und dem Exponenten b.

Die Ziffern der Mantisse A stellen die signifikanten Stellen des Zahlenwertes der physikalischen Größe dar. Alternativ kann man auch anstelle der Zehnerpotenz 10^b die Einheit der physikalischen Größe mit einer Vorsilbe der Tabelle 1-1 oder 6.2-1 des Anhangs skalieren.

Bei einem exakten Zahlenwert einer physikalischen Größe (Zahlenwert, der als ganze Zahl auftritt) stellt sich die Signifikanz von einzelnen Ziffern nicht, weil der Zahlenwert mit beliebig vielen Nullen nach dem Komma verlängert werden könnte. Eine nicht signifikante Null ist hingegen immer wegzulassen, denn als geschriebene Ziffer muss diese als signifikant angesehen werden. DIN 1333 Zahlenangaben vom Februar 1972 definiert die signifikanten Stellen eines Zahlenwertes als erste der von null verschiedenen Stelle von vorn bis zur letzten Stelle, die nach dem Runden noch angegeben werden kann, also zum Beispiel:

Größe	wissenschaftliche Notation	Anzahl der signifikanten Ziffern
0,0037 m	$3{,}7 \cdot 10^{-3}$ m = 3,7 mm	2
100 Liter	$1{,}0 \cdot 10^2$ Liter	1 oder 3 [15]
100,1 Liter	$1{,}001 \cdot 10^2$ Liter	4
1.150.000 W	$1{,}15 \cdot 10^6$ = 1,15 MW	3
8,3144621 kJ/(kmol K)	$8{,}3144621 \cdot 10^0$ J/(mol K)	8
7.850 kg/m³	$7{,}85 \cdot 10^3$ kg/m³ = 7,85 g/cm³	3

Die teilweise grassierende Taschenrechnergläubigkeit steht einer soliden Beurteilung der Zuverlässigkeit von Mess- oder Rechenergebnissen entgegen. Eine gängige Formel lautet:

- Der noch naive Anfänger glaubt an jede einzelne angezeigte Ziffer.
- Der berufserfahrene Ingenieur vertraut pragmatisch auf die Hälfte der Stellen.
- Der Skeptiker misstraut sogar dem Vorzeichen.

Die signifikanten Stellen von Zahlenwerten physikalischer Größen spielen eine Rolle bei der Interpretation der Ergebnisgenauigkeit von Rechnungen. Die vom Taschenrech-

---

15 Streng nach oben angegebener Regel folgt aus 100 Liter = 1 Hektoliter, dass hier genau eine signifikante Ziffer vorliegt. Am Schluss stehende Nullen sind aber immer dann signifikante Stellen, wenn sie aus der Messung herrühren. Hat man also 100 Liter abgemessen, ist von drei signifikanten Ziffern auszugehen. Ob endende Nullen signifikant sind, muss also fallweise hinterfragt werden.

ner angezeigte Stellenzahl täuscht schnell eine Scheingenauigkeit vor. Die Frage nach einer „gewünschten Zahl" von Nachkommastellen geht am Sachverhalt vorbei, denn eine Entfernungsangabe ohne Nachkommastellen mit 1346 m kann viel genauer sein als eine Angabe mit zwei Nachkommastellen von 1,34 km.

Die Nöte von Studierenden sind in diesem Punkt aber verständlich. In der Praxis ist es im Kontext mit der vorgefundenen Situation viel leichter, einzuschätzen, wie genau die Eingangsgrößen für eine Rechnung vorliegen und in welcher Genauigkeit man das gewünschte Ergebnis tatsächlich benötigt. Diese Informationen fehlen in formulierten Aufgabenstellungen einer Übung regelmäßig. Deshalb wird vorgeschlagen, sich an dieser Stelle an folgenden Empfehlungen zu orientieren:

1. Die gesuchte Größe ist formelmäßig vollständig aus den gegebenen Größen zu erfassen und erst dann werden Zahlenwerte in die Größengleichung eingesetzt. Zwischenergebnisse können sinnvoll sein, wenn man diese im Laufe der Bearbeitung öfters benötigt oder wenn Zwischenergebnisse die Übersichtlichkeit beim Einsetzen der Zahlenwerte in die Größengleichung wesentlich erhöhen.

2. Zur Vermeidung von Rundungsfehlern oder zum Verlust signifikanter Stellen ist für Zwischenergebnisse stets die volle Rechnergenauigkeit mitzunehmen. Das ist fast immer einfacher, als zuvor eine mögliche Fehlerfortpflanzung mathematisch abzuschätzen. Erst das Endergebnis ist dann nach den Genauigkeitsanforderungen oder auf das nächst erreichbare Handelsmaß zu runden.

3. Bei mathematischen Simulationen von Prozessen ist es üblich, Ergebnisse mit fünf oder sechs signifikanten Stellen anzugeben. Daran sollte man sich auch bei der Lösung von Übungsaufgaben orientieren, weil damit auch gesichert ist, dass man nicht mit fehlerhaften Schritten zufällig ein in der Nähe liegendes Resultat für die richtige Lösung hält.

Beispiel:

Nach Berechnung mit dem Taschenrechner, der 10 Ziffern anzeigt, erhält man für einen gesuchten Druck $p = 171.487{,}7058$ Pa. Das Ergebnis ist bei einer geforderten Genauigkeit von x signifikanten Ziffern wie folgt anzugeben:

x	$p =$
1	$2 \cdot 10^5$ Pa = 2 bar = 0,2 MPa
2	$1{,}7 \cdot 10^5$ Pa = 1,7 bar = 0,17 MPa
3	$1{,}71 \cdot 10^5$ Pa = 171 kPa = 1,71 bar = 0,171 MPa
4	$1{,}715 \cdot 10^5$ Pa = 171,5 kPa = 1,715 bar = 0,1715 MPa
5	$1{,}7149 \cdot 10^5$ Pa = 171,49 kPa = 1,7149 bar = 0,17149 MPa
6	$1{,}71488 \cdot 10^5$ Pa = 171,488 kPa = 1,71488 bar = 0,171488 MPa

Grundsätzlich ist es beim Verknüpfen von physikalischen Größen sinnvoll, die erreichbare Genauigkeit des Ergebnisses aus der Genauigkeit der Eingangsgrößen und der Art der Verknüpfung abzuschätzen. Erste Hinweise zur Genauigkeit der Eingangsgrößen erhält man aus deren signifikanten Ziffern.

Beispiel: $p_2 = 210 \cdot p_1$

3 sichere Ziffern für p_1: $p_2 = 210 \cdot 1{,}71 \, \text{bar} = 359{,}1 \, \text{bar} \rightarrow 359 \, \text{bar}$

5 sichere Ziffern für p_1: $p_2 = 210 \cdot 1{,}7149 \, \text{bar} = 360{,}129 \, \text{bar} \rightarrow 360{,}13 \, \text{bar}$

Fehler $\approx$ 3 Promille (eigentlich unbedeutend, wächst aber mit größeren Faktoren!)

Wie sich diese Unsicherheiten dann in der Rechnung auswirken, analysiert man mit dem Fehlerfortpflanzungsgesetz. Hängt eine physikalische Größe $y = f(x_i)$ von n unabhängigen Parametern mit $x_i = \bar{x} \pm \Delta x_i$ ab, kann der Maximalfehler $\Delta y_{\max}$ abgeschätzt werden zu:

$$\Delta y_{\max} = \pm \left(\left| \frac{\partial y}{\partial x_1} \cdot \Delta x_1 \right| + \left| \frac{\partial y}{\partial x_2} \cdot \Delta x_2 \right| + \cdots + \left| \frac{\partial y}{\partial x_n} \cdot \Delta x_n \right| \right) \qquad (1.6\text{-}1)$$

Die Größe $\partial y / \partial x_i$ nennt man Sensitivität oder Konditionszahl für den i-ten Einflussparameter. Sie gibt an, um welchen Faktor der jeweilige Parameter in den absoluten Fehler der betrachteten Größe eingeht. Damit kann festgestellt werden, welche Eingangsgröße x_i den höchsten Einfluss auf die Genauigkeit der Größe y hat.

Für den maximalen Fehler in (1.6-1) ist unterstellt, dass sich die Einflüsse sämtlicher Messfehler/Unsicherheiten in jeweils ein und derselben Richtung überlagern. Praktisch trifft dies bei einer größeren Zahl von Parametern nur sehr selten zu. Deshalb berechnet man anstelle von $\Delta y_{\max}$ alternativ oft einen mittleren Fehler Δy_m nach dem Prinzip der Gauß'schen Fehlerquadratsumme:

$$\Delta y_m = \pm \sqrt{ \left(\frac{\partial y}{\partial x_1} \Delta x_1 \right)^2 + \left(\frac{\partial y}{\partial x_2} \Delta x_2 \right)^2 + \cdots + \left(\frac{\partial y}{\partial x_n} \Delta x_n \right)^2 } \qquad (1.6\text{-}2)$$

Die Genauigkeit bei der Festlegung von Basisgrößen[16] scheint aus der Sicht „normaler" Anwendungen viel zu hoch, aber auf den Meter genaue Positionsangaben mittels satellitengestützten GPS (**G**lobal **P**ositioning **S**ystem) sind nur mit sehr genau festgelegten Basisgrößen möglich. Ähnliches gilt für die Genauigkeit bei der Bestimmung von Naturkonstanten.

Betrachtet man die Verknüpfung von einer beliebigen Zahl von Eingangsgrößen zu einem durch eine Rechenvorschrift gegebenen Funktionswert aus analytisch mathematischer Perspektive, spielen signifikante Ziffern keine Rolle. So ist beispielsweise

---

16 Zum Beispiel: 1 m = Länge der Strecke, die Licht im Vakuum während der Dauer von 1/299.792.458 s durchläuft.

10 + 2,313 = 12,313. Im Bereich der numerischen Mathematik entsprechen die signifikanten Ziffern der internen Rechnergenauigkeit. Bei Rechnungen entstehen dann unter Umständen Abschneidefehler. Ähnlich gelagert sind die Probleme bei der Verknüpfung von physikalischen Größen, die mit Messunsicherheiten behaftet sind. Für das Ergebnis einer Addition oder Subtraktion (Strichrechnung) sind nur die *gemeinsamen Dezimalstellen* (Nachkommastellen) als sicher und damit signifikant anzusehen, also $10\,J + 2,213\,J \approx 12\,J$ oder $10,0\,J + 2,213\,J \approx 12,2\,J$. Werden zwei fast gleich große physikalische Größen voneinander subtrahiert, kann es bei einer zu geringen Zahl signifikanter Ziffern zur Auslöschung von Dezimalstellen kommen.

Beispiel: 4,108 MPa – 4,1 MPa = 0,008 (mathematisch exakt)
Signifikante Ziffern im Ergebnis = kleinste Zahl gemeinsamer signifikanter Ziffern
4,108 MPa – 4,1 MPa $\approx$ 0,0 MPa
4,108 MPa – 4,10 MPa $\approx$ 0,008 MPa oder 4,11 MPa – 4,1 MPa $\approx$ 0,01 MPa.

Bei Multiplikation und Division (Punktrechnung) bestimmt die Genauigkeit der Eingangsgröße mit der kleinsten Anzahl signifikanter Ziffern die sicher erreichbare Ergebnisgenauigkeit, also $4,2\,W \cdot 1\,h \approx 4\,Wh$, alternativ aber $4,2\,W \cdot 3.600\,s \approx 15.000\,Ws \approx 4,2\,Wh$. Komplizierter werden die Verhältnisse, wenn bei den Verknüpfungen physikalischer Größen mit Messunsicherheiten neben den vier Grundrechenarten mathematische Operationen der zweiten Stufe (Potenzieren, Radizieren und Logarithmieren) eine Rolle spielen. Manchmal verursachen kleinste Rundungsfehler in Zwischenschritten erhebliche Genauigkeitsverluste im Endergebnis, die dann auch zu völlig falschen Schlussfolgerungen führen können. Deshalb sollten Zwischenschritte nach Möglichkeit auf der Ebene Größengleichung verbleiben und das Einsetzen konkreter Werte für die physikalischen Größen erst in der vollständig entwickelten Formel beginnen. Bei komplexen Aufgabenstellungen mit vielen erforderlichen Lösungsschritten erhöhen ausgeführte Nebenrechnungen Übersichtlichkeit und das Verständnis der Zusammenhänge. Dann ist es nicht nur einfacher, sondern vielfach sogar zweckmäßiger, die volle Taschenrechnergenauigkeit (in der Regel 10 signifikante Ziffern) zu nutzen, als nach den oben genannten Formeln die Fehlerfortpflanzung abzuschätzen. Das wird deshalb hier nachfolgend auch so gehandhabt, um für die Nachrechnung zweifelsfrei klar zu machen, welche Größe wo eingesetzt wurde, wohl wissend, dass die an einigen Stellen hier im Buch dokumentierte Ergebnisgenauigkeit sich eigentlich aus der Genauigkeit der Eingangsdaten nicht sinnvoll darstellen lässt.

Nach Möglichkeit sind zur rechnerischen Auswertung von Formeln der Zahlenwert von Größen in wissenschaftlicher Notation mit entsprechenden Zehnerpotenzen und die Maßeinheit als Basiseinheit ohne Vorsilbe einzusetzen. Die Zehnerpotenzen können dann zur weitgehenden Vermeidung von Rundungsfehlern getrennt von der übrigen Rechnung nach den Regeln der Potenzrechnung behandelt werden.

1.6.1 Erforderliche Genauigkeit für Kreiskonstante π bei Ermittlung des Erdumfangs

Der Polradius der Erde sei zu $r_E = (6.356.766 \pm 1)\,\text{m}$ bestimmt[17] und man suche den daraus resultierenden Erdumfang $U = \pi \cdot 2r$ in gleicher Genauigkeit. Wie viele Dezimalstellen werden dann für die Kreiskonstante π maximal benötigt? Gewährleisten die beiden unten aufgeführten Näherungen für die Kreiskonstante π diese Genauigkeit?

1. Näherung (6 Dezimalstellen richtig) 2. Näherung (9 Dezimalstellen richtig)

$$\pi \approx \frac{355}{113} \approx 3{,}141592\underline{9}\text{ falsch!} \qquad \pi \approx \frac{103.993}{33.102} \approx 3{,}141592653\underline{0}\text{ falsch!}$$

Gegeben sind:
$$r_E = 6.356.766\,\text{m} \qquad \Delta r_E = \pm 1\,\text{m} \qquad \Delta U = \pm 1\,\text{m}$$

Vorüberlegungen:
Die Kreiskonstante π (Ludolfsche Zahl) ist ungefähr anzugeben mit:[18]
$\pi \approx 3{,}141\,592\,653\,589\,793\,238\,462\,643\,383\,279\,\mathbf{502\,884}\,197\,169\,399$
Die minimal erforderliche Anzahl von Dezimalen für die Kreiskonstante π folgt aus dem maximal zulässigen Fehler für den Erdumfang U, der sich aus $U = \pi \cdot 2r_E$ bestimmt. Für den maximalen Fehler gilt die Abschätzung:

$$|\Delta U_{\text{max}}| = \left| \frac{\partial U}{\partial \pi} \Delta \pi \right| + \left| \frac{\partial U}{\partial r_E} \Delta r_E \right| = 2r_E \cdot |\Delta \pi| + 2\pi \cdot |\Delta r_E|$$

Lösung:

$$|\Delta \pi| = \frac{|\Delta U_{\text{max}}| - 2\pi \cdot |\Delta r_E|}{2r_E}$$

Der maximal zulässige Fehler für die Kreiskonstante $\Delta \pi_{\text{max}}$ ergibt sich, wenn die Unsicherheiten für Umfang und Radius jeweils unterschiedliche Vorzeichen haben (hier $\Delta U = +1\,\text{m}$ und $\Delta r_E = -1\,\text{m}$).

$$\Delta \pi_{\text{max}} = \frac{|(+1)\,\text{m} - 2\pi \cdot (-1)\,\text{m}|}{2 \cdot 6.356.766\,\text{m}} = \pm 0{,}000000572868 = \pm 5{,}72869 \cdot 10^{-7}$$

Mit diesem Ergebnis kann die sechste Nachkommastelle für π beeinflusst werden, sodass π mit mindestens 7 genauen Nachkommastellen benötigt wird. Die erste oben angegebene Näherung für die Kreiskonstante ist deshalb im Zuge der hier einzuhaltenden

---

17 Die Erde besitzt keine ideale Kugelgestalt, und der Radius ist vom Breitengrad abhängig. Der Äquatorradius beträgt ca. 6.378 km, der Polradius ca. 6.357 km und der mittlere Radius (volumengleiche Kugel) etwa 6.371 km.

18 Der Mönch Ludolf von Ceulen (1539–1610) errechnete 35 Nachkommastellen von π, die letzten vier davon auf seinem Totenbett (0288), die dann auf seinen Grabstein gemeißelt wurden.

Genauigkeit zu verwerfen, die zweite erfüllt hingegen die gestellten Genauigkeitsanforderungen.

Mit Taschenrechnern, die in der Regel zehn Stellen (9 Nachkommastellen) für π anzeigen und intern meist noch genauer rechnen, kann die geforderte Genauigkeit zur Berechnung des Erdumfangs gewährleistet werden.

$$U = 2 \cdot \pi \cdot r_E$$

$$U = 2 \cdot \pi \cdot 6.356.766\,\text{m} = 39.940.738{,}73\,\text{m}$$

$$\approx 39.940.739\,\text{m} \quad \text{(Taschenrechnergenauigkeit für } \pi\text{)}$$

$$U = 2 \cdot \frac{355}{113} \cdot 6.356.766\,\text{m} = 39.940.742{,}12\,\text{m} \approx 39.940.742\,\text{m} \quad \text{(Abweichung von 3 m)}$$

$$U = 2 \cdot \frac{103.993}{33.102} \cdot 6.356.766\,\text{m} = 39.940.738{,}73\,\text{m} \approx 39.940.739\,\text{m} \quad \text{(Genauigkeit erreicht!)}$$

$$U = 2 \cdot 3{,}141592653589793238 \cdot 6.356.766\,\text{m} = 39.940.738{,}73\,\text{m}$$

$$\approx 39.940.739\,\text{m} \quad \text{(keine Steigerung der Genauigkeit)}$$

Gleiche Überlegungen für eine angestrebte Genauigkeit von ±1 mm führt auf:

$$\Delta\pi_{\max} = \frac{|(+1)\,\text{mm} - 2\pi \cdot (-1)\,\text{mm}|}{2 \cdot 6.356.766.000\,\text{mm}} = \pm 5{,}72869 \cdot 10^{-10}$$

Mit diesem Befund wäre für die Kreiskonstante zu verwenden $\pi = 3{,}1415926535$ und damit zu prüfen, ob der Taschenrechner diese Genauigkeit intern zur Verfügung stellt.

1.6.2 Maximaler Fehler bei mehreren fehlerbehafteten Eingangsgrößen

Ein elektrischer Heizstab mit der Leistung P_{el} erwärme verlustfrei ein Volumen Wasser V mit der Dichte ρ und mittleren spezifischen Wärmekapazität $\bar{c}$, sodass sich die Wassertemperatur um eine Temperaturdifferenz Δt erhöht. Wie hoch ist der maximale relative Fehler für die dafür benötigte Zeit τ, wenn elektrische Leistung, Volumen, Dichte und spezifische Wärmekapazität jeweils einen relativen Fehler von 1,5 % und die Temperaturdifferenz einen relativen Fehler von 3 % aufweisen?

Gegeben sind:

ρ, V, $\bar{c}$, Δt, P_{el}, τ

$$\frac{\Delta\rho}{\rho} = \pm 0{,}015 \qquad \frac{\Delta V}{V} = \pm 0{,}015 \qquad \frac{\Delta\bar{c}}{\bar{c}} = \pm 0{,}015 \qquad \frac{\Delta P_{el}}{P_{el}} = \pm 0{,}015 \qquad \frac{\Delta(\Delta t)}{\Delta t} = \pm 0{,}03$$

Vorüberlegungen:

Wenn die elektrische Arbeit als Produkt von elektrischer Leistung P_{el} und der Zeit τ verlustlos an das aufzuwärmende Wasser übertragen wird, folgt mit der Grundgleichung der Kalorik (vergleiche Kapitel 2, Formel (2.3-1)):

$$P_{el} \cdot \tau = \rho \cdot V \cdot \bar{c} \cdot \Delta t \qquad \tau = \frac{\rho \cdot V \cdot \bar{c} \cdot \Delta t}{P_{el}}$$

Lösung:

$$\left(\frac{\Delta \tau}{\tau}\right)_{\max} = \pm\left(\left|\frac{\partial \tau}{\partial \rho}\Delta\rho \cdot \frac{1}{\tau}\right| + \left|\frac{\partial \tau}{\partial V}\Delta V \cdot \frac{1}{\tau}\right| + \left|\frac{\partial \tau}{\partial \bar{c}}\Delta\bar{c} \cdot \frac{1}{\tau}\right| + \left|\frac{\partial \tau}{\partial(\Delta t)}\Delta(\Delta t) \cdot \frac{1}{\tau}\right| + \left|\frac{\partial \tau}{\partial P_{el}}\Delta P_{el} \cdot \frac{1}{\tau}\right|\right)$$

$$\left(\frac{\Delta \tau}{\tau}\right)_{\max} = \pm\left(\left|\frac{\Delta\rho}{\rho}\right| + \left|\frac{\Delta V}{V}\right| + \left|\frac{\Delta\bar{c}}{\bar{c}}\right| + \left|\frac{\Delta(\Delta t)}{\Delta t}\right| + \left|-\frac{\Delta P_{el}}{P_{el}}\right|\right)$$

$$= \pm(1{,}5\,\% + 1{,}5\,\% + 1{,}5\,\% + 3{,}0\,\% + 1{,}5\,\%) = \underline{\pm 9\,\%}$$

mit

$$\frac{\partial \tau}{\partial(\Delta t)} = \frac{\rho \cdot V \cdot \bar{c}}{P_{el}} \qquad \frac{\partial \tau}{\partial(\Delta t)} \cdot \Delta t \cdot \frac{1}{\tau} = \frac{\rho \cdot V \cdot \bar{c}}{P_{el}} \cdot \Delta(\Delta t) \cdot \frac{P_{el}}{\rho \cdot V \cdot \bar{c} \cdot \Delta t} = \frac{\Delta(\Delta t)}{\Delta t}$$

$$\frac{\partial \tau}{\partial P_{el}} = -\frac{\rho \cdot V \cdot \bar{c} \cdot \Delta t}{(P_{el})^2} \qquad \frac{\partial \tau}{\partial P_{el}} \cdot \Delta P_{el} \cdot \frac{1}{\tau} = -\frac{\rho \cdot V \cdot \bar{c} \cdot \Delta t}{(P_{el})^2} \cdot \Delta P_{el} \cdot \frac{P_{el}}{\rho \cdot V \cdot \bar{c} \cdot \Delta t} = -\frac{\Delta P_{el}}{P_{el}}$$

Wenn also physikalische Größen durch Multiplikation und/oder Division miteinander verknüpft werden, kann der maximale relative Fehler durch *Addition* der relativen Fehler der Eingangsgrößen *abgeschätzt* werden. Problematisch dabei ist jedoch, dass wegen der Addition der relativen Fehler (alle Unsicherheiten weisen in die gleiche Richtung) mit zunehmender Zahl der einzubeziehenden Parameter der ausgewiesene Gesamtfehler schnell eine stattliche (meist unrealistische) Größe aufweist.

1.6.3 Absoluter und relativer Fehler einer Temperaturdifferenz

Oft werden Temperaturdifferenzen aus gemessenen und daher zwangsläufig mit Fehlern behafteten Einzeltemperaturen ermittelt.

a) Man schätze die maximalen und den mittleren absoluten sowie relativen Fehler für eine Temperaturdifferenz zwischen einer gemessenen Endtemperatur von 177 °C und Anfangstemperatur von 175 °C ab, wenn der absolute Fehler für beide Temperaturmessungen ±0,2 K beträgt!

b) Wie ist das Verhältnis relativer Fehler der Einzeltemperaturmessungen und relativer Fehler der Verknüpfung dieser Einzelmessungen zur Temperaturdifferenz Δt zu kommentieren?

Gegeben sind:

$t_2 = 177\,°C \qquad t_1 = 175\,°C \qquad \Delta t_2 = \pm 0{,}2\,K \qquad \Delta t_1 = \pm 0{,}2\,K$

Lösung:

a) maximaler, mittlerer und relativer Fehler der Temperaturdifferenz $t_2 - t_1$

$$t_2 - t_1 = 177\,°C - 175\,°C = 2\,K \qquad \frac{\partial(\Delta t)}{\partial t_2} = +1 \qquad \frac{\partial(\Delta t)}{\partial t_1} = -1$$

maximaler absoluter Fehler nach Formel (1.6-1):

$$(\Delta(\Delta t))_{max} = \pm\left(\left|\frac{\partial(\Delta t)}{\partial t_2} \cdot \Delta t_2\right| + \left|\frac{\partial(\Delta t)}{\partial t_1} \cdot \Delta t_1\right|\right) = \pm(|+1 \cdot 0{,}2\,K| + |-1 \cdot 0{,}2\,K|) = \underline{\underline{\pm 0{,}4\,K}}$$

mittlerer absoluter Fehler nach Formel (1.6-2):

$$(\Delta(\Delta t))_m = \pm\sqrt{\left(\frac{\partial(\Delta t)}{\partial t_2}\Delta t_2\right)^2 + \left(\frac{\partial(\Delta t)}{\partial t_1}\Delta t_1\right)^2}$$

$$= \pm\sqrt{(+1 \cdot 0{,}2\,K)^2 + (-1 \cdot 0{,}2\,K)^2} = \underline{\underline{\pm 0{,}28284\,K}}$$

maximaler relativer und mittlerer relativer Fehler der Temperaturdifferenz

$$\left(\frac{\Delta(\Delta t)}{\Delta t}\right)_{max} = \frac{(\Delta(\Delta t))_{max}}{t_2 - t_1} = \frac{\pm 0{,}4\,K}{177\,°C - 175\,°C} = \underline{\underline{\pm 0{,}2}}$$

$$\left(\frac{\Delta(\Delta t)}{\Delta t}\right)_m = \frac{(\Delta(\Delta t))_m}{t_2 - t_1} = \frac{\pm 0{,}28284\,K}{177\,°C - 175\,°C} = \underline{\underline{\pm 0{,}14142}}$$

b) Analyse der Entwicklung der relativen Fehler der Einzeltemperaturmessungen

$$\pm\frac{\Delta t}{t_2} = \pm\frac{0{,}2\,K}{177\,°C} = 0{,}00113 \qquad \pm\frac{\Delta t}{t_1} = \pm\frac{0{,}2\,K}{175\,°C} = 0{,}00114$$

Obwohl die relativen Fehler der Einzelmessungen für beide Temperaturen nur geringfügig über 0,1 % liegen, ergibt sich für die Temperaturdifferenz ein maximaler relativer Fehler von 20 % und ein mittlerer relativer Fehler von immerhin noch etwas mehr als 14 %!

Die Differenzbildung von fehlerbehafteten Messgrößen, die in etwa gleicher Größenordnung vorliegen, führt sehr oft zu dem problematischen Ergebnis, dass die relativen Fehler der Differenz wesentlich größer sind als die relativen Fehler der Eingangswerte. Um diesen Effekt zu begrenzen, muss man messtechnisch einen erheblichen Aufwand betreiben!

2 Innere Zustands- und Prozessgrößen im thermodynamischen System

2.1 Das thermodynamische System

Eine thermodynamische Untersuchung startet stets mit der Abgrenzung eines zu untersuchenden Bereiches von der *Umgebung*. Das so durch ortsfeste (starre) oder ortsveränderliche (verschiebbare) Grenzen hervorgehobene Gebiet wird *thermodynamisches System* genannt und besitzt nach der Art des gewählten Modells eine mit häufig idealisierenden Eigenschaften ausgestattete *Systemgrenze*. Die Systemgrenzen werden entlang wirklicher oder nur gedachter Grenzen festgelegt. Wie Abbildung 2-1 zeigt, kann das thermodynamische System über ein- und austretende Bilanzströme mit seiner Umgebung in Wechselwirkungen treten. Solche Bilanzströme sind zum Beispiel Stoffströme und Wärmeströme, aber auch zu- oder abgeführte Arbeit in den verschiedensten Erscheinungsformen. Zur Charakterisierung eines thermodynamischen Systems gehört die Wahl eines Bezugssystems (Koordinatensystems). Man unterscheidet die sich in Ruhe zum Bezugssystem befindlichen *ruhenden Systeme* von den *bewegten Systemen*, die sich im Bezugssystem bewegen. Die nach den Zielen der Untersuchung geschickte Wahl des Bezugssystems kann die Lösung eines Problems wesentlich erleichtern. So erfasst nur ein außerhalb des Systems fest postierter Beobachter äußere Zustandsvariablen (Systemgeschwindigkeit oder Lage in einem fixen Koordinatensystem), während ein fest *im* System verankerter Beobachter ausschließlich innere Zustandsgrößen des Systems wie Druck, Temperatur und Volumen wahrnimmt.

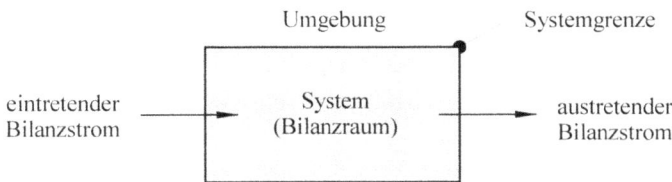

Abb. 2-1: Das thermodynamische System in Wechselwirkung mit seiner Umgebung.

Ein System kann sowohl aus einem einzigen Stoff oder Körper als auch aus einer Ansammlung von Körpern bestehen. Man bezeichnet ein System als *einfaches System*, wenn es nur eine Phase (Flüssigkeit oder Gas) enthält, nicht dem Einfluss äußerer elektrischer oder magnetischer Felder unterworfen ist und auch keine Oberflächeneffekte (Kapillarkräfte) aufweist.

Hinweis: Zwischen *Aggregatzustand* und *Phase* ist zu differenzieren! Der Begriff Aggregatzustand meint fest, flüssig oder gasförmig, aber es kann zum Beispiel innerhalb einer Flüssigkeit durchaus Gebiete mit aus kleineren Temperaturdifferenzen folgenden Dichteunterschieden geben. Der Begriff Phase wird verwendet, wenn die Flüssigkeit

https://doi.org/10.1515/9783111017570-002

vollkommen homogen ist und an jedem Ort gleiche Eigenschaften aufweist. Jeden vollkommen homogenen Bereich eines Systems bezeichnet man also als Phase.

Nach dem inneren Aufbau des Systems unterscheidet man:

- **homogene Systeme**, die aus einer einzigen Phase (fest, flüssig, gasförmig) bestehen und in allen (Koordinaten-) Richtungen stets gleiche Eigenschaften haben (Isotropie)
  Beispiel: die Menge des in einer Flasche eingeschlossenen Wassers im thermischen Gleichgewicht (Die Systemgrenze verläuft entlang der inneren Wandung der Umhüllung, die nicht zum System gehört, sodass die Eigenschaften der Umhüllung keine Rolle spielen. Wird die Aufgabe so gestellt, dass das Verhalten der Umhüllung einbezogen werden muss und deshalb die Systemgrenze entlang der äußeren Wandung der Umhüllung zu ziehen ist, liegt ein heterogenes System vor.)
- **heterogene Systeme**, die aus mehreren Phasen oder Apparaten bestehen
  Beispiele:
  a) zwei Phasen: Nassdampf in einem Dampfkessel als Gemisch siedender Flüssigkeit und trocken gesättigtem Dampf
  b) mehrere Apparate: Gasturbinenanlage mit Verdichter, Brennkammer und Turbine (siehe später auch Abbildung 2-3)
- **kontinuierliche Systeme** sind Systeme, deren Eigenschaften an jeder Stelle mathematisch beschreibbar sind Beispiel: in einem Gasbehälter eingeschlossenes ideales Gas

Systemgrenzen und ihre Eigenschaften fixiert man stets nach Zweckmäßigkeit in Abhängigkeit von der Aufgabenstellung. Dem Anfänger fällt dies erfahrungsgemäß schwer, aber er lernt an Beispielen schnell, die Systemgrenzen so zu schneiden, dass das Untersuchungsziel mit einfachen Mitteln erreicht wird.

Nach den Eigenschaften der Systemgrenze unterscheidet man:

- **(vollständig) abgeschlossene Systeme**, über deren Grenze weder Wärme, Arbeit oder Masse ausgetauscht werden können
  Beispiel: Dewar-Gefäß (Thermoskanne)
- **adiabate Systeme**, über deren Grenze keine Wärme mit der Umgebung ausgetauscht werden kann (wärmedicht), Arbeits- und Stoffübertragung bleiben möglich
  Beispiel: sehr gut wärmeisolierter Warmwasserbehälter
- **arbeitsisolierte (= rigide) Systeme** (Austausch von Arbeit mit der Umgebung nicht möglich), Stofftransport und Wärmeübertragung können stattfinden
  Beispiel: in einer Rohrleitung strömendes Fluid
- **geschlossene (= stoffdichte) Systeme** Masseaustausch mit Umgebung ausgeschlossen, aber Wärmetransport und Arbeitsübertragung bleiben möglich
  Beispiel: mit Sauerstoff gefüllte und geschlossene Gasflasche
- **offene Systeme**, über deren Grenze Wärme, Arbeit und Masse mit der Umgebung ausgetauscht werden können
  Beispiel: Kompressor zur Verdichtung von Luft

Die wichtigsten Wechselwirkungen zwischen System und seiner Umgebung beziehen sich also auf den Austausch von Wärme, Arbeit und Masse über die Systemgrenze.

Der Zustand eines thermodynamischen Systems kann sich verändern, wenn:

- zwischen System in seinen Systemgrenzen und Umgebung Wechselwirkungen bestehen,
- im Inneren des Systems Prozesse ablaufen (Ausgleichsprozesse).

Erfahrungsgemäß strebt jedes sich selbst überlassene geschlossene thermodynamische System einem thermodynamischen Gleichgewichtszustand zu, den es ohne äußere Einwirkungen niemals wieder verlässt. Der thermodynamische Gleichgewichtszustand umfasst ein mechanisches, thermisches und ein chemisches Gleichgewicht. Der Maschinenbauingenieur betrachtet fast immer nur thermodynamische Systeme, in denen keine chemischen Reaktionen stattfinden. In solchen Systemen muss sich das chemische Gleichgewicht nicht erst einstellen, man findet es schon vor. Im thermodynamischen Gleichgewichtszustand sind solche Systemeigenschaften wie zum Beispiel Druck p, Temperatur T und Dichte ρ räumlich nicht mehr verschieden und ändern sich auch zeitlich nicht mehr. Man spricht dann vom stationären Zustand.

Thermodynamisches Gleichgewicht beinhaltet:
- Mechanisches Gleichgewicht = an jeder Stelle des Systems herrscht gleicher Druck
- Temperaturgleichgewicht = überall im System liegt gleiche Temperatur vor
- Chemisches Gleichgewicht = im System findet keine chemische Reaktion statt

---

Bei offenen thermodynamischen Systemen führt schon ein einziger durchtretender Stoffstrom zu einer dauernden Wechselwirkung mit der Umgebung, diese Systeme sind also nie sich selbst überlassen. Aber auch in offenen Systemen können sich Gleichgewichtszustände einstellen, nämlich dann, wenn die ablaufenden Prozesse keiner zeitlichen Änderung mehr unterliegen. Die Prozesse bezeichnet man dann als stationär, und das System befindet sich im Beharrungszustand.

Sind innerhalb eines geschlossenen Systems zwei Teilsysteme mit anfangs unterschiedlichen Drücken durch eine frei bewegliche Wand getrennt, findet nach Entfernen der Wand ein Druckausgleich statt und die beiden Teilsysteme werden durch diesen Ausgleichsvorgang in einen mechanischen Gleichgewichtszustand überführt. Eine starre Wand zwischen diesen beiden Teilsystemen würde den Druckausgleich verhindern, sodass sich kein mechanisches Gleichgewicht einstellen kann (rigide Wand).

Folgende Grundaussagen zum thermischen Gleichgewicht werden als Satz von der Existenz der Temperatur oder als nullter Hauptsatz der Thermodynamik zusammengefasst:

1. Ändern Systeme ihre Zustände nicht, wenn sie über eine diathermane (wärmeleitende) Wand in Berührung gebracht werden, sind sie im thermischen Gleichgewicht.

2. Systeme im thermischen Gleichgewicht haben die gleiche Temperatur. Systeme, die sich nicht im thermischen Gleichgewicht befinden, besitzen unterschiedliche Temperaturen.
3. Zwei Systeme, die jedes für sich mit einem dritten im thermischen Gleichgewicht sind, stehen ebenso untereinander im thermischen Gleichgewicht.

Die oben durch die Eigenschaften der Systemgrenze definierten Systeme stellen immer eine Idealisierung der Wirklichkeit dar. So ist zum Beispiel eine absolute Wärmedämmung praktisch nicht zu erreichen, denn selbst evakuierte Hohlräume zwischen einem inneren und einem äußeren Gefäß mit verspiegelten Gefäßwänden unterbinden den Wärmetransport nicht vollständig. Nach hinreichend langer Zeit wird auch der heiße Kaffee in der Thermoskanne kalt. Verbrennungsmotoren, Verdichter, Gasturbinen und sogar ganze Dampfkraftwerke können jedoch wie adiabate Systeme behandelt werden, wenn der Stoffdurchsatz mit einer so hohen Geschwindigkeit erfolgt, dass die Wärmeübertragung zwischen Stoff und Maschine vernachlässigbar ist.

Zur Veranschaulichung wie weit sich die thermodynamische Modellbildung über das thermodynamische System vom konkreten Aufbau der untersuchten Maschine lösen kann, sei hier auf das Beispiel Kompressor und Presslufthammer in Abbildung 2-2 verwiesen.

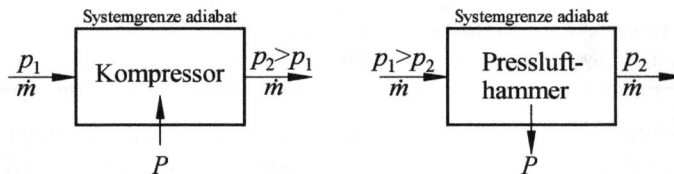

Abb. 2-2: Beschreibung von Kompressoren und Druckluftwerkzeugen (Presslufthammer) durch gleichartige offene thermodynamische Systeme.

Auf der linken Seite der Abbildung ist das thermodynamische Modell des Kompressors dargestellt. Für die Analyse interessiert nur, dass in einen beliebigen Apparat ein (gasförmiger) Massenstrom mit dem Anfangsdruck p_1 eintritt und dem höheren Enddruck p_2 austritt. Möglich wird dies, weil dem Kompressor eine Leistung P zur Verfügung gestellt wird. Völlig außer Acht bleibt, um welche konkrete Bauart eines Kompressors (zum Beispiel Hubkolbenkompressor, Schraubenkompressor, Turbokompressor) es sich handelt. Hier wurde lediglich vereinfachend vereinbart, dass die Hülle des Apparates eine adiabate Wand darstellt. Diese Annahme führt auf eine besonders einfach auszuwertende Bilanz. Die thermodynamische Analyse legt dann aber nahe, die Wände des Kompressors nicht zu isolieren, sondern zu kühlen, also beständig Wärme abzuführen, was sich dann aber für die Berechnung wesentlich komplizierter gestaltet.

Auf der rechten Seite der Abbildung 2-2 ist ein Druckluftwerkzeug modelliert. Hier tritt ein (gasförmiger) Massenstrom mit dem Anfangsdruck p_1 ein und verlässt das Werkzeug mit dem niedrigeren Druck p_2 unter Arbeitsabgabe, die als mechanische Leistung P zur Verfügung steht. Auch hier spielt es keine Rolle, wie der Presslufthammer im Inneren konstruiert ist. Das gemeinsame thermodynamische Modell für Kompressor und Presslufthammer unterscheidet sich nur im Vorzeichen für die Leistung (Kompressor zugeführt „+", Presslufthammer abgeführt „–") und um das Druckniveau am Ein- und Austritt.

Das thermodynamische Gleichgewicht in einem homogenen thermodynamischen System ändert sich nicht, wenn man dieses in Teilsysteme zerlegt, denn die durch die intensiven Zustandsgrößen[1] gekennzeichneten inneren Zustände bleiben gleich. Für eine detaillierte Untersuchung ist es möglich, ein System in Teilsysteme zu zerlegen. Abbildung 2-3 zeigt, dass das Gesamtsystem Gasturbinenanlage aus den Teilsystemen Verdichter, Brennkammer und Turbine zusammengesetzt werden kann. Die Grenzen für die einzelnen Teilsysteme legt man zweckmäßig so fest, dass die den Zustand des jeweiligen Teilsystems charakterisierenden Parameter wie Druck, Temperatur und Volumenstrom an den Grenzen des Teilsystems gut messbar sind und als feste Werte existieren. Die Teilsysteme beeinflussen sich wechselseitig über die Stoffströme Luft und Gas sowie durch den Leistungsfluss, der über eine Welle zwischen Verdichter und Turbine übertragen wird. Die Wechselwirkung der drei Teilsysteme mit der Umgebung besteht in der Zufuhr von Luft und Brennstoff sowie der Abfuhr von Verbrennungsgas und Leistungsüberschuss.

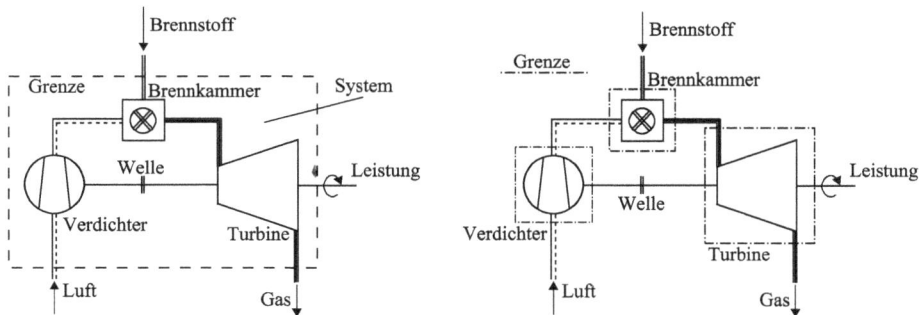

Abb. 2-3: Gesamtsystem Gasturbinenanlage (links) und Aufteilung des Kontrollraumes in Teilsysteme (rechts).

---

1 Intensive Zustandsgrößen sind beispielsweise Druck p und Temperatur T. Sie hängen nicht von der Masse oder Stoffmenge des Systems ab und bleiben gleich groß, wenn sich das System in Teilsysteme spaltet. Die Dichte ρ gemessen in kg/m^3 und das spezifische Volumen v gemessen in m^3/kg sind als massenbezogene Größen ebenfalls intensive Zustandsgrößen. Das Volumen V gemessen in m^3 hingegen ist eine extensive Zustandsgröße, bei Aufsplittung in Teilsysteme ändert sich der Wert.

Entscheidend für die Wahl der Lage und Größe eines thermodynamischen Systems bleibt immer, dass die dazu aufstellbaren Bilanzen die gesuchten sowie gegebenen Größen enthalten und diese Größen an den Systemgrenzen einen eindeutigen Wert besitzen.

Bei einem geschlossenen System kann die Systemgrenze starr sein (zeitlich unveränderlich) oder sich verschieben (zeitlich verändern) unter der Bedingung, dass stets dieselbe Masse eingeschlossen wird (Beispiel: Ausdehnung von Luft im Luftballon bei mäßiger Erwärmung). Das Systeminnere nennt man dann Bilanzraum und die Systemgrenze Bilanzraumgrenze.

In einem offenen System legt man die Systemgrenze immer zeitlich unveränderlich fest. Hier sprechen wir zur Unterscheidung vom geschlossenen System vom *Kontrollraum* und der *Kontrollraumgrenze*, weil in den offenen Systemen nur die Änderungen der thermodynamischen Zustände der über die Kontrollraumgrenzen ein- und ausströmenden Fluide bei Berücksichtigung der Energieübertragungsprozesse untersucht werden. Die Grenze offener Systeme ist also häufig nur eine Bilanzhülle, um in das System einströmende oder verlassende Stoff- und Energieströme zu erfassen. Ein geschlossenes System hingegen grenzt man gegen die Umgebung oft mit dem Ziel ab, sein Inneres zu untersuchen und die Wechselwirkungen mit seiner Umgebung zu beschreiben.

Ein Vorteil von thermodynamischen Systemen besteht darin, dass man nicht alle Variablen untersuchen muss, sondern sich auf jene beschränken kann, die sich während des betrachteten Vorgangs ändern. Alle anderen bleiben konstant und bei der Berechnung meist außen vor. Der Zustand eines Systems ist charakterisiert durch das Vorliegen fester Werte für die zur Beschreibung des Systems notwendigen Variablen.

Ein thermodynamisches System ist immer Träger von Variablen oder Größen, die es näher charakterisieren. Die phänomenologische Thermodynamik befasst sich nur mit Systemen, die einen Gleichgewichtszustand erreichen können, wenn man sie abschließt.[2] Im Gleichgewichtszustand treten dann keine Änderungen der makroskopisch messbaren Eigenschaften mehr auf. Der innere Zustand eines Systems, das eine bestimmte Menge eines Fluids als Arbeitsmittel enthält, wird nicht durch Angabe der Ortskoordinaten und Geschwindigkeitsvektoren aller Teilchen beschrieben, sondern durch wenige messbare Variablen wie sein Volumen, sein Druck und seine Temperatur, die man als innere oder thermische Zustandsgrößen bezeichnet. So wird der innere Zustand eines thermodynamischen Systems dadurch bestimmt, dass Volumen V, Druck p und Temperatur T feste Werte annehmen.

Die thermischen Zustandsgrößen Volumen, Druck und Temperatur werden auch als innere Zustandsgrößen bezeichnet. Sie lassen grundsätzlich keinen Rückschluss darauf zu, wie das System in den betreffenden Zustand gelangt ist. Die Änderungen von Zustandsgrößen sind also bei fest vorgegebenen Anfangs- und Endzuständen vom Ver-

---

2 Systeme, die durch die Bewegung von Atomen und Molekülen den Gleichgewichtszustand nicht erreichen oder ihn spontan wieder verlassen, untersucht die statistische Thermodynamik.

lauf der Zustandsänderungen unabhängig. Eine infinitesimal kleine Änderung des Volumens, des Druckes oder der Temperatur stellt mathematisch betrachtet deshalb ein vollständiges Differential dar. Folglich ist das Ergebnis einer Integration immer als einfache Differenz von Endwert minus Anfangswert zu bestimmen.

$$\int_1^2 dV = V_2 - V_1 \qquad \int_1^2 dp = p_2 - p_1 \qquad \int_1^2 dT = T_2 - T_1$$

Die *äußeren* Zustandsgrößen eines Systems sind die Koordinaten im Raum und die Geschwindigkeit des Systems relativ zu einem Beobachter. Sie kennzeichnen den äußeren (mechanischen) Systemzustand.

Die Zahl der voneinander unabhängigen Zustandsgrößen für die eindeutige Festlegung des Systemzustands hängt von der Art des Systems ab und ist umso größer, je komplizierter das System aufgebaut ist. Für sehr viele thermodynamische Untersuchungen kommt man mit einfachen, homogenen Systemen für Flüssigkeiten und Gase aus, deren elektrische und magnetische Eigenschaften vernachlässigt werden können. Kapillarwirkungen durch Oberflächenkräfte spielen nur dann eine Rolle, wenn Tropfen oder Blasen als thermodynamische Systeme betrachtet werden. Daher ist oft der Zustand eines Systems durch Angabe von Druck, Temperatur und Volumen schon hinreichend beschrieben. Besteht ein System aus (idealem) Gas und interessiert man sich nicht zwingend für seine Größe (massenspezifische Untersuchungen) reicht vielfach die Angabe von Druck und Temperatur aus. Eine besondere Situation liegt allerdings vor, wenn man ein System unter dem Einfluss eines äußeren stationären Kraftfeldes (zum Beispiel unter dem Einfluss des Gravitationsfeldes der Erde) analysiert. In einer vertikalen Gas- oder Flüssigkeitssäule nimmt der Druck p mit der Höhe h ab. Der Aufwand für die Beschreibung des Systemzustandes nimmt hier deutlich zu.

Wie die Erfahrung zeigt, existieren nicht alle Eigenschaften eines Systems unabhängig voneinander. Erhöht man mit einem gasdicht eingepassten Kolben in einem adiabaten Zylinder den Druck, ändert sich auch die Temperatur des Gases. Dieses Beispiel zeigt, dass man nur bestimmte Eigenschaften des Systems unabhängig ändern kann. Jede Auswahl von Veränderlichen eines Systems stellt sein aktuelles *Koordinatensystem* dar und die Anzahl der unabhängigen Variablen (Koordinaten) bezeichnet man als *Anzahl der Freiheitsgrade* des Systems.

Die Anzahl der Freiheitsgrade f als Anzahl der für ein konkretes System frei wählbaren Zustandsgrößen hängt von der Anzahl der Komponenten (Stoffe) K sowie von der Anzahl der im System vorkommenden Phasen P ab und wird mit der Gibbs'schen Phasenregel[3] berechnet:

---

3 Josiah Willard Gibbs (1839–1903), amerikanischer Naturwissenschaftler und Professor an der Yale Universität in New Haven (Connecticut, USA) schuf die theoretischen Grundlagen der physikalischen Chemie. Die hier erwähnte Phasenregel geht auf eine Veröffentlichung im Jahre 1876 zurück.

$$f = K + 2 - P \qquad (2.1\text{-}1)$$

Gleichung (2.1-1) beschreibt, über wie viele Freiheitsgrade ein thermodynamisches System im Gleichgewichtszustand verfügt, wenn es aus einer Anzahl K verschiedenen, chemisch nicht reagierenden Stoffen besteht und eine Anzahl P gleichzeitig existierender Phasen enthält. Die Zahl der Freiheitsgrade f kann niemals unter null sinken. Deshalb gibt die Gibbs'sche Phasenregel auch die maximale Anzahl von Phasen P an, die in einem System mit einer gegebenen Anzahl K von Stoffen gleichzeitig vorkommen können.

Als frei wählbare Zustandsgrößen für die Charakterisierung des Systemzustands kommen für einfache Systeme (eine Komponente, eine Phase) zwei von den drei thermischen Zustandsgrößen Volumen V, Druck p und Temperatur T in Betracht. Bei Mehrkomponentensystemen tritt noch die Konzentration C der einzelnen Komponenten hinzu.

Der Übergang eines Systems von einem Gleichgewichtszustand in einen anderen heißt *Zustandsänderung*, zu deren Beschreibung es ausreichend ist, Anfangs- und Endzustand von so vielen Zustandsgrößen anzugeben, wie das thermodynamische System über Freiheitsgrade verfügt. Es ist dabei vollkommen gleichgültig, auf welchem Weg die Zustandsänderung erfolgt.

Thermodynamische Zustandsgrößen sind physikalische Größen, die den Zustand eines thermodynamischen Systems charakterisieren, und werden wie folgt klassifiziert:

- **äußere und innere Zustandsgrößen**

  werden nach der Position des Beobachters unterschieden. Nur ein außerhalb des thermodynamischen Systems befindlicher Beobachter kann solche äußeren Zustandsvariablen wie die Geschwindigkeit des Systems im Raum oder seine Lage in einem vorgegebenen Koordinatensystem registrieren. Der mit dem System fest verbundene Beobachter nimmt hingegen nur die inneren Zustandsgrößen, wie zum Beispiel Volumen, Druck und Temperatur wahr.

- **extensive und intensive Zustandsgrößen**

  Unterteilt man ein homogenes thermodynamisches System in Teilsysteme, behalten intensive Zustandsgrößen wie der Druck p oder die Temperatur T ihre ursprünglichen Werte auch in jedem Teilsystem unverändert bei. Sie sind immer unabhängig von der Größe des thermodynamischen Systems. In einem Kontinuum stellen intensive Zustandsgrößen stetige Funktionen von Raum und Zeit dar. Man nennt sie dort auch Feldgrößen.

  Extensive Zustandsgrößen sind direkt proportional zur Masse m oder Stoffmenge n wie beispielsweise das Volumen V, die Masse m oder die innere Energie U und die Enthalpie H. Sie ändern ihre Werte in den Teilsystemen nach Maßgabe der vorgenommenen Aufteilung. Bezieht man eine extensive Zustandsgröße auf die Masse m oder auf die Stoffmenge n, erhält man mit der spezifischen Größe eine zugeordnete intensive Zustandsgröße (z. B. das spezifische Volumen $v = V/m$). Zur Kennzeichnung extensiver Zustandsgrößen verwendet man Großbuchstaben

(Ausnahme: Masse *m*), für intensive Zustandsgrößen Kleinbuchstaben (Ausnahme: Temperatur *T*).

– **massen- oder stoffmengenbezogene spezifische Zustandsgrößen**

In der klassischen Thermodynamik werden Prozesse bevorzugt unabhängig von der Größe des thermodynamischen Systems untersucht. Das führt in Anlehnung an den Begriff intensive Zustandsgröße auf sogenannte *intensive thermodynamische Systeme*. Erst nach der Analyse der Zustandsänderungen werden die Prozessgrößen und extensiven Zustandsvariablen auf die tatsächliche Größe des konkreten Untersuchungsobjektes skaliert. Dazu nutzt man einen Bezug auf die Masse *m* oder die Stoffmenge *n* und erhält massenspezifische Größen. Die extensiven Zustandsgrößen besitzen dann die gleiche Eigenschaft wie die intensiven, nämlich sie ändern ihre Werte nicht, wenn man das System teilt, sind aber trotzdem von den intensiven Zustandsgrößen zu unterscheiden. Den spezifischen Zustandsgrößen ist immer eine extensive Zustandsgröße zugeordnet, den intensiven dagegen nicht. Die wichtigsten spezifischen Zustandsgrößen sind:

– das spezifische Volumen $v = \dfrac{V}{m}$ in $\dfrac{\text{m}^3}{\text{kg}}$ oder die Dichte $\rho = \dfrac{m}{V}$ in $\dfrac{\text{kg}}{\text{m}^3}$

– die spezifische innere Energie $u = \dfrac{U}{m}$ in $\dfrac{\text{kJ}}{\text{kg}}$

– die spezifische Enthalpie $h = \dfrac{H}{m}$ in $\dfrac{\text{kJ}}{\text{kg}}$

– die spezifische Entropie $s = \dfrac{S}{m}$ in $\dfrac{\text{kJ}}{\text{kg K}}$

– **thermische und kalorische Zustandsgrößen** Die intensiven Zustandsgrößen Druck *p*, Temperatur *T* oder spezifisches Volumen *v* bestimmen den thermischen Zustand eines Systems und werden in Kapitel 2.2 behandelt. Die kalorischen Zustandsgrößen wie zum Beispiel die spezifische innere Energie *u*, die spezifische Enthalpie *h* charakterisieren den energetischen Zustand eines thermodynamischen Systems und werden in Kapitel 3.3 vorgestellt.

Die thermischen Zustandsgrößen Volumen *V*, Druck *p* und Temperatur *T* sind aus dem Blickwinkel der phänomenologischen Thermodynamik die messbaren Eigenschaften eines Systems. Die zwischen ihnen bestehenden Zusammenhänge sind für den Konstrukteur im Maschinenbau von eminenter Bedeutung. Das Volumen entscheidet mit den sich daraus ergebenden äußeren Abmessungen über die Größe einer Maschine oder Anlage, aus dem Druck werden die erforderlichen Wandstärken bestimmt und die Temperatur ist ein wichtiges Auswahlkriterium für die einzusetzenden Werkstoffe.

Eine Änderung des thermodynamischen Gleichgewichts innerhalb eines Systems kann nur durch eine oder mehrere aufeinander folgende Änderungen intensiver Zustandsgrößen erreicht werden. Solche Zustandsänderungen lösen einen thermodynamischen Prozess aus, der zu einem Energietransfer über die Systemgrenze und damit zu Wechselwirkungen mit der Umgebung führt, bis ein neuer Gleichgewichtszustand erreicht wurde. Ein solcher neu eingestellter Gleichgewichtszustand lässt sich durch verschiedene Prozesse mit unterschiedlichen Prozessverläufen realisieren.

In einem vollständig abgeschlossenen System finden per definitionem keine Wechselwirkungen mit der Umgebung statt. Hier laufen Prozesse als Ausgleichsprozesse im Systeminneren nur dann ab, wenn dort Temperatur- oder Druck- oder Dichteunterschiede vorliegen. Für heterogene Systeme könnten noch Konzentrationsunterschiede eine Rolle spielen. Für die rechnerische Verfolgung solcher Ausgleichsprozesse zerlegt man das abgeschlossene System in Teilsysteme, die untereinander in Wechselwirkung stehen.

Prozessgrößen, die die Interaktion des Systems mit seiner Umgebung bewirken, sind die Energien Wärme Q und diverse Formen mechanischer sowie elektrischer Arbeit W. Diese Größen besitzen im Gegensatz zu Zustandsgrößen kein vollständiges Differential, weil jeweils gleiche neue Gleichgewichtszustände auf unterschiedlichen Wegen erreichbar sind. Folglich kann ihre Veränderung nicht bestimmt werden aus der Differenz zwischen Endwert und Anfangswert. Es gilt:

$$\int_1^2 dQ = Q_{12} \quad \text{und} \quad \int_1^2 dW = W_{12} \quad \text{oder manchmal auch}$$

$$\int_1^2 \delta Q = Q_{12} \quad \text{und} \quad \int_1^2 \delta W = W_{12}$$

Prozessgrößen erkennt man leicht am Doppelindex, der charakteristisch ist für den Weg, den der Prozess genommen hat. Gelegentlich wird in der Literatur für Prozessgrößen anstelle des Differentialoperators **d** der griechische Buchstabe δ verwendet, um anzudeuten, dass hier kein vollständiges Differential vorliegt. Auf diese Schreibweise wird hier aber verzichtet.

Die Mathematik bietet die Möglichkeit, unvollständige Differentiale durch einen integrierenden Nenner (Euler'scher Multiplikator) in vollständige Differentiale umzuwandeln. So können wir zum Beispiel eine der Prozessgröße Wärme zugeordnete Zustandsgröße gewinnen, die in der klassischen Thermodynamik Entropie S genannt wird.

2.1.1 Anzahl der frei wählbaren Zustandsgrößen

Ermitteln Sie jeweils die Anzahl der frei wählbaren Zustandsgrößen bei den nachfolgend gegebenen intensiven thermodynamischen Systemen!
  a) Wasser im Tripelpunkt (gleichzeitiges Auftreten von Eis, flüssigen Wasser und Dampf)
  b) Gasgemisch aus Stickstoff, Helium und Sauerstoff in einer Gasflasche (Bestandteile der Tauchgasmischung Trimix)
  c) Nassdampf in einer Dampfleitung

Vorüberlegungen:
Anzuwenden ist die Gibbs'sche Phasenregel (2.1-1): $f = K + 2 - P$.

Lösung:
a) Wasser im Tripelpunkt (gleichzeitiges Auftreten von Eis, Wasser und Eis im Gleich-
    gewicht)
    Das System besteht nur aus einer Komponente, nämlich H_2O, das in allen drei Pha-
    sen (fest, flüssig und gasförmig) auftritt.

$$f = 1 + 2 - 3 = \underline{\underline{0}}$$

Das bedeutet: Dieses System besitzt keine Freiheitsgrade! Sobald man Temperatur
oder Druck nur geringfügig ändert, verlässt man den Tripelpunkt.
Da die Anzahl der Freiheitsgrade f niemals negativ werden kann, ist hier auch die
sofort einsichtige Aussage abzuleiten, dass in Einkomponentensystemen maximal
drei Phasen gleichzeitig nebeneinander existieren können.

b) Tauchgas Trimix in einer Gasflasche
    Das System besteht nur aus drei Komponenten, nämlich N_2, He und O_2, die nur in
    einer Phase (gasförmig) vorliegen.

$$f = 3 + 2 - 1 = \underline{\underline{4}}$$

Das bedeutet: Neben Druck p und Temperatur T wird das thermodynamische
Gleichgewicht noch durch zwei vorzugebende Konzentrationen C festgelegt. Diese
Konzentrationen können durch die entsprechenden Massenprozente, Volumenpro-
zente oder Molprozente zweier Komponenten angegeben werden. Die Konzentra-
tion der dritten Komponente ist nicht mehr frei wählbar, sondern ergibt sich als
Ergänzung zu 100 % von den beiden anderen.

c) Nassdampf in einer Dampfleitung
    Hier liegt eine Komponente, nämlich H_2O, in zwei Phasen vor.

$$f = 1 + 2 - 2 = \underline{\underline{1}}$$

Tatsächlich ist das thermodynamische Gleichgewicht über eine einzige Zustandsgröße bereits festgelegt, denn im Koexistenzgebiet von flüssiger und dampfförmiger
Phase (technische Bezeichnung Nassdampf) bleibt die Temperatur bei konstantem
Druck trotz Wärmezufuhr konstant. Es gilt für die Siedetemperatur $t_s = t_s(p_s)$ oder
für den Siededruck $p_s = p_s(t_s)$.

2.1.2 Existenznachweis vollständiger Differentiale für die Temperatur und den Druck

Weisen Sie unter Nutzung der Zustandsgleichung für ideales Gas $p \cdot v = R_i \cdot T$ nach, dass die Temperatur T und der Druck p jeweils als totales Differential darstellbar und mithin eine Zustandsgröße sind!

Vorüberlegungen:

Ist $y = y(x_1, x_2, \ldots, x_n)$ eine wegunabhängige Größe, so kann man die Änderung von y durch ein vollständiges Differential beschreiben.

$$dy = \left(\frac{\partial y}{\partial x_1} \right) dx_1 + \left(\frac{\partial y}{\partial x_2} \right) dx_2 + \cdots + \left(\frac{\partial y}{\partial x_n} \right) dx_n$$

Nach dem Satz von Schwarz ist dy genau dann ein vollständiges Differential, wenn die Reihenfolge für die gemischte partielle Differentiation gleichgültig ist, also:

$$\frac{\partial^2 y}{\partial x_i \partial x_n} = \frac{\partial^2 y}{\partial x_n \partial x_i}$$

Der Nachweis über das Vorliegen des totalen Differentials der Funktion $T = T(p, v)$ und der Funktion $p = p(v, T)$ gelingt mit dem Satz von Schwarz, nach dem für ein vollständiges Differential (wegunabhängig) unter der Bedingung stetiger Ableitungen an jeder Stelle der Funktion die gemischt-partiellen Ableitungen zweiter Ordnung vertauschbar sind. Das Vorhandensein stetiger Ableitungen ist für die thermodynamischen Zustandsgrößen physikalisch evident. Im vorliegenden Fall wäre nach dem Satz von Schwarz zu prüfen, ob gilt:

$$\frac{\partial^2 T}{\partial p \partial v} = \frac{\partial^2 T}{\partial v \partial p} \quad \text{für } T = T(p, v) \quad \text{und} \quad \frac{\partial^2 p}{\partial v \partial T} = \frac{\partial^2 p}{\partial T \partial v} \quad \text{für } p = p(v, T)$$

Lösung:

$$T = \frac{p \cdot v}{R_i} \quad \text{und} \quad p = \frac{R_i \cdot T}{v}$$

Die Gaskonstante R_i ist unabhängig von den Werten für den Druck p und das spezifische Volumen v beziehungsweise Temperatur T und das spezifische Volumen v eine Konstante, sie ist nur abhängig vom Stoff!

$$\frac{\partial T}{\partial p} = \frac{v}{R_i} \quad \text{und weiter} \quad \frac{\partial^2 T}{\partial v \partial p} = \underline{\underline{\frac{1}{R_i}}} \quad \text{sowie} \quad \frac{\partial T}{\partial v} = \frac{p}{R_i} \quad \text{und weiter} \quad \frac{\partial^2 T}{\partial p \partial v} = \underline{\underline{\frac{1}{R_i}}}$$

Die Übereinstimmung der gemischt partiellen Ableitungen zweiter Ordnung ist also gegeben! Die Funktion $T = T(p, v)$ kann durch ein vollständiges Differential dargestellt werden.

$$p = \frac{R_i \cdot T}{v}$$

$$\frac{\partial p}{\partial T} = R_i \cdot \frac{1}{v} \quad \text{und weiter} \quad \frac{\partial^2 p}{\partial v \partial T} = -R_i \cdot \frac{1}{v^2} \quad \text{sowie}$$

$$\frac{\partial p}{\partial v} = -R_i \cdot T \cdot \frac{1}{v^2} \quad \text{und weiter} \quad \frac{\partial^2 p}{\partial T \partial v} = -R_i \cdot \frac{1}{v^2}$$

Die Übereinstimmung der gemischt partiellen Ableitungen zweiter Ordnung ist auch hier gegeben! Die Funktion $p = p(v, T)$ kann durch ein vollständiges Differential dargestellt werden.

2.2 Thermische Zustandsgrößen

Die thermischen Zustandsgrößen Volumen V, Druck p und Temperatur T eines zumeist fluiden Arbeitsstoffes sind die messbaren Eigenschaften eines thermodynamischen Systems und charakterisieren dessen thermischen Zustand. Die zwischen ihnen bestehenden Zusammenhänge sind für den Konstrukteur im Maschinenbau von eminenter Bedeutung. Das Volumen entscheidet mit den sich daraus ergebenden äußeren Abmessungen über die Größe einer Maschine oder Anlage, aus dem Druck werden die erforderlichen Wandstärken bestimmt und die Temperatur ist ein wichtiges Auswahlkriterium für die einzusetzenden Werkstoffe.

Zustandsgröße Volumen sowie die Beziehungen zu Masse und Stoffmenge

Das Volumen V stellt den Raum dar, den ein Stoff mit der Masse m ausfüllt. Die Masse m beschreibt die Eigenschaft eines Körpers, gegenüber Änderungen seines Bewegungszustandes träge zu sein und Anziehungskräfte auf andere Körper auszuüben.

Die im SI-System vorgeschriebenen Maßeinheiten für das Volumen V, die Masse m und die Stoffmenge n sind:[4]

$$[V] = 1\,\text{m}^3 \qquad [m] = 1\,\text{kg} \qquad [n] = 1\,\text{kmol}$$

Für thermodynamische Analysen ist es oft vorteilhaft, den Raumbedarf eines Stoffes unabhängig von seiner Masse oder Stoffmenge anzugeben. Dazu bezieht man das Volumen V auf die zugehörige Masse oder Stoffmenge und erhält die intensive Zustandsgröße *spe-*

---

4 Man beachte die Schreibweise! Selbst in Lehrbüchern wird oft nicht normgerecht $m = [1\,\text{kg}]$ geschrieben!

zifisches Volumen v eines Körpers oder die intensive Zustandsgröße *molares Volumen* V_m als stoffmengenspezifische Volumen.

$$v = \frac{V}{m} = \frac{1}{\rho} \qquad [v] = 1\,\frac{\text{m}^3}{\text{kg}} \qquad V_m = \frac{V}{n} = \frac{1}{d} \qquad [V_m] = 1\,\frac{\text{m}^3}{\text{kmol}} \qquad (2.2\text{-}1)$$

Der Kehrwert des spezifischen Volumens ist die bekannte physikalische Größe Dichte ρ, der Kehrwert des molaren Volumens ist die Stoffmengendichte d.

$$\rho = \frac{m}{V} = \frac{1}{v} \qquad [\rho] = 1\,\frac{\text{kg}}{\text{m}^3} \qquad d = \frac{n}{V} = \frac{1}{V_m} \qquad [d] = 1\,\frac{\text{kmol}}{\text{m}^3}$$

Wollte man die Stoffmenge eines Körpers über die Anzahl seiner Teilchen beschreiben, müsste man – wie aus der Avogadro-Konstante ersichtlich – mit unvorstellbar großen Zahlen arbeiten. Deshalb definiert man die Stoffmenge n als das Verhältnis der in einem Körper tatsächlich vorhandenen Teilchenzahl N zur Avogadro-Konstante N_A.

$$n = \frac{N}{N_A} \qquad [n] = 1\,\text{kmol} \qquad (2.2\text{-}2)$$

Die *molare Masse oder relative Molekülmasse* M eines Stoffes kann berechnet werden aus dem Produkt der Masse eines einzelnen Teilchens m_T und der in der Stoffmenge von 1 kmol enthaltenen Teilchenzahl N_A oder durch den Bezug der Masse auf die jeweilige Stoffmenge von 1 kmol.

$$M = m_T \cdot N_A = \frac{m}{n} \qquad [M] = 1\,\frac{\text{kg}}{\text{kmol}} \qquad (2.2\text{-}3)$$

Der Zusammenhang zwischen der Masse m eines Körpers und seiner Stoffmenge n ist über die Masse seiner Teilchen m_T und ihrer Anzahl N durch:

$$m = m_T \cdot N = \frac{M}{N_A} \cdot N = M \cdot n \qquad (2.2\text{-}4)$$

Schließlich ergeben sich mit (2.2-4) noch folgende Zusammenhänge:

$$v = \frac{V}{m} = \frac{V}{n \cdot M} = \frac{V_m}{M} \qquad V_m = \frac{V}{n} = \frac{V}{m/M} = M \cdot v = \frac{M}{\rho} \qquad (2.2\text{-}5)$$

Zusammenfassend sind die bestehenden Beziehungen zwischen Stoffmenge, Masse und Volumen in Abbildung 2-4 dargestellt.

Solange im thermodynamischen System keine chemischen Reaktionen ablaufen, ändern sich weder die Stoffmenge n noch die relative Molekülmasse M.

Die Stoffmenge n ist eine Größe, die besonders bei thermodynamischen Analysen chemischer Prozesse herangezogen wird, denn die chemischen Reaktionsgleichungen stellen Stoffmengenbilanzen dar.

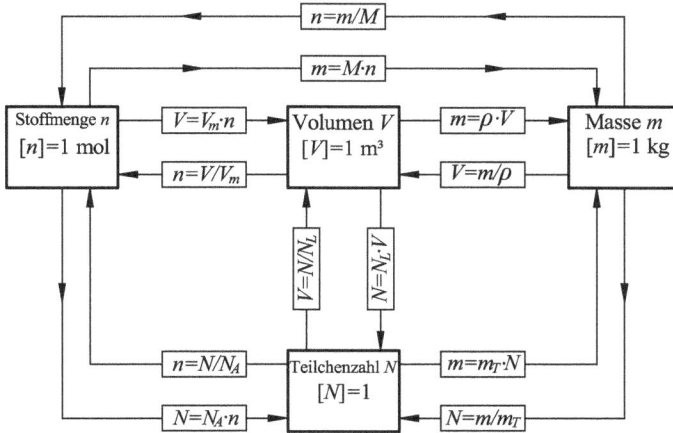

Abb. 2-4: Darstellung der Zusammenhänge zwischen Teilchenzahl, Volumen, Stoffmenge und Masse.

$$1\,\text{Atom C} + 1\,\text{Molekül O}_2 \rightarrow 1\,\text{Molekül CO}_2$$
$$1\,\text{kmol C} + 1\,\text{kmol O}_2 \rightarrow 1\,\text{kmol CO}_2$$

Die Verbindung zwischen Masse m und Massenstrom $\dot{m}$ beziehungsweise Volumen V und Volumenstrom $\dot{V}$ entsteht, wenn man ein kleines bewegliches geschlossenes System mit der Masse m betrachtet, das während einer Zeit τ über die Grenze eines offenen Systems, zum Beispiel einer Rohrleitung mit Zu- und Ablauf, strömt.

$$\dot{m} = \frac{m}{\tau} \qquad [\dot{m}] = 1\,\frac{\text{kg}}{\text{s}} \tag{2.2-6a}$$

$$\dot{V} = \frac{V}{\tau} \qquad [\dot{V}] = 1\,\frac{\text{m}^3}{\text{s}} \tag{2.2-6b}$$

Dabei ist die Strömungsgeschwindigkeit c über die Länge s des geschlossenen Systems, die Zeitspanne $\Delta\tau$ und den Leitungsquerschnitt A mit dem Massen- beziehungsweise Volumenstrom verknüpft.

$$c = \frac{s}{\tau} = \frac{V/A}{\tau} = \frac{\dot{V}}{A} \quad \rightarrow \quad \dot{V} = c \cdot A$$

$$m = \rho \cdot V \qquad \dot{m} = \rho \cdot \dot{V} = \frac{\dot{V}}{v}$$

Daraus folgt die Kontinuitätsgleichung für einen stationären Massenstrom

$$\dot{m} = \rho \cdot c \cdot A = \frac{c \cdot A}{v} = \text{konstant} \quad \text{oder} \quad \rho_1 \cdot c_1 \cdot A_1 = \rho_2 \cdot c_2 \cdot A_2 \tag{2.2-7}$$

Bei konstanter Dichte oder konstantem spezifischen Volumen (zumeist erfüllt bei inkompressiblen Medien wie Flüssigkeiten) kann im stationären Fall auch die Kontinuitätsgleichung für den Volumenstrom verwendet werden.

$$\dot{V} = c \cdot A = \text{konstant} \quad \text{oder} \quad c_1 \cdot A_1 = c_2 \cdot A_2 \tag{2.2-8}$$

Zustandsgröße Druck

In der Thermodynamik spielt der Druck für das *mechanische Gleichgewicht* als Teil des *thermodynamischen Gleichgewichts* eine wichtige Rolle. Zwei Phasen befinden sich im mechanischen Gleichgewicht, wenn sie als gemeinsame Eigenschaft ein und denselben Druck haben.

Der Druck ist ein Maß für den Widerstand, den ein Stoff einer Verkleinerung des zur Verfügung stehenden Raumes entgegensetzt und kann durch äußere Kräfte (Presskraft des Kolbens) oder durch innere Kräfte (Gewicht, Trägheit) verursacht werden.

Ein sich in Ruhe befindliches (Newton'sches) Fluid kann nur Druckkräfte aufnehmen, Zugkräfte sind nicht übertragbar und Schubkräfte bei Ruhe nicht vorhanden. Die Druckspannung p wird auch als Euler'scher Druck p oder kurz nur als Druck p bezeichnet. Er ist ein Skalar (richtungsunabhängig) und nur eine Funktion des Ortes. Man definiert den Druck p als die auf die Fläche A bezogene Kraft F in Normalenrichtung.

$$p = \frac{F}{A} \qquad [p] = 1\,\frac{\text{N}}{\text{m}^2} = 1\,\frac{\text{kg}}{\text{m}\,\text{s}^2} = 1\,\text{Pa} \tag{2.2-9}$$

Druck und Spannungen sind Größen, die im Maschinenbau in einem engen Zusammenhang stehen. Deshalb sollte man in Bezug auf Maßeinheiten auswendig wissen:

$$10^5\,\text{Pa} = 1\,\text{bar} \qquad 1\,\frac{\text{N}}{\text{mm}^2} = 1\,\text{MPa} = 10\,\text{bar} \qquad 1\,\frac{\text{N}}{\text{cm}^2} = 10\,\text{kPa} = 0{,}1\,\text{bar}$$

Den durch die Gewichtskraft F_G einer Flüssigkeits- oder Gassäule der Höhe h auf die Bodenfläche A eines Zylinders verursachten Druck nennt man Schweredruck. Er wird bestimmt durch:

$$p = \frac{\vec{F}_G}{A} = -\frac{m \cdot g}{A} = -\frac{(\rho \cdot V) \cdot g}{A} = -\frac{\rho \cdot A \cdot h \cdot g}{A} = -\rho \cdot g \cdot h \tag{2.2-10}$$

Das Minuszeichen in (2.2-10) bringt zum Ausdruck, mit zunehmender positiv gezählter Höhe h in einer Flüssigkeits- oder Gassäule der Schweredruck p abnimmt.

Solange die Dichte ρ und Fallbeschleunigung g als von der Höhe h unabhängige Größen betrachtet werden können, hängt der Schweredruck p durch das Eigengewicht der Flüssigkeit oder des Gases nur von der Höhe h ab. Bei Gasen ist die Veränderung des Gasdruckes in Schichten mit einer Höhe von bis zu 50 m in der Regel vernachlässigbar

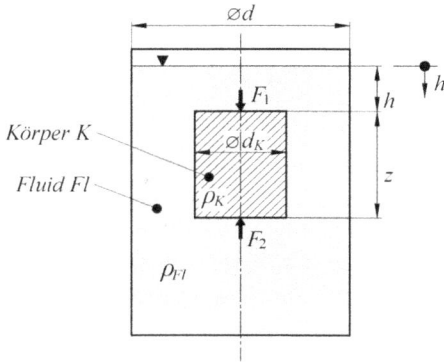

Abb. 2-5: Entstehung des Auftriebs für einen zylindrischen Festkörper (K) in einem mit Flüssigkeit (Fl) gefüllten Gefäß.

und nur die äußere Belastung maßgebend, bei Flüssigkeiten ist dagegen für den Druck die Höhe der darüber liegenden Flüssigkeitssäule zu beachten.

Weil nach Gleichung (2.2-10) der Schweredruck in Gasen, Dämpfen und Flüssigkeiten (also in allen Fluiden) mit der Tiefe h zunimmt, entsteht nach Maßgabe der Darstellung in Abbildung 2-5 auch die als Auftrieb bekannte Kraft F_A.

$$F_1 = \rho_{Fl} \cdot g \cdot A \cdot h \quad \text{mit} \quad A = \frac{\pi}{4}d^2 \quad \text{und} \quad F_2 = -\rho_{Fl} \cdot g \cdot A \cdot (h + z)$$

$$F_A = F_1 + F_2 = \rho_{Fl} \cdot g \cdot A \cdot z = \rho_{Fl} \cdot g \cdot V_K$$

$$F_A = \rho_{Fl} \cdot g \cdot V_K \tag{2.2-11}$$

Der Betrag der Auftriebskraft F_A entspricht allein der Gewichtskraft des verdrängten Fluids, die Gewichtskraft des eingetauchten Körpers spielt hierfür keine Rolle. Aber in Abhängigkeit von der Gewichtskraft des Körpers F_G können wir drei Fälle unterscheiden:

  – $F_G > F_A$ → Körper sinkt im Fluid mit verminderter Gewichtskraft
  – $F_G = F_A$ → Körper schwimmt (teilweise eingetaucht) oder schwebt (voll eingetaucht) im Fluid
  – $F_G < F_A$ → Körper steigt im Fluid auf

Im Wasser schwimmende Körper sind zumeist nicht vollständig untergetaucht. Der Teil oberhalb des Wasserspiegels kann aber durch zusätzliche Belastung (maximale Tragkraft des schwimmenden Körpers) bis auf die Wasserspiegelhöhe gedrückt werden.

Die Auftriebskraft F_A tritt immer beim Eintauchen eines beliebigen Körpers in ein Fluid auf, selbst dann, wenn ein gedanklich abgegrenztes Fluidvolumen in das gleiche Fluid „getaucht" wird, also beispielsweise Wasser in Wasser oder Luft in Luft. Dabei treten immer zwei sich gegenseitig aufhebende Kräfte auf, die nach oben gerichtete Auftriebskraft F_A durch das verdrängte Fluidvolumen und die nach unten gerichtete

Gewichtskraft F_G durch die Erdanziehung. So „wiegt" zum Beispiel Luft in Luft nichts, drückt aber trotzdem auf die darunter liegenden Schichten, was wir am Erdboden als Luftdruck wahrnehmen.[5]

Wird auf ein vollständig umschlossenes Fluid an einer Stelle eine Kraft ausgeübt, pflanzt sich der Druck – ohne Berücksichtigung der Schwerewirkung – nach allen Richtungen gleichmäßig und unvermindert durch das gesamte Fluid fort. (Druckfortpflanzungsgesetz von Pascal). Überall im Inneren des Fluids und an der Berandung (feste Systemwände) herrscht dann der gleiche Druck. Bei Berücksichtigung der Schwerewirkung ändert sich der Druck mit der Höhe h und ist nur noch in waagerechten Ebenen konstant.

Ein thermodynamisches System ist immer durch seinen *absoluten Druck* (Bezug auf die Ebene $p = 0$) charakterisiert. Spricht der Techniker vom Druck, meint er häufig einen Relativdruck, nämlich die *Druckdifferenz zum Umgebungsdruck* p_{amb}.

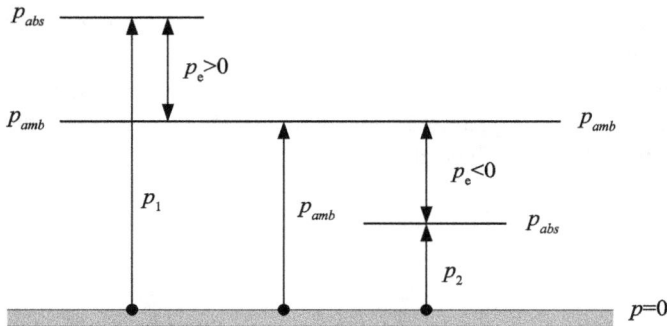

Abb. 2-6: Beziehungen zwischen Absolut- und Relativdrücken.

Die speziellen Zusammenhänge zwischen Absolut- und Relativdrücken sind in Abbildung 2-6 zusammengefasst, wobei man sich die Bedeutung der Indizes gut einprägen sollte:

abs (lat. absolutus) = vollkommen, (im Unterschied zur Druckdifferenz)

amb (lat. ambiens) = Umgebung

e (lat. excedens) = überschreitend (bezogen auf den Umgebungsdruck)

Die Drücke p_1, p_2 und p_{amb} sind Absolutdrücke, $p_e > 0$ und $p_e < 0$ Relativdrücke, für die gilt:

---

5 Auch für große Geister gilt: Erare humanum est. Der berühmte Galileo Galilei zweifelte an der Existenz des Luftdrucks, weil er annahm, Luft in Luft habe kein Gewicht und könne folglich nicht auf darunter liegende Schichten drücken. Paradoxerweise war er aber der Erste, der 1637 die Dichte von Luft bestimmte. Erst sein Schüler Torricelli wies mit seinem Quecksilberbarometer den Luftdruck zuverlässig nach.

Überdruck $p_{abs} > p_{amb}$:	$p_e = p_{abs} - p_{amb}$	$p_e > 0$
Unterdruck $p_{abs} < p_{amb}$:	$p_e = p_{abs} - p_{amb}$	$p_e < 0$

Die Fluidmechanik kennt formal keine negativen Drücke. Der Ausdruck $p_e = -0{,}5$ bar bedeutet, dass ein Relativdruck als Unterdruck gemeint ist, $p_e = +0{,}5$ bar bezeichnet einen Überdruck. Früher hat man zur Unterscheidung an die damals verwendete Maßeinheit at für den Druck einfach ein a oder ü angehangen (ata = Atmosphärenabsolutdruck, atü = Atmosphärenüber-druck). Heute kann man meist nur aus dem technischen Kontext entnehmen, ob ein Absolut- oder Relativdruck gemeint ist. Spricht ein Monteur von einem Druck von 23 mbar in einer im Einfamilienhaus verlegten Erdgasleitung, meint er den absoluten Druck $p = 23$ mbar $+ p_{amb}$.

Der Relativdruck zur Umgebung ist direkt messbar mit einem *Manometer* (im einfachsten Fall ein beidseitig offenes U-Rohr mit einer Manometerflüssigkeit), der Absolutdruck hingegen wird mit einem *Barometer* (im einfachsten Fall einseitig geöffnetes U-Rohr) gemessen (siehe Abbildung 2-7).

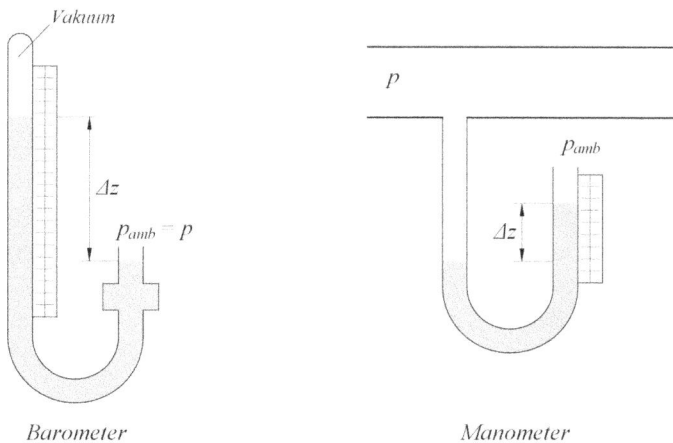

Abb. 2-7: Barometer und Manometer im Vergleich.

Sowohl im Barometer als auch im Manometer in Abbildung 2-7 stellt sich jeweils ein Kräftegleichgewicht ein. Wenn in beiden U-Rohren in jeweils beiden Schenkeln eine konstante Querschnittsfläche A angesetzt werden kann, ergibt sich für das Kräftegleichgewicht wegen $F = p \cdot A$:

Barometer	Manometer
$p = p_{amb} = \rho \cdot g \cdot \Delta z$	$p = p_{amb} + \rho \cdot g \cdot \Delta z$
	$p_e = p - p_{amb} = \rho \cdot g \cdot \Delta z$

Für das Vakuum wird beim Barometer $p = 0$ angesetzt ($Va = 100\,\%$):
Das Vakuum (Va) ist definiert durch:

$$Va = \frac{|p_e|}{p_{amb}} = \frac{|p_{abs} - p_{amb}|}{p_{amb}} \qquad 0 < Va < 1 \qquad (2.2\text{-}12)$$

Quecksilber wird gern sowohl als Barometerflüssigkeit als auch als Messflüssigkeit im Manometer eingesetzt, weil der maximal messbare Druck oder im Fall des Manometers die maximal messbare Druckdifferenz durch die verfügbare Ablesehöhe beschränkt wird und mit einer hohen Dichte der Messflüssigkeit diese klein gehalten werden kann. Lediglich für die Messung kleiner Druckdifferenzen, wie sie unter anderem in der Heizungs- und Lüftungstechnik erforderlich sind, kommen auch andere Messflüssigkeiten zum Einsatz.

Torricelli hat zur Luftdruckmessung ein Barometer verwendet, wie es in der zu Aufgabe 2.2.4 gehörenden Abbildung 2-13 gezeigt wird. Das offene Reservoir schränkt jedoch die Transportmöglichkeiten für ein solches Messgerät empfindlich ein. Robert Boyle hatte die Idee, die offene Seite des Barometerrohrs so nach oben zu biegen, dass ein Siphon entsteht wie in Abbildung 2-7 dargestellt. In dieser Form wird das Quecksilberbarometer noch heute verwendet.

Zustandsgröße Temperatur

Die Temperatur ist eine für die Thermodynamik fundamentale Zustandsgröße. Durch subjektives Empfinden sind uns aus dem Alltag Begriffe wie warm und kühl als relative Aussagen über den thermischen Zustand eines Systems geläufig. Der Wärmesinn unseres Körpers ermöglicht uns aber nur qualitative Vorstellungen, zu deren Objektivierung Messungen mit einem quantitativen Vergleichsmaßstab erforderlich werden.

Die Temperatur wird mithilfe der kinetischen Gastheorie für ein ideales Gas (Definition siehe Kapitel 3.2) statistisch aus dem Bewegungsbild einer großen Zahl von Teilchen (Brown'sche Molekularbewegung) erklärt.

In einem Gas verändern die darin in sehr hoher Zahl enthaltenen Teilchen unentwegt auf geraden Bahnen mit unterschiedlicher Geschwindigkeit ihren Ort, ohne dass das mit dem Auge wahrnehmbare Gasvolumen eine Ortsveränderung durch Bewegung erfährt. Sie stoßen elastisch sowohl gegeneinander als auch auf die Begrenzungswände. Die Auseinandersetzung mit diesen Erscheinungen steht für ein instruktives Beispiel zur Anwendung statistischer Methoden in der Thermodynamik. Die mathematische Statistik liefert hier konkrete Aussagen zum Verhalten makroskopischer Bereiche auf der Basis von Annahmen zu ihrem mikroskopischen Aufbau, ohne das Verhalten jedes einzelnen Teilchens beschreiben zu können.

Befindet sich ein ideales Gas in einem nicht allzu großen Gefäß, ist der Einfluss der Schwerkraft vernachlässigbar und der Druck im Gefäß überall konstant. Infolge der fortgesetzten Zusammenstöße nehmen die Teilchen die verschiedensten Geschwindigkeiten an und besitzen mithin unterschiedliche kinetische Energien. Die statistisch errechnete mittlere kinetische Energie aller Teilchen setzt man als proportional zur absoluten Temperatur T an. Für die Erklärung der absoluten Temperatur muss man also einen Weg finden, zu ermitteln, wie sich im konkreten Fall die Geschwindigkeiten über alle Teilchen verteilen. Die Zahl der Teilchen in einem eingeschlossenen Gas kann sehr groß sein (Avogadro-Konstante), bleibt aber immer abzählbar endlich. Die Geschwindigkeitsverteilung aller Teilchen ist aber stetig und so nehmen die Geschwindigkeiten der Teilchen nicht einzelne diskrete Werte an, sondern verteilen sich über ein kontinuierliches Spektrum. So können praktisch unendlich viele Geschwindigkeiten vorkommen. Die Wahrscheinlichkeit dafür, dann ein Teilchen mit einer exakt vorgegebenen Geschwindigkeit v an einer Stelle vorzufinden, tendiert gegen null. In diesem Sinne hat auch ein einzelnes Teilchen keine Temperatur. Deshalb kann man nur sagen, mit welcher Wahrscheinlichkeit ein Teilchen der Masse m_T mit einer bestimmten Geschwindigkeit v innerhalb eines (kleinen) Geschwindigkeitsintervalls dv angetroffen wird. In der mathematischen Statistik nennt man das die Wahrscheinlichkeitsdichte, was wir hier mit dem Formelzeichen $f(v)$ bezeichnen wollen. Bei konstant bleibender Temperatur T wird ein stets gleich bleibender Anteil dN_v aus der Gesamtzahl der Teilchen N eine Geschwindigkeit zwischen v und $v+$dv aufweisen. Dieser Anteil dN_v verhält sich proportional zur Gesamtzahl der Teilchen N sowie zur Breite des Geschwindigkeitsintervalls dv.

$$\mathrm{d}N_v \sim N \cdot \mathrm{d}v$$

Der zugehörige Proportionalitätsfaktor ist hier die Wahrscheinlichkeitsdichte $f(v)$, für die Maxwell[6] auf der Basis wahrscheinlichkeitstheoretischer Überlegungen angab:

$$f(v) = 4\pi \cdot \left(\frac{m_T}{\pi \cdot 2 \cdot k \cdot T} \right)^{3/2} \cdot v^2 \cdot \mathrm{e}^{-\frac{m_T \cdot v^2}{2 \cdot k \cdot T}} \qquad [f(v)] = 1\,\mathrm{s/m} \qquad (2.2\text{-}13\mathrm{a})$$

Darin bedeuten:

m_T Masse des Teilchens
k Boltzmann-Konstante $k = 1{,}3806488 \cdot 10^{-23}$ J/K
T absolute Temperatur
v im Intervall dv auftretende Geschwindigkeit v

Die Wahrscheinlichkeitsdichte $f(v)$ ist nicht symmetrisch und nimmt ausschließlich positive Werte an. Sie ist eine stetige sowie differenzierbare Funktion und bewertet, mit

---

6 James Clerk Maxwell (1831–1879), schottischer Physiker, schuf die theoretischen Grundlagen zu Elektrizität und Magnetismus (Maxwell'sche Gleichungen). Ab 1860 beschäftigte er sich mit der kinetischen Gastheorie. Die heute nach ihm benannte statistische Verteilung stellt die stationäre Lösung der Boltzmann-Transportgleichung ohne äußeren Treiber dar. Er veröffentlichte auch ein in der Fachwelt heftig diskutiertes Gedankenexperiment zur statistischen Natur der Teilchenbewegung. William Thomson (Lord Kelvin) gab diesem Experiment später den Namen Maxwell'scher Dämon.

welcher Wahrscheinlichkeit ein Teilchen der Masse m_T mit der Geschwindigkeit v in einem Intervall zwischen v und $v + dv$ angetroffen wird. Die Verteilungsfunktion ist gleichzeitig eine normierte Funktion, denn es gilt $\int_0^\infty f(v)dv = 1$.

Für die Maxwell'sche Geschwindigkeitsverteilung (Maxwell-Boltzmann'sche Verteilungsfunktion) ergibt sich nun:

$$\frac{dN_v}{N} = 4\pi \cdot \left(\frac{m_T}{\pi \cdot 2 \cdot k \cdot T} \right)^{3/2} \cdot v^2 \cdot e^{-\frac{m_T \cdot v^2}{2 \cdot k \cdot T}} \cdot dv \qquad (2.2\text{-}13b)$$

Trägt man die von Maxwell angegebene Wahrscheinlichkeitsdichte $f(v)$ in einem Diagramm über der Geschwindigkeit v auf, bemerkt man für eine *festgehaltene Teilchenmasse m_T* für jede Temperatur ein charakteristisches Maximum. Sehr kleine und sehr große Geschwindigkeiten ergeben nur sehr kleine Werte für $f(v)$ und sind daher unwahrscheinlich. Lage und Höhe des Maximums hängen von der Temperatur des Gases ab. Für steigende Temperaturen verschiebt sich das Maximum in Richtung höherer Geschwindigkeiten und die Verteilung insgesamt verläuft flacher (sie geht langsamer gegen null). Bei sehr hohen Temperaturen ist der Anteil schneller Teilchen daher größer als bei einer niedrigen Temperatur.

Für eine festgehaltene Temperatur T nimmt die Wahrscheinlichkeitsdichte $f(v)$ bei Teilchen mit höheren Massen rascher ab. Demzufolge ist die Wahrscheinlichkeit, schwere Moleküle bei hohen Geschwindigkeiten anzutreffen geringer und für kleine Geschwindigkeiten größer.

Zusammenfassend ist also festzuhalten, dass die Maxwell'sche Geschwindigkeitsverteilung zeigt, dass mit steigender Temperatur T die durchschnittliche Geschwindigkeit zunimmt und die Verteilung insgesamt breiter wird (langsamer gegen null geht). Mit steigender Teilchenmasse verringern sich die durchschnittlichen Geschwindigkeiten und die Geschwindigkeitsverteilung wird schmaler.

Aus (2.2-13b) können drei charakteristische Geschwindigkeiten abgeleitet werden:

1. Die wahrscheinlichste Geschwindigkeit $\hat{v}$ ist die zum Maximum der Wahrscheinlichkeitsdichte $f(v)$ zugeordnete Geschwindigkeit.

$$\text{Aus} \quad \frac{df(v)}{dv} = 0 \quad \text{folgt} \quad \hat{v} = \sqrt{\frac{2 \cdot k \cdot T}{m_T}}$$

2. Der Mittelwert aller Geschwindigkeitsbeiträge $\bar{v}$ für N Gasteilchen ist definiert durch

$$\bar{v} := \frac{v_1 + v_2 + v_3 + \cdots + v_N}{N}$$

Zur Berechnung ist anzusetzen:

$$\bar{v} = \frac{1}{N} \int v \cdot dN_v = \int_0^\infty v \cdot f(v)dv = \sqrt{\frac{8 \cdot k \cdot T}{\pi \cdot m_T}} \approx 1{,}128 \cdot \hat{v}$$

3. Die quadratisch gemittelte Geschwindigkeit (Wurzel aus dem Mittelwert der Geschwindigkeitsquadrate) $\sqrt{\bar{v}^2}$ ist definiert durch:

$$\sqrt{\bar{v}^2} := \sqrt{\frac{v_1^2 + v_2^2 + v_3^2 + \cdots + v_N^2}{N}}$$

Die Berechnung erfolgt durch:

$$\sqrt{\bar{v}^2} = \sqrt{\frac{1}{N} \cdot \int v^2 \cdot \mathrm{d}N_v} = \sqrt{\int_0^\infty v^2 \cdot f(v) \cdot \mathrm{d}v} = \sqrt{\frac{3 \cdot k \cdot T}{m_T}} \approx 1{,}225 \cdot \hat{v}$$

Für konstante Molmasse sind die Geschwindigkeiten immer direkt proportional zur Quadratwurzel der thermodynamischen Temperatur. Zwischen den hier ausgewiesenen charakteristischen Geschwindigkeiten besteht folgende Beziehung: $\hat{v} < \bar{v} < \bar{v}^2$.

Die Boltzmann-Konstante k hat Bedeutung für die Berechnung der mittleren Teilchenenergien für eine thermodynamische Temperatur T. In den Gleichungen (2.2-13a) und (2.2-13b) fällt der Term $k \cdot T$ auf, der eine von sämtlichen Eigenschaften der einzelnen Teilchen unabhängige Energie beschreibt, die universelle thermische Energie E_{th}, die uns schon bei der Neudefinition der Einheit Kelvin als Maßeinheit für die Basisgröße im SI-System thermodynamische Temperatur begegnet ist. Der Begriff thermische Energie wird in mannigfaltigster Weise sowohl in der klassischen Thermodynamik als auch in der statistischen Thermodynamik verwendet. Im mikroskopischen Bereich werden mit dem Begriff thermische Energie zwei Dinge adressiert:

1. die mittlere Energie eines Teilchens pro Freiheitsgrad für die Bewegung $\frac{1}{2} \cdot k \cdot T$ für die Translation in eine Koordinatenrichtung (für alle drei Koordinatenrichtungen im Raum $\frac{3}{2} \cdot k \cdot T$)
2. die Größe des typischen zufälligen Energieaustausches zwischen den Teilchen $(k \cdot T)$

Die mittlere kinetische Energie $\bar{W}_{kin,T}$ eines Teilchens ist mit der quadratisch gemittelten Teilchengeschwindigkeit $\bar{v}^2$ zu berechnen.

$$\bar{W}_{kin,T} = \frac{m_T \cdot \bar{v}^2}{2} = \frac{3}{2} \cdot k \cdot T$$

Die mittlere kinetische Energie aller in einer Stoffmenge von 1 kmol eines Gases enthaltenen Teilchen liefert mit Formel (1.5-2) für die molare Gaskonstante $R_m = N_A \cdot k$ die Beziehung:

$$N_A \cdot \bar{W}_{kin,T} = \frac{3}{2} \cdot N_A \cdot k \cdot T = \frac{3}{2} \cdot R_m \cdot T \tag{2.2-14}$$

Vernachlässigt man die aus dem Gravitationsfeld der Erde herrührenden extrem niedrigen potentiellen Energien der als Punktmassen aufzufassenden Gasteilchen, stellt (2.2-14) die gesamte innere Energie U des Gases dar (siehe dazu auch Kapitel 3.3). Die mittlere kinetische Energie der einem Körper innewohnenden Teilchen hängt nach (2.2-14) allein von dessen thermodynamischer Temperatur T ab und ist dieser direkt proportional. Anders als auf makroskopischer Ebene spielt die Teilchenmasse für die kinetische Energie eines Teilchens keine Rolle.

Das thermische Gleichgewicht zweier Systeme (gleiche Temperatur) ist die Grundlage jeder Temperaturmessung. Wir unterscheiden die thermodynamische Temperaturskala mit einem absoluten Nullpunkt sowie einem weiter festgelegten Fixpunkt von empirischen Temperaturskalen, die aus einer geeigneten Unterteilung zwischen willkürlich gesetzten Fixpunkten gewonnen wird. Die Fixpunkte sollten als exakt zu gewinnende Vergleichswerte sehr gut wiederholbar technisch darzustellen sein.

Zum Nullpunkt auf der thermodynamischen Temperaturskala gelangt man mit dem von Joseph Louis Gay-Lussac entdeckten Gesetz zur gleichmäßig mit der Temperatur erfolgenden proportionalen Raumausdehnung idealer Gase bei konstantem Druck, was allgemein mit einem beliebig wählbaren Ausgangspunkt (V_0, T_0) geschrieben wird als

$$\frac{V}{V_0} = \frac{T}{T_0} \quad \text{oder} \quad V = \frac{T}{T_0} \cdot V_0$$

Reduziert man die in Kelvin gemessene thermodynamische Temperatur T eines Gases immer weiter, verringert sich das Volumen V entsprechend. Trägt man zum Beispiel von 0 °C beginnend die fallenden Temperaturen als Argumente gegen das Volumen in einem Diagramm auf, sieht man wegen der gleichmäßigen proportionalen Abhängigkeit eine fallende Gerade. Das Volumen verringert sich immer um den gleichen Anteil, nämlich um das 1/273,15-fache. Bei einer Temperatur von −273,15 °C wäre dann das Volumen null. So könnte man einen Nullpunkt für die thermodynamische Temperatur finden. Im Experiment kann man aber diesen Nullpunkt nicht darstellen, denn bei immer weiter abnehmenden Temperaturen beginnen Gase zu kondensieren und werden flüssig. Ein Verschwinden des Volumens ist gleichfalls nicht denkbar, als Restvolumen verbleibt zumindest das Eigenvolumen der Elementarteilchen. Man kann sich dem Punkt im Versuch nähern, aber zu seiner Bestimmung wird immer die Extrapolation des linearen Zusammenhangs erforderlich bleiben. 1848 erkannte Lord Kelvin,[7] dass der Nullpunkt der thermodynamischen Temperatur nicht durch die Reduktion von Druck oder Volumen festgelegt wird, sondern durch die in einem Stoff gespeicherte innere Energie.

---

7 William Thomson, später Lord Kelvin (1824–1907), leistete viele wichtige Beiträge zur Entwicklung der Thermodynamik und wurde dafür hochgeehrt. Im Jahre 1852 entdeckte er gemeinsam mit Joule den Joule-Thomson-Effekt.

Haben die Atome/Moleküle ihre gesamte thermische Energie abgegeben, enden ihre Eigenbewegungen. Genau diesen Punkt schlug er als Nullpunkt für die thermodynamische Temperaturskala vor.

Bei einer Temperaturangabe in Kelvin (K), das seit 1968 im SI-Einheitensystem die Maßeinheit für die Basisgröße Temperatur ist, verwenden wir eine thermodynamische (auch genannt absolute) Temperaturskala, die neben dem absoluten Nullpunkt (T_0 = 0 K) auch durch die technisch solide reproduzierbare Tripelpunkttemperatur des Wassers mit T_{Tr} = 273,16 K definiert ist. Somit ist 1 Kelvin der 273,16. Teil der thermodynamischen Temperatur des Tripelpunktes von Wasser. Die Einheit Kelvin für die thermodynamische Temperatur wird so zu einem Bruchteil der durch die beiden Referenzpunkte absoluter Nullpunkt der Temperatur und der (willkürlich) gewählten Tripeltemperatur des Wassers aufgespannten Temperaturdifferenz. Mit dieser Festlegung hat die thermodynamische Temperaturskala dieselbe Skalenteilung wie die empirische Celsius-Temperaturskala.[8] Jede durch mindestens zwei willkürlich gewählte Fixpunkte definierte Temperaturskala nennt man empirisch. Die Celsius-Temperaturskala ist definiert zwischen den beiden willkürlich gewählten, aber technisch gut reproduzierbaren Fixpunkten Eispunkt (0 °C) und Siedepunkt (100 °C) von Wasser bei physikalischem Normdruck von 1,01325 bar. Seit 1932 ist bekannt, dass es in der Natur unterschiedliche Wassermoleküle gibt. Neben dem gewöhnlichen Wasserstoffatom mit einem Atomgewicht von rund 1 kg/kmol (Symbol H) existiert noch ein seltenes Isotop mit einem Atomgewicht von rund 2 kg/kmol (Symbol D für Deuterium). Damit kann Wasser drei verschiedene Molekülmassen haben. (H_2O mit ca. 18 kg/kmol, DHO mit ca. 19 kg/kmol und D_2O mit ca. 20 kg/kmol). D_2O gefriert bei 1,01325 bar mit +3,8 °C und siedet mit +101,42 °C, das Dichtemaximum liegt bei 11,4 °C. Je nach Mischungsverhältnis der Isotope kann Wasser verschiedene Schmelz- und Siedetemperaturen aufweisen. Im naturbelassenen Wasser kommen die leichten zu den schweren Wasserstoffatomen im Verhältnis von etwa 4500:1 vor, sodass normal destilliertes Wasser die Fixpunkte für die Celsius-Temperatur hinreichend richtig liefert.

Darüber hinaus hat in Nordamerika, Großbritannien und Irland noch die 1714 vorgeschlagene Fahrenheitskala[9] Bedeutung. Fahrenheit wollte negative Werte bei der

---

8 Anders Celsius (1701–1744), schwedischer Astronom, nahm an Expeditionen zur Bestimmung der äußeren Form der Erde teil. 1742 definierte er die nach ihm später benannte Temperaturskala mit dem Ziel, unterschiedliche Temperaturen in der ganzen Welt vergleichbar zu machen. Bei Temperaturmessungen hielt er auch immer den Luftdruck fest und sorgte damit für reproduzierbare Messbedingungen. Celsius setzte zunächst den Eispunkt des Wassers mit 100 °C und den Siedepunkt mit 0 °C an. Die heute gebräuchliche Umkehrung der beiden Fixpunkte erfolgte 1747 durch die schwedische Universität Uppsala.

9 Daniel Gabriel Fahrenheit (1686–1736), Glasbläser und Physiker, stellte als Erster genau messende Thermometer, insbesondere für die Fiebermessung, her und konstruierte exakt messende Instrumente für die Dichtebestimmung von Flüssigkeiten (Hydrometer) sowie für die von Festkörpern (Pyknometer) und ein Gerät zur genauen Höhenmessung (Hypsobarometer).

Temperaturmessung vermeiden. Deshalb wählte er für den unteren Fixpunkt seiner empirischen Skala (0 °F) die tiefste Temperatur des strengen Winters 1708/1709 in seiner Heimatstadt Danzig, die bei etwa −17,8 °C lag. Es gelang ihm auch, diese Temperatur mit einer Kältemischung aus Eis, Wasser und Ammoniumchlorid (Salmiak) technisch zu reproduzieren. Den oberen Fixpunkt von 100 °F bestimmte er durch die „Normaltemperatur" der Menschen, die er bei etwa 37,78 °C verortete. Wegen der schlechten Reproduzierbarkeit der Fixpunktwahl und für eine gute Vergleichbarkeit mit der Celsiusskala setzte man später 32 °F = 0 °C und 212 °F = 100 °C.

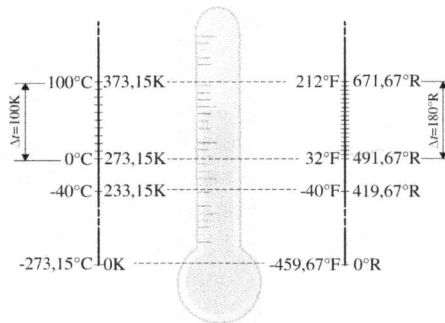

Abb. 2-8: Vergleich der Fixpunkte für die Celsius- und Fahrenheit-Temperaturskala.

Durch die für die Fixpunkte bei Celsius- und Fahrenheit-Temperaturskala erfolgten Festlegungen ergeben sich unterschiedliche, in Abbildung 2-8 dargestellte Teilungen. Um einfache Verknüpfungen zur thermodynamischen Temperaturskala bemüht, greift man bei Fahrenheit-Temperaturen auf eine Messung der thermodynamischen Temperatur in Grad Rankine (°R) zurück. Die Rankine-Skala ist eine von Rankine[10] 1859 vorgeschlagene Temperaturskala, die wie die Kelvin-Skala beim absoluten Nullwert für die Temperatur beginnt, jedoch im Gegensatz zu dieser den Skalenabstand der Fahrenheit-Skala verwendet. Grad Rankine ist keine SI-Einheit.

Die thermodynamische Kelvin-Temperaturskala und die zugeordnete empirische Celsius-Temperaturskala verwenden ein gleiches Inkrement, nämlich 1/100 des Skalenabstandes der Celsius-Temperaturskala. Der Zusammenhang zwischen thermodynamischer Kelvin-Temperatur T_K und empirischer Celsius-Temperatur t_C ist gegeben durch die Zahlenwertgleichungen:

$$\{T_K\} = \{t_C\} + 273{,}15 \quad \text{und} \quad \{t_C\} = \{T_K\} - 273{,}15 \qquad (2.2\text{-}15)$$

---

10 William John Macquorn Rankine (1820–1872), schottischer Physiker und Ingenieur, beschäftigte sich u. a. mit der Untersuchung der Wirkprinzipien der Dampfmaschine und mit thermodynamischen Kreisprozessen.

Die thermodynamische Rankine-Temperaturskala und die zugeordnete empirische Fahrenheit-Temperaturskala verwenden wiederum ein gleiches Inkrement, nämlich 1/180 des Skalenabstands der Fahrenheit-Temperaturskala. Der Zusammenhang zwischen thermodynamischer Rankine-Temperatur T_R und empirischer Fahrenheit-Temperatur t_F ist gegeben durch die Zahlenwertgleichungen:

$$\{T_R\} = \{t_F\} + 459{,}67 \quad \text{und} \quad \{t_F\} = \{T_R\} - 459{,}67 \qquad (2.2\text{-}16)$$

Die beiden thermodynamischen Temperaturskalen können unter Berücksichtigung ihrer unterschiedlichen Inkremente ineinander umgerechnet werden durch:

$$\{T_K\} = \frac{5}{9} \cdot \{T_R\} \quad \text{und} \quad \{T_R\} = \frac{9}{5} \cdot \{T_K\} \qquad (2.2\text{-}17)$$

Schließlich errechnen sich die Celsius-Temperaturen und die Kelvin-Temperaturen aus der Fahrenheit-Temperatur aus den Zahlenwertgleichungen:

$$\{t_C\} = \frac{5}{9} \cdot (\{t_F\} - 32) \quad \text{und} \quad \{T_K\} = \frac{5}{9} \cdot \{T_R\} = \frac{5}{9} \cdot (\{t_F\} + 459{,}67) \qquad (2.2\text{-}18)$$

Für die Maßeinheit Kelvin sind die in Tabelle 1-1 aufgeführten Präfixe für Einheiten zulässig, wenngleich ungewöhnlich, für Grad Celsius und Grad Fahrenheit sind sie unzulässig.

Sehr oft werden wir Temperaturdifferenzen berechnen müssen. Unabhängig davon, ob als Ausgangstemperaturen in Kelvin gemessene thermodynamische Temperaturen vorliegen oder Celsius-Temperaturen, die Temperaturdifferenz wird nach verbindlich anzuwendender DIN 1345 Thermodynamik-Grundbegriffe immer in Kelvin angegeben.

Beispiel: **293,15 K – 273,15 K = 20 K und 20 °C – 0 °C = 20 K**

Die Temperaturmessung erfolgt mit Thermometern. Diese bestehen immer aus einem Sensor (Temperaturfühler) sowie einer Anzeige. Die etablierten Messprinzipien nutzen die in eindeutiger Weise von der Temperatur abhängigen Stoffeigenschaften oder bestimmte physikalische Effekte. Bei der Messung der Temperatur müssen einige Sensoren in die Substanz, deren Temperatur bestimmt werden soll, eingebracht werden oder diese zumindest berühren. Andere Sensoren verarbeiten berührungslos eine temperaturinduzierte Außenwirkung des Systems. Zur Gruppe der Berührungsthermometer gehören unter anderem:

a)   mechanische Berührungsthermometer

  – Flüssigkeitsglasthermometer[11] (Nutzung der Temperaturabhängigkeit des Volumens von Flüssigkeiten, Messbereich in Abhängigkeit von der Art der Flüssigkeit: Quecksilber verwendet man im Bereich zwischen −30 °C und +350 °C,

---

[11] Allgemeine Bestimmungen sind geregelt in DIN 12770: 1982-08 Laborgeräte aus Glas; Flüssigkeitsglasthermometer; Allgemeine Bestimmungen.

Ethanol zwischen −110 °C und +60 °C, eine flüssige eutektische Legierung aus Gallium, Indium und Zinn (Galinstan[12]) erlaubt bei geeignetem Thermometerglas Temperaturmessungen zwischen −10 °C und +1000 °C)

– Bimetallthermometer (zwei fest verbundene Metallschichten krümmen sich unter dem Temperatureinfluss wegen ihrer unterschiedlichen thermischen Längenausdehnungen)

b) elektrische Berührungsthermometer

– Thermoelemente (zwischen zwei punktförmig verbundenen Metallen entsteht eine temperaturabhängige Thermospannung)

– Widerstandsthermometer (genutzt wird die Temperaturabhängigkeit des elektrischen Widerstands von Metallen und Halbleitern)

Zu den bekanntesten berührungslosen Thermometern gehören die Strahlungspyrometer, die die Temperatur eines Körpers aus der Energiestromdichte seiner ausgesendeten elektromagnetischen Strahlung bestimmen.

Obwohl eine genaue, zuverlässige und nicht zuletzt auch hinreichend schnelle Temperaturmessung zu den schwierigsten Aufgaben in der Messtechnik gehört, ist die Temperatur eine der am häufigsten gemessenen physikalischen Größen. Betrachten wir zum Beispiel den Aufwand für die Messung von Temperaturen mit einem Flüssigkeitsglasthermometer. Flüssigkeitsglasthermometer bestehen aus einem mit geeigneter Flüssigkeit gefüllten Thermometergefäß (Thermometerperle) mit angeschlossenem Kapillarrohr, in das sich die Flüssigkeit bei Erwärmung ausdehnen kann. Die thermometrischen Flüssigkeiten dehnen sich bei Erwärmung stärker aus als das Thermometerglas, sodass die Flüssigkeit in der Kapillare ein von der Temperatur abhängiges Niveau erreicht. Eine mit der Kapillare verbundene Temperaturskala ermöglicht das Ablesen der Temperatur. Die Celsius-Temperaturskala teilt die Temperaturspanne zwischen dem Eispunkt und dem Siedepunkt von Wasser bei physikalischem Normdruck in 100 gleich große Grade. Misst man die Temperaturen nun mit einem Quecksilberthermometer, stellt man fest, dass die Grade nicht mehr gleichmäßig groß sind, weil der Volumenausdehnungskoeffizient von Quecksilber geringfügig von der Temperatur abhängig ist. Hieraus ergibt sich auch die Notwendigkeit für die Kalibrierung von Temperaturmessgeräten (nicht nur für Flüssigkeitsglasthermometer) außerhalb des Messbereiches zwischen 0 °C und 100 °C über weitere, definierte Fixpunkte zu verfügen. Aktuell verwendet man dazu eine 1990 definierte Internationale Temperaturskala (ITS-90) mit folgenden Fixpunkten:

---

12 Kommt auch in Glasfieberthermometern zum Einsatz, seitdem Quecksilber dort nicht mehr verwendet werden darf.

- Tripeltemperatur von Wasserstoff | −259,35 °C
- Siedepunkt von Wasserstoff bei 33321,3 Pa | −256,12 °C
- Siedepunkt von Wasserstoff bei 101292 Pa | −252,88 °C
- Tripeltemperatur von Neon | −248,49 °C
- Tripeltemperatur von Sauerstoff | −218,79 °C
- Tripeltemperatur von Argon | −189,34 °C
- Tripeltemperatur von Quecksilber | −38,83 °C
- Tripeltemperatur von Wasser | +0,01 °C
- Schmelz- oder Gefrierpunkt von Gallium | +29,76 °C
- Schmelz- oder Gefrierpunkt von Indium | +156,60 °C
- Schmelz- oder Gefrierpunkt von Zinn | +231,93 °C
- Schmelz- oder Gefrierpunkt von Zink | +419,53 °C
- Schmelz- oder Gefrierpunkt von Aluminium | +660,32 °C
- Schmelz- oder Gefrierpunkt von Silber | +961,78 °C
- Schmelz- oder Gefrierpunkt von Gold | +1064,18 °C
- Schmelz- oder Gefrierpunkt von Kupfer | +1084,62 °C

An das Thermometerglas (Borsilikat- oder Quarzglas) als Werkstoff werden höchste Anforderungen (geringe Wärmedehnung, hohe Beständigkeit gegen Alterung, hohe chemische Beständigkeit gegen die Thermometerflüssigkeit) gestellt, denn die Glasqualität beeinflusst signifikant die erreichbare Genauigkeit bei der Temperaturmessung. Die Alterung des Thermometerglases macht sich durch ein langsames allmähliches Zusammenziehen beim Abkühlen nach einer stärkeren Erwärmung bemerkbar. Dieser Effekt kann vermindert werden, in dem man die Thermometer bereits bei deren Herstellung durch langes Erwärmen auf hohe Temperaturen künstlich altert. Aber trotz dieser Alterung zeigt das Thermometerglas Hystereseerscheinungen, die sogenannte Eisschmelzpunktdepression nach jedem Erhitzen des Thermometers. Die thermische Ausdehnung des Thermometerglases wird durch die Abkühlung nicht sofort vollständig rückgängig gemacht, sondern in der Regel erst nach 24 bis 48 Stunden. Die dann im Abkühlprozess gemessenen Temperaturen erscheinen in der Anzeige auf der Skala demzufolge als zu niedrig. Man muss also den Messwert des Thermometers um die Depression des Eisschmelzpunktes erhöhen. Für Präzisionsthermometer sollte die Eisschmelzpunktdepression 0,05 K nicht überschreiten.

Außerdem muss man sich mit dem Effekt des säkularen Anstiegs auseinandersetzen. Das Thermometerglas schrumpft unabhängig von der auftretenden Eisschmelzpunktdepression im Laufe der Zeit und zeigt deshalb dann geringfügig höhere Temperaturen an. Nach einigen Jahren kann der säkulare Anstieg bis zu 0,1 K betragen.

Zur Eichung werden Flüssigkeitsglas-Präzisionsthermometer vollständig in ein homogen temperiertes Bad getaucht. Bei der praktischen Messung sind jedoch nur die Thermometerperle und ein Teil des Kapillarrohrs mit der zu messenden Substanz in thermischen Kontakt. Der übrige Teil des Kapillarrohrs ragt in die Umgebung heraus mit der Folge, dass die Ausdehnung des Flüssigkeitsfadens dort anderen Bedingungen unterliegt. Zum Ausgleich führt man eine in Skalenteilen errechnete Fadenkorrektur durch, bei der man für den aus dem Temperaturbad herausragenden Flüssigkeitsfaden in der Kapillare die Temperaturverhältnisse in der Umgebung berücksichtigt. Die Summe dieser Maßnahmen führt bei Flüssigkeitsglas-Präzisionsthermometern zu erreichbaren Messgenauigkeiten zwischen 0,2 und 0,5 K.

2.2.1 Tauchtiefe beim Schnorcheln

Manche Hobbytaucher glauben an die Möglichkeit des Luftholens unter Wasser, wenn wie es Abbildung 2-9 zeigt, das Ende eines flexiblen Schlauches auf der Wasseroberfläche schwimmt. Aber der mit der Tiefe zunehmende Wasserdruck wirkt der Ausdehnung des Brustkorbes beim Einatmen entgegen. Die meisten Menschen können gerade noch gut durchatmen, wenn auf ihren Brustkorb eine Kraft von 600 N wirkt. Wie weit darf sich der Brustkorb eines Menschen ohne Einschränkungen für die Atmung dann unter Wasser befinden? Die Fläche der Brust soll mit 30 cm × 30 cm beschrieben sein, die Dichte des Wassers sei mit 1 kg/ℓ gegeben.

Gegeben sind:
$$F = 400\,\text{N} \qquad A = 0,09\,\text{m}^2 \qquad \rho_W = 1\,\text{kg}/\ell = 1000\,\text{kg/m}^3$$

Vorüberlegungen:
Der für das Atmen noch erträgliche Druck $p = F/A$ muss dem Schweredruck der Wassersäule auf der Höhe des Brustkorbes entsprechen.

Lösung:

$$\frac{F}{A} = \rho_W \cdot g \cdot h \quad \text{(siehe Vorüberlegungen)}$$

$$h = \frac{F}{\rho \cdot g \cdot A} = \frac{600\,\text{N}}{1000\,\text{kg/m}^3 \cdot 9,80665\,\text{m/s}^2 \cdot 0,09\,\text{m}^2} \approx \underline{\underline{0,68\,\text{m}}}$$

Dieser Befund erklärt allerdings nicht allein die Länge der kommerziell gefertigten Schnorchel, wenn man Tauchbrille und Schnorchel als Set für den Urlaub am Meer kauft. Da man die Luft über den Schnorchel sowohl ein- als auch ausatmet, ergibt sich für längere Schnorchel ein Luftaustauschproblem, weil beim Ausatmen dann teilweise verbrauchte Luft im Schnorchel verbleiben kann und mit dem nächsten Atemzug wieder angesaugt würde. Bei der Förderung von Luft durch Hubkolbenkompressoren nennt man dieses Phänomen „schädliches Volumen".

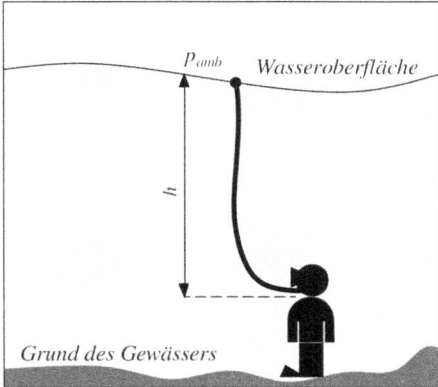

Abb. 2-9: Luftholen unter Wasser beim Schnorcheln.

2.2.2 Auftrieb von Bernstein in Salzlösung

Bernstein ist kein Edelstein, sondern ein fossiles Harz, aber als Schmuckstein schon von alters her sehr begehrt. Seine Dichte schwankt je nach Vorkommen zwischen 1,05 und 1,10 g/cm³. Die Aussage, dass man Bernstein daran erkenne, dass er auf dem Wasser schwimme, kann also so absolut nicht stimmen, denn die größte Dichte von Wasser (etwa bei 4 °C) liegt noch ganz geringfügig unter 1 g/ml. Meerwasser hingegen besitzt eine etwa 4 % höhere Dichte als reines Wasser gleicher Temperatur. Bei auf-landigem Wind im Herbst, wenn das Meerwasser eine Temperatur in der Nähe von 4 °C besitzt, sind die Chancen hoch, dass Sie an der Ostseeküste Bernsteine finden, die an die Küste gespült wurden. Zur Prüfung der Echtheit von Bernstein verwendet man jedoch Salzlösungen, die deutlich höher konzentriert sind als Meerwasser. Der folgen-den Aufgabe liegen die spielerischen Überlegungen eines begabten Feinmechanikers zugrunde, die Temperaturabhängigkeit der Dichte einer Kochsalzlösung in Verbin-dung mit dem Auftrieb von Bernstein zu nutzen, um Temperaturen anzuzeigen.

Gegeben sei eine Bernsteinkugel mit einem Radius von 8 mm. Die Dichte des Bernsteins betrage 1,07 g/cm³. Berechnen Sie die jeweilige Eintauchtiefe dieser Kugel in eine wässrige Kochsalzlösung (26 Masseprozent NaCl) bei verschiedenen Tempe-raturen! Die Dichte der Kochsalzlösung in Abhängigkeit von der Temperatur sei wie folgt gegeben:

$$\rho_{KS}(10\,^\circ C) = 1{,}20254\,\text{g/ml}, \qquad \rho_{KS}(20\,^\circ C) = 1{,}19717\,\text{g/ml} \quad \text{und}$$
$$\rho_{KS}(30\,^\circ C) = 1{,}19170\,\text{g/ml}.$$

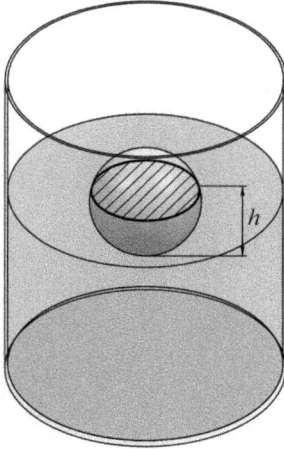

Abb. 2-10: Schwimmender Bernstein in Kochsalzlösung.

Gegeben sind:

Bernstein: $r_B = 8\,\text{mm}$ $\rho_B = 1{,}07\,\text{g/cm}^3$

Kochsalzlösung:

$\rho_{KS}(10\,°\text{C}) = 1{,}20254\,\text{g/ml}$ $\rho_{KS}(20\,°\text{C}) = 1{,}19717\,\text{g/ml}$ $\rho_{KS}(30\,°\text{C}) = 1{,}19170\,\text{g/ml}$

Vorüberlegungen:

Die in Abbildung 2-10 dargestellte Eintauchtiefe der Kugel ergibt sich aus dem Verhältnis der Masse der Bernsteinkugel zur Masse der verdrängten Kochsalzlösung. Die Aufgabenstellung nimmt schon vorweg, dass die Kugel nicht vollständig eintaucht, maßgeblich für den Auftrieb ist nur der eingetauchte Teil der Kugel.

Die Gleichgewichtsbedingung (Gewichtskraft = Auftrieb) liefert eine Gleichung dritten Grades, zu der mathematisch drei Lösungen gehören. Aus den physikalischen Gegebenheiten ist dann die auf das Problem zutreffende Lösung auszuwählen. Wendet man ein numerisches Lösungsverfahren auf die Gleichung dritten Grades an, kann man mit einem gut gewählten Startwert sofort auf die „richtige" der drei möglichen Lösungen stoßen.

Ausgangspunkt für die Berechnung der Eintauchtiefe h ist das in Abbildung 2-11 skizzierte Gleichgewicht zwischen Gewichtskraft und Auftrieb der Bernsteinkugel.

Wir entnehmen einer mathematischen Formelsammlung die Formeln zur Berechnung des Kugelvolumens V_K und zur Berechnung eines Kugelsegments V_{KS} mit der Eintauchtiefe h jeweils für einen gegebenen Kugelradius r.

$$V_K = \frac{4}{3}\pi \cdot r^3 \qquad V_{KS} = \frac{\pi}{3}\cdot(3\cdot r\cdot h^2 - h^3) = \pi\cdot r\cdot h^2 - \frac{\pi}{3}\cdot h^3$$

Bernsteinkugel

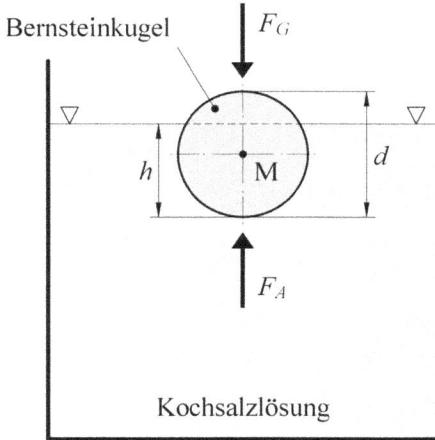

Abb. 2-11: Auftrieb Bernsteinkugel in Kochsalzlösung.

Lösung:

$$F_G = F_A \quad \rightarrow \quad \rho_B \cdot \frac{4}{3}\pi \cdot r_B^3 \cdot g = \rho_{KS} \cdot \left(\pi \cdot r \cdot h^2 - \frac{\pi}{3} \cdot h^3 \right) \cdot g$$

$$\rightarrow \quad \frac{\rho_B}{\rho_{KS}} \cdot \frac{4}{3} \cdot r_B^3 = r_B \cdot h^2 - \frac{h^3}{3}$$

$$h^3 - 3r_B \cdot h^2 + \frac{\rho_B}{\rho_{KS}} \cdot 4r_B^3 = 0$$

Durch Einsetzen der Zahlenwerte der physikalischen Größen erhält man:

10 °C : $\quad h^3 - 24h^2 + 1822{,}276182 = 0$

20 °C : $\quad h^3 - 24h^2 + 1830{,}450145 = 0$

30 °C : $\quad h^3 - 24h^2 + 1838{,}85206 \text{ mm}^3 = 0$

Neben der Betätigung der SOLVE-Taste im Taschenrechner stehen uns zur Lösung der obigen Gleichungen zahlreiche numerische Lösungsverfahren zur Verfügung. Hier soll beispielhaft die Lösung für die Newton'sche Iteration skizziert werden. Für jedes numerische Lösungsverfahren benötigt man mindestens einen Startwert. Da die in der Aufgabenstellung beschriebene Situation als Versuch tatsächlich ausgeführt wurde, konnte man dafür auch einfach einen guten Startwert finden. Die Eintauchtiefe betrug etwas weniger als 13 mm, wir wählen also zum Beispiel 12,7 mm. Bei der Newton'schen Iteration wird eine verbesserte Lösung ($n + 1$) für die Nullstelle einer Gleichung aus einer vorliegenden Lösung (n) nach folgendem Schema berechnet:

$$h^{(n+1)} = h^{(n)} - \frac{f(h^{(n)})}{f'(h^{(n)})}$$

Als Beispiel greifen wir hier die Lösung der Gleichung für 20 °C heraus.

$$f(h) = h^3 - 24h^2 + 1822{,}276182 \qquad f'(h) = 3h^2 - 48h$$

Startwert: $\qquad h^{(0)} = 12{,}7$ (in mm)

1. Näherung: $\qquad h^{(1)} = 12{,}7 - \dfrac{-0{,}300818}{-448{,}31} = 12{,}699329$

2. Näherung: $\qquad h^{(2)} = 12{,}699329 - \dfrac{-0{,}21644682}{-125{,}7489206} = 12{,}69760774$

3. Näherung: $\qquad h^{(3)} = 12{,}69760774 - \dfrac{+0{,}00012293}{-125{,}7974446} = 12{,}69760676$

4. Näherung: $\qquad h^{(4)} = 12{,}69760676 - \dfrac{+0{,}00016309}{-125{,}7974722} = 12{,}69760806$

Eine weitere Näherung führt auf das Ergebnis 12,69760807 und an dieser Stelle kann die Iteration abgebrochen werden. Fünf signifikante Ziffern sind für das Ergebnis gesichert, die Eintauchtiefe beträgt demnach $\underline{h = 12{,}698\ \text{mm}}$.

Gegenüber expliziten Lösungsverfahren hat ein numerisches Lösungsverfahren den Vorteil, *wenn man über einen sich aus dem technischen Sachverhalt ergebenden sehr guten Startwert verfügt*, genau die auf das Problem zutreffende Lösung gefunden zu haben. Nach dem Fundamentalsatz der Algebra besitzt eine Gleichung dritten Grades aber genau drei Lösungen. Wie man sich durch Einsetzen in die Ausgangsgleichung leicht überzeugen kann, lauten die drei mathematischen Lösungen dieser Gleichung:

$h_1 = +18{,}8969258\ \text{mm} \qquad h_2 = +12{,}69760807\ \text{mm} \qquad h_3 = -7{,}594533863\ \text{mm}$

Die Eintauchtiefe h_1 ist größer als der Kugeldurchmesser, h_3 ist negativ. Diese beiden Lösungen kommen also physikalisch nicht infrage, so verbleibt die auf unser Problem zutreffende Lösung h_2.

2.2.3 Dichtemessung mit einem Aräometer

Ein Aräometer (Senkspindel) ist ein Messgerät zur Bestimmung der Dichte von Flüssigkeiten oder der Konzentration bestimmter Stoffe in wässrigen Lösungen und besteht üblicherweise aus Glas mit einem Auftriebskörper sowie einem dünnen Stiel mit einer Skala zur Erfassung der Eintauchtiefe. In den Auftriebskörper kann bei Bedarf eine exakt bemessene Masse Bleischrot oder Seesand eingegossen sein.

Wir betrachten hier ein Messgerät, das aus einer gläsernen Hohlkugel mit einer senkrecht angeschlossenen röhrenförmigen Skala bestehe. Der so geformte Glaskörper verfüge über eine Masse von 7 g. In die Füllung der Hohlkugel mit Bleischrot solle so bemessen sein, dass man nach Kalibrierung die Dichte von Flüssigkeiten ab 0,92 g/ml bestimmen kann. Die Glaskugel habe einen äußeren Durchmesser von 3,2 cm, die aufsitzende Skala sei 15 cm lang und besitze einen Durchmesser von 5 mm.

a) Welche Bleischrotmasse ist einzufüllen?

b) Welche maximale Flüssigkeitsdichte in kg/dm^3 kann dann mit dem Aräometer gemessen werden?

Gegeben sind:

$m_{Glas} = 7\,\text{g}$ $\quad$ $d_{Ku} = 3,2\,\text{cm}$ $\quad$ $d_{Sk} = 0,5\,\text{cm}$ $\quad$ $l_{Sk} = 15\,\text{cm}$ $\quad$ $\rho_{min} = 0,92\,\text{g/ml}$

Vorüberlegungen:

Das Aräometer taucht so weit in die Flüssigkeit ein, bis die Gewichtskraft der verdrängten Flüssigkeit der Gewichtskraft des eingetauchten Körpers entspricht. Die Dichte der Flüssigkeit kann am Flüssigkeitsniveau der Skala abgelesen werden (vergleiche Abbildung 2-12).

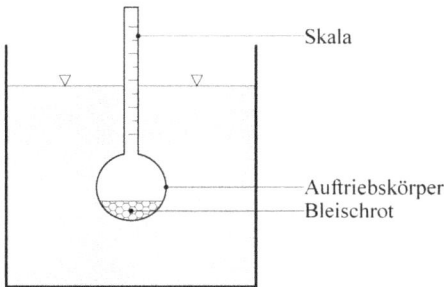

Abb. 2-12: Aufbau des Aräometers zur Messung der Dichte von Flüssigkeiten mit kugelförmigem Auftriebkörper (Index *Ku*) und zylindrischer Skala (Index *Sk*).

Maßeinheiten:

$1\,\text{ml} = 1\,\text{cm}^3$ $\quad$ und $\quad$ $1\,\text{g/ml} = 1\,\text{kg/dm}^3$

Lösung:

a) erforderliche Bleischrotfüllung m_{Pb} für $\rho_{min} = 0,92\,\text{g/ml}$

$$F_G = F_A \quad \rightarrow \quad (m_{Pb} + m_{Glas}) \cdot g = (V_{Ku} + V_{Sk}) \cdot \rho_{min} \cdot g$$

$$m_{Pb} = \left(\frac{\pi}{6} d_{Ku}^3 + \frac{\pi}{4} d_{Sk}^2 \cdot l_{Sk} \right) \cdot \rho_{min} - m_{Glas}$$

$$m_{Pb} = \left(\frac{\pi}{6} \cdot 3,2^3\,\text{cm}^3 + \frac{\pi}{4} \cdot 0,5^2\,\text{cm}^2 \cdot 15\,\text{cm} \right) \cdot 0,92\,\frac{\text{g}}{\text{ml}} - 7\,\text{g}$$

$$= 11,49432557\,\text{g} \approx \underline{\underline{11,494\,\text{g}}}$$

b) maximal messbare Flüssigkeitsdichte in kg/dm^3

$$F_G = F_A \quad \rightarrow \quad (m_{Pb} + m_{Glas}) \cdot g = V_{Ku} \cdot \rho_{max} \cdot g$$

$$\rho_{max} = \frac{m_{Pb} + m_{Glas}}{V_{Ku}} = \frac{m_{Pb} + m_{Glas}}{\frac{\pi}{6} \cdot d_{Ku}^3} = \frac{18,49432557\,\text{g}}{17,15728468\,\text{cm}^3}$$

$$= 1{,}077928467 \; \frac{\text{g}}{\text{ml}} \approx 1{,}0779 \; \frac{\text{kg}}{\text{dm}^3}$$

Da die Dichte einer Lösung in eindeutiger Weise von der Konzentration abhängt, können Aräometer auch auf die Konzentration kalibriert werden und sind direkt zur Konzentrationsmessung einsetzbar. Ein bekanntes Beispiel stellt die Mostwaage (Glukometer) zur Bestimmung des Zuckergehaltes im Traubensaft (Oechslegrad) dar. In Apotheken wird der Alkoholgehalt alkoholischer Flüssigkeiten mit einem Aräometer gemessen, in KfZ-Werkstätten die Konzentration von Batteriesäure.

2.2.4 Fehlerbetrachtung bei Luftdruckmessung mit Quecksilberbarometer

Gegeben sei folgende Anordnung von Torricelli[13] zum Nachweis des Luftdruckes: Ein einseitig geschlossenes Rohr wird mit Quecksilber gefüllt, geeignet zugehalten und die nach unten gerichtete Öffnung unter dem Spiegel eines ebenfalls mit Quecksilber gefüllten Gefäßes wieder freigegeben. Bekanntlich fällt das Quecksilber in dem Rohr und hinterlässt an seinem oberen, geschlossenen Ende ein Vakuum[14]. Mit einem Holzmaßstab misst man bei einer Umgebungstemperatur von 21 °C die Höhe der Quecksilbersäule zwischen dem Spiegel im Gefäß und der oberen Begrenzung des Meniskus im Rohr mit 760 Skalenteilen zu je 1 mm. Die Dichte des Quecksilbers betrage bei 0 °C 13,5951 g/cm^3. Für den Volumenausdehnungskoeffizienten von Quecksilber sei als konstanter Wert $181 \cdot 10^{-6} \, \text{K}^{-1}$ gegeben. Der verwendete Holzmaßstab sei bei 0 °C so geeicht, dass ein Skalenteil genau einem Millimeter entspricht. Der lineare Ausdehnungskoeffizient für den Holzmaßstab (Holz in Faserrichtung) solle $3{,}87 \cdot 10^{-6} \, \text{K}^{-1}$ betragen.
   a) Welche Höhe besitzt der so gemessene Luftdruck in Pa?
   b) Schätzen Sie den maximalen Fehler für den Luftdruck ab, der sich durch Fehlerfortpflanzung aus fehlerbehafteten Eingangsgrößen mit folgenden Messfehlern bzw. Toleranzen ergibt!
   $\rho_0(t_0 = 0\,°\text{C}) = (13{,}5951 \pm 0{,}018) \, \text{g/cm}^3$
   $h_0(t_0 = 0\,°\text{C}) = (760 \pm 1) \, \text{mm}$
   c) Welcher prozentuale Fehler wird begangen, wenn bei der Rechnung die temperaturbedingte Dehnung des Quecksilbers und des Holzmaßstabes nicht berücksichtigt werden?

---

13 Evangelista Torricelli (1608–1647), italienischer Physiker und Mathematiker, Assistent und Schüler von Galileo Galilei, entwickelte 1644 das Quecksilberbarometer.
14 Torricelli vermutete richtig, dass das Quecksilber nicht vom Vakuum aufgesogen, sondern von der Last der Luftsäule hinauf gedrückt wird. Dies war seinerzeit sehr umstritten. Sein Lehrer Galilei bezweifelte die Existenz eines Luftdruckes, weil „Luft in Luft" nichts wiegen könne. Außerdem war man

Gegeben sind:

$t_U = 21\,°C$ $\qquad\qquad$ $\Delta t = t_U - t_0 = 21\,K$

Quecksilber Hg: $\qquad$ $\rho_0(t_0 = 0\,°C) = (13595{,}1 \pm 18{,}0)\,kg/m^3$ $\qquad$ $\beta_{Hg} = 181 \cdot 10^{-6}\,K^{-1}$

Holzmaßstab: $\qquad$ $h_0(t_0 = 0\,°C) = (0{,}760 \pm 0{,}001)\,m$ $\qquad$ $\alpha_l = 3{,}87 \cdot 10^{-6}\,K^{-1}$

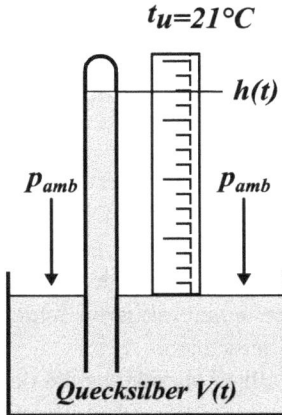

Abb. 2-13: Das Quecksilberbarometer von Torricelli zum Nachweis für das Vorhandensein des Luftdrucks.

Vorüberlegungen:

Die temperaturbedingte Volumenänderung des Quecksilbers als Flüssigkeit folgt der Formel $V(t) = V_0(1 + \beta_{Hg} \cdot \Delta t)$ und die des Holzmaßstabes als linienförmiger Festkörper der Formel $h(t) = h_0(1 + \alpha_l \cdot \Delta t)$.

Lösung:

a) Der gemessene Luftdruck ergibt sich als Schweredruck der gemessenen Höhe der Quecksilbersäule

$$p_{amb} = \rho_{Hg}(t) \cdot g \cdot h(t)$$

Unter Vernachlässigung der Temperatureffekte folgt zunächst daraus:

$$p_{amb} = \rho_0 \cdot g \cdot h_0 = 13.595{,}1\,\frac{kg}{m^3} \cdot 9{,}80665\,\frac{m}{s^2} \cdot 0{,}76\,m = \underline{\underline{101.325{,}01\,Pa}}$$

---

seinerzeit der festen Ansicht, die Natur habe eine „Abscheu vor der Leere" (= horror vacui), so das ein Vakuum der Natur zuwider sei und gar nicht existiere. Auf René Descartes soll in diesem Zusammenhang die bissige Bemerkung zurückgehen, Vakuum sei lediglich in Torricellis Kopf anzutreffen.

b) Abschätzung des maximalen Fehlers durch:

$$\Delta p_{amb,max} = \pm\left(\left|\frac{\partial p_{amb}}{\partial \rho} \cdot \Delta \rho\right| + \left|\frac{\partial p_{amb}}{\partial h} \cdot \Delta h\right|\right) = \pm(|g \cdot h \cdot \Delta\rho| + |\rho \cdot g \cdot \Delta h|)$$

$$\Delta p_{amb,max} = \pm(9{,}80665\,\text{m/s}^2 \cdot 0{,}76\,\text{m} \cdot 18\,\text{kg/m}^3$$
$$+ 13.595{,}1\,\text{kg/m}^3 \cdot 9{,}80665\,\text{m/s}^2 \cdot 0{,}001\,\text{m})$$

$$\Delta p_{amb,max} = \pm(134{,}15497 + 133{,}32239)\,\text{Pa} = \underline{\pm 267{,}47736\,\text{Pa}}$$

$$\frac{\Delta p_{amb,max}}{p_{amb}} = \pm\frac{0{,}267477\,\text{kPa}}{101{,}325\,\text{kPa}} = \underline{\pm 0{,}00264}$$

Die oben angegebene Formel für die Fehlerfortpflanzung unterstellt, dass sich die Einflüsse von Fehlertoleranzen in jeweils gleicher Richtung überlagern. Dies kann bei zwei relevanten Einflussgrößen ein relativ wahrscheinlicher Fall sein, bei vielen vorhandenen Einflussgrößen nimmt die Wahrscheinlichkeit dafür immer weiter ab. Dann würde man anstelle des Maximalfehlers besser einen mittleren Fehler nach dem Prinzip der Gauß'schen Fehlerquadratsumme berechnen.

Selbstverständlich bestimmt auch die Genauigkeit der Fallbeschleunigung die Genauigkeit bei der Ermittlung des Luftdruckes. Eine „ungenaue" Fallbeschleunigung ist hier ein systematischer Fehler, da bei Wiederholung der Messung am selben Ort stets der gleiche Fehler entsteht. Tatsächlich bewegen sich die Abweichungen der Fallbeschleunigung vom Normwert $g_0 = 9{,}80665\,\text{m/s}^2$ auf der Erdoberfläche bei etwa 5,3 ‰ (ca. −2,7 ‰ am Äquator und ca. +2,6 ‰ an den Polkappen).

Als Fehlergröße unberücksichtigt bleibt hier gleichfalls die Tatsache, dass sich in der geschlossenen Röhre kein vollkommenes Vakuum bildet, weil sich der „leere" Raum sofort mit Quecksilberdampf gemäß druckabhängiger Siedetemperatur für Quecksilber füllt.

c) Messfehler durch Temperatureinfluss

Die Masse $m = \rho \cdot V$ des Quecksilbers bleibt während der Messung konstant, sodass $\rho_0 \cdot V_0 = \rho(21\,°\text{C}) \cdot V(21\,°\text{C})$ und in Verbindung mit $V(t) = V_0(1 + \beta_{Hg} \cdot \Delta t)$ entsteht:

$$\rho(t) = \rho_0 \cdot \frac{1}{1 + \beta_{Hg}\Delta t}$$

$$p_{amb} = \rho(t) \cdot g \cdot h(t) = \rho_0 \frac{1}{1 + \alpha_V \Delta t} \cdot g \cdot h_0(1 + \alpha_l \cdot \Delta t) = \rho_0 \cdot g \cdot h_0 \cdot \frac{1 + \alpha_l \cdot \Delta t}{1 + \beta_{Hg} \cdot \Delta t}$$

Der Temperatureinfluss auf die Messung kann korrigiert werden durch den Faktor

$$\frac{1 + \alpha_l \cdot \Delta t}{1 + \beta_{Hg} \cdot \Delta t} = \frac{1 + 3{,}87 \cdot 10^{-6}\,\text{K}^{-1} \cdot 21\,\text{K}}{1 + 181 \cdot 10^{-6}\,\text{K}^{-1} \cdot 21\,\text{K}} = 0{,}996294355$$

$$p_{amb}(21\,°\text{C}) = p_{amb}(0\,°\text{C}) \cdot \frac{1 + \alpha_l \cdot \Delta t}{1 + \beta_{Hg} \cdot \Delta t}$$

$$= 101{,}32501\,\text{kPa} \cdot 0{,}996294355 = 100{,}9495355\,\text{kPa}$$

Der prozentuale Fehler ergibt sich aus:

$$\left| \frac{p_{amb}(21\,^\circ\text{C}) - p_{amb}(0\,^\circ\text{C})}{p_{amb}(0\,^\circ\text{C})} \right| = \left| \frac{100{,}9495355\,\text{kPa} - 101{,}32501\,\text{kPa}}{101{,}32501\,\text{kPa}} \right| = \underline{\underline{0{,}00373}}$$

Beide auftretenden Fehler liegen im Promillebereich. Der Fehler durch den Temperatureinfluss ist mit 3,73 ‰ größer als die 2,64 ‰ Fehler durch Fehlerfortpflanzung bei den Eingangsgrößen!

2.2.5 Messung kleiner Druckdifferenzen mit Zweistoffmanometer

Zur Überwachung von Ventilatoren oder Filtern in der Klima- und Reinraumtechnik oder bei der Drosselung von Fluidströmen müssen oftmals sehr kleine Differenzdrücke mit Manometern gemessen werden.

a) Zu ermitteln sind die aus einem Differenzdruck von 1 mbar bei der Drosselung strömender Luft resultierenden Höhenunterschiede der Manometerflüssigkeit im U-Rohr-Schenkel in mm! Dabei ist von folgenden Dichten für die jeweils ausgewählten Manometerflüssigkeiten auszugehen:

Quecksilber Hg:	13,6 g/cm^3	Schwefelsäure H_2SO_4:	1,83 g/cm^3
Glyzerin $C_3H_5(OH)_3$:	1,26 g/cm^3	Nitrobenzol $C_6H_5NO_2$:	1,20 g/cm^3
Wasser H_2O:	1,00 g/cm^3	Methanol CH_3OH:	0,79 g/cm^3

b) Ermitteln sie für die Paarung Quecksilber/Wasser und Nitrobenzol/Wasser die aus einem Differenzdruck von 1 mbar bei der Drosselung strömenden Wassers resultierenden Höhenunterschiede der Manometerflüssigkeit im U-Rohr-Schenkel in mm!

Gegeben sind:
Dichten der zu untersuchenden Manometerflüssigkeiten

Hg:	$\rho = 13{,}6\,\text{g/cm}^3$	$C_6H_5NO_2$:	$\rho = 1{,}20\,\text{g/cm}^3$
H_2SO_4:	$\rho = 1{,}83\,\text{g/cm}^3$	H_2O:	$\rho = 1{,}00\,\text{g/cm}^3$
$C_3H_5(OH)_3$:	$\rho = 1{,}26\,\text{g/cm}^3$	CH_3OH:	$\rho = 0{,}79\,\text{g/cm}^3$

$$p_e = 1\,\text{mbar} = 100\,\text{N/m}^2$$

Vorüberlegungen:
Bedeutung der Indizes: M Manometerflüssigkeit L Luft W Wasser
In der in Abbildung 2-14 gekennzeichneten Ebene I muss jeweils gleicher hydrostatischer Druck herrschen. Im Fall der Drosselung von Luft kann man in den Schenkeln des U-Rohrs den Schweredruck der Luftsäule vernachlässigen (bei Gasen im Allgemeinen immer). Das bedeutet für das Einstoff-Manometersystem:

$$p_1 = p_2 + \rho_M \cdot g \cdot \Delta z \quad \rightarrow \quad \Delta z = \frac{p_1 - p_2}{\rho_M \cdot g} = \frac{p_e}{\rho_M \cdot g}$$

Liegt dagegen Wasser über der Manometerflüssigkeit, kann der daraus folgende Schweredruck in den Schenkeln des U-Rohrs nicht vernachlässigt werden, es muss ein Zweistoffsystem betrachtet werden.

$$p_1 + \rho_W \cdot g \cdot \Delta z = p_2 + \rho_M \cdot g \cdot \Delta z_M + \rho_W \cdot g \cdot (\Delta z - \Delta z_M)$$

$$\rightarrow \quad \Delta z_M = \frac{p_1 - p_2}{(\rho_M - \rho_W) \cdot g} = \frac{p_e}{(\rho_M - \rho_W) \cdot g}$$

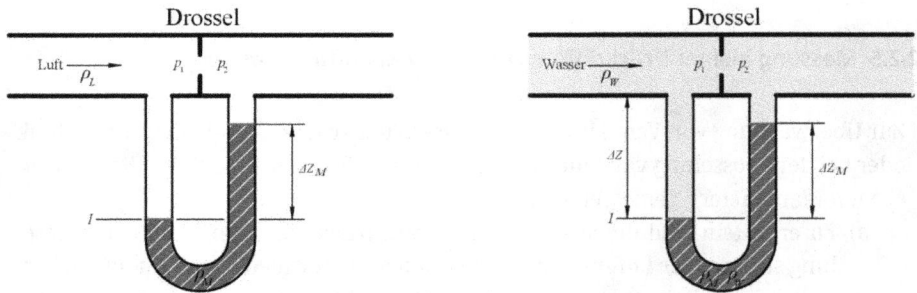

Abb. 2-14: Prinzip des Zweistoffmanometers zur Messung sehr kleiner Druckdifferenzen.

Lösung:

a) Druckmessung bei Drosselung von Gasen (zwei Beispielrechnungen für Luft)

$$\text{Quecksilber:} \quad \Delta z_M = \frac{100 \,\text{kg}\,\text{m/s}^2}{\text{m}^2} \cdot \frac{\text{m}^3}{13.600 \,\text{kg} \cdot 9{,}80665 \,\text{m/s}^2} \approx \underline{\underline{0{,}75 \,\text{mm}}}$$

Ein derartig kleiner Höhenunterschied ist praktisch auch wegen des sich mit der Oberflächenspannung ausbildenden Meniskus im U-Rohr nicht auswertbar. Die Verfälschung der Ablesung durch den Meniskus mindert man, wenn möglichst dicke Messröhrchen (größere Oberfläche) eingesetzt werden. Das ändert allerdings nichts an der Feststellung, dass sich Quecksilber für die Messung so kleiner Druckunterschiede nicht eignet. Ein günstigeres Bild ergibt sich bei Verwendung von Messflüssigkeiten mit geringerer Dichte:

$$\text{Methanol:} \quad \Delta z_M = \frac{100 \,\text{kg}\,\text{m/s}^2}{\text{m}^2} \cdot \frac{\text{m}^3}{790 \,\text{kg} \cdot 9{,}80665 \,\text{m/s}^2} \approx \underline{\underline{13 \,\text{mm}}}$$

Von den hier alternativ zu Quecksilber untersuchten Messflüssigkeiten weist Methanol die niedrigste Dichte und damit für den Relativdruck von 1 mbar die größte Ablesehöhe auf. Die anderen Sperrflüssigkeiten ermöglichen aber auch wahrnehmbare Ablesungen auf dem Längenmaßstab:

Schwefelsäure (H_2SO_4): 5,5 mm   Glyzerin ($C_3H_5(OH)_3$): 8,1 mm
Nitrobenzol ($C_6H_5NO_2$): 8,5 mm   Wasser (H_2O): 10,2 mm
Auf einem Längenmaßstab, der über einen Nonius verfügt, kann auf ±0,1 mm abgelesen werden.

b) Druckmessungen bei Drosselung von Flüssigkeiten (zwei Beispiele für Wasser)
Quecksilber – Wasser:

$$\Delta z_M = \frac{100\,\text{kg m/s}^2}{\text{m}^2} \cdot \frac{\text{m}^3}{(13.600 - 1.000)\,\text{kg} \cdot 9{,}80665\,\text{m/s}^2} \approx \underline{\underline{0{,}81\,\text{mm}}}$$

Nitrobenzol – Wasser:

$$\Delta z_M = \frac{100\,\text{kg m/s}^2}{\text{m}^2} \cdot \frac{\text{m}^3}{(1.200 - 1.000)\,\text{kg} \cdot 9{,}80665\,\text{m/s}^2} \approx \underline{\underline{51\,\text{mm}}}$$

Je geringer die Dichtedifferenz zwischen den Flüssigkeiten, desto höher ist der Ausschlag auf der Anzeigeskala des Manometers. Die Mischbarkeit von Flüssigkeiten sollte beachtet werden! Beim Zweistoffmanometer bewirken bei geeigneter Wahl der Messflüssigkeiten auch sehr kleine Druckunterschiede deutlich wahrnehmbare Höhenunterschiede. Die Paarung Quecksilber-Wasser ist auch hier ungeeignet, weil dort die maßgeblichen Dichteunterschiede zu groß sind.

2.2.6 Messung kleiner Druckdifferenzen mit Schrägrohrmanometer

In einem Schrägrohrmanometer mit der Neigung von 30° für den Ableseschenkel des U-Rohrs befinde sich Wasser als Messflüssigkeit. Das Flächenverhältnis A_2/A_1 sei mit 1:1000 gegeben. Welcher Ableselänge in mm entspricht ein gemessener Differenzdruck von 1 mbar?

Gegeben sind:
$p_e = p_1 - p_2 = 1\,\text{mbar} = 100\,\text{Pa}$ $\rho_W = 1000\,\text{kg/m}^3$ $A_2/A_1 = 1{:}1000 = 10^{-3}$
$\alpha = 30°\ (\sin\alpha = 0{,}5)$

Vorüberlegungen:
Beim Schrägrohrmanometer ist im Unterschied zum gewöhnlichen U-Rohr-Manometer der Querschnitt des Schenkels mit dem Ablesemaßstab sehr viel kleiner als der andere Schenkel. Flächenverhältnisse von A_2/A_1 = 1:1000 sind typisch. Dadurch kann die entstehende Höhendifferenz h_1 im größeren Querschnitt bei der Messung vernachlässigt werden. Für die Ablesung ist dann allein der Schenkel mit der Kapillare maßgeblich. Mit Veränderung der Neigung der Kapillare ist die Empfindlichkeit des Manometers über die Sinusfunktion einstellbar (vergleiche Abbildung 2-15).

In Aufgabe 2.2.5 haben wir bei der Drosselung von Luft im senkrecht stehenden U-Rohr-Schenkel mit Wasser als Messflüssigkeit für 1 mbar Druckdifferenz eine Ablesehöhe von 10,2 mm erhalten.

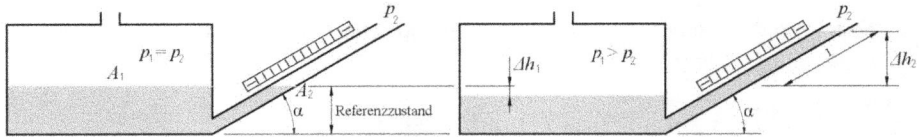

Abb. 2-15: Prinzip des Schrägrohrmanometers.

Lösung:

Wegen V_W = konstant gilt: $h_1 \cdot A_1 = l \cdot A_2$ und damit $h_1 = l \cdot \dfrac{A_2}{A_1}$.

Aus den Beziehungen für ein rechtwinkliges Dreieck folgt: $h_2 = l \cdot \sin \alpha$.

Für die Drücke kann aus dem Kräftegleichgewicht bilanziert werden:

$$p_1 = p_2 + \rho_W \cdot g \cdot (h_1 + h_2) = p_2 + \rho_W \cdot g \cdot \left(l \cdot \frac{A_2}{A_1} + l \cdot \sin \alpha \right)$$

$$\rightarrow \quad p_e = \rho_W \cdot g \cdot l \cdot \left(\frac{A_2}{A_1} + \sin \alpha \right)$$

$$l = \frac{p_e}{\rho_W \cdot g \cdot \left(\dfrac{A_2}{A_1} + \sin \alpha \right)} = \frac{100 \, \text{kg/(m s}^2)}{1000 \, \text{kg/m}^3 \cdot 9,80665 \, \text{m/s}^2 \cdot 0,501} \approx 0,0203536 \, \text{m} \approx \underline{\underline{20,4 \, \text{mm}}}$$

Das Ergebnis erscheint im Verhältnis zur Messung im geraden U-Rohr plausibel. Mit dem Schrägrohrmanometer ist es gelungen, wegen sin(30°) = 0,5 die für die Ablesung zur Verfügung stehende Höhendifferenz zu verdoppeln.

Hinweis:

Bei Geräten mit fest stehendem Kapillarschenkel ist es üblich, eine Gerätekonstante K anzugeben, die sich aus der Dichte der Messflüssigkeit ρ_M und den geometrischen Parametern ergibt: $p_e = K \cdot g \cdot l$ mit $K = \rho_F \cdot (A_2/A_1 + \sin \alpha)$.

2.2.7 Heben einer Last durch Sauger

Eine Hebevorrichtung zum Transport von großen Blechen bestehe aus acht gleichen, kreisrunden Saugern, deren kreisringförmige Ansaugflächen mit weichem Gummi abgedichtet sind (Außendurchmesser 180 mm, Innendurchmesser 120 mm). Im Inneren der Sauger kann höchstens ein Vakuum von 75 % sicher erzeugt werden. Welche Last in Newton kann mit dieser Vorrichtung maximal gehoben werden, wenn eine zweieinhalbfache Sicherheit verlangt wird? Der Umgebungsdruck sei mit 0,1 MPa gegeben.

Für die Kreisringflächen der Saugnäpfe aus Gummi soll vereinfachend nur die halbe durch das Vakuum erzeugte Druckdifferenz angesetzt werden $p = (p_{amb} - p)/2$.

Gegeben sind:

$p_{amb} = 0,1\,\text{MPa}$	$k = 8$ (Anzahl Sauger)	$s = 2,5$ (Sicherheitsfaktor)
$d_i = 0,12\,\text{m}$	$d_a = 0,18\,\text{m}$	$Va = 0,75$

Vorüberlegungen:

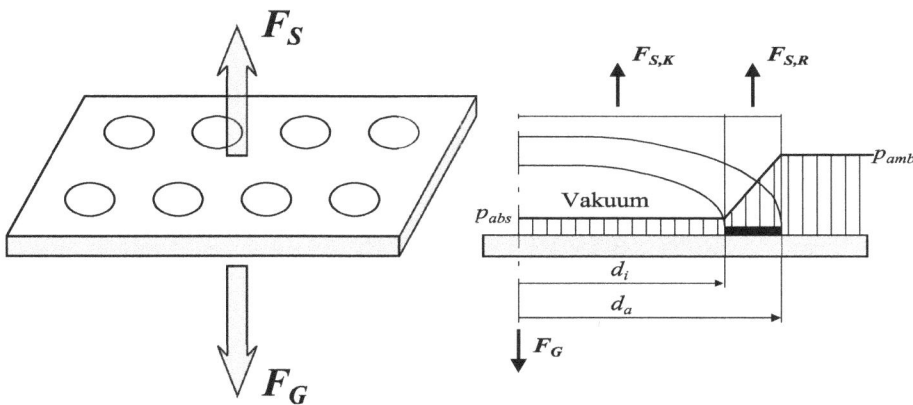

Abb. 2-16: Hebevorrichtung für große Bleche (links: Anordnung der Sauger; rechts: Schnittbild für einen Sauger).

Über die Innenflächen der acht Sauger erhält man die Saugkraft $F_{S,K}$ aus:

$$F_{S,K} = |-p_e| \cdot \frac{\pi}{4} d_i^2 = (p - p_{amb}) \cdot k \cdot \frac{\pi}{4} d_i^2 = p_{amb} \cdot Va \cdot \frac{\pi}{4} d_i^2$$

Von der Außenkante des Saugers zur Innenkante fällt der Druck vom Umgebungsdruck auf den durch das Vakuum erzeugten Druck ab. Ohne den Druckverlauf in den Kreisringen der Gummiflansche genau zu kennen, setzen wir dort gemäß Aufgabenstellung die halbe Druckdifferenz zwischen Umgebungsdruck und Druck im Inneren des Saugers an,

$$F_{S,R} = \frac{|-p_e|}{2} \cdot k \cdot \frac{\pi}{4}(d_a^2 - d_i^2) = \frac{(p - p_{amb})}{2} \cdot k \cdot \frac{\pi}{4}(d_a^2 - d_i^2) = p_{amb} \cdot \frac{Va}{2} \cdot k \cdot \frac{\pi}{4}(d_a^2 - d_i^2)$$

Die gesuchte Last $F_G = m \cdot g$ soll nach Aufgabenstellung mit zweieinhalbfacher Sicherheit ($s = 2,5$) mit den Saugkräften der acht Sauger $F_S = F_{S,K} + F_{S,R}$ im Gleichgewicht stehen.

$$s \cdot F_G = F_{S,K} + F_{S,R}$$

Für die Ermittlung der Gesamtkraft aus $F_S = p \cdot A$ sind zwei Flächenbereiche zu berücksichtigen. Zum einen die volle Kraft $F_{S,K}$ über der inneren Kreisringfläche $A_K = (\pi/4) \cdot d_i^2$ und zum anderen die durch den halbierten Differenzdruck zur Umgebung um den Faktor 1/2 verminderte Kraft $F_{S,R}$ der Kreisringscheibe $A_R = (\pi/4) \cdot (d_a^2 - d_i^2)$ als Flanschfläche.

Lösung:
Beitrag der acht Innenkreisflächen zur Hebekraft:

$$F_{S,K} = (p_{amb} - p) \cdot k \cdot \frac{\pi}{4} d_i^2 = 0,75 \cdot 10^5 \,\text{N/m}^2 \cdot 8 \cdot \frac{\pi}{4} \cdot (0,12\,\text{m})^2 = 6785,84\,\text{N}$$

Beitrag der acht Kreisringflächen zur Hebekraft:

$$F_{S,R} = \frac{p_{amb} - p}{2} \cdot k \cdot \frac{\pi}{4}(d_a^2 - d_i^2) = \frac{0,75}{2} \cdot 10^5 \frac{\text{N}}{\text{m}^2} \cdot 8 \cdot \frac{\pi}{4} \cdot (0,0324 - 0,0144)\text{m}^2 = 4241,15\,\text{N}$$

Zulässige Hebekraft unter Berücksichtigung der Sicherheit von 2,5:

$$F_G = \frac{F_{S,K} + F_{S,R}}{s} = \frac{(6785,84 + 4241,15)\text{N}}{2,5} = \underline{\underline{4410,8\,\text{N}}}$$

Etwas eleganter kann man schreiben:

$$F_{S,K} + F_{S,R} = Va \cdot p_{amb} \cdot k \cdot \frac{\pi}{4} d_i^2 + \frac{Va \cdot p_{amb}}{2} \cdot k \cdot \frac{\pi}{4}(d_a^2 - d_i^2) = \frac{Va \cdot p_{amb}}{2} \cdot k \cdot \frac{\pi}{4}(d_a^2 + d_i^2)$$

Achtung! Das „+" im letzten Term wird oft für falsch gehalten!

$$F_G = \frac{F_{S,K} + F_{S,R}}{s} = \frac{Va \cdot p_{amb} \cdot k \cdot \pi \cdot (d_a^2 + d_i^2)}{s \cdot 2 \cdot 4}$$

$$F_G = \frac{0,75 \cdot 10^5 \,\text{N/m}^2 \cdot 8 \cdot \pi \cdot (0,0324 + 0,0144)\text{m}^2}{2,5 \cdot 2 \cdot 4} = \underline{\underline{4.410,8\,\text{N}}}$$

Vakuumgreifersysteme eignen sich gut für den Transport sowie zum Heben, Drehen und Wenden von Lasten. Der Vakuumheber nach Abbildung 2-16 basiert auf einer *elektrisch angetriebenen Vakuumpumpe*, die Luft aus einer Vakuumverteilkammer evakuiert. Es gibt aber auch *selbstsaugende Vakuumheber*, die aus einem in einer Rollmanschette sitzenden Zylinder mit Kolben und Bodenabdichtung bestehen. Beim Aufsetzen sinkt der

Kolben bis zur Lastoberfläche und verdrängt die Luft, die durch das im Kolbenboden geöffnete Ventil entweicht. Nach Schließen des Ventils und nach oben folgendem Lasthub entsteht der durch Rollmanschette und Bodendichtung abgeschlossene Vakuumraum.

2.2.8 Umrechnungen für empirische Temperaturskalen

Man entwickle unter Nutzung der Abbildung 2-8 und dem in Kapitel 1.4 erläuterten Umgang mit Zahlenwertgleichungen den Zusammenhang zwischen den Temperaturangaben in Grad Celsius und Grad Fahrenheit sowie in Kelvin und Grad Rankine!

a) Wie lauten die Zahlenwertgleichungen für die Umrechnung von °C in °F und umgekehrt?

b) Welchen Celsius-Temperaturen entsprechen jeweils 0 °F und 100 °F und welche Fahrenheit-Temperatur ist für –25 °C anzugeben?

c) Wie lauten die Zahlenwertgleichungen für die Umrechnung von K in °R und umgekehrt?

d) Welcher Rankine-Temperatur entsprechen 15 °C?

e) Gibt es Temperaturwerte, die in Celsius- und Fahrenheit-Skala übereinstimmen?

Lösung:

a) Abstand zwischen Gefrier- und Siedepunkt von Wasser bei physikalischem Normdruck:

$$\{\Delta t_F\} = \{t_{F,S}\} - \{t_{F,E}\} = 212 - 32 = 180 \quad \text{(vergleiche Abbildung 2-8)}$$

$$\{\Delta t_C\} = \{t_{C,S}\} - \{t_{C,E}\} = 100 - 0 = 100$$

Der einfache Dreisatz liefert die Relation:

$$\frac{\{\Delta t_F\}}{\{\Delta t_C\}} = \frac{180}{100} = \frac{9}{5} = \frac{\{t_F\} - \{t_{F,E}\}}{\{t_C\} - \{t_{C,E}\}}$$

und daraus folgern wir:

$$\{t_F\} = \frac{9}{5}(\{t_C\} - \{t_{C,E}\}) + \{t_{F,E}\}$$

Mit $\{t_{F,E}\} = 32$ und $\{t_{C,E}\} = 0$ entstehen nunmehr die gesuchten Zahlenwertgleichungen:

$$\underline{\underline{\{t_F\} = \frac{9}{5} \cdot \{t_C\} + 32}} \quad \text{und} \quad \underline{\underline{\{t_C\} = \frac{5}{9}(\{t_F\} - 32)}}$$

b) Celsius-Temperatur bei 0 °F:

$$\{t_C\} = \frac{5}{9}(0 - 32) = -17,\bar{7}... \approx -17,78$$

Celsius-Temperatur bei 100 °F:

$$\{t_C\} = \frac{5}{9}(100 - 32) = +37,\bar{7}... \approx +37,78$$

Fahrenheit-Temperatur bei −25 °C:

$$\{t_F\} = \frac{9}{5} \cdot (-25) + 32 = -13$$

Fahrenheit hat also mit der Wahl der Fixpunkte für seine Temperaturskala das Ziel verfehlt, negative Temperaturen bei der Messung im Alltag zu vermeiden, denn wir erinnern uns alle schon einmal an kältere Frostnächte. Eine Körpertemperatur von 37,78 °C nehmen wir gleichfalls als leichtes Fieber wahr. Der Schwachpunkt der Fahrenheit-Skala bleibt die eindeutige Reproduzierbarkeit der beiden Fixpunkte, weswegen heute 0 °C = 32 °F und 100 °C = 212 °F gesetzt wird (vergleiche Abbildung 2-8). Aber Fahrenheit hat sich um die Temperaturmessung verdient gemacht. Er soll als Erster Thermometer hergestellt haben, die bei derselben Temperatur auch jeweils gleiche Messwerte anzeigten.

c) Umrechnung von K in °R und umgekehrt

$$\{\Delta t_C\} = \{\Delta T_K\} \quad \text{und} \quad \{\Delta t_F\} = \{\Delta T_R\}$$

sodass mit dem einfachen Dreisatz folgt:

$$\underline{\underline{\{T_K\} = \frac{5}{9} \cdot \{T_R\}}} \quad \text{sowie} \quad \underline{\underline{\{T_R\} = \frac{9}{5} \cdot \{T_K\}}}$$

d)

$$\{T_K\} = \{t_C\} + 273,15 \qquad \{T\} = 15 + 273,15 = 288,15$$

$$\{T_R\} = \frac{9}{5} \cdot \{T_K\} = \frac{9}{5} \cdot 288,15 = \underline{518,67}$$

Einer Temperatur von 288,15 K (15 °C) entsprechen 518,67 °R.

e) Eine Gleichheit von Fahrenheit-Temperatur und Celsius-Temperatur folgt der Bedingung: $\{t_C\} = \{t_F\} = \{t\}$, sodass $\{t\} = \frac{9}{5} \cdot \{t\} + 32$ entsteht, was auf $\{t\} = -40$ führt. Daher ist $\underline{t = -40\,°C = -40\,°F}$.

2.2.9 Maxwell'sche Geschwindigkeitsverteilung

Man betrachte verschiedene Geschwindigkeiten von Teilchen des Gases Sauerstoff bei festgehaltener Temperatur von 20 °C (Raumlufttemperatur) nach der Maxwell'schen
Geschwindigkeitsverteilung. Die relative Molekülmasse von Sauerstoff sei mit 31,9988 kg/kmol gegeben.

a) Wie viel Prozent aller Moleküle des Sauerstoffs besitzen dann eine Geschwindigkeit zwischen 200 und 300 m/s?
b) Welche Geschwindigkeit tritt bei Sauerstoffmolekülen unter diesen Bedingungen am häufigsten auf?
c) Wie hoch ist die durchschnittliche Geschwindigkeit aller Sauerstoffmoleküle bei 20 °C?
d) Wie hoch ist die mittlere kinetische Energie der Sauerstoffmoleküle?

Gegeben sind:

$$T = 293,15 \, \text{K} \, (20\,^\circ\text{C}) \quad M_{O_2} = 31,9988 \, \text{kg/kmol} \quad dv \approx \Delta v = 300 \, \text{m/s} - 200 \, \text{m/s} = 100 \, \text{m/s}$$

Vorüberlegungen:
Für die Lösung der Aufgabe werden noch zwei Naturkonstanten benötigt, die wir den Ausführungen in Kapitel 1.5 entnehmen:

– Avogadro-Konstante $N_A = 6,02214129 \cdot 10^{+26} \, \text{kmol}^{-1}$
– Boltzmann-Konstante $k = 1,3806488 \cdot 10^{-23} \, \text{J/K}$

Für alle Fragestellungen ist die Masse eines Sauerstoffmoleküls zu berücksichtigen. Diese ergibt sich aus: $m_T = \dfrac{M_{O_2}}{N_A} = \dfrac{31,9988 \, \text{kg/kmol}}{6,02214129 \cdot 10^{26} \, \text{kmol}^{-1}} = 5,313525283 \cdot 10^{-26} \, \text{kg}$

Die Formel (2.2-13b) enthält außer dem infinitesimalen Geschwindigkeitsintervall dv noch die konkrete Geschwindigkeit v des Teilchens. Hier nehmen wir an, dass diese in der Mitte des gegebenen Geschwindigkeitsintervalls liege ($v = 250 \, \text{m/s}$).

Lösung:

a) prozentualer Anteil der Moleküle im Geschwindigkeitsband zwischen 200 und 300 m/s bei 20 °C

Gesucht ist ein betreffender Bruchteil der Sauerstoffmoleküle. Wenn wir unterstellen, dass von $\dfrac{\Delta N_v}{N} \approx \dfrac{dN_V}{N}$ ausgegangen werden kann, folgt mit Formel (2.2-13b) sofort

$$\frac{dN_v}{N} = 4\pi \cdot \left(\frac{m_T}{\pi \cdot 2 \cdot k \cdot T} \right)^{3/2} \cdot v^2 \cdot e^{-\frac{m_T \cdot v^2}{2 \cdot k \cdot T}} \cdot dv$$

Die rechnerische Auswertung dieser Gleichung zerlegen wir der Übersichtlichkeit wegen in mehrere Einzelschritte. Zunächst kontrollieren wir die Maßeinheit für dN_v/N:

$$1\left(\frac{kg}{Nm}\right)^{3/2} \cdot \frac{m^2}{s^2} \cdot \frac{m}{s} = 1\left(\frac{kg \cdot s^2}{kg \cdot m^2}\right)^{3/2} \cdot \frac{m^3}{s^3} = 1\frac{s^3}{m^3} \cdot \frac{m^3}{s^3} = 1$$

(dimensionslos ist korrekt!)

Der Exponent zur Basis e besitzt die Dimension 1 (vergleiche Aufgabe 1.4.6). So konzentrieren wir uns hier auf die Zahlenwerte für den Exponenten der e-Funktion:

$$\frac{5,313525283 \cdot 10^{-26} \cdot 6,25 \cdot 10^4}{2 \cdot 1,3806488 \cdot 10^{-23} \cdot 293.15} = \frac{33,20953303 \cdot 10^{-22}}{809,4743914 \cdot 10^{-23}} = 0,410260452$$

Zur weiteren numerischen Auswertung spalten wir Zehnerpotenzen günstig ab:

$$\frac{dN_v}{N} = 4 \cdot \pi \cdot \left(\frac{53,13525283 \cdot 10^{-27}}{\pi \cdot 809,4743914 \cdot 10^{-23}}\right)^{3/2} \cdot 6,25 \cdot 10^4 \cdot e^{-0,410260452} \cdot 1 \cdot 10^2$$

$$\frac{dN_v}{N} = 4 \cdot \pi \cdot \left(\frac{53,13525283}{\pi \cdot 809,4743914}\right)^{3/2} \cdot (10^{-4})^{3/2} \cdot 6,25 \cdot 10^6 \cdot e^{-0,410260452}$$

$$\frac{dN_v}{N} = 4 \cdot \pi \cdot \left(\frac{53,13525283}{\pi \cdot 809,4743914}\right)^{3/2} \cdot 10^{-6} \cdot 6,25 \cdot 10^6 \cdot 0,663477423$$

$$\frac{dN_v}{N} = 4 \cdot \pi \cdot 0,003020262 \cdot 6,25 \cdot 0,663477423 = \underline{\underline{0,157384035}}$$

Circa 15,74 % der Sauerstoffmoleküle weisen bei 20 °C eine Geschwindigkeit zwischen 200 und 300 m/s auf!

b) am häufigsten auftretende Geschwindigkeit = wahrscheinlichste Geschwindigkeit $\hat{v}$
   In Kapitel 2.2 haben wir dazu schon eine Formel angegeben. Hier soll aber noch einmal gezeigt werden, wie man mithilfe der Differentialrechnung die am häufigsten auftretende und zum Maximum der Wahrscheinlichkeitsdichte $f(v)$ gehörige Geschwindigkeit $\hat{v}$ findet.

   Die extremwertverdächtige Geschwindigkeit finden wir durch $\dfrac{df(v)}{dv} = 0$. Setzt man nun

   $$a = 4 \cdot \pi \cdot \left(\frac{m_T}{2 \cdot \pi \cdot k \cdot T}\right)^{3/2} \quad \text{und} \quad b = \frac{m_T}{2 \cdot k \cdot T}$$

   folgt für die Wahrscheinlichkeitsdichte $f(v)$:

   $$f(v) = 4\pi \cdot \left(\frac{m_T}{\pi \cdot 2 \cdot k \cdot T}\right)^{3/2} \cdot v^2 \cdot e^{-\frac{m_T \cdot v^2}{2 \cdot k \cdot T}} = a \cdot v^2 \cdot e^{-b \cdot v^2}$$

Differentiation mit Produktregel liefert:

$$f'(v) = 2 \cdot a \cdot v \cdot e^{-b \cdot v^2} + (-2 \cdot b \cdot v) \cdot e^{-b \cdot v^2} \cdot a \cdot v^2 = 0$$

$$2 \cdot a \cdot v \cdot e^{-b \cdot v^2} = 2 \cdot b \cdot v \cdot e^{-b \cdot v^2} \cdot a \cdot v^2 \quad \text{oder} \quad 1 = b \cdot v^2$$

$$\hat{v} = \frac{1}{\sqrt{b}} = \sqrt{\frac{2 \cdot k \cdot T}{m_T}} = \sqrt{\frac{2 \cdot 1{,}3806488 \cdot 10^{-23} \, \text{Nm/K} \cdot 293{,}15 \, \text{K}}{53{,}13525283 \cdot 10^{-27} \, \text{kg}}} = \underline{\underline{390{,}31 \, \text{m/s}}}$$

c) durchschnittliche = mittlere Geschwindigkeit der Sauerstoffmoleküle bei 20 °C aus

$$\bar{v} = \int\limits_0^\infty v \cdot f(v) \mathrm{d}v \quad \rightarrow \quad \bar{v} = \int\limits_0^\infty v \cdot f(v) \mathrm{d}v = 4\pi \cdot \left(\frac{m_T}{\pi \cdot 2 \cdot k \cdot T} \right)^{3/2} \cdot \int\limits_0^\infty v^3 \cdot e^{-\frac{m_T \cdot v^2}{2 \cdot k \cdot T}} \, \mathrm{d}v$$

Lösung des Integrals durch Substitution und partielle Integration:

$$a = 4 \cdot \pi \cdot \left(\frac{m_T}{2 \cdot \pi \cdot k \cdot T} \right)^{3/2} \quad \text{(Zusammenfassung von Konstanten bei Integration)}$$

Substitution:

$$u = -\frac{m_T \cdot v^2}{2 \cdot k \cdot T} \quad \rightarrow \quad v^2 = -\frac{2 \cdot k \cdot T}{m_T} \cdot u \quad \text{und} \quad \frac{\mathrm{d}u}{\mathrm{d}v} = -\frac{m_T \cdot v}{k \cdot T}$$

sowie

$$v \cdot \mathrm{d}v = -\frac{k \cdot T}{m_T} \cdot \mathrm{d}u$$

Substitution der Integrationsgrenzen: untere Grenze: $v = 0 \rightarrow u = 0$

obere Grenze: $v = \infty \rightarrow u = -\infty$

$$\bar{v} = a \cdot \int\limits_0^{-\infty} \left(-\frac{2 \cdot k \cdot T}{m_T} \cdot u \right) \cdot e^u \cdot \left(-\frac{k \cdot T}{m_T} \right) \cdot \mathrm{d}u = a \cdot \frac{2 \cdot (k \cdot T)^2}{m_T^2} \cdot \int\limits_0^{-\infty} u \cdot e^u \cdot \mathrm{d}u$$

Nebenrechnung: Lösung von $\int\limits_0^{-\infty} u \cdot e^u \cdot \mathrm{d}u$ durch partielle Integration:

Regel: $\int f(u) \cdot g'(u) \cdot \mathrm{d}u = f(u) \cdot g(u) - \int f'(u) \cdot g(u) \cdot \mathrm{d}u$

$f(u) = u \qquad g'(u) = e^u$

$f'(u) = 1 \qquad g(u) = e^u$

$$\int\limits_0^{-\infty} u \cdot e^u \mathrm{d}u = [u \cdot e^u]_0^{-\infty} - \int\limits_0^{-\infty} 1 \cdot e^u \mathrm{d}u = [e^u \cdot (u - 1)]_0^{-\infty} = 0 - (-1) = 1$$

$$\bar{v} = a \cdot \frac{2 \cdot (k \cdot T)^2}{m_T^2} \cdot 1 = 4 \cdot \pi \cdot \left(\frac{m_T}{2 \cdot \pi \cdot k \cdot T} \right)^{3/2} \cdot \frac{2 \cdot (k \cdot T)^2}{m_T^2} = \sqrt{\frac{8 \cdot k \cdot T}{\pi \cdot m_T}}$$

$$\bar{v} = \sqrt{\frac{8 \cdot 1{,}3806488 \cdot 10^{-23}\,\text{Nm/K} \cdot 293{,}15\,\text{K}}{\pi \cdot 5{,}313525283 \cdot 10^{-26}\,\text{kg}}} = \underline{\underline{440{,}42\,\text{m/s}}}$$

Alternativer Rechenweg:
Mithilfe einer die Gauss'schen Integrale enthaltenen Intergraltafel findet man:

$$\int_0^\infty x^{2n+1} \cdot e^{-bx}\,dx = \frac{n!}{2 \cdot b^{n+1}}$$

Mit $n = 1$ und $b = \dfrac{m_T}{2 \cdot k \cdot T}$ ergibt sich für:

$$\bar{v} = \int_0^\infty v \cdot f(v)\,dv = 4\pi \cdot \left(\frac{m_T}{\pi \cdot 2 \cdot k \cdot T} \right)^{3/2} \cdot \int_0^\infty v^3 \cdot e^{-\frac{m_T \cdot v^2}{2 \cdot k \cdot T}}\,dv$$

$$\bar{v} = 4\pi \cdot \left(\frac{m_T}{\pi \cdot 2 \cdot k \cdot T} \right)^{3/2} \cdot \int_0^\infty v^3 \cdot e^{-b \cdot v^2}\,dv$$

$$= 4\pi \cdot \left(\frac{m_T}{\pi \cdot 2 \cdot k \cdot T} \right)^{3/2} \cdot \frac{1 \cdot 4 \cdot k^2 \cdot T^2}{2 \cdot m_T^2} = \sqrt{\frac{8 \cdot k \cdot T}{\pi \cdot m_T}}$$

Beim Zusammenfassen der Potenzen sollte man schrittweise arbeiten. So ergibt z. B.

$$\frac{4 \cdot \pi}{(2 \cdot \pi)^{3/2}} = \sqrt{\frac{2}{\pi}} \qquad \frac{m_T^{3/2}}{m_T^2} = \frac{1}{\sqrt{m_T}}$$

$$k^{-3/2} \cdot k^2 = \sqrt{k} \qquad T^{-3/2} \cdot T^2 = \sqrt{T} \qquad \frac{4}{2} = 2 = \sqrt{4}$$

Man kann die mittlere Geschwindigkeit aller Gasmoleküle bei einer bestimmten Temperatur T ins Verhältnis setzen, zu der die am häufigsten bei dieser Temperatur auftritt.

$$\hat{v} = \sqrt{\frac{2 \cdot k \cdot T}{m_T}} \quad \text{(häufigste Geschwindigkeit bei Temperatur } T\text{, vergleiche (b))}$$

$$\bar{v} = \sqrt{\frac{8 \cdot k \cdot T}{\pi \cdot m_T}} = \sqrt{\frac{4 \cdot 2 \cdot k \cdot T}{\pi \cdot m_T}} = \sqrt{\frac{4}{\pi}} \cdot \hat{v} \approx 1{,}12838 \cdot \hat{v}$$

$$\bar{v} = 1{,}12838 \cdot 390{,}31\,\text{m/s} = \underline{\underline{440{,}42\,\text{m/s}}}$$

d) mittlere kinetische Energie aller im Gas enthaltenen Sauerstoffmoleküle
    Für die mittlere kinetische Energie interessieren nur die Beträge der Geschwindig-
    keitsvektoren, nicht aber ihre Richtung. Deshalb ist hier die quadratisch gemittelte
    Geschwindigkeit maßgebend, die in Kapitel 2.2 mit $\sqrt{\bar{v}^2} = \sqrt{\dfrac{3 \cdot k \cdot T}{m_T}}$ angegeben wur-
    de. Damit folgt

$$\bar{W}_{kin,T} = \frac{m_T \cdot \bar{v}^2}{2} = \frac{3}{2} \cdot k \cdot T = \frac{3}{2} \cdot 1{,}3806488 \cdot 10^{-23} \frac{J}{K} \cdot 293{,}15 \, K = \underline{\underline{0{,}607106 \cdot 10^{-20} \, J}}$$

2.3 Prozesse und Prozessgrößen

Die Wechselwirkungen des Systems mit seiner Umgebung oder die wechselseitige Be-
einflussung von zwei Systemen untereinander werden durch *Prozesse* beschrieben. Ein
Prozess ändert den Zustand eines thermodynamischen Systems und ist eine zeitliche
Folge von Ereignissen, bei der vorangegangene Ereignisse, die nachfolgenden bestimmen.

Obwohl Prozess und Zustandsänderung eng zusammenhängen, sind beide Begriffe zu unterscheiden. Eine Zustandsänderung ist immer das Resultat eines Prozesses,
aber schon vollständig durch eine Beschreibung der das System durchlaufenden Zustände definiert. Eine Prozessbeschreibung umfasst nicht nur die Zustandsänderungen,
sondern auch die Umstände, unter denen sie zustande kommen. Dazu sind die Wechselwirkungen zwischen System und seiner Umgebung anzugeben. Es ist möglich, dass
eine bestimmte Zustandsänderung durch verschiedene Prozesse bewirkt werden kann.
Bei technischen Vorgängen unterscheidet man zwei Arten von thermodynamischen Zustandsänderungen, nämlich die nichtstatischen und die quasistatischen.

Bei den durch nichtstatische Zustandsänderungen zu beschreibenden Ausgleichsprozessen (Druck-, Konzentrations- und Temperaturausgleich) sind lediglich Anfangs-
und Endzustand Gleichgewichtszustände, dazwischen treten nur Nichtgleichgewichtszustände auf. Solche Zustandsverläufe sind im p, v-Diagramm nicht eindeutig darstellbar. Die Drosselung von strömenden Fluiden stellt gleichfalls eine nichtstatische Zustandsänderung dar. Nur in hinreichender Entfernung vor und nach der Drosselstelle herrschen Gleichgewichtszustände, dazwischen Nichtgleichgewichtszustände infolge
der Wirbelbildung mit Druck-, Dichte- und Temperaturunterschieden. Eine Zustandsänderung heißt quasistatisch, wenn sie eine Folge von Gleichgewichtszuständen durchläuft. In der Realität findet man einen solchen Ablauf nicht vor, denn Gleichgewichtsstörungen durch Einwirkung auf das thermodynamische System lösen die Zustandsänderungen ja erst aus. Aber für technische Prozesse kann diese Modellvorstellung insbesondere dann übernommen werden, wenn sich die Zwischenzustände immer in der Nähe
des Gleichgewichts befinden, sodass die Zustandsgleichungen eine Berechnung gestatten. Ein Beispiel für eine quasistatische Zustandsänderung wäre die Kompression oder

Expansion von Gas in einem Zylinder. Wird ein Gas im Zylinder zum Beispiel komprimiert, steigt der Gasdruck im Inneren. Hierbei baut sich in Kolbennähe vorübergehend ein höherer Druck auf, es entsteht also ein Ungleichgewicht. Der Druckausgleich erfolgt aber mit höherer Geschwindigkeit als die Kolbenbewegung, sodass man bei einem Zwischenhalt des Kolbens auch immer einen Gleichgewichtszustand vorfinden würde. Kompression oder Expansion eines Gases in einem Zylinder kann solange als quasistatische Zustandsänderung angesehen werden wie die Kolbengeschwindigkeit (deutlich) kleiner als die für den Druckausgleich maßgebliche Schallgeschwindigkeit im betreffenden Gas ist.

Real verlaufen alle Prozesse irreversibel, das heißt, sie sind nicht ohne bleibende Veränderungen in der Umgebung umkehrbar. Ursache dafür sind die dabei zwangsläufig auftretende Reibung, aber auch Formänderungsarbeit oder Stoß- und Drosselvorgänge. Dies alles fasst der Thermodynamiker unter dem Sammelbegriff Dissipation zusammen. Bei diesen Vorgängen wird mechanische Arbeit so in thermische Energie umgewandelt, dass sie nicht mehr adäquat für die Gewinnung mechanischer Arbeit zur Verfügung stehen kann.

Wenn von reversiblen (umkehrbaren) Prozessen gesprochen wird, sind theoretische Grenzfälle gemeint, bei denen die Umkehr der äußeren Parameter zu einer entsprechenden Umkehr der Folge von Zuständen führt. So ist der Ausgangszustand eines Systems ohne bleibende Veränderungen in der Umgebung wieder herstellbar. Reversibel sind also solche Prozesse, die ein System auch in entgegengesetzter Richtung durchlaufen kann und die äußeren Parameter dabei auch wieder ihre ursprünglichen Werte annehmen. Alle reversiblen Prozesse verlaufen quasistatisch. Ein Umkehrschluss gilt aber nicht: Nicht alle quasistatischen Prozesse sind reversibel! Man denke an eine Gasflasche, durch deren leicht undichtes Ventil über Tage hinweg Gas ganz langsam ausströmt. Hierbei bleibt für die Gasflasche immer ausreichend Zeit, sich auf ein neues mechanisches Gleichgewicht einzustellen. Umkehrbar ist dieser Prozess aber nicht!

Die Prozessgrößen, wie die die Systemgrenzen überschreitenden Energien *Wärme* und *Arbeit*, hängen also nicht nur vom speziellen Verlauf der Zustandsänderung ab, sondern auch von der Art und Weise, wie System und Umgebung in Wechselwirkung treten, um die Zustandsänderung zu bewirken. Für die Bilanzierung von Prozessgrößen an den Systemgrenzen ist eine wichtige, international gültige Vorzeichenregelung zu beachten:

Einem System zugeführte Wärme oder Arbeit ist mit positiven Vorzeichen zu bilanzieren, die das System verlassenden Wärmemengen oder Arbeiten hingegen mit negativen Vorzeichen.

---

zugeführt immer positiv: $Q_{zu} > 0$, $W_{zu} > 0$ abgeführt immer negativ: $Q_{ab} < 0$, $W_{ab} < 0$

Prozessgrößen erkennt man vom Formelzeichen her leicht am Doppelindex. Die Unterscheidung der Energien Wärme und Arbeit sind für das Verständnis des ersten Hauptsatzes der Thermodynamik wichtig. Ohne Beachtung bleibt zunächst die Arbeit jener Kräfte, die die Bewegung eines Systems als Ganzes beeinflussen (also zur Änderung der kinetischen und potentiellen Energie des Systems als Ganzes beitragen). Wir konzentrieren uns bei der Prozessgröße Arbeit auf die Formen, die eine Änderung der inneren Energie eines Systems bewirken: die Wellenarbeit, die Volumenänderungsarbeit am geschlossenen System und die technische Arbeit am offenen System.

Die Energie eines thermodynamischen Systems lässt sich nur durch Energietransport über die Systemgrenze ändern. Die Übergabe der Energie an der Systemgrenze kann erfolgen als:

- *Wärme Q* aufgrund eines Temperaturgefälles zwischen System und seiner Umgebung. Adiabate Wände unterbinden den Wärmefluss vollständig.
- *mechanische Arbeit W* infolge äußerer Kräfte oder Momente, die auf das System wirken. Bei den äußeren Kraftfeldern ist insbesondere der Einfluss des zeitlich konstanten Gravitationsfeldes auf das System zu berücksichtigen.
- *elektrische Arbeit W_{el}* durch das Fließen eines elektrischen Stromes über die Systemgrenze. Elektrische Arbeit entsteht durch das Verschieben der elektrischen Ladungen, auf die im elektrischen Potentialfeld Kräfte wirken. Damit kann elektrische Energie auf eine mechanische Basis zurückgeführt werden, genauso wie es die kinetische Gastheorie für die Wärme ermöglicht.
- *stoffgebundene Energie* beim Stofftransport über die Systemgrenze. Geschlossene Systeme haben im Gegensatz zu offenen Systemen stoffdichte Grenzen, die einen stoffgebundenen Energietransport unterbinden.

Wärme Q_{12}

Die *Wärme Q* gemessen in Kilojoule ($[Q] = 1\,\text{kJ}$) ist eine Energie, die bei einem System mit nicht adiabater Grenze allein in Folge von Temperaturunterschieden über die Systemgrenze tritt. Für thermodynamische Untersuchungen wird sie oft massenspezifisch, aber auch stoffmengenspezifisch verwendet.

Massenspezifisch:

$$q = \frac{Q}{m} \qquad [q] = 1\,\frac{\text{kJ}}{\text{kg}}$$

Stoffmengenspezifisch:

$$q_m = \frac{Q}{n} \qquad [q_m] = 1\,\frac{\text{kJ}}{\text{kmol}} \qquad \text{Index } m \text{ für molar!}$$

Die für die Erwärmung eines Körpers von der Temperatur T_1 auf T_2 erforderliche Wärmemenge Q_{12} wächst mit der Masse m oder der Stoffmenge n und dem Betrag der Temperaturdifferenz $\Delta T = T_2 - T_1$.

$$Q_{12} \sim m \cdot \Delta T \qquad Q_{12} \sim n \cdot \Delta T$$

Aus diesen Zusammenhängen leitete man empirisch durch Einführung der spezifischen Wärmekapazität c (auf die Masse bezogen) oder der molaren Wärmekapazität (auf die Stoffmenge bezogen) als Proportionalitätsfaktor die Grundgleichung der klassischen Kalorik ab.

$$Q_{12} = m \cdot c \cdot (t_2 - t_1) \qquad Q_{12} = n \cdot c_m \cdot (t_2 - t_1)$$

$$Q_{12} = m \cdot \int_1^2 c(T)\mathrm{d}T \qquad Q_{12} = n \cdot \int_1^2 c_m(T)\mathrm{d}T \qquad (2.3\text{-}1)$$

Die spezifische Wärmekapazität[15] ist eine charakteristische Stoffeigenschaft und wie Messungen ergeben haben für Feststoffe sowie Flüssigkeiten von der Temperatur abhängig, für Gase zusätzlich noch vom Druck und der Art der Zustandsänderung.

$$[c] = 1\,\mathrm{J/(kg\,K)} \qquad [c_\mathrm{m}] = 1\,\mathrm{J/(kmol\,K)}$$

Der Begriff *spezifische Wärmekapazität* wurde zunächst als *„spezifische Kapazität des Wärmestoffes"* von Joseph Black in einer Zeit geprägt, in der man noch annahm, Wärme könne als unzerstörbarer und masseloser Stoff einem Körper innewohnen. Führe man einem Körper Wärmestoff zu, stiege seine Temperatur. Bei gleicher Temperaturänderung könne ein anderer Stoff umso mehr Wärmestoff aufnehmen, desto größer seine Wärmekapazität sei. Black war allerdings auch der Erste, der später darauf hinwies, dass Wärme und Temperatur unterschieden werden müssen. Wir tragen dem heute Rechnung, indem wir die Temperatur als Zustandsgröße, die Wärme hingegen als Prozessgröße behandeln.

Die rechnerische Auswertung von Gleichung (2.3-1) kann sich, insbesondere wenn ein größerer Temperaturbereich überstrichen wird, wegen des dann meist nur aufwendig zu beschreibenden Zusammenhangs $c = c(t)$ beliebig verkomplizieren. Deshalb arbeitet man gern mit über den betreffenden Temperaturbereich gemittelten spezifischen Wärmekapazitäten

$$Q_{12} = m \cdot \bar{c}\big|_{t_1}^{t_2} \cdot (t_2 - t_1) \qquad Q_{12} = n \cdot \bar{c}_m\big|_{t_1}^{t_2} \cdot (t_2 - t_1) \qquad (2.3\text{-}2a)$$

$$q_{12} = \bar{c}\big|_{t_1}^{t_2} \cdot (t_2 - t_1) \qquad q_{m,12} = \bar{c}_m\big|_{t_1}^{t_2} \cdot (t_2 - t_1) \qquad (2.3\text{-}2b)$$

Hinweis 1: Die Temperaturdifferenz wird hier immer gebildet aus Endtemperatur minus Anfangstemperatur, unabhängig davon, welche Indizes verwendet werden.

---

[15] Joseph Black (1728–1799), englischer Chemiker, bestimmte 1760 mit bemerkenswerter Genauigkeit die Schmelzwärme von Eis und die Verdampfungswärme des Wassers. Dabei stellte er fest, dass die Temperatur beim Schmelzen von Eis durch fortgesetzte Wärmezufuhr solange keine Änderung erfährt, bis der Prozess vollständig beendet ist. Er erkannte als Erster, dass die bis dato völlig synonym gebrauchten Begriffe Temperatur und Wärme also unterschieden werden müssen.

Hinweis 2: Unabhängig davon, ob man die Temperatur in °C oder in K verwendet, eine entsprechende Temperaturdifferenz ist immer in **K** (Kelvin) anzugeben.

Mit Gleichung (2.3-2a) wurde die früher übliche Maßeinheit kcal für die Wärmeenergie definiert. Wegen der Temperaturabhängigkeit der spezifischen Wärmekapazität existieren dazu verschiedene, geringfügig voneinander abweichende Definitionen.

Als **15° Kilokalorie** war diejenige Wärmemenge anzusehen, die zur Erwärmung von 1 kg Wasser von 14,5 °C auf 15,5 °C bei 760 Torr (101,325 kPa) erforderlich ist. Der spezifischen Wärmekapazität von Wasser in dem genannten Temperaturbereich wurde dabei willkürlich der Wert 1 kcal/(kg grd) zugeordnet. Temperaturdifferenzen gab man damals nicht in Kelvin, sondern in Grad (grd) an.

$$1\,\text{kcal}_{15°} = 1\,\text{kg} \cdot 1\frac{\text{kcal}}{\text{kg grd}} \cdot (15,5°\text{C} - 14,5°\text{C}) = 1\,\text{kg} \cdot 4,1855\,\frac{\text{kJ}}{\text{kg K}} \cdot 1\,\text{K} = \underline{\underline{4,1855\,\text{kJ}}}$$

Die **internationale Kilokalorie** definierte man 1956 in London mit $1\,\text{kcal}_{\text{IT}} = 4,1868\,\text{kJ}$, weil diese Ziffernfolge ohne Rest durch 18 teilbar ist und so Umrechnungen in Einheiten erleichtert, die wie die im angelsächsischen Sprachraum verwendete Einheit British thermal unit (Btu) auf Grad Fahrenheit basiert.

Schließlich gibt es noch eine als **mittlere Kilokalorie** definierte Maßeinheit für die Wärmeenergie, die sich aus dem hundertsten Teil der Energie bestimmt, die man bei 1,01325 bar für die Erwärmung von 1 kg Wasser von 0 °C auf 100 °C benötigt. Diese Kilokalorie repräsentiert definitionsgemäß die mittlere spezifische Wärmekapazität von Wasser im genannten Temperaturbereich.

$$Q = m \cdot \bar{c}|_{0°\text{C}}^{100°\text{C}} \cdot (100°\text{C} - 0°\text{C}) = 1\,\text{kg} \cdot 4,1897\,\text{kJ}/(\text{kg K}) \cdot 100\,\text{K} = \underline{\underline{4,1897\,\text{J} = 1\,\text{kcal}}}$$

Praktisch verwendet man für die mittlere spezifische Wärmekapazität im Bereich zwischen 0 °C und 100 °C den gerundeten Wert:

$$\underline{\underline{\bar{c}|_{0°\text{C}}^{100°\text{C}} \approx 4,19\,\text{kJ}/(\text{kg K})}}$$

Die physikalische Größe spezifische Wärmekapazität half, die noch im 18. Jahrhundert völlig synonym gebrauchten Begriffe Temperatur und Wärme zu unterscheiden. Nach heutigem Verständnis ist Temperatur eine Zustandsgröße, Wärme hingegen eine Prozessgröße.

Bei offenen Systemen können mit Massenströmen $\dot{m}$ oder Stoffströmen $\dot{n}$ auch Wärmeströme $\dot{Q}$ über die Systemgrenze treten.

$$\dot{m} = \frac{m}{\tau} \qquad [\dot{m}] = 1\,\frac{\text{kg}}{\text{s}} \qquad\qquad \dot{Q} = \frac{Q}{\tau} \qquad [\dot{Q}] = 1\,\text{kW}$$

Die Funktion, die für jede Temperatur t einem Stoff genau eine spezifische Wärmekapazität c zuordnet, nennt man seine wahre spezifische Wärmekapazität $c = c(t)$. Entsprechende Werte liegen in der Fachliteratur in Form von Tabellen oder als Polynomglei-

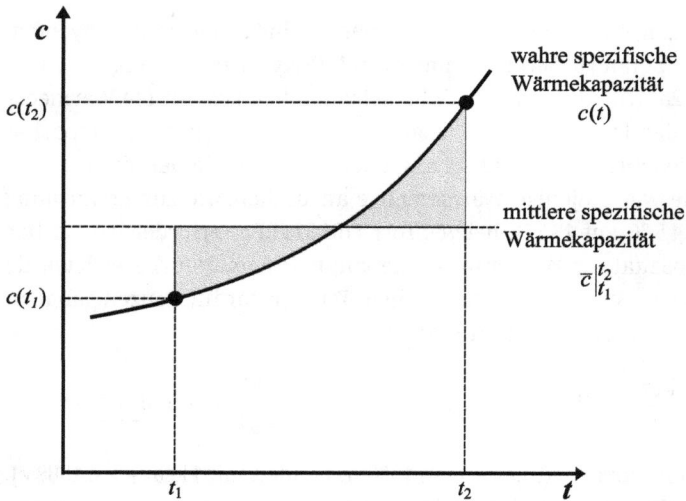

Abb. 2-17: Wahre und mittlere spezifische Wärmekapazität als Funktion der Temperatur.

chungen vor. Die über einen bestimmten Temperaturbereich gemittelten spezifischen Wärmekapazitäten erhält man wie Abbildung 2-17 andeutet aus dem Mittelwertsatz der Integralrechnung:

$$\bar{c}\big|_{t_1}^{t_2} = \frac{\displaystyle\int_1^2 c(t)\mathrm{d}t}{t_2 - t_1} \tag{2.3-3}$$

Ist die wahre spezifische Wärmekapazität eine lineare Funktion der Temperatur (bei kleinen Temperaturdifferenzen fast immer eine gute Näherung) folgt aus Gleichung (2.3-3):

$$\bar{c}\big|_{t_1}^{t_2} = \frac{c(t_2) + c(t_1)}{2} \tag{2.3-4}$$

Liegt $c = c(t)$ in Form einer Tabelle vor, kann das Integral von (2.3-3) auch mithilfe einer numerischen Integration (Kepler'sche Fassregel oder Simpson'sche Regel) ausgewertet werden. Die Kepler'sche Fassregel integriert Polynome bis dritten Grades exakt und wird mathematisch wiedergegeben durch:

$$\int_1^2 c(t)\mathrm{d}t \approx \frac{t_2 - t_1}{6} \cdot \left(c(t_1) + 4 \cdot c\left(\frac{t_1 + t_2}{2}\right) + c(t_2) \right)$$

Mit diesem Ansatz ist die mittlere spezifische Wärmekapazität zwischen der Temperatur t_1 und t_2 zu bestimmen durch:

$$\bar{c}\big|_{t_1}^{t_2} = \frac{1}{6}\left(c(t_1) + 4 \cdot c\left(\frac{t_1 + t_2}{2}\right) + c(t_2)\right) \qquad (2.3\text{-}5)$$

In Gleichung (2.3-5) fällt auf, welches hohe Gewicht der Wert der spezifischen Wärmekapazität in der Mitte des Temperaturintervalls für die Ermittlung der temperaturgemittelten spezifischen Wärmekapazität insgesamt hat. In erster Näherung verwendet man daher mitunter die wahre spezifische Wärmekapazität in der Mitte des betreffenden Temperaturintervalls als die mittlere spezifische Wärmekapazität für den gesamten Temperaturbereich.

Stoffwertsammlungen enthalten auch mitunter Tabellen, in denen nicht die wahre spezifische Wärmekapazität, sondern die mittlere spezifische Wärmekapazität zwischen 0 °C und einer bestimmten Temperatur t dargestellt ist. Eine Erweiterung auf beliebige Temperaturbereiche gelingt dann relativ einfach mit dem Ansatz, dass eine zur Erzeugung des Temperatursprunges von t_1 auf t_2 erforderliche Wärme darstellbar sein muss als Differenz zwischen der Wärme für den Temperatursprung von 0 °C auf t_2 und der von 0 °C auf t_1.

$$q_{12} = q_{02} - q_{01} \quad \rightarrow \quad \bar{c}\big|_{t_1}^{t_2} \cdot (t_2 - t_1) = \bar{c}\big|_{0\,°C}^{t_2} \cdot (t_2 - 0\,°C) - \bar{c}\big|_{0\,°C}^{t_1} \cdot (t_1 - 0\,°C)$$

$$\bar{c}\big|_{t_1}^{t_2} = \frac{\bar{c}\big|_{0\,°C}^{t_2} \cdot t_2 - \bar{c}\big|_{0\,°C}^{t_1} \cdot t_1}{(t_2 - t_1)} \qquad (2.3\text{-}6)$$

Bei allen realen Stoffen ist die spezifische Wärmekapazität abhängig vom Stoff selber, von seinem Aggregatzustand (fest, flüssig und gasförmig) sowie von seiner Temperatur. Bei Flüssigkeiten und Gasen tritt noch ein gewisser Einfluss des Drucks hinzu. Aus der Schulphysik ist ferner bekannt, dass speziell für Gase die spezifische Wärmekapazität bei konstantem Druck (c_p) von der bei konstantem Volumen (c_V) zu unterscheiden ist, also auch von der konkreten Prozessführung abhängt. Wir werden später mit der Einführung der polytropen spezifischen Wärmekapazität noch genauer analysieren, wie die spezifische Wärmekapazität bei Gasen von der Art der Zustandsänderung abhängt.

Wenn man Werte für die spezifische Wärmekapazität von Gasen aus Tabellenwerken entnimmt, sind die zwischen 0 °C und einer Temperatur t gemittelten spezifischen Wärmekapazitäten sehr genau von den wahren, einer bestimmten Temperatur zugeordneten spezifischen Wärmekapazitäten zu unterscheiden. Außerdem ist zu prüfen, ob die spezifische Wärmekapazität bei konstantem Druck oder Volumen tabelliert wurde. Leider ist das allzu oft nicht hinreichend gut dokumentiert, in den allermeisten Fällen handelt es sich aber um die Darstellung der spezifischen Wärmekapazität bei konstantem Druck.

Die praktisch auftretenden Unterschiede in den spezifischen Wärmekapazitäten für Feststoffe, Flüssigkeiten und Gase zeigt Tabelle 2-1. Auffallend ist, dass Flüssigkeiten höhere spezifische Wärmekapazitäten aufweisen als Feststoffe. Bei den Flüssigkeiten besitzt Wasser die höchsten Werte für die spezifische Wärmekapazität. Daher nutzt man Wasser häufig als Speichermedium für Wärme. In Heizungsanlagen mit Wasser als Wärmeträger muss nicht so viel Pumpstrom zur Umwälzung eingesetzt werden wie bei anderen Wärmeträgern. Nachteilig ist jedoch, dass Wasser nur in dem sehr kleinen Temperaturbereich von 0 °C bis 100 °C als Flüssigkeit vorliegt, sowohl Eis als auch Wasserdampf besitzen signifikant niedrigere Wärmekapazitäten und speichern Wärme in den betreffenden Temperaturbereichen deutlich schlechter. In der Natur sorgt die große Wärmespeicherfähigkeit von Wasser für das milde Klima am Meer. Längere Aufheizvorgänge im Sommer bewirken nur schwach steigende Temperaturen, im Winter verhindert die langsame Abkühlung einen starken Temperaturrückgang.

Tab. 2-1: Spezifische Wärmekapazität in kJ/(kg K) bei 1013,25 mbar und 25 °C für verschiedene Stoffe.

Feststoffe		Flüssigkeiten		Gase	
Aluminium (Al)	0,896	Wasser (H_2O)	4,1815	Wasserstoff (H_2)	14,29
Eisen (Fe)	0,452	Methanol (CH_3OH)	2,506	Helium (He)	5,193
Messing	0,384	Ethanol (C_2H_5OH)	2,400	Butan (C_4H_{10})	1,658
Kupfer (Cu)	0,382	Aceton (C_3H_6O)	2,162	Luft	1,005
Silber (Ag)	0,235	Benzol (C_6H_6)	1,056	Argon (Ar)	0,523
Blei (Pb)	0,129	Quecksilber (Hg)	0,139	Chlor (Cl)	0,474

Entnimmt man spezifische Wärmekapazitäten Stoffwertsammlungen, muss darauf geachtet werden, ob die wahre spezifische Wärmekapazität $c = c(t)$ oder die über einen bestimmten Temperaturbereich (meist zwischen 0 °C und einer Temperatur t) tabelliert ist. Je nach Situation sind dann Formel (2.3-5) oder (2.3-6) für die Bestimmung der mittleren spezifischen Wärmekapazität im interessierenden Temperaturbereich heranzuziehen. Bei Gasen wird in den meisten Fällen die spezifische Wärmekapazität für konstanten Druck als Stoffwert zur Verfügung gestellt. Benötigt man Werte für konstantes Volumen, sind diese mit der individuellen Gaskonstante über den Zusammenhang $c_V = c_p - R_i$ zu ermitteln.

Sofern sich der Aggregatzustand nicht ändert, steigt in der Regel die spezifische Wärmekapazität mit wachsender Temperatur. Lediglich bei der spezifischen Wärmekapazität von einatomigen Gasen ist keine Temperaturabhängigkeit festzustellen. Diese Gase entsprechen sehr gut dem Modell des idealen Gases, in dem die spezifischen Wärmekapazitäten sowohl für konstanten Druck als auch für konstantes Volumen immer temperaturunabhängig sind. Früher ging man auch zumindest für kristalline Festkörper von einer temperaturunabhängigen konstanten spezifischen Wärmekapazität aus. Verschiedene Experimente für molare spezifische Wärmekapazitäten schienen zunächst übereinstimmend zu dem Ergebnis zu führen:

$$c_m = 3 \cdot R_m \approx 24{,}943 \, \text{kJ/(kmol K)}$$

Die französischen Physiker Pierre Louis Dulong und Alexis Thérèse Petit leiteten daraus 1819 eine später nach ihnen benannte Regel ab. Erst 1875 wurden Versuche bekannt, die nachwiesen, dass die spezifische Wärmekapazität von Feststoffen eine ausgeprägte Temperaturabhängigkeit aufweist, mit sinkender Temperatur abnimmt und für $T \to 0\,K$ sogar verschwindet. Heute wissen wir durch genauere Messungen in viel größeren Temperaturbereichen und durch Erkenntnisse der Quantenmechanik, dass die Regel von Dulong und Petit nur näherungsweise gilt. Mit abnehmender Atommasse entspricht das Verhalten des betreffenden Elements erst bei höheren Temperaturen der oben erwähnten Hypothese.

Die Funktion $c = c(t)$ kann bei Feststoffen abweichend vom monotonen Wachsen mit der Temperatur sprunghafte Änderungen der spezifischen Wärmekapazität aufweisen, falls mit Erhöhung der Temperatur innere Umwandlungen der Kristallstruktur einhergehen. Bei Gips beispielsweise wird bei entsprechend hohen Temperaturen das gebundene Wasser ausgetrieben, was zu sprunghaften Änderungen der spezifischen Wärmekapazität führt. Auch der Stoff Wasser zeigt im flüssigen und gas(dampf)förmigen Zustand Anomalien der spezifischen Wärmekapazität in Abhängigkeit von der Temperatur (siehe graue Box unten).

Eis, 1 bar: (Quelle: Stefan/Schaber/Mayinger: Thermodynamik, Band 1, Springer Verlag)

t in °C	0	−20	−40	−60	−80	−100	−250
c in kJ/(kg K)	2,039	1,947	1,817	1,658	1,465	1,361	0,126

flüssiges Wasser, 1 bar: (Quelle: IAPWS-IF 97)

t in °C	0	10	20	30	40	50	60	70	80
c in kJ/(kg K)	4,2194	4,1955	4,1848	4,1800	4,1786	4,1796	4,1828	4,1891	4,1955

Dampf, 1 bar: (Quelle: IAPWS-IF 97)

t in °C	100	120	140	160	180	200	250
c in kJ/(kg K)	2,0741	2,0187	1,9933	1,9805	1,9755	1,9757	1,9891

Liegen in einem abgeschlossenen System anfangs unterschiedliche Temperaturen T_1, T_2, T_3 bis T_k vor, kommt es spontan in einem nichtstatischen Prozess zum Temperaturausgleich, der auf eine Ausgleichstemperatur T_A führt. Zu deren Berechnung teilt man das abgeschlossene System in k Teilsysteme und bilanziert die jeweils über die Grenzen der Teilsysteme tretenden Wärmen. Unter Verwendung der Grundgleichung der klassischen Kalorik (2.3-2) entsteht mit einer zunächst willkürlich gewählten Referenztemperatur T_0 die Bilanzgleichung:

$$(m_1 \cdot \bar{c}_1 + m_2 \cdot \bar{c}_2 + \cdots m_k \cdot \bar{c}_k) \cdot (T_A - T_0)$$
$$= m_1 \cdot \bar{c}_1 \cdot (T_1 - T_0) + m_2 \cdot \bar{c}_2 \cdot (T_2 - T_0) + \cdots m_k \cdot \bar{c}_k \cdot (T_k - T_0)$$

Besonders vorteilhaft wählt man hier die Referenztemperatur $T_0 = 0\,K$. Dann kann man die obige Bilanzgleichung relativ einfach nach der Ausgleichstemperatur auflösen:

$$T_A = \frac{\sum\limits_{i=1}^{k} m_i \cdot \bar{c}_i \cdot T_i}{\sum\limits_{i=1}^{k} m_i \cdot \bar{c}_i} \tag{2.3-7}$$

Dieses Vorgehen ist nicht zwangsläufig auf die thermodynamische Temperatur beschränkt. Die Bilanz kann auch für Celsius-Temperaturen formuliert werden. Die Referenztemperatur $t_0 = 0\,°C$ liefert dann für die Ausgleichstemperatur:

$$t_A = \frac{\sum\limits_{i=1}^{k} m_i \cdot \bar{c}_i \cdot t_i}{\sum\limits_{i=1}^{k} m_i \cdot \bar{c}_i} \tag{2.3-8}$$

Sind nur fluide Phasen am Temperaturausgleich beteiligt, spricht man auch von der Mischungstemperatur T_M oder t_M als Ausgleichstemperatur. Wird hingegen das die Fluide umhüllende Gefäß in die Analyse einbezogen, geht man besser von dem Begriff kalorische Mitteltemperatur t_A aus.

Bei den sehr vielseitig eingesetzten Wärmeübertragern betrachtet man die von einem Teilsystem (Heizmedium) auf das andere Teilsystem (Kühlmedium) übertragene Wärme. Für eine vereinfachte Berechnung werden nur die wechselseitigen Wirkungen dieser beiden Teilsysteme untersucht, die Wirkungen auf die Umgebung zumeist vernachlässigt. Für Wärmeübertrager existieren die verschiedensten Bauformen. Sind Heiz- und Kühlmedium durch eine feste Wand voneinander getrennt, spricht man von Rekuperatoren. Eine Temperaturänderung durch Mischung der Fluidströme ist hier ausgeschlossen. Werden Heiz- und Kühlmedium miteinander vermischt, handelt es sich um Mischwärmeübertrager. Das jeweils gewünschte Ziel bei der Wärmeübertragung kann Aufwärmung oder Kühlung sein. Für die Berechnung von Wärmeübertragern hat sich eine spezielle Indizierung der relevanten Größen durchgesetzt. Alle das Heizmedium betreffende Größen erhalten den Index „1", alle Größen mit Bezug auf das Kühlmedium den Index „2". Die Temperaturen der Stoffströme am Eintritt in den Wärmeübertrager sind in einem oberen Index mit einem Beistrich ($'$), die am Austritt mit zwei Beistrichen ($''$) gekennzeichnet. So bedeutet dann zum Beispiel t_1'' die Austrittstemperatur des Heizmediums aus dem Wärmeübertrager. Die Prinzipien der Indizierung sind noch einmal am Beispiel eines Doppelrohrrekuperators in Abbildung 2-18 dargestellt. Ein Doppelrohrrekuperator besteht aus einem Innenrohr, das konzentrisch in einem Außenrohr angeordnet wird. Im Innenrohr fließt zumeist das Heizmedium, im sich ergebenden Ringspalt zwischen Innen- und Außenrohr das Kühlmedium.

Unterstellt man, wie in Abbildung 2-18 gezeigt, adiabate Systemwände, ist für die Bilanz allein der Wärmestrom des Heizmediums an das Kühlmedium maßgeblich, den man auch als Wärmeleistung des Rekuperators bezeichnet. Die abgegebene Wärme des

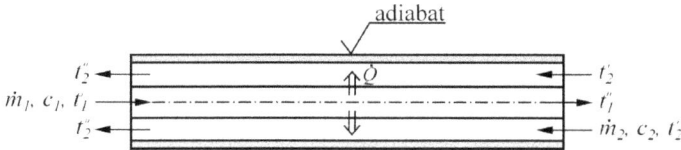

Abb. 2-18: Bezeichnungen für die Energiebilanz am Doppelrohrrekuperator mit dem heißen Fluid im Innenrohr und dem kalten Fluid im Ringspalt zwischen Außen- und Innenrohr.

Teilsystems 1 ist nach unseren Vorzeichenvereinbarungen negativ zu bilanzieren und die entsprechend vom Kühlmedium aufgenommene Wärme positiv, also:

$$-\dot{Q}_{ab} = \dot{Q}_{auf} \quad \text{oder} \quad -\dot{m}_1 \cdot \bar{c}_1 \cdot (t_1'' - t_1') = \dot{m}_2 \cdot \bar{c}_2 \cdot (t_2'' - t_2') \qquad (2.3\text{-}9)$$

Praktiker verwenden manchmal nicht die formale thermodynamische Schreibweise von Gleichung (2.3-9), sondern betrachten durch Vertauschung von Endzustand und Anfangszustand beim Heizmedium nur die Beträge der Wärmeströme, also wegen $t_1' > t_1''$

$$|\dot{Q}_{ab}| = \dot{Q}_{auf} \quad \text{oder} \quad \dot{m}_1 \cdot \bar{c}_1 \cdot (t_1' - t_1'') = \dot{m}_2 \cdot \bar{c}_2 \cdot (t_2'' - t_2') \qquad (2.3\text{-}10)$$

Mechanische Arbeit W_{12}

Nur selten benötigt man die von Kräften verrichtete Arbeit, die die Bewegung oder Lage des Systems in seiner Umgebung durch Verschiebung seines Massenschwerpunktes insgesamt beeinflussen. Bei unseren Betrachtungen geht es hauptsächlich um mechanische Arbeit, die die Position des Massenschwerpunktes des Systems nicht verändert, aber zu Änderungen des inneren Systemzustandes (Druck, Volumen) führt. Bei Kompression oder Expansion von Fluiden in Zylindern (wie zum Beispiel in Pumpen, Kompressoren oder Motoren) wird Arbeit verrichtet von einer äußeren, die Systemgrenze bewegende und damit den Kraftangriffspunkt verschiebenden Kraft. Erfolgt die Verschiebung des Angriffspunktes in Richtung der Kraft, wird dem System Arbeit zugeführt. Das System gibt Arbeit ab, wenn die äußere Kraft gegen die Verschiebungsrichtung wirkt. Nach der Art des Systems unterscheiden wir die mit den Definitionen (2.3-11) und (2.3-12) eingeführte Volumenänderungsarbeit $W_{V,12}$ für geschlossene Systeme von der mit (2.3-14) und (2.3-16) definierten technischen Arbeit $W_{t,12}$ für das offene System.

Zum besseren Verständnis von Prozessen, die durch mechanische Arbeit angestoßen werden, nutzt man vorteilhaft eine Diagrammdarstellung der Zustandsänderungen, in der der Druck p über dem Volumen V aufgetragen wird. Die vom Anfangszustand 1 zum Endzustand 2 verlaufenden Zustandsänderungen und den Koordinatenachsen eingeschlossene Fläche stellt dann die mechanische Arbeit W_{12} dar, wobei zwischen Volumenänderungsarbeit und technischer Arbeit unterschieden wird.

Die an der Grenze eines geschlossenen Systems zu bilanzierende Arbeit nennen wir **Volumenänderungsarbeit $W_{V,12}$**. Sie wird hergeleitet aus den Gesetzen der Mechanik für die Kraft F eines reibungsfrei, gasdicht in einem Zylinder eingepassten Kolben mit der Kolbenfläche A, der die infinitesimale Strecke dx zurücklegt:

$$dW_V = F \cdot dx = -p \cdot A \cdot dx = -p \cdot dV$$

Die Kolbenkraft F hält der gegenläufigen Kraft des auf die Kolbenfläche A wirkenden Gasdrucks p das Gleichgewicht. So ergibt sich die Definition der reversiblen Volumenänderungsarbeit $W_{V,12}$ zu:

$$W_{V,12} = - \int_1^2 p(V) \cdot dV \quad \text{oder massenspezifisch} \quad w_{V,12} = - \int_1^2 p(v) \cdot dv \qquad (2.3\text{-}11)$$

$$[W_{V,12}] = 1\,\text{Nm} \qquad\qquad\qquad [w_{V,12}] = 1\,\text{Nm/kg}$$

Bei Integraldarstellungen in der Thermodynamik werden nicht die Integrationsgrenzen V_1 und V_2 selbst, sondern nur die den Anfangs- und Endzustand charakterisierenden Indizes angegeben. Die „1" steht dabei oft für Anfangszustand, die „2" für Endzustand.

Das vorausgesetzte Fehlen von Reibung stellt einen theoretischen Grenzfall dar, der es ermöglichen würde, den Prozess ohne bleibende Änderungen in der Umgebung umzukehren. Solche Prozesse nennt man reversibel. Ein solches Modell von der Realität gestattet es uns oft, das Wesentliche des Prozesses zu erkennen und zu berechnen.

In der Definitionsgleichung (2.3-11) ist das Vorzeichen der reversiblen Volumenänderungsarbeit in Übereinstimmung mit der Vorzeichenfestlegung für die Bilanzierung bei zugeführter Arbeit (Kompression) positiv, da dv bei Volumenverringerung negativ wird. Umgekehrt führt bei Expansion mit positivem dv die freiwerdende Arbeit auf einen negativen Wert der Volumenänderungsarbeit.

Die Volumenänderungsarbeit $W_{V,12}$ wurde unter Vernachlässigung von Reibung hergeleitet. Sie spiegelt daher einen theoretischen (nämlich ausschließlich reversiblen) Prozessverlauf wieder. Tatsächlich tritt bei allen Prozessen Reibung auf, mal in praktisch zu vernachlässigenden Umfang, mal in bedeutsamer Höhe und in einigen Fällen dominiert sie den Prozess (zum Beispiel bei mechanischen Bremsen, die kinetische Energie via Reibung in Wärme umwandeln). Zur Überwindung der Reibungsarbeit wird Energie benötigt, die dem System von außen über die Systemgrenze zuzuführen ist. Mit dem Begriff **Dissipation** („Zerstreuung" von Energie) erfassen wir nicht nur die Reibung, sondern auch andere Effekte, die zu einer Entwertung der Energie führen (diverse Licht-, magnetische und elektrische Effekte, Formänderungsarbeit und so weiter). Im Zusammenhang mit der Betrachtung der Bilanzgleichungen zum ersten und zweiten Hauptsatz der Thermodynamik werden wir dann erkennen, dass die Dissipationsenergie $W_{diss,12}$ genau jenem Zuwachs innerer Energie (respektive Temperatur) eines geschlossenen Systems entspricht, der weder durch Verändern des Volumens (mechanische Arbeit) noch durch Wärmeübertragung bewirkt wird, sondern allein durch Entropieerzeugung in den real ablaufenden, dissipativen Prozessen.

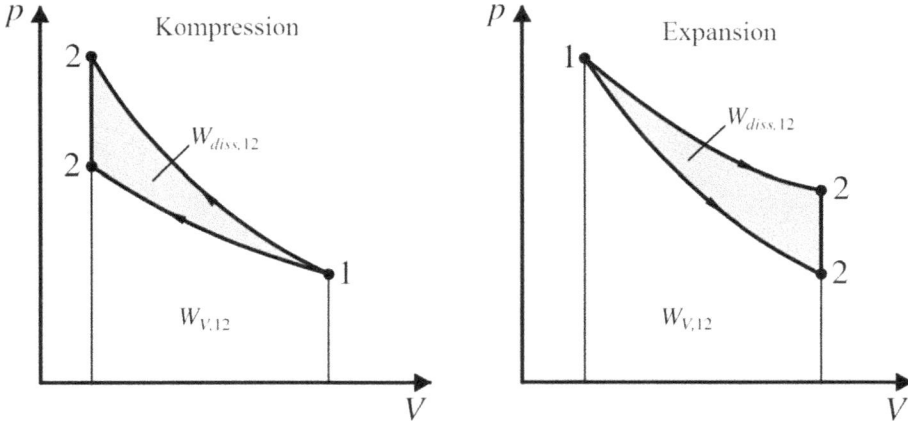

Abb. 2-19: Kompression und Expansion im geschlossenen System ohne und mit Dissipation.

Für die **gesamte am geschlossenen System verrichtete Arbeit $W_{g,12}$** gilt damit:

$$W_{g,12} = W_{V,12} + W_{diss,12} \qquad (2.3\text{-}12)$$

In älterer Literatur findet man anstelle von dissipierter Arbeit $W_{diss,12}$ oft die Bezeichnung Reibungswärme, weil diese Arbeit wie zugeführte Wärme wirkt.

Abbildung 2-19 zeigt, dass bei Berücksichtigung von Reibungseffekten in einem geschlossenen System sich sowohl für die Kompression als auch für die Expansion durch die zusätzliche Wärmezufuhr jeweils höhere Drücke einstellen.

Die Volumenänderungsarbeit $W_{V,12}$ wird durch den Kolben auf das System übertragen. Dabei ändern sich zwangsläufig nicht nur das Volumen im Zylinderinneren, sondern gleichfalls das Volumen der unter konstantem Umgebungsdruck p_{amb} stehenden Umgebung. Die als grau unterlegte Fläche in Abbildung 2-20 dargestellte Volumenänderungsarbeit $W_{V,12}$ zerfällt daher in einen von rechts nach links schraffierten Anteil der dem System zugeführten Nutzarbeit an der Kolbenstange $W_{N,12}$ und von links nach rechts schraffierter frei werdender Verschiebearbeit der Umgebung $W_{U,12}$.

$$W_{V,12} = W_{N,12} + W_{U,12} \quad \text{mit} \quad W_{U,12} = -\int_1^2 p_{amb} \cdot \mathrm{d}V = -p_{amb} \cdot \Delta V = -p_{amb} \cdot (V_2 - V_1)$$

Bei der Expansion einer im Zylinder eingeschlossenen Gasmenge ist zusätzlich die Verschiebearbeit $W_{U,12}$ aufzuwenden, um den Kolben gegen den Umgebungsdruck p_{amb} zu verschieben (siehe Abbildung 2-20). Wegen $\mathrm{d}V > 0$ oder $\Delta V > 0$ verringert sich die frei werdende Volumenänderungsarbeit $W_{V,12} < 0$ um die Verschiebearbeit $W_{U,12} > 0$ und steht nur zum Teil als technisch nutzbare Arbeit an der Kolbenstange zur Verfügung.

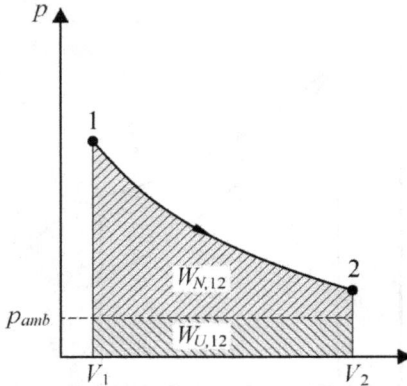

Abb. 2-20: Nutzarbeit an der Kolbenstange und Verschiebearbeit der Umgebung für ein geschlossenes System.

Die technisch tatsächlich nutzbare, frei werdende Arbeit nennt man Nutzarbeit an der Kolbenstange.

Bei der Kompression „unterstützt" der Umgebungsdruck die Kolbenbewegung, sodass wegen $dV < 0$ oder $\Delta V < 0$ (damit $W_{V,12} > 0$) und $W_{U,12} < 0$ die Nutzarbeit $W_{N,12}$ auch dort geringer ist als die Volumenänderungsarbeit $W_{V,12}$.

Die **Nutzarbeit an der Kolbenstange** berechnet man also zu:

$$W_{N,12} = W_{V,12} - W_{U,12} = -\int_1^2 p \cdot dV + p_{amb}(V_2 - V_1) = -\int_1^2 (p - p_{amb}) dV \qquad (2.3\text{-}13)$$

Weder bei der Expansion noch bei der Kompression kann die Verschiebearbeit $W_{U,12}$ im Prozess technisch genutzt werden, denn aus der notwendigen Verschiebung eines Volumens gegen den Umgebungsdruck in die Umgebung des thermodynamischen Systems ist zunächst eine zusätzliche Kraft zu überwinden. Die Nutzarbeit an der Kolbenstange $W_{N,12}$ ist keine neue Form einer mechanischen Arbeit, sondern lediglich eine ökonomische Bewertung der Volumenänderungsarbeit.

Die reversibleArbeit am offenen System heißt **technische Arbeit** $W_{t,12}$ und ist wie folgt definiert:

$$W_{t,12} = \int_1^2 V \cdot dp \quad \text{oder massenspezifisch} \quad w_{t,12} = \int_1^2 v \cdot dp \qquad (2.3\text{-}14)$$

$$[W_{t,12}] = 1\,\text{Nm} \qquad\qquad [w_{t,12}] = 1\,\frac{\text{Nm}}{\text{kg}}$$

Für offene Systeme steht in Gleichung (2.3-14) oft anstelle des Volumens ein Volumenstrom oder Massenstrom (wegen $\dot{V} = \dot{m} \cdot v$), woraus Zusammenhänge für die physikalische Größe Leistung als erste Ableitung der Arbeit nach der Zeit folgen durch:

$$P_{12} = \dot{W}_{t,12} = \int\limits_{1}^{2} \dot{V} \cdot \mathrm{d}p \qquad P_{12} = \dot{m} \cdot w_{t,12} = \rho \cdot \dot{V} \cdot w_{t,12} \qquad (2.3\text{-}15)$$

Bei der Abbildung 2-21 dargestellten Kompression des Gases wandert der Kolben durch die dem Zylinder zugeführte mechanische Arbeit von rechts nach links. Im linken Zylinder verbleibt das Gas im Zylinder (geschlossenes System). Im rechten Zylinder wird das Gas bei Erreichen des eingestellten Druckes p_2 im Auslassventil, das sich im Zylinderdeckel befindet, ausgeschoben (offenes System). Die Verschiebearbeit $p_2 \cdot V_2$ ist dem System zuzuführen. Zuvor wurde der Kolben von links nach rechts durch die Wirkung des Druckes p_1 auf die Kolbenfläche über das Einlassventil verschoben. Dabei wurde die Verschiebearbeit $p_1 \cdot V_1$ frei. Diese sich bei jeder Umdrehung der Welle mit befestigter Pleuelstange wiederholenden Prozesse beschreiben die Wirkungsweise eines Kolbenverdichters. Die dafür aufzubringende Arbeit errechnet sich mit der Differenz der Verschiebearbeiten für den Stoffdurchsatz und der Volumenänderungsarbeit aus:

$$W_{t,12} = W_{ansaugen} + W_{verdichten} + W_{ausschiebem} = -(p \cdot V)_1 - \int\limits_{1}^{2} p \cdot \mathrm{d}V + (p \cdot V)_2$$

Mit der Verschiebearbeit $p \cdot V$ und der Volumenänderungsarbeit $W_{V,12}$ für das Verdichten ergibt sich so:

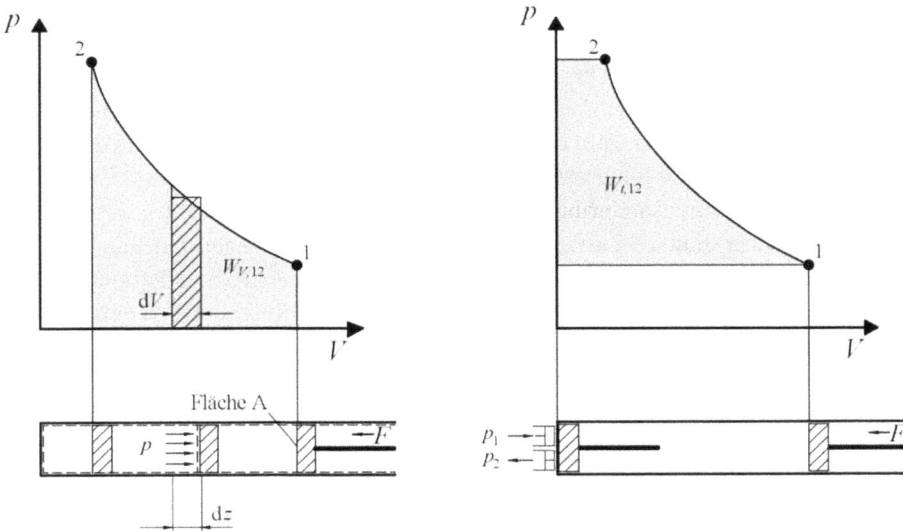

Abb. 2-21: Darstellung der Volumenänderungsarbeit $W_{V,12}$ für die geschlossene und technische Arbeit $W_{t,12}$ für das offene System bei der Kompression eines Gases im Zylinder in einem p, V-Diagramm.

Mit der Darstellung der Verschiebearbeiten in Integralform und mit dem Einsetzen in die obige Gleichung gewinnen wir für die technische Arbeit einen Integralausdruck, der mit Definition (2.3-14) übereinstimmt:

$$-(p \cdot V)_1 + (p \cdot V)_2 = \int_1^2 \mathrm{d}(p \cdot V) = \int_1^2 p \cdot \mathrm{d}V + \int_1^2 V \cdot \mathrm{d}p$$

$$W_{t,12} = \int_1^2 p\mathrm{d}V + \int_1^2 V\mathrm{d}p - \int_1^2 p\mathrm{d}V = \int_1^2 V\mathrm{d}p$$

Auch grafisch kann anhand der Abbildung 2-21 der Unterschied zwischen Volumen-änderungsarbeit $W_{V,12}$ am geschlossenen System und der technischen Arbeit $W_{t,12}$ am offenen System nachvollzogen werden. Die als graue Fläche links dargestellte Volumen-änderungsarbeit $W_{V,12} = -\int_1^2 p(V) \cdot \mathrm{d}V$ unterscheidet sich von der technischen Arbeit $W_{t,12} = \int_1^2 V(p) \cdot \mathrm{d}p$ im rechten Diagramm durch die Differenz der Rechteckflächen für die Arbeit am Auslassventil $p_2 \cdot V_2$ und für die Arbeit am Einlassventil $p_1 \cdot V_1$. Das Besondere an der Verschiebearbeit ist, dass sie nur aus Zustandsgrößen des End- und Anfangszustandes gebildet wird und so nicht als Prozessgröße, sondern als Zustands-größe zu klassifizieren ist.

Bei der Expansion als Umkehrung der Kompression wird am Kolben mechanische Arbeit frei. Für das geschlossene System im linken Zylinder verschiebt das expandie-rende Gas den Kolben von links nach rechts. Im reversiblen Fall würde der vor der Kompression vorhandene Ausgangsdruck wieder erreicht und der Kolben wieder die Ausgangsstellung einnehmen. Beim offenen System im rechten Zylinder öffnet sich mit Unterschreiten des Einlassdruckes das Einlassventil und frisches Gas expandiert im Zy-linder. Auch dieser Prozess kann reversibel gedacht werden, wenn man von der Arbeit für das Ausschieben und Einlassen des Gases absieht.

Verläuft die Zustandsänderung von $1 \rightarrow 2$ isotherm, also bei konstanter Temperatur, wird im p, V-Diagramm die Zustandsänderung dann durch eine gleichseitige Hyperbel abgebildet. Deshalb haben für einen isothermen Prozess bei gleichen Parametern die reversible Volumenänderungsarbeit und die reversible technische Arbeit den gleichen Wert, wenn bei der technischen Arbeit die Änderungen der kinetischen und potentiel-len Energien durch das Ansaugen und Ausschieben des Gases vernachlässigt werden können.

Die gesamte, unter Einschluss der Dissipation geleistete Arbeit am offenen System nennen wir **innere Arbeit** $W_{i,12}$, die sich aus der reversiblen technischen Arbeit $W_{t,12}$ und der dissipierten Arbeit $W_{diss,12}$ (Reibungswärme) zusammensetzt.

$$W_{i,12} = W_{t,12} + W_{diss,12} \tag{2.3-16}$$

Kann man den Reibungsanteil $W_{diss,12}$ für den zu untersuchenden Vorgang vernach-lässigen, ist das Problem meist durch einfache Modelle für *reversible* Prozesse zu beschreiben und zu lösen. Solche theoretischen Prozesse wären auch ohne bleibende Veränderungen in der Umgebung umkehrbar. Bezieht man die Energiedissipation in die Betrachtung ein, sind *irreversible* (nicht umkehrbare) Prozesse zu analysieren. Dies ist für die Modellbildung naturgemäß schwerer und praktisch manchmal nur näherungsweise zu lösen.

Ist insbesondere die dissipierte Arbeit (Reibungsarbeit) möglichst genau zu bilanzieren, stößt man oft auf die Schwierigkeit, die sich aus der Perspektive des thermodynamischen Systems ergebende innere und äußere Reibungsarbeit zu unterscheiden. Die *äußere* Reibungsarbeit entsteht nicht im thermodynamischen System, sondern durch zusätzliche Reibungseffekte an bewegten Teilen eines technischen Systems (zum Beispiel in den Lagern einer Welle). Die *innere* Reibungsarbeit resultiert aus dissipativen Effekten bei Prozessen im thermodynamischen System. Leider kann man bei der Formulierung der Energiebilanz der zu untersuchenden technischen Anlage die Reibung nur als Summe aus äußerer und innerer Reibung erfassen, was oft zu Schwierigkeiten bei der Rechnung führt.

Darüber hinaus ist als mechanische Arbeit noch die **Wellenarbeit** W_W interessant. Ragt eine rotierende Welle in ein System hinein, wird an der Schnittfläche zur Systemgrenze durch die zu einem Kräftepaar zusammengefassten Schubspannungen Wellenarbeit W_W als Energie an das fluide Arbeitsmittel übertragen. Die rotierende Welle kann dem offenen System Arbeit zuführen (Rührer, Turboverdichter), aber auch Arbeit über die Welle abgeben (Turbine, Druckluftwerkzeug).

Dem Fluid eines geschlossenen Systems kann Wellenarbeit nur zugeführt werden (irreversibler Prozess). Es ist nicht möglich, die dem geschlossenen System als Wellenarbeit zugeführte Energie so zu speichern, dass sie bei einer Prozessumkehr als Wellenarbeit wieder gewinnbar wäre. An der Grenze zwischen Fluid und des die Wellenarbeit übertragenden Rührwerks entstehen im Inneren des Systems Wirbel, deren kinetische Energie aus der Wellenarbeit hervorgeht. Unter dem Einfluss der Reibung zerfallen die Wirbel in kurzer Zeit nach ihrer Entstehung. Ihre Energie erhöht die mittlere Geschwindigkeit der Teilchen des Fluids und damit seine innere Energie. Die in einem solchen System gespeicherte innere Energie kann nur als Volumenänderungsarbeit $W_{V,12}$ und/oder bei nicht adiabaten Systemen als Wärme Q_{12} abgegeben werden. Einem geschlossenen System bleibt es versagt, innere Energie wieder in Wellenarbeit umzuwandeln. Die Wellenarbeit dissipiert also vollständig, die Zufuhr von Wellenarbeit an ein geschlossenes System ist stets ein irreversibler Prozess. Es gibt aber auch Systeme, die Wellenarbeit wieder abrufbar speichern können, zum Beispiel wenn eine Feder im Uhrwerk aufgezogen wird. Die gespannte Feder erhöht die innere Energie des Systems Uhr.

Die Bilanzierung der Wellenarbeit W_W erfolgt immer genau an der Stelle, an der die Systemgrenze die Welle schneidet. Zu ihrer Berechnung werden über die Wellenleistung P_W als Produkt aus Drehmoment M_d und Winkelgeschwindigkeit ω nur Größen verwendet, die an der Systemgrenze eindeutig bestimmbar sind.

$$W_{W,12} = \int_1^2 P_W(\tau) \cdot d\tau = \int_1^2 M_d(\tau) \cdot \omega(\tau) \cdot d\tau \qquad (2.3\text{-}17)$$

Bei Rückgriff auf den bekannten Zusammenhang zwischen Winkelgeschwindigkeit ω und der Drehzahl n_D $\omega = 2\pi \cdot n_D$ entsteht aus (2.3-17):

$$W_{W,12} = \int_1^2 P_W(\tau) \cdot d\tau = 2\pi \int_1^2 M_d(\tau) \cdot n_D(\tau) \cdot d\tau \qquad (2.3\text{-}18)$$

Bei offenen, stationären Systemen geht zumeist nur die Wellenleistung P_W in die Bilanz ein, die nach obigen Formeln zu berechnen ist aus:

$$P_{W,12} = M_d \cdot \omega = 2\pi \cdot M_d \cdot n_D \qquad (2.3\text{-}19)$$

Elektrische Arbeit W_{el}

In elektrischen Kabeln, die die Systemgrenze scheiden, bewegen sich zwischen zwei Punkten mit unterschiedlichem elektrischem Potential elektrische Ladungen Q_{el} und leisten so elektrische Arbeit. Der elektrische Strom I ist die Ladungsverschiebung pro Zeiteinheit, die elektrische Spannung der treibende Potentialunterschied.

$$dW_{el} = U_{el} \cdot dQ_{el} \quad \text{mit} \quad I = dQ_{el}/d\tau$$

$$W_{el,12} = \int_1^2 P_{el}(\tau)d\tau \quad \text{mit} \quad P_{el} = \dot{W}_{el} = U_{el} \cdot I_{el} \qquad (2.3\text{-}20)$$

Elektrische Arbeit kann in einem System vollständig über einen entsprechenden elektrischen Widerstand in Wärme dissipieren (elektrischer Wasserkocher), aus einem Kondensator oder Akkumulator dagegen kann eingespeicherte elektrische Energie wieder entnommen werden. Bei angenommener verlustfreier Prozessführung wandelt sich in einem Elektromotor die elektrische Energie vollständig in Wellenarbeit um. Tatsächlich treten aber über die Ohm'schen Widerstände der Motorwicklungen Verluste auf, die sich im Wicklungsmaterial als erhöhte innere Energie bemerkbar machen. Im Elektromotor dissipiert also ein Teil der elektrischen Leistung, sodass er weniger Wellenleistung als zuvor zugeführte elektrische Leistung abgibt.

2.3.1 Mischung von zwei Wassermassenströmen in Mischbatterie

Ein Warmwassermassenstrom von 3,5 kg je Minute mit einer Temperatur von 40 °C soll aus zwei unterschiedlich temperierten Wassermassenströmen in einer Mischbatterie hergestellt werden. Der eine Wassermassenstrom stehe mit einer Temperatur von 10 °C zur Verfügung, der andere mit 60 °C. Für die spezifische Wärmekapazität sei der temperaturgemittelte konstante Wert von 4,18 kJ/(kg K) gegeben.

Welche Massenströme heißen und kalten Wassers sind in der Mischbatterie zu mischen, um den gewünschten Warmwasserstrom von 40 °C zu erhalten?

Gegeben sind:
Heizmedium $t_1 = 60\,°C$ Kühlmedium $t_2 = 10\,°C$ $\bar{c}_W = 4,18\,kJ/(kg\,K)$
$\dot{m} = \dot{m}_1 + \dot{m}_2 = 3,5\,kg/min.$ $t_M = 40\,°C$

Vorüberlegungen:
Die Mischbatterie können wir als Mischwärmeübertrager ansehen. Nach Aufgabenstellung kann die Temperaturabhängigkeit der spezifischen Wärmekapazität von Wasser vernachlässigt und mit einem konstanten Wert gerechnet werden. Gesucht sind die beiden unbekannten Massenströme $\dot{m}_1$ und $\dot{m}_2$. Mathematisch müssen wir also ein Gleichungssystem von zwei Gleichungen lösen, die Energiebilanzgleichung, die der Ableitung von Formel (2.3-7) zugrunde lag, allein reicht nicht aus.

Lösung:
Gleichungssystem aus zwei Gleichungen für zwei Unbekannte:
1. Massenbilanz: $\dot{m} = \dot{m}_1 + \dot{m}_2$
2. Energiebilanz: $\dot{m} \cdot \bar{c}_W \cdot (t_M - t_0) = \dot{m}_1 \cdot \bar{c}_W \cdot (t_1 - t_0) + \dot{m}_2 \cdot \bar{c}_W \cdot (t_2 - t_0)$

Man wählt für die Referenztemperatur zweckmäßig $t_0 = 0\,°C$ und vereinfacht die Energiebilanzgleichung für eine konstante mittlere spezifische Wärmekapazität $\bar{c}_W$.

$$\dot{m} \cdot t_M = \dot{m}_1 \cdot t_1 + \dot{m}_2 \cdot t_2$$

Zur mathematischen Lösung des Gleichungssystems wählen wir hier das Einsetzverfahren und ersetzen in der Energiebilanz $\dot{m}_2$ durch die aus der Massenbilanz gewonnene Gleichung

$$\dot{m}_2 = \dot{m} - m_1$$

$\dot{m} \cdot t_M = \dot{m}_1 \cdot t_1 + (\dot{m} - \dot{m}_1) \cdot t_2$ und daraus

$$\dot{m}_1 = \dot{m} \cdot \frac{(t_M - t_2)}{(t_1 - t_2)} = 3,5\,\frac{kg}{min.} \cdot \frac{(40\,°C - 10\,°C)}{(60°C - 50\,°C)} = \underline{\underline{2,1\,\frac{kg}{min}}}$$

$\dot{m}_2$ kann nun bestimmt werden aus:

$$\dot{m}_2 = \dot{m} - \dot{m}_1 \quad \text{oder} \quad \dot{m}_2 = \dot{m} \cdot \frac{(t_M - t_1)}{(t_2 - t_1)} = 3,5 \, \frac{\text{kg}}{\text{min.}} \cdot \frac{(40\,°C - 60°C)}{(10\,°C - 60\,°C)} = \underline{1,4 \, \frac{\text{kg}}{\text{min}}}$$

2.3.2 Ausgleichstemperatur ohne und mit Beteiligung des Gefäßes

Gegeben sei Wasser mit den als konstant anzusehenden Werten für die Dichte mit 1000 kg/m³ und für die spezifische Wärmekapazität mit 4,19 kJ/(kg K) sowie ein dünnwandiges Metallgefäß, dessen Masse 2 kg betrage und dessen mittlere spezifische Wärmekapazität im interessierenden Temperaturbereich mit 0,58 kJ/(kg K) anzusetzen sei.

a) Ermitteln Sie die sich einstellende Mischungstemperatur t_M, wenn in ein adiabates System, in dem sich 2,5 Liter Wasser von 19 °C befinden, noch weitere 4 Liter Wasser von 12 °C und 6 Liter Wasser von 60 °C hinzugegeben werden!

b) Wie ändert sich die kalorische Mitteltemperatur t_A, wenn der Mischungsvorgang unter Berücksichtigung des gegebenen Metallgefäßes stattfinde? Das Metallgefäß weise die einheitliche Temperatur von 19 °C auf und enthalte zunächst wieder 2,5 Liter Wasser von 19 °C. Hinzugegeben werden wieder 4 Liter Wasser von 12 °C und 6 Liter Wasser von 60 °C.

Gegeben sind:

Wasser: $\bar{c}_W = 4,19 \, \text{kJ/(kg K)}$ $\rho_W = 1000 \, \text{kg/m}^3$

               $V_1 = 4 \, \text{Liter}$ $V_2 = 2,5 \, \text{Liter}$ $V_3 = 6 \, \text{Liter}$

               $t_1 = 12\,°C$ $t_2 = 19\,°C$ $t_3 = 60\,°C$

Metall: $\bar{c}_{Me} = 0,58 \, \text{kJ/(kg K)}$ $m_{Me} = 2 \, \text{kg}$ $t_{Me} = 19\,°C$

Vorüberlegungen:

Die Dünnwandigkeit des Metallgefäßes führt näherungsweise dazu, dass es immer sofort die Mischungstemperatur des Wassers annimmt. Für die drei unterschiedlich temperierten Wasservolumina ist zunächst nicht eindeutig im Vorab zu erkennen, bei welchen Komponenten es sich um ein Heiz- oder Kühlmedium handelt. Die Indizes 1,2 und 3 stehen für die in das System anfangs eingebrachten Wassermengen zum Start des Ausgleichsprozesses.

Lösung:

a) Mischungstemperatur ohne Beteiligung des Gefäßes

Die Formel (2.3-8) gestattet zur Bestimmung der Ausgleichstemperatur $\bar{t}$ bei konstanter Dichte ($m = \rho \cdot V$) und konstanter spezifischer Wärmekapazität c folgende Vereinfachungen:

$$t_A = \frac{m_1 \cdot c_1 \cdot t_1 + m_2 \cdot c_2 \cdot t_2 + m_3 \cdot c_3 \cdot t_3}{m_1 \cdot c_1 + m_2 \cdot c_2 + m_3 \cdot c_3} = \frac{V_1 \cdot t_1 + V_2 \cdot t_2 + V_3 \cdot t_3}{V_1 + V_2 + V_3}$$

$$t_A = \frac{4\,\ell \cdot 12\,°\mathrm{C} + 2{,}5\,\ell \cdot 19\,°\mathrm{C} + 6\,\ell \cdot 60\,°\mathrm{C}}{12{,}5\,\ell} = \underline{\underline{36{,}44\,°\mathrm{C}}}$$

b) Kalorische Mitteltemperatur t_A mit Beteiligung des Metallgefäßes

Mit dem Ergebnis aus Aufgabenteil a) ist zur Errechnung der kalorischen Mitteltemperatur nun ein Ansatz möglich, und zwar der Form: abgegebene Wärme des gemischten Wassers (anfänglich: $t_W = 36{,}44\,°\mathrm{C}$) = aufgenommene Wärme des Metallgefäßes (anfänglich: $t_{Me} = 19\,°\mathrm{C}$). Die Temperaturdifferenzen für die Grundgleichung der Kalorik (2.3-1) schreiben wir so auf, dass die Betragsstriche entfallen können!

$$m_W \cdot \bar{c}_W \cdot (t_W - t_A) = m_{Me} \cdot \bar{c}_{Me} \cdot (t_A - t_{Me})$$

Die Masse des Wassers ergibt sich aus:

$$m_W = \rho_W \cdot V_W = 1000\,\frac{\mathrm{kg}}{\mathrm{m}^3} \cdot 0{,}0125\,\mathrm{m}^3 = 12{,}5\,\mathrm{kg}$$

Die sich bei Berücksichtigung des Gefäßes einstellende, neue Ausgleichstemperatur folgt aus:

$$t_A = \frac{m_W \cdot \bar{c}_W \cdot t_W + m_{Me} \cdot \bar{c}_{Me} \cdot t_{Me}}{m_W \cdot \bar{c}_W + m_{Me} \cdot \bar{c}_{Me}}$$

$$t_A = \frac{12{,}5\,\mathrm{kg} \cdot 4{,}19\,\mathrm{kJ/(kg\,K)} \cdot 36{,}44\,°\mathrm{C} + 2\,\mathrm{kg} \cdot 0{,}58\,\mathrm{kJ/(kg\,K)} \cdot 19\,°\mathrm{C}}{12{,}5\,\mathrm{kg} \cdot 4{,}19\,\mathrm{kJ/(kg\,K)} + 2\,\mathrm{kg} \cdot 0{,}58\,\mathrm{kJ/(kg\,K)}} = \underline{\underline{36{,}06\,°\mathrm{C}}}$$

Ohne Kenntnis des Resultates aus a) wäre gemäß Formel (2.3-8) anzusetzen:

$$t_A = \frac{\rho_W \cdot \bar{c}_W (V_1 \cdot t_1 + V_2 \cdot t_2 + V_3 \cdot t_3) + m_{Me} \cdot \bar{c}_{Me} \cdot t_{Me}}{\rho_W (V_1 + V_2 + V_3) \cdot \bar{c}_w + m_{Me} \cdot \bar{c}_{Me}}$$

$$t_A = \frac{1\,\frac{\mathrm{kg}}{\ell} \cdot 4{,}19\,\frac{\mathrm{kJ}}{\mathrm{kg\,K}} \cdot (4\,\ell \cdot 12\,°\mathrm{C} + 2{,}5\,\ell \cdot 19\,°\mathrm{C} + 6\,\ell \cdot 60\,°\mathrm{C}) + 2\,\mathrm{kg} \cdot 0{,}58\,\frac{\mathrm{kJ}}{\mathrm{kg\,K}} \cdot 19\,°\mathrm{C}}{12{,}5\,\mathrm{kg} \cdot 4{,}19\,\frac{\mathrm{kJ}}{\mathrm{kg\,K}} + 2\,\mathrm{kg} \cdot 0{,}58\,\frac{\mathrm{kJ}}{\mathrm{kg\,K}}}$$

$$\underline{\underline{t_A = 36{,}06\,°\mathrm{C}}}$$

Für praktische Rechnungen ist es bei dünnwandigen Gefäßen fast immer gerechtfertigt, von einer Berücksichtigung des Anteils des Gefäßes am Wärmeaustausch abzusehen. Ausnahmen hiervon sind Kalorimetermessungen, für die wir in der nächsten Aufgabe ein Beispiel untersuchen.

2.3.3 Experimentelle Bestimmung der spezifischen Wärmekapazität

Geräte zur Messung der spezifischen Wärmekapazitäten heißen Kalorimeter. Eine spezielle Bauart besteht wie in Abbildung 2-22 skizziert aus einem extrem gut wärmeisolierten metallischen Gefäß (meist Silber), in dem sich Kalorimeterflüssigkeit (meist Wasser) befindet. Kalorimeterflüssigkeit und -gefäß haben zu Beginn der Messung gleiche Temperatur, die Kalorimetertemperatur t_K. Das Prüfstück wird gewogen und auf die gewünschte Untersuchungstemperatur gebracht. Nach dem Eintauchen des erwärmten Prüfstücks in die Kalorimeterflüssigkeit läuft ein Ausgleichsvorgang ab, der im thermischen Gleichgewicht aller drei beteiligten Teilsysteme mit der Ausgleichstemperatur t_A endet.

Die Masse des Kalorimeters betrage 420 g, die des Wassers im Kalorimeter 650 g. Die mittlere spezifische Wärmekapazität des Kalorimetergefäßes sei mit 0,234 kJ/(kg K), die des Wassers im betrachteten Temperaturbereich mit 4,182 kJ/(kg K) gegeben.

a) Man bestimme die spezifische Wärmekapazität eines 100 g schweren Prüfstücks aus Aluminium mit einer Temperatur von 100 °C, wenn nach Temperaturausgleich 20,6 °C gemessen wurden!

b) Man ermittle den relativen Fehler für die spezifische Wärmekapazität des Prüfkörpers, wenn die Ausgleichstemperaturmessung um 0,1 K zu niedrig abgelesen wurde!

c) Man prüfe den experimentellen Befund mit der Regel von Dulong-Petit auf die Plausibilität hin! Die relative Molekülmasse für Aluminium betrage hier 26,9815 kg/kmol.

Gegeben sind:

Wasser:	$\bar{c}_W = 4{,}182 \text{ kJ/(kg K)}$	$m_W = 0{,}65 \text{ kg}$	$t_W = t_K = 18{,}0\,°C$
Kalorimeter:	$\bar{c}_K = 0{,}234 \text{ kJ/(kg K)}$	$m_K = 0{,}42 \text{ kg}$	$t_K = 18{,}0\,°C$
Prüfstück:		$m_{Al} = 0{,}10 \text{ kg}$	$t_{Al} = 100{,}0\,°C$
Ausgleichstemperatur:			$t_A = 20{,}6\,°C$

Vorüberlegungen:

Für den ablaufenden Ausgleichsvorgang kann die Bilanz angesetzt werden, dass abgegebene Wärme gleich aufgenommene Wärme sein muss. Die Temperaturdifferenzen schreiben wir so auf, dass die Betragsstriche entfallen können.

Die durch das Rührwerk während der Messung in die Kalorimeterflüssigkeit eingetragene Leistung ist in der Regel sehr gering und hier zu vernachlässigen.

Die Menge der Kalorimeterflüssigkeit kann von Versuch zu Versuch schwanken, Masse und spezifische Wärmekapazität des Kalorimetergefäßes bleiben gleich. Deshalb sind schon im Vorfeld bekannte Herstellerangaben zur sogenannten Kalorimeterkapazität C_K hilfreich. Man kann die Kalorimeterkapazität aber auch experimentell ermitteln. Für das in diesem Beispiel verwendete Kalorimeter gilt:

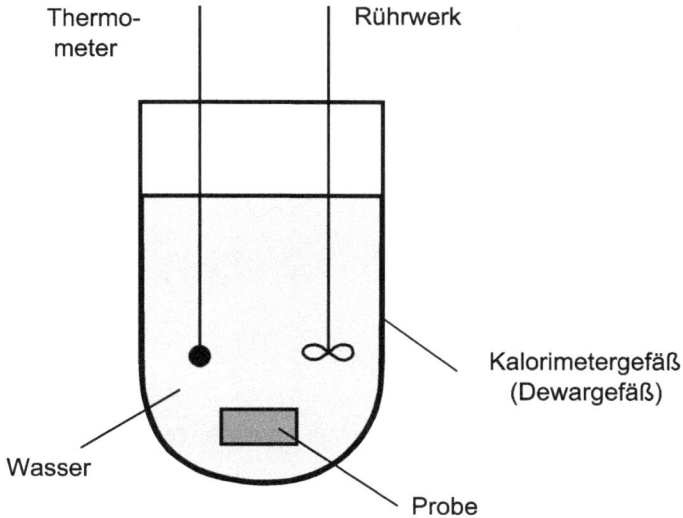

Abb. 2-22: Prinzipieller Aufbau eines Kalorimeters.

$$C_K = m_K \cdot \bar{c}_K = 0{,}42\,\text{kg} \cdot 0{,}234\,\text{kJ/(kg\,K)} = 0{,}09828\,\text{kJ/K}$$

Lösung:

a) experimentelle Bestimmung der spezifischen Wärmekapazität einer Aluminium-probe

$$|Q_{ab}| = Q_{auf} \quad \rightarrow \quad m_{Al} \cdot \bar{c}_{Al}\big|_{20\,°C}^{100\,°C} \cdot (t_{Al} - t_A) = (m_W \bar{c}_W + C_K) \cdot (t_A - t_K)$$

$$\bar{c}_{Al}\big|_{20\,°C}^{100\,°C} = \frac{(m_W \bar{c}_W + C_K) \cdot (t_A - t_K)}{m_{Al} \cdot (t_{Al} - t_A)}$$

$$\bar{c}_{Al}\big|_{20\,°C}^{100\,°C} = \frac{(0{,}65\,\text{kg} \cdot 4{,}182\,\text{kJ/(kg\,K)} + 0{,}09828\,\text{kJ/K}) \cdot (20{,}6\,°C - 18\,°C)}{0{,}1\,\text{kg} \cdot (100\,°C - 20{,}6\,°C)}$$

$$= \underline{\underline{0{,}9223\,\frac{\text{kJ}}{\text{kg\,K}}}}$$

Eine Vernachlässigung des Einflusses des Kalorimetergefäßes hätte zur Folge:

$$\bar{c}_{Al}\big|_{20\,°C}^{100\,°C} = \frac{m_W \bar{c}_W \cdot (\bar{t} - t_K)}{m_{Al} \cdot (t_{Al} - \bar{t})}$$

$$= \frac{0{,}65\,\text{kg} \cdot 4{,}182\,\text{kJ/(kg\,K)} \cdot (20{,}6\,°C - 18\,°C)}{0{,}1\,\text{kg} \cdot (100\,°C - 20{,}6\,°C)} = 0{,}8901\,\frac{\text{kJ}}{\text{kg\,K}}$$

Fehler:

$$\left| \frac{(0{,}9223 - 0{,}8901)\,\text{kJ/(kg\,K)}}{0{,}9223\,\text{kJ/(kg\,K)}} \right| \approx 0{,}035 \quad \text{ca. 3,5\,\% Fehler!}$$

b) entstehender Fehler für die spezifische Wärmekapazität bei fehlerbehafteter Temperaturmessung $t_A = 20{,}5\,°C$, also Abweichung $-0{,}1\,K$

$$\bar{c}_{Al}\big|_{20\,°C}^{100\,°C} = \frac{(0{,}65\,kg \cdot 4{,}182\,kJ/(kg\,K) + 0{,}09828\,kJ/K) \cdot (20{,}5\,°C - 18\,°C)}{0{,}1\,kg \cdot (100\,°C - 20{,}5\,°C)}$$

$$= \underline{\underline{0{,}8857\,\frac{kJ}{kg\,K}}}$$

Fehler:

$$\left|\frac{(0{,}9223 - 0{,}8857)\,kJ/(kg\,K)}{0{,}9223\,kJ/(kg\,K)}\right| \approx 0{,}04 \quad \text{ca. 4 \% Fehler!!}$$

Es kommt also offenbar bei Kalorimeterversuchen auch auf sehr genaue Temperaturmessung an!

c) Überprüfung des Befundes mit Regel von Dulong-Petit (Aluminium als kristalliner Festkörper):

$$c_{Al} = \frac{3 \cdot R_m}{M_{Al}} = \frac{3 \cdot 8{,}3144621\,kJ/(kmol\,K)}{26{,}9815\,kg/kmol} = \underline{\underline{0{,}9244\,\frac{kJ}{kg\,K}}}$$

2.3.4 Bestimmung der Kalorimeterkapazität

Die Kalorimeterkapazität kann auch als äquivalente Masse Kalorimeterflüssigkeit berücksichtigt werden. Dazu ermittelt man die Ausgleichstemperatur t_A nach Einbringen einer bestimmten zusätzlichen Masse Kalorimeterflüssigkeit Δm, deren Temperatur t_0 höher als die Kalorimetertemperatur t_K ist. Die experimentell ermittelte Kalorimeterkapazität (im Falle von Wasser Wasserwert genannt) hängt vom Füllstand des Kalorimeters ab. Zur Vermeidung von Messfehlern ist bei der späteren Bestimmung der spezifischen Wärmekapazität von Versuchsproben auf entsprechend gleichen Füllstand zu achten.

In einem Kalorimeter befinde sich 370 g Wasser, das wie das Kalorimeter selber eine Temperatur von 19,9 °C aufweise. Nach Einfüllen von 30 g Wasser der Temperatur 65,0 °C stelle sich eine neue Gleichgewichtstemperatur von 22,1 °C ein. Die mittlere spezifische Wärmekapazität des Wassers sei in allen Fällen mit 4.179 kJ/(kg K) gegeben, für die Dichte des Wassers kann immer vereinfachend 1000 kg/m^3 angenommen werden.

In einem anschließenden Versuch werde die spezifische Wärmekapazität einer Goldprobe der Reinheit 999,9/1000 (Masse 10 Unzen) bestimmt. Die Dichte des Feingolds betrage 19,26 g/cm^3, das relative Atomgewicht 196,97 g/mol. Zu Beginn des Versuches habe das eingefüllte Wasser eine Temperatur von (20,0 ± 0,1) °C. Die gemessene Temperatur der Goldprobe zu Beginn des Versuches betrug (632 ± 2) °C, nach erfolgtem Temperaturausgleich wurde die Temperatur im Kalorimeter zu (29,5 ± 0,1) °C ermittelt. Goldprobe und Wasser nahmen zusammen ein Volumen von 400 Milliliter ein.

a) Man bestimme den Wasserwert m_{WW} des Kalorimeters in Gramm und weise die Kalorimeterkapazität C_K in kJ/K für einen Kalorimeterfüllstand von 400 Milliliter aus!

b) Welche spezifische Wärmekapazität in kJ/(kg K) besitzt die Goldprobe nach dem oben beschriebenen Kalorimeterversuch?

c) Welche spezifische Wärmekapazität in kJ/(kg K) würde Gold nach der Regel von Dulong-Petit besitzen, wenn die relative Molekülmasse 196,97 kg/kmol für Gold anzusetzen ist? Wie ist dieses Ergebnis unter Berücksichtigung der Resultate des Kalorimeterversuches zu interpretieren?

d) Man schätze den maximalen absoluten Fehler für den Kalorimeterversuch ab, wenn außer den bereits gegebenen Messfehlern für die gleichfalls experimentell ermittelte Kalorimeterkapazität ein relativer Fehler von 0,8 %, für das eingefüllte Wasser ein Fehler von ±1 g und für die Goldmasse ein Fehler von 100 mg unterstellt wird! Welcher Messwert hat den größten Einfluss auf die Genauigkeit der Bestimmung der spezifischen Wärmekapazität?

Gegeben sind:

Bestimmung Kalorimeterkapazität:

$t_K = 19{,}9\,°C$ $m_W = 0{,}37\,kg$ $\bar{c}_W = 4{,}179\,kJ/(kg\,K)$ $\rho_W = 1000\,kg/m^3$

$t_0 = 65{,}0\,°C$ $t_A = 22{,}1\,°C$ $\Delta m = 0{,}03\,kg$

Kalorimeterversuch:

Kalorimeter: $t_K = (20{,}0 \pm 0{,}1)\,°C$ $t_A = (29{,}5 \pm 0{,}1)\,°C$

Goldprobe:

$m_{Au} = 311{,}03477 \cdot 10^{-3}\,kg$ $\rho_{Au} = 19{,}26\,g/cm^3$ $t_{Au} = (632 \pm 2)\,°C$

$M_{Au} = 196{,}97\,kg/kmol$

Lösung:

a) Ermittlung der Kalorimeterkapazität aus Energiebilanz aus $|Q_{ab}| = Q_{auf}$

$$\Delta m \cdot \bar{c}_W \cdot (t_0 - t_A) = (m_W + m_{WW}) \cdot \bar{c}_W \cdot (t_A - t_K)$$

$$m_{WW} = \frac{\Delta m \cdot (t_0 - t_A) - m_W(t_A - t_K)}{t_A - t_K} = \Delta m \cdot \frac{t_0 - t_A}{t_A - t_K} - m_W$$

$$= 30\,g \cdot \frac{65{,}0\,°C - 22{,}1\,°C}{22{,}1\,°C - 19{,}9\,°C} - 370\,g = \underline{\underline{215\,g}}$$

$$C_K = m_{WW} \cdot \bar{c}_W = 0{,}215\,kg \cdot 4{,}179\,kJ/(kg\,K) = \underline{\underline{0{,}898485\,kJ/K}}$$

b) spezifische Wärmekapazität für Gold

10 oz.tr. = 311,034768 g

Volumen der Probe.

$$V = \frac{m_{Au}}{\rho_{Au}} = \frac{311{,}034768\,g}{19{,}26\,g/cm^3} \approx 16\,cm^3$$

in das Kalorimeter einzufüllendes Wasser ($1\,m\ell = 1\,cm^3 = 1\,g$):

$400\,m\ell - 16\,m\ell = 384\,m\ell$

entspricht einer Wassermasse von 384 g bei $\rho_W = 1000\,kg/m^3$

$$|Q_{ab}| = |Q_{auf}| m_{Au} \cdot \bar{c}_{Au} \cdot (t_{Au} - t_A) = (m_W \cdot c_W + C_K) \cdot (t_A - t_K)$$

$$\bar{c}_{Au} = \frac{(m_W \cdot c_W + C_K) \cdot (t_A - t_K)}{m_{Au} \cdot (t_{Au} - t_A)}$$

$$\bar{c}_{Au} == \frac{(0{,}384\,kg \cdot 4{,}179\,kJ/(kg\,K) + 0{,}898485\,kJ/K) \cdot (29{,}5\,°C - 20{,}0\,°C)}{0{,}311034768\,kg \cdot (632{,}0\,°C - 29{,}5\,°C)}$$

$$= \underline{\underline{0{,}126899\,\frac{kJ}{kg\,K}}}$$

c) spezifische Wärmekapazität von Gold nach Petit-Dulong

$$c_{Au} = \frac{c_{m,Au}}{M_{Au}} \approx \frac{3 \cdot R_m}{M_{Au}} = \frac{3 \cdot 8{,}3144621 \, kJ/(kmol\,K)}{196{,}97 \, kg/kmol} = \underline{\underline{0{,}12664 \, \frac{kJ}{kg\,K}}}$$

Im Kalorimeterversuch nach Aufgabenteil (b) wurde eine mittlere spezifische Wärmekapazität im Temperaturbereich von 632 °C bis circa 30 °C ermittelt. Die nach Petit-Dulong ermittelte spezifische Wärmekapazität ist eine Abschätzung, die keinem bestimmten Temperaturbereich zugeordnet werden kann. Bis auf drei signifikante Ziffern stimmen die Befunde aber überein, womit man für das Versuchsergebnis zumindest eine Plausibilisierung erreicht.

d) Fehlerabschätzung mit totalem Differential
   Zusammenstellung der Fehlertoleranzen

$$t_{Au} = (632 \pm 2)\,°C \qquad t_A = (29{,}5 \pm 0{,}1)\,°C \qquad t_K = (20{,}0 \pm 0{,}1)\,°C \qquad (gegeben)$$

$$C_K = (0{,}898485 \pm 0{,}007188) \, kJ/K \qquad m_W = (0{,}384 \pm 0{,}001) \, kg$$

$$m_{Au} = (311{,}03477 \pm 0{,}2) \cdot 10^{-3} \, kg$$

$$\bar{c}_{Au} = \frac{(m_W \cdot c_W + C_K) \cdot (t_A - t_K)}{m_{Au} \cdot (t_{Au} - t_A)} = \frac{F_K \cdot \Delta t_2}{m_{Au} \cdot \Delta t_1}$$

Bei Summen und Differenzen können sich im ungünstigsten Fall die absoluten Fehler addieren, also:

$$F_K \pm \Delta F_K = (m_W \pm \Delta m_W) \cdot c_W + (C_K \pm \Delta C_K)$$

$$F_K \pm \Delta F_K = (0{,}384 \pm 0{,}001)\,kg \cdot 4{,}179 \, \frac{kJ}{kg\,K} + (0{,}898485 \pm 0{,}007188) \, \frac{kJ}{K}$$

$$= (2{,}503221 \pm 0{,}011367) \, \frac{kJ}{K}$$

$$\Delta t_2 \pm \Delta(\Delta t_2) = (t_A \pm \Delta t_A) - (t_K \pm \Delta t_K) = (29{,}5 \pm 0{,}1)\,°C - (20{,}0 \pm 0{,}1)\,°C = (9{,}5 \pm 0{,}2)\,K$$

$$\Delta t_1 \pm \Delta(\Delta t_1) = (t_{Au} \pm \Delta t_{Au}) - (t_A \pm \Delta t_A) = (632 \pm 2)\,°C - (29{,}5 \pm 0{,}1)\,°C = (602{,}5 \pm 2{,}1)\,K$$

Vollständiges Differential zur Abschätzung des maximal möglichen Fehlers:

$$\Delta c_{Au} = \left| \frac{\partial c_{Au}}{\partial F_K} \right| \cdot \Delta F_K + \left| \frac{\partial c_{Au}}{\partial(\Delta t_2)} \right| \cdot \Delta(\Delta t_2) + \left| \frac{\partial c_{Au}}{\partial(\Delta t_1)} \right| \cdot \Delta(\Delta t_1) + \left| \frac{\partial c_{Au}}{\partial m_{Au}} \right| \cdot \Delta m_{Au}$$

$$\Delta c_{Au} = \left| \frac{\Delta t_2}{\Delta t_1 \cdot m_{Au}} \right| \cdot \Delta F_K + \left| \frac{F_K}{\Delta t_1 \cdot m_{Au}} \right| \cdot \Delta(\Delta t_2)$$

$$+ \left| -\frac{F_K \cdot \Delta t_2}{m_{Au} \cdot \Delta t_1^2} \right| \cdot \Delta(\Delta t_1) + \left| -\frac{F_K \cdot \Delta t_2}{m_{Au}^2 \cdot \Delta t_1} \right| \cdot \Delta m_{Au}$$

$$\Delta c_{Au} = \pm \left[\begin{array}{l} \dfrac{9{,}5\,\text{K}}{602{,}5\,\text{K} \cdot 0{,}384\,\text{kg}} \cdot 0{,}011367\,\dfrac{\text{kJ}}{\text{K}} + \dfrac{2{,}503221\,\text{kJ/K}}{231{,}36\,\text{K} \cdot \text{kg}} \cdot 0{,}2\,\text{K} \\[3mm] + \dfrac{2{,}503221\,\text{kJ/K} \cdot 9{,}5\,\text{K}}{0{,}384\,\text{kg} \cdot (602{,}5\,\text{K})^2} \cdot 2{,}1\,\text{K} + \dfrac{23{,}7806\,\text{kJ}}{(0{,}384\,\text{kg})^2 \cdot 602{,}5\,\text{K}} \cdot 0{,}001\,\text{kg} \end{array} \right]$$

$$\Delta c_{Au} = \pm [0{,}0004667 + 0{,}0021639 + 0{,}0003583 + 0{,}0002677]\,\text{kJ/(kg\,K)}$$

$$= \underline{\underline{\pm 0{,}0032566\,\text{kJ/(kg\,K)}}}$$

Der mit Abstand größte Fehlerbeitrag resultiert aus der Temperaturdifferenz Δt_2. Zur Verbesserung der Genauigkeit bei der Bestimmung der spezifischen Wärmekapazität im Kalorimeterversuch ist es also sinnvoll, in die Verbesserung der Genauigkeit der Temperaturerfassung im Kalorimeter zu investieren.

2.3.5 Wärmeübertrager

Zur Kühlung eines 700 °C heißen Kohlenmonoxid-Massenstromes auf die technologisch geforderten 100 °C in einem Chemiewerk stehen 800 m³ Kühlwasser pro Stunde aus einem Fluss mit einer Temperatur von 14 °C zur Verfügung. Behördlichen Auflagen folgend darf das Kühlwasser nach Verlassen des Wärmeübertragers bei Wiedereinleitung in den Fluss maximal 26 °C betragen. Wie viel Kilogramm Kohlenmonoxid pro Sekunde kann im Wärmeübertrager durchgesetzt werden? Die zwischen 700 und 0 °C gemittelte spezifische Wärmekapazität für Kohlenmonoxid bei konstantem Druck betrage 1,097 kJ/(kg K), die zwischen 100 und 0 °C gemittelte 1,041 kJ/(kg K).

Gegeben sind:
Heizmedium CO (Index 1): $\quad t_1' = 700\,°\text{C} \qquad t_1'' = 100\,°\text{C} \qquad |\Delta t_1| = 600\,\text{K}$
Mittlere spezifische Wärmekapazitäten für Kohlenmonoxid:
$$\bar{c}_1\big|_{0\,°\text{C}}^{100\,°\text{C}} = 1{,}041\,\text{kJ/(kg\,K)} \qquad \bar{c}_1\big|_{0\,°\text{C}}^{700\,°\text{C}} = 1{,}097\,\text{kJ/(kg\,K)}$$

Kühlmedium H_2O (Index 2): $\qquad t_2' = 14\,°\text{C} \qquad t_2'' = 26\,°\text{C} \qquad \Delta t = 12\,\text{K}$
$\dot{V}_2 = 800\,\text{m}^3/\text{h}$
Stoffwerte aus Tabelle 6.6-2 $\qquad \rho(14\,°\text{C}) = 999{,}25\,\text{kg/m}^3$
$$c(14\,°\text{C}) = 4{,}190\,\frac{\text{kJ}}{\text{kg\,K}} \qquad c(20\,°\text{C}) = 4{,}185\,\frac{\text{kJ}}{\text{kg\,K}} \qquad c(26\,°\text{C}) = 4{,}181\,\frac{\text{kJ}}{\text{kg\,K}}$$

Vorüberlegungen:
Bei den Formelzeichen verwenden wir hier die für Wärmeübertrager gebräuchliche Nomenklatur, die in Kapitel 2.3 in Abbildung 2-18 erläutert wurde. Insbesondere bedeutet ein Beistrich am Formelzeichen den Zustand am Eintritt in den Wärmeübertrager und zwei Beistriche den am seinen Austritt.

Der Massenstrom des Heizmittels $\dot{m}_1$ ist die gesuchte Größe und zugleich die einzige unbekannte Größe in der Energiebilanz für den Wärmeübertrager. Aus den Tabellenwerten für die spezifische Wärmekapazität von Heiz- und Kühlmedium sind die im jeweils relevanten Temperaturbereich gemittelten spezifischen Wärmekapazitäten zu bestimmen. Dem Heizmedium Kohlenmonoxid wird Wärme entzogen ($\dot{Q}_1 < 0$), dem Kühlmedium die betragsmäßig gleiche Wärme zugeführt ($\dot{Q}_2 > 0$), sodass sich für die Energiebilanz des Wärmeübertragers ergibt:

$$-\dot{m}_1 \cdot \bar{c}_1|_{100\,°C}^{700\,°C} \cdot (t_1'' - t_1') = \rho(14\,°C) \cdot \dot{V}_2 \cdot \bar{c}_2|_{14°C}^{26\,°C} \cdot (t_2'' - t_2')$$

Für die Bestimmung des Massenstroms des Kühlmediums aus dem gegebenen Volumenstrom wird die Dichte des Kühlwassers benötigt, die ebenfalls von der Temperatur abhängt. Aber anders als bei den spezifischen Wärmekapazitäten darf bei der Dichte keine Temperaturmittlung über den Prozessverlauf erfolgen. Maßgebend ist hier allein die wahre Dichte bei der Eintrittstemperatur in den Wärmeübertrager. An dieser Stelle wird der beim Durchsatz durch den Wärmeübertrager konstant bleibende Massenstrom festgelegt durch die Dichte ρ, die Strömungsgeschwindigkeit c und die Querschnittsfläche A gemäß $\dot{m} = \rho(t_2') \cdot c \cdot A$. Wenn sich die Dichte des Kühlwassers mit zunehmender Aufheizung etwas verringern, erhöht sich im gleichen Maße die Strömungsgeschwindigkeit.

Lösung:

1. Schritt: Bestimmung der temperaturgemittelten spezifischen Wärmekapazitäten Heizmedium:

Bestimmung mit Formel (2.3-6), weil mittlere spezifische Wärmekapazitäten gegeben sind:

$$\bar{c}_1|_{100\,°C}^{700\,°C} = \frac{\bar{c}_1|_{0\,°C}^{700\,°C} \cdot t_1' - \bar{c}_1|_{0°C}^{100\,°C} \cdot t_1''}{t_1' - t_1''} = \frac{1{,}097\,\frac{kJ}{kg\,K} \cdot 700\,°C - 1{,}041\,\frac{kJ}{kg\,K} \cdot 100\,°C}{700\,°C - 100\,°C}$$

$$= 1{,}1063\,\frac{kJ}{kg\,K}$$

Der hier errechnete Wert ist deutlich größer als die beiden Ausgangswerte. Mathematisch ist dies allerdings tatsächlich zu erwarten, wenn die wahre spezifische Wärmekapazität wie hier im untersuchten Temperaturintervall streng monoton steigend ist. Kühlmedium:

Bestimmung mit Formel (2.3-5), weil wahre spezifische Wärmekapazitäten gegeben sind:

$$\bar{c}|_{14\,°C}^{26\,°C} = \frac{1}{6} \cdot (c(14\,°C) + 4 \cdot c(20\,°C) + c(26\,°C))$$

$$\bar{c}|_{14\,°C}^{26\,°C} == \frac{1}{6} \cdot \left(4{,}190\,\frac{kJ}{kg\,K} + 4 \cdot 4{,}185\,\frac{kJ}{kg\,K} + 4{,}181\,\frac{kJ}{kg\,K} \right) = 4{,}18516667\,\frac{kJ}{kg\,K} \approx 4{,}1852\,\frac{kJ}{kg\,K}$$

Hier fällt auf, wie hoch die Übereinstimmung der über das Temperaturintervall zwischen 14 und 26 °C gemittelten spezifischen Wärmekapazität ist, mit der wahren spezifischen Wärmekapazität in der Mitte des Temperaturintervalls. Dieser Wert geht in das

Ergebnis mit dem Gewicht von 4 ein. In erster Näherung wird daher gelegentlich der Wert aus der Mitte des Temperaturintervalls als mittlere spezifische Wärmekapazität über den entsprechenden Temperaturbereich angesetzt.

Massestrom des Heizmittels aus Energiebilanz:

$$\dot{m}_1 = \rho(14\,°\text{C}) \cdot \dot{V}_2 \cdot \frac{\bar{c}_2|_{14\,°\text{C}}^{26\,°\text{C}} \cdot (t_2'' - t_2')}{\bar{c}_1|_{100\,°\text{C}}^{700\,°\text{C}} \cdot (t_1' - t_1'')}$$

$$\dot{m}_1 = 999{,}25\,\frac{\text{kg}}{\text{m}^3} \cdot \frac{800\,\text{m}^3}{3.600\,\text{s}} \cdot \frac{4{,}1852\,\text{kJ}/(\text{kg K}) \cdot (26\,°\text{C} - 14\,°\text{C})}{1{,}1063\,\text{kJ}/(\text{kg K}) \cdot (700\,°\text{C} - 100\,°\text{C})} \approx \underline{\underline{16{,}8\,\text{kg/s}}}$$

2.3.6 Quasistatische Kompression von Luft in einem Zylinder

In einem mit Luft gefüllten Zylinder bewege sich ein gasdicht eingepasster Kolben reibungsfrei 22 cm in 0,08 s in Richtung Zylinderdeckel. Dabei verringere sich das Luftvolumen von 10 Litern auf 2 Liter, wobei der Druck von 1 bar linear auf 5 bar steige.

a) Man weise mathematisch mit dem Satz von Schwarz nach, dass die Volumenänderungsarbeit ein unvollständiges Differential darstellt und es mithin maßgeblich ist, auf welchem Weg das System in den neuen Zustand gefunden hat!

b) Findet hier eine quasistatische Zustandsänderung statt? Setzen Sie für die Geschwindigkeit des Schalls in der Luft 333 m/s an!

c) Welche Volumenänderungsarbeit ergäbe sich rechnerisch, wenn man die Kolbenbewegung nach 5,5 cm kurz anhalten würde? Läge zu diesem Zeitpunkt ein Gleichgewichtszustand vor? Wie hoch wären Druck und Volumen bei dieser Kolbenstellung?

d) Wie groß ist die Volumenänderungsarbeit für den vollen Kolbenhub von 22 cm? Wurde Volumenänderungsarbeit zu- oder abgeführt?

e) Welche Nutzarbeit wird dabei an der Kolbenstange verrichtet? Der Umgebungsdruck entspreche genau dem physikalischen Normdruck.

Gegeben sind:

$p_1 = 1\,\text{bar}$ $V_1 = 0{,}01\,\text{m}^3$ $V_2 = 0{,}002\,\text{m}^3$ $p_2 = 5\,\text{bar}$

$\tau = 0{,}08\,\text{s}$ $l_1 = 0\,\text{m}$ $l_2 = 0{,}22\,\text{m}$ $l_x = 0{,}055\,\text{m}$

$p_{amb} = 1{,}01325\,\text{bar}$

Vorüberlegungen:

Zylinder und gasdicht eingepasster Kolben bilden ein geschlossenes thermodynamisches System mit veränderlicher Systemgrenze. Die Systemgrenze wird auf die Innenseite von Kolben und Zylinderwand gelegt. So sind für die thermodynamische Beschreibung des Systems nur die Eigenschaften der eingeschlossenen Luft relevant, nicht aber die Eigenschaften von Zylinder und Kolben.

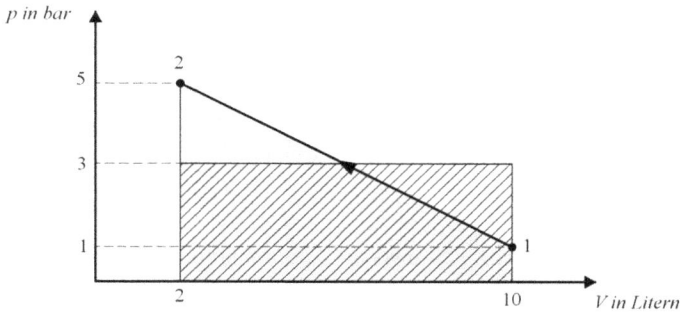

Abb. 2-23: Zustandsverlauf mit linearer Zunahme des Drucks mit abnehmendem Volumen.

Den linearen Anstieg des Drucks erfassen wir mit der sogenannten Zweipunktegleichung:

$$p(V) = p_1 + \frac{p_2 - p_1}{V_2 - V_1}(V - V_1) \quad \text{oder wegen} \quad A = \text{konstant} \quad p(l) = p_1 + \frac{p_2 - p_1}{l_2 - l_1}(l - l_1)$$

Die typischen Funktionen $p(V)$ für die Verdichtung eines Gases im Zylinder besitzen eigentlich einen hyperbolischen Verlauf. Die zugehörigen Zustandsänderungen werden in Kapitel 3 vorgestellt. Die hier verwendete lineare Funktion $p(V)$ tritt nur dann auf, wenn eine mechanische Feder gegen den Kolben drückt.

Somit ergibt sich für die Volumenänderungsarbeit gemäß Definition (2.3-11):

$$W_{V,12} = -\int_1^2 \left(p_1 + \frac{p_2 - p_1}{V_2 - V_1}(V - V_1) \right) dV = -\left[p_1 \cdot V + \frac{p_2 - p_1}{V_2 - V_1} \cdot \frac{1}{2}V^2 - \frac{p_2 - p_1}{V_2 - V_1} \cdot \frac{1}{2}V_1 \cdot V \right]_{V_1}^{V_2}$$

$$W_{V,12} = -\left[p_1(V_2 - V_1) + \frac{p_2 - p_1}{V_2 - V_1} \cdot \frac{1}{2}(V_2^2 - V_1^2) - \frac{p_2 - p_1}{V_2 - V_1} \cdot V_1 \cdot (V_2 - V_1) \right]$$

$$W_{V,12} = -\left[p_1 V_2 - p_1 V_1 + (p_2 - p_1) \cdot \frac{1}{2}(V_2 + V_1) - p_2 V_1 + p_1 V_1 \right]$$

$$W_{V,12} = -\frac{1}{2}(p_1 + p_2) \cdot (V_2 - V_1)$$

(formelmäßig folgt dieses Ergebnis auch dem Mittelwertsatz der Integralrechnung)

Lösung:

a) Nachweis, dass die Volumenänderungsarbeit ein unvollständiges Differential ist

$$W_{V,12} = -\int_1^2 p \cdot dV \quad \rightarrow \quad dW_V = -p \cdot dV$$

$$dW_V = \left(\frac{\partial W_V}{\partial V} \right)_p dV + \left(\frac{\partial W_V}{\partial p} \right)_V dp = -p \cdot dV + 0$$

Ein Koeffizientenvergleich liefert:

$$\left(\frac{\partial W_V}{\partial V}\right)_p dV = -p \quad \text{und weiter} \quad \left(\frac{\partial^2 W_V}{\partial p \partial V}\right)_p dV = -1$$

$$\left(\frac{\partial W_V}{\partial p}\right)_V = 0 \quad \text{und weiter} \quad \frac{\partial^2 W_V}{\partial V \partial p} = 0$$

Wegen $-1 \neq 0$ ist der Nachweis erbracht, dass die Volumenänderungsarbeit kein vollständiges Differential ist.

b) Nachweis einer quasistatischen Zustandsänderung mit mittlerer Kolbengeschwindigkeit

Kolbengeschwindigkeit $v = \dfrac{l_2}{\tau} = \dfrac{0{,}22\,\text{m}}{0{,}08\,\text{s}} = 2{,}75\,\text{m/s} \ll$ Schallgeschwindigkeit 333 m/s

Eine quasistatische Zustandsänderung überführt ein thermodynamisches System von einem Gleichgewichtszustand 1 in einen neuen Gleichgewichtszustand 2 mit einer so niedrigen Geschwindigkeit, dass man den Prozess zu einem beliebigen Zeitpunkt anhalten könnte und dann einen Gleichgewichtszustand vorfinden würde. Kompression oder Expansion eines Gases in einem Zylinder können solange als quasistatische Zustandsänderungen angesehen werden, wie die Kolbengeschwindigkeit wesentlich kleiner ist als die für den Druckausgleich im Gas maßgebliche Schallgeschwindigkeit.

c) Berechnung der Volumenänderungsarbeit für $l_x = 0{,}055\,\text{m}$
Bestimmung des erreichten Drucks:

$$p(l_x) = 1\,\text{bar} + \frac{(5-1)\,\text{bar}}{(0{,}22-0)\,\text{m}} \cdot 0{,}055\,\text{m} = \underline{\underline{2\,\text{bar}}}$$

Bestimmung des dann vorliegenden Volumens aus der Zweipunktegleichung mit $p(l_x)$

$$V(l = 0{,}055\,\text{m}) = V_1 + \frac{p(l_x) - p_1}{p_2 - p_1}(V_2 - V_1)$$

$$= 0{,}01\,\text{m}^3 + \frac{1\,\text{bar}}{4\,\text{bar}}(0{,}002 - 0{,}01)\text{m}^3 = \underline{\underline{0{,}008\,\text{m}^3}}$$

$$W_{V,1x} = -\int_1^x \left(p_1 + \frac{p_x - p_1}{V_x - V_1}(V - V_1)\right) dV$$

$$W_{V,1x} = -\frac{1}{2}(p_1 + p_x) \cdot (V_x - V_1)$$

$$= -\frac{1}{2}(1+2) \cdot 10^5\,\text{N/m}^2 \cdot (8-10) \cdot 10^{-3}\,\text{m}^3 = \underline{\underline{+300\,\text{Nm}}}$$

d) Volumenänderungsarbeit für den vollen Kolbenhub

$$W_{V,12} = -\frac{1}{2}(p_1 + p_2) \cdot (V_2 - V_1)$$

$$= -\frac{1}{2}(1 + 5) \cdot 10^5 \, \text{N/m}^2 \cdot (2 - 10) \cdot 10^{-3} \, \text{m}^3 = \underline{\underline{+2.400 \, \text{Nm}}}$$

1.   Antwortmöglichkeit: $W_{V,12} > 0$, also Arbeit wurde zugeführt
2.   Antwortmöglichkeit: Kompression erfordert Zuführung von Arbeit

Nach Aufgabenstellung ist hier die Funktion $p = p(V)$ eine lineare Funktion. Deshalb könnte man in diesem Fall wie Abbildung 2-23 auch zeigt mit dem arithmetischen Mittel aus Anfangs- und Enddruck als konstant anzusetzenden mittleren Druck $\bar{p}$ arbeiten.

$$\bar{p} = \frac{p_1 + p_2}{2} = \frac{(1 + 5) \, \text{bar}}{2} = 3 \, \text{bar}$$

$$W_{V,12} = -\bar{p} \cdot \int_1^2 dV = 3 \cdot 10^5 \, \frac{\text{N}}{\text{m}^2} \cdot (2 - 10) \cdot 10^{-3} \, \text{m}^3 = \underline{\underline{2.400 \, \text{Nm}}}$$

Praktisch ergibt sich ein solches Verhalten, wenn der Kolben im Zylinder gegen eine Feder drückt. In vielen Fällen wird $p = p(V)$ in der Definition für die Volumenänderungsarbeit nach (2.3-11) jedoch durch Hyperbeln darstellende Funktionen im ersten Quadranten zu beschreiben sein. Das muss dann in der Integration entsprechend berücksichtigt werden.

e) Berechnung der Nutzarbeit an der Kolbenstange nach Formel (2.3-13):

$$W_N = W_{V,12} + p_{amb}(V_2 - V_1) = 2.400 \, \text{Nm} + 1,01325 \cdot 10^5 \, \text{N/m}^2 \cdot (2 - 10) \cdot 10^{-3} \, \text{m}^3$$

$$= \underline{\underline{+1.589,4 \, \text{Nm}}}$$

2.3.7 Kompressorleistung für Luftverdichtung

Man berechne ausgehend von der Definition (2.3-14) für die technische Arbeit die erforderliche Leistung für einen Kompressor, der einen Luftvolumenstrom von $1\,\mathrm{m}^3/\mathrm{s}$ und einem Druck von 1 bar auf 10 bar verdichte, wenn im Kompressor eine Zustandsänderung stattfinde, bei der:

a) die Temperatur der Luft während der Verdichtung immer konstant bliebe. Aus dem Physikunterricht in der Schule kennen wir das Boyle-Mariotte'sche Gesetz $p \cdot V$ = konstant für das Verhalten von idealen Gasen bei konstanter Temperatur.

b) die Verdichtung in einer adiabaten Umhüllung stattfinde, sodass über die Systemgrenze keine Wärme treten kann. Für diesen Fall gilt das aus dem Schulunterricht vielleicht auch noch bekannte Poisson'sche Gesetz $p \cdot V^\kappa$ = konstant. Dabei ist Kappa (κ) der sogenannte Isentropenexponent, der für Luft mit 1,4 angesetzt werden kann.

Gegeben sind:
$$\dot{V}_1 = 1\,\mathrm{m}^3/\mathrm{s} \qquad p_1 = 1\,\mathrm{bar} \qquad p_2 = 10\,\mathrm{bar} \qquad \kappa = 1{,}4$$

Vorüberlegungen:
Ein Kompressor stellt mit einem durchgesetzten Volumenstrom ein offenes System dar. Leistung ist die erste Ableitung der Arbeit nach der Zeit. Deshalb ist als Basis zur Berechnung der Leistung die Prozessgröße technische Arbeit $w_{t,12}$ gemäß Definition (2.3-14) heranzuziehen. Gleichzeitig zeigt Formel (2.3-15), dass für die Leistung nicht der Volumen-, sondern der Massenstrom maßgeblich ist. Der im Kompressor durchgesetzte Massenstrom bleibt konstant, der Volumenstrom nicht! Deshalb bestimmen wir den Massenstrom am Eintritt über das spezifische Volumen v_1 mit $\dot{m} = \dot{V}_1/v_1$.

$$P = \dot{m} \cdot w_{t,12} = \frac{\dot{V}_1}{v_1} \cdot \int_1^2 v(p)\,\mathrm{d}p$$

Für die Verdichtung unterstellen wir quasistatisches Verhalten. Das heißt, wenn man die Verdichtung an einem beliebigen Zwischenpunkt anhält, würde man ein Gleichgewicht vorfinden.

Lösung:

a) isotherme Verdichtung von Luft mit: $p \cdot V$ = konstant
Bei quasistatischem Zustandsverhalten muss das Produkt aus Druck und Volumen im Ausgangszustand (Index 1) gleich sein dem Produkt aus Druck und Volumen in einem beliebigen Zustand, also:

$$p_1 \cdot v_1 = p \cdot v(p) \quad \rightarrow \quad v(p) = \frac{p_1 \cdot v_1}{p} \quad (p_1 \text{ und } v_1 \text{ sind konstante Werte!})$$

$$P_{12} = \frac{\dot{V}_1}{v_1} \cdot \int\limits_1^2 v(p)\mathrm{d}p = \frac{\dot{V}_1}{v_1} \cdot p_1 \cdot v_1 \cdot \int\limits_1^2 \frac{\mathrm{d}p}{p} = p_1 \cdot \dot{V}_1 \cdot \ln\frac{p_2}{p_1}$$

$$P_{12} = 100.000\,\frac{\mathrm{N}}{\mathrm{m}^2} \cdot 1\,\frac{\mathrm{m}^3}{\mathrm{s}} \cdot \ln 10 = \underline{\underline{+230{,}26\,\mathrm{kW}}}$$

b) isentrope Verdichtung von Luft mit: $p \cdot V^\kappa =$ konstant und $\kappa = 1{,}4$
Analog zum Aufgabenteil (a) halten wir hier fest:

$$p_1 \cdot v_1^\kappa = p \cdot v^\kappa \quad \rightarrow \quad v(p) = \frac{p_1^{1/\kappa} \cdot v_1}{p^{1/\kappa}}$$

(p_1 und v_1 sind wiederum konstante Werte!)

$$P_{12} = \frac{\dot{V}_1}{v_1} \cdot \int\limits_1^2 v(p)\mathrm{d}p = \frac{\dot{V}_1}{v_1} \cdot p_1^{1/\kappa} \cdot v_1 \cdot \int\limits_1^2 \frac{\mathrm{d}p}{p^{1/\kappa}}$$

$$= p_1^{1/\kappa} \cdot \dot{V}_1 \cdot \int\limits_1^2 p^{-1/\kappa}\mathrm{d}p = p_1^{1/\kappa} \cdot \dot{V}_1 \cdot \frac{\kappa}{\kappa - 1} \cdot (p_2^{\frac{\kappa - 1}{\kappa}} - p_1^{\frac{\kappa - 1}{\kappa}})$$

Man beachte bei der Integration: $-\frac{1}{\kappa} + 1 = \frac{\kappa - 1}{\kappa}$! Die obige Gleichung wird dann umgeformt zu:

$$P_{12} = \frac{\kappa}{\kappa - 1} \cdot p_1^{1/\kappa} \cdot \dot{V}_1 \cdot p_1^{\frac{\kappa - 1}{\kappa}} \cdot \left[\left(\frac{p_2}{p_1}\right)^{\frac{\kappa - 1}{\kappa}} - 1\right] = \frac{\kappa}{\kappa - 1} \cdot p_1 \cdot \dot{V}_1 \cdot \left[\left(\frac{p_2}{p_1}\right)^{\frac{\kappa - 1}{\kappa}} - 1\right]$$

Für die Exponenten von p_1 vor der eckigen Klammer gilt: $\frac{1}{\kappa} + \frac{\kappa - 1}{\kappa} = 1$

$$P_{12} = \frac{1{,}4}{0{,}4} \cdot 100.000\,\frac{\mathrm{N}}{\mathrm{m}^2} \cdot 1\,\frac{\mathrm{m}^3}{\mathrm{s}} \cdot [10^{\frac{0{,}4}{1{,}4}} - 1] = \underline{\underline{+325{,}74\,\mathrm{kW}}}$$

Die hier gewonnen Ergebnisse liefern eine Reihe interessanter Erkenntnisse.

1. In beiden Fällen untersuchten wir eine reversible und damit eine nur theoretisch mögliche Zustandsänderung. Die Luft wurde komprimiert, weil wir dem thermodynamischen System eine Leistung zur Verfügung gestellt haben. Der betrachtete Prozess ist gedanklich aber auch umkehrbar. Entspannt die Luft in einem Presslufthammer mit jeweils gleicher Zustandsänderung von $p_1 = 10$ bar auf $p_2 = 1$ bar, könnte die zuvor für die Verdichtung der Luft eingesetzte Leistung am Meißel des Presslufthammers wieder abgegriffen werden.

Für das in Aufgabenteil (a) behandelte Beispiel ergäbe sich jetzt zu:

$$P_{12} = p_1 \cdot \dot{V}_1 \cdot \ln \frac{p_2}{p_1} = 100.000\, \frac{\text{N}}{\text{m}^2} \cdot 1\, \frac{\text{m}^3}{\text{s}} \cdot \ln \frac{1}{10} = \underline{\underline{-230{,}26\, \text{kW}}}$$

Praktisch funktioniert das wegen an vielen Stellen auftretender Dissipation natürlich nicht.

2. Die Formeln zeigen, dass für Gase die Verdichterarbeit nicht von der Höhe des Enddrucks abhängt, sondern vom Druckverhältnis p_{max}/p_{min}. Für die Kompression eines Gases von 1 auf 10 bar ist der gleiche Aufwand erforderlich wie für die Verdichtung von 10 auf 100 bar.

3. Nicht nur der hier als umkehrbar betrachtete Prozess ist ein Denkmodell, auch die hier beschriebenen Zustandsänderungen sind Grenzfälle, die sich in der Praxis nicht realisieren lassen. Erfahrungsgemäß erwärmt sich ein Gas bei seiner Verdichtung. Um einen Prozess wie im Fall (a) isotherm, also bei konstanter Temperatur, ablaufen zu lassen, müsste man die Kompression letztlich in unendlich vielen Zwischenschritten ablaufen lassen und nach jedem Zwischenschritt den vollständigen Temperaturausgleich zwischen System und Umgebung abwarten. Das ist für eine technische Anwendung wegen der dafür benötigten unendlich langen Zeit unrealistisch. Andererseits müsste die im Fall b) ablaufende Zustandsänderung in einer unendlich kurzen Zeitspanne ablaufen, damit das System „keine Zeit" für die Übertragung von Wärme an die Umgebung hätte. Auch das ist unrealistisch. In der Praxis bewegen wir uns zwischen den beiden Zustandsänderungen, in den meisten Fällen näher am Fall b) als am Fall a). Dennoch gehören beide Zustandsänderungen zum analytischen Besteck für die Beurteilung thermodynamischer Zustandsänderungen. Im Kapitel 3 wird das noch genauer untersucht.

4. Wir sehen, dass die Höhe des Aufwands für die Verdichtung ganz wesentlich von der Art der stattfindenden Zustandsänderung abhängt. Es wird sich noch zeigen, dass der Aufwand für die isotherme Verdichtung der minimale, nicht mehr zu unterbietende Aufwand ist. Man ist deshalb bestrebt, bei der Verdichtung von Gas sich einer isothermen Zustandsänderung anzunähern, soweit es eben geht. Deshalb werden die Zylinderwände von Kolbenkompressoren gekühlt, um die Wärmetransport an die Umgebung zu fördern, und nicht etwa isoliert, um die Wärme im System zu behalten.

3 Zustandsänderungen und Zustandsgleichungen

Eine Zustandsgleichung stellt den stoffbezogenen mathematischen Zusammenhang zwischen thermodynamischen Zustandsgrößen dar, mit der der Zustand eines thermodynamischen Systems zumindest teilweise beschrieben werden kann. In diesem Abschnitt beschäftigen wir uns zunächst mit der thermischen Zustandsgleichung, die den stoffspezifischen Zusammenhang zwischen den thermischen Zustandsgrößen Druck p, Temperatur T und dem Volumen V herstellt. Wir betrachten dabei Festkörper und Flüssigkeiten als sogenannte kondensierte Körper sowie Gase und Dämpfe. Wenn Stoffe als hoch verdünnte Gase (das heißt Gase mit sehr niedrigen Drücken) vorliegen, ist das thermische Zustandsverhalten mit dem Modell ideales Gas in mathematisch einfach zu handhabenden Gleichungen sehr gut näherungsweise zu beschreiben. Das gilt dann auch für ihre kalorischen Zustandsgleichungen, die mit den kalorischen Zustandsgrößen innere Energie U und Enthalpie H den energetischen (kalorischen) Zustand eines thermodynamischen Systems charakterisieren. Danach wenden wir uns mit dem stoffbezogenen thermischen und kalorischen Zustandsverhalten von Dämpfen sehr komplex aufgebauten Zustandsgleichungen zu, deren Auswertung man einem Programm für den PC oder entsprechenden Tabellenwerken überlassen muss.

Die Zustandsgleichungen für die Zustandsgröße spezifische Entropie s für ideales Gas führen wir dann im Abschnitt zum zweiten Hauptsatz der Thermodynamik erst in Kapitel 5 ein.

3.1 Zustandsänderungen für kondensierte Körper

Unter kondensierten Körpern verstehen wir hier Festkörper und Flüssigkeiten. Die hier behandelten Zustandsgleichungen sind auch für Gase gültig, werden jedoch so für Gase kaum verwendet, weil die aus der Theorie zum idealen Gas abgeleiteten Zustandsgleichungen zumeist ein komfortableres Arbeiten ermöglichen.

In Kapitel 1 wurde der elementare Grundbegriff des thermodynamischen Gleichgewichts eingeführt. Zustandsänderungen werden durch Prozesse bewirkt, die über eine äußere Einwirkung auf das System Gleichgewichtsstörungen hervorrufen. Anders als man es von der Namensgebung Thermo*dynamik* zunächst vermuten würde, untersucht man hier also Gleichgewichtszustände. Ein treffenderer Name für dieses Wissensgebiet wäre daher eigentlich Thermo*statik*. Eine Zustandsänderung von einem Zustand 1 in einen Zustand 2 ist der Übergang von einem Gleichgewichtszustand in einen neuen Gleichgewichtszustand. Für diesen Übergang wird eine bestimmte Zeit benötigt.

Zustandsänderungen werden in Zustandsgleichungen erfasst, die immer ein stoffspezifisches Abhängigkeitsverhältnis zwischen den thermodynamischen Zustandsgrößen darstellen. Die Zustandsgleichungen können empirisch gefunden oder analytisch aus der statistischen Physik abgeleitet werden. Sie folgen nicht aus dem ersten oder zweiten Hauptsatz der Thermodynamik. Zustandsgleichungen liefern Aussagen zum

https://doi.org/10.1515/9783111017570-003

stoffbezogenen Verhalten der Energieträger eines thermodynamischen Systems. Jede Änderung einer Zustandsgröße in einem thermodynamischen System führt zwangsläufig auch zu einer Änderung der anderen das System charakterisierenden Zustandsgrößen. Für ein homogenes einphasiges Einkomponentensystem lässt sich diese Abhängigkeit ausdrücken durch die thermische Zustandsgleichung (3.1-1), die in dieser implizit gegebenen Form zunächst nur aussagt, dass es zwischen Volumen V, Druck p und der Temperatur T funktionale Beziehungen gibt, nicht aber wie diese konkret aussehen.

$$F(V, p, T) = 0 \qquad (3.1\text{-}1)$$

Gleichung (3.1-1) lässt sich auch in den folgenden expliziten Formen ausdrücken, wenn wir gleichzeitig von der Tatsache Gebrauch machen, dass die thermischen Zustandsgrößen Volumen, Druck und Temperatur vollständige Differentiale darstellen:

$$V = V(p, T) \qquad dV = \left(\frac{\partial V}{\partial p}\right)_T dp + \left(\frac{\partial V}{\partial T}\right)_p dT \qquad (3.1\text{-}2a)$$

$$p = p(V, T) \qquad dp = \left(\frac{\partial p}{\partial V}\right)_T dV + \left(\frac{\partial p}{\partial T}\right)_V dT \qquad (3.1\text{-}2b)$$

$$T = T(p, V) \qquad dT = \left(\frac{\partial T}{\partial p}\right)_V dp + \left(\frac{\partial T}{\partial V}\right)_p dV \qquad (3.1\text{-}2c)$$

Wir erinnern uns dabei, dass nach Gibb'scher Phasenregel (2.1-1) ein einphasiges Einkomponentensystem mit zwei Zustandsgrößen eindeutig festgelegt ist. Das heißt, jeweils zwei thermische Zustandsgrößen treten als unabhängige Variable auf, die dritte kann man dann als abhängige Variable betrachten. Um Aussagen zu allen drei thermischen Zustandsgrößen treffen zu können, benötigt man dann die drei Gleichungen (3.1-2). Die partiellen Differentialquotienten in diesen Gleichungen haben jeweils eine bestimmte physikalische Bedeutung. Im Unterschied zur Mathematik benötigen wir einzelne Differentialquotienten auch in mathematisch selbstständigen Gleichungen, sodass die Angabe der konstant gehaltenen Größe als Index erforderlich ist.

Für spezielle Aussagen über die zu untersuchenden thermodynamischen Systeme sind die Eigenschaften der im System enthaltenen Stoffe zu berücksichtigen. Die Gleichung (3.1-1) oder die daraus folgenden Gleichungen (3.1-2) stellen immer ein stoffspezifisches Abhängigkeitsverhältnis zwischen den thermodynamischen Zustandsgrößen dar. Für jeden Stoff existiert also jeweils eine eigene Zustandsgleichung, in der sich dessen spezielle Eigenschaften widerspiegeln. Diese Zustandsgleichungen können durch Auswertung von Messungen empirisch gefunden oder analytisch mit dem Instrumentarium der statistischen Physik abgeleitet werden. Zwischen den Differentialquotienten besteht ein bemerkenswerter Zusammenhang.

$$\left(\frac{\partial V}{\partial T}\right)_p \cdot \left(\frac{\partial T}{\partial p}\right)_V \cdot \left(\frac{\partial p}{\partial V}\right)_T = -1 \qquad (3.1\text{-}3)$$

Zum Nachweis setzen wir (3.1-2b) in (3.1-2c) ein und folgern:

$$dT = \left(\frac{\partial T}{\partial p}\right)_V \cdot \left(\frac{\partial p}{\partial V}\right)_T \cdot dV + \left(\frac{\partial T}{\partial p}\right)_V \cdot \left(\frac{\partial p}{\partial T}\right)_V \cdot dT + \left(\frac{\partial T}{\partial V}\right)_p \cdot dV$$

und wegen

$$\left(\frac{\partial T}{\partial p}\right)_V \cdot \left(\frac{\partial p}{\partial T}\right)_V = 1$$

$$0 = \left(\frac{\partial T}{\partial p}\right)_V \cdot \left(\frac{\partial p}{\partial V}\right)_T + \left(\frac{\partial T}{\partial V}\right)_p \quad \leftrightarrow \quad 0 = \left(\frac{\partial V}{\partial T}\right)_p \cdot \left(\frac{\partial T}{\partial p}\right)_V \cdot \left(\frac{\partial p}{\partial V}\right)_T + 1 \quad \text{q. e. d.!}$$

Isobare Zustandsänderung

Wird ein Stoff bei konstantem Druck ($dp = 0$) um die Temperaturdifferenz dT erwärmt, ändert sich sein Volumen V nach Gleichung (3.1-2a) um $dV = (\partial V/\partial T)_p \cdot dT$. Unter Bezugnahme auf das Ausgangsvolumen v_0 oder V_0 definiert man:

- Volumenausdehnungskoeffizient β bei konstantem Druck:

$$\beta = \frac{1}{v_0} \cdot \left(\frac{\partial v}{\partial T}\right)_p = \frac{1}{V_0} \cdot \left(\frac{\partial V}{\partial T}\right)_p \qquad [\beta] = 1\,\text{K}^{-1} \tag{3.1-4}$$

Mit (3.1-4) entsteht für die bei der Änderung der Temperatur T_0 auf T_1 induzierte Volumenänderung von V_0 auf das Volumen V_1 nach Maßgabe des isobaren Volumenausdehnungskoeffizienten β (Stoffwerte siehe Tabellen 6.6-1 und 6.6-2):

$$\int_0^1 dV = \beta \cdot V_0 \cdot \int_0^1 dT \quad \rightarrow \quad V_1 - V_0 = \beta \cdot V_0 \cdot (T_1 - T_0) \quad \text{oder}$$

$$V_1 = V_0 \cdot (1 + \beta \cdot (T_1 - T_0)) \tag{3.1-5a}$$

$$v_1 = v_0 \cdot (1 + \beta \cdot (T_1 - T_0)) \qquad \rho_1 = \frac{\rho_0}{1 + \beta \cdot (T_1 - T_0)} \tag{3.1-5b}$$

Die Formeln (3.1-5) enthalten die Temperaturdifferenz $(T_1 - T_0)$, die man für die Verwendung von Celsius-Temperaturen umschreiben kann in $(t_1 - t_0)$. Der Anfangszustand wird zweckmäßig mit $t_0 = 0\,°\text{C}$ festgelegt.

Der Differentialquotient $(\partial V/\partial T)_p$ als Ausdruck für die (isobare) Wärmeausdehnung beschreibt die Tatsache, dass ein jeder Stoff bei einer Temperaturänderung unter gleichbleibenden Druck seine Dichte (sein spezifisches Volumen) ändert. Für einen festen Temperatursprung ist diese Volumenänderung für Flüssigkeiten und Gase wesentlich höher als für feste Körper.

Zum obligatorischen Schulwissen im Fach Physik gehört die mathematische Beschreibung der Längenänderung eines Stabes durch Temperaturdifferenzen. Die Länge eines dünnen Stabes l, der ausgehend von t_0 die Temperatur t erreicht, ergibt sich mit dem zwischen t und t_0 gemittelten linearen Wärmeausdehnungskoeffizienten $\bar{a}_l$ für das jeweilige Material zu:

$$l(t) = l(t_0) \cdot (1 + \bar{a}_l(t - t_0)) = l(t_0) + l(t_0) \cdot \bar{a}_l \cdot \Delta t \tag{3.1-6}$$

$$\bar{a}_l|_{t_0}^{t} = \frac{l(t) - l(t_0)}{l(t_0) \cdot \Delta t} = \frac{1}{l(t_0)} \cdot \frac{\Delta l}{\Delta t} \qquad [\alpha] = 1/K \tag{3.1-7a}$$

Den linearen Wärmeausdehnungskoeffizienten eines Stoffes $a_l = a_l(t)$ bei einer ganz bestimmten Temperatur t erhält man durch den Grenzübergang

$$a_l(t) = \lim_{\Delta t \to 0} \frac{1}{l(t_0)} \cdot \frac{\Delta l}{\Delta t} = \frac{1}{l(t_0)} \cdot \frac{dl}{dt} \tag{3.1-7b}$$

Bildet man nun aus den drei Längen $l_1(t)$, $l_2(t)$ und $l_3(t)$ ein Volumen $V(t)$, ergibt sich $V(t) = l_1(t_0) \cdot l_2(t_0) \cdot l_3(t_0) \cdot (1 + \bar{a}_l \cdot \Delta t)^3 = V(t_0) \cdot (1 + 3 \cdot (\bar{a}_l \cdot \Delta t) + 3 \cdot (\bar{a}_l \cdot \Delta t)^2 + (\bar{a}_l \cdot \Delta t)^3)$. Bei zu vernachlässigenden Gliedern zweiter und dritter Ordnung (die linearen Ausdehnungskoeffizienten besitzen Werte in der Größenordnung $10^{-6}\,K^{-1}$) entsteht durch Koeffizientenvergleich mit Gleichung (3.1-5a):

$$V(t) = V(t_0) \cdot (1 + 3\bar{a}_l \cdot \Delta t) = V(t_0) \cdot (1 + \bar{\beta} \cdot \Delta t) \tag{3.1-8}$$

als Näherung für den Volumenausdehnungskoeffizienten bei Feststoffen und Flüssigkeiten bei isotropen, das heißt in allen drei Koordinatenrichtungen gleichem Materialverhalten:

$$\bar{\beta} \approx 3\bar{a}_l \qquad [\beta] = 1/K \tag{3.1-9}$$

Als bekanntes und oft zitiertes Beispiel für nicht isotropes Materialverhalten wird oft Holz angeführt. Laut der Faustregel nimmt trockenes Holz bei einem Temperaturanstieg von $\Delta t = 1\,K$ längs zur Faser nur circa 0,007 mm/m zu, quer zu Faser aber etwa 0,05 mm/m. Die konkreten Werte hängen natürlich von der Holzart ab, aber grundsätzlich ist der lineare Ausdehnungskoeffizient längs zur Faser mit $7 \cdot 10^{-6}\,K^{-1}$ wesentlich niedriger als quer zur Faser mit $50 \cdot 10^{-6}\,K^{-1}$! In der Regel sind die Abmessungen von Holzbauteilen jedoch quer zur Faserrichtung wesentlich kleiner als längs dazu.

Für den Volumenausdehnungskoeffizienten β gelten für die Temperaturmittelung die Aussagen der Gleichungen (3.1-7a) und (3.1-7b) analog. Angewendet auf den Volumenausdehnungskoeffizienten würde (3.1-7a) den gemittelten Volumenausdehnungskoeffizienten zwischen t_0 und t liefern, (3.1-7b) hingegen den wahren Volumenausdehnungskoeffizienten für die Temperatur t. Bei der Anwendung ist darauf zu achten, welche Daten vorliegen. Tabelle 6.6-1 im Anhang enthält für einige Metalle die gemittelten linearen Ausdehnungskoeffizienten für jeweils zwischen 0 °C und 100 °C sowie zwischen 0 °C und 200 °C. Zur Errechnung eines linearen Ausdehnungskoeffizienten zwischen 100 °C und 200 °C müssten wir genauso vorgehen, wie wir es für die spezifische

Wärmekapazität in Kapitel 2.3 schon kennengelernt haben. Die Anwendung von Formel (2.3-6) auf den linearen Ausdehnungskoeffizienten für temperaturgemittelte Ausgangswerte würde beispielsweise auf

$$\bar{\alpha}_l\big|_{t_1}^{t_2} = \frac{\bar{\alpha}_l\big|_{0\,°C}^{t_2} \cdot t_2 - \bar{\alpha}_l\big|_{0\,°C}^{t_1} \cdot t_1}{t_2 - t_1}$$

führen.

Liegen als Ausgangsdaten die wahren Werte bei der Temperatur t vor, wäre beispielsweise für den zwischen t_1 und t_2 gemittelten Volumenausdehnungskoeffizienten anzusetzen:

$$\bar{\beta}\big|_{t_1}^{t_2} = \frac{1}{6} \cdot \left(\beta(t_1) + 4 \cdot \beta\left(\frac{t_1 + t_2}{2} \right) + \beta(t_2) \right)$$

Für dieses Vorgehen könnten die in Tabelle 6.6-3 aufgeführten Volumenausdehnungskoeffizienten für Wasser verwendet werden. In vielen praktischen Fällen lässt die Datenlage eine saubere Temperaturmittelung gar nicht zu und man muss sich mit entsprechenden Abschätzungen zufriedengeben. In der Fachliteratur sind auf diesem Gebiet nur selten die Werte zu finden, die man eigentlich benötigt.

Flüssigkeiten und Gase besitzen keine Eigengestalt. Deshalb ist hier nur der Volumenausdehnungskoeffizient β von Interesse. Der Volumenausdehnungskoeffizient von Flüssigkeiten ist größer als der von Feststoffen, aber deutlich kleiner als der von Gasen. Mit steigenden Temperaturen nehmen der lineare Ausdehnungskoeffizient und Volumenausdehnungskoeffizient zu (Ausnahme: Wasser). Für Gase im Idealgaszustand ist hingegen der Volumenausdehnungskoeffizient eine Konstante, nämlich

$$\beta = \frac{1}{273{,}15\,\text{K}}$$

Aus (3.1-5b) geht hervor, dass sich die Dichte eines Stoffes mit zunehmender Temperatur verringern muss. Von dieser Regel gibt es jedoch Ausnahmen, eine der bekanntesten ist die Dichteanomalie des Wassers. Bei 0 °C besitzt:
- 1 g flüssiges Wasser ein Volumen von: $V_W = 1{,}00016\,\text{cm}^3$ $\quad (\rho_W = 999{,}840\,\text{kg/m}^3)$
- 1 g Wassereis ein Volumen von: $\quad V_E = 1{,}09000\,\text{cm}^3$ $\quad (\rho_E = 917{,}431\,\text{kg/m}^3)$

Bei 100 °C und physikalischen Normdruck von 1,01325 bar besitzt:
- 1 g Wasserdampf ein Volumen von: $\quad V_D = 1671{,}86\,\text{cm}^3$ $\quad (\rho_D = 0{,}59816\,\text{kg/m}^3)$

Während des Erstarrens des Wassers nimmt sein Volumen also um rund 9 % zu. Daraus resultiert die Sprengwirkung eingeschlossenen Wassers.

Die höchste Dichte (ein Maximum) mit 999,972 kg/m^3 erreicht Wasser bei 3,98 °C ($\approx$ 4 °C). Die Tabelle 6.6-3 im Anhang mit den durch Polynome berechneten Stoffwerten für

Wasser erreicht diese Genauigkeit nicht. Die dort verzeichneten Tabellenwerte können für praktische Rechnungen trotzdem sehr gut verwendet werden.

Der in Tabelle 6.6-3 abgebildete funktionale Zusammenhang $\rho = \rho(t)$ ist auch die Ursache für die Ausbildung der stabilen thermischen Schichtung von Binnengewässern. Im Sommer entsteht mit steigenden Temperaturen an der Wasseroberfläche eine Schicht leichteren, oben aufliegenden Wassers, das nicht in größere Tiefen absinken kann. So wird das Vordringen warmen Wassers in tiefere Schichten verhindert. Im Winter sinkt beim Abkühlen von Gewässern Wasser von 4 °C (also bei maximaler Dichte) nach unten auf den Grund. Meist kühlt das Wasser in kleineren Seen solange ab, bis in etwa überall 4 °C herrschen. Bei einem weiteren Abkühlen von der Wasseroberfläche her liegen dann kältere, aber leichtere Schichten auf, sodass das Zufrieren von oben her erfolgt. Eine Durchmischung der gewässergrundnahen Schicht mit maximaler Dichte findet auch nicht mehr statt, da die kälteren Schichten nicht mehr absinken können. So überleben Fische in Gewässern mit einer ausreichenden Tiefe am Grund in einer Wasserschicht von 4 °C.

Die Dichte $\rho = \rho(t)$ von flüssigem Wasser bei $p = 1,01325$ bar kann durch die zugeschnittene Größengleichung (3.1-10) näherungsweise relativ einfach berechnet werden.

$$\frac{\rho(t)}{\text{kg/m}^3} \approx 999,972 - \frac{7}{1000} \cdot \left(\frac{t}{°C} - 4 \right)^2 \tag{3.1-10}$$

Für ideales Gas steht in den bekannten Modellgrenzen die Zustandsgleichung $v = R_i \cdot T / p$ zur Verfügung. Aus Definitionsgleichung (3.1-4) folgt damit:

$$\beta = \frac{1}{v_0} \cdot \left(\frac{\partial v}{\partial T} \right)_p = \frac{p}{R_i \cdot T_0} \cdot \frac{R_i}{p} = \frac{1}{T_0} \tag{3.1-11}$$

Ideales Gas als Basis für Formel (3.1-11) ist ein Modellgas, das es in der Realität nicht gibt. Messungen des isobaren Volumenausdehnungskoeffizienten β liefern jedoch für die allermeisten Gase einen fast gleichen Wert. Die Abweichungen zwischen den einzelnen Gasen verringern sich kontinuierlich mit abnehmendem Druck. Im Grenzfall $p \to 0$ ergäbe sich für alle Gase der einheitliche Wert von

$$\beta = \frac{1}{273,15 \, \text{K}} \approx 3,66099 \cdot 10^{-3} \, \text{K}^{-1}$$

Formel (3.1-8) liefert für das Volumen eines Gases am Nullpunkt der absoluten Temperaturskala bei 0 K ein Volumen von $V(t = -273,15\,°C) = 0$. Ein am absoluten Nullpunkt der Temperatur verschwindendes Volumen realer Gase ist aber nicht vorstellbar, zumindest das Eigenvolumen der Atome oder Moleküle müsste als Restvolumen verbleiben. Abgesehen davon, dass man den absoluten Nullpunkt technisch nicht erreichen kann,[1]

---

[1] Walter Nernst (1864–1941), deutscher Physiker und Chemiker, Nobelpreisträger für Chemie 1920. Ihm verdanken wir die heute als Nernst'sches Wärmetheorem oder als dritter Hauptsatz der Thermodynamik

kondensieren reale Gase bei tiefen Temperaturen zu Flüssigkeiten und bei noch tieferen Temperaturen erstarren sie zu Feststoffen. In diesen Bereichen dürfen die für Gase geltenden Volumenausdehnungskoeffizienten nicht angewendet werden!

Isochore Zustandsänderung

Erwärmt man einen Stoff bei konstantem Volumen ($dV = 0$) um die Temperaturdifferenz dT ändert sich mit (3.1-2b) der Druck um $dp = (\partial p/\partial T)_V \cdot dT$. Analog zum Vorgehen oben ist hier zur Beschreibung des stoffspezifischen Zusammenhangs mit Bezug auf den Ausgangsdruck p_0 festzuhalten:

– Spannungskoeffizient γ bei konstantem Volumen:

$$\gamma = \frac{1}{p_0} \cdot \left(\frac{\partial p}{\partial T} \right)_V \qquad [\gamma] = 1\,\mathrm{K}^{-1} \tag{3.1-12}$$

$$p_1(T_1) = p_0 \cdot (1 + \gamma \cdot (T_1 - T_0)) \qquad \Delta p = \gamma \cdot p_0 \cdot \Delta T \tag{3.1-13}$$

Erhöht sich die Temperatur in einer durch Gefäßwände an der Volumenausdehnung gehinderten Flüssigkeit, steigt im proportionalen Maß ihr Druck. Mit $p(T)$ als Druck infolge einer Temperaturerhöhung um $\Delta T = T - T_0$ führt der Ansatz $\dfrac{p(T)}{p(T_0)} = \dfrac{V(T)}{V(T_0)}$ über

$$p(T) = p(T_0) \cdot \frac{V(T)}{V(T_0)} = p(T_0) \cdot \frac{V(T_0) \cdot (1 + \bar{\beta} \cdot \Delta T)}{V(T_0)}$$

auf $p(T) = p(T_0) \cdot (1 + \bar{\beta} \cdot \Delta T) = p(T_0) \cdot (1 + \bar{\gamma} \cdot \Delta T)$.

Daraus ist ersichtlich, dass der mittlere isochore Spannungskoeffizient $\bar{\gamma}$ formal mit dem mittleren isobaren Ausdehnungskoeffizienten übereinstimmt; vergleiche auch Maßeinheit $[\bar{\gamma}] = 1/\mathrm{K}$.

$$\bar{\gamma} \equiv \bar{\beta} \tag{3.1-14}$$

Über diese Identität können Literaturwerte für den isochoren Spannungskoeffizienten γ gefunden werden. Isochore Spannungskoeffizienten γ für ausgewählte Flüssigkeiten sind im Anhang in Tabelle 6.6-2 und speziell für Wasser in Tabelle 6.6-3 zusammengestellt.

---

bezeichnete Erkenntnis, dass es mit keinem Prozess bei einer endlichen Zahl von Einzelschritten möglich ist, die Temperatur eines Systems auf den absoluten Nullpunkt von 0 K zu senken. Die tiefste bisher erreichte Temperatur liegt bei etwa 0,0002 K!

Isotherme Zustandsänderung

Steigert man bei konstanter Temperatur ($dT = 0$) den Druck auf einen Stoff, verringert sich das Volumen gemäß (3.1-2a) nach Maßgabe von $dV = (\partial V/\partial p)_T \cdot dp$. Mit Bezug auf das Ausgangsvolumen v_0 oder V_0 definiert man wieder:

– Kompressibilitätskoeffizient χ bei konstanter Temperatur:

$$\chi = -\frac{1}{v_0} \cdot \left(\frac{\partial v}{\partial p}\right)_T = -\frac{1}{V_0} \cdot \left(\frac{\partial V}{\partial p}\right)_T \qquad [\chi] = 1\,\mathrm{Pa}^{-1} = 1\,\frac{\mathrm{m\,s^2}}{\mathrm{kg}} \tag{3.1-15}$$

Das Minuszeichen in Definition (3.1-15) führt in Übereinstimmung mit der Realität bei einer Steigerung des Druckes für positive Werte von χ zu einer Verminderung des Volumens.

$$\Delta V = -\chi \cdot V_0 \cdot \Delta p \quad \text{oder} \quad V(p) = V(p_0) \cdot \left(1 - \bar{\chi} \cdot (p - p_0)\right) \tag{3.1-16}$$

Sehr kleine Werte des Kompressibilitätskoeffizienten χ stehen für eine geringe Kompressionsneigung.

Die *Druckabhängigkeit einer Flüssigkeitsdichte* (die Zusammenpressbarkeit einer Flüssigkeit) wird über den Kompressibilitätskoeffizienten χ beschrieben, dessen Definition sich an das Hooke'sche Gesetz der Mechanik anlehnt. Dieses Gesetz beschreibt im elastischen Bereich den Zusammenhang zwischen Spannungen σ und Dehnungen ε über den Elastizitätsmodul E für isotropes Materialverhalten von Feststoffen in der Form:

$$\sigma = E \cdot \varepsilon \quad \text{oder} \quad \frac{F}{A} = E \cdot \frac{\Delta l}{l} \qquad [E] = 1\,\mathrm{Pa} \tag{3.1-17}$$

Ein hoher Betrag des Elastizitätsmoduls bedeutet demnach, dass das betreffende Material seiner elastischen Verformung einen entsprechend hohen Widerstand entgegensetzt. Der Elastizitätsmodul E darf aber nicht als „Materialhärte" interpretiert werden. Messing als „hartes" Metall besitzt einen fast gleich großen Elastizitätsmodul wie das „weiche" Gold. Die Materialeigenschaft Härte ist ein Ausdruck für die Fließgrenze, das heißt diejenige Spannung, die eine dauerhafte plastische Verformung hervorruft.

Bei den meisten Feststoffen sind die Elastizitätsmodule für Zug- und Druckbeanspruchung gleich groß (Ausnahmen davon sind unter anderem die Materialien Beton und Knochengewebe).

Bei Druckaufprägungen verringern sich die Fluidvolumina. Analog zum Elastizitätsmodul E für Feststoffe definiert der Fluidmechaniker dafür den Kompressionsmodul[2] K für Fluide.

---

2 Achtung! Begrifflich nicht verwechseln mit dem Kompressionsfaktor, wie gelegentlich der Realgasfaktor der allgemeinen Zustandsgleichung für ideales Gas bezeichnet wird!

$$\Delta p = -K \cdot \frac{\Delta V}{V} = -\frac{1}{\bar{\chi}} \cdot \frac{\Delta V}{V} \quad \text{mit} \quad K = \frac{1}{\bar{\chi}} \quad \text{und} \quad [K] = 1\,\text{Pa} \tag{3.1-18}$$

Der Kompressibilitätskoeffizient χ ist also der Kehrwert des Kompressionsmoduls K (oder Elastizitätsmoduls E). Demgemäß bedeuten hier hohe Werte eine geringe Kompressionsneigung.

Flüssigkeiten besitzen mit Kompressibilitätskoeffizienten χ in der Größenordnung von etwa $10^{-10}\,\text{Pa}^{-1}$ um etwa zwei Zehnerpotenzen höhere Werte als Feststoffe. Das bedeutet, dass Flüssigkeiten viel stärker als Feststoffe komprimierbar sind. Am besten komprimierbar sind jedoch Gase, deren Kompressibilitätskoeffizienten χ in der Größenordnung von $10^{-5}\,\text{Pa}^{-1}$ liegen, mithin um fünf Zehnerpotenzen höher als Flüssigkeiten. Im Verhältnis zu Flüssigkeiten sind Gase so sehr gut komprimierbar, weswegen man meist Flüssigkeiten als praktisch inkompressibel behandelt (vergleiche dazu Tabellen 6.6-1 und 6.6-2 im Anhang).

Für die Dichte $\rho = \rho(p)$ ergibt sich:

$$\rho(p) = \frac{m}{V(p)} = \frac{\rho(p_0) \cdot V(p_0)}{V(p_0) \cdot (1 - \bar{\chi} \cdot (p - p_0))} = \frac{\rho(p_0)}{1 - \bar{\chi} \cdot (p - p_0)} \tag{3.1-19}$$

Ausgehend von $\rho = \dfrac{m}{V}$ führt $\dfrac{d\rho}{dV} = -\dfrac{m}{V^2} = -\dfrac{\rho \cdot V}{V^2}$ oder $\dfrac{d\rho}{\rho} = -\dfrac{dV}{V}$ auf den Zusammenhang

$$\frac{\Delta \rho}{\rho(p_0)} = -\frac{\Delta V}{V(p_0)} = +\bar{\chi} \cdot \Delta p \tag{3.1-20}$$

zur Beschreibung der Zunahme der Dichte eines Stoffes bei Druckerhöhung.

Simultane Änderung von Temperatur und Druck

Ändern sich Temperatur und Druck einer Flüssigkeit gleichzeitig, folgt mit $\Delta T = T - T_0$ und $\Delta p = p - p_0$ aus (3.1-5b) und (3.1-19):

$$\rho(T,p) = \frac{\rho(T_0, p_0)}{1 + \bar{\beta} \cdot \Delta T - \bar{\chi} \cdot \Delta p} = \frac{\rho(T_0, p_0)}{(1 + \bar{\beta} \cdot \Delta T) \cdot (1 - \bar{\chi} \cdot \Delta p)} \tag{3.1-21a}$$

wegen $1 + \bar{\beta} \cdot \Delta T - \bar{\chi} \cdot \Delta p \approx (1 + \bar{\beta}\Delta T) \cdot (1 - \bar{\chi} \cdot \Delta p)$, weil $\bar{\beta} \cdot \Delta T \cdot \bar{\chi} \cdot \Delta p \ll 0$

$$v(T,p) - v(T_0, p_0) = \bar{\beta} \cdot v(T_0, p_0) \cdot \Delta T - \bar{\chi} \cdot v(T_0, p_0) \cdot \Delta p \quad \text{oder}$$

$$v(T,p) = v_0(T_0, p_0) \cdot [1 + \bar{\beta} \cdot \Delta T - \bar{\chi} \cdot \Delta p] \tag{3.1-21b}$$

Zwischen den mit (3.1-4), (3.1-12) und (3.1-15) definierten Größen besteht bei gleichem Bezugszustand $p = f(V, T)$ in Übereinstimmung mit (3.1-3) der Zusammenhang

$$\beta = p \cdot \gamma \cdot \chi \tag{3.1-22}$$

Gleichung (3.1-22) hilft, auf die experimentell komplizierte Bestimmung des isothermen Kompressibilitätskoeffizienten χ verzichten zu können.

Abgesehen von Gasen, die sich wie ideales Gas verhalten, bestehen bei realen Gasen und kondensierten Körpern (Dämpfe, Flüssigkeiten, Feststoffe) für den Volumenausdehnungskoeffizienten β sowie für den Kompressibilitätskoeffizienten χ funktionelle Abhängigkeiten in der Form $\beta = \beta(p, T)$ und $\chi = \chi(p, T)$. Die Abhängigkeiten von der Temperatur sind zumeist deutlicher ausgeprägt als die vom Druck. Die Temperatur T stellt deshalb eine zentrale Zustandsgröße für die Charakterisierung des thermischen Energiezustandes eines Stoffes dar.

Bei den Gasen sind die interessierenden Stoffwerte in den benötigten Abhängigkeiten von Druck und Temperatur leider nur für Stickstoff, Sauerstoff, Kohlenstoffdioxid und Luft, bei den Flüssigkeiten nur für Wasser hinreichend gut allgemein bekannt. Die entsprechenden Funktionsgleichungen wurden aus präzisen Messungen abgeleitet und interpolieren/extrapolieren über definierte Temperatur- und Druckbereiche mit relativ guter Genauigkeit. Ansonsten ist man auf einzeln veröffentlichte Literaturwerte oder auf diverse Berechnungsmodelle angewiesen. Für einige wichtige technische Fluide stellt auch der VDI-Wärmeatlas anwenderfreundlich aufbereitete Daten zur Verfügung. Insgesamt ist aber darauf hinzuweisen, dass für veröffentlichte Werte nicht genau dokumentiert ist, unter welchen Bedingungen diese gelten und daher für den praktischen Einsatz nur bedingt geeignet sind.

3.1.1 Beispiele für lineare thermische Dehnung von Festkörpern

1. Temperaturbedingte Ausdehnung von Stäben

Eine lückenlos verlegte Eisenbahnschiene aus Stahl mit einer Querschnittsfläche von $62{,}3\,\text{cm}^2$ und einer Länge von 1 km sei an beiden Enden fest eingespannt und erfahre durch Sonneneinstrahlung eine Erwärmung von 20 K.
  a) Welche Druckspannungen entstehen aus den (verhinderten) Dehnungen im Gleis?
  b) Wie hoch ist die elastische Verformungsarbeit?
  c) Welche Längenzunahme würde das Gleis aufweisen, wenn beide Enden frei beweglich gelagert werden?

Gegeben sind:
Stoffwerte werden in Tabelle 6.6-1 im Anhang bereitgestellt.
Stahl: $\alpha_l = 11 \cdot 10^{-6}\,\text{K}^{-1}$ $\quad$ $E = 210 \cdot 10^3\,\text{N/mm}^2$
$\Delta t = 20\,\text{K}$ $\qquad\qquad$ $A = 62{,}3\,\text{cm}^3 = 6{,}23 \cdot 10^{-3}\,\text{m}^2$ $\qquad$ $l_0 = 1.000\,\text{m}$

Vorüberlegungen:

Die Berechnungsgrundlagen für die Verformungsarbeit erfordern Vorkenntnisse aus der Mechanik, an die wir hier erinnern. Für die Verformungsarbeit W ist zunächst $W = \int_0^{\Delta l} F(x)\mathrm{d}x$ anzusetzen und für die Kraft $F(x)$ nach dem Hooke'schen Gesetz $F(x) = D \cdot x$, wobei D als Konstante über die gesamte Längenänderung Δl angesetzt werden soll. Die für die Verformungsarbeit maßgebliche Kraft F_{max} wird bei $x = \Delta l$ erreicht, also $F_{max} = D \cdot \Delta l = A \cdot \sigma$.

$$W = \int_0^{\Delta l} F(x)\mathrm{d}x = \int_0^{\Delta l} D \cdot x \cdot \mathrm{d}x = \frac{1}{2} \cdot D \cdot (\Delta l)^2 = \frac{1}{2} \cdot F_{max} \cdot \Delta l = \frac{1}{2} \cdot A \cdot \sigma \cdot \Delta l$$

Die maximale elastische Längenänderung Δl ist mit (3.1-17) auszudrücken durch $\Delta l = l \cdot \varepsilon = l \cdot \frac{\sigma}{E}$, sodass für die Verformungsarbeit folgt $W = \frac{A \cdot \sigma^2 \cdot l}{2 \cdot E}$.

Lösung:

a) Ermittlung der Druckspannungen

Die (verhinderte) Dehnung ε als mechanische Größe ergibt sich aus Formel (3.1-17) und (3.1-6) zu $\varepsilon = \Delta l/l = \bar{a} \cdot \Delta t$. Mit der ebenfalls aus der Mechanik bekannten Beziehung $\sigma = E \cdot \varepsilon$ folgen die entstehenden Druckspannungen aus:

$$\sigma = E \cdot \bar{a} \cdot \Delta t = 210.000 \, \frac{\mathrm{N}}{\mathrm{mm}^2} \cdot \frac{11}{10^6} \frac{1}{\mathrm{K}} \cdot 20 \, \mathrm{K} = \underline{\underline{46{,}2 \, \mathrm{MPa}}}$$

Diese Druckspannung liegt etwa bei 10 % der Streckgrenze von Schienenstahl.

b) Elastische Verformungsarbeit

Die Druckspannung kann aus Aufgabenteil (a) übernommen werden.

$$W = \frac{A \cdot \sigma^2 \cdot l}{2 \cdot E} = \frac{6{,}23 \cdot 10^{-3}\mathrm{m}^2 \cdot 2134{,}44(\mathrm{MPa})^2 \cdot 1000 \, \mathrm{m}}{2 \cdot 210.000 \, \mathrm{MPa}} = \underline{\underline{31{,}661 \, \mathrm{kJ}}}$$

c) Längenänderung bei frei beweglicher Lagerung

Aus Formel (3.1-6) folgt $\Delta l = l_0 \cdot \bar{a}_{l,St} \cdot \Delta t = 1000 \, \mathrm{m} \cdot 11 \cdot 10^{-6} \, \mathrm{K}^{-1} \cdot 20 \, \mathrm{K} = \underline{\underline{22 \, \mathrm{cm}}}$, also 0,022 %!

2. Stoßfuge zwischen zwei Eisenbahnschienen

Die Stoßfuge zwischen zwei 20 m langen Eisenbahnschienen aus Stahl verengt sich bei Erwärmung von 5 °C auf 20 °C um 30 % ihres Anfangswertes.

  a) Bei welcher Temperatur stoßen die Schienen vollständig zusammen?
  b) Wie groß ist der anfängliche Abstand in cm?

Gegeben sind:

$t_0 = 5\,°C$ $\qquad t_1 = 20\,°C$ $\qquad \Delta l_1 / \Delta l_2 = 0{,}30{:}1$ $\qquad l = 20\,m$

$\alpha_{St} = 11 \cdot 10^{-6}\,K^{-1}$ (Tabelle 6.6-1 im Anhang)

Lösung:

a) Temperatur für das Zusammenstoßen der Schienen

Ausdehnung ist proportional zur Temperaturänderung $\Delta t_1 = t_1 - t_0$

$$\Delta l_1 : \Delta l_2 = \Delta t_1 : \Delta t_2$$

$$\Delta t_2 = \frac{\Delta l_2}{\Delta l_1} \cdot \Delta t_1 = \frac{1}{0{,}3} \cdot (20\,°C - 5\,°C) = 50\,K \qquad t_2 = t_0 + \Delta t_2 = 5\,°C + 50\,K = \underline{\underline{55\,°C}}$$

b) anfänglicher Abstand in cm

$$\Delta l = l \cdot \alpha_{St} \cdot \Delta t_2 = 20\,m \cdot 11 \cdot 10^{-6}\,K^{-1} \cdot 50\,K = \underline{\underline{1{,}1\,cm}}$$

3. Wärmeausdehnung beim Bohren von Metallen

Mit einem Stahlbohrer von 6,00 mm Durchmesser (bei 20 °C) wird ein Loch in eine Messingscheibe gebohrt. Zu Beginn des Bohrvorgangs weisen Bohrer und Scheibe eine einheitliche Temperatur von 20 °C auf. Während des Bohrens erwärmen sich Bohrer und Messingscheibe auf 180 °C. Welchen Durchmesser hat das Loch in der Scheibe, wenn sich diese wieder auf 20 °C abgekühlt hat?

Gegeben sind:

Stahlbohrer: $d_B = 6{,}00\,mm$ $\qquad \alpha_B = 12{,}0 \cdot 10^{-6}\,K^{-1}$ $\qquad t_0 = 20\,°C$ $\qquad t = 180\,°C$

Messingscheibe: $\qquad\qquad\qquad\qquad \alpha_S = 19{,}3 \cdot 10^{-6}\,K^{-1}$ $\qquad t_0 = 180\,°C$ $\qquad t = 20\,°C$

Vorüberlegungen:

Die Wärmeausdehnung findet hier jeweils in zwei verschiedenen Körpern statt. Grundsätzlich müsste für beide Körper ein Volumenausdehnungskoeffizient herangezogen werden. Praktisch interessiert hier jedoch nur die Ausdehnung/Schrumpfung in radialer Richtung, sodass wir mit den linearen Ausdehnungskoeffizienten aus Tabelle 6.6-1 arbeiten können. Wir verwenden hier die zwischen 0 und 200 °C tabellierten Werte, weil diese für den konkreten Fall der Realität am nächsten kommen.

Der Durchmesser des Stahlbohrers vergrößert sich durch die Erwärmung um Δt linear in radialer Richtung, sodass der Lochdurchmesser beim Bohren größer als der ursprüngliche Durchmesser des Bohrers ausfällt. Mit der Abkühlung um Δt nach dem Bohren verkleinert sich der Lochdurchmesser nach Maßgabe der Wärmedehnung von Messing. Der Durchmesser der Bohrung in der Messingscheibe bei 20 °C muss also kleiner sein als der des Bohrers bei 20 °C, weil $\alpha_B < \alpha_S$ und die Temperaturdifferenz als gleich angenommen wird.

Lösung:

$$d_B(t) = d_B(t_0) \cdot (1 + \alpha_B(t - t_0)) \quad \text{und dann} \quad d_S(t_0) = d_B(t) \cdot (1 + \alpha_S(t_0 - t))$$

$$d_B(180\,^\circ\text{C}) = 6{,}00\,\text{mm} \cdot (1 + 12{,}0 \cdot 10^{-6}\,\text{K}^{-1} \cdot (180\,^\circ\text{C} - 20\,^\circ\text{C})) = 6{,}01152\,\text{mm}$$

$$d_S(20\,^\circ\text{C}) = 6{,}01152\,\text{mm} \cdot (1 + 19{,}3 \cdot 10^{-6}\,\text{K}^{-1} \cdot (20\,^\circ\text{C} - 180\,^\circ\text{C})) \approx \underline{\underline{5{,}993\,\text{mm}}}$$

4. Thermisches Fügen von Querpressverbänden[3]

Zur Herstellung eines Querpressverbandes wird für die Fuge mit dem Durchmesser d_F zwischen Außen- und Innenteil ein Fugendruck p vorgegeben, für dessen dauerhafte Erzeugung ein notwendiges Übermaß u zu ermitteln ist. DIN EN ISO 286-1 definiert eine Übermaßpassung als eine Passung, bei der das Höchstmaß der Bohrung (Nabe) kleiner ist als der Mindestdurchmesser der Welle. Die für den Reibschluss erforderliche Flächenpressung entsteht durch die elastische Verformung beider Bauteile nach dem Fügen. Für das Fügen muss zusätzlich ein Fügespiel s eingehalten werden, um ein vorzeitiges Haften des Pressverbandes während des Fügevorgangs auszuschließen. Die zum Herstellen eines Querpressverbandes erforderliche Durchmesseränderung Δd setzt sich also zusammen aus dem Übermaß und Fügespiel $\Delta d = u + s$.

Dehnverbände sind bei gegebener Raumtemperatur durch Unterkühlen des Innenteils, Schrumpfverbindungen durch Erwärmen des Außenteils zu fügen. Ist ein sehr großes Übermaß erforderlich, kombiniert man beide Verfahren. Das Unterkühlen ist sehr oft technisch aufwendiger als die Erwärmung und wird bevorzugt dann angewandt, wenn die erforderliche Temperatur für das Außenteil für den betreffenden Werkstoff nicht zuträglich ist. Die maximale Fügetemperatur für Baustahl, Gusseisen und Stahlguss beträgt nach DIN 7190 beispielsweise 350 °C. Für das Unterkühlen der Innenteile bei Dehnverbänden setzt man oft CO_2-Trockeneis (verdampft bei −78,4 °C) oder flüssigen Stickstoff (verdampft bei −195,8 °C) ein.

Der Temperaturabhängigkeit des linearen Ausdehnungskoeffizienten $\alpha_l = \alpha_l(t)$ trägt man in DIN 7190 mit werkstoffbezogenen unterschiedlichen mittleren Werten für den längenspezifischen linearen Ausdehnungskoeffizienten beim Erwärmen und beim Unterkühlen Rechnung.

---

3 DIN 7190-1:2017-02 Pressverbände-Teil 1: Berechnungsgrundlagen und Gestaltungsregeln für zylindrische Pressverbände beschäftigt sich mit der kostengünstigen Herstellung zuverlässiger Pressverbände. Die dafür notwendigen Berechnungen gehen deutlich über die in den nachfolgenden Übungsaufgaben behandelten Aspekte hinaus. Außerdem enthält die Norm viele nützliche Hinweise, unter anderem auch für sinnvolle Größenordnungen des Fügespiels s in Abhängigkeit von Fügedurchmesser d.

Werkstoff	Erwärmen	Unterkühlen
– niedrig legierte C-Stähle, Ni-Stähle	$\bar{\alpha}_l = 11 \cdot 10^{-6}\,\mathrm{K}^{-1}$	$\bar{\alpha}_l = 8{,}5 \cdot 10^{-6}\,\mathrm{K}^{-1}$
– Bronze	$\bar{\alpha}_l = 16 \cdot 10^{-6}\,\mathrm{K}^{-1}$	$\bar{\alpha}_l = 14 \cdot 10^{-6}\,\mathrm{K}^{-1}$
– Gusseisen	$\bar{\alpha}_l = 10 \cdot 10^{-6}\,\mathrm{K}^{-1}$	$\bar{\alpha}_l = 8{,}0 \cdot 10^{-6}\,\mathrm{K}^{-1}$

Beispiel 4.1. Herstellung eines Querpressverbandes durch Dehnen oder Schrumpfen

Eine gusseiserne Scheibe soll mit einem Querpressverband auf eine Stahlwelle mit einem Durchmesser von 120 mm montiert werden. Das hierzu notwendige Übermaß wurde nach DIN 7190 mit 65 μm, das dann noch notwendige Spiel zum Einziehen der Welle mit 60 μm ermittelt. Im Anfangszustand weise die Stahlwelle und auch die Gussscheibe jeweils die Raumtemperatur von 20 °C auf.
  a) Auf welche Temperatur muss die Stahlwelle zur Herstellung einer entsprechenden Dehnverbindung gekühlt werden?
  b) Auf welche Temperatur muss die Gussscheibe zur Herstellung einer entsprechenden Schrumpfverbindung erwärmt werden?

Gegeben sind:

$t_0 = 20\,°\mathrm{C}$ $d(t_0) = 120\,\mathrm{mm}$ Spiel: $s = 60\,\mathrm{μm}$ Übermaß: $u = 65\,\mathrm{μm}$

Vorüberlegungen:

Zur Herstellung der Dehnverbindung kühlt man die Stahlwelle, der mittlere lineare Ausdehnungskoeffizient für Stahl ist nach DIN 7190 mit $\bar{\alpha}_{l,St} = 8{,}5 \cdot 10^{-6}\,\mathrm{K}^{-1}$ anzusetzen. Für die Schrumpfverbindung wird die Gussscheibe erwärmt, der mittlere lineare Ausdehnungskoeffizient für Gusseisen beträgt hier nach DIN 7190 $\bar{\alpha}_{l,GE} = 10{,}0 \cdot 10^{-6}\,\mathrm{K}^{-1}$.

Das vorgegebene Übermaß u und das notwendige Spiel s ergeben in Summe die bei der Welle zu erreichende Durchmesserveränderung $\Delta d = u + s$.

$$d(t) = d(t_0) \cdot \left(1 + \bar{\alpha}_l \cdot (t - t_0)\right) = d(t_0) + d(t_0) \cdot \bar{\alpha}_l \cdot (t - t_0)$$

Lösung:

a) Dehnverbindung: der Durchmesser verringert sich durch Kühlung, also $\Delta d < 0$

$$-\Delta d = -[d(t) - d(t_0)] = -[d(t_0) \cdot \bar{\alpha}_{l,St} \cdot (t - t_0)] = u + s$$

$$u + s = d(t_0) \cdot \bar{\alpha}_{l,St} \cdot (t_0 - t)$$

$$t = t_0 - \frac{u + s}{d(t_0) \cdot \bar{\alpha}_{l,St}} = 20\,°\mathrm{C} - \frac{(65 + 60) \cdot 10^{-6}\,\mathrm{m}}{0{,}12\,\mathrm{m} \cdot 8{,}5 \cdot 10^{-6}\,\mathrm{K}^{-1}}$$

$$\approx 20\,°\mathrm{C} - 122{,}55\,\mathrm{K} \approx \underline{\underline{-102{,}55\,°\mathrm{C}}}$$

Die für die Montage der Scheibe auf der Welle nötigen –102,55 °C sind durch Kühlung mit Trockeneis nicht zu erreichen, hier müsste also schon flüssiger Stickstoff eingesetzt werden. Eine Halbierung des Fügespiels würde die Verwendung von Trockeneis gerade noch möglich erscheinen lassen. Doch mit 60 µm ist das Fügespiel für einen Fügedurchmesser von 120 mm schon sehr knapp bemessen, sodass die Verwendung von CO_2-Trockeneis technologisch kaum zu realisieren sein würde.

$$t = t_0 - \frac{u + s}{d(t_0) \cdot \bar{\alpha}_{l,St}} = 20\,°C - \frac{(65 + 30) \cdot 10^{-6}\,m}{0{,}12\,m \cdot 8{,}5 \cdot 10^{-6}\,K^{-1}} \approx \underline{\underline{-73{,}14\,°C}}$$

b) Schrumpfverbindung: der Durchmesser vergrößert sich durch Erwärmung, also $\Delta d > 0$

$$\Delta d = d(t) - d(t_0) = d(t_0) \cdot \bar{\alpha}_{l,GE} \cdot (t - t_0) = u + s \qquad u + s = d(t_0) \cdot \bar{\alpha}_{l,GE} \cdot (t - t_0)$$

$$t = t_0 + \frac{u + s}{d(t_0) \cdot \bar{\alpha}_{l,GE}} = 20\,°C + \frac{(65 + 60) \cdot 10^{-6}\,m}{0{,}12\,m \cdot 10 \cdot 10^{-6}\,K^{-1}} \approx \underline{\underline{+124{,}17\,°C}}$$

Diese Fertigung ist wegen einer wesentlich einfacheren technologischen Realisierung zu bevorzugen.

Beispiel 4.2. Herstellung einer Schrumpfverbindung

Ein dünner Kupferring werde zur Realisierung einer Schrumpfverbindung von 20 °C auf 100 °C erwärmt. Bei dieser Temperatur könnte er passgenau auf eine Stahlwelle, die eine Temperatur von 20 °C aufwies, montiert werden.
   a) Welche Spannungen treten im Ring auf, wenn dieser sich auf 20 °C abgekühlt hat?
   b) Welche Spannungen treten im Ring auf, wenn die gesamte Schrumpfverbindung nach der Montage auf 0 °C gebracht wird?
   c) Bei welcher gemeinsamen Temperatur löst sich die Verbindung auf?

Gegeben sind:

Kupfer: $\quad \alpha_{Cu} = 16{,}5 \cdot 10^{-6}\,K^{-1} \qquad t_{Cu} = 100\,°C \qquad E_{Cu} = 110.000\,N/mm^2$

Stahl: $\quad \alpha_{St} = 11{,}0 \cdot 10^{-6}\,K^{-1} \qquad t_{St} = 20\,°C \qquad E_{St} = 210.000\,N/mm^2$

Vorüberlegungen:
Da sich Ring und Welle stets berühren, muss für beide Körper die jeweilige Summe aus elastischer und thermischer Dehnung gleich sein. Die elastische Dehnung der Welle soll vernachlässigt werden ($\varepsilon_{el,St} = 0$).

Zum Zeitpunkt der Montage muss gelten: $\varepsilon_{el,Cu} + \varepsilon_{th,Cu} = \varepsilon_{el,St} + \varepsilon_{th,St}$ und mit $\varepsilon_{el,St} \approx 0$ folgt unter Berücksichtigung von $\sigma = E \cdot \varepsilon_{el}$: $\frac{\sigma_{Cu}}{E_{Cu}} + \alpha_{Cu} \cdot \Delta t_{Cu} = \alpha_{St} \cdot \Delta t_{St}$

(Temperaturdifferenz Δt = Endtemperatur − Anfangstemperatur)

Lösung:

a) Spannung bei Abkühlung des Rings auf 20 °C

$$\Delta t_{Cu} = 20\,°C - 100\,°C = -80\,K \qquad \Delta t_{St} = 20\,°C - 20\,°C = 0\,K$$

$$\sigma_{Cu} = -E_{Cu} \cdot \alpha_{Cu} \cdot \Delta t_{Cu} = -110.000\,N/mm^2 \cdot 16{,}5 \cdot 10^{-6}\,K^{-1} \cdot (-80\,K) = \underline{\underline{145{,}2\,N/mm^2}}$$

b) Spannung bei Abkühlung der gesamten Schrumpfverbindung auf 0 °C

$$\Delta t_{Cu} = 0\,°C - 100\,°C = -100\,K \qquad \Delta t_{St} = 0\,°C - 20\,°C = -20\,K$$

$$\sigma_{Cu} = E_{Cu} \cdot (\alpha_{St} \cdot \Delta t_{St} - \alpha_{Cu} \cdot \Delta t_{Cu})$$

$$\sigma_{Cu} = 110.000\,N/mm^2 \cdot (11 \cdot 10^{-6}\,K^{-1} \cdot (-20\,K) - 16{,}5 \cdot 10^{-6}\,K^{-1} \cdot (-100\,K))$$

$$= \underline{\underline{157{,}3\,N/mm^2}}$$

c) Die Verbindung löst sich, wenn die thermischen Dehnungen gleich sind.

$$\alpha_{Cu} \cdot (t - 100\,°C) = \alpha_{St} \cdot (t - 20\,°C)$$

$$t = \frac{(\alpha_{Cu}/\alpha_{St}) \cdot 100\,°C - 20\,°C}{\alpha_{Cu}/\alpha_{St} - 1} = \frac{(16{,}5/11) \cdot 100\,°C - 20\,°C}{(16{,}5/11) - 1} = \underline{\underline{260\,°C}}$$

5. Dimensionierung eines Kompensationspendels

Die Kompensationseinrichtung im Pendel, das in Abbildung 3-1 gezeigt wird, trägt dafür Sorge, dass das aus Stahl bestehende Pendel für die exakte Zeitmessung durch den Pendelschlag unabhängig von Temperaturänderungen stets die gleiche Länge $l =$ 90 cm hat. Welche Abmessung x in cm (drei signifikante Ziffern) müssten die beiden Zinkstäbe zur exakten Kompensation der Längenänderungen aufweisen, wenn der lineare Ausdehnungskoeffizient für Zink mit $36{,}0 \cdot 10^{-6}\,K^{-1}$ und der für Stahl mit $11{,}0 \cdot 10^{-6}\,K^{-1}$ gegeben sind?

Gegeben sind:
Stoffwerte werden in Tabelle 6.6-1 des Anhangs bereitgestellt.

$$l = 0{,}9\,m \qquad \alpha_{Zn} = 36{,}0 \cdot 10^{-6}\,K^{-1} \qquad \alpha_{St} = 11{,}0 \cdot 10^{-6}\,K^{-1}$$

Vorüberlegungen:
Die temperaturbedingte Längenänderung des Stahls muss der des Zinks entsprechen, also $\Delta l_{St} = \Delta l_{Zn}$.

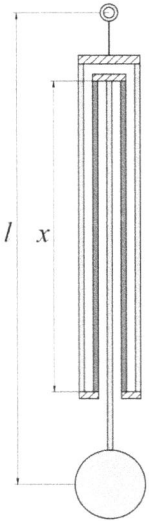

Abb. 3-1: Kompensationseinrichtung eines Uhrpendels aus Stahl mit Zinkstäben für seine temperaturbedingten Längenänderungen.

Aus $l(t) = l_0 + \Delta l = l_0(1 + a \cdot \Delta t)$ folgt für $\Delta l = l_0 \cdot a \cdot \Delta t$. Die bei Temperaturänderungen zu berücksichtigende Ausgangslänge l_0 für Stahl setzt sich aus der Pendellänge l und der Kompensationsstablänge x zusammen und beträgt $l_0 = l + x$, die für die Zinkstäbe $l_0 = x$.

Lösung:
Aus $\Delta l_{St} = \Delta l_{Zn}$ folgt $(l + x)_{St} \cdot a_{St} \cdot \Delta t = x_{Zn} \cdot a_{Zn} \cdot \Delta t$.

Für jeweils gleiche Temperaturdifferenzen Δt ergibt sich

$$l \cdot a_{St} + x \cdot a_{St} = x \cdot a_{Zn} \qquad x = \frac{l \cdot a_{St}}{a_{Zn} - a_{St}} = \frac{0{,}9\,\text{m} \cdot 11 \cdot 10^{-6}\,\text{K}^{-1}}{(36 - 11) \cdot 10^{-6}\,\text{K}^{-1}} = \underline{\underline{0{,}396\,\text{m}}}$$

6. Erwärmung einer Hohlkugel

Gegeben sei eine evakuierte Hohlkugel mit einem Innenradius von 10 cm und einem Außenradius von 15 cm aus Kupfer bei einer Temperatur von 0 °C. In einem Prozess werde die Hohlkugel gleichmäßig auf 100 °C erwärmt.

    a) Vergrößert oder verkleinert sich der Innenraum mit der Materialausdehnung?

    b) Berechnen Sie die prozentuale Änderung des Innenraumvolumens!

    c) Um wie viele μm hat die Wandstärke nach der Erwärmung zugenommen?

Gegeben sind:

$r_i = 0{,}1\,\mathrm{m}$ $\qquad r_a = 0{,}15\,\mathrm{m}$ $\qquad t_1 = 0\,°\mathrm{C}$ $\qquad t_2 = 100\,°\mathrm{C}$

Volumenausdehnungskoeffizient aus Tabelle 6.6-1: $\beta_{\mathrm{Cu}} = 3 \cdot a_{l,\mathrm{Cu}} = 49{,}5 \cdot 10^{-6}\,\mathrm{K}^{-1}$

Lösung:

a) Aussage zum Innenraum der Hohlkugel

Infolge der Materialdehnung vergrößert sich der Innenraum. Der Innenradius wächst aber weniger stark als der Außenradius, was zu Wärmespannungen führt.

b) prozentuale Änderung des Volumens des inneren Hohlraums

$$\frac{V_2(t_2)}{V_1(t_1)} = 1 + \beta_{\mathrm{Cu}} \cdot (t_2 - t_1)$$

$$\rightarrow \quad \frac{V_2(t_2) - V_1(t_1)}{V_1(t_1)} = \beta_{\mathrm{Cu}} \cdot \Delta t = 49{,}5 \cdot 10^{-6}\,\mathrm{K}^{-1} \cdot 100\,\mathrm{K} = \underline{\underline{0{,}00495}}$$

Die Volumenzunahme beträgt ca. 0,5 %.

Alternativ hätte man rechnen können:

$$r_i(t_2) = r_i(t_1) \cdot (1 + a_{\mathrm{Cu}}(t_2 - t_1)) = 0{,}1\,\mathrm{m} \cdot (1 + 16{,}5 \cdot 10^{-6}\,\mathrm{K}^{-1} \cdot 100\,\mathrm{K}) = 0{,}100165\,\mathrm{m}$$

$$\frac{\Delta V}{V} = \frac{\dfrac{4}{3}\pi \cdot (0{,}100165^3 - 0{,}1^3)\,\mathrm{m}^3}{\dfrac{4}{3}\pi \cdot 0{,}1^3\,\mathrm{m}^3} = \underline{\underline{0{,}00495}}$$

c) Zunahme der Wandstärke

$$\Delta\delta = \delta(t_2) - \delta(t_1) \qquad \underline{\underline{\Delta\delta = 82{,}5\,\mathrm{\mu m},}} \quad \text{weil}$$

$$\delta(t_1) = r_a(t_1) - r_i(t_1) = (0{,}15 - 0{,}1)\,\mathrm{m} = 0{,}05\,\mathrm{m} = 50.000\,\mathrm{\mu m}$$

$$\delta(t_2) = \delta(t_1) \cdot (1 + a_l \cdot \Delta t) = 0{,}05\,\mathrm{m} \cdot (1 + 16{,}5 \cdot 10^{-6}\,\mathrm{K}^{-1} \cdot 100\,\mathrm{K})$$

$$= 50.000\,\mathrm{\mu m} \cdot 1{,}00165 = 50.082{,}5\,\mathrm{\mu m}$$

3.1.2 Untersuchung der Volumenzunahme bei Temperatursteigerung

Wie hoch ist die prozentuale Volumenzunahme, wenn folgende Materialien von $0\,°\mathrm{C}$ auf $40\,°\mathrm{C}$ erwärmt werden?

a) Kupfer $\qquad$ b) Wasser

c) Hydrauliköl $\qquad$ d) Luft

Gegeben sind:

Linearer bzw. kubischer Volumenausdehnungskoeffizient nach Tabelle 6.6-2

Kupfer: $\beta_{Cu}(20\,°C) = 49{,}5 \cdot 10^{-6}\,K^{-1}$ (aus $\beta_{Cu} = 3 \cdot \alpha_{Cu}$)

Wasser: $\beta_{Wasser}(20\,°C) \approx 207 \cdot 10^{-6}\,K^{-1}$

Hydrauliköl: $\beta_{Öl}(20\,°C) = 710 \cdot 10^{-6}\,K^{-1}$

Luft: $\beta_{L}(20\,°C) = 3674 \cdot 10^{-6}\,K^{-1}$

$t_1 = 0\,°C$ $\qquad$ $t_2 = 40\,°C$

Lösung:

$V(t) = V_0 \cdot (1 + \beta \cdot \Delta t)$ Gleichung (3.1-5a) $\rightarrow$ $\dfrac{V(t)}{V_0} - 1 = \beta \cdot \Delta t$ mit $\Delta t = t_2 - t_1 = 40\,K$

a) Kupfer $\beta \cdot \Delta t = 49{,}5 \cdot 10^{-6}\,K^{-1} \cdot 40\,K \approx 0{,}00198 \approx \underline{\underline{0{,}2\,\%}}$

b) Wasser $\beta \cdot \Delta t = 207 \cdot 10^{-6}\,K^{-1} \cdot 40\,K \approx 0{,}00828 \approx \underline{\underline{0{,}83\,\%}}$

c) Hydrauliköl $\beta \cdot \Delta t = 710 \cdot 10^{-6}\,K^{-1} \cdot 40\,K \approx 0{,}0284 \approx \underline{\underline{2{,}8\,\%}}$

d) Luft $\beta \cdot \Delta t = 3674 \cdot 10^{-6}\,K^{-1} \cdot 40\,K \approx 0{,}14696 \approx \underline{\underline{14{,}7\,\%}}$

Für d) kann alternativ entwickelt werden:

$p \cdot \Delta V = m \cdot R_L \cdot \Delta T$ $\quad$ und $\quad$ $p \cdot V = m \cdot R_L \cdot T$

$\rightarrow$ $\quad$ $\dfrac{\Delta V}{V_0} = \dfrac{\Delta T}{T_0}$ $\quad \rightarrow \quad$ $\dfrac{V(T)}{V_0} - 1 = \beta \cdot \Delta T$

Daraus ist ersichtlich, dass hier (wie für alle idealen Gase) gilt $\beta = \dfrac{1}{T_0}$

$$\dfrac{V(T)}{V_0} - 1 = \beta \cdot \Delta T = \dfrac{1}{273{,}15\,K} \cdot 40\,K = 0{,}14644 \approx \underline{\underline{14{,}6\,\%}}$$

3.1.3 Ausdehnung von Flüssigkeiten in festen Behältern

1. Ausdehnung von Benzin im Kraftstofftank

In einen leeren Kraftstofftank aus Stahl, dessen Volumen 60 Liter beträgt, wird Benzin mit einer Temperatur von 20 °C eingefüllt. Wie viel Liter Benzin ist in den Tank einzufüllen, wenn bei einer Temperatursteigerung von Tank und seinem Inhalt auf 41 °C ein unkontrolliertes Ausfließen verhindert werden soll?

Gegeben sind:

Benzin $\beta_B = 1060 \cdot 10^{-6}\,\mathrm{K}^{-1}$ (Tab. 6.6-2)   Stahl $\beta_{St} = 3 \cdot \alpha_l = 33 \cdot 10^{-6}\,\mathrm{K}^{-1}$ (Tab. 6.6-1)

$V_T = 60\,\mathrm{Liter} = 60\,\mathrm{dm}^3$ $t_1 = 20\,^\circ\mathrm{C}$ $t_2 = 41\,^\circ\mathrm{C}$ $\Delta t = 21\,\mathrm{K}$

Vorüberlegungen:

1. Möglichkeit für einen Lösungsansatz:

Mit der Temperaturerhöhung von t_1 auf t_2 vergrößert sich sowohl das Volumen des Benzins als auch des Tanks, sodass ein Teil der Volumenzunahme des Tankinhalts von der Volumenzunahme des Tanks aufgefangen wird. Für die Ausdehnung des Benzins ist deshalb ein *scheinbarer* Volumenausdehnungskoeffizient anzusetzen, der sich ergibt aus: $\beta = \beta_B - \beta_{St} = 1027 \cdot 10^{-6} \cdot 1/\mathrm{K}$. Daraus folgt dann $V_T = V_B(t_1) \cdot (1 + \beta \cdot \Delta t)$ und man kann nach der unbekannten Einfüllmenge für das Benzin bei der Temperatur t_1 auflösen.

2. Möglichkeit für einen Lösungsansatz:

Bei der Temperatur $t_2 = 41\,^\circ\mathrm{C}$ muss das Tankvolumen dem Tankinhalt entsprechen. $V_T(t_2 = 41\,^\circ\mathrm{C}) = V_B(t_2 = 41\,^\circ\mathrm{C}) \rightarrow V_T(t_1 = 20\,^\circ\mathrm{C}) \cdot (1 + \beta_{St} \cdot \Delta t) = V_B(t_1 = 20\,^\circ\mathrm{C}) \cdot (1 + \beta_B \cdot \Delta t)$ Auch hier kann man jetzt nach der unbekannten Einfüllmenge für das Benzin bei der Temperatur t_1 auflösen.

Lösung:

1. Möglichkeit:

$$V_B(t_1 = 20\,^\circ\mathrm{C}) = \frac{V_T}{1 + \beta \cdot \Delta t} = \frac{60\,\mathrm{dm}^3}{1 + 1027 \cdot 10^{-6} \cdot 1/\mathrm{K} \cdot 21\,\mathrm{K}} = \underline{\underline{58{,}733\,\mathrm{dm}^3}}$$

2. Möglichkeit:

$$V_B(t_1 = 20\,^\circ\mathrm{C}) = V_T \frac{1 + \beta_{St} \cdot \Delta t}{1 + \beta_B \cdot \Delta t} = 60\,\mathrm{dm}^3 \cdot \frac{1 + 33 \cdot 10^{-6} \cdot 1/\mathrm{K} \cdot 21\,\mathrm{K}}{1 + 1060 \cdot 10^{-6} \cdot 1/\mathrm{K} \cdot 21\,\mathrm{K}} = \underline{\underline{58{,}733\,\mathrm{dm}^3}}$$

Beim Einfüllen muss die Füllmenge ca. 1,267 Liter unter der des Tankvolumens von 60 Liter liegen.

Vernachlässigt man die Volumenausdehnung des Stahls, würde man eine maximal mögliche Einfüllmenge ermitteln von:

$$V_B(t_1 = 20\,^\circ\mathrm{C}) = \frac{V_T}{1 + \beta_B \cdot \Delta t} = \frac{60\,\mathrm{dm}^3}{1 + 1060 \cdot 10^{-6} \cdot 1/\mathrm{K} \cdot 21\,\mathrm{K}} = \underline{\underline{58{,}694\,\mathrm{dm}^3}}$$

also mit einem relativen Fehler von ungefähr 0,07 %.

2. Überlaufen von aufgefangener Kältesole

Ein würfelförmiger, oben offener und bei einer Temperatur von −20 °C ein Volumen von 2000 Liter fassender Behälter enthalte 1950 Liter Sole aus einer Kälteanlage mit einer Temperatur von −20 °C. Beim Stillstand der Anlage nehmen Behälter und Sole langsam die Raumtemperatur von 20 °C an. Zur Vereinfachung darf angenommen werden, dass im Ausgangszustand Behälter und Sole jeweils die Temperatur von −20 °C aufweisen. Der lineare Ausdehnungskoeffizient für den Werkstoff des Behälters sei mit $12 \cdot 10^{-6}\,\mathrm{K}^{-1}$, der isobare Volumenausdehnungskoeffizient für die Kältesole sei mit $0{,}001\,\mathrm{K}^{-1}$ gegeben.

   a) Wie groß ist das Fassungsvermögen des Behälters bei Raumtemperatur von 20 °C in Litern?
   b) Welches Volumen nimmt die Kältesole bei 20 °C ein?
   c) Bei welcher Temperatur in Grad Celsius beginnt der Behälter überzulaufen?

Gegeben sind:
$t_0 = -20\,°\mathrm{C}$ $t = +20\,°\mathrm{C}$ $V_{B,0} = 2000\ \text{Liter}$ $V_{S,0} = 1950\ \text{Liter}$
$\alpha_B = 12 \cdot 10^{-6}\,\mathrm{K}^{-1}$ $\beta_S = 0{,}001\,\mathrm{K}^{-1}$

Wir verwenden den Index B für Behälter und den Index S für Sole.

Lösung:
a)   Volumenaufnahme, wenn sich der Behälter auf 20 °C erwärmt

$$\beta_B \approx 3 \cdot \alpha_B \qquad \beta_B = 3 \cdot 12 \cdot 10^{-6}\,\mathrm{K}^{-1} = 36 \cdot 10^{-6}\,\mathrm{K}^{-1}$$
$$V_B(20\,°\mathrm{C}) = V_{B,0}(1 + \beta_B \cdot (t - t_0)) = 2000\ \text{Liter} \cdot (1 + 36 \cdot 10^{-6}\mathrm{K}^{-1} \cdot (20\,°\mathrm{C} - (-20\,°\mathrm{C})))$$
$$= \underline{\underline{2002{,}88\ \text{Liter}}}$$

b)   Volumen Kältesohle bei 20 °C

$$V_S(20\,°\mathrm{C}) = V_{S,0}(1 + \beta_S \cdot (t - t_0)) = 1950\ \text{Liter} \cdot (1 + 0{,}001\,\mathrm{K}^{-1} \cdot 40\,\mathrm{K}) = \underline{\underline{2028\ \text{Liter}}}$$

c)   Temperatur für Beginn des Überlaufens des Behälters $t_{\ddot{u}}$
Bei der gesuchten Temperatur sind die Volumina von Behälter und Sole gleich groß:

$$V_{S,0} + \Delta V_S = V_{B,0} + \Delta V_B \qquad V_{S,0} + V_{S,0} \cdot \beta_S \cdot \Delta t = V_{B,0} + V_{B,0} \cdot \beta_B \cdot \Delta t$$
$$\Delta t \cdot (V_{S,0} \cdot \beta_S - V_{B,0} \cdot \beta_B) = V_{B,0} - V_{S,0}$$
$$\Delta t = \frac{V_{B,0} - V_{S,0}}{V_{S,0} \cdot \beta_S - V_{B,0} \cdot \beta_B} = \frac{(2000 - 1950)\ \text{Liter}}{1950\ \text{Liter} \cdot 0{,}001\,\mathrm{K}^{-1} - 2000\ \text{Liter} \cdot 36 \cdot 10^{-6}\,\mathrm{K}^{-1}} \approx 26{,}62\,\mathrm{K}$$
$$t_{\ddot{u}} = t_0 + \Delta t = -20\,°\mathrm{C} + 26{,}62\,\mathrm{K} \approx \underline{\underline{6{,}6\,°\mathrm{C}}}$$

3. Flüssigkeitsthermometer

Ein aus Glas gefertigtes Flüssigkeitsthermometer verwende einmal Quecksilber und einmal gefärbtes Ethanol als Thermometerflüssigkeit. Der lineare Ausdehnungskoeffizient für das Thermometerglas betrage $6 \cdot 10^{-6}\,K^{-1}$.

    a) Welchen Innendurchmesser in mm müsste die Kanüle des Thermometers jeweils aufweisen, wenn die Skala des Thermometers mit einer Teilung von 1 °C je mm gestaltet wird und der Vorratsbehälter am unteren Ende ein Volumen von 0,25 cm^3 besitzen soll?

    b) Wie hoch ist jeweils das Volumen der Thermometerflüssigkeit in ml bei einem Kanülendurchmesser von 0,3 mm, wenn die Thermometerflüssigkeit bei einem Temperaturanstieg von 18 °C auf 30 °C um 6,5 cm steigt?

Gegeben sind:

Volumenausdehnungskoeffizient β der Thermometerflüssigkeit aus Tabelle 6.6-2

$\beta_{Hg} = 181 \cdot 10^{-6}\,K^{-1}$ und $\beta_{Eth} = 1100 \cdot 10^{-6}\,K^{-1}$ $\alpha_{Glas} = 6 \cdot 10^{-6}\,K^{-1}$

a) $(\Delta t = 1\,K) \equiv (\Delta h = 1\,mm)$ $V_0 = 0,25\,cm^3$

b) $\Delta l = 6,5\,cm$ $d = 0,3\,mm$ $\Delta t = 30\,°C - 18\,°C = 12\,K$

Lösung:

a)   Kanülendurchmesser für vorgegebene Teilung auf der Strichplatte der Skala scheinbare Volumenausdehnungskoeffizienten der Thermometerflüssigkeiten:

$$\beta_{Hg} \equiv \beta_{Hg} - 3 \cdot \alpha_{Glas} = (181 - 18) \cdot 10^{-6}1/K = 163 \cdot 10^{-6}\,K^{-1}$$

$$\beta_{Eth} \equiv \beta_{Eth} - 3 \cdot \alpha_{Glas} = (1100 - 18) \cdot 10^{-6}1/K = 1082 \cdot 10^{-6}\,K^{-1}$$

wegen $V_0 = 0,25\,cm^3$ wählt man zweckmäßig $\Delta t = 10\,K \equiv \Delta h = 1\,cm$

$$V(\Delta h) = V_0(1 + \beta \cdot \Delta t) = V_0 + V_0 \cdot \beta \cdot \Delta t \quad \text{und} \quad \Delta V = \frac{\pi}{4}d^2 \cdot \Delta h \quad \text{sowie}$$

$$\Delta V = V(t_0 + \Delta t) - V_0 = V_0 \cdot \beta \cdot \Delta t \quad \text{führt auf:}$$

$$\frac{\pi}{4}d^2 \cdot \Delta h = V_0 \cdot \beta \cdot \Delta t \quad \rightarrow \quad d = \sqrt{\frac{4 \cdot V_0 \cdot \beta \cdot \Delta t}{\pi \cdot \Delta h}}$$

Quecksilber:

$$d = \sqrt{\frac{4 \cdot 0,25\,cm^3 \cdot 163 \cdot 10^{-6}\,K^{-1} \cdot 10\,K}{\pi \cdot 1\,cm}} \approx 0,0228\,cm = \underline{\underline{0,228\,mm}}$$

Wir haben die Temperaturabhängigkeit des Volumenausdehnungskoeffizienten hier nicht berücksichtigt. So zeigt eine auf 0 °C und 100 °C abgeglichene und gleichmäßig unterteilte Temperaturskala eines Quecksilberthermometers wegen der

Temperaturabhängigkeit des Volumenausdehnungskoeffizienten bei 50 °C eine um 0,1 °C zu hohe Temperatur an.

Ethanol:

$$d = \sqrt{\frac{4 \cdot 0,25 \, cm^3 \cdot 1082 \cdot 10^{-6} \, K^{-1} \cdot 10 \, K}{\pi \cdot 1 \, cm}} \approx 0,0587 \, cm = \underline{\underline{0,587 \, mm}}$$

b) Volumen Thermometerflüssigkeit bei Kanülendurchmesser $d = 0,3 \, mm = 0,03 \, cm$

$$\Delta V(\Delta t) = \Delta V_{Flüssig} - \Delta V_{Glas} = A \cdot \Delta l \quad \rightarrow \quad \beta_{Flüssig} \cdot V \cdot \Delta t - 3\alpha_{Glas} \cdot V \cdot \Delta t = A \cdot \Delta l$$

$$(\beta_{Flüssig} - 3\alpha_{Glas}) \cdot V \cdot \Delta t = \frac{\pi}{4}d^2 \cdot \Delta l \quad \rightarrow \quad V = \frac{\pi \cdot d^2 \cdot \Delta l}{4 \cdot (\beta_{Flüssig} - 3\alpha_{Glas}) \cdot \Delta t}$$

Quecksilber:

$$V = \frac{\pi \cdot 0,03^2 \, cm^2 \cdot 6,5 \, cm}{4 \cdot (181 - 18) \cdot 10^{-6} \cdot 1/K \cdot 12 \, K} = \frac{18378,31702 \, cm^3}{7824} \approx 2,35 \, cm^3 = \underline{\underline{2,35 \, ml}}$$

Ethanol:

$$V = \frac{\pi \cdot 0,03^2 \, cm^2 \cdot 6,5 \, cm}{4 \cdot (1100 - 18) \cdot 10^{-6} \cdot 1/K \cdot 12 \, K} = \frac{18378,31702 \, cm^3}{51936} \approx 0,354 \, cm^3 = \underline{\underline{0,354 \, ml}}$$

3.1.4 Anstieg des Flüssigkeitsspiegels in liegendem Zylindertank

Ein liegender Zylinder von 4 m Länge (Radius 2 m) sei bis zu einer Füllstandshöhe von 3 m mit Wasser von 11 °C gefüllt und verfüge über eine sehr gute Wärmeisolation. Über eine elektrische Widerstandsheizung werde das Wasser auf 85 °C erwärmt.
   a) Welches Wasservolumen (gerundet auf volle Liter) enthält der Zylindertank?
   b) Wie viele Kilowattstunden elektrischer Strom muss für die verlustfreie Erwärmung bereitgestellt werden?
   c) Um welchen Betrag (gerundet auf volle Millimeter) nimmt die Füllhöhe durch die Erwärmung zu?

Vorüberlegungen:
Wie Abbildung 3-2 zeigt, ergibt sich das grau unterlegte Volumen der Flüssigkeit im liegenden Zylinder aus dem Volumen des Vollzylinders abzüglich des Volumens, das mit dem Kreissegment oberhalb des Füllstandes gebildet wird. Der Schlüssel zur erfolgreichen Lösung dieser Aufgabe ist das Finden einer Funktion $V = V(h)$, wozu spezielle

geometrische Kenntnisse erforderlich sind. Die Veränderung des Füllstandes infolge der Temperaturerhöhung ergibt sich mit dem Ansatz $\dfrac{\mathrm{d}V(h)}{\mathrm{d}h} = \dfrac{\Delta V}{\Delta h}$.

Wegen der guten Wärmeisolation des Behälters ist von einer verlustlosen Übertragung der elektrischen Energie der Heizwendel an das Wasser auszugehen. Wir vernachlässigen dabei, dass auch den Zylinderwänden Wärme zugeführt wird. Die Temperaturerhöhung berechnet man mit der Grundgleichung der Kalorik (2.3-2a). Dafür benötigt man die spezifische Wärmekapazität von Wasser zwischen 11 und 85 °C, die mithilfe von Formel (2.3-5) und den Stoffwerten für Wasser aus Tabelle 6.6-3 im Anhang ermittelt werden kann. Mann benötigt dazu die Stoffwerte zu Beginn und am Ende der Wärmezufuhr (11 °C und 85 °C) sowie in der Mitte des Temperaturintervalls bei 48 °C.

Gegeben sind:

$r = 2\,\mathrm{m}$ $\qquad l = 4\,\mathrm{m}$ $\qquad h = 3\,\mathrm{m}$ $\qquad t_1 = 11\,°\mathrm{C}$ $\qquad t_2 = 85\,°\mathrm{C}$

Stoffwerte nach Tabelle 6.6-3:

$\rho(11\,°\mathrm{C}) = 999{,}6\,\mathrm{kg/m^3}$ $\qquad \rho(85\,°\mathrm{C}) = 968{,}62\,\mathrm{kg/m^3}$

$\beta(11\,°\mathrm{C}) = 0{,}10115 \cdot 10^{-3}\,\mathrm{K^{-1}}$ $\quad \beta(48\,°\mathrm{C}) = 0{,}4435 \cdot 10^{-3}\,\mathrm{K^{-1}}$ $\quad \beta(85\,°\mathrm{C}) = 0{,}6695 \cdot 10^{-3}\,\mathrm{K^{-1}}$

$c(11\,°\mathrm{C}) = 4{,}194\,\mathrm{kJ/(kg\,K)}$ $\qquad c(48\,°\mathrm{C}) = 4{,}179\,\mathrm{kJ/(kg\,K)}$ $\qquad c(85\,°\mathrm{C}) = 4{,}200\,\mathrm{kJ/(kg\,K)}$

Lösung:

a) Wasservolumen im Zylinder

Die Differenz der vollen Kreisfläche $\pi \cdot r^2$ abzüglich des in Abbildung 3-2 grau unterlegten Kreissegmentes A, das mit der Bogenhöhe h errechnet werden kann, multipliziert man mit der Behälterlänge l, um das Flüssigkeitsvolumen im liegenden Behälter zu bestimmen.

$$A_{Fl} = \pi r^2 - \frac{r^2}{2} \cdot (\alpha - \sin \alpha) = \pi r^2 \frac{r^2}{2} \cdot (2\varphi - \sin 2\varphi)$$

Fläche A des Kreissegments (vergleiche: Formelsammlung Bartsch, 24. Auflage, S. 146)

$$A = \frac{r^2}{2} \cdot (\alpha - \sin \alpha) = \frac{r^2}{2} \cdot (2\varphi - \sin 2\varphi)$$

Winkel α in Bogenmaß und mit $\varphi = \dfrac{\alpha}{2}$ sowie:

$$\sin 2\varphi = 2 \sin \varphi \cdot \cos \varphi = 2 \cdot \sqrt{1 - \cos^2 \varphi} \cdot \cos \varphi \quad \text{und} \quad \cos \varphi = \frac{h - r}{r}.$$

Aus der Skizze können die für die weiteren Überlegungen wichtigen Dreiecksbeziehungen für das rechtwinklige Dreieck herausgezogen werden:

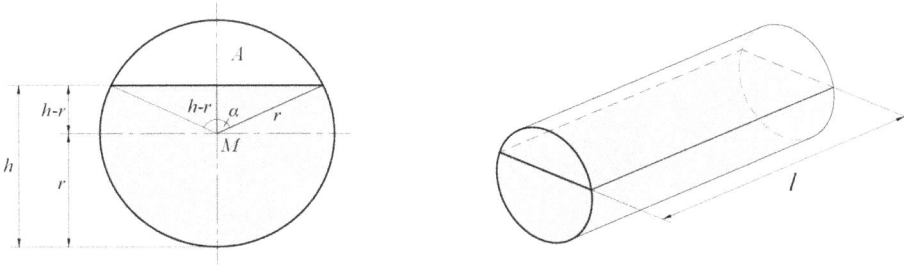

Abb. 3-2: Mit Wasser gefüllter liegender Zylindertank. In der rechten Bildhälfte ist grau unterlegt die Wasserfüllung im Querschnitt des Tanks dargestellt. Darüber liegt als weiße Fläche das Kreissegment, dessen Flächeninhalt über die Parameter Radius r und Winkel α berechnet wird.

$$A = \frac{r^2}{2} \cdot \left(2\arccos \frac{h-r}{r} - 2 \cdot \sqrt{1 - \left(\frac{h-r}{r}\right)^2} \cdot \frac{h-r}{r} \right)$$

woraus für das Füllvolumen (Vollzylinder abzüglich des Volumens, das vom Kreissegment A gebildet wird) $V(h) = \pi r^2 \cdot l - A(h) \cdot l$ folgt:

$$V = r^2 \cdot l \cdot \left(\pi - \arccos \frac{h-r}{r} + \frac{h-r}{r} \cdot \sqrt{1 - \left(\frac{h-r}{r}\right)^2} \right)$$

$$\frac{dV}{dh} = r^2 \cdot l \cdot \left[\frac{1/r}{\sqrt{1 - \left(\frac{h-r}{r}\right)^2}} + \frac{1}{r} \cdot \sqrt{1 - \left(\frac{h-r}{r}\right)^2} - \frac{h-r}{r} \cdot \frac{\frac{h-r}{r} \cdot \frac{1}{r}}{\sqrt{1 - \left(\frac{h-r}{r}\right)^2}} \right]$$

$$= 2l \cdot \sqrt{h(2r-h)}$$

$$\Delta V = V_2 - V_1 = 2l \cdot \sqrt{h_1(2r - h_1)} \cdot (h_2 - h_1) \quad \text{und damit} \quad \Delta h = \frac{V_2 - V_1}{2l \cdot \sqrt{h_1(2r - h_1)}}$$

$$V_1 = r^2 \cdot l \cdot \left(\pi - \arccos \frac{h-r}{r} + \frac{h-r}{r} \cdot \sqrt{1 - \left(\frac{h-r}{r}\right)^2} \right)$$

$$V_1 = 4\,\text{m}^2 \cdot 4\,\text{m} \cdot \left(\pi - \arccos \frac{1}{2} + \frac{1}{2} \cdot \sqrt{1 - 0{,}25} \right)$$

$$= 16\,\text{m}^3 \cdot (\pi - 1{,}047197551 + 0{,}433012701)$$

$$V_1 = 40{,}43852487\,\text{m}^3 \approx 40{,}439\,\text{m}^3 = \underline{\underline{40.439\,\ell}}$$

b) benötigte elektrische Energie für die Erwärmung (verlustfrei)

Berechnung der temperaturgemittelten spezifischen Wärmekapazität mit Formel (2.3-5):

$$\bar{c}|_{t_1}^{t_2} = \frac{1}{6}\left(c(t_1) + 4 \cdot c\left(\frac{t_1 + t_2}{2}\right) + c(t_2)\right)$$

$$\bar{c}|_{11\,°C}^{85\,°C} = \frac{1}{6}(4{,}194 + 4 \cdot 4{,}179 + 4{,}200)\frac{kJ}{kgK} = \underline{\underline{4{,}185\,kJ/(kg\,K)}}$$

Berechnung der Wärme zur Temperaturerhöhung von t_1 auf t_2 = elektrische Energie

$$Q = m \cdot \bar{c}|_{t_1}^{t_2} \cdot (t_2 - t_1) = \rho(t_1) \cdot V_1 \cdot \bar{c}|_{t_1}^{t_2} \cdot (t_2 - t_1)$$

$$Q = 999{,}6\,kg/m^3 \cdot 40{,}43852487\,m^3 \cdot 4{,}185\,kJ/(kg\,K) \cdot (85\,°C - 11\,°C) \cdot 1\,h/3.600\,s$$

$$= \underline{\underline{3.477{,}3\,kWh}}$$

c) Zunahme des Füllstandes kann auf zwei unterschiedlichen Wegen erfolgen:

1. Gleichung (3.1-8) und temperaturgemittelter Volumenausdehnungskoeffizienten β

$$\bar{\beta}|_{11\,°C}^{85\,°C} = \frac{1}{6} \cdot (\beta(11\,°C + 4 \cdot \beta(48\,°C) + \beta(85\,°C))$$

$$\Delta h = \frac{\Delta V}{2l \cdot \sqrt{h_1(2r - h_1)}} = \frac{1{,}269123263\,m^3}{8\,m \cdot \sqrt{3}\,m \cdot 1m} = 0{,}091591082\,m \approx \underline{\underline{92\,mm}}$$

2. Aus m = konstant oder $\rho_1 \cdot V_1 = \rho_2 \cdot V_2$

$$V_2 = V_1 \cdot \frac{\rho_1}{\rho_2} = 40{,}43852487\,m^3 \cdot \frac{999{,}6\,kg/m^3}{968{,}62\,kg/m^3} = 41{,}73189637\,m^3$$

$$\Delta h = \frac{V_2 - V_1}{2l \cdot \sqrt{h_1(2r - h_1)}} = \frac{(41{,}73189637 - 40{,}43852487)m^3}{8\,m \cdot \sqrt{3}\,m \cdot 1\,m} = 0{,}09334\,m \approx \underline{\underline{93\,mm}}$$

Die rund um 1 % voneinander abweichenden Ergebnisse sind der unterschiedlichen Genauigkeiten bei den Stoffwerten geschuldet.

3.1.5 Druckentstehung durch Flüssigkeiten in geschlossenen Gefäßen

1. Erwärmung von verschiedenen Fluiden in einer Stahlflasche

Welcher Druck in bar wird in einer Stahlflasche erreicht, wenn sich bei einem Ausgangsdruck von 1 bar
   a) ein blasenfrei eingeschlossenes Hydrauliköl von 20 °C auf 60 °C und
   b) trockene Luft von 20 °C auf 60 °C

zusammen mit der Stahlflasche erwärmen? Welcher Druck entsteht, wenn man die thermische Dehnung der Stahlflasche vernachlässigt?

Gegeben sind:
Stoffwerte aus Tabelle 6.6-2 und Tabelle 6.6-1 für Stahl
a) Hydrauliköl: $\quad \beta_{\ddot{O}l} = 710 \cdot 10^{-6} \cdot 1/\text{K} \qquad \chi_{\ddot{O}l} = 320 \cdot 10^{-12}\,\text{Pa}^{-1}$
b) Luft: $\qquad\quad \beta_{Luft} = 1/293{,}15\,\text{K} \qquad \chi_{Luft} = 1 \cdot 10^{-5}\,\text{Pa}^{-1} = 1\,\text{bar}^{-1}$
   Stahl: $\qquad\quad \alpha_{l,St} = 11 \cdot 10^{-6} \cdot 1/\text{K} \qquad \beta_{St} = 33 \cdot 10^{-6} \cdot 1/\text{K}$
$\qquad\qquad\qquad t_0 = 20\,°\text{C} \qquad\qquad t_1 = 60\,°\text{C} \qquad\qquad\qquad \Delta t = 40\,\text{K}$
$\qquad\qquad\qquad p_0 = 1\,\text{bar}$

Vorüberlegungen:
Das Volumen des Fluides (Hydrauliköl oder trockene Luft) kann sich in der Höhe nur nach Maßgabe der temperaturbedingten Ausdehnung der Stahlumhüllung vergrößern. In diesem Bereich folgt die Ausdehnung des eingeschlossenen Fluids einem sich aus den Volumenausdehnungskoeffizienten des Fluids sowie des Stahls ergebenden scheinbaren Volumenausdehnungskoeffizienten. Die aus der stärkeren Neigung zur Ausdehnung resultierende, darüber hinaus gehende Volumenausdehnung ist durch die Umhüllung behindert und führt unter Berücksichtigung des Kompressibilitätskoeffizienten χ zum Druckaufbau gemäß (3.1-18).
   Für Luft haben wir hier von der für ideales Gas gültigen Beziehung $\beta = 1/T$ gemäß (3.1-11) Gebrauch gemacht, weil die Voraussetzungen für die Anwendung des Modells ideales Gas sehr gut erfüllt sind. Für den isochoren Spannungskoeffizienten folgen:

$$\gamma = \frac{\beta}{\chi \cdot p} = \frac{3{.}674 \cdot 10^{-6}\,\text{K}^{-1}}{1\,\text{bar}^{-1} \cdot 1\,\text{bar}} = 0{,}003674\,\text{K}^{-1} \qquad \text{(mit den Stoffwerten nach Tabelle 6.6-2)}$$

$$\gamma = \beta = 1/T = 1/293{,}15\,\text{K}^{-1} = 0{,}003411\,\text{K}^{-1} \qquad \text{(ideales Gas)}$$

Lösung:
Wegen

$$\left(\frac{\Delta V}{V}\right)_{Ausdehnung} + \left(\frac{\Delta V}{V}\right)_{Kompression} = 0$$

folgt

$$\left(\frac{\Delta V}{V}\right)_{Ausdehnung} = -\left(\frac{\Delta V}{V}\right)_{Kompression}$$

Mit den Gleichungen (3.1-14) und (3.1-18) ergibt sich daraus:

$$(\beta_{Fluid} - \beta_{St}) \cdot \Delta t = -(-\chi_{Fluid} \cdot \Delta p) \quad \rightarrow \quad \Delta p = \Delta t \cdot \frac{\beta_{Fluid} - \beta_{St}}{\chi_{Fluid}} \quad \text{und} \quad p_1 = p_0 + \Delta p$$

Das Ergebnis erhalten wir auch, wenn man von $p_1 = p_0 \cdot (1 + \gamma \cdot \Delta t)$ ausgeht. Der isochore Spannungskoeffizient steht uns in Tabelle 6.6-2 als Stoffwert nicht zur Verfügung, sodass man auf die Berechnung über Gleichung (3.1-21) angewiesen ist. Danach ist $p_0 \cdot \gamma = \beta/\chi$. Für die Berücksichtigung der thermischen Ausdehnung der Stahlflasche ist für den isobaren Volumenausdehnungskoeffizienten der scheinbare Wert $\beta_{Fluid} - \beta_{St}$ einzusetzen, bei Vernachlässigung der thermischen Dehnung der Stahlflasche nur der des Fluids.

a) Hydrauliköl

– Berücksichtigung der thermischen Dehnung der Stahlflasche

$$\Delta p = 40 \, \text{K} \cdot \frac{(710 - 33) \cdot 10^{-6} \cdot 1/\text{K}}{320 \cdot 10^{-12} \cdot 1/\text{Pa}} = 846{,}25 \, \text{bar}$$

$$p_1 = 1 \, \text{bar} + 846{,}25 \, \text{bar} = \underline{847{,}25 \, \text{bar}}$$

– ohne thermische Dehnung der Stahlflasche

$$\Delta p = 40 \, \text{K} \cdot \frac{710 \cdot 10^{-6} \cdot 1/\text{K}}{320 \cdot 10^{-12} \cdot 1/\text{Pa}} = 887{,}5 \, \text{bar}$$

$$p_1 = 1 \, \text{bar} + 887{,}5 \, \text{bar} = \underline{888{,}5 \, \text{bar}}$$

b) Trockene Luft

$$\Delta p = 40 \, \text{K} \cdot \frac{\dfrac{1}{293{,}15 \, \text{K}} - 33 \cdot 10^{-6} \, \text{K}^{-1}}{1 \cdot 10^{-5} \, \text{Pa}^{-1}} = 0{,}13513 \, \text{bar}$$

$$p_1 = (1 + 0{,}13513) \, \text{bar} = \underline{1{,}13513 \, \text{bar}}$$

Alternativ könnte man auch über die Grundgleichung für ideales Gas einen Lösungsansatz gewinnen. Das Volumen V_1 ist dabei das von der Stahlflasche nach ihrer Erwärmung.

$$\frac{p_0 \cdot V_0}{T_0} = \frac{p_1 \cdot V_0 \cdot (1 + \beta_{st} \cdot \Delta t)}{T_1} \quad \rightarrow \quad p_1 = p_0 \cdot \frac{T_1}{T_0 \cdot (1 + \beta_{St} \cdot \Delta t)}$$

$$p_1 = 1 \, \text{bar} \cdot \frac{333{,}15 \, \text{K}}{293{,}15 \, \text{K} \cdot (1 + 33 \cdot 10^{-6} \, \text{K}^{-1} \cdot 40 \, \text{K})} = \underline{1{,}135925 \, \text{bar}}$$

Bei Vernachlässigung der Ausdehnung der Stahlumhüllung könnte man auch eine isochore Zustandsänderung (Gesetz von Gay-Lussac) ansetzen mit:

$$\frac{p_1}{p_0} = \frac{T_1}{T_0} \quad \rightarrow \quad p_1 = p_0 \cdot \frac{T_1}{T_0} = 1\,\text{bar} \cdot \frac{333{,}15\,\text{K}}{293{,}15\,\text{K}} = \underline{\underline{1{,}13645\,\text{bar}}}$$

Im Ergebnisvergleich von a) und b) wird deutlich, dass wegen der geringen Kompressibilität von Flüssigkeiten im Falle einer behinderten Ausdehnung in diesen bei steigenden Temperaturen im Unterschied zu den hoch kompressiblen Gasen sehr schnell gefährlich hohe Drücke entstehen. In der nächsten Aufgabe sehen wir, wie man dem Problem mit einem Ausgleichsgefäß entgegentreten kann.

2. Ausdehnung von Wasser in Zentralheizungssystem

Eine Zentralheizungsanlage für ein Gebäude enthalte 500 Liter Wasser bei 1,5 bar, das sich im Heizungsfall von 15 °C auf 70 °C erwärmt. Für das Wasser sei der isobare Volumenausdehnungskoeffizient mit $0{,}2 \cdot 10^{-3}\,\text{K}^{-1}$ und der isotherme Kompressibilitätskoeffizient mit $456 \cdot 10^{-12}\,\text{Pa}^{-1}$ gegeben.
   a) Welcher Wasserdruck entstünde im Heizungssystem, wenn dieses bei 15 °C vollständig mit Wasser gefüllt sei und das Wasser auf 70 °C erwärmt würde? Vernachlässigen Sie die Ausdehnung der metallenen Rohrleitungen und Heizkörper!
   b) Wie viel Liter Wasser muss das Ausdehnungsgefäß mindestens aufnehmen?

Gegeben sind:
$\beta = 0{,}2 \cdot 10^{-3}\,\text{K}^{-1}$ $\qquad \chi = 456 \cdot 10^{-12}\,\text{Pa}^{-1}$ $\qquad V_0 = 500\,\ell$ $\qquad p_0 = 1{,}5\,\text{bar}$
$\Delta t = t - t_0 = 70\,°\text{C} - 15\,°\text{C} = 55\,\text{K}$

Lösung:
a)   Isochorer Spannungskoeffizient für behinderte Ausdehnung

$$\gamma = \frac{1}{p_0} \cdot \left(\frac{\partial p}{\partial T}\right)_V \qquad \int_{p_0}^{p} \frac{\mathrm{d}p}{p} = \gamma \int_{T_0}^{t} \mathrm{d}T \qquad \ln\frac{p}{p_0} = \gamma(T - T_0) = \gamma \cdot \Delta t \qquad \frac{p}{p_0} = e^{\gamma \cdot \Delta t}$$

wegen $e^{\gamma \cdot \Delta t} \approx 1 + \gamma \cdot \Delta t$ (Taylorreihe mit Abbruch nach 2. Glied) folgt: $p = p_0 \cdot (1 + \gamma \cdot \Delta t)$
Berechnung von γ nach Gleichung (3.1-12):

$$\gamma = \frac{1}{p} \cdot \frac{\beta}{\chi} = \frac{1}{1{,}5 \cdot 10^5\,\text{Pa}} \cdot \frac{0{,}2 \cdot 10^{-3}\,\text{K}^{-1}}{456 \cdot 10^{-12}\,\text{Pa}^{-1}} = 2{,}924\,\frac{1}{\text{K}}$$

$$p = 1{,}5\,\text{bar} \cdot (1 + 2{,}924\,\text{K}^{-1} \cdot 55\,\text{K}) = \underline{\underline{242{,}73\,\text{bar}}}$$

Ohne Ausdehnungsgefäß bestünde also die akute Gefahr, dass die Heizung bei Inbetriebnahme platzt.

b) Isobarer Volumenausdehnungskoeffizient für Temperaturausdehnung

$$V = V_0(1 + \beta \cdot \Delta t) = 500\ell \cdot (1 + 0.2 \cdot 10^{-3}\,\text{K}^{-1} \cdot 55\,\text{K}) = 505.5\,\ell$$
$$\Delta V = V - V_0 = 505.5\,\ell - 500\,\ell = \underline{\underline{5.5\,\ell}}$$

3.1.6 Beispiele für isochore Drucksteigerung (starre Wände)

1. Druckerhöhung infolge Temperatursteigerung in Gasflasche

Welcher Temperatursprung Δt ist für ein Gas von 20 °C in einer Stahlflasche noch tolerabel, wenn der Druck in der Flasche von 20 auf maximal 25 bar steigen darf?

Gegeben sind:
$p_1 = 20\,\text{bar}$ $\qquad p_2 = 25\,\text{bar}$ $\qquad t_1 = 20\,°\text{C}$

Lösung:
Aus Gleichung (3.1-13) wird abgeleitet $\Delta p/p = \gamma \cdot \Delta t$ und mit $\gamma = 1/T$ nach (3.1-11) für ideales Gas folgt

$$\Delta t = T \cdot \frac{\Delta p}{p} = 293.15\,\text{K} \cdot \frac{5\,\text{bar}}{20\,\text{bar}} = \underline{\underline{73.29\,\text{K}}}$$

Achtung! In die Formel (3.1-13) muss die thermodynamische Temperatur eingesetzt werden:
    Alternativ könnte man das Gesetz von Gay-Lussac für ideales Gas anwenden und rechnen:

$$T_2 = T_1 \cdot \frac{p_2}{p_1} = 293.15\,\text{K} \cdot \frac{25\,\text{bar}}{20\,\text{bar}} = 366.44\,\text{K}$$
$$\Delta T = T_2 - T_1 = (366.44 - 293.15)\text{K} = \underline{\underline{73.29\,\text{K}}}$$

2. Drucksteigerung in einem Fahrradreifen

Welche Druckerhöhung Δp erfährt ein Fahrradreifen (angenommene starre Umhüllung), wenn sich die eingefüllte unter einem Druck von 1,4 bar stehende Luft während der Fahrt von 10 °C auf 35 °C erwärmt?

Gegeben sind:
$t_0 = 10\,°\text{C}$ $\qquad t_1 = 35\,°\text{C}$ $\qquad \Delta t = 25\,\text{K}$ $\qquad p_0 = 1.4\,\text{bar}$
$T_0 = 283.15\,\text{K}$ $\qquad T_1 = 308.15\,\text{K}$

Vorüberlegungen:

Die angenommene starre Umhüllung für den Fahrradreifen ermöglicht es hier, von einer isochoren Zustandsänderung auszugehen. Bei den gegebenen Parametern kann Luft als ideales Gas behandelt werden. Für die Druckerhöhung maßgeblich ist der isochore Spannungskoeffizient γ von Luft in Formel (3.1-12), der gemäß Formel (3.1-14) dem isobaren Volumenausdehnungskoeffizienten β entspricht. Für ideales Gas gilt nach (3.1-11) $\gamma = \beta = 1/T$.

Lösung:

$p(T) = p(T_0) \cdot (1 + \bar{\gamma} \cdot \Delta T)$ mit $\bar{\gamma} = 1/T_0$ und $\Delta p = p_0 \cdot \bar{\gamma} \cdot \Delta T$

$$\Delta p = 1{,}4 \, \text{bar} \cdot \frac{1}{283{,}15 \, \text{K}} \cdot 25 \, \text{K} = \underline{\underline{0{,}12361 \, \text{bar}}}$$

Hier kann alternativ das Gesetz von Gay-Lussac für konstantes Volumen angewendet werden. Gay-Lussac selbst hat die nach ihm benannten beiden Gesetze aus der Untersuchung des Ausdehnungsverhaltens von Gasen bei konstantem Druck (isobarer Volumenausdehnungskoeffizient β) und bei konstantem Volumen (isochorer Spannungskoeffizient γ) gewonnen.

$$\frac{p_1}{p_0} = \frac{T_1}{T_0} \quad \rightarrow \quad \frac{p_0 + \Delta p}{p_0} = \frac{T_0 + \Delta T}{T_0} \quad \rightarrow \quad 1 + \frac{\Delta p}{p_0} = 1 + \frac{\Delta T}{T_0} \quad \rightarrow \quad \frac{\Delta p}{p_0} = \frac{\Delta T}{T_0}$$

$$\Delta p = p_0 \cdot \frac{\Delta T}{T_0} = 1{,}4 \, \text{bar} \cdot \frac{25 \, \text{K}}{283{,}15 \, \text{K}} = \underline{\underline{0{,}12361 \, \text{bar}}}$$

Durch einen Koeffizientenvergleich erhält man für den isochoren Spannungskoeffizienten γ:

$$\Delta p = p_0 \cdot \bar{\gamma} \cdot \Delta T = p_0 \cdot \frac{1}{T_0} \cdot \Delta T \quad \rightarrow \quad \gamma = \frac{1}{T_0}$$

3. Drucksteigerung in einem Gefäß mit starren Wänden

Eine Hohlkugel ist bei 19 °C gerade vollständig mit Quecksilber unter einem Druck von 1 bar gefüllt. Welcher Druck entsteht in der Hohlkugel mit unterstellt starren Wänden, wenn das Quecksilber eine Temperatur von 21 °C erreicht?

Gegeben sind:

$t_1 = 19\,°\text{C} \qquad t_2 = 21\,°\text{C} \qquad p_1 = 1\,\text{bar}$

Tabelle 6.6-1: Stoffwerte für Quecksilber:

$\beta_{\text{Hg}}(20\,°\text{C}) = 181 \cdot 10^{-6} \, \text{K}^{-1}$ und $\chi_{\text{Hg}} = 35{,}05 \cdot 10^{-12} \, \text{Pa}^{-1}$

Vorüberlegungen:

Der Zusammenhang zwischen Druck und Temperatur bei konstantem Volumen ist gegeben durch $dp = \left(\dfrac{\partial p}{\partial T}\right)_V dT$ mit dem isochoren Spannungskoeffizienten $\left(\dfrac{\partial p}{\partial T}\right)_V = \gamma \cdot p$ nach (3.1-12). Stoffwerte für den isochoren Spannungskoeffizienten γ stehen uns in Tabelle 6.6-2 nicht zur Verfügung. Aus Gleichung (3.1-22) ist aber abzuleiten $\gamma \cdot p = \beta/\chi$.

Lösung:

Die Integration von $dp = \gamma \cdot p \cdot dT = \dfrac{\beta}{\chi} \cdot dT$ führt auf $p_2 = p_1 + \dfrac{\beta}{\chi}(T_2 - T_1)$

$$p_2 = 1\,\text{bar} + \frac{181 \cdot 10^{-6}\,\text{K}^{-1}}{35{,}05 \cdot 10^{-12}\,\text{Pa}^{-1}} \cdot 2\,\text{K} = \underline{\underline{104{,}28\,\text{bar}}}$$

3.1.7 Dichte von Wasser bei Änderung von Druck und Temperatur

1. Dichte von Wasser bei gleichzeitiger Erhöhung von Druck und Temperatur

Für die Wasserstrahlschneidetechnik wird ein Wasserstrahl bei sehr hohem Druck und bei sehr hoher Geschwindigkeit eingesetzt. Man bestimme, welche Dichte Wasser bei 500 bar und 60 °C besitzt, wenn man den Wert für die Dichte bei einem Druck von 1 bar und 20 °C mit 998,21 kg/m³ kennt (vergleiche Tabelle 6.6-3).

Gegeben sind:
$p_0 = 1{,}013\,\text{bar}$ $t_0 = 20\,°\text{C}$ $p_1 = 500\,\text{bar}$ $t_1 = 60\,°\text{C}$
$\rho_0 = 998{,}21\,\text{kg/m}^3$

Vorüberlegungen:

Leider stehen mit den Angaben in Stoffwerttabelle 6.6-2 genaue Informationen für den isobaren Volumenausdehnungskoeffizienten β und den isothermen Kompressibilitätskoeffizienten χ im infrage kommenden Parameterbereich nicht zur Verfügung. Als Näherung verwenden wir deshalb für beide Stoffwerte die arithmetischen Mittelwerte von 1 und 500 bar bei 20 °C als mittlere konstante Werte. Den Einfluss der Temperatur von 60 °C können wir nicht berücksichtigen.

$$\bar{\beta} = \frac{207 + 308}{2} \cdot 10^{-6}\,\text{K}^{-1} = 257{,}5 \cdot 10^{-6}\,\text{K}^{-1}$$
$$\bar{\chi} = \frac{456 + 427}{2} \cdot 10^{-12}\,\text{Pa}^{-1} = 44{,}15 \cdot 10^{-6}\,\text{bar}^{-1}$$

Lösung:

Gefordert ist die gleichzeitige Berücksichtigung der Temperaturänderung von 20 °C auf 60 °C ($\Delta t = 40$ K) und der Druckänderung von 1,013 bar auf 500 bar ($\Delta p = 498,987$ bar). Gemäß Formel (3.1-21) folgt:

$$\rho = \frac{\rho_0}{(1 + \bar{\beta} \cdot \Delta t) \cdot (1 - \bar{\chi} \cdot \Delta p)}$$

$$\rho = \frac{998,2 \,\text{kg/m}^3}{(1 + 257,5 \cdot 10^{-6} \,\text{K}^{-1} \cdot 40 \,\text{K}) \cdot (1 - 44,15 \cdot 10^{-6} \,\text{bar}^{-1} \cdot 498,987 \,\text{bar})} \approx \underline{\underline{1010 \,\frac{\text{kg}}{\text{m}^3}}}$$

Die Frage ist alternativ mit der Zustandsgleichung für Wasser $v = v(p, T)$ zu beantworten. Die gesuchte Dichte ρ ist der Kehrwert des spezifischen Volumens. Für die relative Änderung des spezifischen Volumens $\mathrm{d}v/v$ lässt sich aus der Gleichung für das vollständige Differential $\mathrm{d}v$ gewinnen:

$$\frac{\mathrm{d}v}{v} = \frac{1}{v} \cdot \left(\frac{\partial v}{\partial p}\right)_T \mathrm{d}p + \frac{1}{v} \cdot \left(\frac{\partial v}{\partial T}\right)_p \mathrm{d}T = -\chi \cdot \mathrm{d}p + \beta \cdot \mathrm{d}T$$

Die Integration der Gleichung liefert:

$$\int_0^1 \frac{\mathrm{d}v}{v} = -\chi \int_0^1 \mathrm{d}p + \int_0^1 \mathrm{d}T \qquad \ln \frac{v_1}{v_0} = \ln \frac{\rho_0}{\rho_1} = -\chi \cdot (p_1 - p_0) + \beta \cdot (T_1 - T_0)$$

$$\rho_1 = \frac{\rho_0}{\mathrm{e}^{-\chi(p_1 - p_0) + \beta(T_1 - T_0)}} \quad \text{mit}$$

$$-\bar{\chi} \cdot \Delta p + \bar{\beta} \cdot \Delta t = -44,15 \cdot 10^{-6} \,\text{bar}^{-1} \cdot 498,987 \,\text{bar} + 257,5 \cdot 10^{-6} \,\text{K}^{-1} \cdot 40 \,\text{K}$$

$$= 11730,27605 \cdot 10^{-6}$$

$$\rho_1 = \frac{998,2 \,\text{kg/m}^3}{\mathrm{e}^{-11730,27605 \cdot 10^{-6}}} = \frac{998,2 \,\text{kg/m}^3}{0,988338255} \approx \underline{\underline{1010 \,\frac{\text{kg}}{\text{m}^3}}}.$$

Der gemessene Wert für die Dichte von Wasser beträgt $\rho(500 \,\text{bar}, 60\,°\text{C}) \approx 1004 \,\text{kg/m}^3$. Unter Berücksichtigung unserer stark vereinfachenden Annahmen zu den Stoffwerten erscheint der Fehler von circa 0,6 % relativ gering. Die Annahme, Wasser sei inkompressibel, ist aber bei hohem Druck nicht mehr zutreffend. Nach Tabelle 6.6-3 beträgt die Dichte ρ von Wasser bei 1,013 bar und 60 °C in einer Genauigkeit von fünf signifikanten Ziffern 983,19 kg/m³, bei 500 bar und 60 °C nach Messungen jedoch circa 1004 kg/m³. Ohne den sich bei sehr großen Drücken bemerkbar machenden Effekt der Kompressibilität von Wasser wäre der Meeresspiegel um etwas mehr als einen Meter höher. In den meisten Rechnungen, in denen nur ein Druckbereich von bis zu 250 bar überstrichen wird, kann man gut mit der Näherung arbeiten, Wasser sei inkompressibel. Somit ist dann die Dichte als druckunabhängig zu betrachten.

2. Zunahme der Dichte von Wasser bei signifikanter Druckerhöhung

Ermitteln Sie die relative Zunahme der Dichte für Wasser in 10 km Tiefe durch den hydrostatischen Druck bei unterstellter konstanter Wassertemperatur von 20 °C. An der Wasseroberfläche herrsche ein Luftdruck von 1 bar. Gehen Sie dabei von einem konstanten mittleren Kompressibilitätskoeffizienten für Wasser aus! Für die Fallbeschleunigung ist der Normwert 9,80665 m/s^2 zu verwenden!

Gegeben sind:
Wasseroberfläche: $h_0 = 0$ m $p_0 = 1$ bar $t_0 = 20\,°C$

$\rho_0 = 998{,}21$ kg/m^3 (Tabelle 6.6-3)

Wassertiefe $h = 10.000$ m $g = 9{,}80665$ m/s^2

$\bar{\chi} = 427 \cdot 10^{-12}$ Pa^{-1} (Tabelle 6.6-2)

Vorüberlegungen:
Flüssigkeiten werden sehr oft als inkompressibel angesehen, das heißt, unter dem Einfluss von Druck ändert sich ihr Volumen und damit auch ihre Dichte nicht. Das gilt nicht mehr, wenn die Drücke sehr hoch werden und sich tatsächlich eine Kompressibilität nachweisen lässt. Ausdruck dafür ist der in Tabelle 6.6-2 ausgewiesene Kompressibilitätskoeffizient. Hier wird für Wasser der über den Bereich von 1 bis 1000 bar bei 20 °C mittlere Kompressibilitätskoeffizient abgeschätzt mit dem Wert, der in der Mitte des Intervalls liegt.

Der auf das Wasser ausgeübte Schweredruck ist abhängig von der Höhe der Flüssigkeitssäule, der Änderung der Fallbeschleunigung und der Änderung der Dichte. $\Delta p = \rho_0 \cdot g \cdot \Delta h + \rho_0 \cdot h \cdot \Delta g + g \cdot h \cdot \Delta \rho$ Für die Errechnung der relativen Dichtezunahme in Bezug auf die Dichte an der Oberfläche $h = 0$ m entsteht daraus $\Delta p = p - p_0 = \rho_0 \cdot g \cdot \Delta h$. Gesucht ist der Wert für $\Delta \rho / \rho_0$, also die prozentuale Zunahme der Dichte des Wassers bezogen auf die Dichte des Wassers an der Oberfläche, die nur vom herrschenden Luftdruck, nicht aber vom Schweredruck der darüberliegenden Wassersäule beeinflusst ist.

Für die Lösung werden wir für $x \ll 1$ von der Reihenentwicklung $\dfrac{1}{1-x} \approx 1 + x$ Gebrauch machen.

Lösung:
Aus den Vorüberlegungen übernehmen wir $\Delta p = p - p_0 = \rho_0 \cdot g \cdot \Delta h$. Für eine beliebig herausgegriffene Wassermasse kann man ansetzen $\rho_0 \cdot V_0 = \rho(V_0 + \Delta V)$.

Gleichung (3.1-15) kann hier geschrieben werden als

$$\chi = -\frac{1}{V_0} \cdot \frac{\Delta V}{\Delta p} \quad \text{oder} \quad \Delta V = -\chi \cdot V_0 \cdot \Delta p$$

Daraus folgt nun: $\rho_0 \cdot V_0 = \rho(V_0 - \chi \cdot V_0 \cdot \Delta p)$. Aufgelöst nach ρ und unter Nutzung der in den Vorüberlegungen erwähnten Reihenentwicklung ergibt sich:

$$\rho = \frac{\rho_0 \cdot V_0}{V_0 - \bar{\chi} \cdot V_0 \cdot \Delta p} = \rho_0 \cdot \frac{1}{1 - \bar{\chi} \cdot \rho_0 \cdot g \cdot \Delta h} = \rho_0 \cdot (1 + \bar{\chi} \cdot \rho_0 \cdot g \cdot \Delta h)$$

Man darf hier von kleinen Dichteänderungen und deshalb von $\rho = \rho_0 + \Delta\rho$ ausgehen.

$$\rho_0 + \Delta\rho = \rho_0 \cdot (1 + \bar{\chi} \cdot \rho_0 \cdot g \cdot \Delta h) \quad \text{oder} \quad 1 + \frac{\Delta\rho}{\rho_0} = 1 + \bar{\chi} \cdot \rho_0 \cdot g \cdot \Delta h$$

Die Auswertung mit den gegebenen physikalischen Größen führt auf:

$$\frac{\Delta\rho}{\rho_0} = \bar{\chi} \cdot \rho_0 \cdot g \cdot \Delta h = 427 \cdot 10^{-12} \, \frac{\text{m}^2}{\text{N}} \cdot 998{,}21 \, \frac{\text{kg}}{\text{m}^3} \cdot 9{,}80665 \, \frac{\text{m}}{\text{s}^2} \cdot 1000 \, \text{m} = 0{,}041799 \approx \underline{\underline{4{,}18\,\%}}$$

3.2 Die thermische Zustandsgleichung für ideales Gas

So wie mit dem thermodynamischen System ein Modell von der apparativen und anlagentechnischen Wirklichkeit geschaffen wurde, benötigt man für eine mathematisch einfache Behandlung von Prozessen ein idealisiertes Arbeitsmittel. Ideales Gas versetzt uns in die Lage, Zustandsgleichungen mit relativ einfachen mathematischen Beziehungen zu beschreiben. Dieser Modellstoff besteht aus Teilchen, die sich ungeordnet zufällig in einem leeren Raum bewegen und folgenden Forderungen genügen:

– die Teilchen haben kein Eigenvolumen = Punktmasse

(Die Mathematik definiert einen Körper über drei Längendimensionen, eine Fläche über zwei, eine Linie über eine. Ein Punkt verfügt aus mathematischer Sicht über keine Dimension. Ein existierendes Gebilde ohne Dimension können wir uns nur sehr schwer vorstellen, aber es gibt einen mathematischen Beweis dafür, dass ein Punkt eben keine Dimension besitzt. Die Forderung nach Gasteilchen, die eine Masse, aber kein Volumen haben, können reale Gasteilchen nicht erfüllen. Deshalb argumentiert man hier damit, dass der Abstand der tatsächlich ein sehr geringes Volumen aufweisenden Gasteilchen zueinander sehr viel größer sein muss als ihr Durchmesser. Das ist am besten bei sehr niedrigen Drücken ($p \rightarrow 0$) erfüllt.)

– zwischen den Teilchen wirken weder Anziehungs- noch Abstoßungskräfte (ihr Abstand ist so groß voneinander, dass sie sich gegenseitig nicht beeinflussen)

– die Teilchen führen nur gleichförmig geradlinige Bewegungen aus, sie können weder rotieren noch schwingen

– Stöße der Teilchen untereinander bzw. mit der Wand erfolgen voll elastisch.

(Die beiden letzten Forderungen haben zur Konsequenz, dass die Gasteilchen nur Bewegungsenergie speichern können. Dies ist näherungsweise für die einatomigen Edelgase und für überhitzte Metalldämpfe erfüllt. Gase mit mehratomigen Molekülen speichern auch Energie durch Rotation und Schwingungen.)

Mit diesen Voraussetzungen existiert *ideales Gas* als sehr umfassende Idealisierung nur als theoretischer Modellstoff. Es entzieht sich der praktischen Anschauung, wie sich volumenlose Massepunkte überhaupt stoßen können, damit sich die Energie des Gases im Mittel gleichmäßig auf alle drei Freiheitsgrade der gleichförmig geradlinigen Bewegung verteilen könnte, eine Voraussetzung für das Erreichen eines thermodynamischen Gleichgewichts. Die Definition des idealen Gases bezieht sich ausschließlich auf eine Gasphase. Im Unterschied zu realen Gasen kann es nicht verflüssigt oder in den festen Zustand überführt werden. Aber mit diesen Modellannahmen ist das Gasverhalten bei Zustandsänderungen in gewissen Bereichen sehr einfach zu berechnen. Ideales Gas stellt aus thermodynamischer Sicht überhaupt das am einfachsten zu behandelnde kompressible Medium dar. Als Modell ermöglicht es eine Analyse mit Bleistift, Papier und Taschenrechner. Untersuchungen realer Fluide (reale Gase, Flüssigkeiten, Mehrphasen- und Mehrkomponentensysteme) sind wesentlich komplexer und erfordern wegen der benötigten numerischen Routinen den Einsatz von Computern. Sie können „von Hand" kaum noch nachvollzogen werden.

Ein reales Gas kann im Allgemeinen bei niedrigen Drücken und hohen Temperaturen als ideales Gas behandelt werden. Bei niedrigen Drücken (geringe Dichte = wenige Moleküle in großem Volumen) ist der mittlere Abstand zwischen den einzelnen Gasteilchen so groß, dass ihre räumliche Ausdehnung keine Rolle spielt und der Einfluss der Kräfte zwischen den Teilchen schwindet. Bei hohen Temperaturen besitzen die Gasteilchen eine so hohe kinetische Energie, dass ihre Bindungsenergie im Vergleich dazu vernachlässigt werden kann. Die Kräfte für ihre gegenseitige Anziehung sind dann sehr viel kleiner als die für die Abstoßung.

Bei den Zustandsgleichungen für ideales Gas unterscheiden wir die thermischen von den kalorischen. Die thermischen Zustandsgleichungen charakterisieren den thermischen Zustand eines thermodynamischen Systems mit den Variablen Volumen V, Druck p und der Temperatur T. Die kalorischen Zustandsgleichungen beschreiben den Zustand eines thermodynamischen Systems bezüglich seines Energiegehaltes mit den kalorischen Zustandsgrößen innere Energie U, Enthalpie H und Entropie S. Diese Zustandsgrößen können nicht direkt gemessen werden, sind aber aus den thermischen Zustandsgrößen berechenbar. Entsprechende Gleichungen werden wir in Kapitel 3.3 vorstellen.

Die kinetische Gastheorie kann den mit $F(V, p, T) = 0$ allgemein beschriebenen Zusammenhang zwischen den thermischen Zustandsvariablen unter Zugrundelegung der Vereinbarungen für den Modellstoff ideales Gas in einer einfach zu handhabenden mathematischen Gleichung konkretisieren. Diese erstmals von Clapeyron[4] veröffentlichte Gleichung wird thermische Zustandsgleichung oder auch Grundgleichung des idealen Gases genannt und kann, wie die nachfolgenden Ausführungen zeigen, in sehr vielgestaltiger Form aufgeschrieben werden.

---

4 Émile Clapeyron (1799–1864), französischer Physiker und Ingenieur, auf den die von Clausius später erweiterte Gleichung für die Verdampfung von Flüssigkeiten (Clausius-Clapeyron'sche Gleichung) und die ersten grafischen Darstellungen der Zustandsänderungen des Carnot-Prozesses zurückgehen.

$$p \cdot V = m \cdot R_i \cdot T \tag{3.2-1}$$

Auf die Systemmasse m bezogen, nimmt (3.2-1) die Form an:

$$p \cdot v = R_i \cdot T \quad \text{oder} \quad \rho = \frac{p}{R_i \cdot T} \tag{3.2-2}$$

Bei Verwendung der Formeln (3.2-1) und (3.2-2) ist die Temperatur T immer als thermodynamische Temperatur in Kelvin einzusetzen! Die *spezielle* oder *individuelle* (Index „*i*") *Gaskonstante* R_i ist hier eine vom Gaszustand unabhängige Stoffkonstante, deren Wert man leicht berechnen oder aus Stoffwerttabellen entnehmen kann.

In der Grundgleichung für ideales Gas (3.2-1) verschwindet am absoluten Nullpunkt der Temperatur $T = 0\,\text{K}$ das Produkt aus Druck und Volumen $p \cdot V$. Wenn für den Modellstoff ideales Gas ein gegen null gehender Druck ($p \rightarrow 0$) vorausgesetzt wird, müsste also das Volumen verschwinden. Das ist schwer vorstellbar, hängt aber mit der Annahme zusammen, dass beim idealen Gas die Teilchen aus Massepunkten ohne Volumen bestehen sollen. Nach der Erklärung der Zustandsgröße Temperatur aus den Teilchenbewegungen würde es bei $T = 0\,\text{K}$ keine Teilchenbewegung mehr geben, aber zumindest das Eigenvolumen der Teilchen müsste übrig bleiben. Aus der Erfahrung wissen wir, dass jedes reale Gas bei niedrigen, aber endlichen Temperaturen verflüssigt werden kann. Es ist eine beliebte Fangfrage in mündlichen Prüfungen, unter welchen Bedingungen ideales Gas verflüssigt werden könne. Die richtige Antwort lautet schlicht: Unter gar keinen Bedingungen!

Beim praktischen Prüfungsteil der Grundgleichung des idealen Gases taucht die Frage auf, in welchen Bereichen für Druck und Temperatur sich ein reales Gas annähernd wie ein ideales Gas verhält. Technisch zumeist hinreichend genaue Berechnungen sind mit (3.2-1) bzw. (3.2-2) möglich, wenn die Drücke maximal 50 bar betragen und die Temperaturen mindestens 100 K oberhalb der Verflüssigungstemperatur des betreffenden Gases liegen. Die Temperaturunterschiede zwischen den Gleichgewichtszuständen sollten 250 K nicht übersteigen.

Mit Berücksichtigung des Zusammenhangs zwischen Masse und Stoffmenge durch Gleichung (2.2-4) nimmt (3.2-1) die Gestalt an:

$$p \cdot V = n \cdot M_i \cdot R_i \cdot T = n \cdot R_m \cdot T \tag{3.2-3}$$

mit der *universellen Gaskonstante* R_m, deren Wert sich als universelle Konstante nur auf die Stoffmenge (Teilchenzahl) bezieht. Ihren Wert haben wir in Kapitel 1.5 als Naturkonstante, die rechnerisch auch aus $R_m = k \cdot N_A$ folgt, angegeben mit: $R_m = 8{,}3144621\,\text{kJ}/(\text{kmol K})$.

Mit (3.2-3) ist die universelle Gaskonstante auch zu errechnen mit dem Druck p_n und der Temperatur T_n des physikalischen Normzustandes nach DIN 1343 sowie dem molaren Volumen eines idealen Gases, das in Kapitel 1.5 mit $V_m = 22{,}413968\,\text{m}^3/\text{kmol}$ angegeben wurde.

$$R_m = \frac{p \cdot V}{n \cdot T} = \frac{p_n \cdot V_{m,n}}{T_n} = \frac{101.325\,\text{N/m}^2 \cdot 22{,}413968\,\text{m}^3/\text{kmol}}{273{,}15\,\text{K}} = 8{,}3144621\,\frac{\text{kJ}}{\text{kmol}\,\text{K}}$$

Gleichung (3.2-3) vermittelt auch, dass die Stoffmenge von einem Kilomol *eines jeden idealen Gases* bei gleichen Drücken und Temperaturen jeweils ein gleiches Volumen einnimmt, das *molares Volumen* $V_{m,n}$ (Index m = molar, Index n = Normzustand) genannt wird. Das ist das Gesetz von Avogadro.

Die thermische Zustandsgleichung (3.2-3) kann für den physikalischen Normzustand eines idealen Gases aufgeschrieben werden als:

$$p_n \cdot V_n = n \cdot R_m \cdot T_n$$

Bezogen auf die Stoffmenge $n = 1\,\text{kmol}$ folgt daraus in einer Genauigkeit von acht signifikanten Ziffern für das molare Normvolumen eines idealen Gases:

$$V_{m,n} = \frac{V_n}{n} = \frac{R_m \cdot T_n}{p_n} = \frac{8314{,}4621\,\text{Nm/(kmol K)} \cdot 273{,}15\,\text{K}}{101.325\,\text{N/m}^2} = 22{,}413968\,\text{m}^3/\text{kmol}.$$

Manchmal wird das molare Normvolumen nicht auf den physikalischen Normdruck nach DIN 1343, sondern auf den Druck $p_n = 1\,\text{bar}$ bezogen. Nachfolgend werden für das molare Normvolumen beide Werte zur Verfügung gestellt:
- $V_{m,n} = 22{,}413968\,\text{m}^3/\text{kmol}$ bei 0 °C und 1,01325 bar (physikalischer Normzustand)
- $V_{m,n} = 22{,}710953\,\text{m}^3/\text{kmol}$ bei 0 °C und 1 bar

Durch Koeffizientenvergleich in (3.2-3) ergibt sich ferner für die individuelle Gaskonstante R_i eine Berechnungsmöglichkeit aus der universellen Gaskonstante und Molekülmasse des betreffenden Gases.

$$R_i = \frac{R_m}{M_i} \qquad [R_i] = 1\,\frac{\text{kJ}}{\text{kg}\,\text{K}} \tag{3.2-4}$$

Der Begriff „Gaskonstante" für die Größe mit dem Formelzeichen R in der thermischen Zustandsgleichung leitet sich ab aus der Tatsache, dass für konstante Systemmasse stets gilt:

$$\frac{p \cdot V}{T} = m \cdot R_i = \text{konstant} \quad \rightarrow \quad \frac{p_1 V_1}{T_1} = \frac{p_2 V_2}{T_2} \tag{3.2-5}$$

Ändern sich durch einen Prozess, der ein System mit idealem Gas von einem Zustand 1 in einen Zustand 2 überführt, Druck, Volumen und Temperatur gleichzeitig, müssen immer fünf Zustandsgrößen bekannt sein, um die sechste zu berechnen.

Die Gleichungen (3.2-1) und (3.2-3) sind geeignet, für bekannten Druck p, bekanntes Volumen V und bekannte Temperatur T die Masse m beziehungsweise die Stoffmenge n zu berechnen. Sofern nicht explizit nach der Masse oder Stoffmenge gefragt ist, kann man für weiter führende Rechnungen auf die Bestimmung des Zahlenwertes verzichten, weil viele thermodynamische Gleichungen die Terme $(m \cdot R_i)$ oder $(n \cdot R_m)$ enthalten, die man dann zur Vermeidung von Rundungsfehlern durch beispielsweise $(p_1 \cdot V_1)/T_1$ ersetzt.

Aufwendig hergestellte Gase hoher Reinheit werden nach Normkubikmetern m^3 verkauft. Das Normvolumen V_n ist das Volumen eines Gases, das es im physikalischen Normzustand einnimmt. Der Zusammenhang zum molaren Normvolumen ergibt sich aus

$$V_n = n \cdot V_{m,n} \qquad [V_n] = 1\,m^3 \qquad (3.2\text{-}6)$$

Normative Empfehlungen schlagen vor, bei Maßeinheiten grundsätzlich auf alle den betreffenden thermodynamischen Zustand hinweisende Zusätze zu verzichten. Demzufolge sind Bezeichnungen für Normkubikmeter wie Nm^3 oder m_n^3, auf die man häufig in Firmenschriften trifft, zu vermeiden. Der Hinweis, dass es sich bei der entsprechenden Angabe um Normkubikmeter handelt, muss also durch einen Zusatz beim zugehörigen Formelzeichen gegeben werden. Wir verwenden dafür den Index n.

Normvolumen und Masse eines Gases sind durch seine Dichte im Normzustand ρ_n verknüpft

$$\rho_n = \frac{m}{V_n} = \frac{m}{n \cdot V_{m,n}} = \frac{M}{V_{m,n}} \qquad [\rho_n] = 1\,\frac{kg}{m^3} \qquad (3.2\text{-}7)$$

In der thermischen Zustandsgleichung (3.2-1) oder in der Darstellungsform (3.2-5) sind zwei schon viel früher gefundene physikalische Gesetze enthalten.

Dem französischen Chemiker Josef Louis Gay-Lussac[5] wird die Entdeckung der Gasgesetze für konstanten Druck und für konstantes Volumen im Jahr 1802 zugeschrieben. Vorarbeiten dazu leisteten Jacques Charles und Guillaume Amontons.

Gesetz von Gay-Lussac für konstanten Druck (**isobare** Zustandsänderungen):

$$\frac{V}{T} = konstant \quad \rightarrow \quad \frac{V_1}{T_1} = \frac{V_2}{T_2}$$

und daraus für isobare Zustandsänderungen

$$\frac{T_1}{T_2} = \frac{V_1}{V_2} = \frac{v_1}{v_2} = \frac{\rho_2}{\rho_1} \qquad (3.2\text{-}8)$$

Für isobare Zustandsänderungen verhalten sich die Temperaturen proportional zu den Volumina und umgekehrt proportional zu den Dichten (siehe auch Zusammenstellungen der Zustandsgleichungen in Tabelle 6.3-1 des Anhangs).

---

5 Joseph Louis Gay-Lussac (1778–1850), französischer Chemiker und Physiker, beschäftigte sich auch mit der Elektrolyse von Wasser und mit der Elementaranalyse organischer Substanzen.

Gesetz von Gay-Lussac für konstantes Volumen (**isochore** Zustandsänderungen)

$$\frac{p}{T} = \text{konstant} \quad \rightarrow \quad \frac{p_1}{T_1} = \frac{p_2}{T_2}$$

und daraus für isochore Zustandsänderungen

$$\frac{T_1}{T_2} = \frac{p_1}{p_2} \tag{3.2-9}$$

Für die Temperatur T sind in den Gleichungen (3.2-8) und (3.2-9) wie auch in allen anderen aus der thermischen Zustandsgleichung ableitbaren Gleichungen Werte in Kelvin einzusetzen. Gegebene Celsius-Temperaturen müssen dann entsprechend umgerechnet werden.

Für isochore Zustandsänderungen verhalten sich die Drücke genauso wie die Temperaturen.

Der englische Chemiker Robert Boyle[6] entdeckte 1662 (und unabhängig davon 1676 der französische Physiker Edme Mariotte[7]), dass für Gase bei *konstanter Temperatur* (*isotherme Zustandsänderungen*) das Produkt aus Druck und Volumen konstant bleibt.

Boyle-Mariotte'sches Gesetz: (**isotherme** Zustandsänderungen)

$$p \cdot V = \text{konstant} \quad \rightarrow \quad p_1 V_1 = p_2 V_2$$

und daraus für isotherme Zustandsänderungen

$$\frac{p_2}{p_1} = \frac{V_1}{V_2} = \frac{v_1}{v_2} = \frac{\rho_2}{\rho_1} \tag{3.2-10}$$

Für isotherme Zustandsänderungen verhalten sich die Volumina umgekehrt proportional und die Dichten proportional zu den Drücken. Isotherme Zustandsänderungen laufen wegen der Trägheit des Wärmetransports langsam ab (im Extremfall: unendlich langsam). Um Zustandsänderungen, die sehr schnell ablaufen (im Extremfall: unendlich schnell), beschreiben zu können, ist davon auszugehen, dass dabei keine Wärme über die Systemgrenze transportiert wird, also ihr Wert in der Höhe konstant bleibt. Wärme ist jedoch eine Prozessgröße, Zustandsgleichungen stellen auf Zustandsgrößen

---

6 Robert Boyle (1627–1692) entwickelte sich vom Alchimisten zum Naturforscher und Wegbereiter der modernen Chemie. Auf der Basis von Experimenten mit Luft wies er nach, dass sich Druck und Volumen von Gasen immer umgekehrt proportional verhalten.

7 Edme Mariotte (1620–1684), Gründungsmitglied der französischen Akademie der Wissenschaften, entwickelte den Zusammenhang zwischen Druck und Volumen durch Versuche zur Komprimierbarkeit von Gasen. Dazu nutzte er wie Torricelli zum Nachweis des Luftdrucks eine einseitig geschlossene Glasröhre. Durch unterschiedlich bemessene Zugaben von Quecksilber variierte er die Höhe der Luftsäule im geschlossenen Teil der Glasröhre.

ab. In Kapitel 5 wird die kalorische Zustandsgröße Entropie *s* als eine der Prozessgröße Wärme zugeordnete Zustandsvariable definiert. Sehr schnell reversibel ablaufende
Zustandsänderungen, bei denen der langsam verlaufende Wärmetransport praktisch
unterbleibt, heißen *isentrope* Zustandsänderungen, die durch eine konstant bleibende
Entropie *s* charakterisiert sind. Aus dem Prinzip der Energieerhaltung kann für reversible Vorgänge in adiabaten geschlossenen Systemen die Poisson'sche Gleichung[8] hergeleitet werden.

$$p \cdot V^{\kappa} = \text{konstant} \quad \text{oder} \quad p \cdot v^{\kappa} = \frac{p}{\rho^{\kappa}} = \text{konstant} \tag{3.2-11}$$

Der Exponent κ in (3.2-11) heißt Isentropenexponent, seine Definition ergibt sich aus
Gleichung (3.4-14), auf die später noch eingegangen wird. Über die Messung der Schallgeschwindigkeit *a* kann der Isentropenexponent κ von Gasen experimentell bestimmt
werden. Extrem rasch verlaufende Ausdehnungs- und Verdichtungsvorgänge, wie sie
in Schallwellen vorkommen, verlaufen in sehr guter Näherung isentrop, weil kaum Zeit
für eine Wärmeübertragung an der (gedachten) Systemgrenze bleibt. Für longitudinale
Schallwellen ist das Quadrat der Schallgeschwindigkeit *a* gegeben durch:

$$a^2 = \frac{\mathrm{d}p}{\mathrm{d}\rho}$$

Aus (3.2-11) folgt mit $p = \text{konstant} \cdot \rho^{\kappa}$ und mit $p = \rho \cdot R_i \cdot T$ für

$$\frac{\mathrm{d}p}{\mathrm{d}\rho} = \text{konstant} \cdot \kappa \cdot \rho^{\kappa-1} = \frac{p}{\rho^{\kappa}} \cdot \kappa \cdot \rho^{\kappa-1} = \frac{p}{\rho} \cdot \kappa = R_i \cdot T \cdot \kappa,$$

was schließlich führt auf:

$$a = \sqrt{\kappa \cdot R_i \cdot T} \tag{3.2-12}$$

Für Gase, die sich wie ideale Gase verhalten, nimmt der Isentropenexponent nach kinetischer Gastheorie jeweils in Abhängigkeit vom Molekülaufbau spezielle Werte an,[9] die
durch

$$\kappa = 1 + \frac{2}{f} \tag{3.2-13}$$

gegeben sind. Dabei bezeichnet *f* die Anzahl der Freiheitsgrade für die Bewegung der
Gasteilchen. Die Intensität der Bewegung der Atome oder Moleküle eines Gases charakterisiert die Höhe der dem Gas innewohnenden inneren Energie. Weil sich jedes

---

8 Simeon Denis Poisson (1781–1840) war ein französischer Mathematiker und Physiker.
9 Im Jahr 1878 berichtete Ludwig Boltzmann in den Annalen der Physik über die Ermittlung des Isentropenexponenten $\kappa = 1{,}666$ für Quecksilberdampf bei 300 °C.

Teilchen im Raum frei bewegen kann, existieren für die Translation in den drei Koordinatenrichtungen auch drei Freiheitsgrade. Anregungen zur Rotation würden bei nicht zentralen Stößen im Masseschwerpunkt erfolgen, sodass maximal drei weitere Freiheitsgrade für die freie Rotation um je eine Hauptträgheitsachse hinzukommen könnten. Bei zweiatomigen Molekülen, die wie eine starre Hantel aufgebaut sind, kann aber zum Beispiel die Rotation nur um die beiden Hauptträgheitsachsen senkrecht zur Verbindungslinie der beiden Atome angeregt werden. Schwingen zusätzlich die Atome im Molekülverbund, kommen pro unabhängiger Schwingungsrichtung zwei weitere Freiheitsgrade dazu. Hier verbeugt sich aber die strenge Modellwelt ideales Gas schon vor der Realität. Die sich beim idealen Gas im Raum bewegenden Massepunkte besitzen nach Modellvorgabe gar kein Volumen. Beim Zusammenstoß könnten gar keine Rotationen angeregt werden.

Mit Formel (2.3-13) kann man die Höhe des Isentropenexponenten κ für ein- und zweiatomige Gase sehr gut abschätzen. Trockene Luft als Gemisch zweiatomiger Gase hat bei physikalischem Normdruck und einer Temperatur von 20 °C einen Isentropenexponenten von $\kappa = 1{,}402$, der theoretische Wert unter Nutzung der kinetischen Gastheorie würde bei 1,4 liegen.

$\kappa = 5/3 \approx 1{,}667$	einatomiges Gas (alle Edelgase wie Helium, Argon, Krypton)
$\kappa = 7/5 = 1{,}400$	zweiatomige Gase (Wasserstoff, Sauerstoff, Stickstoff, Kohlenmonoxid)
$\kappa = 9/7 \approx 1{,}286$	dreiatomige Gase (Kohlendioxid (1,30), Schwefeldioxid (1,29))
$\kappa = 4/3 \approx 1{,}333$	dreiatomige Gase (Lachgas = Distickstoffmonoxid (1,31), Wasser, gasförmig (1,33))

In der oben hervorgehobenen Zusammenfassung wurden für den Isentropenexponenten zusätzlich die experimentell ermittelten Werte in Klammern aufgeführt, wenn diese signifikant von den theoretischen Werten abweichen. Auffällig sind Abweichungen für dreiatomige Gase. Diese Moleküle können offenbar nur in grober Näherung wie bei der kinetischen Gastheorie vorausgesetzt als Punktmassen modelliert werden.

Tab. 3-1: Zahl der Freiheitsgrade für die Bewegung für verschieden aufgebaute Moleküle.

Molekülaufbau	Translation	Rotation	Schwingungen	Summe für f	κ
•	3	–	–	3	$5/3 \approx 1{,}667$
•—•	3	2	–	5	$7/5 = 1{,}400$
⌇•⁚	3	2	2	7	$9/7 \approx 1{,}286$
△	3	3	–	6	$4/3 \approx 1{,}333$

Tabelle 3-1 könnte den Eindruck vermitteln, man habe historisch vom Molekülaufbau auf den Isentropenexponenten κ geschlossen. Tatsächlich hat es sich aber genau umgekehrt verhalten. Aus der gemessenen Höhe des Isentropenexponenten hat man auf den Molekülaufbau geschlossen.

Die durch (3.2-11) beschriebene isentrope Zustandsänderung ist dadurch gekennzeichnet, dass die Wärme q als Prozessgröße im betrachteten System keine Änderung erfährt ($dq = 0$). Um Zustandsgleichungen vollständig durch Zustandsgrößen zu parametrisieren, wandelt man das unvollständige Differential der Prozessgröße Wärme q in ein vollständiges Differential um, welches dann die Basis für eine neue Zustandsgröße, die kalorische Zustandsgröße Entropie s, bildet. Die Entropie s ist eine rein mathematisch abgeleitete (abstrakte) Zustandsgröße. Anders als die thermischen Zustandsgrößen kann man ihre Zahlenwerte nicht durch eine Messung bestimmen, sondern nur aus gemessenen Größen berechnen!

Um das unvollständige Differential für die Prozessgröße Wärme dq in ein vollständiges Differential für die kalorische Zustandsgröße ds umzuwandeln, muss ein integrierender Faktor (Euler'scher Multiplikator) gefunden werden. Ohne auf das Vorgehen zum Auffinden eines solchen integrierenden Faktors hier näher einzugehen, wird lediglich mitgeteilt, dass der Faktor $1/T$ ein solcher integrierender Faktor ist. Auf dieser Basis erfolgt die Definition der Entropie durch:

$$ds = \frac{dq}{T} \quad \text{mit} \quad [s] = 1\,\text{kJ}/(\text{kg K}) \quad \text{oder} \quad dS = \frac{dQ}{T} \quad \text{mit} \quad [S] = 1\,\text{kJ/K} \qquad (3.2\text{-}14)$$

Solange es nur um den Gebrauch der Gleichung (3.2-11) geht, ist es völlig ausreichend zu wissen, dass die Entropie s als eine den energetischen Zustand eines Systems beschreibende Zustandsgröße bei isntropen Zustandsänderungen konstant bleibt ($ds = 0$). Erst bei der Behandlung des zweiten Hauptsatzes der Thermodynamik in Kapitel 5 müssen wir uns dann allerdings eingehender mit dieser Zustandsgröße auseinandersetzen.

Über eine adiabate Systemgrenze kann ein Transfer von Arbeit erfolgen, zum Beispiel durch einen beweglichen Kolben. Damit ändert sich die innere Energie des Systems und im Unterschied zur isothermen Zustandsänderung so auch zwangsläufig seine Temperatur. Reale Vorgänge mit einem vernachlässigbaren Anteil an Reibung können in guter Näherung durch eine isentrope Zustandsänderung beschrieben werden, wenn:

- sie in einem sehr gut wärmeisolierten Behälter stattfinden (z. B. chemische Reaktion im Dewar-Gefäß)
- sie extrem schnell verlaufen, sodass es wegen der Trägheit des Wärmetransports zu keinem nennenswerten Wärmeaustausch mit der Umgebung kommt (z. B. Kolbenbewegung im Zylinder eines Verbrennungsmotors oder Schallausbreitung)
- das Volumen des Systems sehr groß ist, sodass Wärmeströme an seinem Rand praktisch keine Rolle spielen (z. B. Wolkenbildung bei thermisch aufsteigenden Luftmassen).

Aus (3.2-11) ist für den Übergang von Gleichgewichtszustand 1 in 2 abzuleiten:

$$\frac{p_1}{p_2} = \left(\frac{V_2}{V_1}\right)^{\kappa} = \left(\frac{v_2}{v_1}\right)^{\kappa} = \left(\frac{\rho_1}{\rho_2}\right)^{\kappa} \tag{3.2-15}$$

Mit der Beziehung (3.2-5) können in Verbindung mit (3.2-15) ergänzend folgende Gleichungen für eine isentrope Zustandsänderung abgeleitet werden:

$$\frac{p_1}{p_2} = \left(\frac{T_1}{T_2}\right)^{\frac{\kappa}{\kappa-1}} \tag{3.2-16}$$

$$\frac{T_1}{T_2} = \left(\frac{v_2}{v_1}\right)^{\kappa-1} = \left(\frac{\rho_1}{\rho_2}\right)^{\kappa-1} \tag{3.2-17}$$

Diagramme erhöhen die Anschaulichkeit des Verlaufs von Zustandsänderungen und gehören zu den ältesten Darstellungs- und Arbeitsmitteln des Ingenieurs. Für Zustandsänderungen bei Energieumwandlungen bevorzugt man die Darstellungen im p, V-Diagramm, bei dem Volumenänderungsarbeit oder technische Arbeit gemäß ihrer Definitionen (2.3-11) und (2.3-14) als Flächen erscheinen sowie das T, s-Diagramm, mit dem man Wärmen als Fläche darstellen kann. Letzteres folgt aus Gleichung (3.2-14).

Für ideales Gas werden diese beiden Diagramme heute nur noch zur grafischen Unterstützung bei der Erklärung von Zustandsänderungen und Prozessverläufen eingesetzt. Mit dem Taschenrechner sind über die bereitgestellten Formeln die Änderungen der Zustands- und Prozessgrößen bequemer und genauer auszuwerten. Zur Analyse des Zustandsverhaltens insbesondere von mehratomigen realen Gasen (Kohlendioxid, Methan) oder Dämpfen (Wasserdampf, Ammoniak oder verschiedene als Kältemittel eingesetzte Fluide) nutzt man heute noch gern diese Diagramme, die – versehen mit einem geeigneten Maßstab auf den Koordinatenachsen – auch eine Auswertung mit Zahlenwerten gestatten.

Betrachten wir zunächst das p, V-Diagramm. Das Zeichnen einer Isobare als horizontale Linie oder das Zeichnen einer Isochore als vertikale Linie dürfte für niemanden ein Problem darstellen. Die Isothermen in diesem Diagramm sind gleichseitige Hyperbeln, deren Verlauf unmittelbar aus der Funktion $p = $ Konstante $\cdot V^{-1}$ folgt. Die Hyperbelfunktion zerfällt an der Ordinate p in zwei Äste, wovon nur der rechte Ast für positive Volumina für uns interessant ist. Der linke Hyperbelast für negative Volumina V ist ohne physikalische Bedeutung. Die Eigenschaft gleichseitig resultiert aus $p \cdot V = $ konstant. Alle Produkte zweier reeller Zahlen für $\{p\}$ und $\{V\}$, die einen konstanten für die Isotherme festgelegten Wert $\{T\}$ ergeben, legen den Verlauf der Isotherme im p, V-Diagramm fest. Wenn die Konstante beispielsweise den Wert $\{T_1\} = 3$ annimmt, ist das Produkt $p \cdot V$ aus den kommutativ vertauschbaren Faktoren $p \cdot V = 1 \cdot 3 = 3 \cdot 1$ oder auch $p \cdot V = 0,5 \cdot 6 = 6 \cdot 0,5$ darstellbar. Für eine weitere und größere Konstante $\{T_2\} = 8$ ergibt sich $p \cdot V = 1 \cdot 8 = 8 \cdot 1 = 2 \cdot 4 = 4 \cdot 2 = 2,5 \cdot 3,2 = 3,2 \cdot 2,5$. Die Verbindung aller Punkte für

$\{T_1\} = 3$ im p, V-Diagramm führt auf eine gleichseitige Hyperbel als Isotherme. Gleiches gilt für $\{T_2\} = 8$ (siehe linkes Diagramm in Abbildung 3-3).

Aus diesen Überlegungen kann man für Isothermen in p, V-Diagrammen dreierlei Dinge mitnehmen:

1. Die Isothermen im p, V-Diagramm sind gleichseitige Hyperbeln, die sich niemals schneiden können!

2. Je höher der Zahlenwert für die Isotherme, desto weiter entfernt liegt die Kurve vom Koordinatenursprung!

3. Die Isothermen im p, V-Diagramm verlaufen niemals parallel. Je kleiner die Zahlenwerte für die Isothermen, desto stärker beulen sie in Richtung Koordinatenursprung aus!

Für Isentropen (rechtes Diagramm in Abbildung 3-3) gilt $p = \text{Konstante} \cdot V^{-\kappa}$. Der Isentropenexponent κ ist regelmäßig größer als 1. Im Verhältnis zu den Isothermen verlaufen die Isentropen jetzt steiler und verlieren die Eigenschaft gleichseitige Hyperbeln zu sein.

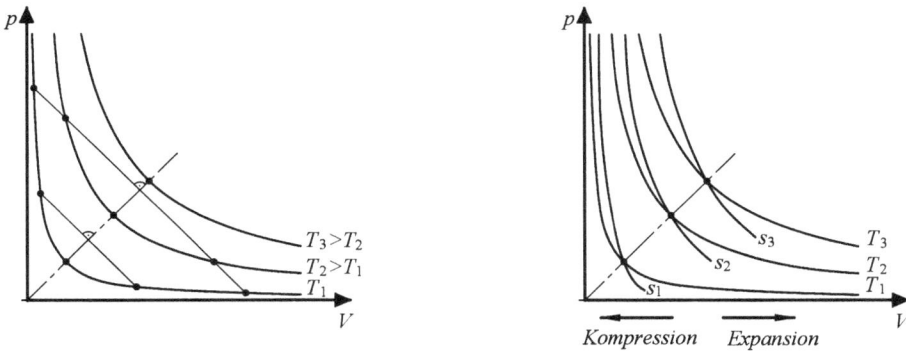

Abb. 3-3: Darstellung von Isothermen und Isentropen im p, V-Diagramm.

Im T, s-Diagramm wird der Verlauf von Isothermen als horizontale Linien und der von Isentropen als vertikale Linien dargestellt. Anspruchsvoller ist das Zeichnen von Isobaren und Isochoren, die wie wir später noch besser begründen können, e-Funktionen genügen. Die im Diagramm links liegenden Isobaren repräsentieren gegenüber den weiter rechts liegenden stets die höheren Drücke (vergleiche Abbildung 3-4, linkes Diagramm). Dem rechten Diagramm kann man entnehmen, dass die Isochoren steiler verlaufen als die Isobaren. Auch darauf kommen wir später noch einmal zurück. Nach dem Boyle-Marriott'schen Gesetz gilt $p \cdot v = \text{konstant}$. Je weiter die Isochoren im T, s-Diagramm nach rechts rücken, desto höhere Werte nimmt das Volumen an.

Zur Beschreibung thermodynamischer Prozesse durch Diagramme ist es sinnvoll, parallel jeweils p, V- und T, s-Diagramm zu betrachten. Für das T, s-Diagramm können

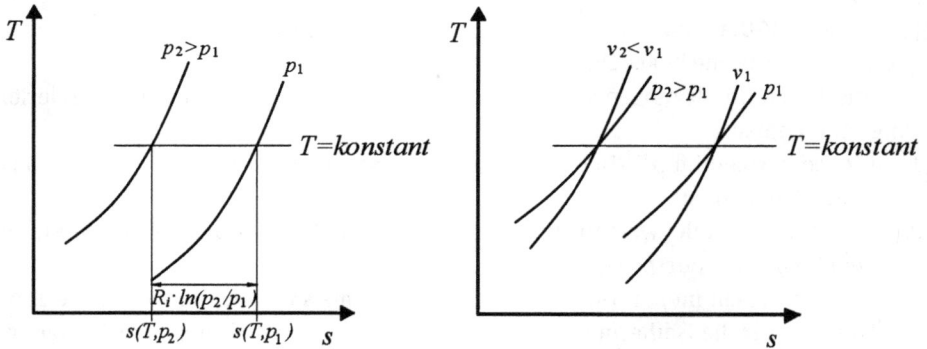

Abb. 3-4: Darstellung von Isobaren und Isochoren im T, s-Diagramm.

wir die Ordinate, die Zustandsvariable thermodynamische Temperatur T, schon gut einordnen. Die kalorische Zustandsgröße Entropie s ist jedoch eine Zustandsgröße besonderer Art. Sie kommt in der Natur nicht vor und ist auch nicht direkt messbar, aber sehr wohl aus messbaren Größen (Druck, Temperatur und Volumen) rechnerisch zu ermitteln. Wie wir schon zur Erläuterung von Gleichung (3.2-14) ausgeführt haben, wird der Prozessgröße Wärme q (unvollständiges Differential) durch den integrierenden Nenner $1/T$ die Entropie s fest eine Zustandsvariable (vollständiges Differential) zugeordnet.

Abbildung 3-5 beschreibe einen konkreten thermodynamischen Prozess mit idealem Gas. Aus dem links gezeichneten p, V-Diagramm erkennen wir klar, dass hier eine Kompression vorliegt (Druckerhöhung bei Verminderung des Volumens), können aber nicht sagen, ob es sich dabei um eine isotherme oder isentrope Verdichtung handelt. Betrachtet man dazu parallel das rechts stehende T, s-Diagramm, erkennt man zunächst den mit p_2 und p_1 gekennzeichneten Verlauf zweier Isobaren ($p_2 > p_1$). Der dort eingezeichnete Zustandsverlauf von 1 nach 2 ist klar als Isentrope dargestellt. Wenn im linken p, V- und im rechten T, s-Diagramm derselbe Prozess dargestellt ist, muss es sich also um eine isentrope Kompression handeln.

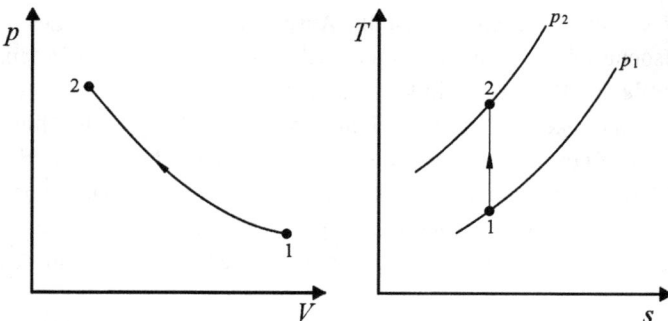

Abb. 3-5: Parallele Darstellung einer Kompression im p, V- und T, s-Diagramm.

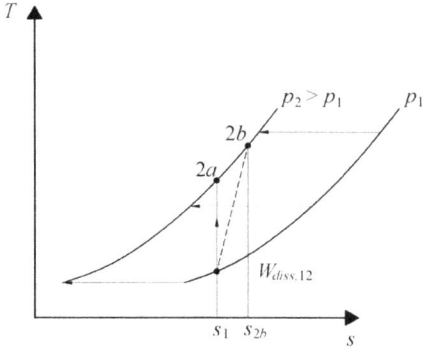

Abb. 3-6: Wärme als dissipierte Arbeit im T, s-Diagramm.

Abbildung 3-6 verdeutlicht, warum das T, s-Diagramm auch Wärmediagramm genannt wird. Die grau unterlegte Fläche unter der Zustandsänderung von 1 nach 2b stellt die dissipierte Energie („Reibungswärme") bei der Verdichtung eines Gases von Druck p_1 auf p_2 dar. Die isentrope Verdichtung von 1 nach 2a ist ein Denkmodell. Die Reibung, bei der Wärme entsteht, wird bewusst ausgeklammert. So ändert sich Wärme im System nicht (also dq = 0), was gleichbedeutend mit ds = 0 ist. Kommt es bei der Verdichtung aber auch zu einer Entropieerhöhung ($s_2 > s_1$) entsteht im T, s-Diagramm unter der Kurve für die Zustandsänderung eine Fläche, die gemäß d$q = T \cdot$ ds eine beispielsweise durch Reibung hervorgebrachte Wärme darstellt.

Umfassender als die Poisson'sche Gleichung (3.2-11) für die isentrope Zustandsänderung ist der formale Ansatz mit dem feste Werte annehmenden Polytropenexponenten n. So können praktisch alle vorkommenden oder auch nur gedacht vorkommenden Zustandsänderungen beschrieben werden.

$$p \cdot V^n = \text{konstant} \tag{3.2-18}$$

Nimmt der Polytropenexponent n bestimmte Werte an, gehen die Gleichungen (3.2-18) in die Zustandsgleichungen folgender Zustandsänderungen über:

$n = 0$ isobar $\qquad n = 1$ isotherm
$n = \kappa$ isentrop $\qquad n \to \infty$ isochor

Der Polytropenexponent n in (3.2-18) kann rein theoretisch Werte zwischen $-\infty < n < \infty$ annehmen und berücksichtigt einzeln oder kumulativ folgende Effekte:

- nicht exakte Erfüllung der Voraussetzungen für isotherme, isochore, isobare oder isentrope Zustandsänderungen
- vom Idealgasverhalten abweichendes Verhalten (reales Gas)
- dissipative Effekte.

In der Realität laufen viele Zustandsänderungen zwischen den beiden theoretischen Grenzfällen isotherm ($n = 0$) und isentrop ($n = \kappa$) ab. Der Zustandsverlauf kann dann mit einem Polytropenexponenten n aus dem Intervall $(1, \kappa)$ besser modelliert werden als über die Grenzfälle isotherm und isentrop.

Bei formaler Ersetzung des Isentropenexponenten κ durch den Polytropenexponenten n in (3.2-18) können Gleichungen für polytrop verlaufende Zustandsänderungen (Polytrope = die Vielgestaltige) abgeleitet werden.

$$\frac{p_1}{p_2} = \left(\frac{V_2}{V_1}\right)^n = \left(\frac{v_2}{v_1}\right)^n = \left(\frac{\rho_1}{\rho_2}\right)^n \qquad (3.2\text{-}19)$$

$$\frac{p_1}{p_2} = \left(\frac{T_1}{T_2}\right)^{\frac{n}{n-1}} \qquad (3.2\text{-}20)$$

$$\frac{T_1}{T_2} = \left(\frac{v_2}{v_1}\right)^{n-1} = \left(\frac{\rho_1}{\rho_2}\right)^{n-1} \qquad (3.2\text{-}21)$$

Der Polytropenexponent n ist eine zusätzliche Größe, nach der die Gleichungen von (3.2-19) bis (3.2-21) aufgelöst werden können. Je nachdem, welche Zustandsgrößen bekannt sind, ergibt sich der Polytropenexponent aus:

$$n = \frac{\ln \frac{p_1}{p_2}}{\ln \frac{v_2}{v_1}} = \frac{\ln \frac{p_1}{p_2}}{\ln \frac{p_1}{p_2} - \ln \frac{T_1}{T_2}} = \frac{\ln \frac{v_2}{v_1} + \ln \frac{T_1}{T_2}}{\ln \frac{v_2}{v_1}} \qquad (3.2\text{-}22)$$

Abbildung 3-7 zeigt für das p, v-Diagramm, dass die Isentrope einen höheren Anstieg als die Isotherme hat (steilerer Verlauf) und für das T, s-Diagramm, dass die Isobaren flacher verlaufen (kleinerer Anstieg) als die Isochoren. Daraus ergeben sich zwei wichtige Schlussfolgerungen, die wir in Abbildung 3-8 festhalten.

Im p, v-Diagramm entspricht die technische Arbeit der Fläche zwischen Ordinatenachse p und Verlauf der Zustandsänderung von 1 nach 2. Bei jeweils gleichem Anfangs-

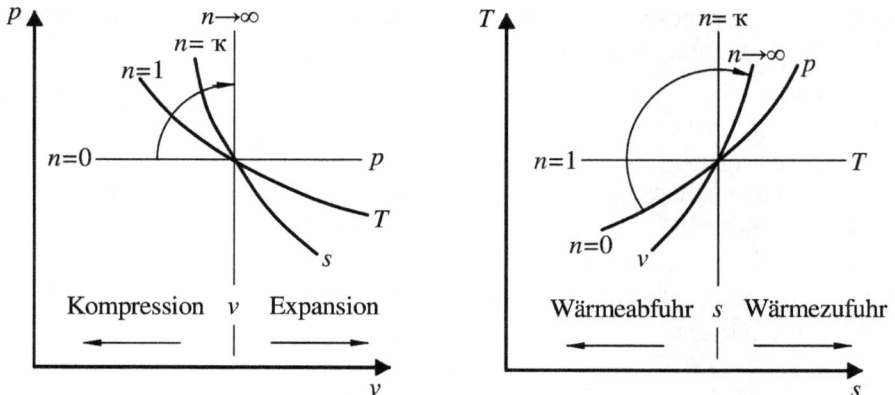

Abb. 3-7: Darstellung ausgewählter Polytropen im p, v- und T, s-Diagramm.

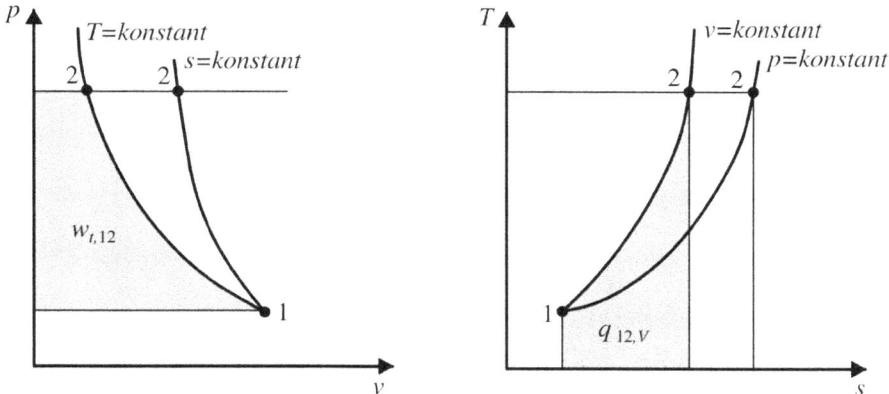

Abb. 3-8: Technische Arbeit für isotherme (grau unterlegt) sowie isentrope Zustandsänderung im p, v-Diagramm und Wärme für isochore (grau unterlegt) sowie isobare Zustandsänderung im T, s-Diagramm.

und Enddruck ist für eine isotherme Kompression (Fläche grau unterlegt) weniger Arbeit aufzuwenden als für einen isentropen Zustandsverlauf. Obwohl sich eine isotherme Kompression technisch praktisch nicht verwirklichen lässt, wird dieser Fall gern als Vergleichsmaßstab für die Effizienz von Verdichtern herangezogen.

Im rechten T, s-Diagramm von Abbildung 3-8 sieht man, dass für jeweils identische Anfangs- und Endtemperaturen isobar mehr Wärme zugeführt werden muss als bei isochorer Prozessführung (erforderliche Wärme für isochoren Zustandsverlauf grau unterlegt). Dieser Umstand spielt zur Beurteilung der Effizienz der Wärmezufuhr an fluide Arbeitsmittel eine Rolle.

3.2.1 Isobare und isochore Zustandsänderung im geschlossenen System

In einem an seiner Stirnseite fest verschlossenen Zylinder mit 50 cm Durchmesser sei durch einen reibungslos im Zylinder beweglichen Kolben anfangs 500 Liter Luft bei einer Temperatur von 600 °C und einem Druck von 120 kPa gasdicht eingeschlossen. Die Luft im Zylinder werde auf 750 °C erwärmt und gleichzeitig der Kolben zurückgeführt, sodass der Druck im Zylinder immer gleich bleibt. Die Gaskonstante der Luft sei mit 287,12 J/(kg·K) gegeben.

   a) Wie hoch ist die Dichte der im adiabatem Zylinder eingeschlossenen Luft in kg/m^3 vor und nach der Erwärmung?
   b) Um welche Länge Δz in cm muss der Kolben bei der Erwärmung zurückgeführt werden, damit der Druck im Zylinder gleich bleibt?
   c) Welcher Druck in bar würde im Zylinder herrschen, wenn der Kolben vor der Erwärmung fest arretiert würde?

Gegeben sind:

$V_1 = 0{,}5\,\mathrm{m}^3$ $\qquad$ $T_1 = 873{,}15\,\mathrm{K}\ (600\,^\circ\mathrm{C})$ $\qquad$ $p_1 = p_2 = 120\,\mathrm{kPa}$ $\qquad$ $d = 0{,}5\,\mathrm{m}$

$R_L = 287{,}12\,\mathrm{J/(kg\,K)}$ $\qquad$ $T_2 = 1023{,}15\,\mathrm{K}\ (750\,^\circ\mathrm{C})$

Lösung:

a) Dichte der Luft vor und nach der Erwärmung nach Gleichung (3.2-2)

Zustand 1 = vor Erwärmung:

$$\rho_1 = \frac{p_1}{R_L \cdot T_1} = \frac{120.000\,\mathrm{N/m^2}}{287{,}12\,\mathrm{Nm/(kg\,K)} \cdot 873{,}15\,\mathrm{K}} = \underline{\underline{0{,}47866\,\mathrm{kg/m^3}}}$$

Zustand 2 = nach Erwärmung:

$$\rho_2 = \frac{p_1}{R_L \cdot T_2} = \frac{120.000\,\mathrm{N/m^2}}{287{,}12\,\mathrm{Nm/(kg\,K)} \cdot 1023{,}15\,\mathrm{K}} = \underline{\underline{0{,}40849\,\mathrm{kg/m^3}}}$$

b) erforderliche Rückführung des Kolbens für isobare Zustandsänderung ($p =$ konstant)

$$W_{V,12} = -\int\limits_1^2 p\,\mathrm{d}V = -p(V_2 - V_1) = -p \cdot \frac{\pi}{4}d^2 \cdot \Delta z \left(V_2 - V_1 = \frac{\pi}{4}d^2 \cdot \Delta z \right)$$

isobare Zustandsänderung nach Gleichung (3.2-8)

$$\frac{V_1}{T_1} = \frac{V_2}{T_2} \qquad V_2 = \frac{T_2}{T_1}V_1 \qquad V_2 - V_1 = V_1\left(\frac{T_2}{T_1} - 1\right) = \frac{\pi}{4}d^2 \cdot \Delta z$$

$$\Delta z = \frac{4 \cdot V_1}{\pi \cdot d^2}\left(\frac{T_2}{T_1} - 1\right) = \frac{4 \cdot 0{,}5\,\mathrm{m}^3}{\pi \cdot 0{,}25\,\mathrm{m}^2}\left(\frac{1023{,}15\,\mathrm{K}}{873{,}15\,\mathrm{K}} - 1\right) = 0{,}4375\,\mathrm{m} = \underline{\underline{43{,}75\,\mathrm{cm}}}$$

c) isochore Zustandsänderung bei arretiertem Kolben nach Gleichung (3.2-9)

$$p_2 = p_1 \cdot \frac{T_2}{T_1} = 1{,}2\,\mathrm{bar} \cdot \frac{1023{,}15\,\mathrm{K}}{873{,}15\,\mathrm{K}} \approx \underline{\underline{1{,}406\,\mathrm{bar}}}$$

3.2.2 Isobare Zustandsänderung strömender Luft

Verbrennungsluft für eine Feuerung strömt mit einer Geschwindigkeit von $4\,\mathrm{ms}^{-1}$ von einem Kanal mit rechteckigem Querschnitt (15 cm breit, 20 cm hoch) in einen Wärmetauscher, der diese Luft isobar von 20 °C auf 200 °C vorwärmt. Nach Passieren des Wärmetauschers wird die vorgewärmte Luft in einer Rohrleitung mit einem Durchmesser von 200 mm in den Verbrennungsraum geleitet.

 a) Mit welcher Geschwindigkeit strömt die Luft in den Verbrennungsraum?
 b) Wie viel mm müsste der Durchmesser der Rohrleitung nach dem Wärmetauscher messen, damit die Luft wieder mit $4\,\mathrm{ms}^{-1}$ dem Verbrennungsraum zuströmt?

Gegeben sind:

$$A_1 = 0{,}15\,\mathrm{m} \cdot 0{,}20\,\mathrm{m} = 0{,}03\,\mathrm{m}^2 \qquad A_2 = \frac{\pi}{4} \cdot 0{,}2^2\,\mathrm{m}^2 = 0{,}031415927\,\mathrm{m}^2$$

$$T_1 = 293{,}15\,\mathrm{K} \qquad\qquad\qquad T_2 = 473{,}15\,\mathrm{K} \qquad c_1 = 4\,\mathrm{ms}^{-1}$$

Vorüberlegungen:
Gas ist eigentlich immer kompressibel, die Dichte also grundsätzlich vom Druck abhängig. Bei langsamen Strömungen bleiben aber Dichteunterschiede im Strömungsgebiet klein. Die Strömung eines Gases wird deshalb näherungsweise als inkompressibel angesehen, solange die Strömungsgeschwindigkeit niedriger ist als ein Drittel der Schallgeschwindigkeit im betreffenden Gas. Die Schallgeschwindigkeit in Luft beträgt ungefähr 333 m/s. Die Luftdichte kann also in diesem Beispiel als eine vom Druck unabhängige Stoffeigenschaft betrachtet werden.

Lösung:
a) Ermittlung der Strömungsgeschwindigkeit c_2 aus der Kontinuitätsgleichung $\dot{m} =$ konstant
  Wegen $\dot{m}_1 = \dot{m}_2$ folgt aus $\rho_1 \cdot \dot{V}_1 = \rho_2 \cdot \dot{V}_2$ die Gleichung

$$\frac{p}{R_L T_1} \cdot c_1 A_1 = \frac{p}{R_L T_2} \cdot c_2 A_2$$

und für konstanten Druck:

$$c_2 = c_1 \frac{T_2}{T_1} \cdot \frac{A_1}{A_2} = 4\frac{\mathrm{m}}{\mathrm{s}} \cdot \frac{473{,}15\,\mathrm{K}}{293{,}15\,\mathrm{K}} \cdot \frac{0{,}03\,\mathrm{m}^2}{0{,}031415927\,\mathrm{m}^2} = \underline{\underline{6{,}165\,\frac{\mathrm{m}}{\mathrm{s}}}}$$

b) Ermittlung des Rohrdurchmessers für $c = $ konstant

$$\frac{A_1}{T_1} = \frac{A_2}{T_2} \qquad A_2 = A_1 \frac{T_2}{T_1} \qquad d = \sqrt{\frac{4}{\pi} A_1 \frac{T_2}{T_1}}$$

$$d = \sqrt{\frac{4}{\pi} \cdot 0{,}03\,\text{m}^2 \frac{473{,}15\,\text{K}}{293{,}15\,\text{K}}} = 0{,}2483\,\text{m} \approx \underline{\underline{248\,\text{mm}}}$$

Den errechneten Durchmesser der Abgasleitung rundet man in der Praxis auf das nächst erreichbare Handelsmaß (etwa 250 mm).

3.2.3 Aufsteigen einer Luftblase im Wasser

Am Grund eines Gewässers betrage die Wassertemperatur 4 °C, an der Wasseroberfläche 13 °C. Wie tief ist das Gewässer, wenn eine kugelförmige Luftblase beim Aufsteigen vom Gewässergrund an die Oberfläche ihren Durchmesser verdoppelt? Der Luftdruck betrage 1024 hPa, die Dichte des Wassers soll als konstant mit 1000 kg/m^3 angenommen werden.

Gegeben sind:

Zustand 1: Gewässergrund $\qquad p_1 = p_2 + \rho \cdot g \cdot h \qquad T_1 = 277{,}15\,\text{K} \qquad V_1 = \frac{\pi}{6}d_1^3$

Zustand 2: Wasseroberfläche $\qquad p_2 = 1024\,\text{hPa} \qquad T_2 = 286{,}15\,\text{K} \qquad V_2 = \frac{\pi}{6}d_2^3$

allgemeine Daten: $\qquad \rho = 1000\,\text{kg/m}^3 \qquad g = 9{,}80665\,\text{m/s}^2$ (Normwert)

Vorüberlegungen:

1. Bei kugelförmiger Gestalt bedeutet eine Verdopplung des Durchmessers ein achtfach höheres Volumen, also $V_2 = 8 \cdot V_1$.
2. Bei der Zustandsänderung von 1 nach 2 ändern sich Druck, Volumen und Temperatur der Luft, wenn man annimmt, dass die Lufttemperatur in der Blase jeweils der Wassertemperatur an der Außenhülle entspricht. Die Masse der Luft ändert sich nicht, sodass gilt:

$$\frac{p_1 \cdot V_1}{T_1} = \frac{p_2 \cdot V_2}{T_2} \quad \text{(vergleiche Gleichung (3.2-5))}$$

3. Temperaturen sind für die Rechnung in Kelvin umzuwandeln, da auf thermische Zustandsgleichung für ideales Gas zurückgegriffen wird.

Lösung:

Die gesuchte Gewässertiefe kann vermittelst des Schweredruckes am Gewässergrund bestimmt werden.

$$p_1 = p_2 \cdot \frac{V_2}{V_1} \cdot \frac{T_1}{T_2} \quad \rightarrow \quad p_2 + \rho \cdot g \cdot h = p_2 \cdot \frac{V_2}{V_1} \cdot \frac{T_1}{T_2}$$

$$h = \frac{p_2 \cdot \dfrac{V_2}{V_1} \cdot \dfrac{T_1}{T_2} - p_2}{\rho \cdot g} = \frac{p_2 \cdot \left(\dfrac{V_2}{V_1} \cdot \dfrac{T_1}{T_2} - 1 \right)}{\rho \cdot g}$$

$$h = \frac{1024 \cdot 10^2\,\text{N/m}^2 \cdot \left(8 \cdot \dfrac{277{,}15\,\text{K}}{286{,}15\,\text{K}} - 1\right)}{1000\,\text{kg/m}^3 \cdot 9{,}80665\,\text{m/s}^2} = \underline{\underline{70{,}466\,\text{m}}} \quad (\text{Hinweis: } 1\,\text{N} = 1\,\text{kg\,m/s}^2)$$

Hinweis zu einer verwandten Anwendung:

Angenommen Sie beginnen in einer Wassertiefe von 10 m (Druck $p_1 \approx 2\,\text{bar}$) mit 4 Litern Luft in der Lunge mit dem Auftauchen an die Wasseroberfläche $p_2 \approx 1\,\text{bar}$. Man kann hier sogar konstante Temperatur unterstellen und somit gilt das Gesetz von Boyle-Mariotte:

$$p_1 \cdot V_1 = p_2 \cdot V_2 \quad \rightarrow \quad V_2 = \frac{p_1}{p_2} \cdot V_1 = \frac{2\,\text{bar}}{1\,\text{bar}} \cdot 4\,\text{Liter} = \underline{\underline{8\,\text{Liter}}}$$

Eine durchschnittlich trainierte Lunge fasst aber nur etwas mehr als 6 Liter und besitzt kein selbsttätig wirkendes Überdruckventil. Wenn man also beim Auftauchen nicht durch Ausatmen für eine angemessene Volumenanpassung sorgt, besteht die Gefahr des Platzens der Lungenbläschen.

3.2.4 Aufstieg eines Heißluftballons

Die Ballonhülle eines kugelförmigen, unten offenen Heißluftballons mit einem Durchmesser von 18 m bestehe aus Ballonseide, die eine Masse von 0,12 kg/m² besitze. Für Korb, diverse Aufbauten und Gasflaschen sowie für den Ballonfahrer solle eine Tragfähigkeit von 578 kg garantiert werden. Die Außentemperatur betrage 20 °C und der Luftdruck am Boden 1013 mbar. Die Gaskonstante für die Luft sei mit 287,12 J/(kg K) gegeben.

    a) Welche Temperatur in Grad Celsius muss die Heißluft im Ballon aufweisen, damit der Ballon gerade vom Boden abhebt (schwebt)?

    b) Welche Temperatur in Grad Celsius muss die Heißluft im Ballon aufweisen, dass der Ballon auf eine Höhe von 500 m steigt? Mit einer unterstellten Temperaturabnahme von 6,5 K je Höhenkilometer sind der Druck und die Temperatur der Außenluft zu ermitteln! Die Abhängigkeit der Fallbeschleunigung von der Höhe soll dabei durch einen mittleren Wert berücksichtigt werden.

Hinweis: Man verwende zur Kennzeichnung der Zustandsgrößen der Luft außerhalb des Heißluftballons den Index „a", für die im Heißluftballon den Index „i"!

Gegeben sind:

$T_a = 293{,}15\,\text{K}\ (20\,°\text{C})$ $a_T = -0{,}0065\,\text{K/m}$ $h = 500\,\text{m}$ $p = 101.300\,\text{N/m}^2\ (1013\,\text{mbar})$

$R_L = 287{,}12\,\text{J/(kg K)}$ $m_T = 578\,\text{kg}$ $\mu_H = 0{,}12\,\text{kg/m}^2$

Vorüberlegungen:

Für die erfolgreiche Lösung dieser Aufgabe ist wie Abbildung 3-9 zeigt vom Gleichgewicht zwischen Auftriebskraft und Gewichtskraft des Ballons auszugehen.

Das Volumen des Heißluftballons für die Auftriebsberechnung ist aus dem gegebenen Durchmesser zu berechnen aus: $V = \frac{\pi}{6} \cdot d^3 = \frac{\pi}{6} \cdot (18\,\text{m})^3 = 3053{,}628\,\text{m}^3 \approx 3054\,\text{m}^3$. Wir schätzen das Volumen des Ballonfahrers, des Korbes, der Seile und der Gasflaschen auf etwa $2\,\text{m}^3$ ab und verwenden das für die Auftriebskraft maßgebliche Volumen $V = 3056\,\text{m}^3$.

Sowohl für Aufgabenteil a) als auch für b) muss die Gewichtskraft $F_G = m \cdot g$ im Gleichgewicht zur Auftriebskraft stehen. Die für die Berechnung der Gewichtskraft maßgebliche Masse beträgt: $m = m_H + m_T = A_O \cdot \mu_H + m_T = \pi \cdot d^2 \cdot \mu_H + m_T = 122\,\text{kg} + 578\,\text{kg} = 700\,\text{kg}$.

Für den Start der Ballonfahrt können wir hier von einem prall gefüllten Gasballon ausgehen. Die Auftriebskraft entspricht der Gewichtskraft des durch den Ballon verdrängten Luftvolumens, also $F_A = (\rho_a - \rho_i) \cdot V \cdot g$.

Da der Heißluftballon nach unten offen ist, herrscht im Ballon immer der jeweilige äußere, konstant bleibende Umgebungsdruck. Es gilt also dabei das Gesetz von Gay-Lussac, wonach die Dichten eines idealen Gases sich umgekehrt proportional zu seinen thermodynamischen Temperaturen verhalten. Ein praller Gasballon verliert beim Steigen Auftriebskraft und Steiggeschwindigkeit, da sein Volumen gleich bleibt, die Luft-

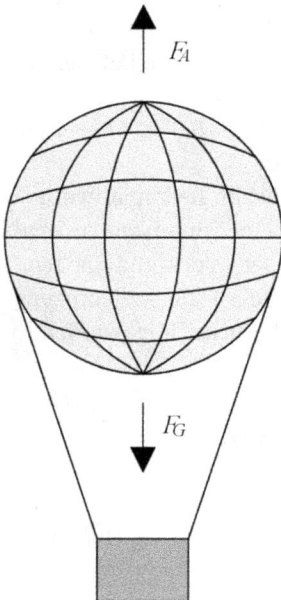

Abb. 3-9: Der Ballon „schwebt", wenn Gewichtskraft und Auftriebskraft im Gleichgewicht stehen.

dichte nimmt aber mit der Höhe ab, sodass sich die Masse der verdrängten Luft verringert. Will man mit konstanter Geschwindigkeit steigen, muss man kontinuierlich mitgeführten Ballast abwerfen. Erhöht sich die Temperatur im Inneren eines prall gefüllten Gasballons (auch zum Beispiel durch Sonneneinstrahlung), strömt mit der Volumenzunahme Heißluft aus der Öffnung unten aus. Damit verringert sich die Masse der Gasfüllung und die Tragkraft des Ballons erhöht sich geringfügig.

Für die mittlere Fallbeschleunigung im Bereich zwischen 0 und 500 m kann nach dem Mittelwertsatz der Integralrechnung angesetzt werden:

$$\bar{g}\big|_{h_1}^{h_2} \cdot (h_2 - h_1) = \int_{h_1}^{h_2} g_n \cdot \left(\frac{r}{r+h}\right)^2 dh$$

mit unterer Integrationsgrenze $h = 0$ folgt

$$\bar{g}\big|_0^h = g_n \cdot \frac{r}{r+h}$$

$$\bar{g}\big|_0^{500\,m} = 9,80665 \,\frac{m}{s^2} \cdot \left(\frac{6.356.766 \,m}{6.356.766 \,m + 500 \,m}\right) = 9,80588 \,\frac{m}{s^2}$$

Eine ausführlichere Beschreibung des Rechengangs findet man in Aufgabe 3.2.7 Berechnung von Zustandsparametern nach DIN ISO 2533.

Lösung:

a) Temperatur für das Abheben des Heißluftballons am Boden

Aus $F_A = F_G$ ergibt sich $(\rho_a - \rho_i) \cdot V \cdot g = m \cdot g$ und zweckmäßig umgeformt:

$$1 - \frac{\rho_i}{\rho_a} = \frac{m}{V \cdot \rho_a}$$

sowie Gay-Lussac:

$$\frac{\rho_i}{\rho_a} = \frac{T_a}{T_i} \quad \text{sodass} \quad \frac{T_a}{T_i} = 1 - \frac{m}{\rho_i \cdot V}$$

Die Außenluftdichte ergibt sich aus:

$$\rho_{0,a} = \frac{p_0}{R_L \cdot T_a} = \frac{101.300 \,N/m^2}{287,12 \,N/m^2 \cdot 293,15 \,K} = 1,203527731 \,\frac{kg}{m^3}$$

$$T_{0,i} = \frac{T_{0,a}}{1 - \dfrac{m}{V \cdot \rho_{0,a}}} = \frac{293,15 \,K}{1 - \dfrac{700 \,kg}{3.056 \,m^3 \cdot 1,203527731 \,kg/m^3}} = 362,06 \,K$$

$$\underline{\underline{t_{0,i} = 88,91\,°C}}$$

b) notwendige Heißlufttemperatur für Aufstiegshöhe von 500 m

Für die Berechnung der Dichte der Außenluft in 500 m Höhe sind die entsprechenden Temperaturen und der zugehörige Luftdruck zu berechnen.

$$T_a(500\,\text{m}) = T_a(0\,\text{m}) + a_T \cdot h = 293{,}15\,\text{K} - 0{,}0065\,\text{K/m} \cdot 500\,\text{m} = 289{,}9\,\text{K}$$

$$\underline{\underline{t_a(500\,\text{m}) = +16{,}75\,^\circ\text{C}}}$$

Mit zunehmender Höhe fällt der Luftdruck. Wir unterstellen zunächst für eine differentiell kleine Höhendifferenz dh einen konstanten Luftdruck, sodass angesetzt werden kann:

$$\mathrm{d}p = -\rho \cdot g \cdot \mathrm{d}h \quad \text{mit} \quad \rho = \frac{p}{R_L \cdot T(h)}$$

woraus folgt

$$\mathrm{d}p = -\frac{p}{R_L \cdot (T_0 + a_T \cdot h)} \cdot g \cdot \mathrm{d}h$$

$$\int\limits_{p(0\,\text{m})}^{p(h)} \frac{\mathrm{d}p}{p} = -\frac{\bar{g}}{R_L} \int\limits_0^h \frac{\mathrm{d}h}{T_0 + a_T \cdot h}$$

analytisch lösbar mit Substitution $z = T_0 + a_T \cdot h$, $\mathrm{d}z = a_T \cdot \mathrm{d}h$

$$\int\limits_{p(0\,\text{m})}^{p(h)} \frac{\mathrm{d}p}{p} = -\frac{\bar{g}}{R_L} \int\limits_{(0)}^{(h)} \frac{\mathrm{d}z}{a_T \cdot z}$$

$$\rightarrow \quad \ln\frac{p(h)}{p_0} = -\frac{\bar{g}}{R_L \cdot a_T} \cdot \ln(T_0 + a_T \cdot h)\big|_0^h = -\frac{\bar{g}}{R_L \cdot a_T} \cdot \ln\frac{T_0 + a_T \cdot h}{T_0}$$

und dann zu

$$\frac{p(h)}{p(0\,\text{m})} = \left(\frac{T(0\,\text{m}) + a_T \cdot h}{T(0\,\text{m})} \right)^{-\frac{\bar{g}}{R_L \cdot a_T}}.$$

Zahlenwert für den Exponenten (Kontrolle, ob Exponent die Dimension 1 besitzt)

$$\frac{\bar{g}}{R_L \cdot a_T} = \frac{9{,}80588\,\text{m/s}^2}{287{,}12\,\text{Nm/(kg K)} \cdot (-0{,}0065\,\text{K/m})} = -5{,}25424$$

$$p(500\,\text{m}) = p(0\,\text{m}) \cdot \left(\frac{T_a(500\,\text{m})}{T_a(0\,\text{m})} \right)^{+5{,}25424}$$

$$= 1013\,\text{mbar} \cdot \left(\frac{289{,}90\,\text{K}}{293{,}15\,\text{K}} \right)^{+5{,}25424} \approx \underline{\underline{955{,}37\,\text{mbar}}}$$

$$\rho_a(500\,\text{m}) = \frac{p(500\,\text{m})}{R_L \cdot T_a(500\,\text{m})} = \frac{95.537\,\text{N/m}^2}{287{,}12\,\text{N/m}^2 \cdot 289{,}90\,\text{K}} = 1{,}147783399\,\frac{\text{kg}}{\text{m}^3}$$

$$T_i(500\,\text{m}) = \frac{T_a(500\,\text{m})}{1 - \dfrac{m}{V \cdot \rho_a(500\,\text{m})}} = \frac{289{,}90\,\text{K}}{1 - \dfrac{700\,\text{kg}}{3.056\,\text{m}^3 \cdot 1{,}147783399\,\text{kg/m}^3}} = 362{,}18\,\text{K}$$

$$\{t\} = \{T\} - 273{,}15 \quad \rightarrow \quad t_i(500\,\text{m}) = \underline{\underline{89{,}03\,^\circ\text{C}}}$$

Die Dichte und Temperatur der Außenluft wurden mit diesen Annahmen schon sehr genau ermittelt. Sie halten einem Vergleich mit den Werten nach DIN ISO 2533: Normatmosphäre ohne Weiteres stand. Kleinere Abweichungen ergeben sich daraus, dass DIN ISO 2533 eine Gaskonstante für Luft von 287,05287 J/(kg K) ansetzt, hier aber gemäß der in der Aufgabenstellung gegebenen Größen mit 287,12 J/(kg K) gerechnet wurde.

3.2.5 Befüllung von Tragluftballons

Ein wahlweise mit Wasserstoff oder Helium befüllbarer Ballon solle zu Forschungszwecken in höheren Luftschichten eingesetzt werden. Die Gasfüllung am Boden sei so zu bemessen, dass der für 1.800 m³ ausgelegte Ballon in 3.000 m Höhe bei einer Lufttemperatur von −4,5 °C und einem Luftdruck von 70,1 kPa gerade prall gefüllt ist. Am Boden herrsche eine Temperatur von 15 °C bei einem Luftdruck von 101,3 kPa. Die Gaskonstante der Luft sei mit 287,12 J/(kg K) gegeben.

    a) Welche Gasmasse ist jeweils für Wasserstoff und Helium zur Befüllung des Ballons erforderlich?

    b) Welchen jeweiligen Kosten für eine Ballonfüllung entstehen, wenn ein Normkubikmeter Wasserstoff zu 4 € und ein Normkubikmeter Helium zu 42 € verfügbar sind?

    c) Zu welchem jeweiligen Bruchteil des Gesamtvolumens ist der Ballon am Boden mit Wasserstoff oder Helium zu füllen?

    d) Wie groß darf jeweils das zu hebende Gesamtgewicht von Ballonhülle, Aufbauten und allen sonstigen Lasten bei Wasserstoff- oder Heliumbefüllung sein?

Hinweis: Die Gaskonstanten für Wasserstoff und Helium sind mit der universellen Gaskonstante von 8,3144621 kJ/(kmol K) und den Molekülmassen für Wasserstoff mit 2,016 kg/kmol und für Helium mit 4,003 kg/kmol zu bestimmen!

Gegeben sind:

Boden ($h = 0$ m): $T_1 = 288{,}15$ K $p_1 = 101.300$ Pa $V_1 = ?$

                                       $R_L = 287{,}12$ J/(kg K)

Höhe $h = 3000$ m: $T_2 = 268{,}65$ K $p_2 = 70.100$ Pa $V_2 = 1.800$ m³

$M_{\text{H}_2} = 2{,}016$ kg/kmol $(K_{\text{H}_2})_n = 4\,€/\text{m}^3$ $M_{\text{He}} = 4{,}003$ kg/kmol $(K_{\text{He}})_n = 42\,€/\text{m}^3$

Vorüberlegungen:

Die Lösung dieser Aufgabe erfordert – wie Abbildung 3-10 verdeutlicht – die Betrachtung von zwei verschiedenen thermodynamischen Zuständen. Für den Zustand 1 am Boden sind zwei thermodynamische Zustandsgrößen (Druck und Temperatur) bekannt, für den Zustand 2 in 3000 m Höhe drei Zustandsgrößen (Druck, Temperatur und Volumen). Die gegebenen fünf thermodynamischen Zustandsgrößen reichen aus, um die sechste (das gesuchte Volumen V_1) mit dem Ansatz nach Gleichung (3.2-5) auszurechnen.

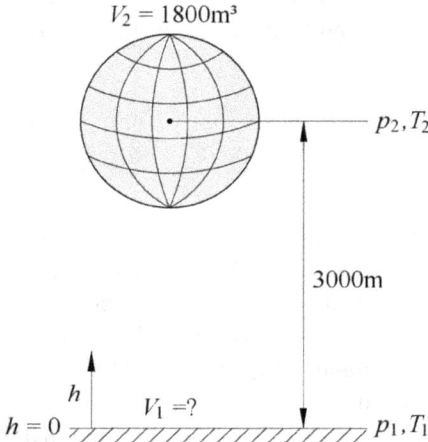

Abb. 3-10: Ausgangssituation für die Befüllung des Tragluftballons.

Unter vorgenannten Bedingungen können die zu untersuchenden Gase als ideales Gas behandelt werden. Ihre Gaskonstanten ergeben sich aus:

$$R_{H_2} = \frac{R_m}{M_{H_2}} = \frac{8{,}3144621\,\text{kJ/(kmol K)}}{2{,}016\,\text{kg/kmol}} = 4{,}1242372\,\frac{\text{kJ}}{\text{kg K}}$$

$$R_{He} = \frac{R_m}{M_{He}} = \frac{8{,}3144621\,\text{kJ/(kmol K)}}{4{,}003\,\text{kg/kmol}} = 2{,}0770577\,\frac{\text{kJ}}{\text{kg K}}$$

Für die Errechnung der Normkubikmetermenge ist der physikalische Normzustand nach DIN 1343 mit $T_n = 273{,}15\,\text{K}$ und $p_n = 101.325\,\text{Pa}$ maßgeblich.

Wegen der fast doppelt so hohen Molekülmassen von Helium im Vergleich zu Wasserstoff ist zu erwarten, dass die zur Ballonfüllung erforderliche Masse von Helium etwa doppelt so groß ist wie die des benötigten Wasserstoffs. Deshalb neigt man dazu auf den ersten Blick, für die Heliumbefüllung eine um ca. 50 % verminderte Traglast zu schätzen. Dies ist ein Trugschluss! Die Auftriebskraft F_A des Ballons ist nicht proportional zur Masse der Gasbefüllung, sondern proportional zur Differenz Masse der verdrängten Luft und Ballonmasse ($F_A = (m_L - m_B) \cdot g$). Völlig ohne Einfluss auf die Tragkraft des Ballons ist aber die Verringerung der Masse des Füllgases nicht.

Ein zu Beginn der Ballonfahrt nicht vollständig gefüllter Gasballon steigt mit konstanter Geschwindigkeit bis er prall gefüllt ist. Wegen der Massenträgheit kann praktisch die Gleichgewichtslage geringfügig „überstiegen" werden, sobald etwas Traggas aus dem Füllansatz austritt. Soll der Ballon dann nicht wieder sinken, muss mit entsprechender Ballastabgabe reagiert werden. Die Steiggeschwindigkeit des Ballons bleibt in isothermer Luftschichtung deshalb konstant, weil beim Aufstieg die Dichte der verdrängten Luft abnimmt, aber das zunehmende Ballonvolumen den Effekt vollständig kompensiert. Temperaturzunahme des Füllgases durch Sonneneinstrahlung bewirkt eine Volumenzunahme und so einen höheren Auftrieb (1/273,15 pro 1 K Temperatursteigerung).

Lösung:

a) Berechnung der Gasmasse für Ballonfüllung aus der Grundgleichung für ideales Gas

Nur im Zustandspunkt 2 sind Druck, Volumen und Temperatur bekannt!

$$m_{H_2} = \frac{p_2 \cdot V_2}{R_{H_2} \cdot T_2} = \frac{70.100\,\text{N/m}^2 \cdot 1.800\,\text{m}^3}{4.124,2372\,\text{Nm/(kg K)} \cdot 268,65\,\text{K}} = \underline{\underline{113,8833\,\text{kg}}}$$

$$m_{He} = \frac{p_2 \cdot V_2}{R_{He} \cdot T_2} = \frac{70.100\,\text{N/m}^2 \cdot 1.800\,\text{m}^3}{2.077,0577\,\text{Nm/(kg K)} \cdot 268,65\,\text{K}} = \underline{\underline{226,1284\,\text{kg}}}$$

b) Materialkosten für Gasbefüllung mit dem für die Kosten maßgeblichen Normvolumen V_n

Die Normvolumina für die Gasfüllungen mit H_2 oder He sind gleich!!

$$V_n = \frac{m_{H_2} \cdot R_{H_2} \cdot T_n}{p_n} = \frac{113,8833\,\text{kg} \cdot 4.124,2372\,\text{Nm/(kg K)} \cdot 273,15\,\text{K}}{101.325\,\text{N/m}^2} = 1.266,1591\,\text{m}^3$$

$$V_n = \frac{m_{He} \cdot R_{He} \cdot T_n}{p_n} = \frac{226,1284\,\text{kg} \cdot 2.077,0577\,\text{Nm/(kg K)} \cdot 273,15\,\text{K}}{101.325\,\text{N/m}^2} = 1.266,1591\,\text{m}_n^3$$

Genauso gut hätte man auch unter Nutzung $m \cdot R_i =$ konstant rechnen können:

$$V_n = V_2 \cdot \frac{p_2}{p_n} \cdot \frac{T_n}{T_2} = 1.800\,\text{m}^3 \cdot \frac{70.100\,\text{Pa}}{101.325\,\text{Pa}} \cdot \frac{273,15\,\text{K}}{268,65\,\text{K}} = 1266,1591\,\text{m}_n^3$$

Materialkosten:

Wasserstoff H_2: $(K_{H_2})_n = 1.266,1591\,\text{m}^3 \cdot 4\,\text{€/m}^3 = \underline{\underline{5.064,64\,\text{€}}}$

Helium He: $(K_{He})_n = 1.266,1591\,\text{m}^3 \cdot 42\,\text{€/m}^3 = \underline{\underline{53.178,68\,\text{€}}}$

Für eine praktische Realisierung sind die Kosten einer Befüllung mit Helium zu hoch!

c) Volumenanteil der erforderlichen Ballonfüllung am Boden (V_1/V_2)
   in den Zustandspunkten 1 und 2 ändern sich jeweils Masse und Gaskonstante nicht,
   also:

$$\frac{p_1 V_1}{T_1} = \frac{p_2 V_2}{T_2} \quad \rightarrow \quad \frac{V_1}{V_2} = \frac{p_2}{p_1} \cdot \frac{T_1}{T_2} = \frac{70,1\,\text{kPa}}{101,3\,\text{kPa}} \cdot \frac{288,15\,\text{K}}{268,65\,\text{K}} = \underline{\underline{0,7422}}$$

Für eine pralle Ballonfüllung in 3000 m Höhe muss der Ballon am Boden zu 74,22 %
mit Wasserstoff oder Helium gefüllt werden.

d) Errechnung Traglast
   Die zu hebende Zulademasse ergibt sich aus der Differenz der Masse der vom Ballon
   verdrängten Luft und der Masse der Ballonfüllung.

$$m_L - m_{\text{H}_2} = \frac{p_2 V_2}{T_2}\left(\frac{1}{R_L} - \frac{1}{R_{\text{H}_2}}\right)$$

$$= \frac{70.100\,\text{N/m}^2 \cdot 1.800\,\text{m}^3}{268,65\,\text{K}}\left(\frac{1 \cdot (\text{kg K})}{287,12\,\text{Nm}} - \frac{1 \cdot (\text{kg K})}{4.124,2372\,\text{Nm}}\right) = \underline{\underline{1.521,95\,\text{kg}}}$$

$$m_L - m_{\text{He}} = \frac{p_2 V_2}{T_2}\left(\frac{1}{R_L} - \frac{1}{R_{\text{He}}}\right)$$

$$= \frac{70.100\,\text{N/m}^2 \cdot 1.800\,\text{m}^3}{268,65\,\text{K}}\left(\frac{1 \cdot (\text{kg K})}{287,12\,\text{Nm}} - \frac{1 \cdot (\text{kg K})}{2.077,0577\,\text{Nm}}\right) = \underline{\underline{1.409,71\,\text{kg}}}$$

Helium besitzt gegenüber Wasserstoff eine fast doppelt so hohe Füllgasmasse. Daraus darf aber nicht geschlossen werden, dass sich die Masse für die Zuladung halbiert.

3.2.6 Ballonaufstieg mit verschiedenen Annahmen für die Schichtung der Luft

Ein Ballon besitze unter Berücksichtigung aller Bauteile (einschließlich Aufbauten usw.) eine Masse von 500,5 kg bei einem Gesamtvolumen von 700 m³. Die Luft am Boden genüge den Zustandsparametern der ISO Normatmosphäre (DIN ISO 2533). Bis zu welcher Höhe steigt der Ballon auf und welche Temperatur herrscht in dieser Höhe, wenn der Aufstieg jeweils:
   a) bei konstanter Temperatur über die gesamte Höhe (isotherm)
   b) in einer hinreichend großen Luftsäule erfolgt, sodass Wärmeströme an den Rändern zu vernachlässigen sind (isentrop) sowie
   c) nach Maßgabe der Normatmosphäre DIN ISO 2533 erfolgt?

Gegeben sind:
$m_B = 500,5\,\text{kg}$ $V_B = 700\,\text{m}^3$
$t_0 = 15\,°\text{C}$ $p_0 = 1,01325\,\text{bar}$ $\rho_0 = 1,225\,\text{kg/m}^3$ (DIN ISO 2533 für Luft bei $h = 0$)

Vorüberlegungen:

1. Die Gewichtskraft des Ballons F_G entspricht in seinem höchsten Aufstiegspunkt der Auftriebskraft F_A, die durch die Luft hervorgerufen wird, die der Ballon verdrängt.

$$F_G = F_A \qquad m_B \cdot g = \rho(p, T) \cdot V_B \cdot g \quad \rightarrow \quad \frac{m_B}{V_B} = \rho(p, T)$$

Der Ballon steigt auf, solange seine mittlere Dichte (Gesamtmasse geteilt durch Gesamtvolumen) kleiner ist als die der vom Ballon verdrängten Luft. Die mittlere Dichte des Ballons ist ein konstanter Wert und beträgt:

$$\rho = \frac{m_B}{V_B} = \frac{500{,}5\,\text{kg}}{700\,\text{m}^3} = 0{,}715\,\frac{\text{kg}}{\text{m}^3}$$

Die Dichte der verdrängten Luft hängt von Druck, Temperatur und mithin von der Aufstiegshöhe h ab.

2. Bei einer differentiell kleinen Druckänderung $\mathrm{d}p$ über der Höhe h kann die Dichte ρ als konstant angesehen werden, sodass mit (2.2-10) gilt:

$$\mathrm{d}p = -\rho \cdot g \cdot \mathrm{d}h \quad \text{(Minuszeichen steht für Druckabnahme mit der Höhe)}$$

Lösung:

a) isotherme Schichtung mit $t = t_0 = \text{konstant} = \underline{\underline{15\,°C}}$ und

$$\frac{p}{\rho} = \frac{p_0}{\rho_0} \quad \rightarrow \quad \rho = \rho_0 \cdot \frac{p}{p_0}$$

$$\mathrm{d}p = -\rho_0 \cdot \frac{p}{p_0} \cdot g \cdot \mathrm{d}h \qquad \frac{\mathrm{d}p}{p} = -\frac{\rho_0}{p_0} \cdot g \cdot \mathrm{d}h$$

$$\mathrm{d}h = -\frac{p_0}{\rho_0 \cdot g} \cdot \frac{\mathrm{d}p}{p} \qquad h = -\frac{p_0}{\rho_0 \cdot g} \ln p + C$$

Die Integrationskonstante C wird durch Einsetzen der Bedingung am Boden: $p_0 = p(h_0 = 0)$ bestimmt:

$$C = \frac{p_0}{\rho_0 \cdot g} \ln p_0$$

Die Funktion für den Druck $p = p(h)$ entsteht durch delogarithmieren von

$$h = \frac{p_0}{\rho_0 \cdot g} \cdot (\ln p_0 - \ln p) = \frac{p_0}{\rho_0 \cdot g} \cdot \ln \frac{p_0}{p} \quad \rightarrow \quad e^h = \left(\frac{p_0}{p}\right)^{\frac{p_0}{\rho_0 \cdot g}}$$

$$\rightarrow \quad p = p_0 \cdot e^{-\frac{\rho_0 \cdot g}{p_0} \cdot h}$$

Dies ist die vielleicht schon aus dem Physikunterricht in der Schule bekannte barometrische Höhenformel, die mit der Grundgleichung für ideales Gas (3.2-2) auch geschrieben werden kann als

$$p(h) = p_0(h_0) \cdot e^{-\frac{1}{R_i \cdot T_0} \cdot g \cdot h}$$

Die Abhängigkeit der Dichte $\rho = \rho(h)$ bei konstanter Temperatur ist eine Funktion des Druckes $p(h)$ und folgt nach dem Boyle-Mariotte'schen Gesetz $\rho = \rho_0 \cdot \dfrac{p}{p_0}$

$$\rho = \rho_0 \cdot e^{-\frac{\rho_0 \cdot g}{p_0} \cdot h} \qquad \ln \frac{\rho}{\rho_0} = -\frac{\rho_0 \cdot g}{p_0} \cdot h$$

Die Auflösung nach h führt in Verbindung mit dem Ansatz aus Vorüberlegung (1) für die Dichte ρ jetzt auf die Aufstiegshöhe h von:

$$h = \frac{-\ln \dfrac{\rho}{\rho_0} \cdot p_0}{\rho_0 \cdot g} = \frac{-\ln \dfrac{0{,}715\,\text{kg/m}^3}{1{,}225\,\text{kg/m}^3} \cdot 1{,}01325 \cdot 10^5\,\dfrac{\text{kg}}{\text{m} \cdot \text{s}^2}}{1{,}225\,\text{kg/m}^3 \cdot 9{,}80665\,\text{m/s}^2} = \underline{\underline{4.541{,}25\,\text{m}}}$$

b) isentrope Schichtung nach Gleichung (3.2-14) mit $\rho = \rho_0 \cdot \left(\dfrac{p}{p_0}\right)^{\frac{1}{\kappa}}$

$$\mathrm{d}p = -\rho_0 \cdot \left(\frac{p}{p_0}\right)^{1/\kappa} \cdot g \cdot \mathrm{d}h \qquad\qquad p^{-1/\kappa}\mathrm{d}p = -\frac{\rho_0}{p_0^{1/\kappa}} \cdot g \cdot \mathrm{d}h$$

$$\frac{\kappa}{\kappa-1} p^{\frac{\kappa-1}{\kappa}} = -\frac{\rho_0}{p_0^{1/\kappa}} \cdot g \cdot h + C$$

Die Integrationskonstante C wird durch Einsetzen der Bedingung am Boden: $p_0 = p(h=0)$ bestimmt: $C = \dfrac{\kappa}{\kappa-1} \cdot p_0^{\frac{\kappa-1}{\kappa}}$

$$\frac{\rho_0}{p_0^{\frac{1}{\kappa}}} \cdot g \cdot h = \frac{\kappa}{\kappa-1}(p_0^{\frac{\kappa-1}{\kappa}} - p^{\frac{\kappa-1}{\kappa}}) = \frac{\kappa}{\kappa-1} \cdot p_0^{\frac{\kappa-1}{\kappa}} \cdot \left(1 - \left(\frac{p}{p_0}\right)^{\frac{\kappa-1}{\kappa}}\right)$$

aufgelöst nach der gesuchten Höhe h ergibt sich:

$$h = \frac{\kappa}{\kappa-1} \cdot \frac{p_0}{\rho_0 \cdot g} \cdot \left(1 - \left(\frac{p}{p_0}\right)^{\frac{\kappa-1}{\kappa}}\right) \quad \text{und mit} \quad \frac{p}{p_0} = \left(\frac{\rho}{\rho_0}\right)^{\kappa} \quad \text{folgt}$$

$$h = \frac{\kappa}{\kappa-1} \cdot \frac{p_0}{\rho_0 \cdot g} \cdot \left(1 - \left(\frac{\rho}{\rho_0}\right)^{\kappa-1}\right)$$

Für die Ermittlung der Aufstiegshöhe des Ballons ist die Dichte ρ der Luft einzusetzen, die der mittleren Dichte des Ballons entspricht (siehe Vorüberlegung 1)

$$h = \frac{1,4}{0,4} \cdot \frac{101325 \, \text{kg}/(\text{m s}^2)}{1,225 \, \text{kg}/\text{m}^3 \cdot 9,80665 \, \text{m}/\text{s}^2}\left(1 - \left(\frac{0,715 \, \text{kg}/\text{m}^3}{1,225 \, \text{kg}/\text{m}^3}\right)^{0,4}\right) = \underline{\underline{5.719,75 \, \text{m}}}$$

Die Temperatur in Aufstiegshöhe kann ermittelt werden aus Gleichung (3.2-16) mit

$$T = T_0\left(\frac{\rho}{\rho_0}\right)^{\kappa-1} = 288,15 \, \text{K} \cdot \left(\frac{0,715 \, \text{kg}/\text{m}^3}{1,225 \, \text{kg}/\text{m}^3}\right)^{0,4} = 232,32 \, \text{K} \qquad \underline{\underline{t = -40,83 \, °\text{C}}}$$

Unter Verwendung von

$$\left(\frac{\rho}{\rho_0}\right)^{\kappa-1} = 1 - h \cdot \frac{\rho_0 \cdot g}{p_0} \cdot \frac{\kappa-1}{\kappa}$$

entsteht für die Funktion $T = T(h)$

$$T = T_0\left(1 - h \cdot \frac{\rho_0 \cdot g}{p_0} \cdot \frac{\kappa-1}{\kappa}\right),$$

sodass sich bilden lässt:

$$\frac{dT}{dh} = -T_0 \cdot \frac{\rho_0 \cdot g}{p_0} \cdot \frac{\kappa-1}{\kappa} = -288,15 \, \text{K} \cdot \frac{1,225 \, \text{kg}/\text{m}^3 \cdot 9,80665 \, \text{m}/\text{s}^2}{101325 \, \text{N}/\text{m}^2} \cdot \frac{0,4}{1,4} \approx -0,01 \, \frac{\text{K}}{\text{m}}$$

Dieses Ergebnis legt eine modellhafte, theoretische Temperaturabnahme um jeweils ca. 1 K je 100 Höhenmeter nahe. Durch Messungen weiß man jedoch, dass dieser Wert nicht zutreffend ist, realistischer sind 0,65 K je 100 Höhenmeter.

c) Bedingungen der Norm DIN ISO 2533
   Die Dichte der Luft nach der Normatmosphäre von DIN ISO 2533 $\rho = 0,715 \, \text{kg}/\text{m}^3$ wird ausweislich der Tabelle 6.5-1 zwischen 5200 m und 5400 m erreicht. Eine lineare Interpolation mit den dort gegebenen Werten liefert:

$$h = 5200 \, \text{m} + \frac{(0,715000 - 0,720649) \, \text{kg}/\text{m}^3}{(0,705131 - 0,720649) \, \text{kg}/\text{m}^3} \cdot (5400 - 5200) \, \text{m} = \underline{\underline{5.272,81 \, \text{m}}}$$

Für die Temperatur in Höhe von 5.272,81 m ergibt sich durch lineare Interpolation:

$$t = -18,772 \, °\text{C} + \frac{(0,715000 - 0,720649) \, \text{kg}/\text{m}^3}{(0,705131 - 0,720649) \, \text{kg}/\text{m}^3}\left(-20,070 \, °\text{C} - (-18,772 \, °\text{C})\right) = \underline{\underline{-19,24 \, °\text{C}}}$$

oder zum Vergleich mit $t(h) = t_0 + a_T \cdot h$

$$t(h) = 15 \, °\text{C} - 0,0065 \, \text{K}/\text{m} \cdot 5.272,81 \, \text{m} = \underline{\underline{-19,27 \, °\text{C}}}$$

Bewertung der Ergebnisse:

Die Berechnungsgleichung für die isotherm geschichtete Atmosphäre ist in der Literatur auch als barometrische Höhenformel bekannt. Die Annahme einer konstanten Lufttemperatur über größere Höhen ist jedoch unrealistisch. Die barometrische Höhenformel liefert im besten Fall für Höhenunterschiede von bis 400 m akzeptable Ergebnisse. Für eine isentrop geschichtete Atmosphäre wird die Aufstiegshöhe schon erstaunlich gut getroffen, die Temperaturabnahme mit der Höhe aber systematisch überschätzt.

Aufgabenteil (c) liefert die Differenz zwischen Bodentemperatur und Temperatur in der Aufstiegshöhe von 5.272,81 m mit $\Delta t = 15\,°\text{C} - (-19{,}24\,°\text{C}) = 34{,}24\,\text{K}$. Damit werden Messungen bestätigt, die von einer durchschnittlichen Temperaturabnahme von 0,65 K/100 m ausgehen.

3.2.7 Berechnung von Zustandsparametern nach DIN ISO 2533

Welcher Luftdruck in mbar und welche Lufttemperatur in °C herrschen in 3000 m Höhe, wenn man am Boden von physikalischem Normdruck und einer Lufttemperatur von 15 °C ausgehen kann? Die Gaskonstante für die Luft sei mit 287,05287 J/(kg K) gegeben. Man nutze die durch Messungen bestätigte allgemeine Erfahrung, dass die Lufttemperatur bei einer Höhenzunahme um 100 m linear um 0,65 K abnimmt. Wie groß ist der Fehler für die Dichte der Luft in 3000 m Höhe?

Gegeben sind:

$T_0 = T(h = 0) = 288{,}15\,\text{K}$ $T(h) = T_0 + a_T \cdot h$ $a_T = -0{,}0065\,\text{K/m}$

$p(h = 0) = p_0 = 1{,}01325\,\text{bar}$ (Normdruck DIN 1343) $R_L = 287{,}05287\,\text{J/(kg K)}$

Vorüberlegungen:

Nach Aufgabenstellung kann die Temperatur $T(h)$ in einer bestimmten Höhe h ausgehend von einer Anfangstemperatur T_A bestimmt werden aus: $T(h) = T_A + a_T \cdot (h - h_A)$. Für $h_A = 0$ und $T_A = T_0$ folgt so einfach $T(h) = T_0 + a_T \cdot h$ mit $a_T = -0{,}0065\,\text{K/m}$.

Die gegebenen Größen am Boden ($h = 0$) entsprechen den Ausgangsbedingungen für die Internationale Normatmosphäre nach DIN ISO 2533. Für eine Höhe von 3000 m werden dort dann angegeben:

$t(3000\,\text{m}) = -4{,}491\,°\text{C}$ $p(3000\,\text{m}) = 701{,}212\,\text{mbar}$ $\rho(3000\,\text{m}) = 0{,}909254\,\text{kg/m}^3$

Der Normwert für die Dichte der Luft nach DIN ISO 2533 in 3000 m Höhe kann für die Fehlerbetrachtung gut mit der Luftdichte verglichen werden, die sich aus den errechneten Werten für Temperatur und Druck in 3000 m ergibt.

Lösung:

Lufttemperatur in 3000 m Höhe:

$$T_1 = T(h = 3000\,\text{m}) = T_0 + a_T \cdot h = 288{,}15\,\text{K} - 0{,}0065\,\text{K/m} \cdot 3000\,\text{m} = 268{,}65\,\text{K}$$

$$\{t_1\} = \{T_1\} - 273{,}15 \qquad \underline{\underline{t_1 = -4{,}5\,°C}}$$

(relativer Fehler 0,2 % zum Normwert DIN ISO 2533)

Luftdruck in 3000 m Höhe:

Mit zunehmender Höhe fällt der Luftdruck. Wir unterstellen zunächst für eine differentiell kleine Höhendifferenz dh einen konstanten Luftdruck, sodass angesetzt werden kann:

$$dp = -\rho(h) \cdot g(h) \cdot dh \quad \text{mit} \quad \rho = \frac{p}{R_L \cdot T(h)}$$

woraus folgt

$$dp = -\frac{p}{R_L \cdot (T_0 + a_T \cdot h)} \cdot \bar{g} \cdot dh$$

Die Fallbeschleunigung in 3000 m Höhe gibt DIN ISO 2533 mit $g(3000\,\text{m}) = 9{,}7974\,\text{m/s}^2$ an. Aus Formel (1.5-1) können wir gewinnen:

$$g(3000\,\text{m}) = g_n \cdot \left(\frac{r}{r+h}\right)^2 = 9{,}80665\,\text{m/s}^2 \cdot \left(\frac{6.356.766\,\text{m}}{6.356.766\,\text{m} + 3.000\,\text{m}}\right)^2 = 9{,}7974\,\text{m/s}^2$$

Errechneter Wert und Normwert für die Fallbeschleunigung in 3000 m Höhe stimmen vollständig überein, helfen jedoch hier nicht weiter. Übernimmt man den Zusammenhang (1.5-1) in die Differentialgleichung, muss man schließlich ein kompliziert aufgebautes Integral über eine Partialbruchzerlegung lösen. Wir haben oben schon angedeutet, dass es stattdessen hier sinnvoll sein kann, einen zuvor über die Höhe h gemittelten Wert als konstante Größe für die Fallbeschleunigung g anzusetzen. Nach dem Mittelwertsatz der Integralrechnung gewinnen wir aus

$$\bar{g}\big|_0^h \cdot (h - 0) = \int_0^h g_n \cdot \left(\frac{r}{r+h}\right)^2 dh \quad \text{mit} \quad g_n = 9{,}80665\,\text{m/s}^2 \quad \text{und} \quad r = 6.356.766\,\text{m}$$

$$\bar{g}\big|_0^h = \frac{g_n \cdot r^2}{h} \cdot \int_0^h \frac{dh}{(r+h)^2}$$

analytisch lösbar mit Substitution $z = r + h$ und $dz = dh$

$$\bar{g}\big|_0^h = \frac{g_n \cdot r^2}{h - 0} \int_{(0)}^{(h)} \frac{dz}{z^2} = \frac{g_n \cdot r^2}{h} \cdot (-1)\left.\frac{1}{r+h}\right|_0^h = \frac{g_n \cdot r^2}{h} \cdot \left[-\frac{1}{r+h} + \frac{1}{r}\right]$$

Nebenrechnung:

$$\frac{1}{r} - \frac{1}{r+h} = \frac{r+h}{r(r+h)} - \frac{r}{r(r+h)} = \frac{h}{r \cdot (r+h)}$$

$$\bar{g}\big|_0^h = \frac{g_n \cdot r^2}{h} \cdot \left(\frac{h}{r \cdot (r + h)}\right) = g_n \cdot \frac{r}{r + h}$$

$$\bar{g}\big|_0^{3000\,\text{m}} = 9{,}80665\,\text{m/s}^2 \cdot \frac{6.356.766\,\text{m}}{6.359.766\,\text{m}} = 9{,}802024052\,\text{m/s}^2$$

Aus der obigen Differentialgleichung folgt die analytisch lösbare Integraldarstellung

$$\int_{p_0}^{p_1} \frac{\mathrm{d}p}{p} = -\frac{\bar{g}}{R_L} \int_0^{h_1} \frac{\mathrm{d}h}{T_0 + a_T \cdot h} \quad \text{Substitution} \quad z = T_0 + a_T \cdot h \qquad \mathrm{d}z = a_T \cdot \mathrm{d}h$$

$$\int_{p_0}^{p_1} \frac{\mathrm{d}p}{p} = -\frac{\bar{g}}{R_L} \int_{(0)}^{(h_1)} \frac{\mathrm{d}z}{a_T \cdot z}$$

führt auf

$$\ln \frac{p_1}{p_0} = -\frac{\bar{g}}{R_L} \cdot \ln(T_0 + a_T \cdot h)\big|_0^{h_1} = -\frac{\bar{g}}{R_L} \cdot \ln \frac{T_0 + a_T \cdot h}{T_0}$$

und dann zu

$$\frac{p_1}{p_0} = \left(\frac{T_0 + a_T \cdot h}{T_0}\right)^{-\frac{\bar{g}}{R_L \cdot a_T}} = \left(\frac{T_1}{T_0}\right)^{-\frac{\bar{g}}{R_L \cdot a_T}}$$

Zahlenwert für den Exponenten (Kontrolle, ob Exponent die Dimension 1 besitzt)

$$\frac{\bar{g}}{R_L \cdot a_T} = \frac{9{,}802024056\,\text{m/s}^2}{287{,}05287\,\text{Nm/(kg K)} \cdot (-0{,}0065\,\text{K/m})} = -5{,}2534$$

$$p_1 = p_0 \cdot \left(\frac{T_1}{T_0}\right)^{5{,}2534} = 1{,}01325\,\text{bar} \cdot \left(\frac{268{,}65\,\text{K}}{288{,}15\,\text{K}}\right)^{5{,}2534} \approx 0{,}70121\,\text{bar} = \underline{\underline{701{,}21\,\text{mbar}}}$$

(relativer Fehler 0,00285 Promille!! Zum Normwert DIN ISO 2533)

Für die Luftdichte in 3000 m Höhe folgt dann

$$\rho(3000\,\text{m}) = \frac{p(3000\,\text{m})}{R_L \cdot T(3000\,\text{m})} = \frac{70.121\,\text{N/m}^2}{287{,}05287\,\text{Nm/(kg K)} \cdot 268{,}65\,\text{K}} = \underline{\underline{0{,}90928\,\frac{\text{kg}}{\text{m}^3}}}$$

$$\frac{\Delta\rho}{\rho} = \frac{0{,}000026\,\text{kg/m}^3}{0{,}909254\,\text{kg/m}^3} = 0{,}000028594 \quad \text{also rund} \quad 0{,}0286\,\text{Promille!!}$$

Die spezielle Form der Grundgleichung für ideales Gas $\dfrac{\rho_1}{\rho_0} = \dfrac{p_1}{p_0} \cdot \dfrac{T_0}{T_1}$ und die oben soeben gewonnene Gleichung

$$\frac{p_1}{p_0} = \left(\frac{T_0 + a_T \cdot h}{T_0}\right)^{-\frac{\bar{g}}{R_L \cdot a_T}} = \left(\frac{T_1}{T_0}\right)^{-\frac{\bar{g}}{R_L \cdot a_T}}$$

ermöglichen auch einen alternativen Rechenweg:

$$\frac{\rho_1}{\rho_0} = \left(\frac{T_1}{T_0}\right)^{-\frac{\bar{g}}{R_L \cdot a_T}} \cdot \frac{T_0}{T_1} = \left(\frac{T_1}{T_0}\right)^{-\frac{\bar{g}}{R_L \cdot a_T}} \cdot \left(\frac{T_1}{T_0}\right)^{-1} = \left(\frac{T_1}{T_0}\right)^{-\frac{\bar{g}}{R_L \cdot a_T}-1}$$

Die Luftdichte am Boden errechnet sich gemäß der gegebenen Daten aus:

$$\rho_0 = \frac{p_0}{R_L \cdot T_0} = \frac{101.325 \, \text{N/m}^2}{287,05287 \, \text{Nm/(kg K)} \cdot 288,15 \, \text{K}} = 1,225 \, \frac{\text{kg}}{\text{m}^3}$$

Für die Luftdichte in 3000 m folgt nun:

$$\rho_1 = \rho(3000 \, \text{m}) = 1,225 \, \text{kg/m}^3 \cdot \left(\frac{268,65 \, \text{K}}{288,15 \, \text{K}}\right)^{5,2534-1} = \underline{\underline{0,90928 \, \frac{\text{kg}}{\text{m}^3}}}$$

3.2.8 Ausbreitung des Feuerballs nach Zündung von Kernwaffen

Bei der Explosion einer Uran-Bombe entsteht ein kugelförmiger Feuerball, der 0,1 s nach der Zündung der Bombe einen Durchmesser von 30,5 m und eine Temperatur von 300.000 K besitzt. Bei solchen Temperaturen sind Stickstoff und Sauerstoff der Luft ionisiert, sodass man von einer einatomigen Luft ausgehen muss, für die die nachfolgende Zusammensetzung unterstellt werden soll: 78,12 Vol. % Stickstoff, 0,92 Vol. % Argon und 20,96 Vol. % Sauerstoff. Die gerundeten Molmassen sind dann wie folgt anzusetzen: Stickstoff 14 g/mol, Argon 40 g/mol und Sauerstoff 16 g/mol. Die Anfangsdichte der Luft schätzen wir mit 1,29 kg/m^3 ab!

   a) Welcher Druck herrscht unter diesen Bedingungen im Feuerball unmittelbar nach Zündung?
   b) Wie groß ist der Durchmesser der Explosionswolke, bei welchem die Temperatur in ihrem Inneren 3.000 K und 300 K beträgt?

Gegeben sind:

Luft: $r_N = 0,7812$ $M_N = 14 \, \text{kg/kmol}$ $r_{Ar} = 0,0092$ $M_{Ar} = 40 \, \text{kg/kmol}$

   $r_O = 0,2096$ $M_O = 16 \, \text{kg/kmol}$ Anfangsdichte: $\rho_0 = 1,29 \, \text{kg/m}^3$

Feuerball: $d_0 = 30,5 \, \text{m}$ $T_0 = 300.000 \, \text{K}$ $T_1 = 3.000 \, \text{K}$ $T_2 = 300 \, \text{K}$

Hinweise zu den physikalischen/thermodynamischen Grundlagen:

Für die Ausbreitung der Explosionswolke können wir eine isentrope Zustandsänderung unterstellen. Für die ionisierte Luft ist ein Isentropenexponent von $\kappa = 5/3$ (einatomiges Gas) anzusetzen. Die zugehörige Gaskonstante bestimmen wir aus $R_L = R_m/M_L$.

$$R_L = \frac{8,3144621 \, \text{kJ/(kmol K)}}{0,7812 \cdot 14 \, \text{kg/kmol} + 0,0092 \cdot 40 \, \text{kg/kmol} + 0,2096 \cdot 16 \, \text{kg/kmol}} = 0,567214846 \, \frac{\text{kJ}}{\text{kg K}}$$

Das Kugelvolumen bestimmt sich aus: $V = \frac{\pi}{6} \cdot d^3$. Somit gilt: $\frac{V_i}{V_0} = \left(\frac{d_i}{d_0}\right)^3 = \left(\frac{T_0}{T_i}\right)^{\frac{1}{\kappa-1}}$

Für die Drücke gilt: $\frac{p_i}{p_0} = \left(\frac{T_i}{T_0}\right)^{\frac{\kappa}{\kappa-1}}$

Lösung:

a) Abschätzung Anfangsdruck im Feuerball

$$p_0 = \rho_0 \cdot R_L \cdot T_0 = 1{,}29\,\frac{\text{kg}}{\text{m}^3} \cdot 0{,}567214846\,\frac{\text{kJ}}{\text{kg K}} \cdot 300.000\,\text{K} = \underline{\underline{2.195{,}12\,\text{bar}}}$$

b) Ausbreitung der Explosionswolke und zugehöriger Druck im Inneren

$$\frac{d_1}{d_0} = \left(\frac{T_0}{T_1}\right)^{\frac{1}{3\cdot(\kappa-1)}} = \left(\frac{3\cdot10^5\,\text{K}}{3\cdot10^3\,\text{K}}\right)^{0{,}5} = 10 \quad d_1 = d_0 \cdot 10 = 30{,}5\,\text{m} \cdot 10 = \underline{\underline{305\,\text{m}}}$$

$$p_1 = p_0 \cdot \left(\frac{T_1}{T_0}\right)^{\kappa/(\kappa-1)} = 2.195{,}12\,\text{bar} \cdot \left(\frac{3\cdot10^3\,\text{K}}{3\cdot10^5\,\text{K}}\right)^{2{,}5} = \underline{\underline{21{,}9512\,\text{mbar}}}$$

$$\frac{d_2}{d_0} = \left(\frac{T_0}{T_2}\right)^{\frac{1}{3\cdot(\kappa-1)}} = \left(\frac{3\cdot10^5\,\text{K}}{3\cdot10^2\,\text{K}}\right)^{0{,}5} = 31{,}6227766$$

$$d_2 = d_0 \cdot 31{,}6227766 = 30{,}5\,\text{m} \cdot 31{,}6227766 \approx \underline{\underline{964{,}5\,\text{m}}}$$

$$p_2 = p_0 \cdot \left(\frac{T_2}{T_0}\right)^{\kappa/(\kappa-1)} = 2.195{,}12\,\text{bar} \cdot \left(\frac{3\cdot10^2\,\text{K}}{3\cdot10^5\,\text{K}}\right)^{2{,}5} = \underline{\underline{6{,}9415\cdot10^{-5}\,\text{bar}}}$$

Infolge der extrem geringen Drücke in der expandierenden Explosionswolke übt diese auf die umgebende Atmosphäre eine ungeheure Sogwirkung aus. Diese ist eine der Ursachen für die nach der Explosion auftretenden stürmischen Luftbewegungen (Feuerstürme). Diese modellhafte Untersuchung zeigt, in welchem zerstörerischen Umfang thermische und mechanische Energien bei der Explosion einer Kernwaffe mittlerer Größe freigesetzt werden. Die Menge der heute auf der Welt verfügbaren Kernwaffen reicht aus, um die Oberfläche unseres Planeten gleich mehrfach vollständig zu verwüsten. Leider müssen wir uns aktuell wieder mit gefährlichen Kernwaffenfantasien auseinandersetzen. Abkommen zur atomaren Rüstungsbegrenzung laufen aus und an verschiedenen Orten der Erde greifen machtgierige Politiker danach, auch über Kernwaffen zu verfügen.

3.2.9 Exakte und vereinfachte Berechnung des Kaminzugs

Der Druckunterschied zwischen dem ausströmenden heißen Verbrennungsgas und der umgebenden kalten Luft am Kaminaustritt nennt man Kaminzug. Er entsteht, weil das Verbrennungsgas im Kamin gegenüber der kalten Luft außen einen zusätzlichen Auftrieb nach Maßgabe des Volumens der verdrängten kalten Luft erfährt.

Wie groß ist der Druckunterschied zwischen dem am oberen Ende eines 200 m hohen Kamins ausströmenden Abgases und der sich in gleicher Höhe befindlichen Luft in Pascal, wenn sich im Kamin ein Abgas mit einer Normdichte $\rho_{A,n}$ = 1,303 kg/m^3 und mit konstanter mittlerer Abgastemperatur von 235 °C befinde. Die Lufttemperatur außen sei gleichfalls über die gesamte Kaminhöhe als konstant mit 15 °C anzunehmen. Am Boden habe die Luft eine Dichte von 1,225 kg/m^3 und einen Luftdruck von 1013,25 mbar.

Gegeben sind:

$T_L = 288{,}15\,\text{K}$ $\quad p_L(h = 0) = 101325\,\text{Pa}$ $\quad \rho_L(h = 0) = 1{,}225\,\text{kg/m}^3$

$T_A = 508{,}15\,\text{K}$ $\quad \rho_{A,n} = 1{,}303\,\text{kg/m}^3$ $\quad h = 200\,\text{m}$

Vorüberlegungen:

1. Den Kaminzug könnte man grafisch veranschaulichen, indem man den Kamin fiktiv bis zu der Höhe verlängert, bei der der durch das Eigengewicht des heißen Verbrennungsgases auf den Boden ausgeübte Druck dem Luftdruck am Boden entspricht.

2. Aus Aufgabe 3.2.7 wissen wir, dass die Druckabnahme über die Höhe mit $\mathrm{d}p = -\rho \cdot g \cdot \mathrm{d}h$ beschrieben werden kann. Die Temperaturen im Kamin innen genauso wie außen sind jeweils als konstant vorausgesetzt, sodass man von isothermer Schichtung der beiden Gassäulen auszugehen hat. Die Kaminwand sorgt für die erforderliche Wärmeisolation. Damit gilt nach der barometrischen Höhenformel für den Druck in der Höhe h:

$$p(h) = p(h = 0) \cdot \mathrm{e}^{-\frac{\rho_0 \cdot g}{p_0} \cdot h}$$

3. Nach Aufgabenstellung ist für die Außenluft $p(h = 0) = p_L$ und $\rho_0 = \rho_L$ anzusetzen. Außerdem ergibt sich mit Gleichung (3.2-2) $\dfrac{\rho_L}{p_L} = \dfrac{1}{R_L \cdot T_L}$, sodass schließlich folgt:

    $p_L(h) = p(h = 0) \cdot \mathrm{e}^{-\frac{g \cdot h}{R_L \cdot T_L}}$ und analog für den Kamin: $p_A(h) = p(h = 0) \cdot \mathrm{e}^{-\frac{g \cdot h}{R_A \cdot T_A}}$

4. Wegen des Bezuges zur thermischen Zustandsgleichung sind die Temperaturen in Kelvin zu verwenden. Die Umrechnung der gegebenen Celsius-Temperaturen erfolgt mit der Zahlenwertgleichung $\{T\} = \{t\} + 273{,}15$.

Lösung:

Bestimmung der Gaskonstanten für Luft und Abgas:

$$R_L = \frac{p_L}{\rho_L \cdot T_L} = \frac{101325\,\text{Pa}}{1{,}225\,\text{kg/m}^3 \cdot 288{,}15\,\text{K}} = 287{,}05287\,\frac{\text{J}}{\text{kg\,K}} \quad \text{(Zustand Luft am Boden!)}$$

$$R_A = \frac{p_L}{\rho_{A,n} \cdot T_n} = \frac{101325\,\text{Pa}}{1{,}303\,\text{kg/m}^3 \cdot 273{,}15\,\text{K}}$$

$$= 284{,}68920\,\frac{\text{J}}{\text{kg\,K}} \quad \text{(physikalischer Normzustand!)}$$

Kaminzug Δp in Pa:

$$\Delta p = p(h = 0) \cdot \left(e^{-\frac{g \cdot h}{R_A \cdot T_A}} - e^{-\frac{g \cdot h}{R_L \cdot T_L}} \right)$$

Der Übersichtlichkeit wegen berechnen wir zunächst die Exponenten der e-Funktion und kontrollieren damit gleichzeitig, ob diese dimensionslos sind:

$$\frac{g \cdot h}{R_A \cdot T_A} = \frac{9{,}80665\,\text{m/s}^2 \cdot 200\,\text{m}}{284{,}68920\,\text{J/(kg\,K)} \cdot 508{,}15\,\text{K}} = 0{,}0135578$$

$$\frac{g \cdot h}{R_L \cdot T_L} = \frac{9{,}80665\,\text{m/s}^2 \cdot 200\,\text{m}}{287{,}05287\,\text{J/(kg\,K)} \cdot 288{,}15\,\text{K}} = 0{,}0237121$$

$$\Delta p = 101325\,\text{Pa} \cdot \left(e^{-0{,}0135578} - e^{-0{,}0237121} \right) = \underline{1009{,}894\,\text{Pa}} \approx 0{,}01\,\text{bar}$$

Zur Vereinfachung der Rechnung für die hier immer sehr kleinen Exponenten der e-Funktion kann man anstelle der e-Funktion ihre Taylorentwicklung mit Abbruch nach dem zweiten Glied einsetzen: $e^{-x} \approx 1 - x$

$$\Delta p = 101325\,\text{Pa} \cdot \left((1 - 0{,}0135578) - (1 - 0{,}0237121) \right) = \underline{1028{,}8844\,\text{Pa}} \approx 0{,}01\,\text{bar}$$

Dieses Vorgehen entspricht formelmäßig:

$$\Delta p = p_0 \cdot \left[\left(1 - \frac{g \cdot h}{R_A \cdot T_A} \right) - \left(1 - \frac{g \cdot h}{R_L \cdot T_L} \right) \right] = [\rho_L - \rho_A] \cdot g \cdot h = \Delta\rho \cdot g \cdot h$$

Die Gaskonstante R_A des Abgases ist nicht gegeben. Man kann aber für die unterstellte konstante Temperatur des Abgases im Kamin die Dichte bei Betriebstemperatur T_A errechnen aus der gegebenen Dichte im physikalischen Normzustand mit:

$$\rho_A = \rho_{A,n} \cdot \frac{T_n}{T_A} \quad \rightarrow \quad \Delta p = \left(\rho_L - \rho_{A,n} \cdot \frac{T_n}{T_A} \right) \cdot g \cdot h$$

$$\Delta p = \left(1{,}225\,\frac{\text{kg}}{\text{m}^3} - 1{,}303\,\frac{\text{kg}}{\text{m}^3} \cdot \frac{273{,}15\,\text{K}}{508{,}15\,\text{K}} \right) \cdot 9{,}80665\,\frac{\text{m}}{\text{s}^2} \cdot 200\,\text{m} = \underline{1028{,}8898\,\text{Pa}} \approx 0{,}01\text{bar}$$

Die hier getroffenen vereinfachenden Annahmen führen noch zu recht genauen Ergebnissen und können deshalb in der Regel auch angewendet werden. Zu beachten ist aber, dass der Kaminzug Δp eines 200 m hohen Kamins nur ungefähr ein Hundertstel des Luftdrucks am Boden ausmacht. Damit besteht bei Inversionswetterlagen eine nicht zu unterschätzende Gefahr für seinen sicheren Betrieb. Die Gefahren wachsen mit niedrigeren Kaminhöhen. Gelegentlich hilft man sich durch eine Zusatzfeuerung am Kaminboden oder höheren mittleren Abgastemperaturen, was aber auch zu höheren Abgaswärmeverlusten führt. Früher wurden die Kamine in Mehrfamilienhäusern mit Kachelöfen regelmäßig zu Beginn der Heizperiode dadurch in Betrieb genommen, dass man im Kontrollschacht des Kamins im Keller etwas Zeitungspapier verbrannte, um für den nötigen Kaminzug bei Heizungsbeginn zu sorgen. Für die Berechnung des Kaminzugs bei der Dimensionierung eines Schornsteins ist die Norm EN 13384-1 anzuwenden.

3.2.10 Bestimmung des Polytropenexponenten

Für die polytrope Kompression eines idealen Gases ist auf der Basis der unten angegebenen Messreihe der Polytropenexponent n zu berechnen.
   a) Berechnen sie den Polytropenexponenten n aus dem ersten und letzten Messwert (Anfangs- und Endzustand der Kompression)!
   b) Berechnen sie den Polytropenexponenten n unter Verwendung aller 6 Messwerte zum Verlauf der Kompression mithilfe der Ausgleichsrechnung!
   c) Welche Volumenänderungsarbeit in kJ ist für die Kompression aufzuwenden? Unterstellen Sie den Polytropenexponenten aus Aufgabenteil (b)!

Gegeben sind:

V in m^3	5,00	2,00	1,25	0,80	0,50	0,20
p in bar	0,270	0,940	1,78	3,24	6,12	21,3

Vorüberlegungen:

$p \cdot V^n$ = konstant ist eine äquivalente Formulierung der mathematischen Funktion $p = C \cdot V^{-n}$. Durch Logarithmieren dieser Funktion kann mit $\ln p = \ln C - n \cdot \ln V$ die Ausgleichsrechnung für eine lineare Funktion über den Ansatz $y = a_0 + a_1 x$ mit folgenden Entsprechungen verwendet werden:

$$\ln p \rightarrow y \qquad \ln C \rightarrow a_0 \qquad \ln V \rightarrow x \qquad -n \rightarrow a_1$$

Lösung:
a)   Nach Formel (3.2-22) ergibt sich:

$$n = \frac{\ln \dfrac{p_1}{p_2}}{\ln \dfrac{V_2}{V_1}} = \frac{\ln \dfrac{0,27\,\text{bar}}{21,3\,\text{bar}}}{\ln \dfrac{0,2\,\text{m}^3}{5,0\,\text{m}^3}} = \frac{\ln 0,0126761}{\ln 0,04} = \underline{\underline{1,357}}$$

Achtung! Der Logarithmus kann nicht von einer Größe bestehend aus Maßzahl (Zahlenwert) und Maßeinheit (Dimension) gebildet werden, sondern nur von einer Zahl. Werden Drücke, Volumina oder Temperaturen für die Anwendung in Formel (3.2-22) in unterschiedlichen Maßeinheiten gegeben, ist immer auf eine einheitliche Maßeinheit umzurechnen. Dies gilt insbesondere für die nach den Logarithmengesetzen mögliche Darstellung

$$n = \frac{\ln p_1 - \ln p_2}{\ln V_2 - \ln V_1}$$

Wird also der Anfangszustand mit $V_1 = 5\,\text{m}^3$ und $p_1 = 270\,\text{mbar}$ sowie der Endzustand mit $V_2 = 200\,\text{Liter}$ und $p_2 = 2{,}13\,\text{MPa}$ gegeben (entspricht genau den gegebenen Werten der Aufgabenstellung), steht links die falsche, mit verschiedenen Maßeinheiten ausgeführte Rechnung und rechts die richtige Rechnung, bei der die Einheiten für den Druck einheitlich auf bar und für das Volumen einheitlich auf m^3 bezogen wurden:

$$n = \frac{\ln 270 - \ln 2{,}13}{\ln 200 - \ln 5} = 1{,}313 \qquad n = \frac{\ln 0{,}27 - \ln 21{,}3}{\ln 0{,}2 - \ln 5} = 1{,}357$$

b) Für die Auswertung mithilfe der Ausgleichsrechnung stellt man sich zweckmäßig folgende Übersicht zusammen:

V m^3	p bar	x $\ln V$	y $\ln p$	x^2	$x \cdot y$
5,00	0,27	+1,6094379	−1,3093333	+2,5902904	−2,1072907
2,00	0,94	+0,6931472	−0,0618754	+0,4804530	0,0428818
1,25	1,78	+0,2231436	+0,5766134	+0,0497930	+0,1286676
0,80	3,24	−0,2231436	+1,1755733	+0,0497930	−0,2623216
0,50	6,12	−0,6931472	+1,8115621	+0,4804530	−1,2556792
0,20	21,3	−1,6094379	+3,0587071	+2,5902904	−4,9227991
		0,0000000	+5,2512472	+6,2410729	−8,4623048

Die Mathematik stellt für die Ausgleichsrechnung bei Vorliegen einer linearen Funktion folgende Formeln zur Verfügung:

$$a_1 = \frac{k \cdot \sum_{i=1}^{k} x_i \cdot y_i - \left(\sum_{i=1}^{k} x_i\right) \cdot \left(\sum_{i=1}^{k} y_i\right)}{k \cdot \sum_{i=1}^{k} x_i^2 - \left(\sum_{i=1}^{k} x_i\right)^2} \quad \text{und} \quad a_0 = \frac{1}{k}\left(\sum_{i=1}^{k} y_i - a_1 \cdot \sum_{i=1}^{k} x_i\right)$$

In dieser Aufgabe begegnen wir dem erfreulichen, weil zu erheblichen Vereinfachungen führenden, Umstand, dass

$$\sum_{i=1}^{6} x_i = 0 \quad \text{und damit nun zu} \quad a_1 = \frac{\sum\limits_{i=1}^{6} x_i \cdot y_i}{\sum\limits_{i=1}^{6} x_i^2} = \frac{-8{,}4623048}{6{,}2410729} = -1{,}356$$

Der gesuchte Polytropenexponent bestimmt sich dann aus $-n = a_1$ zu $\underline{\underline{n = 1{,}356}}$. Mit der Ausgleichsrechnung erreicht man eine Genauigkeit, die in der Regel um eine signifikante Stelle höher liegt als die Genauigkeit der Messwerte, und insofern ist hier bei drei signifikanten Stellen für die Messwerte die Angabe des Ergebnisses mit vier signifikanten Stellen zu vertreten. Für Aufgabenteil a) ist dies fragwürdig, dort wäre besser auf $n = 1{,}36$ zu runden!

c) Ermittlung der Volumenänderungsarbeit $W_{V,12}$ nach Gleichung (2.3-11)
    Die Funktion $p(V)$ folgt nach Aufgabenstellung der polytropen Zustandsänderung und damit Gleichung (3.2-19):

$$p \cdot V^n = p_1 \cdot V_1^n \quad \rightarrow \quad p(V) = p_1 \cdot V_1^n \cdot V^{-n}$$

$$W_{V,12} = -p_1 V_1^n \int_1^2 V^{-n} dV = -\frac{p_1 V_1^n}{1-n} V^{1-n}\Big|_{V_1}^{V_2} = +\frac{p_1 V_1^n}{n-1}(V_2^{1-n} - V_1^{1-n})$$

mit $V_1^n \cdot V_1^{1-n} = V_1$ folgt

$$W_{V,12} = \frac{p_1 V_1}{n-1}\left(\left(\frac{V_2}{V_1}\right)^{1-n} - 1\right) = \frac{p_1 V_1}{n-1}\left(\left(\frac{V_1}{V_2}\right)^{n-1} - 1\right)$$

$$W_{V,12} = \frac{0{,}27 \cdot 10^5 \mathrm{N/m^2} \cdot 5\,\mathrm{m^3}}{0{,}356} \cdot \left(\left(\frac{5{,}0\,\mathrm{m^3}}{0{,}2\,\mathrm{m^3}}\right)^{0{,}356} - 1\right) = \underline{\underline{813{,}54\,\mathrm{kJ}}}$$

Nach gleichem Muster könnte man auch die technische Arbeit $W_{t,12}$ nach Gleichung (2.3-14) entwickeln.

$$W_{t,12} = p_1^{1/n} \cdot V_1 \int_1^2 p^{-1/n} dp = p_1^{\frac{1}{n}} \cdot V_1 \frac{n}{n-1} p^{\frac{n-1}{n}}\Big|_{p_1}^{p_2} = p_1 \cdot V_1 \cdot \frac{n}{n-1} \cdot \left(\left(\frac{p_2}{p_1}\right)^{\frac{n-1}{n}} - 1\right)$$

$$W_{t,12} = n \cdot \frac{p_1 \cdot V_1}{n-1}\left(\left(\frac{V_1}{V_2}\right)^{n-1} - 1\right) = n \cdot W_{V,12}$$

3.2.11 Nutzarbeit bei der Expansion von Luft

Ein Zylinder mit einem reibungsfrei beweglichen, gasdicht eingepassten Kolben schließe im Ausgangszustand $5\,\text{m}^3$ Luft bei 15 bar ein. Welche Nutzarbeit in kWh kann die Luft an den Kolben abgeben, wenn sie
  a) isentrop
  b) isotherm

auf einen Umgebungsdruck von 100 kPa entspannt?

Gegeben sind:
$$V_1 = 5\,\text{m}^3 \qquad p_1 = 15\,\text{bar} \qquad p_2 = p_{amb} = 1\,\text{bar}$$

Vorüberlegungen:
Die hier gegebenen Größen gestatten die Verwendung des Modells ideales Gas. Die hier zugrunde gelegten Zustandsänderungen bewirken einen Prozess, nämlich der Freisetzung von Arbeit. Die abgegebene Nutzarbeit errechnet sich nach Gleichung (2.3-13) aus:

$$W_{N,12} = -\int\limits_{1}^{2} p(V) \cdot \mathrm{d}V + p_{amb}(V_2 - V_1).$$

Luft ist ein größtenteils aus zweiatomigen Gasen bestehendes Gasgemisch, sodass für den Isentropenexponenten $\kappa = 1{,}4$ angenommen werden kann. Der Zustand „1" beschreibe die Situation vor der Entspannung, der Zustand 2 den danach. Das Volumen V_2 muss für den Fall a) mit einer Gleichung für isentrope Zustandsänderungen und für den Fall b) mit einer für isotherme Zustandsänderungen berechnet werden.

Lösung:
a) isentrope Expansion (Zustandsgleichungen nach Tabelle 6.3-1):

$$V_2 = V_1 \cdot \left(\frac{p_1}{p_2}\right)^{\frac{1}{\kappa}} = 5\,\text{m}^3 \cdot \left(\frac{15\,\text{bar}}{1\,\text{bar}}\right)^{\frac{1}{1,4}} = 34{,}5967\,\text{m}^3$$

$$p \cdot V^{\kappa} = p_1 \cdot V_1^{\kappa} \quad \rightarrow \quad p(V) = p_1 V_1^{\kappa} \cdot \frac{1}{V^{\kappa}}$$

liefert für die Nutzarbeit

$$W_{N,12} = -p_1 V_1^{\kappa} \int\limits_{1}^{2} \frac{\mathrm{d}V}{V^{\kappa}} + p_{amb}(V_2 - V_1)$$

$$= -p_1 V_1^{\kappa} \cdot \frac{1}{1-\kappa} \cdot \left(V_2^{1-\kappa} - V_1^{1-\kappa}\right) + p_{amb}(V_2 - V_1)$$

$$W_{N,12} = -\frac{p_1}{1-\kappa}\left[\left(\frac{V_1}{V_2}\right)^{\kappa} \cdot V_2 - V_1\right] + p_{amb}(V_2 - V_1)$$

$$W_{N,12} = -\frac{1500\,\text{kN}}{-0{,}4\,\text{m}^2}\left[\left(\frac{5\,\text{m}^3}{34{,}5967\,\text{m}^3}\right)^{1{,}4} \cdot 34{,}5967\,\text{m}^3 - 5\,\text{m}^3\right] + \frac{10^2\,\text{kN}}{\text{m}^2} \cdot 29{,}5967\,\text{m}^3$$

$$W_{N,12} = -10.100{,}81\,\text{kJ} + 2.959{,}67\,\text{kJ} = -7.141{,}14\,\text{kJ} = \underline{\underline{-1{,}98365\,\text{kWh}}}$$

b) isotherme Expansion (Zustandsgleichungen nach Tabelle 6.3-1):

$$V_2 = V_1 \cdot \left(\frac{p_1}{p_2}\right) = 5\,\text{m}^3 \cdot \left(\frac{15\,\text{bar}}{1\,\text{bar}}\right) = 75\,\text{m}^3$$

$$p \cdot V = p_1 \cdot V_1 \quad \rightarrow \quad p(V) = p_1 V_1 \cdot \frac{1}{V}$$

führt jetzt auf folgende Nutzarbeit

$$W_{N,12} = -p_1 V_1 \int_1^2 \frac{dV}{V} + p_{amb}(V_2 - V_1) = -p_1 V_1 \cdot \ln\frac{V_2}{V_1} + p_{amb}(V_2 - V_1)$$

$$W_{N,12} = -1.500\,\frac{\text{kN}}{\text{m}^2} \cdot 5\,\text{m}^3 \cdot \ln\frac{75\,\text{m}^3}{5\,\text{m}^3} + 100\,\frac{\text{kN}}{\text{m}^2} \cdot 70\,\text{m}^3$$

$$W_{N,12} = -20.310{,}377\,\text{kJ} + 7.000\,\text{kJ} = -13.310{,}377\,\text{kJ} = \underline{\underline{-3{,}697\,\text{kWh}}}$$

3.2.12 Nutzarbeit am Luftpuffer

Gegeben sei ein zylindrischer Luftpuffer mit einem Luftraum von 50 cm Länge und einem Innendurchmesser von 20 cm gemäß der unten stehenden Skizze, in dessen Luftraum die Luft bei einer Temperatur von 20 °C von einem Kolben gasdicht eingeschlossen ist. Der Anfangsdruck im Luftpuffer wie in der umgebenden Atmosphäre betrage 1018 hPa.

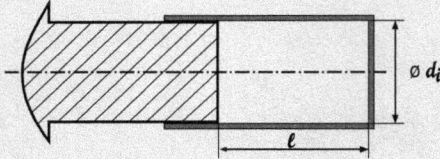

a) Welche Lufttemperatur in Grad Celsius und welcher Druck in bar werden im Puffer erreicht, wenn der Kolben beim Abfangen eines Stoßes 40 cm tief in den Zylinder eindringt? Unterstellen Sie dabei eine mit sehr hoher Geschwindigkeit verlustlos ablaufende Verdichtung!
b) Welche Stoßenergie in Nm kann dabei abgefangen werden?
c) Ein Eisenbahnwaggon mit einer Masse von 12 t sei an einer Seite mit jeweils zwei dieser Luftpuffer ausgerüstet. Mit welcher Geschwindigkeit in km/h ist der Waggon auf einen starren Prellbock aufgefahren, wenn die beiden Kolben jeweils genau 40 cm tief in die betreffenden Zylinder eingedrungen sind?

Gegeben sind:
$p_1 = p_{amb} = 101.800 \, \text{N/m}^2$ $T_1 = 293,15 \, \text{K}$
$l_1 = 0,5 \, \text{m}$ $d = 0,4 \, \text{m}$ $l_2 = l_1 - 0,4 \, \text{m} = 0,1 \, \text{m}$ $m_{Waggon} = 12.000 \, \text{kg}$

Vorüberlegungen:
Die Verdichtung erfolgt im geschlossenen System isentrop (sehr schnell, ohne Reibung) mit einem Isentropenexponenten für zweiatomiges Gas von $\kappa = 1,4$. Die gespeicherte Stoßenergie entspricht der Volumenänderungsarbeit abzüglich der Verschiebearbeit gemäß der Nutzarbeit nach Gleichung (2.3-13). Das Luftvolumen im Luftpuffer im Ausgangszustand 1 kann bestimmt werden aus:

$$V_1 = \frac{\pi}{4}d^2 \cdot l_1 = \frac{\pi}{4} \cdot 0,16 \, \text{m}^2 \cdot 0,5 \, \text{m} = 0,015707963 \, \text{m}^3$$
$$V_2 = \frac{\pi}{4}d^2 \cdot l_2 = \frac{\pi}{4} \cdot 0,16 \, \text{m}^2 \cdot 0,1 \, \text{m} = 0,003141592 \, \text{m}^3$$

Lösung:

a) Temperatur und Druck im Luftpuffer nach isentroper Kompression

$$T_2 = T_1 \cdot \left(\frac{V_1}{V_2}\right)^{\kappa-1} = 293{,}15\,\text{K} \cdot \left(\frac{0{,}015707963\,\text{m}^3}{0{,}003141592\,\text{m}^3}\right)^{0{,}4} = 558{,}06\,\text{K}\,\underline{\underline{(284{,}91\,°\text{C})}}$$

$$p_2 = p_1 \cdot \left(\frac{V_1}{V_2}\right)^{\kappa} = 1{,}018\,\text{bar} \cdot \left(\frac{0{,}015707963\,\text{m}^3}{0{,}003141592\,\text{m}^3}\right)^{1{,}4} = \underline{\underline{9{,}6896\,\text{bar}}}$$

b) gespeicherte Stoßenergie

$$W_{N,12} = -\int_1^2 p\,\mathrm{d}V + p_{amb}(V_2 - V_1)$$

Volumenänderungsarbeit bei isentroper Zustandsänderung $p = p_1 \cdot \left(\frac{V_1}{V}\right)^{\kappa}$:

$$W_{V,12} = -\int_1^2 p\,\mathrm{d}V = p_1 \cdot V_1^{\kappa} \int_1^2 V^{-\kappa}\mathrm{d}V = -\frac{p_1 \cdot V_1^{\kappa}}{1-\kappa} \cdot \left[V_2^{1-\kappa} - V_1^{1-\kappa}\right]$$

$$W_{V,12} = +\frac{p_1 \cdot V_1^{\kappa}}{\kappa-1} \cdot V_1^{1-\kappa} \cdot \left[\left(\frac{V_2}{V_1}\right)^{1-\kappa} - 1\right] = \frac{p_1 \cdot V_1}{\kappa-1} \cdot \left[\left(\frac{V_1}{V_2}\right)^{\kappa-1} - 1\right]$$

$$W_{V,12} = -\int_1^2 p\,\mathrm{d}V = p_1 \cdot V_1^{\kappa} \int_1^2 V^{-\kappa}\mathrm{d}V = -\frac{p_1 \cdot V_1^{\kappa}}{1-\kappa} \cdot \left[V_2^{1-\kappa} - V_1^{1-\kappa}\right]$$

$$W_{N,12} = \frac{p_1 \cdot V_1}{\kappa-1} \cdot \left[\left(\frac{V_1}{V_2}\right)^{\kappa-1} - 1\right] + p_{amb}(V_2 - V_1)$$

$$W_{N,12} = \frac{101.800\,\text{N/m}^2 \cdot 0{,}015707963\,\text{m}^3}{1{,}4-1} \cdot \left[\left(\frac{0{,}015707963\,\text{m}^3}{0{,}003141592\,\text{m}^3}\right)^{0{,}4} - 1\right]$$

$$+ 101.800\,\frac{\text{N}}{\text{m}^2} \cdot (0{,}003141592 - 0{,}015707963)\,\text{m}^3$$

$$W_{N,12} = 3.612{,}516772\,\text{Nm} - 1.279{,}256568\,\text{Nm} = \underline{\underline{2.333{,}26\,\text{Nm}}}$$

c) Auffahrgeschwindigkeit des Eisenbahnwaggons

$$2 \cdot |W_{N,12}| = \frac{m_{Waggon}}{2} \cdot v^2$$

$$v = \sqrt{\frac{4 \cdot |W_{N,12}|}{m_{Waggon}}} = \sqrt{\frac{4 \cdot 2.333{,}26\,\text{Nm}}{12.000\,\text{kg}}}$$

$$= 0{,}881903244\,\frac{\text{m}}{\text{s}} \cdot 1\,\frac{\text{km}}{1000\,\text{m}} \cdot \frac{3.600\,\text{s}}{1\,\text{h}} = \underline{\underline{4{,}1123\,\text{km/h}}}$$

3.3 Kalorische Zustandsgleichungen des idealen Gases

Während die thermischen Zustandsgrößen den thermischen Zustand eines Systems charakterisieren, beschreiben die extensiven kalorischen Zustandsgrößen innere Energie U, Enthalpie H und Entropie S den Zustand eines Systems bezüglich seines Energiegehaltes. Kalorische Zustandsgrößen können nicht wie die thermischen Zustandsgrößen direkt gemessen werden, sind aber aus den thermischen Zustandsgrößen abgeleitet und aus ihnen zu berechnen. Entsprechende Gleichungen werden in den nächsten Abschnitten vorgestellt.

Die kalorische Zustandsgröße innere Energie[10] U ist für thermodynamische Analysen ein zentraler Begriff. Taucht die innere Energie dann aber in Bilanzen auf, ist nicht immer ganz klar, welche Bereiche darin eingeschlossen sein sollen. Klarheit verschafft ein Blick auf die molekulare Ebene, wo die innere Energie U als Summe aller intramolekularen sowie intermolekularen Energien in drei Gruppen eingeteilt wird: die thermische innere Energie, die chemische innere Energie und die nukleare innere Energie ($U = U_{th} + U_{ch} + U_{nu}$).

Die thermische innere Energie U_{th} ist die Summe aller Bewegungsenergien der einzelnen Teilchen des Systems und der vom Abstand der einzelnen Teilchen zueinander abhängigen Anziehungs- und Abstoßungskräfte. Letzteres haben wir für ideale Gase per Definition ausgeschlossen. Deshalb ist die thermische innere Energie idealer Gase allein eine Funktion der Temperatur T, die über die Intensität der Bewegung von Teilchen, die keine Kräfte aufeinander ausüben, definiert wird. Die Anziehungs- und Abstoßungskräfte zwischen den Teilchen, die bei realen Fluiden immer wirken, haben noch eine zusätzliche Abhängigkeit vom Druck p zur Folge. Der Druck p beeinflusst die Dichte ρ und damit den Abstand der Teilchen untereinander.

Stoffe nehmen thermische Energie auf und speichern sie als innere Energie. Die nicht gebundenen Atome in einem Gas bewegen sich translatorisch durch den Raum und speichern so in allen drei Koordinatenrichtungen kinetische Energie. Moleküle, die sich darüber hinaus noch um ihren Schwerpunkt drehen, speichern zusätzlich Rotationsenergie, wenn sie über ein hinreichendes Trägheitsmoment um die entsprechende Achse verfügen. Atome oder Molekülgruppen eines Festkörpers schwingen hingegen relativ zueinander in einem Gitter- oder Molekülverbund und speichern so Oszillationsenergie.

Die chemische innere Energie U_{ch} beruht auf den Bindungsenergien der Atome in den Molekülen. Sie wird durch chemische Reaktionen verändert, bei denen sich die Atome und die sie umgebenden Elektronen neu ordnen. Beispielsweise setzen exotherme chemische Reaktionen Bindungsenergien frei, die die kinetische Energie der Moleküle

---

10 Den Begriff „innere Energie" prägte Lord Kelvin. Als Formelzeichen für die innere Energie hat sich weltweit U durchgesetzt. Das geht auf einen Vorschlag von Clausius im Jahr 1850 im Zusammenhang mit seiner Untersuchung der Funktion $U = U(V, T)$ zurück.

erhöht mit der Folge eines Temperaturanstiegs (Verbrennungsvorgänge). Die chemische innere Energie wandelt sich dabei in thermische innere Energie um.

Der nukleare Anteil der inneren Energie U_{nu} basiert auf den Bindungskräften der Kernbausteine und ist um Größenordnungen höher als thermische und chemische innere Energie zusammen ($U_{nu} \gg U_{th} + U_{ch}$). Kernreaktionen wandeln die nukleare innere Energie in thermische innere Energie des Spaltmaterials um.

Zusammenfassend ist festzustellen, dass die innere Energie die Summe der im Inneren des Systems gespeicherten Energien ist. Dazu gehören nicht nur die kinetische und potentielle Energie der Teilchen, sondern auch die elektrische Energie durch überschüssige elektrische Ladungen, magnetische Energien durch Ausrichtung der Elementarmagneten, alle Energie durch Kräfte von intra- und intermolekularen Wechselwirkungen. Im Folgenden beschränken wir uns auf Vorgänge, die ohne Änderung des chemischen oder nuklearen Zustands ablaufen, und konzentrieren uns auf die thermische innere Energie, wobei der Einfachheit halber immer nur von der **inneren Energie** U gesprochen wird.

Wie schon am Namen innere Energie zu vermuten ist, lassen sich an thermodynamischen Systemen auch noch äußere Energien bilanzieren. Im Unterschied zu der inneren Energie beziehen sich die äußeren (mechanischen) Energien wie die potentielle Energie E_{pot} und die kinetische Energie E_{kin} auf die äußeren Koordinaten und bei vereinfachter Betrachtung auf den Massenschwerpunkt des thermodynamischen Systems. Wirken auf das thermodynamische System äußere Energien, ändert sich sein Massenschwerpunkt. Die innere Energie U hingegen nimmt keinen Einfluss auf die Lage des Massenschwerpunkts.

Die kinetische Gastheorie liefert die Vorstellung, dass die thermodynamische Temperatur T ein Maß für die mittlere statistische Geschwindigkeit der Teilchen ist. Je mehr Energie ein System beinhaltet, desto höher ist nach diesem Modell seine Temperatur. Allein schon so ist die Temperatur T wahrnehmbar als eine unabhängige Variable für die innere Energie eines Systems.

Mit Formel (2.2-14) wurde die auf die Stoffmenge von 1 kmol bezogene spezifische innere Energie eines Gases u_m beschrieben als die mittlere kinetische Energie aller in einer Stoffmenge von 1 kmol eines Gases enthaltenen Teilchen:

$$u_m = N_A \cdot \bar{W}_{kin,T} = \frac{3}{2} \cdot R_m \cdot T$$

Die Erweiterung auf eine beliebige Stoffmenge n liefert:

$$U_m = n \cdot u_m = \frac{3}{2} \cdot n \cdot R_m \cdot T$$

Mit Formel (2.2-4) $n = \dfrac{m}{M}$ folgt daraus für die innere Energie U eines Gases

$$U = \frac{3}{2} \cdot m \cdot R_i \cdot T \qquad [U] = 1\,\text{kJ}$$

Betrachten wir ein homogenes thermodynamisches System unabhängig von seiner Größe (also massenspezifisch), wird sein Energieinhalt durch zwei verbleibende Zustandsgrößen eindeutig beschrieben, was man zunächst mathematisch abstrakt durch die nachfolgenden beiden *kalorischen Zustandsgleichungen* ausdrückt.

– geschlossenes System:

$$u = u(v, T) \quad \text{und} \quad s = s(v, T) \tag{3.3-1}$$
$$[u] = 1\,\text{kJ/kg} \qquad [s] = 1\,\text{kJ/(kg K)}$$

– offenes System:

$$h = h(p, T) \quad \text{und} \quad s = s(p, T) \tag{3.3-2}$$
$$[h] = 1\,\text{kJ/kg} \qquad [s] = 1\,\text{kJ/(kg K)}$$

Dabei definieren wir die Enthalpie[11] h als Zustandsgröße des offenen Systems als

$$h = u + p \cdot v \tag{3.3-3}$$

Die physikalische Bedeutung des Terms $p \cdot v$ hängt von der Art des Systems ab. Im geschlossenen System mit bewegter Systemgrenze ist $p \cdot v$ die spezifische Verschiebearbeit, beim offenen System mit starren Grenzen entspricht $p \cdot v$ der Strömungsenergie, die für das strömende Fluid zum Überschreiten der Kontrollraumgrenzen aufgewendet werden muss.

Die vollständigen Differentiale der kalorischen Zustandsgleichungen ergeben sich zu:

$$du = \left(\frac{\partial u}{\partial T} \right)_v dT + \left(\frac{\partial u}{\partial v} \right)_T dv \tag{3.3-4}$$

$$dh = \left(\frac{\partial h}{\partial T} \right)_p dT + \left(\frac{\partial h}{\partial p} \right)_T dp \tag{3.3-5}$$

Gleichung (3.3-4) sagt zum Beispiel aus, dass bei einer Änderung der Temperatur dT und des spezifischen Volumens dv sich die spezifische innere Energie um du ändert.

Die zweiten Terme auf den rechten Seiten von (3.3-4) und (3.3-5) sind für ein ideales Gas jeweils vom Wert null. Der Ausflug in die statistische Thermodynamik hat uns ja mit Formel (2.2-14) zu der Einsicht geführt, dass die innere Energie U eines idealen Gases nur von der Temperatur abhängt. Den Nachweis für $(\partial u / \partial v)_T = 0$ für die klassische Thermodynamik erbrachte 1806 Gay-Lussac mit seinem Überströmversuch, den Joule 1845 mit einer verbesserten Anordnung nochmals bestätigte. Zwei adiabate Gefäße, von denen

---

11 Den Begriff Enthalpie für diese Zustandsgröße hat 1909 der niederländische Physiker Heike Kamerlingh Onnes eingeführt, abgeleitet aus den griechischen Wörtern „en" = in und „thalpéin" = erwärmen.

das erste mit einem Gas von niedrigem Druck gefüllt, das zweite evakuiert ist, sind miteinander durch ein ebenfalls wärmeisoliertes Rohr verbunden und zunächst durch ein geschlossenes Ventil voneinander getrennt. Öffnet man das Ventil, strömt Gas aus dem ersten in das zweite Gefäß, wobei sich im ersten Gefäß das Gas abkühlt und im zweiten erwärmt. Nach vollständigem Temperaturausgleich liegt in beiden Gefäßen wieder die Ausgangstemperatur vor, ohne dass bei diesem Vorgang Arbeit oder Wärme mit der Umgebung ausgetauscht wurde. Die innere Energie blieb dabei also genauso wie die Temperatur konstant, obwohl sich das Volumen vergrößert hat. Sie hängt also nicht vom Volumen, sondern nur von der Temperatur ab und mithin ist $(\partial u / \partial v)_T = 0$. Sehr genaue Untersuchungen mit realen Gasen ergeben jedoch beim Überstromversuch sehr kleine, aber tatsächlich vorhandene Temperaturdifferenzen. Lediglich für tatsächlich ideales Gas bleibt die Temperatur konstant und bestätigt $u = u(T)$, weil die Gasteilchen außer bei ihrem Zusammenstoß keine Kräfte aufeinander ausüben. Ihre mittlere Bewegungsenergie ist unabhängig von dem Weg, den sie zwischen zwei Stößen zurücklegen. Damit ist die Temperatur eines idealen Gases unabhängig von dem Volumen, in dem es sich befindet. Nach dem Boyle-Mariotte'schen Gesetz reduziert sich allerdings der Druck, weil pro Zeiteinheit weniger Teilchen auf die Gefäßwände prallen.

$(\partial h / \partial p)_T = 0$ folgt aus der Einführung der thermischen Zustandsgleichung für ideales Gas (3.2-2) in die Definitionsgleichung (3.3-3) für die Enthalpie.

$$h = u + p \cdot v = u + R_i \cdot T = h(T) \qquad (3.3\text{-}6)$$

Wenn die innere Energie u für ideale Gase eine reine Temperaturfunktion ist, kann auch die Enthalpie h für ideale Gase nach Gleichung (3.3-6) nur von der Temperatur abhängen.

Die kalorischen Zustandsgrößen innere Energie und Enthalpie können im Unterschied zu den thermischen Zustandsgrößen nicht direkt gemessen, sondern nur aus gemessenen Größen berechnet werden.

Für eine isenthalpe Zustandsänderung (Enthalpie h = konstant), wie zum Beispiel bei einer Drosselung (vergleiche auch Kapitel 5.4.1), bleibt die Temperatur eines idealen Gases vor und nach der Drosselstelle konstant, obwohl der Druck sinkt, weil die Enthalpie eines idealen Gases eine reine Temperaturfunktion ($h = h(T)$) ist. Wird hingegen ein reales Gas, dessen Enthalpie nach der kalorischen Zustandsgleichung (3.3-2) von Temperatur und Druck abhängt, adiabat gedrosselt, verringert sich jedoch die Gastemperatur (Joule-Thomson-Effekt).

Den Differentialquotienten $(\partial u / \partial T)_v$ in Gleichung (3.3-4) nennen wir *spezifische Wärmekapazität bei konstantem Volumen c_V*

$$c_V = \left(\frac{\partial u}{\partial T} \right)_V \quad \rightarrow \quad \mathrm{d}u = c_V \cdot \mathrm{d}T \qquad [c_V] = 1\,\mathrm{kJ/(kg\,K)} \qquad (3.3\text{-}7)$$

Mit der Annahme c_V = konstant folgt daraus weiter

$$u(T) = \int_{T_0}^{T} c_V \mathrm{d}T + u_0(T_0) = c_V(T - T_0) + u_0(T_0) \tag{3.3-8}$$

Über die Konstante $u_0(T_0)$ muss man sich keine Gedanken machen, so lange nur $(u_2 - u_1)$ auszuwerten ist, denn durch die Differenzbildung folgt:

$$u_2 - u_1 = [c_V(T_2 - T_0) + u_0(T_0)] - [c_V(T_1 - T_0) + u_0(T_0)] = c_V(T_2 - T_1)$$

$$q_{12} = u_2 - u_1 = c_V(T_2 - T_1) \tag{3.3-9}$$

In Gleichung (3.3-9) stellt $(u_2 - u_1)$ diejenige massenspezifische Wärme q_{12} dar, die benötigt wird, um in einem geschlossenen System mit arbeitsdichten Wänden ideales Gas bei konstantem Volumen von der Temperatur T_1 auf die Temperatur T_2 zu bringen. Der Betrag dieser Wärme ändert die innere Energie in dem geschlossenen System um Δu.

Wie die innere Energie u ist auch die spezifische Wärmekapazität eine Funktion zweier Zustandsgrößen $c_V = c_V(T, v)$. In den meisten Fällen ist die Abhängigkeit von der Temperatur T ausgeprägt und deutlich stärker als die Abhängigkeit vom spezifischen Volumen oder der Dichte. Für ein ideales Gas verschwindet die Abhängigkeit vom Volumen, es verbleibt nur die Abhängigkeit von der Temperatur. Bei realen Gasen im Idealgaszustand kann man für einatomige Gase (alle Edelgase oder hocherhitzter Quecksilber- und Natriumdampf) praktisch kaum eine Temperaturabhängigkeit feststellen. Die Wärmekapazitäten von Flüssigkeiten und Festkörpern sind in der Regel nur schwach von der Temperatur abhängig.

Der Umgang mit temperaturabhängigen spezifischen Wärmekapazitäten ist schon in Kapitel 2.3 erläutert worden.

Den Differentialquotienten $(\partial h/\partial T)_p$ in Gleichung (3.3-5) nennen wir *spezifische Wärmekapazität bei konstantem Druck* c_p

$$c_p = \left(\frac{\partial h}{\partial T}\right)_p \quad \rightarrow \quad \mathrm{d}h = c_p \mathrm{d}T \qquad [c_p] = 1\,\mathrm{kJ/(kg\,K)} \tag{3.3-10}$$

Mit der Annahme $c_p = $ konstant folgt daraus weiter

$$h(T) = \int_{T_0}^{T} c_p \mathrm{d}T + h_0(T_0) = c_p(T - T_0) + h_0(T_0) \tag{3.3-11}$$

Die Konstante $h_0(T_0)$ spielt bei der Auswertung von Enthalpiedifferenzen keine Rolle. Die Bezugstemperatur T_0 kann beliebig gewählt werden. Für die Darstellung der Funktion $h(T)$ in Tabellenform ist die Bezugstemperatur jedoch von Bedeutung. Leider wird die gewählte Bezugstemperatur nicht immer explizit ausgewiesen. In vielen Fällen wählt man die Temperatur des physikalischen Normzustands nach DIN 4342 $t_0 \equiv t_n = 0\,°C$ (zum Beispiel in Tabelle 6.6-4 des Anhangs). Die Stoffdaten für Gase im VDI-Wärmeatlas basieren auf der Bezugstemperatur für den chemischen Standardzustand

$t_0 \equiv t_n = 25\,°C$. Die Stoffwerte in Wasserdampftafeln beruhen auf der Tripelpunkttemperatur $t_0 \equiv t_n = 0,01\,°C$.

$$h_2 - h_1 = [c_p(T_2 - T_0) + h_0(T_0)] - [c_p(T_1 - T_0) + h_0(T_0)] = c_p(T_2 - T_1)$$
$$q_{12} = h_2 - h_1 = c_p(T_2 - T_1) \tag{3.3-12}$$

In Gleichung (3.3-12) stellt $(h_2 - h_1)$ die erforderliche massenspezifische Wärme q_{12} dar, um für das ideale Gas in einem offenen System mit arbeitsdichten Wänden bei konstantem Druck eine Temperaturänderung von T_1 auf T_2 zu erreichen. Der Betrag dieser Wärme ändert die Enthalpie im offenen System um Δh.

Nach Gleichung (3.3-6) folgt für die differentielle Enthalpie dh auch die Mayer'sche Gleichung:

$$\frac{dh}{dT} = \frac{du}{dT} + R_i \quad \rightarrow \quad c_p = c_V + R_i \tag{3.3-13}$$

Formel (3.3-13) zeigt, dass bei Gasen die spezifische Wärmekapazität bei konstantem Druck c_p immer größer ist, als die bei konstantem Volumen c_V, weil bei Gasen für eine festgelegte Temperaturerhöhung bei konstantem Druck ein Teil der aufgenommenen Wärme als Volumenänderungsarbeit gegen die Umgebung aufgebracht werden muss. Mit $c_p > c_V$ ist auch zu begründen, warum im T, s-Wärmediagramm die Isochoren steiler verlaufen als die Isobaren. Für den Anstieg der Isochoren und der Isobaren im T, s-Diagramm gelten nach Abbildung 3-11 jeweils:

$$dq = c_V \cdot dT = T \cdot ds \quad \rightarrow \quad \left(\frac{dT}{ds}\right)_V = \frac{T}{c_V}$$
$$dq = c_p \cdot dT = T \cdot ds \quad \rightarrow \quad \left(\frac{dT}{ds}\right)_p = \frac{T}{c_p}$$

Wegen $c_p > c_V$ ist der Anstieg der Kurve für die Isobare für eine vorgegebene Temperatur T immer kleiner als für die Isochore (vergleiche auch Ausführungen zu Abbildung 3-8).

Die spezifischen Wärmekapazitäten bei konstantem Druck c_p und bei konstantem Volumen c_V unterscheiden sich für ideale Gase um die jeweilige Gaskonstante R_i. In Stoffwertsammlungen sind oftmals nur die spezifischen Wärmekapazitäten für konstanten Druck tabelliert, den Wert für konstantes Volumen errechnet man dann durch Subtrahieren der jeweiligen Gaskonstante.

Das Verhältnis der beiden spezifischen Wärmekapazitäten nennt man Isentropenexponent κ.

$$\kappa = \frac{c_p}{c_V} = \frac{c_{m,p}}{c_{m,V}} \tag{3.3-14}$$

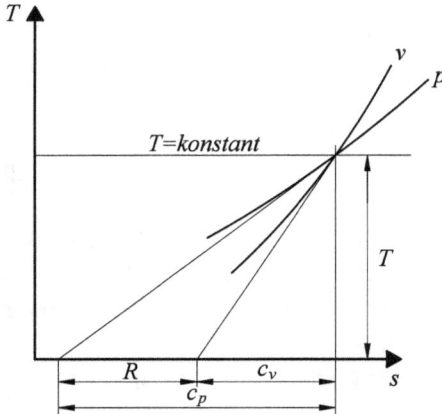

Abb. 3-11: Anstieg von Isobaren und Isochoren im T, s-Diagramm.

Die kinetische Gastheorie liefert für den Modellstoff ideales Gas (Massenpunkte ohne Volumen) einen festen, auch von der Temperatur unabhängigen Wert von $\kappa = 5/3$ für den Isentropenexponenten. Für einatomige Gase (Punktmassen) stimmt dieser Wert gut mit experimentell ermittelten Isentropenexponenten überein. Die weiteren, in der grauen Box unten angegebenen Werte für mehratomige Gase folgen theoretischen Überlegungen, wie experimentell ermittelte Isentropenexponenten für diese Gase aus einer entsprechenden Molekülstruktur zu erklären wären. Je komplizierter die Molekülstruktur, desto deutlicher werden die Abweichungen zu den Ergebnissen der kinetischen Gastheorie (vergleiche hierzu auch Kapitel 3.2, Tabelle 3-1). Während für reale, einatomige Gase der Isentropenexponent κ genauso wie die spezifischen Wärmekapazitäten praktisch nicht von der Temperatur abhängt, besteht beim Isentropenexponenten für mehratomige Gase wegen der zusätzlichen Möglichkeiten für die Anregung einer Bewegung (Rotation, Schwingungen) wiederum genauso wie bei den spezifischen Wärmekapazitäten eine spürbare Abhängigkeit von der Temperatur. Aber anders als bei den spezifischen Wärmekapazitäten nimmt der Isentropenexponent mit steigenden Temperaturen nicht zu, sondern sinkt. Das folgt für mit der Temperatur wachsenden spezifischen Wärmekapazitäten aus seiner Definition (3.3-14).

Für viele technische Anwendungen können wir jedoch nicht nur vom Modell ideales Gas (die Gleichung $p \cdot v = R_i \cdot T$ wird exakt erfüllt), sondern auch von konstanten spezifischen Wärmekapazitäten und einem konstanten Isentropenexponenten ausgehen, insbesondere wenn die Prozesse nur kleine Temperaturbereiche überstreichen. Ein Gas, das sich wie ein ideales Gas verhält und bei dem zusätzlich eine konstante spezifische Wärmekapazität unterstellt werden kann, nennt man kalorisch perfektes Gas. Praktisch verwendet man hierfür oft den verkürzten Begriff perfektes Gas.

Die Verknüpfung von der Mayer'schen Gleichung (3.3-13) mit der Definition des Isentropenexponenten (3.3-14) liefert eine häufig bei Idealgasverhalten verwendete Berechnungsgleichung für die spezifischen Wärmekapazitäten bei konstantem Volumen und konstantem Druck. Für den hier weder vom Druck noch von der Temperatur abhängigen Isentropenexponenten κ setzt man abhängig von der Molekülstruktur die Werte gemäß Tabelle 3-1 oder die aus der grauen Box oben ein.

$$c_V = \frac{1}{\kappa - 1} R_i = \frac{1}{\kappa - 1} \cdot \frac{R_m}{M_i} \qquad [c_V] = 1\frac{kJ}{kg\,K} \tag{3.3-15}$$

$$c_p = \frac{\kappa}{\kappa - 1} R_i = \frac{\kappa}{\kappa - 1} \cdot \frac{R_m}{M_i} \qquad [c_p] = 1\frac{kJ}{kg\,K} \tag{3.3-16}$$

Für die Grundgleichung der Kalorik (2.3-1) ist auch eine stoffmengenbezogene, molare Wärmekapazität ausgewiesen worden. Die auf die Stoffmenge von 1 kmol eines Gases bezogene Wärmekapazität heißt *molare Wärmekapazität*. Der Zusammenhang zwischen der molaren und der auf die Masse bezogenen spezifischen Wärmekapazität ergibt sich mit der Molekülmasse M_i des betreffenden Stoffes aus den Beziehungen:

$$c_{m,V} = M_i \cdot c_V \qquad [c_{m,V}] = 1\frac{kg}{kmol} \cdot 1\frac{kJ}{kg\,K} = 1\frac{kJ}{kmol\,K} \tag{3.3-17}$$

$$c_{m,p} = M_i \cdot c_p \qquad [c_{m,p}] = 1\frac{kg}{kmol} \cdot 1\frac{kJ}{kg\,K} = 1\frac{kJ}{kmol\,K} \tag{3.3-18}$$

Wegen $c_{m,p} - c_{m,V} = \kappa \cdot c_{m,V} - c_{m,V} = (\kappa - 1)c_{m,V} = R_m$ folgt auch wieder:

$$c_{m,V} = \frac{1}{\kappa - 1} R_m \qquad c_{m,p} = \frac{\kappa}{\kappa - 1} R_m \tag{3.3-19a}$$

$$c_{m,p} = c_{m,V} + R_m \tag{3.3-19b}$$

Laut der kinetischen Gastheorie besitzen mit den Isentropenexponenten κ die molaren Wärmekapazitäten idealer Gase für jeweils gleiche Teilchenzusammensetzung gleiche Werte:

einatomiges Gas (He, Ar, Kr):	$\kappa = \frac{5}{3}$	$c_{m,V} = \frac{3}{2}R_m$	$c_{m,p} = \frac{5}{2}R_m$
zweiatomiges Gas (O_2, N_2, H_2):	$\kappa = \frac{7}{5}$	$c_{m,V} = \frac{5}{2}R_m$	$c_{m,p} = \frac{7}{2}R_m$
dreiatomiges Gas (CO_2: 1,30, SO_2: 1,29)	$\kappa = \frac{9}{7}$	$c_{m,V} = \frac{7}{2}R_m$	$c_{m,p} = \frac{9}{2}R_m$
dreiatomiges Gas (N_2O: 1,31, H_2O:[12] 1,33)	$\kappa = \frac{4}{3}$	$c_{m,V} = \frac{6}{2}R_m$	$c_{m,p} = \frac{8}{2}R_m$

Die in Klammern angegebenen Werte für die einzelnen Gase entsprechen den für das betreffende Gas abweichend experimentell ermittelten Werten. Für dreiatomige Gase

---

12 dampfförmig.

stimmen die Schlussfolgerungen der kinetischen Gastheorie in Bezug auf den Isentropenexponenten nur sehr grob, denn die Molekülstruktur entspricht auch nur annähernd der Modellvorstellung einer in einem Punkt konzentrierten Masse.

Wir haben gesehen, dass bei Gasen die spezifische Wärmekapazität offenbar auch von der Art der Zustandsänderung und damit von der Prozessführung abhängt. Dabei wurde die spezifische Wärmekapazität für konstantes Volumen von der für konstanten Druck unterschieden. Bei mehratomigen Gasen treten selbst im Parameterbereich für eine Behandlung als ideales Gas funktionale Abhängigkeiten von der Temperatur hinzu, nur einatomige Gase wie zum Beispiel Helium verfügen über eine weitgehend von der Temperatur unabhängige spezifische Wärmekapazität.

Ein Unterschied zwischen der spezifischen Wärmekapazität bei konstantem Volumen und konstanten Druck tritt theoretisch auch bei Flüssigkeiten und Feststoffen auf, nur sind diese so gering, dass man sie im Sinne einer technischen Genauigkeit oft vernachlässigen kann. Deshalb gilt für Flüssigkeiten und Feststoffe immer näherungsweise $c_V \approx c_p \approx c$.

Die Abhängigkeit der spezifischen Wärmekapazität von der Prozessführung bei Gasen wollen wir aber noch etwas genauer betrachten und führen mit dem Ansatz (3.3-20) eine spezifische Wärmekapazität c_n für polytrope Zustandsänderungen[13] ein. Sie ist eine unecht gebrochen rationale Funktion des Polytropenexponenten n ($c_n = c_n(n)$), die als Konstante die spezifische Wärmekapazität bei konstantem Volumen c_V sowie den Isentropenexponenten κ enthält.

$$q_{12} = c_n(T_2 - T_1) \tag{3.3-20}$$

$$c_n = c_V \frac{n - \kappa}{n - 1} \tag{3.3-21}$$

Die Funktion $c_n = c_n(n)$ in Gleichung (3.3-21) besitzt an der Stelle $n = 1$ einen Pol mit Vorzeichenwechsel. Für $n = 0$ (isobare Zustandsänderung) erhalten wir aus (3.3-21) $c_p = c_V \cdot \kappa$ und mit $n \to \infty$ (isochore Zustandsänderung) im Zuge eines Grenzübergangs wegen

$$\lim_{n \to \infty} \frac{n - \kappa}{n - 1} = \lim_{n \to \infty} \frac{1}{1} = 1$$

$c_n = c_V$. Dies sind die beiden schon bekannten Spezialfälle für die spezifische Wärmekapazität bei konstantem Druck und bei konstantem Volumen. Außerdem zeigt Abbildung 3-12, dass für isentrope Zustandsänderungen mit $n = \kappa$ die polytrope Wärmekapazität verschwindet ($c_n = 0$). Definitionsgemäß verlaufen isentrope Zustandsänderungen reibungsfrei (keine Reibungswärme) und q_{12} erfährt während des gesamten Prozesses

---

13 Der Index n hat bei der polytropen spezifischen Wärmekapazität nicht die Bedeutung „Norm", sondern weist auf die funktionale Abhängigkeit vom Isentropenexponenten n hin.

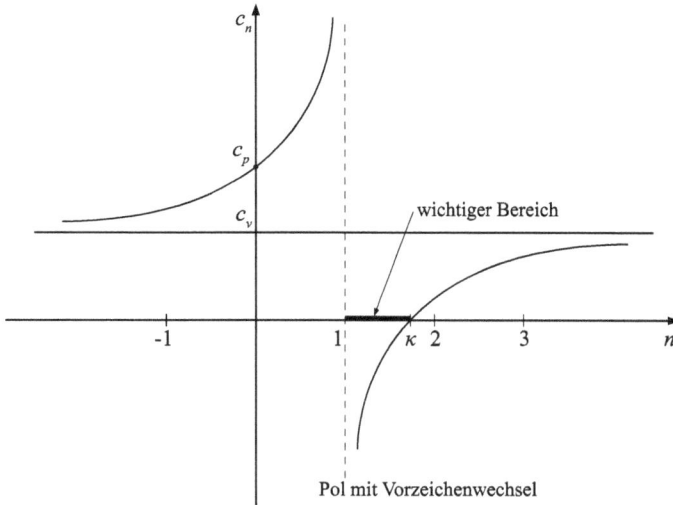

Abb. 3-12: Polytrope Wärmekapazität als unecht gebrochen rationale Funktion des Polytropenexponenten n.

keine Änderung. Solche Zustandsänderungen sind praktisch jedoch nicht zu verwirklichen.

Tatsächlich verlaufen Zustandsänderungen oft im Bereich $1 < n < \kappa$, also zwischen den beiden theoretischen Grenzfällen der isothermen und isentropen Zustandsänderung. Eine isotherme Zustandsänderung ist abgesehen von Phasenübergängen technisch nur schwer zu verwirklichen, da der stetig erforderliche Temperaturausgleich wegen der Trägheit des Wärmetransports extrem lange dauern würde (fast unendlich langsam abläuft). Eine isentrope Zustandsänderung müsste unendlich schnell ablaufen, damit die Trägheit des Wärmetransports ausnutzend praktisch keine Wärme über die Systemgrenze treten könnte. Praktisch liegt man irgendwo dazwischen. Abbildung 3-12 zeigt zunächst überraschenderweise in Übereinstimmung mit Formel (3.3-21), dass die polytrope Wärmekapazität c_n in diesem Bereich negativ ist! Wird einem geschlossenen System unter diesen Bedingungen Wärme zugeführt, gilt nach den Bilanzregeln $q_{12} > 0$. Dies ist nach Ansatz (3.3-20) für $c_n < 0$ nur zu verwirklichen, wenn $T_2 < T_1$ ist, also bei Wärmezufuhr eine Temperaturerniedrigung auftritt. Nach den allgemeingültigen Prinzipien der Energieerhaltung ist das nur denkbar, wenn das System durch Expansion des Arbeitsmittels gleichzeitig Arbeit abgibt.

Aus Erfahrung wissen wir, dass sich bei einer Kompression die Temperatur des Gases erhöht. Die für die Kompression erforderliche Arbeitszufuhr bewirkt $T_2 > T_1$. Gemäß unserem Ansatz (3.3-20) erfolgt wegen $c_n < 0$ bei polytroper Prozessführung dann eine Wärmeabgabe ($q_{12} < 0$). Das zwingend gleichzeitige Auftreten der Prozessgrößen Wärme und Arbeit ist ein wichtiges Merkmal polytroper Zustandsänderungen.

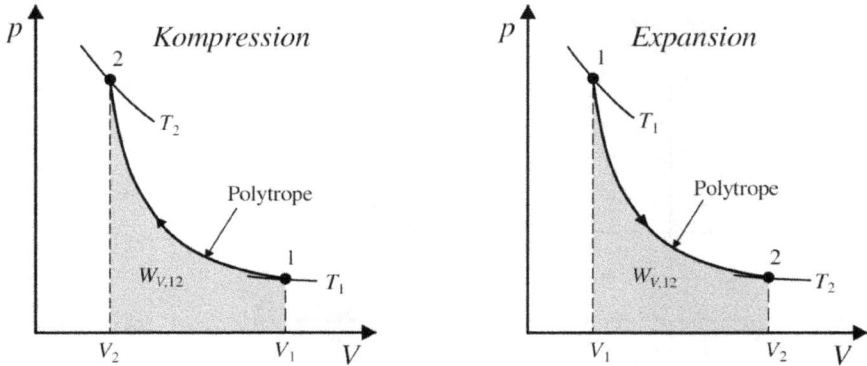

Abb. 3-13: Polytrope Kompression und polytrope Expansion von idealem Gas mit $1 < n < \kappa$.

Für die in Abbildung 3-13 dargestellte Kompression sehen wir über den angedeuteten Verlauf der Isothermen im Anfangs- und Endzustand, dass $T_2 > T_1$ ist. Damit wird $w_{V,12} > 0$ (Volumenänderungsarbeit muss zugeführt werden) und mit $c_n < 0$ nach Formel (3.3-20), dass Wärme gleichzeitig frei wird ($q_{12} < 0$), denn die nun im System gespeicherte innere Energie Δu entspricht nach dem ersten Hauptsatz der Thermodynamik der Summe der über die Systemgrenze transportierten Wärme q_{12} und Arbeit $w_{V,12}$.

Mithilfe des ersten Hauptsatzes der Thermodynamik ist es über einfache Überlegungen sogar möglich anzugeben, in welchem festen Verhältnis Volumenänderungsarbeit und Wärme bei einer polytropen Zustandsänderung stehen müssen. Bei der Behandlung der thermodynamischen Hauptsätze kommen wir darauf zurück, hier wird zunächst nur mitgeteilt

$$\frac{w_{v,12}}{q_{12}} = \frac{\kappa - 1}{n - \kappa} \qquad (3.3-22)$$

3.3.1 Untersuchungen zur spezifischen Wärmekapazität

Man ermittle den wertmäßigen Unterschied zwischen der spezifischen Wärmekapazität für konstanten Druck und für konstantes Volumen bei einem Druck von 1 bar und einer Temperatur von 20 °C für Wasser und für Aluminium sowie den relativen Fehler, der bei Vernachlässigung dieses Unterschieds bei der spezifischen Wärmekapazität gemacht wird!

Was folgt aus einem Vergleich dieser Ergebnisse mit dem Resultat für das Gas trockene Luft, dessen Gaskonstante mit 287,12 J/(kg K) und dessen spezifische Wärmekapazität bei konstantem Druck mit 1,0046 kJ/(kg K) gegeben seien? Für die Dichte von Aluminium setze man 2700 kg/m³ und für seine spezifische Wärmekapazität 0,888 kJ/(kg K) an.

Gegeben sind:

H$_2$O: c_p = 4,185 kJ/(kg K) ρ = 998,2 kg/m^3 (Tabelle 6.6-4 für 20 °C)

       β = 207 · 10^{-6} K^{-1} χ = 456 · 10^{-12} Pa^{-1} (Tabelle 6.6-2)

Al: c_p = 0,888 kJ/(kg K) ρ = 2700 kg/m^3

       β = 3 · α = 71,4 · 10^{-6} K^{-1} χ = 13,8889 · 10^{-12} Pa^{-1} (Tabelle 6.6-1)

Luft: c_p = 1,0046 kJ/(kg K) für 20 °C (Tabelle 6.6-4) R_L = 0,28712 kJ/(kg K)

Vorüberlegungen:

Für die Lösung dieser Aufgabe müssen wir ausgehend von den kalorischen Zustandsgleichungen mit Differentialquotienten rechnen. Dazu werden mit Bezug zu den Formelnummern aus Band I wichtige Sachverhalte so aufgearbeitet, dass sie hier direkt verwendet werden können.

Formel (3.3-3):   Definition der Enthalpie $h = u + p \cdot v$ liefert nach Differentiation

$$dh = du + p \cdot dv + v \cdot dp$$

Formel (3.3-4):   Innere Energie $u = u(v, T)$ beschrieben durch das vollständige Differential

$$du = \left(\frac{\partial u}{\partial T}\right)_v dT + \left(\frac{\partial u}{\partial v}\right)_T dT = c_V dT + \left(\frac{\partial u}{\partial v}\right)_T dT$$

Formel (3.3-10): $dh = c_p dT$ führt mit (3.3-3) und (3.3-4) für konstanten Druck ($vdp = 0$) auf:

$$c_p \cdot dT = c_V \cdot dT + \left(\frac{\partial u}{\partial v}\right)_T dT + p \cdot dv$$

$$\rightarrow \quad c_p - c_V = \left[\left(\frac{\partial u}{\partial v}\right)_T + p\right] \cdot \left(\frac{\partial v}{\partial T}\right)_p$$

Mit dieser Gleichung ist der Unterschied zwischen den spezifischen Wärmekapazitäten c_p und c_V zu ermitteln, sofern die Zustandsgleichungen der betreffenden Stoffe bekannt sind.

    Für ideales Gas ist mit dem Überströmversuch von Gay-Lussac bekannt: $(\partial u/\partial v)_T = 0$. Außerdem folgt mit $p \cdot v = R_i \cdot T$ für $\left(\frac{\partial v}{\partial T}\right)_p = \frac{R_i}{p}$ und somit der Zusammenhang $c_p - c_V = R_i$.

    Für alle anderen Stoffe, die keine idealen Gase sind, muss der Differentialquotient $(\partial u/\partial v)_T$ gesondert untersucht werden. Dazu greift man auf Formel (5.2-3a) in Verbindung mit (3.3-4) zurück:

$$ds = \frac{du + pdv}{T} = \frac{1}{T} \cdot \left(\frac{\partial u}{\partial T}\right)_v dT + \frac{1}{T}\left[\left(\frac{\partial u}{\partial v}\right)_T + p\right]dv$$

Wenn die Entropie s für geschlossene Systeme als Zustandsgröße (= vollständiges Differential) $s = s(v, T)$ existiert, gilt

$$ds = \left(\frac{\partial s}{\partial T}\right)_v dT + \left(\frac{\partial s}{\partial v}\right)_T dv \quad \text{mit der Integrabilitätsbedingung:}$$

$$\frac{\partial}{\partial v}\left(\frac{\partial s}{\partial T}\right)_v = \frac{\partial}{\partial T}\left(\frac{\partial s}{\partial v}\right)_T \quad \text{oder} \quad \frac{\partial}{\partial v}\left[\frac{1}{T}\left(\frac{\partial u}{\partial T}\right)_v\right] = \frac{\partial}{\partial T}\left[\frac{1}{T}\left(\left(\frac{\partial u}{\partial v}\right)_T + p\right)\right]$$

Die Ausführung der Differentiation ergibt

$$0 = -\frac{1}{T^2}\cdot\left(\frac{\partial u}{\partial v}\right)_T - \frac{p}{T^2} + \frac{1}{T}\cdot\left(\frac{\partial p}{\partial T}\right)_v \quad \text{oder} \quad \left(\frac{\partial u}{\partial v}\right)_T = \left(\frac{\partial p}{\partial T}\right)\cdot T - p$$

Damit ist für die Differenz der spezifischen Wärmekapazitäten gegeben

$$c_p - c_V = \left[\left(\frac{\partial u}{\partial v}\right)_T + p\right]\cdot\left(\frac{\partial v}{\partial T}\right)_p = T\cdot\left(\frac{\partial p}{\partial T}\right)_v\cdot\left(\frac{\partial v}{\partial T}\right)_p$$

Lösung:

$$c_p - c_V = T\cdot\left(\frac{\partial p}{\partial T}\right)_v\cdot\left(\frac{\partial v}{\partial T}\right)_p \quad \text{(aus den Vorüberlegungen übernommen)}$$

Durch Umformung von Gleichung (3.1-3) gewinnen wir:

$$\left(\frac{\partial v}{\partial T}\right)_p\cdot\left(\frac{\partial T}{\partial p}\right)_v\cdot\left(\frac{\partial p}{\partial v}\right)_T = -1 \quad \rightarrow \quad \left(\frac{\partial p}{\partial T}\right)_v = -\left(\frac{\partial v}{\partial T}\right)_p\cdot\left(\frac{\partial p}{\partial v}\right)_T$$

$$\rightarrow \quad \left(\frac{\partial p}{\partial T}\right)_v = -\frac{\left(\frac{\partial v}{\partial T}\right)_p}{\left(\frac{\partial v}{\partial p}\right)_T}$$

$$c_p - c_V = -T\cdot\frac{\left(\frac{\partial v}{\partial T}\right)_p^2}{\left(\frac{\partial v}{\partial p}\right)_T}$$

und mit Definition (3.1-15) folgern wir

$$\left(\frac{\partial v}{\partial p}\right)_T = -v\cdot\chi, \quad \text{sodass} \quad c_p - c_V = -T\cdot\frac{v^2\cdot\beta^2}{-v\cdot\chi} = T\cdot v\cdot\frac{\beta^2}{\chi} = T\cdot\frac{\beta^2}{\rho\cdot\chi}$$

Größenmäßige Auswertung ergibt für:
Wasser:

$$c_p - c_V = 293{,}15\,\text{K} \cdot \frac{(207 \cdot 10^{-6}\,1/\text{K})^2}{998{,}2\,\text{kg/m}^3 \cdot 456 \cdot 10^{-12}\,\text{m}^2/\text{N}} = 27{,}596\,\frac{\text{J}}{\text{kg K}} \approx \underline{\underline{0{,}0276\,\frac{\text{kJ}}{\text{kg K}}}}$$

$$\left| \frac{\Delta c}{c} \right| = \frac{0{,}0276\,\text{kJ/(kg K)}}{4{,}185\,\text{kJ/(kg K)}} = 0{,}0066 \quad \text{Fehler } 0{,}66\,\%$$

Aluminium:

$$c_p - c_V = 293{,}15\,\text{K} \cdot \frac{(71{,}4 \cdot 10^{-6} \cdot 1/\text{K})^2}{2.700\,\text{kg/m}^3 \cdot 13{,}8889 \cdot 10^{-12}\,\text{m}^2/\text{N}} = 39{,}852\,\frac{\text{J}}{\text{kg K}} \approx \underline{\underline{0{,}03985\,\frac{\text{kJ}}{\text{kg K}}}}$$

$$\left| \frac{\Delta c}{c} \right| = \frac{0{,}03985\,\text{kJ/(kg K)}}{0{,}888\,\text{kJ/(kg K)}} = 0{,}0449 \quad \text{Fehler } 4{,}49\,\%$$

Für ideale Gase wird aus der oben gewonnenen Beziehung

$$c_p - c_V = T \cdot v \cdot \frac{\beta^2}{\chi} \quad \text{mit} \quad \beta = \frac{1}{T} \quad \text{und} \quad \chi = -\frac{1}{v} \cdot \left(\frac{\partial v}{\partial p} \right)_T$$

im Zusammenhang mit der Grundgleichung für ideales Gas $p \cdot v = R_i \cdot T$:

$$c_p - c_V = T \cdot v \cdot \frac{1}{T^2} \cdot \frac{1}{\chi} \quad \text{und wegen}$$

$$\frac{1}{\chi} = -v \cdot \left(\frac{\partial p}{\partial v} \right)_T = -v \cdot (-R_i \cdot T \cdot v^{-2}) = +\frac{R_i \cdot T}{v}$$

$$c_p - c_V = T \cdot v \cdot \frac{1}{T^2} \cdot \frac{R_i \cdot T}{v} = R_i \quad \text{(das folgt auch aus der Mayer'schen Gleichung!)}$$

Mit der Gaskonstante für trockene Luft $R_L = 0{,}28712\,\text{kJ/(kg K)}$ und einer spezifischen Wärmekapazität von $1{,}006\,\text{kJ/(kg K)}$ ergibt sich ein relativer Fehler von mehr als 28 %, was für technische Rechnungen nicht mehr zu vernachlässigen ist.

$$\left| \frac{\Delta c}{c} \right| = \frac{0{,}28712\,\text{kJ/(kg K)}}{1{,}006\,\text{kJ/(kg K)}} \approx \underline{\underline{0{,}2854}}$$

Bei Gasen ist also stets die spezifische Wärmekapazität bei konstantem Druck von der bei konstantem Volumen zu unterscheiden!

3.3.2 Bestimmung des mechanischen Wärmeäquivalents nach Robert Mayer

Robert Mayer[14] ging bei der Bestimmung des mechanischen Wärmeäquivalents in einem Gedankenexperiment von einem Zylinder und einem reibungsfrei verschiebbaren Kolben aus. Er errechnete dann, welche Wärme der im Zylinder eingeschlossenen Luft für eine definierte feste Temperaturerhöhung zuzuführen ist bei:

    a) arretierten Kolben (konstantes Volumen) und

    b) beweglichen Kolben (konstanter Druck).

Klar war damals schon, dass wegen der in Versuchen nachgewiesenen Unterschiede der spezifischen Wärmekapazitäten für Gas bei konstantem Volumen und bei konstantem Druck diese Wärmemengen verschieden groß sein müssten. Die tatsächlich messbare Differenz dieser Wärmemengen setzte er gleich der bei beweglichen Kolben reversibel verrichteten mechanischen Arbeit des Zylinderinhalts gegenüber der Umgebung (heute spricht man von Volumenänderungsarbeit) und errechnete daraus wie nachfolgend formelmäßig skizziert sein „mechanisches Wärmeäquivalent" als frei werdende Volumenänderungsarbeit:

$$Q_{V,12} - Q_{p,12} \equiv W_{V,12}$$

$$(U_2 - U_1) - (H_2 - H_1) = (U_2 - U_1) - [(U_2 - U_1) - p(V_2 - V_1)] = -p(V_2 - V_1)$$

Man vollziehe die Überlegungen von Mayer für einen mit $1\,\mathrm{m}^3$ Luft bei 0 °C und 1 bar gefüllten Zylinder nach! Die Luft solle um jeweils 1 K erwärmt werden, die Gaskonstante sei mit einem gerundeten Wert von 287 J/(kg K) gegeben. Der konstant bleibende Umgebungsdruck betrage 1 bar.

Gegeben sind:

$p = p_{amb} = 1\,\mathrm{bar}$ $V_1 = 1\,\mathrm{m}^3$ $T_1 = 273{,}15\,\mathrm{K}$ $\Delta T = 1\,\mathrm{K}$ $R_L = 287\,\mathrm{J/(kg\,K)}$

Vorüberlegungen:

Wir gehen bei der im Zylinder eingeschlossenen Luft von idealem Gas aus und berechnen die spezifischen Wärmekapazitäten für konstantes Volumen und konstanten

---

14 Julius Robert Mayer (1814–1878), Heilbronner Art, beschäftigte sich mit der Frage, woher der Mensch seine Energie zum Leisten von Arbeit bezieht und gelangte entgegen der damals vorherrschenden Meinung zu der Überzeugung, dass Wärme nicht stofflicher Natur sein könne, sondern eine Energieform ist. Im Jahr 1842 erbrachte er mit seinem in den Annalen der Chemie und Pharmazie veröffentlichten Beitrag „Bemerkungen über die Kräfte der unbelebten Natur" mit der Bestimmung des mechanischen Wärmeäquivalents den Nachweis, dass Arbeit und Wärme als verschiedene Energieformen immer in einem festen Verhältnis ineinander überführt werden könnten und von daher zueinander äquivalent sind. Das sind im Kern die Aussagen des ersten Hauptsatzes der Thermodynamik, eine spezielle Aussage des allgemeinen Energieerhaltungssatzes.

Druck nach den Gleichungen (3.3-15) und (3.3-16) mit einem Isentropenexponenten von $\kappa = 1{,}4$.

Robert Mayer stand ein solches Instrumentarium noch nicht zur Verfügung. Er war auf gemessene Werte für die spezifischen Wärmekapazitäten bei konstantem Druck und konstantem Volumen angewiesen, die mit den seinerzeit vorhandenen Möglichkeiten noch sehr ungenau waren.

$$c_V = \frac{1}{\kappa - 1} \cdot R_L = \frac{1}{1{,}4 - 1} \cdot 287 \,\frac{J}{kg\,K} = 717{,}5 \,\frac{J}{kg\,K}$$

$$c_p = \frac{\kappa}{\kappa - 1} \cdot R_L = \frac{1{,}4}{1{,}4 - 1} \cdot 287 \,\frac{J}{kg\,K} = 1004{,}5 \,\frac{J}{kg\,K}$$

Die Masse der im Zylinder eingeschlossenen Luft ist gegeben durch:

$$m = \frac{p \cdot V_1}{R_L \cdot T_1} = \frac{1 \cdot 10^5 \,N/m^2 \cdot 1\,m^3}{287 \,J/(kg\,K) \cdot 273{,}15\,K} = 1{,}275607\,kg$$

Lösung:

Mit der Grundgleichung der Kalorik (2.3-2a) erhält man für:

– konstantes Volumen:

$$Q_{V,12} = m \cdot c_V \cdot \Delta T = 1{,}275607\,kg \cdot 717{,}5\,\frac{J}{kg\,K} \cdot 1\,K = 915{,}24803\,J$$

– konstanten Druck:

$$Q_{p,12} = m \cdot c_p \cdot \Delta T = 1{,}275607\,kg \cdot 1004{,}5\,\frac{J}{kg\,K} \cdot 1\,K = 1281{,}3472\,J$$

Rechnerisch ergibt sich dann durch die Zuführung von Wärme eine frei werdende Volumenänderungsarbeit $W_{V,12}$ von:

$$W_{V,12} \equiv Q_{V,12} - Q_{p,12} = 915{,}24803\,J - 1281{,}3472\,J = \underline{\underline{-366{,}099\,J}}$$

Andererseits folgt aus der Definition der Volumenänderungsarbeit nach (2.3-11) für den konstant bleibenden Umgebungsdruck p_{amb}:

$$W_{V,12} = -\int_1^2 p_{amb}\,dV = -p_{amb} \cdot (V_2 - V_1) = -p_{amb} \cdot V_1 \cdot \left(\frac{V_2}{V_1} - 1 \right)$$

Mit dem Gesetz von Gay-Lussac für konstanten Druck (3.2-8) können wir weiter schreiben:

$$\frac{V_2}{V_1} = \frac{T_2}{T_1} = \frac{T_1 + \Delta T}{T_1} = 1 + \frac{\Delta T}{T_1}$$

Dies eingesetzt in die oben entwickelte Gleichung für die Volumenänderungsarbeit liefert:

$$W_{V,12} = -\frac{p_{amb} \cdot V_1 \cdot \Delta T}{T_1} = -\frac{1 \cdot 10^5 \,\text{N/m}^2 \cdot 1\,\text{m}^3 \cdot 1\,\text{K}}{273,15\,\text{K}} = \underline{\underline{-366,099\,\text{Nm}}}$$

Wir erhalten damit aus 366,099 J = 366,099 Nm im SI-Einheitensystem das Wärmeäquivalent zu 1 J = 1 Nm. Mayer hat 1842 mit den damals üblichen Einheiten 1 kcal = 367 kpm angegeben. Dies ist offensichtlich nicht genau genug. Unter Verwendung der Daten aus Tabelle 6.2-6 in SI-Einheiten ist festzuhalten: 1 kcal = 4.185,5 J und 1 kpm = 9,80665 Nm.

Wegen $367\,\text{kpm} \cdot \dfrac{9,80665\,\text{Nm}}{1\,\text{kpm}} = 3599,04\,\text{Nm}$ würde folgen 1 J $\approx$ 0,86 Nm. Der exakte Wert, den Mayer mit genauen Stoffwerten hätte finden müssen, beträgt wie in Tabelle 6.2-6 ausgewiesen 426,8 kpm. Zu dem Mayer'schen inhaltlich völlig richtigen Gedankenexperiment standen seinerzeit nur sehr ungenaue Stoffwerte für die spezifischen Wärmekapazitäten zur Verfügung. Das ist eine Ursache dafür, dass Mayers fundamentale Erkenntnis zu seinen Lebzeiten nie richtig anerkannt wurde.

Unter Verwendung der oben dargestellten Beziehungen kann aus $W_{V,12} = Q_{V,12} - Q_{p,12}$ die in Kapitel 3 auf anderem Wege hergeleitete Mayer'sche Gleichung (3.3-13) entwickelt werden.

$$W_{V,12} = -\frac{p_1 \cdot V_1 \cdot \Delta T}{T_1} = m(c_V - c_p) \cdot \Delta T \quad \rightarrow \quad c_p = c_V + \frac{p \cdot V_1}{T_1 \cdot m} = c_V + R_i$$

3.3.3 Polytrope Verdichtung von Luft im Zylinder eines Dieselmotors

Das perfekte Gas trockene Luft mit einer Gaskonstante von 287,12 J/(kg K) sei im Ausgangszustand mit 1000 hPa sowie 25 °C gegeben und werde in einem Zylinder mit wärmedurchlässigen Zylinderwänden auf ein Sechzehntel des ursprünglichen Volumens polytrop komprimiert. Dabei entstehe ein Druck von 43 bar.

a) Wird die Zündtemperatur für Dieselkraftstoff ($t \geq 225\,°C$) durch die polytrope Verdichtung erreicht?

b) Wie hoch ist der isentrope Wirkungsgrad $\eta_{is} = \Delta h / \Delta h_{is}$ dieser Kompression?

c) Welche spezifische Volumenänderungsarbeit in kJ/kg ist für die Verdichtung aufzuwenden?

d) Welche spezifische Wärme in kJ/kg wird dabei über die Zylinderwand abgeführt?

e) Man berechne die Endtemperatur der Verdichtung, die spezifische Volumenänderungsarbeit, wenn für die Verdichtung ein Polytropenexponent von 1,45 gegeben sei. Welche Wärme entsteht bei der Verdichtung und kann sie über die Zylinderwand abgeführt werden?

Gegeben sind:

$R_L = 287,12\,\text{J/(kg\,K)}$ $\kappa = 1,4$ (zweiatomiges Gas) $V_1/V_2 = 16$

$T_1 = 298,15\,\text{K}$ $p_1 = 1\,\text{bar}$ $p_2 = 43\,\text{bar}$

$n = 1,45$ für (e)

Vorüberlegungen:

Für a) ist eine polytrope Verdichtung von Luft zu untersuchen, ohne dass der Polytropenexponent n bekannt ist. Dieser muss zunächst mit Formel (3.2-22) ermittelt werden. Erst danach kann man die Endtemperatur der polytropen Verdichtung mit Formel (3.2-20) berechnen. Trockene Luft besitzt als ganz überwiegend zweiatomiges Gas einen Isentropenexponenten $\kappa = 1,4$. Zusammen mit den zuvor errechneten Polytropenexponenten kann dann bestimmt werden, ob die polytrope spezifische Wärmekapazität positive oder negative Werte annimmt. Daraus ist dann abzuleiten, ob die im Zylinder und gasdicht eingepassten Kolben eingeschlossene Luft als thermodynamisches System Wärme über die Zylinderwände abgibt oder ob dem System bei der Verdichtung Wärme zugeführt. Der gleichzeitig stattfindende Transport von Arbeit *und* Wärme ist Wesensmerkmal jeder polytropen Zustandsänderung.

Lösung:

a) Prüfung, ob geforderte Zündtemperatur für Diesel erreicht wird, in zwei Schritten:

1. Schritt: Berechnung des Polytropenexponenten n mit Formel (3.2-22)

$$n = \frac{\ln \dfrac{p_2}{p_1}}{\ln \dfrac{V_1}{V_2}} = \frac{\ln \dfrac{43\,\text{bar}}{1\,\text{bar}}}{\ln 16} = 1,356566$$

n liegt im Bereich $1 \le n \le \kappa$, damit $c_n < 0$!

2. Schritt: Berechnung der polytropen Verdichtungsendtemperatur mit Formel (3.2-20)

$$T_{2,po} = T_1 \cdot \left(\frac{p_2}{p_1} \right)^{\frac{n-1}{n}} = 298,15\,\text{K} \cdot \left(\frac{43\,\text{bar}}{1\,\text{bar}} \right)^{\frac{0,356566}{1,356566}} = \underline{\underline{801,28\,\text{K}}}$$

$\{t_{2,po}\} = 801,28 - 273,15 = 528,13$

Mit der Verdichtungsendtemperatur von $t_2 = 528,13\,°\text{C}$ wird die geforderte Zündtemperatur erreicht.

b) Berechnung des isentropen Verdichtungswirkungsgrads in zwei Schritten

1. Schritt: Berechnung der Endtemperatur für eine isentrope Verdichtung mit (3.2-16)

$$T_2 = T_1 \cdot \left(\frac{p_2}{p_1}\right)^{\frac{\kappa-1}{\kappa}} = 298{,}15\,\mathrm{K} \cdot \left(\frac{43\,\mathrm{bar}}{1\,\mathrm{bar}}\right)^{2/7} = 873{,}25\,\mathrm{K}$$

2. Schritt: Berechnung des Verdichtungswirkungsgrads

Wir setzen Luft als perfektes Gas voraus. Das heißt: Die spezifische Wärmekapazität hängt nicht von Temperatur oder Druck ab, sie bleibt konstant.

$$\eta_{is} = \frac{\Delta h}{\Delta h_{is}} = \frac{c_p \cdot (T_2 - T_1)}{c_p \cdot (T_{2,is} - T_1)} = \frac{T_2 - T_1}{T_{2,is} - T_1} = \frac{(801{,}28 - 298{,}15)\,\mathrm{K}}{(873{,}25 - 298{,}15)\,\mathrm{K}} = \underline{\underline{0{,}87486}}$$

c) polytrope Volumenänderungsarbeit in kJ/kg

Eine passende Formel zur Berechnung der spezifischen Volumenänderungsarbeit bei polytroper Zustandsänderung kann der Tabelle 6.3-3 im Anhang entnommen werden. Hier soll aber noch mal geübt werden, wie eine solche Beziehung aus der Definitionsgleichung (2.3-11) abgeleitet werden kann. Dabei suchen wir zur Vermeidung unnötiger Rundungsfehler eine Gleichung, in die möglichst nur gegebene Größen einzusetzen sind.

$$w_{V,12} = -\int_1^2 p(v)\mathrm{d}v \quad \text{mit der polytropen Zustandsgleichung} \quad p(v) = p_1 \cdot v_1^n \cdot v^{-n}$$

$$w_{V,12} = -p_1 \cdot v_1^n \cdot \int_1^2 \frac{\mathrm{d}v}{v^n} = -p_1 \cdot v_1^n \cdot \frac{1}{1-n} \cdot (v_2^{1-n} - v_1^{1-n})$$

$$= +\frac{p_1 \cdot v_1^n}{n-1} \cdot v_1^{1-n} \cdot \left[\left(\frac{v_2}{v_1}\right)^{1-n} - 1\right]$$

$$w_{V,12} = \frac{p_1 \cdot v_1}{n-1} \cdot \left[\left(\frac{v_2}{v_1}\right)^{1-n} - 1\right] = \frac{R_L \cdot T_1}{n-1} \cdot \left[\left(\frac{v_2}{v_1}\right)^{1-n} - 1\right] = \frac{R_L \cdot T_1}{n-1} \cdot \left[\left(\frac{v_1}{v_2}\right)^{n-1} - 1\right]$$

$$w_{V,12} = \frac{287{,}12\,\mathrm{J/(kg\,K)} \cdot 298{,}15\,\mathrm{K}}{0{,}356566} \cdot [16^{0{,}356566} - 1] = \underline{\underline{405{,}137\,\frac{\mathrm{kJ}}{\mathrm{kg}}}}$$

d) Berechnung der über die Zylinderwand abgegebene Wärme (zwei Möglichkeiten)

1. Möglichkeit: mit Formel (3.3-22)

$$q_{12} = w_{V,12} \cdot \frac{n-\kappa}{\kappa-1} = 405{,}137\,\frac{\mathrm{kJ}}{\mathrm{kg}} \cdot \frac{1{,}356566 - 1{,}4}{0{,}4} = \underline{\underline{-43{,}992\,\frac{\mathrm{kJ}}{\mathrm{kg}}}}$$

Das Minuszeichen zeigt an, dass die Wärme über die Zylinderwände abgeführt wird.

2. Möglichkeit: mit Formel (3.3-20) in Verbindung mit (3.3-21)

$c_n < 0 \rightarrow$ Wärme wird über die Zylinderwände abgeführt

$$q_{12} = c_n \cdot (T_2 - T_1) = \frac{1}{\kappa - 1} R_L \cdot \frac{n - \kappa}{n - 1} \cdot (T_2 - T_1) \quad \text{mit} \quad c_n = c_V \cdot \frac{n - \kappa}{n - 1}$$

$$q_{12} == \frac{287{,}12\,\text{J/(kg K)}}{1{,}4 - 1} \cdot \frac{1{,}356566 - 1{,}4}{1{,}356566 - 1} \cdot (801{,}28 - 298{,}15)\,\text{K} = \underline{\underline{-43{,}992\,\frac{\text{kJ}}{\text{kg}}}}$$

e) polytrope Verdichtung mit $n = 1{,}45$ ($n > \kappa$ und somit $c_n > 0$ – vergleiche Abb. 3-12)

1. Schritt: Berechnung Verdichtungsendtemperatur

$$T_{2,po} = T_1 \cdot \left(\frac{p_2}{p_1}\right)^{\frac{n-1}{n}} = 298{,}15\,\text{K} \cdot \left(\frac{43\,\text{bar}}{1\,\text{bar}}\right)^{\frac{0{,}45}{1{,}45}} = \underline{\underline{958{,}02\,\text{K}}}$$

2. Schritt: Berechnung der Volumenänderungsarbeit

$$w_{V,12} = \frac{R_L \cdot T_1}{n - 1} \cdot \left[\left(\frac{v_1}{v_2}\right)^{n-1} - 1\right] = \frac{287{,}12\,\text{J/(kg K)} \cdot 298{,}15\,\text{K}}{0{,}45} [16^{0{,}45} - 1] = \underline{\underline{472{,}20\,\text{kJ/kg}}}$$

3. Schritt: Berechnung der auftretenden Wärme

$$q_{12} = c_n \cdot (T_2 - T_1) = \frac{1}{\kappa - 1} R_L \cdot \frac{n - \kappa}{n - 1} \cdot (T_2 - T_1) \quad \text{mit} \quad c_n > 0 \qquad c_n = c_V \cdot \frac{n - \kappa}{n - 1}$$

$$q_{12} == \frac{287{,}12\,\text{J/(kg K)}}{1{,}4 - 1} \cdot \frac{1{,}45 - 1{,}4}{1{,}45 - 1} \cdot (958{,}02 - 298{,}15)\,\text{K} = \underline{\underline{+52{,}628\,\frac{\text{kJ}}{\text{kg}}}}$$

Das Ergebnis hier zeigt, dass unter diesen Bedingungen dem System Wärme zugeführt wird. Das kann nach Lage der Dinge nur durch Reibung erfolgt sein, was die höhere Endtemperatur bei der Verdichtung und den höheren, dafür erforderlichen Arbeitsaufwand erklärt. Die Verdichtung erfolgt offenbar so schnell, dass wegen der Trägheit des Wärmetransports keine Wärme über die Systemgrenze an die Umgebung übertragen wird (adiabate Zylinderwand).

3.3.4 Druckausgleich im Tiefkühlraum

In einem Tiefkühlraum von 8,5 m Länge, 4,5 m Breite und einer Höhe von 3,2 m herrsche bei einem Druck von 1 bar die Solltemperatur von –25 °C. Beim Begehen kommt es zum Luftaustausch mit 16 m³ Umgebungsluft von 21 °C bei einem Umgebungsdruck von 1 bar. Nach dem Schließen der Kühlraumtür wird die Luft im Kühlraum wieder auf Solltemperatur gekühlt. Die Luft kann hier als perfektes Gas mit 287,12 J/(kg K) angesehen werden.

- a) Welche Temperatur in Grad Celsius stellt sich unmittelbar nach dem Luftaustausch ein, wenn man von sofortiger vollständiger Durchmischung ausgehen könnte?
- b) Welche Wärme in kWh muss der Luft im Kühlrauminneren zur Erreichung der Solltemperatur entzogen werden, wenn nach dem Begehen die Kühlraumtür wieder geschlossen wird?
- c) Nach welcher Zeit wird die Solltemperatur erreicht, wenn die Leistung des verlustlos arbeitenden Kälteaggregats 1,5 kW beträgt?
- d) Welcher Druck stellt sich im Kühlraum nach Erreichen der Solltemperatur ein?
- e) Ermitteln Sie, welche Kraft durch den äußeren Luftdruck auf eine Tür mit 2 m² Türfläche wirkt!

Gegeben sind:

$V_K = 8{,}5 \text{ m} \cdot 4{,}5 \text{ m} \cdot 3{,}2 \text{ m} = 122{,}4 \text{ m}^3$ $\qquad t_K = -25\,°\text{C} \;\rightarrow\; T_K = 248{,}15 \text{ K} \qquad p_K = 1 \text{ bar}$

$V_L = 16 \text{ m}^3$ $\qquad\qquad\qquad\qquad\qquad t_L = +21\,°\text{C} \;\rightarrow\; T_L = 294{,}15 \text{ K} \qquad p_L = 1 \text{ bar}$

$R_L = 287{,}12 \text{ J/(kg K)}$ $\qquad\qquad\qquad \kappa = 1{,}4 \text{ (Grundwissen, zweiatomiges Gas)}$

$A = 2 \text{ m}^2$ $\qquad\qquad\qquad\qquad\qquad \dot{Q} = 1{,}5 \text{ kW}$

Vorüberlegungen:

Größere Kühlräume sollten luftdicht abgeschlossen sein und daher ist es geneigt, diese als geschlossene Systeme zu betrachten. Beim Begehen wird jedoch die Kühlraumtür geöffnet und es dringt wärmere Außenluft in den Kühlraum ein, sodass sich nach Maßgabe der Menge der eingedrungenen Außenluft eine entsprechend höhere kalorische Mitteltemperatur einstellt. Für die Berechnung der sich nach idealer Mischung von Kühlraum- und Umgebungsluft einstellenden Temperatur ist von einem isobaren Prozess auszugehen und die spezifische Wärmekapazität von Luft bei konstantem Druck zu verwenden. Würde man nach der Begehung den Kühlraum tatsächlich luftdicht verschließen und das Kühlaggregat die im Kühlraum eingeschlossene Luft auf die Solltemperatur absenken, entstünde im Kühlraum ein Unterdruck, der schnell eine Größenordnung erreicht, die es unmöglich macht, die Kühlraumtür erneut zu öffnen. Deshalb befindet sich neben der Kühlraumtemperatur eine Druckausgleichsklappe, die beim Kühlvorgang für einen stetigen Druckausgleich sorgt.

Für die spezifische Wärmekapazität von Luft bei konstantem Druck kann man Gleichung (3.3-16) nutzen, der Isentropenexponent κ beträgt für das ganz überwiegend zweiatomige Gas Luft 1,4.

$$c_p = \frac{\kappa}{\kappa - 1} \cdot R_L$$

Lösung:

a) Mischungstemperatur aus „kalter" Tiefkühlraumtemperatur und „warmer" Lufttemperatur

Ansatz mit Grundgleichung der Kalorik

$$Q(T_M, V_K) = Q(T_K, (V_K - V_L)) + Q(T_L, V_L)$$

mit einer willkürlich gewählten Bezugstemperatur $T_0 = 0\,\text{K}$

Die Gasmasse wird mit der Grundgleichung für ideales Gas ermittelt, deshalb darf nicht mit der Celsius-Temperatur gerechnet werden, sondern es ist die thermodynamische Temperatur zu verwenden.

$$\left(\frac{p_L \cdot (V_K - V_L)}{R_L \cdot T_K} + \frac{p_L \cdot V_L}{R_L \cdot T_L} \right) \cdot c_p \cdot (T_M - T_0)$$

$$= \frac{p_L \cdot (V_K - V_L)}{R_L \cdot T_K} \cdot c_p \cdot (T_K - T_0) + \frac{p_L \cdot V_L}{R_L \cdot T_L} \cdot c_p \cdot (T_L - T_0)$$

Alle Glieder, die mit $T_0 = 0\,\text{K}$ multipliziert werden, entfallen. Die Gaskonstante R_L, der Luftdruck p_L und die konstante spezifische Wärmekapazität c_p können gekürzt werden.

$$\left(\frac{V_K - V_L}{T_K} + \frac{V_L}{T_L} \right) \cdot T_M = V_K - V_L + V_L = V_K$$

und daraus entsteht

$$T_M = \frac{V_K}{\dfrac{(V_K - V_L)}{T_K} + \dfrac{V_L}{T_L}} = \frac{122{,}4\,\text{m}^3}{\dfrac{106{,}4\,\text{m}^3}{248{,}15\,\text{K}} + \dfrac{16\,\text{m}^3}{294{,}15\,\text{K}}} = 253{,}33\,\text{K} \quad \underline{\underline{t_M = -19{,}82\,°\text{C}}}$$

b) zu entziehende Wärme $Q < 0$ im geschlossenen Tiefkühlraum von $T_1 = 253{,}33\,\text{K}$ auf $T_2 = 248{,}15\,\text{K}$

Durch den Druckausgleich während des Kühlvorgangs bleibt die Luftmasse im Inneren des Kühlraums nicht konstant, sondern erhöht sich stetig bis zum Erreichen der Solltemperatur t_K. Deshalb kann die für konstante Masse gültige Gleichung $Q = m \cdot c_p \cdot (t_2 - t_1)$ nicht angewendet werden. Stattdessen folgt man einer Argumentation, dass eine durch einen differentiell kleinen Wärmeentzug dQ ausgelöste differentiell kleine Temperaturänderung dT sich bei konstanter Masse vollzieht. So folgt:

$$dQ = m(T) \cdot c_p \cdot dT = \frac{p_K \cdot V_K}{R_L \cdot T} \cdot \frac{\kappa}{\kappa - 1} \cdot R_L \cdot dT = p_K \cdot V_K \cdot \frac{\kappa}{\kappa - 1} \cdot \frac{dT}{T}$$

$$\int_1^2 dQ = p_K \cdot V_K \cdot \frac{\kappa}{\kappa - 1} \cdot \ln \frac{T_2}{T_1}$$

$$Q_{12} = 1 \cdot 10^5 \, \text{N/m}^2 \cdot 122{,}4 \, \text{m}^3 \cdot \frac{1{,}4}{1{,}4 - 1} \cdot \ln \frac{248{,}15 \, \text{K}}{253{,}15 \, \text{K}} = -854{,}61 \, \text{kJ} \approx \underline{\underline{-0{,}2374 \, \text{kWh}}}$$

c) Zeit τ_K zum erneuten Erreichen der Solltemperatur im Kühlraum

$$\tau_K = \frac{Q}{\dot{Q}_K} = \frac{0{,}2374 \, \text{kWh}}{1{,}5 \, \text{kW}} \cdot \frac{60 \, \text{min.}}{1 \, \text{h}} = 9{,}496 \, \text{min.} \approx \underline{\underline{9{,}5 \, \text{min.}}}$$

d) Innendruck p_i nach Wiedererreichen von T_K ohne Druckausgleich

$$p_i = p_L \cdot \frac{T_K}{T_M} = 1 \, \text{bar} \cdot \frac{248{,}15 \, \text{K}}{253{,}33 \, \text{K}} = \underline{\underline{0{,}97955 \, \text{bar}}}$$

e) Kraft F auf Tür:

$$F = (1 - 0{,}97955) \, \text{bar} \cdot 2 \, \text{m}^2 = 2045 \, \text{N/m}^2 \cdot 2 \, \text{m}^2 = \underline{\underline{4.090 \, \text{N}}}$$

Die Kraft entspricht einer beim Öffnen der Tür auf ihr liegenden Masse von ca. 417 kg. In Tiefkühlräumen wird deshalb neben der Tür eine Druckausgleichsklappe angebracht, um das erneute Öffnen der Tür nach einer Begehung zu ermöglichen. Den hier demonstrierten Effekt kann man auch beobachten, wenn ein Kühlschrank längere Zeit offen stand (starker Luftaustausch), dann geschlossen und kurz danach noch einmal geöffnet wird. Die Kraft ist aber grundsätzlich geringer und mit Muskelkraft überwindbar, weil die Türen kleiner und die Kühlschranktemperaturen deutlich höher als im Tiefkühlraum sind.

Was passiert, wenn die Druckausgleichsklappe defekt ist oder wegen Vereisung nicht funktioniert? Im harmlosesten Fall lässt sich die Kühlraumtür nicht öffnen, im schlimmsten Fall implodiert de Kühlraum durch die starken Kräfte auf die Wände infolge des Unterdrucks im Inneren.

3.3.5 Beheizung eines Hörsaals

Ein Unterrichtsraum fasse ein Luftvolumen von 300 m³. Der Einfachheit halber nehmen wir an, er sei nur mit Luft von 16,7 °C gefüllt, die mit der vorhandenen Heizung auf 22 °C erwärmt werden soll. Der Luftdruck wurde mit 102 kPa gemessen. Für die Luft sei die Gaskonstante 287,12 J/(kg K) gegeben.

  a) Welches Luftvolumen in m³ und welche Luftmasse in kg entweichen bei der Erwärmung durch Luftspalte an Türen und Fenstern?
  b) Welche Raumheizungswärme in kWh ist zuzuführen, wenn man davon ausgehen kann, dass 75 % der Heizwärme von den kalten Wänden des Hörsaals aufgenommen werden?
  c) In wie viel Minuten wäre der Raum theoretisch mit einer Heizung, die kontinuierlich eine Leistung von 2 kW an die Luft überträgt auf die Solltemperatur von 22 °C zu bringen?
  d) Welchen Änderungen unterliegen die innere Energie U und die Entropie S der im Raum eingeschlossenen Luft? (Hinweis: Zur Einschätzung des Verhaltens der Entropie benötigt man Kenntnisse aus Kapitel 5!)

Gegeben sind:

$V_1 = 300 \text{ m}^3$	$R_L = 287{,}12 \text{ J/(kg K)}$	$(\kappa = 1{,}4)$
$p = 1{,}02 \cdot 10^5 \text{ N/m}^2$	$t_1 = 16{,}7\,°\text{C}$	$t_2 = 22\,°\text{C}$
	$T_1 = 289{,}85 \text{ K}$	$T_2 = 295{,}15 \text{ K}$

Vorüberlegungen:
1. Die Luft kann hier als perfektes Gas angesehen werden, der Isentropenexponent für zweiatomige Gase beträgt $\kappa = 1{,}4$.
2. Spontan wird oft von einer Wärmezufuhr bei konstantem Volumen ausgegangen. Das eingeschlossene Luftvolumen im Hörsaal ändert sich während der Beheizung tatsächlich nicht, wenn man von der vernachlässigbar kleinen thermischen Ausdehnung des Mauerwerks absieht. Aber eine isochore Wärmezufuhr (geschlossenes System) hätte eine Druckerhöhung zur Konsequenz. Erfahrungsgemäß bleibt der Druck bei der Raumheizung konstant, weil ein Teil der Luft durch vorhandene Undichtigkeiten an den Türen und Fenstern entweicht. Hier muss also die spezifische Wärmekapazität für konstanten Druck angewendet werden.
3. Betrachtet man die durch die Begrenzung des Raumes eingeschlossene Luft als offenes thermodynamisches System, verringert sich während der Beheizung die enthaltene Luftmasse stetig. Deshalb kann zur Berechnung der erforderlichen Heizwärme nicht die für konstante Masse gültige Gleichung $Q = m \cdot c_p \cdot (t_2 - t_1)$ angesetzt werden. Stattdessen folgt man der Überlegung, dass die Zufuhr eines differentiell kleinen Betrages Heizenergie dQ einen nur differentiell kleinen Temperaturanstieg dT bewirkt, für den man von einer konstanten Luftmasse ausgehen kann, die für jede Temperatur T zu ermitteln ist aus:

$$m(T) = \frac{p \cdot V_1}{R_L \cdot T}$$

Dieser Bezug erfordert auch eine Umrechnung der gegebenen Celsius-Temperaturen auf thermodynamische Temperaturen in K, obwohl in der Grundgleichung der Kalorik nur Temperaturdifferenzen auftauchen.

Zur Ermittlung der für die Aufheizung benötigten Heizwärme integriert man dann über das gesamte Temperaturintervall.

$$\int\limits_1^2 dQ = \int\limits_1^2 m(T) \cdot c_p \cdot dT = \int\limits_1^2 \frac{p \cdot V}{R_L \cdot T} \cdot \frac{\kappa}{\kappa - 1} \cdot R_L \cdot dT$$

$$= p \cdot V \cdot \frac{\kappa}{\kappa - 1} \cdot \int\limits_1^2 \frac{dT}{T} = p \cdot V \cdot \frac{\kappa}{\kappa - 1} \cdot \ln \frac{T_2}{T_1}$$

Lösung:

a) entwichenes Luftvolumen ΔV und entwichene Masse Δm

Zunächst bestimmt man mit dem Gesetz von Gay-Lussac für p = konstant, welches Volumen die Luft bei der Temperaturerhöhung von 16,7 °C auf 22 °C einnehmen würde. Die Differenz zu dem durch die Raumbegrenzung vorgegebenen Volumen, stellt das gesuchte Luftvolumen dar, das bei der Erwärmung über vorhandene Undichtigkeiten entwichen ist.

$$V_2 = V_1 \cdot \frac{T_2}{T_1} = 300 \, \text{m}^3 \cdot \frac{295,15 \, \text{K}}{289,85 \, \text{K}} = 305,49 \, \text{m}^3$$

$$\Delta V = V_2 - V_1 = (305,49 - 300) \text{m}^3 = \underline{5,49 \, \text{m}^3}$$

$$m_1 = \frac{p \cdot V_1}{R_L \cdot T_1} = \frac{102.000 \, \text{N/m}^2 \cdot 300 \, \text{m}^3}{287,12 \, \text{J/(kg K)} \cdot 289,85 \, \text{K}} = 367,692 \, \text{kg}$$

$$m_2 = \frac{p \cdot V_1}{R_L \cdot T_2} = \frac{102.000 \, \text{N/m}^2 \cdot 300 \, \text{m}^3}{287,12 \, \text{J/(kg K)} \cdot 295,15 \, \text{K}} = 361,109 \, \text{kg}$$

$$\Delta m = m_2 - m_1 = (361,109 - 367,692) \, \text{kg} = -6,583 \, \text{kg} \approx \underline{\underline{-6,6 \, \text{kg}}}$$

b) erforderliche Heizwärme Q

Nach unseren Vorüberlegungen ergibt sich für den Anteil, der der Lufterwärmung dient

$$Q_{12} = p \cdot V \cdot \frac{\kappa}{\kappa - 1} \ln \frac{T_2}{T_1} = 1,02 \cdot 10^5 \, \frac{\text{N}}{\text{m}^2} \cdot 300 \, \text{m}^3 \cdot \frac{1,4}{0,4} \cdot \ln \frac{291,15 \, \text{K}}{289,85 \, \text{K}}$$

$$= 1.940,67 \, \text{kJ} \approx \underline{\underline{0,54 \, \text{kWh}}}$$

Die insgesamt aufzubringende Heizenergie folgt aus einem einfachen Dreisatz:

$$\frac{0,54\,\text{kWh}}{25\,\%} = \frac{x}{100\,\%} \qquad x = 0,54\,\text{kWh} \cdot \frac{100\,\%}{25\,\%} = \underline{\underline{2,16\,\text{kWh}}}$$

Hinweis: Die gegebene Gaskonstante wird nicht benötigt, wenn man das Problem, so wie hier geschehen, komplett formelmäßig bearbeitet. Wird die spezifische Wärmekapazität bei konstantem Druck in einer Nebenrechnung ermittelt, fließt die Gaskonstante in die Rechnung ein und kann eine Quelle möglicher Rundungsfehler sein! Die Gaskonstante würde auch benötigt, wenn man mit einer zwischen den Temperaturen t_1 und t_2 gemittelten spezifischen Wärmekapazität arbeiten könnte (Datenlage!)

c) erforderliche Aufheizzeit τ_H
    Hier ist auch die Erwärmung der entwichenen Luft zu berücksichtigen!

$$\tau_H = \frac{Q}{\dot{Q}} = \frac{2,16\,\text{kWh}}{2\,\text{kW}} \cdot \frac{60\,\text{min.}}{1\,\text{h}} \approx \underline{\underline{64,8\,\text{min.}}}$$

d) innere Energie U und Entropie S der im Raum befindlichen Luft
    Für den Unterrichtsraum bleiben Druck p und das Raumvolumen V während des Heizens stets konstant. Wegen $p \cdot V = m \cdot R_L \cdot T$ muss also bei einer Temperaturerhöhung im selben Maß die Masse abnehmen. Die innere Energie U des im Raum befindlichen Gases, die sowohl direkt proportional zur Temperatur T als auch zur Masse m ist, bleibt unter diesen Bedingungen konstant. Die Erhöhung der inneren Energie durch die Wärmezufuhr wird immer genau ausgeglichen durch die Verminderung der Luftmasse im Raum. Für den rechnerischen Nachweis verwenden wir im Folgenden auch den willkürlich gewählten Bezugspunkt $T_0 = 0\,\text{K}$.

$$U_2 - U_1 = m_2 \cdot c_V (T_2 - T_0) - m_1 \cdot c_V (T_1 - T_0)$$
$$= \frac{p \cdot V_1}{R_L} \cdot c_V \cdot \left(\frac{1}{T_2}(T_2 - T_0) - \frac{1}{T_1}(T_1 - T_0) \right) = 0$$

Die Entropie der Luft im Raum steigt logarithmisch mit der Temperatur an und vermindert sich direkt proportional durch die Abnahme der Masse. Letzterer Einfluss überwiegt, sodass sich die Entropie für das System Luft im Unterrichtsraum verringert.

$$S_2 - S_1 = m_2 \cdot (s_2 - s_1) - m_1 \cdot (s_2 - s_1) = \frac{p \cdot V_1}{R_L} \cdot \frac{\kappa}{\kappa - 1} \cdot R_L \cdot \ln\frac{T_2}{T_1} \cdot \left(\frac{1}{T_2} - \frac{1}{T_1} \right) < 0$$

Der vor der runden Klammer stehende Term ist positiv, der in der runden Klammer stehende Term hingegen negativ. Damit nimmt die Entropie der Luft im Raum ab.

3.4 Gemische idealer Gase

Die thermische Zustandsgleichung gilt in ihren Grenzen für den Modellstoff ideales Gas nicht nur für chemisch reine Gase, sondern auch für Gasgemische, sofern die Einzelkomponenten sich jeweils wie ein ideales Gas verhalten und untereinander nicht chemisch reagieren (ideales Gasgemisch). Zur Kennzeichnung eines idealen Gasgemisches verwenden wir hier den Index „M". Hier werden die Grundlagen bereitgestellt, Zustandsgrößen für ein ideales Gasgemisch wie zum Beispiel die Dichte ρ_M oder stoffbezogene Größen wie die Gaskonstante R_M und die spezifischen Wärmekapazitäten $c_{M,p}$ sowie $c_{M,V}$ aus den Anteilen der im Gemisch enthaltenen Komponenten zu berechnen. Fundamental ist dabei ein von Dalton[15] im Jahr 1805 auf der Basis von Experimenten formuliertes Gesetz:

- Befinden sich in einem Raum mehrere Gase, so verhält sich jedes Gas so, als ob die anderen nicht vorhanden wären, und füllt den Raum ganz aus.
- Der Gesamtdruck des Gasgemisches p_{ges} ist gleich der Summe der Partialdrücke p_i der Einzelgase.
- Die Partialdrücke p_i verhalten sich wie die Raumanteile r_i. Der Partialdruck p_i ist der Druck, den die Masse der Komponente i bei alleinigem Vorhandensein im betreffenden Volumen V_M des Gasgemisches ausüben würde. Es gilt also:

$$p_i = \frac{m_i \cdot R_i \cdot T}{V_M} \quad \text{oder auch} \quad p_i = \frac{n_i \cdot R_m \cdot T}{V_M}$$

Der *Partialdruck p_i* besitzt für fast alle praktisch sich stellenden Fragen bei idealen Gasgemischen eine Schlüsselposition. Für ein Gemisch mit k verschiedenen Einzelgasen gilt:

$$p_{ges} = \sum_{i=1}^{k} p_i \tag{3.4-1a}$$

Die Zusammensetzung von Gasgemischen aus k Komponenten kann man angeben durch:

- Raumanteile (Volumenanteile)

$$r_i = \frac{V_i}{V_M} \qquad \sum_{i=1}^{k} r_i = 1 \qquad \text{Vol \%} = r_i \cdot 100\,\%$$

---

15 John Dalton (1766–1844), englischer Naturforscher und Lehrer, machte sich um Durchsetzung der Atomtheorie in der Chemie verdient und bestimmte Atomgewichte. Später beschäftigte er sich mit der chemischen Analyse von Gasgemischen, unter anderem von Luft. Als aufmerksamer Beobachter stellte er außerdem fest, dass er Farben nicht genau so wahrnahm wie andere Menschen. Er gilt als Entdecker der sogenannten Farbenblindheit (medizinisch auch heute noch: Daltonismus). Zur Klärung der Ursachen für die Rot-Grün-Sehschwäche verfügte er in seinem Testament, dass nach seinem Tod eines seiner Augen zu sezieren sei.

– Stoffmengenanteile (Molanteile)

$$x_i = \frac{n_i}{n_M} \qquad \sum_{i=1}^{k} x_i = 1 \qquad \text{Mol\,\%} = x_i \cdot 100\,\%$$

– Massenanteile

$$\mu_i = \frac{m_i}{m_M} \qquad \sum_{i=1}^{k} \mu_i = 1 \qquad \text{Masse\,\%} = \mu_i \cdot 100\,\%$$

Das Volumen V_i, mit dem eine einzelne Gemischkomponente i an der Zusammensetzung des Gasgemisches mit dem Volumen V_M beteiligt ist, bezeichnet man als *Partialvolumen*. Für die Partialvolumina V_i gilt bei k verschiedenen Gemischkomponenten

$$\sum_{i=1}^{k} V_i = V_M \qquad\qquad (3.4\text{-}1b)$$

$$\frac{V_1}{V_M} + \frac{V_2}{V_M} + \cdots + \frac{V_k}{V_M} = \frac{V_M}{V_M} = r_1 + r_2 + \cdots + r_k = 1$$

Die Summe der Massen oder Stoffmengen aller Gemischkomponenten ergibt jeweils die Gesamtmasse m_M oder Gesamtstoffmenge n_M des Gemisches. Daraus folgt, dass sich die Summe der Massenanteile oder Molanteile für ein Gemisch stets zu 1 oder 100 % addieren müssen.

$$\sum_{i=1}^{k} m_i = m_M \qquad \frac{m_1}{m_M} + \frac{m_2}{m_M} + \cdots + \frac{m_k}{m_M} = \frac{m_M}{m_M} = \mu_1 + \mu_2 + \cdots + \mu_k = 1$$

$$\sum_{i=1}^{k} n_i = n_M \qquad \frac{n_1}{n_M} + \frac{n_2}{n_M} + \cdots + \frac{n_k}{n_M} = \frac{n_M}{n_M} = x_1 + x_2 + \cdots + x_k = 1$$

Chemische Analysen von Gasgemischen geben die Bestandteile vorzugsweise in Vol % an, für sehr kleine Konzentrationen (Spurengase) verwendet man ppm (parts per million). Die Angabe ppm teilt 1 Vol % noch einmal in 10.000 Teile. Für eine Vorstellung von der Größenordnung kann man sich merken, dass 1 ppm einem Milliliter pro Kubikmeter entspricht.

$$1\,\text{ppm} = \frac{1}{10^6} \qquad 1\,\text{Vol\,\%} = \frac{1}{100} = 10.000\,\text{ppm} \qquad 1\,\text{ppm} = 1\,\text{ml/m}^3$$

Bei Gemischen *idealer* Gase entsprechen die Stoffmengenanteile x_i den Raumanteilen r_i. Für eine feste Temperatur T schreibt man die stoffmengenbezogene Grundgleichung des idealen Gases (3.2-3) im Kontext der Dalton'schen Gesetze:

– für das Partialvolumen einer Gemischkomponente V_i:

$$p_M \cdot V_i = n_i \cdot R_m \cdot T$$

– für das Gasgemisch als Ganzes V_M

$$p_M \cdot V_M = n_M \cdot R_m \cdot T$$

Aus diesen beiden Gleichungen lässt sich ein Quotient bilden, der auf die Beziehung führt

$$\frac{V_i}{V_M} = \frac{n_i}{n_M} \quad \text{oder} \quad r_i = x_i \quad \text{(nur für ideale Gasgemische)} \tag{3.4-2}$$

Zur Umrechnung von Raumanteilen in Massenanteile und umgekehrt bedient man sich der scheinbaren Molekülmasse M_M des Gasgemisches. Dabei unterstellt man ein nicht aus unterschiedlichen Teilchen mit jeweils unterschiedlichen Teilchenmassen, sondern ein aus gleich aufgebauten Teilchen mit einer einheitlichen Teilchenmasse zusammengesetztes Gasgemisch. Gleichung (3.4-3) berechnet die scheinbare Masse dieses „Einheitsteilchens".

$$M_M = \sum_{i=1}^{k} x_i \cdot M_i = x_1 \cdot M_1 + x_2 \cdot M_2 + \cdots + x_k \cdot M_k \tag{3.4-3a}$$

$$M_M = \sum_{i=1}^{k} r_i \cdot M_i = r_1 \cdot M_1 + r_2 \cdot M_2 + \cdots + r_k \cdot M_k \tag{3.4-3b}$$

Die scheinbare Molekülmasse M_M hat keine Entsprechung in der Natur, ist aber als formale Rechengröße sehr nützlich. In Formel (3.4-3b) haben wir die Molekülmassen der einzelnen Komponenten unter Verwendung von (3.4-2) nicht mit den Molanteilen x_i gewichtet, sondern mit den Raumanteilen r_i, weil für die Belange des Maschinenbaus die Gemischzusammensetzungen typischerweise in Volumenprozenten angegeben werden.

In Ergänzung zu (3.4-3a) ist es nun auch leicht, aus $m_M = n_M \cdot M_M$ eine Berechnungsvorschrift der scheinbaren relativen Molekülmasse aus den Massenanteilen eines Gemisches anzugeben.

$$M_M = \frac{\sum\limits_{i=1}^{k} m_i}{\sum\limits_{i=1}^{k} m_i/M_i} = \frac{m_M}{\sum\limits_{i=1}^{k} m_i/M_i} = \frac{1}{\sum\limits_{i=1}^{k} \mu_i/M_i} \tag{3.4-3c}$$

Der Gebrauch der Formeln (3.4-3) erfordert die Kenntnis der relativen Molekülmassen M_i von Gasen.

Die molare Masse einer chemischen Verbindung ist mithilfe der in der chemischen Verbindung auftauchenden chemischen Symbole und den bekannten zugehörigen Molekülmassen des betreffenden Elements zu berechnen. Dazu multipliziert man für jedes Element in der Verbindung die hinter dem Elementsymbol stehende Indexzahl mit

Tab. 3-2: Molekülmassen ausgewählter chemischer Elemente in kg/kmol.

Chem. Symbol	H_2	He	N_2	O_2	Ar	Cl	C	S
M_i in kg/kmol	2,01588	4,0026	28,01348	31,9988	39,948	70,906	12,011	32,065

der relativen Atommasse und summiert die so erhaltenen Anteile. Die folgenden zwei kurzen Beispiele sollen das Vorgehen unter Verwendung der in Tabelle 3-2 gegebenen relativen Molekülmassen illustrieren:

– Wasser H_2O:

$$M_{H_2O} = M_{H_2} + \frac{1}{2} \cdot M_{O_2} = (2,01588 + \frac{1}{2} \cdot 31,9988)\frac{kg}{kmol} = \underline{\underline{18,01528 \frac{kg}{kmol}}}$$

– Methan CH_4:

$$M_{CH_4} = M_C + 2 \cdot M_{H_2} = (12,0107 + 2 \cdot 2,01588)\frac{kg}{kmol} = \underline{\underline{16,04246 \frac{kg}{kmol}}}$$

Nun beschäftigen wir uns noch mit den Beziehungen zwischen Raumanteilen, Massenanteilen und Stoffmengenanteilen bei Gasgemischen. Für die Bestimmung von Massenanteilen μ_i aus Raumanteilen r_i und umgekehrt gehen wir von den Gleichungen (2.2-1) und (2.2-5) aus:

$$\rho = \frac{m}{V} = \frac{n \cdot M}{n \cdot V_m} = \frac{M}{V_m} \quad \rightarrow \quad \rho_i = \frac{M_i}{V_m} \quad \text{und} \quad \rho_M = \frac{M_M}{V_m}$$

In Verbindung mit Gleichung (3.4-3) folgt dann

$$\mu_i = \frac{m_i}{m_M} = \frac{\rho_i V_i}{\rho_M V_M} = r_i \cdot \frac{\rho_i}{\rho_M} = r_i \cdot \frac{M_i}{V_m} \cdot \frac{V_m}{M_M} = r_i \cdot \frac{M_i}{M_M}$$

$$\mu_i = r_i \cdot \frac{M_i}{M_M} \quad \text{und} \quad r_i = \mu_i \cdot \frac{M_M}{M_i} \tag{3.4-4}$$

Aus Abbildung 2-4 ist der Zusammenhang zwischen Stoffmenge und Masse einer bestimmten Komponente i als $n_i = m_i/M_i$ zu entnehmen. Daraus gewinnen wir die Beziehungen zwischen Molanteilen n_i und Massenanteilen μ_i:

$$x_i = \frac{n_i}{n_M} = \frac{\mu_i/M_i}{\sum\limits_{i=1}^{k} \mu_i/M_i} \quad \text{und} \quad \mu_i = \frac{m_i}{m_M} = \frac{x_i \cdot M_i}{\sum\limits_{i=1}^{k} x_i \cdot M_i} \tag{3.4-5}$$

Eine Gaskomponente i nimmt bei festem Druck p_{ges} und fester Temperatur T das Volumen V_i ein, sodass Gleichung (3.2-1) geschrieben werden kann als

$$p_{ges} \cdot V_i = m_i \cdot R_i \cdot T \tag{3.4-6a}$$

Nach dem Mischen dehnt sich die Komponente i auf das Gesamtvolumen des Gasgemisches V_M aus und besitzt damit den Partialdruck p_i.

$$V_M = \sum_{i=1}^{k} V_i \quad \text{und} \quad p_i = \frac{m_i \cdot R_i \cdot T}{V_M} \tag{3.4-6b}$$

Bildet man aus den beiden Gleichungen (3.4-6) einen Quotienten, wird die dritte Aussage des Dalton'schen Gesetzes für Gasgemische als Konsequenz der beiden vorangegangenen Aussagen formelmäßig bestätigt.

$$\frac{p_i \cdot V_M}{p_{ges} \cdot V_i} = \frac{m_i \cdot R_i \cdot T}{m_i \cdot R_i \cdot T} = 1 \quad \rightarrow \quad \frac{p_i}{p_{ges}} = \frac{V_i}{V_M} = r_i$$

Der messbare Gesamtdruck des Gasgemisches p_{ges} (Partialdrücke p_i sowie auch Partialvolumina V_i sind nicht einzeln messbar) setzt sich zusammen aus:

$$p_{ges} = \sum_{i=1}^{k} p_i \qquad p_i = r_i \cdot p_{ges} \tag{3.4-7}$$

Für die Bestimmung der Dichte eines Gasgemisches aus den Dichten der Einzelkomponenten gehen wir vom Ansatz aus:

$$m_M = \sum_{i=1}^{k} m_i \qquad \rho_M V_M = \sum_{i=1}^{k} \rho_i V_i$$

$$\rho_M = \frac{V_1}{V_M}\rho_1 + \frac{V_2}{V_M}\rho_2 + \cdots + \frac{V_k}{V_M}\rho_k = \sum_{i=1}^{k} r_i \cdot \rho_i \tag{3.4-8}$$

Gleichung (3.3-8) zeigt, dass zur Ermittlung der Dichte eines Gasgemisches aus den Dichten der einzelnen Komponenten diese mit den Raumanteilen zu gewichten sind. Wir finden dies auch in der Maßeinheit für die Dichte bestätigt, denn diese wird mit Kilogramm *pro Kubikmeter* angegeben.

Für ein ideales Gasgemisch bei konstanter Temperatur T gilt:

$$p \cdot V_M = p(V_1 + V_2 + \cdots + V_k) = pV_1 + pV_2 + \cdots + pV_k \quad \text{und damit}$$
$$m_M R_M T = m_1 R_1 T + m_2 R_2 T + \cdots + m_k R_k T$$

$$R_M = \sum_{i=1}^{k} \mu_i R_i = \frac{m_1}{m_M}R_1 + \frac{m_2}{m_M}R_2 + \cdots + \frac{m_k}{m_M}R_k \tag{3.4-9}$$

Gleichung (3.4-9) verdeutlicht, dass für die Bestimmung der Gaskonstante R_M eines Gasgemisches aus den Gaskonstanten der einzelnen Komponenten die Gewichtung über die Massenprozente heranzuziehen ist. Wir finden wiederum die Bestätigung in der Maßeinheit für die Gaskonstante, die bekanntlich in Joule *pro Kilogramm* und pro Kelvin angegeben wird.

Formel (3.2-4) nimmt hier die Form an:

$$R_M = \frac{R_m}{M_M} \tag{3.4-10}$$

Bei Gasgemischen mit k Komponenten idealen Gases errechnen sich die spezifischen Wärmekapazitäten $c_{M,V}$ und $c_{M,p}$ aus der Summe der spezifischen Wärmekapazitäten der einzelnen Komponenten gewichtet mit den Masseanteilen μ_i und die molaren Wärmekapazitäten aus denen der einzelnen Komponenten gewichtet mit den Molanteilen x_i oder Raumanteilen r_i je nach Datenverfügbarkeit.

$$c_{M,V} = \sum_{i=1}^{k} \mu_i c_{V,i} \qquad c_{M,p} = \sum_{i=1}^{k} \mu_i c_{p,i} \tag{3.4-11}$$

$$c_{m,M,V} = \sum_{i=1}^{k} r_i (c_{m,V})_i \qquad c_{m,M,p} = \sum_{i=1}^{k} r_i (c_{m,p})_i \tag{3.4-12}$$

Bedeutung der Indizes:

M = Mischung $\qquad m$ = molar $\qquad V$ = konstantes Volumen $\qquad p$ = konstanter Druck

Mit (3.4-12) ist auch der Isentropenexponent eines Gasgemisches κ_M aus den Isentropenexponenten der einzelnen Komponenten und ihrer Raumanteile zu berechnen.

$$\frac{1}{\kappa_M - 1} \cdot R_m = \sum_{i=1}^{k} r_i \cdot \frac{1}{\kappa_i - 1} \cdot R_m \quad \text{aufgelöst nach } \kappa_M$$

$$\kappa_M = 1 + \frac{1}{\displaystyle\sum_{i=1}^{k} \frac{r_i}{\kappa_i - 1}} \tag{3.4-13}$$

Die Luft in unserer Atmosphäre besteht im sauberen und trockenen Zustand (ohne Wasserdampf und Aerosole) aus den in Tabelle 3-3 aufgeführten Komponenten. Ihre Zusammensetzung bleibt bis zu einer Höhe zwischen 90 und 95 km praktisch konstant und stimmt mit den Angaben der DIN ISO 2533 Normatmosphäre vom Dezember 1979 überein.

Luft galt in der Antike neben Feuer, Wasser und Erde als eines der vier Urelemente. Bis zum Ende des 18. Jahrhunderts hielt man Luft für einen einheitlichen Stoff. Die Forschungsarbeiten von Carl Wilhelm Scheele,[16] Joseph Priestley und Antoine de Lavoi-

---

16 Carl Wilhelm Scheele (1742–1786), deutscher Apotheker und Chemiker, entwickelte 1771 die chemische Gasanalyse. Dabei fand er heraus, dass Luft aus mindestens zwei Gasen besteht: ein für die Atmung und Verbrennung notwendiges Gas, das er Vitriolluft nannte und einem anderen Gas, das Flammen erstickt und von ihm als verdorbene Luft bezeichnet wurde. Er veröffentlichte seine Forschungsergebnisse

Tab. 3-3: Zusammensetzung der trockenen, sauberen Luft nach DIN ISO 2533.

Gas	Vol %	Molare Masse in kg/kmol
Stickstoff (N_2)	78,084	28,013 4
Sauerstoff (O_2)	20,947	31,998 8
Argon (Ar)	0,934	39,948
Kohlendioxid (CO_2)	0,031 4	44,009 95
Neon (Ne)	$1,818 \cdot 10^{-3}$	20,183
Helium (He)	$524,0 \cdot 10^{-6}$	4,002 6
Krypton (Kr)	$114,0 \cdot 10^{-6}$	83,80
Xenon (Xe)	$8,7 \cdot 10^{-6}$	131,30
Wasserstoff (H_2)	$50,0 \cdot 10^{-6}$	2,015 94
Distickstoffmonoxid (N_2O)	$50,0 \cdot 10^{-6}$	44,012
Methan (CH_4)	$0,2 \cdot 10^{-3}$	16,043 03
Ozon (O_3) im Sommer	bis $7,0 \cdot 10^{-6}$	47,998 2
Ozon (O_3) im Winter	bis $2,0 \cdot 10^{-6}$	47,998 2
Schwefeldioxid (SO_2)	bis $0,1 \cdot 10^{-3}$	64,062 8
Stickstoffdioxid (NO_2)	bis $2,0 \cdot 10^{-6}$	46,005 5
Jod (J_2)	bis $1,0 \cdot 10^{-6}$	253,808 8
Trockene Luft	100	28,964 420

sier förderten so nach und nach zutage, dass Luft ein Gasgemisch aus mindestens zwei Gemischpartnern ist.

Wenn man die in Tabelle 3-3 ausgewiesenen Volumenprozente und die molaren Massen (Stand 1979) zugrunde legt, berechnet man eine scheinbare Molekülmasse der trockenen Luft mit M_M = 28,964 42 kg/kmol; zusammen mit der Annahme einer universellen Gaskonstante von R_m = 8,31432 kJ/(kmol K) ergibt sich die in DIN ISO 2533 ausgewiesene Gaskonstante von

$$R_L = \frac{8,31432\,\text{kJ}/(\text{kmol K})}{28,964420\,\text{kg}/\text{kmol}} = 0,287052873\,\frac{\text{kJ}}{\text{kg K}}$$

Trockene Luft ist aber nicht trockene Luft. In vielen Fällen werden vereinfachend für die Luftzusammensetzung nur Stickstoff-, Sauerstoff- und Argongehalt angenommen, wie zum Beispiel bei der Stoffwertermittlung für trockene Luft im VDI-Wärmeatlas. Andere Berechnungen der Stoffwerte für trockene Luft (etwa die VDI-Richtlinie 4670:

---

erst 1777, sodass man gelegentlich Joseph Priestley die Entdeckung des Sauerstoffs zuschreibt. Priestley hatte 1774 das Gas Sauerstoff isoliert, aber nicht erkannt, dass es sich dabei um ein noch unbekanntes chemisches Element handelte. Er nannte Sauerstoff „dephlogisticated air". Als Phlogistron bezeichnete man Anfang des 18. Jahrhunderts einen fiktiven Stoff, von dem man vermutete, dass er Körpern bei Verbrennung entweiche und bei Erwärmung in Körper eindringe. Erst Lavoisier erkannte im Jahr 1776, dass Sauerstoff ein chemisches Element ist. Lavoisiers Oxidationstheorie löste Ende des 18. Jahrhunderts die Theorie vom Phlogistron ab.

Thermodynamische Stoffwerte von feuchter Luft und Verbrennungsgasen vom Februar 2003) nähern sich zur Berechnung von Stoffdaten der trockenen Luft den Parametern der DIN ISO 2533 Normatmosphäre an. Beim Vergleich von Stoffwerten aus verschiedenen Quellen ist auch der Referenzzustand zu beachten. Oft bezieht man sich auf den physikalischen Normzustand nach DIN 1343 mit p_n = 1,01325 bar und t_n = 0 °C als Referenzzustand, aber immer öfter findet man auch einen Bezug auf den chemischen Standardzustand mit p_n = 1 bar und t_n = 25 °C. Dass bestimmte Entwicklungen rasch fortschreiten, sieht man an einem aktuell sehr prominenten Spurengas in der Atmosphäre, dem Kohlendioxid (CO_2). Zu Beginn der Industrialisierung betrug der Anteil von CO_2 in der Außenluft durchschnittlich 0,028 Vol % (280 ppm). Momentan misst man aber schon durchschnittliche Werte von 420 bis 440 ppm CO_2 in der Atmosphäre (0,042 Vol %). Wie man heute leidvoll erfahren muss, sind Spurengase nicht immer zu vernachlässigen, sie können gewaltige Konsequenzen haben.

Die atmosphärische (feuchte) Luft stellt ein Gas-Dampf-Gemisch dar und enthält neben der trockenen Luft noch Wasserdampf und Aerosole, deren Anteile aber abhängig von Jahreszeiten oder von speziellen regionalen Bedingungen stärkere Schwankungen aufweisen.

Im Bereich niedriger Drücke besitzen Gas-Dampf-Gemische Idealgascharakter. Die Partialdrücke des Wasserdampfs sind bei einem Umgebungsdruck von etwa 1 bar und den üblichen Umgebungstemperaturen in den unteren Schichten der Atmosphäre so niedrig, dass man von Idealgasverhalten des Wasserdampfes bis zu seiner Verflüssigung ausgehen kann.

Die Aufnahmefähigkeit von Wasser in feuchter Luft ist begrenzt (Sättigung). Das von Luftdruck und Lufttemperatur abhängige Maximum wird erreicht, wenn der Partialdruck des Wasserdampfes seinem Sättigungsdruck (siehe Formel (3.8-2) und Stichwort Dampfdruckkurve) bei der Temperatur des Gas-Dampf-Gemisches entspricht. So kann der Wasserdampfgehalt der Luft bei entsprechend hohen Temperaturen Konzentrationen von bis zu 4 % erreichen, nimmt aber mit zunehmender Höhe und abnehmender Temperatur schnell ab. Von ungesättigter feuchter Luft spricht man, wenn der Partialdruck des Wasserdampfes kleiner ist als der Sättigungsdruck bei zugehöriger Temperatur der feuchten Luft. Hier kann noch Wasserdampf bis zur Sättigungsgrenze aufgenommen werden.

Feuchte Luft als Gas-Dampf-Gemisch ist ein Zweistoffgemisch aus trockener Luft und Wasserdampf, das sowohl in reiner Gasphase als auch in Mischungen einer Gasphase mit einer flüssigen oder festen Phase auftreten kann. Von der Tatsache, dass trockene Luft selbst ein Gasgemisch darstellt, macht man keinen Gebrauch. Der Wasserdampf ist jener Bestandteil des Gemisches, der im betrachteten Temperaturbereich beim Überschreiten der Sättigungsgrenze kondensieren kann. Bei dieser Kondensation entsteht wieder gesättigte feuchte Luft und, wenn deren Temperatur oberhalb des Tripelpunktes von reinem Wasser von 0,01 °C liegt, bildet sich eine Flüssigkeit in Form fein verteilter Wassertröpfchen (Nebel). Liegt die Temperatur der gesättigten feuchten Luft unterhalb von 0,01 °C, fällt der kondensierte Wasseranteil als Festkörper in Form von Schnee oder

Reif aus. Führt eine Abkühlung feuchter Luft auf exakt 0,01 °C, existiert ein thermodynamisches Gleichgewicht aus trockener Luft, trocken gesättigten Wasserdampf, flüssigen Wassertröpfchen (Nebel) und festem Wasser (Schnee, Reif). Der Partialdruck des Wasserdampfes bleibt von diesen Prozessen unberührt.

Zur Beurteilung von Prozessen in Klimaanlagen oder bei der verfahrenstechnischen Trocknung feuchter Güter sind Kenntnisse über das thermodynamische Zustandsverhalten der atmosphärischen Luft. Bei jeder Zustandsänderung feuchter Luft bleibt die Masse der trockenen Luft m_L unverändert. Die Masse des Wassers m_W bei feuchter Luft unterliegt mit zusätzlicher Aufnahme oder bei Abscheidung Änderungen. Man beschreibt die Zusammensetzung der feuchten Luft deshalb durch den Wassergehalt X.

$$X = \frac{m_W}{m_L} \tag{3.4-14}$$

Mit der Definition (3.4-14) und dem Wassergehalt X_s für die Sättigung mit Wasserdampf werden folgende Fälle abgedeckt:
- $X = 0$ trockene Luft (reine Gasphase)
- $X < X_s$ ungesättigte feuchte Luft (reine Gasphase)
- $X = X_s$ gesättigte feuchte Luft (reine Gasphase)
- $X > X_s$ gesättigte feuchte Luft + kondensierter Anteil

Betrachten wir nachfolgend die ungesättigte feuchte Luft, bei der der gesamte Wasseranteil als Dampf vorliegt, und gehen wir für die Wassermasse m_W von einer Wasserdampfmasse m_D aus ($m_W \equiv m_D$). Nach dem Dalton'schen Gesetz nehmen bei einer konstanten Temperatur T jeweils die beiden Idealgas-Gemischkomponenten der feuchten Luft, die trockene Luft und der Wasserdampf, das gesamte Gemischvolumen V unabhängig von der Anwesenheit des anderen Gemischpartners ein. Für beide Gemischpartner kann dann die Grundgleichung für ideales Gas mit den Partialdrücken für die trockene Luft p_L und für den Wasserdampf p_D wie folgt notiert werden:

$$p_D \cdot V = m_D \cdot R_D \cdot T \quad \text{und} \quad p_L \cdot V = m_L \cdot R_L \cdot T$$

oder zueinander ins Verhältnis gesetzt

$$\frac{V}{T} = \frac{m_L \cdot R_L}{p_L} = \frac{m_D \cdot R_D}{p_D} \quad \rightarrow \quad \frac{p_D}{p_L} = \frac{m_D}{m_L} \cdot \frac{R_D}{R_L} = \frac{m_D}{m_L} \cdot \frac{M_L}{M_D}$$

wegen $R_i = \frac{R_m}{M_i}$ (Gleichung (3.2-4)).

Die relative Molekülmasse für die trockene Luft beträgt $M_L = 28,9583$ kg/kmol (siehe Aufgabe 3.4.1), und die des Wasserdampfes nach den Werten von Tabelle 3-2 $M_D = 18,011528$ kg/kmol.

$$\frac{p_D}{p_L} = \frac{m_D}{m_L} \cdot \frac{M_L}{M_D} = X \cdot \frac{M_L}{M_D}$$

Damit kann der Wassergehalt $X \leq X_s$ der feuchten Luft aus den Partialdrücken der Gemischpartner berechnet werden zu

$$X = \frac{M_D}{M_L} \cdot \frac{p_D}{p_L} = \frac{18{,}01528 \,\text{kg/kmol}}{28{,}9583 \,\text{kg/kmol}} \cdot \frac{p_D}{p_L} \approx 0{,}622 \cdot \frac{p_D}{p_L} \qquad (3.4\text{-}15)$$

Für die Partialdrücke als Funktion des Wassergehaltes X bei gegebenem Gesamtdruck p der feuchten Luft leitet man aus (3.4-15) in Verbindung mit $p = p_L + p_D$ ab:

$$p_L = \frac{0{,}622}{0{,}662 + X} \cdot p \quad \text{und} \quad p_D = \frac{X}{0{,}622 + X} \cdot p \quad \text{mit} \quad X \leq X_s \qquad (3.4\text{-}16)$$

Die Beschränkung der Gleichungen (3.4-15) und (3.4-16) auf $X \leq X_s$ resultiert daraus, dass sich der Partialdruck des Wasserdampfes p_D im Bereich $X > X_s$ bei Veränderung von X unbeeinflusst bleibt.

Ein anderer Parameter zur Beschreibung der Zusammensetzung der ungesättigten feuchten Luft ist die auch in der Meteorologie verwendete relative Feuchte φ. Sie ist definiert als das Verhältnis des tatsächlichen Partialdrucks p_D des Wasserdampfes in der feuchten Luft zu seinem maximal möglichen Partialdruck bei der festgehaltenen Lufttemperatur t, der dem Sättigungs- oder Siededruck $p_s(t)$ von reinem Wasserdampf bei der Temperatur t entspricht. Bei der Besprechung der Dampfdruckkurve in Kapitel 3.8 gehen wir auf die Zusammenhänge noch näher ein. An dieser Stelle ist es zunächst ausreichend zu wissen, dass der Sättigungsdruck $p_s(t)$ in Abhängigkeit von der Temperatur als tabellierter Wert in der zweiten Spalte der Tabelle 6.6-5 im Anhang entnommen werden kann.

$$\varphi = \frac{p_D}{p_s(t_s)} = \frac{m_D}{m_{D,\text{max}}} \quad \text{mit} \quad 0 \leq \varphi \leq 1 \qquad (3.4\text{-}17)$$

Dabei entspricht $\varphi = 0$ der trockenen Luft und $\varphi = 1$ der gesättigten feuchten Luft. Die ganz rechte Gleichungsseite von (3.4-17) ergibt sich aus dem Quotienten der beiden Gleichungen

$$m_D = \frac{p_D \cdot V}{R_D \cdot T} = \frac{\varphi \cdot p_s(t)}{R_D \cdot T} \quad \text{und} \quad m_{D,\text{max}}(\varphi = 1) = \frac{p_s(t)}{R_D \cdot T}.$$

Den Quotienten $\varphi = p_D / p_s(t_s)$ bildet man, indem man die rechte Gleichung von (3.4-16) durch $p_s(t)$ teilt:

$$\varphi = \frac{p_D}{p_s(t)} = \frac{X}{0{,}622 + X} \cdot \frac{p}{p_s(t)} \quad \text{mit} \quad p = p_L + p_D \qquad (3.4\text{-}18)$$

Die Dichte ρ_{fL} der feuchten Luft mit dem Druck p und der Temperatur T (thermodynamische Temperatur) bestimmt man mit dem Ansatz $\rho_{fL} = \rho_L + \rho_D$, wobei sich die Dichten für trockene Luft und Wasserdampf ergeben aus:

$$\rho_L = \frac{m_L}{V} = \frac{p_L}{R_L \cdot T} = \frac{p - p_D}{R_L \cdot T} \quad \text{und} \quad \rho_D = \frac{m_D}{V} = \frac{p_D}{R_D \cdot T}.$$

Damit folgt für die Dichte der ungesättigten feuchten Luft die Beziehung:

$$\rho_{fL} = \frac{p}{R_L \cdot T} - \left(\frac{1}{R_L} - \frac{1}{R_D}\right) \cdot \frac{p_D}{T} \quad \text{mit} \quad X \le X_s \tag{3.4-19}$$

Für die Dichte $\rho_{fL,\ddot{u}}$ der übersättigten feuchten Luft ($X > X_s$) darf Gleichung (3.4-19) nicht angewendet werden. Hier ist anzusetzen:

$$\rho_{fL,\ddot{u}} = \frac{m_L + m_W}{V_L + V_{D,\max}} = (1 + X) \cdot \frac{m_L}{V_L + V_{D,\max}} \tag{3.4-20a}$$

Für die praktische Handhabung von (3.4-20a) formt man den Nenner noch wie folgt um:

$$V_L + V_{D,\max} = m_L R_L \cdot \frac{T}{p} + m_{D,\max} R_D \cdot \frac{T}{p} = m_L \cdot (R_L + X_s \cdot R_D) \cdot \frac{T}{p}$$

sodass jetzt entsteht:

$$\rho_{fL,\ddot{u}} = \frac{(1 + X)}{R_L + X_s \cdot R_D} \cdot \frac{p}{T} \tag{3.4-20b}$$

Auf die Frage, was schwerer sei, trockene oder feuchte Luft, erhält man oft die spontane Antwort: Feuchte Luft sei schwerer. Die Formel (3.4-19) zeigt aber genau das Gegenteil. Wegen $M_L > M_D$ folgt nämlich:

$$\left(\frac{1}{R_L} - \frac{1}{R_D}\right) = \left(\frac{M_L}{R_m} - \frac{M_D}{R_m}\right) > 0 \quad \text{und damit} \quad \rho_{fL} < \rho_L$$

Auch aus Erfahrung wissen wir, dass feuchte Luft in der Atmosphäre aufsteigt und der darin enthaltene Wasserdampf in höheren, kühleren Luftschichten kondensiert, sodass sich Wolken bilden können. Wenn sich in den Wolken durch Übersättigung genügend flüssiges Wasser (Regentropfen) und festes Wasser (Hagelkörner) gebildet hat, kommt es zum Niederschlag. Bei ungesättigter und gesättigter feuchter Luft werden jedoch Stickstoff und Sauerstoff mit Molekulargewichten von rund 28 kg/kmol und 32 kg/kmol mit Wasserdampf (ca. 18 kg/kmol) „verdünnt".

Zur Auslegung von Anlagen für die Raumklimatisierung wird oft das auf die Masse der trockenen Luft bezogene spezifische Volumen der feuchten Luft v_{fL} herangezogen.

$$v_{fL} = \frac{V}{m_L} \tag{3.4-21a}$$

Besitzt die ungesättigte feuchte Luft mit dem Volumen V den Druck $p = p_L + p_D$ und die absolute Temperatur T folgt aus $p \cdot V = (m_L \cdot R_L + m_D \cdot R_D) \cdot T$ nach einfacher Umformung unter Verwendung von $R_L/R_D \approx 0{,}622$:

$$v_{fL} = (0{,}622 + X) \cdot R_D \cdot \frac{T}{p} \qquad (3.4\text{-}21b)$$

Wegen des ausschließlichen Bezugs auf die Masse der trockenen Luft m_L ist das spezifische Volumen der feuchten Luft nach den Formeln (3.4-21) nicht der Kehrwert zur Dichte der feuchten Luft nach den Formeln (3.4-20)!

Zum Abschluss dieses Abschnitts kehren wir noch einmal zu John Dalton zurück. Er wusste, dass die Hauptbestandteile von Luft Stickstoff und Sauerstoff sind. Da er auch mit großer Genauigkeit Atomgewichte bestimmte, stellte er sich die Frage, warum sich in der Luft nicht der schwerere Sauerstoff im Laufe der Zeit am Boden sammle und der leichtere Stickstoff sich darüber anreichere. Zeit seines Lebens konnte er dafür keine befriedigende Erklärung finden. In Kapitel 5 erfolgt der mathematisch schlüssige Nachweis, dass eine Entmischung von Stickstoff und Sauerstoff in der Luft *von allein* niemals stattfinden kann.

3.4.1 Trockene Luft als ideales Gasgemisch

Unter Vernachlässigung weiterer Spurengase wird trockene Luft oft als ideales Gasgemisch aus drei Komponenten mit folgenden Molanteilen behandelt:

Komponente	Molanteil x_i	rel. Molekülmasse M_i
Stickstoff N_2	0,7812	28,013 kg/kmol
Argon Ar	0,0092	39,948 kg/kmol
Sauerstoff O_2	0,2096	31,999 kg/kmol

Ermitteln Sie für dieses ideale Gasgemisch folgende Stoffwerte:
- a) Gaskonstante R_L
- b) Dichte ρ_n im physikalischen Normzustand nach DIN 1343 sowie Dichte ρ bei 20 °C und physikalischen Normdruck
- c) Isentropenexponent und spezifische Wärmekapazität bei konstanten Druck

Gegeben sind:
Anzahl der Komponenten $k = 3$
Molprozente und relative Molekülmassen wie oben
Physikalischer Normzustand nach DIN 1343: $t_n = 0\,°C$ und $p_n = 1{,}01325\,bar$

Vorüberlegungen:

Für ein ideales Gas entsprechen die Molanteile x_i immer den Raumanteilen r_i. Für die Ermittlung der gesuchten Stoffwerte des Gasgemisches aus seinen einzelnen Komponenten ist immer zu überlegen, ob zur Wichtung Mol-, Raum- oder Massenprozente heranzuziehen sind.

Die Dichte eines idealen Gases im physikalischen Normzustand ist gemäß Formel (3.2-7) mit seinem molaren Normvolumen bestimmbar. Losgelöst von konkreten Gasen kann dafür bei einem idealen Gas angesetzt werden: $V_{m,n}$ = 22,413968 m³/kmol. Speziell für die hier untersuchte trockene Luft wird das molare Normvolumen mit $V_{m,n}$ = 22,401 m³/kmol (vergleiche Tabelle 3-3 in Kapitel 3.5 zum Realgasverhalten) angegeben.

Den Index L verwenden wir für Luft als Gasgemisch.

Lösung:

a) Gaskonstante

Die Bestimmung der Gaskonstante erfordert eine Wichtung über die Massenprozente. Das sieht man an der zugehörigen Maßeinheit kJ/(**kg** K).

Unter Verwendung $x_i \equiv r_i$ können die Massenanteile μ_i errechnet werden aus (3.4-4) über die scheinbare relative Molekülmasse M_M nach (3.4-3).

$$\mu_i = r_i \cdot \frac{M_i}{M_M} \quad \text{mit} \quad M_M = \sum_{i=1}^{k} x_i \cdot M_i \quad \text{oder} \quad M_M = \sum_{i=1}^{k} r_i \cdot M_i \quad \text{wegen} \quad x_i = r_i$$

$$M_M = \sum_{i=1}^{k} r_i \cdot M_i$$

$$= 0,7812 \cdot 28,013 \, \text{kg/kmol} + 0,0092 \cdot 39,948 \, \text{kg/kmol} + 0,2096 \cdot 31,999 \, \text{kg/kmol}$$

$$M_M = 28,9582676 \, \text{kg/kmol} \quad \text{(gerundet auf 6 gültige Ziffern } \underline{\underline{M_M = 28,9583 \, \text{kg/kmol}}})$$

$$\mu_{N_2} = 0,7812 \cdot \frac{28,013 \, \text{kg/kmol}}{28,9582676 \, \text{kg/kmol}} = 0,75569714 \approx 0,75570$$

$$\mu_{Ar} = 0,0092 \cdot \frac{39,948 \, \text{kg/kmol}}{28,9582676 \, \text{kg/kmol}} = 0,0126913783 \approx 0,01269$$

$$\mu_{O_2} = 0,2096 \cdot \frac{31,999 \, \text{kg/kmol}}{28,9582676 \, \text{kg/kmol}} = 0,231608027 \approx 0,23161$$

Kontrolle: $\sum_{i=1}^{k} \mu_i = 1 \qquad 0,75570 + 0,01269 + 0,23161 = 1$

Hinweis: Beim Runden sollte man sich auf eine fixe Anzahl gültiger Ziffern festlegen und bei der Rundung darauf achten, dass die Summe den Wert 1 ergibt.

Formal kann die Gaskonstante nun berechnet werden aus

$$R_L = \sum_{i=1}^{k} \mu_i \cdot R_i = \sum_{i=1}^{k} \mu_i \cdot \frac{R_m}{M_i}$$

$$R_L = 8{,}3144621 \, \frac{\text{kJ}}{\text{kmol K}} \cdot \left(\frac{0{,}75570}{28{,}013 \, \text{kg/kmol}} + \frac{0{,}01269}{39{,}948 \, \text{kg/kmol}} + \frac{0{,}2096}{31{,}999 \, \text{kg/kmol}} \right)$$

$$\approx \underline{\underline{0{,}28712 \, \frac{\text{kJ}}{\text{kg K}}}}$$

Weniger aufwendig kann die Gaskonstante aus Formel (3.4-8) bestimmt werden.

$$R_L = \frac{R_m}{M_M} = \frac{8{,}3144621 \, \text{kJ/(kmol K)}}{28{,}9582676 \, \text{kg/kmol}} \approx \underline{\underline{0{,}28712 \, \frac{\text{kJ}}{\text{kg K}}}}$$

b) Dichte im physikalischen Normzustand sowie bei $p = 101.325 \, \text{Pa}$ und 20 °C
Für die Bestimmung der Dichte eines Gasgemisches aus den einzelnen Komponenten ist mit den Raumanteilen zu wichten. Das sieht man an der zugehörigen Maßeinheit **kg/m³**.

$$\rho_{n,L} = \sum_{i=1}^{k} r_i \cdot \rho_{i,n} = \frac{1}{V_{m,n}} \cdot \sum_{i=1}^{k} r_i \cdot M_i = \frac{M_M}{V_{m,n}}$$

– mit dem molaren Volumen eines idealen Gases:

$$\rho_{n,L} = \frac{28{,}9582676 \, \text{kg/kmol}}{22{,}413968 \, \text{m}^3/\text{kmol}} = \underline{\underline{1{,}2920 \, \frac{\text{kg}}{\text{m}^3}}}$$

– aus Formel (3.2-2):

$$\rho_{n,L} = \frac{p_n}{R_L \cdot T_n} = \frac{101.325 \, \text{N/m}^2}{287{,}12 \, \text{Nm/(kg K)} \cdot 273{,}15 \, \text{K}} = \underline{\underline{1{,}2920 \, \frac{\text{kg}}{\text{m}^3}}}$$

– mit dem molaren Volumen der trockenen Luft:

$$\rho_{n,L} = \frac{28{,}9582676 \, \text{kg/kmol}}{22{,}401 \, \text{m}^3/\text{kmol}} = \underline{\underline{1{,}2927 \, \frac{\text{kg}}{\text{m}^3}}}$$

Mit dem molaren Volumen der trockenen Luft werden gegenüber den Annahmen zum idealen Gas schon abweichende Realgaseffekte berücksichtigt.

$$– \; \rho_L(101.325 \, \text{Pa}, 20\,°\text{C}) = \frac{p}{R_L \cdot T} = \frac{101.325 \, \text{N/m}^2}{287{,}12 \, \text{Nm/(kg K)} \cdot 293{,}15 \, \text{K}} = \underline{\underline{1{,}2038 \, \frac{\text{kg}}{\text{m}^3}}}$$

c) Isentropenexponent κ_L und spezifische Wärmekapazität für konstanten Druck $c_{p,L}$
Isentropenexponent des Gasgemisches trockene Luft: $\kappa_L = 1 + \dfrac{1}{\displaystyle\sum_{i=1}^{k} \dfrac{r_i}{\kappa_i - 1}}$

Nach kinetischer Gastheorie verfügen zweiatomige Gase über einen Isentropenexponenten von $\kappa_i = 7/5$ und das Edelgas Argon (einatomig) besitzt einen Isentropenexponent $\kappa_i = 5/3$ (siehe Tabelle 2-1).

$$\kappa_L = 1 + \frac{2}{0{,}7812 \cdot 5 + 0{,}0092 \cdot 3 + 0{,}2096 \cdot 5} = 1{,}4015 \approx \underline{\underline{1{,}4}}$$

spezifische Wärmekapazität bei konstantem Druck: $c_{p,L} = \dfrac{\kappa_L}{\kappa_L - 1} \cdot R_L$

$$c_{p,L} = \frac{1{,}4}{0{,}4} \cdot 0{,}28712 \, \frac{kJ}{kg\,K} = \underline{\underline{1{,}00492 \, \frac{kJ}{kg\,K}}}$$

3.4.2 Feuchte Luft als Gas-Dampf-Gemisch

Eine feuchte Luft mit einem Druck von 101,325 kPa und 20 °C bestehe aus 10 kg trockener Luft und 75 g darin gelösten Wasserdampfs. Die Zusammensetzung des Gemischpartners trockene Luft entspreche genau der aus Aufgabe 3.4.1!
  a) Welche Partialdrücke in bar besitzen die beiden Gemischpartner trockene Luft und Wasserdampf?
  b) Welche relative Feuchte besitzt die Luft?
  c) Welche Masse Wasserdampf könnte die feuchte Luft noch maximal aufnehmen?
  d) Welche Dichte und welches spezifische Volumen besitzt die feuchte Luft?

Gegeben sind:

feuchte Luft:	$p = 1{,}01325$ bar	$T = 293{,}15$ K (20 °C)
trockene Luft:	$m_L = 10$ kg	$R_L = 287{,}12\,/(kg\,K)$ (Aufgabe 3.4.1)
Wasserdampf:	$m_D = 0{,}075$ kg	$p_s(20\,°C) = 0{,}0233921$ bar (Tabelle 6.6-5)

Vorüberlegungen:
Wegen des erwartbar niedrigen Partialdrucks für Wasserdampf weist dieser ein Idealgasverhalten auf und die feuchte Luft kann als Gemisch aus zwei idealen Gasen (trockene Luft und Wasserdampf) behandelt werden. Es spielt hier keine Rolle, dass der Gemischpartner trockene Luft selbst ein ideales Gasgemisch ist. Anderenfalls müsste man den der Lufttemperatur entsprechenden Sättigungsdampfdruck von Wasser (= Partialdruck des Wasserdampfes) vom Druck der feuchten Luft abziehen und den Restdruck unter den Gasen im Verhältnis ihrer Anteile an der trockenen Luft aufteilen.
  Da kein über die Sättigung hinausgehender Wassergehalt gegeben ist, sind die Berechnungsformeln für Wassergehalte bis zur Sättigungsgrenze X_s anwendbar.

Lösung:

a) Partialdrücke für beide Gemischkomponenten
Wassergehalt nach (3.4-14):

$$X = \frac{m_W}{m_L} = \frac{0{,}075\,\text{kg}}{10\,\text{kg}} = 0{,}0075$$

Partialdrücke nach (3.4-16):

$$p_L = \frac{0{,}622}{0{,}622 + X} \cdot p = \frac{0{,}622}{0{,}622 + 0{,}0075} \cdot 1{,}01325\,\text{bar} \approx \underline{\underline{1{,}00118\,\text{bar}}}$$

$$p_D = \frac{X}{0{,}622 + X} \cdot p = \frac{0{,}0075}{0{,}622 + 0{,}0075} \cdot 1{,}01325\,\text{bar} \approx \underline{\underline{0{,}01207\,\text{bar}}}$$

Die Ergebnisse sind hier so gerundet, dass die Summe der beiden Partialdrücke den Gesamtdruck ergeben $p = 1{,}00118\,\text{bar} + 0{,}01207\,\text{bar} = 1{,}01325\,\text{bar}$. Bei zwei Komponenten könnte man auch einfacher den Partialdruck des Wasserdampfes aus der Differenz $p_D = p - p_L = 1{,}01325\,\text{bar} - 1{,}00118\,\text{bar} = 0{,}01207\,\text{bar}$ errechnen, um das nachträgliche Runden zu umgehen. Die Kontrolle des Gesamtdrucks für die errechneten Partialdrücke sollte man aber immer vornehmen! Ein hier versteckter Anfangsfehler kann katastrophale Auswirkungen haben!

b) relative Feuchte nach (3.4-17)

$$\varphi = \frac{p_D}{p_s(t)} = \frac{0{,}01207\,\text{bar}}{0{,}0233921\,\text{bar}} = \underline{\underline{0{,}51599}}$$

Die hier errechnete Luftfeuchte von circa 51,6 % bedeuten, dass die feuchte Luft bei 20 °C noch ungesättigt ist und deshalb noch weiteren Wasserdampf aufnehmen kann.

c) bis zur Sättigung der feuchten Luft bei 20 °C fehlende Wasserdampfmasse Δm_D

$$\varphi = \frac{m_D}{m_{D,\max}}$$

(3.4-17) führt in Verbindung mit der in (b) bestimmten relativen Feuchte auf

$$\Delta m_D = m_{D,\max} - m_D = \frac{m_D}{\varphi} - m_D = m_D \cdot \left(\frac{1}{\varphi} - 1 \right) = 75\,\text{g} \cdot \left(\frac{1}{0{,}51599} - 1 \right) \approx \underline{\underline{70{,}352\,\text{g}}}$$

d) Dichte ρ_{fL} nach (3.4-19) und spezifisches Volumen v_{fL} nach (3.4-21) für feuchte Luft
In beiden Formeln wird die Gaskonstante für Wasserdampf R_D benötigt:
Relative Molekülmasse für Wasser nach Molekülmassen in Tabelle 3-2:

$$M_{\text{H}_2\text{O}} = M_{\text{H}_2} + \frac{1}{2} \cdot M_{\text{O}_2} = \left(2{,}01588 + \frac{1}{2} \cdot 31{,}9988 \right) \text{kg/kmol} = 18{,}01528\,\text{kg/kmol}$$

$$R_D = \frac{R_m}{M_{H_2O}} = \frac{8314{,}4621\,\text{J/(kmol K)}}{18{,}01528\,\text{kg/kmol}} = 461{,}522779\,\frac{\text{J}}{\text{kg K}}$$

$$\rho_{fL} = \frac{p}{R_L \cdot T} - \left(\frac{1}{R_L} - \frac{1}{R_D}\right) \cdot \frac{p_D}{T}$$

$$\rho_{fL} = \frac{101.325\,\text{N/m}^2}{287{,}12\,\text{Nm/(kg K)} \cdot 293{,}15\,\text{K}}$$

$$- \left(\frac{1(\text{kg K})}{287{,}12\,\text{Nm}} - \frac{1(\text{kg K})}{461{,}52\,\text{Nm}}\right) \cdot \frac{0{,}01207 \cdot 10^5\,\text{N/m}^2}{293{,}15\,\text{K}}$$

$$\rho_{fL} = 1{,}203824752\,\text{kg/m}^3 - 0{,}005418884\,\text{kg/m}^3 \approx \underline{1{,}1984\,\text{kg/m}^3}$$

Tatsächlich errechnen wir hier im Vergleich zur Dichte der trockenen Luft einen etwas niedrigeren Wert. Das Minimum für die Dichte der feuchten Luft wird bei vollständiger Sättigung mit Wasserdampf erreicht.

$$v_{fL} = (0{,}622 + X) \cdot R_D \cdot \frac{T}{p}$$

$$= (0{,}622 + 0{,}0075) \cdot 461{,}52\,\frac{\text{J}}{\text{kg K}} \cdot \frac{293{,}15\,\text{K}}{101.325\,\text{N/m}^2} = \underline{0{,}84054\,\frac{\text{m}^3}{\text{kg}}}$$

3.4.3 Teilbefüllung eines Behälters mit Wassergas

Ein mit trockener Luft ($R_L = 287\,\text{J/(kg K)}$) gefüllter Behälter von $1\,\text{m}^3$ Fassungsvermögen wird teilweise evakuiert, sodass ein Vakuum von 75 % entsteht (Temperatur 20 °C, Barometerstand 1040 mbar). Anschließend füllt man den Behälter bis zum Wiedererreichen des ursprünglichen Druckes von 1040 mbar bei konstanter Temperatur mit einem Gas, das nach Analyse folgende Zusammensetzung aufweist: 49 % H_2; 43 % CO; 5 % CO_2; 3 % N_2 (Wassergas[17]).

    a) Wie viel Gramm Gas befinden sich nach Befüllung insgesamt im Behälter?
    b) Welchen Volumenanteil nimmt das eingefüllte Gas im Behälter ein?
    c) Welches Volumen Wasserstoff in Litern befindet sich nach Befüllung im Behälter?

Hinweis: Für die Genauigkeit sei es ausreichend, mit gerundeten Molekülmassen zu rechnen!

---

[17] Wassergas entsteht als Synthesegas durch eine endotherme Reaktion zwischen 800 und 1000 °C glühendem Koks und Wasserdampf. Es kann dann zu Methan konvertiert oder zur Herstellung von Methanol verwendet werden. Auf keinen Fall ist es eine Bezeichnung für gasförmiges Wasser!

Gegeben sind:

$V_B = 1\,\text{m}^3$ $p_{amb} = 1{,}04\,\text{bar}$ $T_L = 293{,}15\,\text{K}$ $R_L = 287\,\text{J/(kg K)}$

$r_{H_2} = 0{,}49$ $r_{CO} = 0{,}43$ $r_{CO_2} = 0{,}05$ $r_{N_2} = 0{,}03$

75 % Vakuum $Va = 0{,}75$

Lösung:

Abgesenkter Druck im Behälter p_{abs} = Partialdruck der Luft nach Befüllung p_L

$$Va = \frac{p_{amb} - p_{abs}}{p_{amb}}$$

$$p_{abs} = p_B(1 - Va) = 1{,}04\,\text{bar} \cdot 0{,}25 = 0{,}26\,\text{bar} = p_L$$

Scheinbare Molekülmasse Wassergas (Molekülmassen gerundet)

$$M_M = \sum_{i=1}^{k} r_i \cdot M_i = (0{,}49 \cdot 2 + 0{,}43 \cdot 28 + 0{,}05 \cdot 44 + 0{,}03 \cdot 28)\,\text{kg/kmol} = 16{,}06\,\text{kg/kmol}$$

Gaskonstante Wassergas

$$R_{WG} = \frac{R_m}{M_M} = \frac{8{,}3144621\,\text{kJ/(kmol K)}}{16{,}06\,\text{kg/kmol}} = 517{,}7125\,\frac{\text{J}}{\text{kg K}}$$

a) Ermittlung der Masse für die Luft und für das Wassergas mit den Partialdrücken

$$p_L = 0{,}26\,\text{bar}$$

$$p_{WG} = p_{amb} - p_L = 1{,}04\,\text{bar} - 0{,}26\,\text{bar} = 0{,}78\,\text{bar}$$

$$m_L = \frac{p_L \cdot V}{R_L \cdot T} = \frac{0{,}26 \cdot 10^5\,\text{N/m}^2 \cdot 1\,\text{m}^3}{287\,\text{Nm/(kg K)} \cdot 293{,}15\,\text{K}} = 309\,\text{g}$$

$$m_{WG} = \frac{p_{WG} \cdot V}{R_{WG} \cdot T} = \frac{0{,}78 \cdot 10^5\,\text{N/m}^2 \cdot 1\,\text{m}^3}{517{,}7125\,\text{Nm/(kg K)} \cdot 293{,}15\,\text{K}} = 514\,\text{g}$$

$$m = m_L + m_{WG} = 309\,\text{g} + 514\,\text{g} = \underline{\underline{823\,\text{g}}}$$

b) Volumenanteil eingefülltes Gas

Dalton'sches Gesetz: Volumenanteile idealer Gasgemische verhalten sich wie Partialdrücke

$$r_i = \frac{p_{WG}}{p_{amb}} = \frac{0{,}78\,\text{bar}}{1{,}04\,\text{bar}} = \underline{\underline{0{,}75}}$$

Das eingefüllte Wassergas füllt 75 % des Behälters aus.

c) Volumen Wasserstoff im Behälter

$$V_{H_2} = r_{H_2} \cdot V = r_{WG} \cdot r_{H_2,WG} \cdot V = 0{,}75 \cdot 0{,}49 \cdot 1\,\mathrm{m}^3 = \underline{\underline{367{,}5\,\text{Liter}}}$$

3.4.4 Gasgemisch aus solar erzeugtem Wasserstoff und Erdgas

Mit der „power to gas"-Technologie wird elektrolytisch erzeugter Wasserstoff vorhandenem Erdgas zugemischt. Nach einer solchen Zumischung sei das Gas wie folgt zusammengesetzt:

Methan 87 Vol.%   Ethan 5 Vol.%   Kohlendioxid 1 Vol.%

Stickstoff 2 Vol.%   Wasserstoff 5 Vol.%

   a) Welche Dichte besitzt das Gasgemisch im physikalischen Normzustand?

   b) Welcher Überdruck in bar ist in einer 200 mm Nenndurchmesser aufweisenden Erdgasleitung für das oben angegebene Gemisch zum Transport von 0,666 kg/s einzustellen, wenn die Strömungsgeschwindigkeit 15 m/s und die Temperatur des Gases 8 °C betragen soll? Luftdruck betrage 102 kPa.

Hinweis: Die Molekülmassen können auf eine jeweils ganze Zahl gerundet werden!

Gegeben sind:

$\dot{m} = 0{,}666\,\text{kg/s}$ $p_L = 102\,\text{kPa}$ $c = 15\,\text{m/s}$ $d_i = 0{,}2\,\text{m}$ $T_M = 281{,}15\,\text{K}$

Gaskomponente	chem. Formel	r	M_i in kg/kmol	$r_i \cdot M_i$	$\mu_i = r_i \cdot M_i / M_M$
Methan	CH_4	0,87	16	13,92	0,8426
Ethan	C_2H_6	0,05	30	1,50	0,0908
Kohlendioxid	CO_2	0,01	44	0,44	0,0266
Stickstoff	N_2	0,02	28	0,56	0,0339
Wasserstoff	H_2	0,05	2	0,10	0,0061
		$\sum = 1$		$\sum = 16{,}52$	$\sum = 1$

Vorüberlegungen:

Die Dichte im Normzustand kann mit Normdruck und Normtemperatur berechnet werden aus $\rho_n = \dfrac{p_n}{R_M \cdot T_n}$ oder mit $\rho_n = \dfrac{V_{m,n}}{M_M}$ unter Nutzung des molaren Normvolumens eines idealen Gases und der scheinbaren Molekülmasse.

Der Überdruck in der Erdgasleitung ergibt sich aus $p_e = p_{abs} - p_L$. In der Kontinuitätsgleichung ist der absolute Druck zu verwenden $\dot{m} = \rho \cdot c \cdot A = \dfrac{p_{abs}}{R_M \cdot T_M} \cdot c \cdot \dfrac{\pi}{4} \cdot d_i^2$.

Lösung:

a) Dichte im Normzustand:

$$M_M = \sum_{i=1}^{5} r_i \cdot M_i = 16{,}52 \text{ kg/kmol}$$

$$R_M = \frac{R_m}{M_M} = \frac{8{,}3144621 \text{ kJ/(kmol K)}}{16{,}52 \text{ kg/kmol}} = 0{,}5033 \frac{\text{kJ}}{\text{kg K}}$$

$$\rho_n = \frac{p_n}{R_M \cdot T_n} = \frac{101325 \text{ Pa}}{503{,}3 \text{ J/(kg K)} \cdot 273{,}15 \text{ K}} = \underline{\underline{0{,}737 \frac{\text{kg}}{\text{m}^3}}}$$

$$\rho_n = \frac{M_M}{V_{m,n}} = \frac{16{,}52 \text{ kg/kmol}}{22{,}413968 \text{ m}^3/\text{kmol}} = \underline{\underline{0{,}737 \frac{\text{kg}}{\text{m}^3}}}$$

b) einzustellender Überdruck in der Erdgasleitung

$$\dot{m} = \frac{p_{abs}}{R_M \cdot T_M} \cdot c \cdot \frac{\pi}{4} \cdot d_i^2 \quad \rightarrow \quad p_{abs} = \frac{\dot{m} \cdot R_M \cdot T_M \cdot 4}{\pi \cdot d_i^2 \cdot c}$$

$$p_{abs} = \frac{0{,}666 \text{ kg/s} \cdot 503{,}3 \text{ J/(kg K)} \cdot 281{,}15 \text{ K} \cdot 4}{\pi \cdot 0{,}04 \text{ m}^2 \cdot 15 \text{ m/s}} = 199.895{,}32 \text{ Pa}$$

$$p_e = p_{abs} - p_L = (199.895{,}32 - 102.000{,}00) \text{ Pa} \approx \underline{\underline{0{,}97985 \text{ bar}}}$$

3.4.5 Atemgase für das technische Tauchen

Vergleichen Sie die Einsatzmöglichkeiten von normaler Druckluft und dem Tauchgas Trimix für das technische Tauchen mit einer 12 Liter Atemgas fassenden Stahlflasche (Leergewicht mit Ventil und Standfuß 17,26 kg) bei folgenden Zusammensetzungen der Gasgemische:

Druckluft: 79 Vol % Luftstickstoff = Stickstoff und andere Luftbestandteile außer O_2
21 Vol % Sauerstoff

Trimix: 44 Vol % Luftstickstoff
21 Vol % Sauerstoff   35 Vol % Helium

Folgende Partialdruckgrenzen sind beim Tauchen zum Schutz der Gesundheit des Tauchers zu beachten:
Partialdruck Sauerstoff: 1,4 bar $< p_{O_2} <$ 1,6 bar (Schädigung Zentralnervensystem)
Partialdruck Stickstoff: 3,2 bar $< p_{N_2} <$ 4,0 bar (Tiefenrausch)
Helium hat die Aufgabe, in größeren Tauchtiefen durch „Stickstoffverdünnung" den Partialdruck für Stickstoff in erträglichen Grenzen zu halten und durch Verringerung der Dichte des Atemgases den Atemwiderstand zu verkleinern.
   Der beim Tauchgang herrschende Luftdruck sei mit 1020 mbar, die Dichte des Wassers mit 1 kg/Liter gegeben.
   a) Welche Dichte haben Luft und Trimix im physikalischen Normzustand?
   b) Bis zu welcher Tiefe können Sie mit Pressluft und Trimix tauchen, wenn jeweils die oberen Werte für den maximal möglichen Partialdruck bei Sauerstoff und Stickstoff gelten?
   c) Berechnen Sie den Massenanteil der Trimix-Füllung am Gesamtgewicht der Flasche und ihrer Füllung! Der Druck in der Flasche sei mit 180 bar, die Temperatur des Gasgemisches mit 20 °C gegeben.
   d) Der Normkubikmeter Helium koste 42 €. Welche Kosten entstehen für die Füllung der Gasflasche mit Helium gemäß (c)?
   e) Wie lange könnten Sie jeweils in einer Tiefe von 22 m (9 °C Wassertemperatur) und von 40 m (4 °C Wassertemperatur) mit Druckluft tauchen, wenn die Flasche noch mit 100 bar bei 20 °C gefüllt ist und der Atemgasverbrauch 15 Liter pro Minute beträgt? (Temperatur der Druckluft beim Tauchen = Wassertemperatur!)

Gegeben sind:
p_L = 1,02 bar ρ_W = 1000 kg/m^3 p_{Fl} = 180 bar t_{Fl} = 20 °C
Druckluft: r_{N_2} = 0,79 r_{O_2} = 0,21
Trimix: r_{N_2} = 0,44 r_{O_2} = 0,21 r_{He} = 0,35

p_{Fl} = 100 bar t_{Fl} = 20 °C m_{Fl} = 17,26 kg (Tara)
h = 22 m t_W = 9 °C h = 40 m t_W = 4 °C $\dot{V}$ = 0,015 m^3/min

Vorüberlegungen:

1. Die gerundeten Werte für die Molekülmassen werden als bekannt vorausgesetzt:

   $M_{O_2} \approx 32\,\text{kg/kmol}$ $\qquad M_{N_2} \approx 28\,\text{kg/kmol}$ $\qquad M_{He} \approx 4\,\text{kg/kmol}$

2. Wir unterstellen, dass sich im physikalischen Normzustand die Komponenten der Gasmischung wie ideale Gase verhalten und deshalb für alle Komponenten das molare Normvolumen mit $V_{m,n} = 22{,}414\,\text{m}^3/\text{kmol}$ angesetzt werden kann.

3. Wegen des Bezuges zur thermischen Zustandsgleichung sind die Temperaturen in K zu verwenden und die gegebenen Celsius-Temperaturen entsprechend umzurechnen.

Lösung:

a) Dichte im Normzustand

$$\rho_L = \frac{M_M}{V_{m,n}} = \frac{r_{N_2} \cdot M_{N_2} + r_{O_2} \cdot M_{O_2}}{V_{m,n}}$$

$$\rho_L = \frac{(0{,}79 \cdot 28\,\text{kg/kmol} + 0{,}21 \cdot 32\,\text{kg/kmol})}{22{,}414\,\text{m}^3/\text{kmol}} = \frac{28{,}84\,\text{kg/kmol}}{22{,}414\,\text{m}^3/\text{kmol}} = \underline{\underline{1{,}2867\,\frac{\text{kg}}{\text{m}^3}}}$$

$$\rho_T = \frac{M_M}{V_{m,n}} = \frac{r_{N_2} \cdot M_{N_2} + r_{O_2} \cdot M_{O_2} + r_{He} \cdot M_{He}}{V_{m,n}}$$

$$\rho_T = \frac{(0{,}44 \cdot 28\,\text{kg/kmol} + 0{,}21 \cdot 32\,\text{kg/kmol} + 0{,}35 \cdot 4\,\text{kg/kmol})}{22{,}414\,\text{m}^3/\text{kmol}} = \frac{20{,}44\,\text{kg/kmol}}{22{,}414\,\text{m}^3/\text{kmol}}$$

$$= \underline{\underline{0{,}9119\,\frac{\text{kg}}{\text{m}^3}}}$$

b) Restriktionen für die Tauchtiefe (in beiden Gemischen $r_{O_2} = 0{,}21$ und $p_{O_2} = 1{,}6\,\text{bar}$) Tauchgrenze durch Sauerstoffpartialdruck in beiden Gemischen gleich:

$$p_{O_2} = r_{O_2} \cdot p_{ges} = r_{O_2}(p_L + \rho_W \cdot g \cdot h)$$

$$h = \frac{\dfrac{p_{O_2}}{r_{O_2}} - p_L}{\rho_W \cdot g} = \frac{\dfrac{1{,}6 \cdot 10^5\,\text{N/m}^2}{0{,}21} - 1{,}02 \cdot 10^5\,\text{N/m}^2}{1000\,\text{kg/m}^3 \cdot 9{,}80665\,\text{m/s}^2} = \underline{\underline{67{,}3\,\text{m}}}$$

Folgende gemischabhängige Tauchgrenzen ergeben sich durch den Stickstoffpartialdruck:

Druckluft:

$$h = \frac{\dfrac{p_{N_2}}{r_{N_2}} - p_L}{\rho_W \cdot g} = \frac{\dfrac{4{,}0 \cdot 10^5\,\text{N/m}^2}{0{,}79} - 1{,}02 \cdot 10^5\,\text{N/m}^2}{1000\,\text{kg/m}^3 \cdot 9{,}80665\,\text{m/s}^2} = \underline{\underline{41{,}2\,\text{m}}}$$

Trimix:

$$h = \frac{\dfrac{p_{N_2}}{r_{N_2}} - p_L}{\rho_W \cdot g} = \frac{\dfrac{4{,}0 \cdot 10^5 \,\text{N/m}^2}{0{,}44} - 1{,}02 \cdot 10^5 \,\text{N/m}^2}{1000 \,\text{kg/m}^3 \cdot 9{,}80665 \,\text{m/s}^2} = \underline{\underline{82{,}3 \,\text{m}}}$$

Mit der Druckluft kann man circa 40 m tief tauchen (Restriktion Stickstoff), mit Trimix etwa 67 m (Restriktion Sauerstoff).

Das Henry-Dalton'sche Gesetz beschreibt die Löslichkeit von Gasen in Flüssigkeiten. Es besagt, dass die Konzentration eines speziellen, in einer Flüssigkeit gelösten Gases für eine gegebene Temperatur direkt proportional zum Partialdruck des Gases über der Flüssigkeit ist. Damit kann auch der Gasaustausch in der Lunge beschrieben werden. Stickstoff besitzt eine gute Löslichkeit im Blut, die Löslichkeit von Helium im Blut ist auch bei hohen Drücken sehr gering. Bei ausreichend hohem Druck lösen sich größere Mengen Stickstoff im Blut. Kommt es bei einem schnellen Auftauchen zu einem ebenso schnellen Druckabbau, wird der im Blut gelöste Stickstoff wieder frei, sodass in den Blutgefäßen Gasblasen entstehen. Schon wenige Gasblasen können durch Behinderung des Blutstroms zum Tode führen. Deshalb „verdünnt" man den Stickstoff im Atemgas bei entsprechenden Tauchtiefen mit Helium.

c) Massenanteil der Gasfüllung am Gesamtgewicht

$$R_T = \frac{R_m}{M_{M,T}} = \frac{8{,}3144621 \,\text{kJ/(kmol K)}}{20{,}44 \,\text{kg/kmol}} = 0{,}4067741 \,\frac{\text{kJ}}{\text{kg K}}$$

$$m_T = \frac{p_{Fl} \cdot V_{Fl}}{R_T \cdot T_{Fl}} = \frac{180 \cdot 10^5 \,\text{N/m}^2 \cdot 12 \cdot 10^{-3} \,\text{m}^3}{406{,}7741 \,\text{Nm/(kg K)} \cdot 293{,}15 \,\text{K}} = 1{,}81 \,\text{kg}$$

$$m_{ges} = m_{Fl} + m_T = 17{,}26 \,\text{kg} + 1{,}81 \,\text{kg} = 19{,}07 \,\text{kg}$$

$$\frac{m_T}{m_{ges}} = \frac{1{,}81 \,\text{kg}}{19{,}07 \,\text{kg}} = \underline{\underline{0{,}095}} \quad \text{ca. } 9{,}5\,\%$$

d) Kosten für Helium
Partialvolumen für Helium:

$$V_{He} = r_{He} \cdot V_{Fl} = 0{,}35 \cdot 12 \,\ell = 4{,}2 \,\ell$$

Ansatz: Masse des Heliums ist im Betriebs- und Normzustand gleich

$$\frac{p_{Fl} \cdot V_{He}}{R_{He} \cdot T_{Fl}} = \frac{p_n \cdot V_{n,He}}{R_{He} \cdot T_n} \quad \rightarrow \quad V_{n,He} = \frac{p_{Fl}}{p_n} \cdot \frac{T_n}{T_{Fl}} \cdot V_{He}$$

$$V_{n,He} = \frac{180 \,\text{bar}}{1{,}01325 \,\text{bar}} \cdot \frac{273{,}15 \,\text{K}}{293{,}15 \,\text{K}} \cdot 4{,}2 \cdot 10^{-3} \,\text{m}^3 = 0{,}6952108 \,\text{m}^3$$

Kosten = Normkubikmeterpreis $\cdot$ Normkubikmeter

$$\text{Kosten} = 42\,\frac{\text{€}}{\text{m}^3} \cdot 0{,}6952108\,\text{m}^3 = \underline{\underline{29{,}20\,\text{€}}}$$

e) Berechnung der theoretischen Tauchzeit mit Druckluft in verschiedenen Tiefen:

$$R_L = \frac{R_m}{M_M} = \frac{R_m}{r_{N_2} \cdot M_{N_2} + r_{O_2} \cdot M_{O_2}} = \frac{8{,}3144621\,\text{kJ/(kmol\,K)}}{28{,}84\,\text{kg/kmol}} = 0{,}2882962\,\frac{\text{kJ}}{\text{kg\,K}}$$

Masse der in der Flasche vorhandenen Luft:

$$m = \frac{p_{Fl} \cdot V_{Fl}}{R_L \cdot T_{Fl}} = \frac{100 \cdot 10^5\,\text{N/m}^2 \cdot 12 \cdot 10^{-3}\,\text{m}^3}{288{,}2962\,\text{Nm/(kg\,K)} \cdot 293{,}15\,\text{K}} = 1{,}4199\,\text{kg}$$

$p \cdot V = m \cdot R_L \cdot T$ mit $V = \dot{V} \cdot \tau$ und $p = p_L + \rho_W \cdot g \cdot h$ führt auf:

$$\tau = \frac{m \cdot R_L \cdot T}{(p_L + \rho_W \cdot g \cdot h) \cdot \dot{V}}$$

– 22 m Tiefe bei 9 °C Wassertemperatur:

$$\tau = \frac{1{,}4199\,\text{kg} \cdot 288{,}2962\,\text{J/(kgK)} \cdot 282{,}15\,\text{K}}{(1{,}02 \cdot 10^5\,\text{N/m}^2 + 10^3\,\text{kg/m}^3 \cdot 9{,}80665\,\text{m/s}^2 \cdot 22\,\text{m}) \cdot 0{,}015\,\text{m}^3/\text{min}}$$

$$= \underline{\underline{24{,}23\,\text{min}}}$$

– 40 m Tiefe bei 4 °C Wassertemperatur:

$$\tau = \frac{1{,}4199\,\text{kg} \cdot 288{,}2962\,\text{J/(kgK)} \cdot 277{,}15\,\text{K}}{(1{,}02 \cdot 10^5\,\text{N/m}^2 + 10^3\,\text{kg/m}^3 \cdot 9{,}80665\,\text{m/s}^2 \cdot 40\,\text{m}) \cdot 0{,}015\,\text{m}^3/\text{min}}$$

$$= \underline{\underline{15{,}3\,\text{min}}}$$

Die Rechnungen zeigen, dass der Atemgasverbrauch mit zunehmender Tauchtiefe und abnehmender Wassertemperatur steigt. Bei der Planung von praktischen Tauchgängen spielt das Atemminutenvolumen (AMV) eine wichtige Rolle. Dabei müssen dann die Tauchzeiten in unterschiedlichen Tauchtiefen über eine einheitliche durchschnittliche Tauchtiefe und eine hinreichende Reserve (meist 50 bar Flaschendruck) berücksichtigt werden. Der Atemgasverbrauch hängt aber auch signifikant von individuellen Voraussetzungen (Körperbau, Fitness, Raucher/Nichtraucher), der Beschaffenheit der Tauchausrüstung sowie von den Aktivitäten unter Wasser ab. Der Luftverbrauch an Land schwankt durchschnittlich von 8,6 ℓ/min beim Lesen und 38 ℓ/min beim Joggen. Eine ähnliche Spannweite ergibt sich unter Wasser. Tauchanfänger, die noch die energiearme Bewegung unter Wasser „erlernen" müssen, verbrauchen in der Regel mehr Atemgas als erfahrene Taucher.

Die von Laien oft arglos gestellte Frage, wie lange man mit der „Sauerstoffflasche" tauchen könne, ist nicht einfach zu beantworten! Nur eines ist klar: Sauerstoffflasche ist komplett falsch! Während an der Erdoberfläche reiner Sauerstoff durchaus eine ganze

Zeit geatmet werden kann und in einigen Fällen eine medizinisch sinnvolle Therapie ist, erreicht man beim Tauchen schon in 4,5 m Tiefe den Grenzwert für die Sauerstoffgiftigkeit!

3.4.6 Kritischer Partialdruck für Sauerstoffaufnahme in der Lunge

a) Welcher Luftdruck in mbar und welche Lufttemperatur in °C herrschen in 2000 ft über Grund (vorgeschriebene Mindestflughöhe von Motorflugzeugen für Überlandflüge), wenn man am Boden von 103,5 kPa und 25 °C ausgehen kann?

b) Wie hoch ist der Sauerstoffpartialdruck in mbar in 2000 ft über Grund, wenn Sie für die Luftzusammensetzung 21 Vol.% Sauerstoff unterstellen? Wird ein kritischer Wert für die Sauerstoffaufnahme durch die Lunge von 85 mm Hg unterschritten?

Hinweise:

Die Gaskonstante für die Luft sei wegen der besseren Vergleichbarkeit zu berechneten Größen mit DIN ISO 2533 mit 287,05287 J/(kg K) gegeben. Nutzen Sie die durch Messungen bestätigte allgemeine Erfahrung, dass die Lufttemperatur bei einer Höhenzunahme um 100 m linear um 0,65 K abnimmt. Für die Fallbeschleunigung kann ein über die Höhe gemittelter Wert von 9,8057 ms^{-2} verwendet werden.

Gegeben sind:

$T_0 = T(h = 0) = 298,15 \, \text{K}$ $\quad T(h) = T_0 + a_T \cdot h$ $\quad a_T = -0,0065 \, \text{K/m}$

$p(h = 0) = p_0 = 1035 \, \text{mbar}$ $\quad h = 2000 \, \text{ft} = 609,6 \, \text{m}$ $\quad R_L = 287,05287 \, \text{J/(kg K)}$

$\bar{g} = 9,8057 \, \text{ms}^{-2}$ $\quad r_{O_2} = 0,21$

Lösung:

a) Lufttemperatur und Luftdruck in 2000 ft = 609,6 m über Grund:

$$T_1 = T(h = 2000 \, \text{ft}) = T_0 + a_T \cdot h = 298,15 \, \text{K} - 0,0065 \, \text{K/m} \cdot 609,6 \, \text{m} = 294,19 \, \text{K}$$

$$\{t_1\} = \{T_1\} - 273,15 \quad \underline{t_1 = +21,04 \, °\text{C}}$$

Mit zunehmender Höhe fällt der Luftdruck. Wir unterstellen zunächst für eine differentiell kleine Höhendifferenz dh einen konstanten Luftdruck, sodass angesetzt werden kann:

$$\mathrm{d}p = -\rho \cdot g \cdot \mathrm{d}h \quad \text{mit} \quad \rho = \frac{p}{R_L \cdot T(h)} \quad \text{woraus folgt}$$

$$\mathrm{d}p = -\frac{p}{R_L \cdot (T_0 + a_T \cdot h)} \cdot g \cdot \mathrm{d}h$$

$$\int\limits_{p_0}^{p_1} \frac{\mathrm{d}p}{p} = -\frac{\bar{g}}{R_L} \int\limits_{0}^{h_1} \frac{\mathrm{d}h}{T_0 + a_T \cdot h}$$

analytisch lösbar mit Substitution $z = T_0 + a_T \cdot h$, $\mathrm{d}z = a_T \cdot \mathrm{d}h$

$$\int\limits_{p_0}^{p_1} \frac{\mathrm{d}p}{p} = -\frac{\bar{g}}{R_L} \int\limits_{(0)}^{(h_1)} \frac{\mathrm{d}z}{a_T \cdot z}$$

$$\rightarrow \quad \ln\frac{p_1}{p_0} = -\frac{\bar{g}}{R_L} \cdot \ln(T_0 + a_T \cdot h)|_0^{h_1} = -\frac{\bar{g}}{R_L} \cdot \ln\frac{T_0 + a_T \cdot h}{T_0}$$

und dann zu

$$\frac{p_1}{p_0} = \left(\frac{T_0 + a_T \cdot h}{T_0} \right)^{-\frac{\bar{g}}{R_L \cdot a_T}}$$

Zahlenwert für den Exponenten (Kontrolle, ob Exponent die Dimension 1 besitzt)

$$\frac{\bar{g}}{R_L \cdot a_T} = \frac{9{,}8057 \,\mathrm{m/s^2}}{287{,}05287 \,\mathrm{Nm/(kg\,K)} \cdot (-0{,}0065 \,\mathrm{K/m})} = -5{,}25537$$

$$p_1 = p_0 \cdot \left(\frac{T_1}{T_0} \right)^{5{,}25537} = 1035 \,\mathrm{mbar} \cdot \left(\frac{294{,}19 \,\mathrm{K}}{298{,}15 \,\mathrm{K}} \right)^{5{,}25537}$$

$$\approx 0{,}96477 \,\mathrm{bar} = \underline{\underline{964{,}77 \,\mathrm{mbar}}}$$

b) Partialdruck Sauerstoff bei 21 Vol.% Sauerstoff in der Luft

$$p_{O_2} = r_{O_2} \cdot p_1 = 0{,}21 \cdot 964{,}77 \,\mathrm{mbar} = \underline{\underline{202{,}60 \,\mathrm{mbar}}}$$

$$p_{O_2} = 20.260 \,\mathrm{Pa} \cdot 0{,}00750062 \,\mathrm{mmHg/Pa} = 151{,}96 \,\mathrm{mmHg} \geq 85 \,\mathrm{mmHg}$$

Der kritische Wert wird hier nicht unterschritten! Die Luftzusammensetzung bleibt auch in größeren Höhen praktisch konstant, die Abnahme des Sauerstoffpartialdrucks ist deshalb allein auf die Verringerung des Luftdrucks mit zunehmender Höhe zurückzuführen. Der Sauerstoffpartialdruck im Gewebe ist ein Maß für den im Blut gelösten Sauerstoff. Das Henry-Dalton'sche Gesetz haben wir schon in Aufgabe 3.4.4 angesprochen. Die vom Blut aufgenommene Menge Sauerstoff und die abgegebene Menge Kohlendioxid wird wesentlich von den Partialdrücken dieser Gase in der eingeatmeten Luft bestimmt. Der Anteil von Sauerstoff in der Luft bleibt selbst in höheren Schichten konstant, aber mit dem in der Höhe abnehmenden Gesamtdruck der Luft fallen auch alle Partialdrücke für die Luftbestandteile.

Die Höhenmedizin unterscheidet für die Verringerung der Leistungsfähigkeit von Menschen durch abnehmenden Sauerstoffpartialdruck in der Luft folgende Bereiche:

- **unterhalb 1.500 m:** keine Beeinträchtigungen
- **zwischen 2.000 und 5.000 m:** der Mensch kann sich an die dort herrschenden Bedingungen durch entsprechende Akklimatisierung weitgehend anpassen (Ausdauersportler absolvieren das sogenannte Höhentraining in 2000 bis 2500 m, mit geführten Trekkingtouren in die Hochgebirge werden bei langsamer Akklimatisierung (täglicher Gewinn an Schlafhöhe 300 bis 500 m) oft Höhen bis 4.600 m erreicht)
- **ab 5.000 m:** der Sauerstoffmangel im Gewebe gestattet keine Anpassung mehr (spätestens ab dieser Höhe benötigt der Mensch zusätzlichen Sauerstoff). Die maximale Flughöhe von Reiseflugzeugen ohne Druckkabine ist auf 5.000 m (16.400 ft) begrenzt.
- **ab 7.000 m:** selbst ein optimal akklimatisierter Mensch ist nicht mehr in der Lage, sich ohne erhebliche körperliche Anstrengungen wieder zu regenerieren

Die sogenannte Höhenkrankheit kann abhängig von der konkreten physischen Konstitution schon ab 3.000 m Höhe auftreten. Allgemein rechnet man pro 1.000 m Höhenzunahme mit einer Verringerung des Leistungsvermögens um etwa 10 %. Außerdem nimmt mit zunehmendem Lebensalter der Sauerstoffpartialdruck im Gewebe etwas ab. Ein ungefährer Normwert berechnet sich aus 102 mmHg abzüglich des Produktes aus Lebensalter und 0,33, also für einen 67 Jahre alten Menschen von $(102 - [67 \cdot 0,33] \approx 80)$ mmHg.

3.4.7 Herstellung eines Schutzgases mit vermindertem Sauerstoffanteil

Für einen Produktionsprozess solle ein Schutzgas, dessen Sauerstoffgehalt nur 12 Vol. % betragen darf, aus Luft (21 Vol. % Sauerstoff, 79 Vol. % Stickstoff, 1005 mbar und 30 °C) und reinem Stickstoff, der bei einer Temperatur von 12 °C und 1,1 bar vorliegt, durch adiabates Mischen hergestellt werden. Beide Gase seien als kalorisch perfekt anzusehen. Die Gaskonstante der Luft liege mit 287,12 J/(kg K) vor, für die universelle Gaskonstante sei immer der Wert 8,3144621 kJ/(kmol K) zu verwenden.

a) Wie viel Normkubikmeter reiner Stickstoff sind je Normkubikmeter Luft zuzumischen? Welche Dichte besitzt das Schutzgas im physikalischen Normzustand?

b) Bestimmen Sie den Druck in bar und die Temperatur in °C mit jeweils vier signifikanten Ziffern des durch adiabate Mischung entstehenden Schutzgases!

Gegeben sind:

Luft: $\quad r_{O_2,L} = 0,21 \quad r_{N_2,L} = 0,79 \quad p_L = 1,005\,\text{bar} \quad t_L = 30\,°\text{C}\ (T_L = 303,15\,\text{K})$
$\quad R_L = 287,12\,\text{J/(kg K)}$

Stickstoff: $\quad r_{O_2,N_2} = 0 \quad r_{N_2,N_2} = 1 \quad p_{N_2} = 1,1\,\text{bar} \quad t_{N_2} = 12\,°\text{C}\ (T_{N_2} = 285,15\,\text{K})$

Schutzgas: $\quad r_{O_2,M} = 0,12 \quad r_{N_2,M} = 0,88$

Vorüberlegungen:

Das molare Normvolumen eines idealen Gases (physikalischer Normzustand) beträgt gerundet auf fünf signifikante Ziffern $V_{m,n} \approx 22{,}414 \text{ m}^3/\text{kmol}$. Sowohl die Luft als auch der reine Stickstoff sowie das durch Mischung entstandene Schutzgas verhalten sich hier wie ein ideales Gas und nehmen im physikalischen Normzustand das molare Volumen $V_{m,n}$ ein.

Für die Rechnung können wir die gerundeten Werte der relativen Molekülmassen verwenden: $M_{O_2} \approx 32 \text{ kg/kmol}$ und $M_{N_2} \approx 28 \text{ kg/kmol}$.

Die Gaskonstante des reinen Stickstoffs ermittelt man aus

$$R_{N_2} = \frac{R_m}{M_{N_2}} = \frac{8{,}3144621 \text{ kJ/(kmol K)}}{28 \text{ kg/kmol}} = 0{,}2969451 \text{ kJ/(kg K)}$$

Für den Isentropenexponenten können sowohl für Luft als auch für Stickstoff sowie für das Schutzgas $\kappa = 1{,}4$ eingesetzt werden, da alle Gase zweiatomig sind.

Lösung:

a) Zumischrate im Normzustand durch Bilanz auf Sauerstoffseite und Dichte im Normzustand

$$r_{O_2,L} \cdot V_{L,n} + r_{O_2,N_2} \cdot V_{N_2,n} = r_{O_2,M} \cdot V_{M,n}$$

und für $V_{L,n} = 1 \text{ m}^3$ sowie $r_{O_2,N_2} = 0$ (kein Sauerstoff in reinem Stickstoff) folgt:

$$V_{M,n} = \frac{r_{O_2,L}}{r_{O_2,M}} \cdot V_{L,n} = \frac{0{,}21}{0{,}12} \cdot 1 \text{ m}^3 = 1{,}75 \text{ m}^3$$

$$V_{N_2,n} = V_{M,n} - V_{L,n} = 1{,}75 \text{ m}^3 - 1{,}00 \text{ m}^3 = \underline{\underline{0{,}75 \text{ m}^3}}$$

$$M_M = r_{O_2,M} \cdot M_{O_2} + r_{N_2,M} \cdot M_{N_2}$$

$$= 0{,}12 \cdot 32 \text{ kg/kmol} + 0{,}88 \cdot 28 \text{ kg/kmol} = 28{,}48 \text{ kg/kmol}$$

$$\rho_{M,n} = \frac{M_M}{V_{m,n}} = \frac{28{,}48 \text{ kg/kmol}}{22{,}414 \text{ m}^3/\text{kmol}} = 1{,}2706344 \frac{\text{kg}}{\text{m}^3} \approx \underline{\underline{1{,}27 \frac{\text{kg}}{\text{m}^3}}}$$

b) Druck und Temperatur des Schutzgases nach adiabater Mischung

   – Temperatur aus Energiebilanz

$$H_L + H_{N_2} = H_M$$

$$m_L \cdot c_{p,L} \cdot (t_L - t_0) + m_{N_2} \cdot c_{p,N_2} \cdot (t_{N_2} - t_0) = m_M \cdot c_{p,M} \cdot (t_M - t_0)$$

(bei den Temperaturdifferenzen sind die Celsius-Temperaturen vorteilhaft, wegen $t_0 = 0 \,°\text{C}$)

$$m_L = \frac{p_n \cdot V_{L,n}}{R_L \cdot T_n} = \frac{101.325 \text{ N/m}^2 \cdot 1 \text{ m}^3}{287{,}12 \text{ Nm/(kg K)} \cdot 273{,}15 \text{ K}} = 1{,}291968611 \text{ kg}$$

$$m_{N_2} = \frac{p_n \cdot V_{N_2,n}}{R_L \cdot T_n} = \frac{101.325\,\text{N/m}^2 \cdot 0,75\,\text{m}^3}{296,9451\,\text{Nm/(kg K)} \cdot 273,15\,\text{K}} = 0,9369451\,\text{kg}$$

$$m_M = m_L + m_{N_2} = 1,291968611\,\text{kg} + 0,9369451\,\text{kg} = 2,228913711\,\text{kg}$$

$$R_M = \frac{R_m}{M_M} = \frac{8,3144621\,\text{kJ/(kmol K)}}{28,48\,\text{kg/kmol}} = 0,2919404\,\text{kJ/(kg K)}$$

$$m_L \cdot \frac{\kappa}{\kappa-1} R_L \cdot (t_L - t_0) + m_{N_2} \cdot \frac{\kappa}{\kappa-1} R_{N_2} \cdot (t_{N_2} - t_0) = m_M \cdot \frac{\kappa}{\kappa-1} R_M \cdot (t_M - t_0)$$

$$t_M = t_0 + \frac{m_L \cdot R_L \cdot (t_L - t_0) + m_{N_2} \cdot R_{N_2} \cdot (t_{N_2} - t_0)}{m_M \cdot R_M}$$

Nebenrechnung:

$$m_L \cdot R_L \cdot (t_L - t_0) = 1,291968611\,\text{kg} \cdot 287,12\,\frac{\text{Nm}}{\text{kg K}} \cdot 30\,\text{K} = 11128,50083\,\text{Nm}$$

$$m_{N_2} \cdot R_{N_2} \cdot (t_{N_2} - t_0) = 0,9369451\,\text{kg} \cdot 296,9451\,\frac{\text{Nm}}{\text{kg K}} \cdot 12\,\text{K} = 3338,655077\,\text{Nm}$$

$$t_M = 0\,°\text{C} + \frac{(11128,50083 + 3338,655077)\,\text{Nm}}{2,228913711\,\text{kg} \cdot 291,9404\,\text{Nm/(kg K)}} \approx \underline{\underline{22,23\,°\text{C}}}$$

– Druck aus $p_M = r_{L,M} \cdot p_L + r_{N_2,M} \cdot p_{N_2}$
  Schutzgas enthält:

$$r_{L,M} = \frac{V_{L,n}}{V_{M,n}} = \frac{1\,\text{m}^3}{1,75\,\text{m}^3} = 0,5714286 \quad \text{und}$$

$$r_{N_2,M} = \frac{V_{L,n}}{V_{M,n}} = \frac{0,75\,\text{m}^3}{1,75\,\text{m}^3} = 0,4285714$$

$$p_M = 0,5714286 \cdot 1,005\,\text{bar} + 0,4285714 \cdot 1,1\,\text{bar} = \underline{1,046\,\text{bar}}$$

3.4.8 Gasaustausch in einem Behälter

Ein 20 m³ fassender Behälter sei vollständig mit Stickstoff gefüllt. Um ihn für Wartungsarbeiten befahrbar zu machen, werde solange 500 Liter pro Minute Frischluft (21 Vol% O_2, 79 Vol% N_2) bei konstantem Druck und konstanter Temperatur eingeblasen, bis im Behälter bei guter Durchmischung ein Sauerstoffanteil von 19 Vol% garantiert werden kann. Im Behälter herrsche immer Umgebungsdruck. Wie viele Minuten muss in den Behälter Frischluft zur Gewährleistung der Befahrbarkeit eingeblasen werden?

Gegeben sind:

Behälter: $V_B = 20\,\text{m}^3$ $\qquad 0 \leq r_{O_2} \leq 0,19$

Frischluft: $r_{O_2,zu} = 0,21$ $\qquad \dot{V}_L = 0,5\,\text{m}^3/\text{min.}$

Randbedingungen: $\tau = 0 : r_{O_2} = 0$ und $\tau = \tau_E : r_{O_2,E} = 0,19$

Vorüberlegungen:

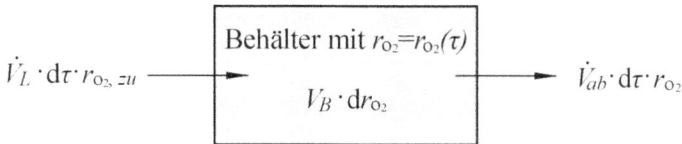

Abb. 3-14: Skizze zur Berechnung des Gasaustausches in einem Behälter.

Der Behälter ist – wie Abbildung 3-14 zeigt – ein offenes thermodynamisches System mit einem ein- und austretenden Stoffstrom. Wegen der über die gesamte Einblaszeit konstant bleibenden Parameter Druck und Temperatur muss gelten: $\dot{V}_{zu} = \dot{V}_{ab} = \dot{V}$.

Der Sauerstoffgehalt r_{O_2} im Behälter ändert sich mit der Zeit τ nach Maßgabe der Differenz des Sauerstoffgehaltes von zugeführtem und abgeführtem Volumenstrom $\dot{V}$ in einem Bereich von $0 \leq r_{O_2} \leq 0,19$. Nach Aufgabenstellung ist nur das Partialvolumen für den Sauerstoff zu betrachten $V_{O_2} = r_{O_2} \cdot V_B$. Für einen differentiell kleinen Zeitraum $d\tau$ ist der Sauerstoffanteil während der Einblaszeit als konstant anzusehen, sodass die für die Lösung erforderliche Bilanzgleichung als Differentialgleichung aufgestellt werden kann.

Lösung:

Die differentielle Bilanzgleichung

$$V_B \cdot dr_{O_2} = \dot{V} \cdot d\tau \cdot (r_{O_2,zu} - r_{O_2})$$

führt nach Trennung der Veränderlichen auf:

$$\int_0^{\tau_E} d\tau = \frac{V_B}{\dot{V}} \int_0^{r_{O_2,E}} \frac{dr_{O_2}}{r_{O_2,zu} - r_{O_2}}$$

Lösung durch Integration mit Substitution $z = r_{O_2,zu} - r_{O_2}$ und $dz = -dr_{O_2}$

$$\tau_E = \frac{V_B}{\dot{V}} \cdot (-1) \cdot \int_{(0)}^{(r_{O_2,E})} \frac{dz}{z} = \frac{V_B}{\dot{V}} \cdot (-1) \cdot \ln z \Big|_{(0)}^{(r_{O_2,E})} = \frac{V_B}{\dot{V}} \cdot (-1) \cdot [\ln(r_{O_2,zu} - r_{O_2})]_0^{r_{O_2,E}}$$

$$\tau_E = \frac{20\,\text{m}^3}{0,5\,\text{m}^3/\text{min.}} \cdot (-1) \cdot \ln \frac{(0,21 - 0,19)}{0,21} = \frac{20\,\text{m}^3}{0,5\,\text{m}^3/\text{min.}} \cdot \ln \frac{0,21}{0,02} = 94,055\,\text{min.} \approx \underline{\underline{94\,\text{min.}}}$$

3.4.9 Polytrope Verdichtung eines Gasgemisches

Ein Gichtgas mit unten gegebener Zusammensetzung soll ausgehend vom physikalischen Normzustand mit einem Polytropenexponenten von 1,35 in einem Turboverdichter auf den 12-fachen Druck komprimiert werden.
- a) Welche Temperatur besitzt das Gichtgas nach der Kompression?
- b) Welche spezifische Arbeit in kJ/kg ist für die Verdichtung erforderlich und welche Wärme in kJ/kg wird dabei frei?
- c) Über welche Leistung müsste ein Turboverdichter verfügen, wenn ein Normvolumenstrom von 36.000 m³/h zu verdichten wäre?

Zusammensetzung des Gichtgases:

Komponente:	Kohlenmonoxid	Wasserstoff	Stickstoff	Kohlendioxid
Vol. %	23	3	52	22

Hinweis: Die Molekülmassen sind aus Tabelle 3-2 zu bestimmen!

Gegeben sind:

Komponente:	**CO**	**H₂**	**N₂**	**CO₂**
$r_i =$	0,23	0,03	0,52	0,22
M_i in kg/kmol	28,0104	2,01588	28,01348	44,0098
κ_i	7/5	7/5	7/5	9/7

$R_m = 8314{,}4621\,\mathrm{J/(kmol\,K)}$
physikalischer Normzustand $\qquad p_n = 1{,}01325\,\mathrm{bar} \qquad T_n = 273{,}15\,\mathrm{K}$
$n = 1{,}35 \qquad\qquad\qquad\qquad\quad p/p_n = 12 \qquad\quad \dot{V} = 36.000\,\mathrm{m^3/h} = 10\,\mathrm{m^3/s}$

Vorüberlegungen:
Die gegebenen Volumenprozente für die Gichtgaskomponenten ermöglichen die Berechnung der Gaskonstante mit der scheinbaren relativen Molekülmasse nach (3.4-3).

$$M_M = \sum_{i=1}^{k} r_i \cdot M_i = [0{,}23 \cdot 28{,}0104 + 0{,}03 \cdot 2{,}01588 + 0{,}52 \cdot 28{,}01348 + 0{,}22 \cdot 44{,}0098]\,\frac{\mathrm{kg}}{\mathrm{kmol}}$$

$$M_M = 30{,}752034\,\frac{\mathrm{kg}}{\mathrm{kmol}}$$

Eingesetzt in Formel (3.4-10) erhält man direkt die Gaskonstante des idealen Gasgemisches. Für die Normdichte des Gasgemisches kann jetzt die Grundgleichung des idealen Gases herangezogen werden.

$$R_M = \frac{R_m}{M_M} = \frac{8314{,}4621\,\mathrm{J/(kmol\,K)}}{30{,}752034\,\mathrm{kg/kmol}} = 270{,}3711273\,\mathrm{J/(kg\,K)}$$

$$\rho(1,01325 \, \text{bar}, 273,15 \, \text{K}) = \frac{101.325 \, \text{N/m}^2}{270,3711273 \, \text{Nm/(kg K)} \cdot 273,15 \, \text{K}} = \underline{\underline{1,3720 \, \text{kg/m}^3}}$$

Lösung:

a) Gichtgastemperatur nach der Verdichtung
    Gleichung (3.2-20) liefert:

$$T = T_n \cdot \left(\frac{p}{p_n}\right)^{\frac{n-1}{n}} = 273,15 \, \text{K} \cdot 12^{\frac{0,35}{1,35}} = 520,22 \, \text{K} \qquad \underline{\underline{t = 247,07 \, ^\circ\text{C}}}$$

b) spezifische technische Arbeit und abzuführende Wärme für Kompressor (offenes System)
    – In einem ersten Schritt ist der Isentropenexponent des Gasgemisches κ_M zu ermitteln!
       Er wird benötigt für die Berechnung der polytrop abgeführten Wärme q_n.

$$\kappa_M = 1 + \frac{1}{\displaystyle\sum_{i=1}^{k} \frac{r_i}{\kappa_i - 1}} \qquad \text{(Gleichung (3.4-13))}$$

Bei zusammenfassender Betrachtung aller zweiatomigen Gase kann der Summenterm berechnet werden zu:

$$\sum_{i=1}^{2} \frac{r_i}{\kappa_i - 1} = \frac{0,78}{2/5} + \frac{0,22}{2/7} = 2,72 \quad \text{mit}$$

$$r_1 = r_{CO} + r_{H_2} + r_{N_2} = 0,23 + 0,03 + 0,52 = 0,78$$

$$\kappa_M = 1 + \frac{1}{2,72} = \underline{\underline{1,3676}}$$

Mit den errechneten Isentropenexponenten des Gasgemisches κ_M und dem gegebenen Polytropenexponenten n ist nun zu sehen, dass die polytrope Zustandsänderung für die Verdichtung im Bereich $1 \le n \le \kappa$ erfolgt.

– polytrop zuzuführende spezifische Arbeit:

$$w_{t,12} = \frac{n}{n-1} \cdot R_M \cdot T_n \cdot \left[\left(\frac{p}{p_n}\right)^{\frac{n-1}{n}} - 1\right] \quad \text{(nach Tabelle 6.3-4)}$$

$$w_{t,12} = \frac{1,35}{0,35} \cdot 270,3711273 \, \frac{\text{J}}{\text{kg K}} \cdot 273,15 \, \text{K} \cdot [12^{0,35/1,35} - 1] = \underline{\underline{257,66 \, \text{kJ/kg}}}$$

– polytrop abgeführte Wärme:

$$q_{n,12} = \frac{1}{\kappa_M - 1} \cdot R_M \cdot \frac{n - \kappa_M}{n - 1} \cdot (t_2 - t_1)$$

$$= \frac{1}{0,3676} \cdot 270,3711273 \, \frac{J}{kg \, K} \cdot \frac{1,35 - 1,3676}{0,35} \cdot (247,07 \, °C - 0 \, °C)$$

$$q_{n,12} = \underline{\underline{-9,1380 \, kJ/kg}}$$

c) Leistung des Turboverdichters
   – erster Schritt: Massenstrom aus Normvolumenstrom nach DIN 1343

$$\dot{m} = \rho(1,01325 \, bar, 0 \, °C) \cdot \dot{V}_n = 1,3720 \, kg/m^3 \cdot 10 \, m^3/s = 13,72 \, kg/s$$

   – zweiter Schritt: Leistung des Kompressors aus $P = \dot{m} \cdot w_{t,12}$

$$P = 13,72 \, kg/s \cdot 257,66 \, kJ/kg = \underline{\underline{3.535,1 \, kW}}$$

3.5 Halbideales und reales Gas

Ideales Gas ist an die vollständige Erfüllung der thermischen Zustandsgleichung (3.2-1) gebunden und ein in der Natur nicht existierender Modellstoff. Für viele ingenieur-technische Aufgabenstellungen ergibt sich jedoch die Notwendigkeit, real in der Natur vorkommende Gase mit ihren speziellen kalorischen Eigenschaften in die Modellbildung einzubeziehen.

Bei der Einführung der thermischen Zustandsgleichung $p \cdot V = m \cdot R_i \cdot T$ haben wir die Grenzen für die praktische Anwendung (maximaler Druck 50 bar, Temperaturdifferenz zwischen den beiden Gleichgewichtszuständen maximal 250 K und mindestens 100 K oberhalb der Verflüssigungstemperatur des betreffenden Gases) schon erwähnt. Hinzu kommt, dass die Herleitung dieser Gleichung von Punktmassen ohne Volumen ausgeht. Die Moleküle realer Gase verfügen jedoch immer über ein Volumen und bei mehrato-migen Gasen außerdem über einen Molekülaufbau, zu dem die Annahme „Punktmasse" nicht mehr passt. Im Gegensatz zu idealem Gas treten beim realen Gas Wechselwirkun-gen zwischen den Gasteilchen (Anziehungs- und Abstoßungskräfte) auf, weswegen reale Gase auch Änderungen des Aggregatzustandes erfahren können.

Leider werden diese Hinweise unzulässigerweise nur allzu oft bedenkenlos beiseite gewischt, nur weil entsprechende zuverlässige Realgasdaten mitunter schwer zu be-schaffen sind. Ist man mit höheren Drücken und Temperaturen konfrontiert, muss die Anwendbarkeit der thermischen Zustandsgleichung allein aus den Voraussetzungen bei ihrer Ableitung (niedrige Drücke mit niedrigen Dichten, Gas bestehend aus punktför-migen Masseteilchen, zwischen denen keine Kräfte wirken) eigentlich kritisch hinter-fragt werden. Tatsächlich wirken zwischen den Molekülen realer Gase Anziehungskräf-te durch ihre Masse und Abstoßungskräfte infolge elektrischer Ladungen. Für niedrige Drücke ist die Teilchendichte gering, sodass die Teilchen einen größeren Abstand von-einander aufweisen. In diesem Fall überwiegen die Anziehungskräfte zwischen den Teilchenmassen. Reale Gase lassen sich deshalb in diesem Bereich leichter komprimieren als man nach idealem Gasverhalten erwarten dürfte. Umgekehrt dominieren bei hoher Teilchendichte (hohem Druck) und enger Teilchenpackung die Abstoßungskräfte, sodass für reale Gase beim Komprimieren jetzt ein viel höherer Aufwand erforderlich wird als nach dem Modell ideales Gas kalkuliert. Werden bei hohen Temperaturen Gase elektrisch leitfähig (*Ionisation*), verliert Gleichung (3.2-1) ihre Gültigkeit. Bei hohen Temperaturen kann sich auch die Teilchenzahl der Gase ändern (*Dissoziation*), sodass die nach Gleichung (3.2-1) berechneten Temperaturen höher liegen als die messbaren Werte. Die bei vornehmlich höheren Drücken und Temperaturen auftretenden *realen Gaseffekte* bewirken Abweichungen von den Eigenschaften und dem Verhalten eines idealen Gases.

Alle Abweichungen eines realen Gases vom Idealgasverhalten nach Gleichung (3.2-1) fassen wir in einem von Druck und Temperatur abhängenden Realgasfaktor $Z = Z(p, T)$ zusammen.

$$p \cdot V = Z \cdot m \cdot R_i \cdot T \tag{3.5-1}$$

Je nach konkreter Temperatur und konkretem Druck kann Z bei realen Gasen Werte, die größer oder kleiner als 1 sind, annehmen. Für ideales Verhalten gilt $Z = 1$. Ganz allgemein können die Funktionen $Z = Z(p, T)$ wie folgt beschrieben werden. In der Nähe von 0 bar liegt der Realgasfaktor Z für alle Gase und Temperaturen ungefähr bei 1 ($Z(0\,\text{bar}, T) \approx 1$). Mit zunehmendem Druck sinkt Z zunächst auf einen Wert unter 1 ($Z < 1$). Die Teilchen des realen Gases rücken näher zusammen und beginnen miteinander in Wechselwirkung zu treten. Bis zu mittleren Drücken überwiegen die Anziehungskräfte, sodass die Kompression des Gases sogar begünstigt wird. Ab einem bestimmten Druck steigt der Realgasfaktor dann auf einen Wert größer als 1 ($Z > 1$). Dieser Umschlagpunkt wird umso schneller erreicht, je höher die Temperatur dabei ist. Die Gasmoleküle sind so nah beieinander, dass die Abstoßungskräfte dominieren. Die Kompression eines Gases wird jetzt erschwert.

Für trockene Luft bei Temperaturen oberhalb von 0 °C und Drücken bis zu 25 bar liegen die Abweichungen vom Idealgasverhalten unterhalb von 1 %. In diesem Bereich arbeiten die Turboverdichter für Gasturbinen, sodass man dort das Realgasverhalten meist vernachlässigt. Bei Verbrennungskraftmaschinen treten aber schon deutlich höhere Drücke auf, die Abweichungen vom Idealgasverhalten von bis zu 2,5 % müssen dann geeignet berücksichtigt werden.

Mit Bezug auf das uns als Konstante bekannte Normvolumen eines idealen Gases $V_{m,n}$ für den physikalischen Normzustand bei $p_n = 1{,}01325$ bar und $T_n = 273{,}15$ K folgt aus (3.5-1) unter Berücksichtigung von $R_i = R_m/M_i$ und $V_{m,n} = V_n/n$ sowie $n = m/M_i$

$$p_n \cdot V_n = Z_n \cdot m \cdot R_i \cdot T_n \quad \rightarrow \quad p_n \cdot V_{m,n} = Z_n \cdot R_m \cdot T_n \tag{3.5-2}$$

Aus Gleichung (3.5-2) kann auch abgeleitet werden, dass sich der Realgasfaktor im Norm-zustand Z_n ergibt aus dem Verhältnis von dem Volumen, das jeweils die Stoffmenge von 1 kmol eines untersuchten Gases im physikalischen Normzustand einnimmt, zu dem Volumen, das der Modellstoff ideales Gas im physikalischen Normzustand einnehmen würde.

$$Z_n = \frac{V_{m,n,i}}{V_{m,n}} = \frac{V_{m,n}(p = 1{,}01325 \text{ bar}; T = 273{,}15 \text{ K})}{22{,}413968 \text{ m}^3/\text{kmol}} \tag{3.5-3}$$

Die Realgasfaktoren im Normzustand Z_n können aus (3.5-3) berechnet werden, indem man die experimentell ermittelten Volumina spezieller realer (individueller) Gase für die Stoffmenge von 1 kmol im physikalischen Normzustand ins Verhältnis setzt zu dem molaren Normvolumen des idealen Gases $V_{m,n}$. So ergeben sich dann beispielsweise die in Tabelle aufgeführten Zahlenwerte.

Tab. 3-4: Realgasfaktoren für ausgewählte Gase im physikalischen Normzustand.

Reales Gas (chemisches Symbol)	Realgasfaktor Z_n	Reales molares Normvolumen $V_{m,n,I}$ in m^3/kmol	Relative Molekülmasse in kg/kmol
Argon (Ar)	0,9990	22,392	39,9480
Wasserstoff (H$_2$)	1,0006	22,428	2,0159
Kohlenmonoxid (CO)	0,9993	22,398	28,0100
Methan (CH$_4$)	0,9976	22,360	16,0430
Stickstoff (N$_2$)	0,9995	22,403	28,0135
Sauerstoff (O$_2$)	0,9990	22,392	31,9988
Kohlendioxid (CO$_2$)	0,9933	22,264	44,0100
Schwefeldioxid (SO$_2$)	0,9760	21,876	64,0650
Ammoniak (NH$_3$)	0,9850^	22,078	17,0306
Luft (trocken)	0,9994	22,401	28,9583

Tabelle 3-4 zeigt, dass die Abweichungen realer Gase vom Idealgasverhalten $Z = 1$ bei Gasen mit einem aus mehreren Atomen bestehenden Molekülaufbau am größten sind, denn hier schlagen die Abweichungen von der Annahme einer Punktmasse ohne Volumen erwartungsgemäß stärker durch.

Bezieht man den Realgasfaktor Z eines beliebigen Zustandes auf den des Normzustandes Z_n, erhält man die Kompressionszahl K.

$$K = \frac{Z(p, T)}{Z_n(p_n, T_n)} = \frac{p \cdot v \cdot T_n}{p_n \cdot v_n \cdot T} = \frac{p \cdot \rho_n \cdot T_n}{p_n \cdot \rho \cdot T} \tag{3.5-4}$$

Die tatsächliche Dichte eines realen Gases in einem beliebigen Zustand (p, T) ergibt sich dann unter Rückgriff auf die Normdichte des realen Gases aus

$$\rho = \rho_n \cdot \frac{p \cdot T_n}{p_n \cdot T} \cdot \frac{1}{K} = \frac{p}{R_i \cdot T} \cdot \frac{1}{K} \tag{3.5-5}$$

Zu den Realgasfaktoren $Z = Z(p,T)$ oder den Kompressionszahlen $K = K(p,T)$ existieren zahlreiche Veröffentlichungen, jedoch nicht alle enthalten technisch brauchbare Daten. Die Recherche nach zuverlässigen Daten in der Literatur oder im Internet kann aufwendig sein. Die Tabelle 3-5 enthält Realgasfaktoren von trockener Luft mit einer Gaskonstante $R_L = 287{,}12 \, \text{J}/(\text{kg K})$ in Abhängigkeit von Druck p und Temperatur t.

Tab. 3-5: Realgasfaktoren $Z(p,T)$ für trockene Luft (Quelle: VDI-Wärmeatlas, 11. Auflage).

p in bar	0 °C	25 °C	50 °C	100 °C	200 °C	400 °C	500 °C	600 °C	800 °C	1000 °C
1	0,9994	0,9997	0,9999	1,000	1,000	1,000	1,000	1,000	1,000	1,000
5	0,9971	0,9984	0,9994	1,001	1,002	1,002	1,002	1,002	1,001	1,001
10	0,9944	0,9970	0,9989	1,001	1,003	1,004	1,004	1,003	1,003	1,003
50	0,9777	0,9900	0,9985	1,009	1,017	1,019	1,018	1,017	1,015	1,013
80	0,9714	0,9897	1,002	1,017	1,029	1,031	1,029	1,028	1,024	1,021
100	0,9704	0,9918	1,007	1,024	1,037	1,039	1,037	1,035	1,030	1,027
200	1,005	1,030	1,049	1,070	1,085	1,082	1,077	1,071	1,062	1,054
300	1,090	1,107	1,120	1,134	1,141	1,127	1,118	1,109	1,093	1,081
400	1,202	1,206	1,209	1,211	1,203	1,174	1,159	1,147	1,125	1,109
600	1,455	1,432	1,413	1,382	1,336	1,270	1,245	1,224	1,190	1,164
800	1,715	1,667	1,627	1,564	1,477	1,370	1,333	1,302	1,225	1,220
1000	1,972	1,901	1,842	1,749	1,620	1,470	1,420	1,380	1,319	1,275

Daraus entstehen dann die in Tabelle 3-6 zusammenfassend dargestellten und jeweils unterschiedlichen Anforderungen genügenden Annahmen für Gase als thermodynamische Arbeitsmittel.

Tab. 3-6: Thermodynamische Modelle für Gase.

Parameter	perfektes Gas	halbideales Gas	reales Gas
Realgasfaktor Z Gleichung (3.5-1)	$Z = 1$	$Z = 1$	$Z = Z(p,t)$
spezifische Wärmekapazitäten konstanter Druck/konstantes Volumen Gleichung (3.3-7) und (3.3-10)	konstant	$c_p = c_p(t)$ $c_V = c_V(t)$	$c_p = c_p(p,t)$ $c_V = c_V(p,t)$
Isentropenexponent κ Gleichung (3.3-14)	konstant	$\kappa = \kappa(t)$	$\kappa = \kappa(p,t)$

An ein ideales Gas wird lediglich die Forderung gestellt, der Grundgleichung für ideales Gas (3.2-1) zu genügen, die spezifischen Wärmekapazitäten und der Isentropenexponent unterliegen keinen weiteren Restriktionen. Für viele Analysen hat es sich je-

Tab. 3-7: Isentropenexponent κ ausgewählter Gase bei $p = 1$ bar als Funktion der Temperatur.

Gas	0 °C	100 °C	200 °C	400 °C	600 °C	800 °C	1000 °C
Wasserstoff H_2	1,41	1,40	1,40	1,39	1,38	1,37	1,36
Stickstoff N_2	1,40	1,40	1,39	1,37	1,35	1,33	1,32
Sauerstoff O_2	1,40	1,38	1,37	1,34	1,32	1,31	1,30
trockene Luft	1,40	1,40	1,39	1,37	1,35	1,33	1,32
Kohlendioxid CO_2	1,31	1,26	1,23	1,20	1,19	1,18	1,17

doch als praktisch erwiesen zu unterstellen, auch die spezifischen Wärmekapazitäten und den Isentropenexponenten als numerische Konstanten zu betrachten. Genau für diesen Fall hat man den Begriff (kalorisch) perfektes Gas geprägt. Ein solches Modell stellt viele Zusammenhänge in mathematisch einfachster Art und Weise und gleichzeitig hinreichend genau dar und ermöglicht Auswertungen mit dem Tascherechner.

Die spezifischen Wärmekapazitäten c_p und c_V realer Gase sind tatsächlich aber selbst im Anwendungsbereich für die Grundgleichung des idealen Gases ausgeprägte Temperaturfunktionen. Bei höheren Drücken tritt zusätzlich noch die Druckabhängigkeit hinzu. Die spezifischen Wärmekapazitäten steigen mit wachsender Temperatur, weil mit der Energiezufuhr immer mehr Freiheitsgrade aktiviert werden. Man verfügt heute über eine gut ausgebaute, aber nicht auf phänomenologischen Modellen basierende Theorie, die Funktionen $c_p = c_p(t)$ und $c_V = c_V(t)$ mit Polynomansätzen bis zu achten Grades zu berechnen. Trotz der Temperaturabhängigkeit gilt

$$c_p(t) = c_V(t) + R_i. \tag{3.5-6}$$

Der Isentropenexponent $\kappa(t)$ nimmt bei realen Gasen in der Regel mit steigender Temperatur ab (vergleiche Tabelle 3-7). Die spezifische Wärmekapazität bei Gasen besteht grundsätzlich aus zwei Anteilen: Der temperaturunabhängige Anteil rührt von der von der kinetischen Energie und der Rotation der Moleküle her, der temperaturabhängige Schwingungsanteil wird mit zunehmender Temperatur immer stärker angeregt und erst wenn eine Temperatur erreicht ist, bei der alle Schwingungsmöglichkeiten ausgereizt sind, nimmt die spezifische Wärmekapazität über der Temperatur einen konstanten Wert an. Bestehen die Teilchen in einem Gas lediglich aus einem einzigen Atom, wie zum Beispiel bei den Edelgasen Helium, Neon, Argon, Krypton, Xenon und für hoch erhitzten Natrium- oder Quecksilberdampf, entfallen die Freiheitsgrade für Schwingung und Rotation, sodass in diesen Fällen die spezifische Wärmekapazität über der Temperatur konstant bleibt.

Beim Modell *halbideales* Gas wird die Temperaturabhängigkeit bei den spezifischen Wärmekapazitäten und in der Folge auch beim Isentropenexponenten κ einbezogen. Das Modell halbideales Gas eignet sich insbesondere für Anwendungen, in denen das Gas nur mittlere Druckänderungen erfährt, aber einen weiten Temperaturbereich überstreicht. So ist man zum Beispiel in der Lage, mithilfe eines PCs oder eines programmierbaren Taschenrechners thermodynamische Erfordernisse bei der Auslegung von Kompressoren oder Gasturbinen bei moderaten Stufendruckverhältnissen mit ausreichender Genauigkeit zu berücksichtigen.

Für *reale* Gase sind alle Gaseigenschaften sowohl vom Druck als auch von der Temperatur abhängig. Die gegenseitigen Kraftwirkungen der Teilchen aufeinander können nicht mehr vernachlässigt werden. Bei sehr niedrigen Temperaturen bewirken Anziehungskräfte eine Volumenverringerung. Bei sehr hohen Drücken gewinnt das Eigenvolumen der Teilchen an Bedeutung und führt im Verhältnis zum idealen Gas zu einer Volumenvergrößerung. Der Verdichtung eines realen Gases steht deshalb ein erhöhter Widerstand entgegen. Zur Erreichung eines hohen Drucks berechnet man mit idealem Gas einen zu niedrigen Arbeitsaufwand. Wegen der höheren Drücke treten auch zusätzlich auf intermolekularer Ebene Anziehungskräfte auf, sodass bei Expansion des Gases Energie für die Vergrößerung des Abstands zwischen den Molekülen aufgewendet werden muss. Wird diese Energie nicht von außen zugeführt, kühlt sich das Gas bei der Expansion ab, was zum Beispiel bei der adiabaten Drosselung zur Luftverflüssigung zu beobachten ist. In solchen Fällen ist auch die Druckabhängigkeit der spezifischen Wärmekapazität von Gasen zu beachten. Leider sind diese Abhängigkeiten in der Kombination Druck und Temperatur nicht für alle Gase hinreichend gut bekannt und man ist gezwungen, auf Näherungen zurückzugreifen. Die thermodynamischen Zusammenhänge lassen sich auf dieser Basis nicht mehr analytisch geschlossen darstellen und ihre mathematische Auswertung ist nur noch mit umfangreichen numerischen Routinen möglich. Dazu sollte ein leistungsfähiger PC zur Verfügung stehen.

Für isentrope Zustandsänderungen kann man bei Realgasverhalten noch auf eine relativ elegante Berechnungsmethode über die Entropiefunktion der Temperatur $s_T(T)$ zurückgreifen. Dazu nutzt man Gleichungen, die wir in Kapitel 5 näher behandeln. Mathematisch formal führen wir aber diese Methode schon einmal hier vor. Man geht für die Berechnung der vom Druck p und der Temperatur T abhängigen Entropie eines Gases $s(p, T)$ von folgendem Differentialausdruck aus:

$$ds = \frac{c_p \cdot dT}{T} - R_i \cdot \frac{dp}{p}$$

Nach Integration entsteht:

$$s(T, p) - s_0 = \int_{T_0}^{T} \frac{c_p(T) \cdot dT}{T} - R_i \cdot \ln \frac{p}{p_0} \quad \text{mit} \quad s_T(T) = \int_{T_0}^{T} \frac{c_p(T) \cdot dT}{T} \tag{3.5-7}$$

Den Integralausdruck $s_T(T)$ nennt man Temperaturfunktion der Entropie, die bei bekannter Funktion $c_p = c_p(T)$ für die interessierenden Gase numerisch ausgewertet werden kann. Für trockene Luft liegen in Tabelle 6.6-4 im Anhang sowohl die wahre spezifische Wärmekapazität $c_p(T)$ als auch die Temperaturfunktion der Entropie $s_T(T)$ für ausgewählte Temperaturen als Tabellenwerte vor. Diese Stoffwerte wurden auf Basis der *VDI-Richtlinie 4670: Thermodynamische Stoffwerte von feuchter Luft und Verbrennungsgasen* mit dem Referenzzustand $t_0 = 0\,°C$ berechnet. Die Enthalpie der trockenen Luft bei Referenztemperatur beträgt $h_0 = 0\,kJ/kg$, für die Temperaturfunktion der Entropie $s_T(t_0 = 0\,°C) = 0{,}16189\,kJ/(kg\,K)$.

Die Funktion $s_T(T)$ nennt man Temperaturfunktion der Entropie, sie liegt für ausgewählte Temperaturen als Tabellenwert für die Referenztemperatur $t_0 = 0\,°C$ im Anhang vor.

Die Integration zwischen $s(T,p)$ und einem willkürlichen Bezugspunkt $s_0(T_0, p_0)$ der Differentialgleichung, die wir schon für die Berechnung der Entropie eines idealen Gases mit konstanter spezifischer Wärmekapazität verwendet haben, führt bei Berücksichtigung von $c_p = c_p(T)$ auf eine Integralgleichung, die die Temperaturfunktion der Entropie $s_T(T)$ enthält.

Mit (3.5-7) ergibt sich für die Differenz der Entropie zwischen einem Zustand 1 und 2 aus:

$$s_2 - s_1 = s_T(T_2) - s_T(T_1) - R_i \cdot \ln \frac{p_2}{p_1}$$

Bei einer isentropen Zustandsänderung ($s_2 - s_1 = 0$) geht daraus hervor:

$$s_T(T_2) = s_T(T_1) + R_i \cdot \ln \frac{p_2}{p_1} \tag{3.5-8}$$

Zur Ermittlung der unbekannten Temperatur T_2 einer isentropen Zustandsänderung geht man von Formel (3.5-8) aus und berechnet mithilfe der Tabelle 6.6-4 im Anhang den Wert für $s_T(T_2)$. Die Temperatur T_2 ergibt sich dann durch eine inverse Interpolation.

3.5.1 Verdichtung von Luft als perfektes, halbideales und reales Gas

Trockene Luft mit einer Temperatur von 25 °C werde von 1 bar auf 3,0 MPa isentrop verdichtet. Die Gaskonstante der Luft sei mit 287,12 J/(kg K) gegeben. Man gebe jeweils die Temperatur der verdichteten Luft an, wenn diese behandelt wird als:
  a) perfektes Gas,
  b) halbideales Gas und
  c) reales Gas!

Gegeben sind:

$p_1 = 1\,bar$ $\qquad$ $T_1 = 298{,}15\,K$ $(t_1 = 25\,°C)$ $\qquad$ $p_2 = 30\,bar$ $\qquad$ $R_L = 287{,}12\,J/(kg\,K)$

Vorüberlegungen:
Luft ist ein Gasgemisch mit ganz überwiegend zweiatomigen Komponenten, sodass für Aufgabenteil a) nach kinetischer Gastheorie näherungsweise $\kappa = 7/5 = 1{,}4$ angesetzt

werden kann. Für das halbideale Gas ist die Temperaturabhängigkeit des Isentropen-exponenten κ zu beachten, bei realem noch zusätzlich die Druckabhängigkeit. Mit zunehmender Temperatur fällt der Isentropenexponent.

Lösung:

a) isentrope Verdichtung von Luft als perfektes zweiatomiges Gas nach Formel (3.2-16)

$$T_2 = T_1 \left(\frac{p_2}{p_1} \right)^{\frac{\kappa-1}{\kappa}} = 298{,}15\,\text{K} \cdot \left(\frac{30\,\text{bar}}{1\,\text{bar}} \right)^{2/7} = 787{,}9\,\text{K} \approx \underline{\underline{514{,}75\,°\text{C}}}$$

b) halbideales Gas mit $\kappa = \kappa(t)$

Bekannt sind weder die Funktion für den wahren Isentropenexponenten $\kappa = \kappa(t)$ noch die Temperatur T_2 am Ende der Verdichtung. Deshalb muss man sich hier auf iterativem Weg in mehreren Schritten der Lösung nähern.

Aus Formel (3.3-16) gewinnen wir einen Ausdruck für den Exponenten $(\kappa-1)/\kappa$ in der isentropen Zustandsgleichung.

$$c_p = \frac{\kappa}{\kappa-1} R_L \quad \rightarrow \quad \frac{\kappa-1}{\kappa} = \frac{R_L}{c_p} \quad \rightarrow \quad \frac{\kappa-1}{\kappa} = \frac{R_L}{\bar{c}_p|_{t_1}^{t_2}}$$

Die Temperaturabhängigkeit des Isentropenexponenten berücksichtigt man über eine temperaturgemittelte spezifische Wärmekapazität für konstanten Druck, die wir aus Tabelle 6.6-4 im Anhang beziehen.

Für die unbekannte Temperatur nach der Verdichtung schätzen wir zunächst einen Wert von $t_2 = 500\,°\text{C}$. Dann folgt gemäß Formel (2.3-6) und den Werten aus Tabelle 6.6-4:

1. Schritt: $t_2 = 500\,°\text{C}$

$$\bar{c}_p|_{25\,°\text{C}}^{500\,°\text{C}} = \frac{\bar{c}_p|_{0\,°\text{C}}^{500\,°\text{C}} \cdot 500\,°\text{C} - \bar{c}_p|_{0\,°\text{C}}^{25\,°\text{C}} \cdot 25\,°\text{C}}{500\,°\text{C} - 25\,°\text{C}}$$

$$= \frac{1{,}0389\,\dfrac{\text{kJ}}{\text{kg K}} \cdot 500\,°\text{C} - 1{,}0043\,\dfrac{\text{kJ}}{\text{kg K}} \cdot 25\,°\text{C}}{500\,°\text{C} - 25\,°\text{C}}$$

$$\bar{c}_p|_{25\,°\text{C}}^{500\,°\text{C}} = 1{,}04072\,\text{kJ/(kg K)} \quad \rightarrow \quad \frac{\kappa-1}{\kappa} = \frac{\{R_L\}}{\{\bar{c}_p\}} = \frac{0{,}28712}{1{,}04072} = 0{,}275885925$$

$$T_2^{(1)} = T_1 \left(\frac{p_2}{p_1} \right)^{\frac{R_L}{\bar{c}_p}} = 298{,}15\,\text{K} \cdot \left(\frac{30\,\text{bar}}{1\,\text{bar}} \right)^{0{,}275885925} = 761{,}99\,\text{K} \qquad t_2^{(1)} \approx 488{,}84\,°\text{C}$$

2. Schritt: $t_2 = 488{,}84\,°\text{C}$

$\bar{c}_p|_{0\,°\text{C}}^{488{,}84\,°\text{C}}$ muss in Tabelle 6.6-4 zwischen 450 °C und 500 °C linear interpoliert werden:

$$\bar{c}_p\Big|_{0\,°C}^{488,84\,°C} = 1,0337\,\frac{kJ}{kg\,K} + \frac{488,84\,°C - 450\,°C}{500\,°C - 450\,°C} \cdot (1,0389 - 1,0337)\frac{kJ}{kg\,K} = 1,03774\,\frac{kJ}{kg\,K}$$

$$\bar{c}_p\Big|_{25\,°C}^{488,84\,°C} = \frac{\bar{c}_p\Big|_{0\,°C}^{488,84\,°C} \cdot 488,84\,°C - \bar{c}_p\Big|_{0\,°C}^{25\,°C} \cdot 25\,°C}{488,84\,°C - 25\,°C}$$

$$= \frac{1,03774\,\dfrac{kJ}{kg\,K} \cdot 488,84\,°C - 1,0043\,\dfrac{kJ}{kg\,K} \cdot 25\,°C}{488,84\,°C - 25\,°C}$$

$$\bar{c}_p\Big|_{25\,°C}^{488,84\,°C} = 1,039542346\,\frac{kJ}{kg\,K} \quad \rightarrow \quad \frac{\kappa - 1}{\kappa} = \frac{\{R_L\}}{\{\bar{c}_p\}} = \frac{0,28712}{1,039542346} = 0,276198464$$

$$T_2^{(2)} = 298,15\,K \cdot \left(\frac{30\,bar}{1\,bar}\right)^{0,276198464} = 762,80\,K \qquad t_2^{(2)} \approx 489,65\,°C$$

3. Schritt: $t_2 = 489,65\,°C$

$\bar{c}_p\Big|_{0\,°C}^{489,65\,°C}$ muss in Tabelle 6.6-4 zwischen 450 °C und 500 °C linear interpoliert werden:

$$\bar{c}_p\Big|_{0\,°C}^{489,65\,°C} = 1,0337\,\frac{kJ}{kg\,K} + \frac{489,65\,°C - 450\,°C}{500\,°C - 450\,°C} \cdot (1,0389 - 1,0337)\frac{kJ}{kg\,K}$$

$$= 1,0378236\,\frac{kJ}{kg\,K}$$

$$\bar{c}_p\Big|_{25\,°C}^{489,65\,°C} = \frac{1,03782\,\dfrac{kJ}{kg\,K} \cdot 489,65\,°C - 1,0043\,\dfrac{kJ}{kg\,K} \cdot 25\,°C}{489,65\,°C - 25\,°C}$$

$$\bar{c}_p\Big|_{25\,°C}^{488,84\,°C} = 1,039623508\,\frac{kJ}{kg\,K} \quad \rightarrow \quad \frac{\kappa - 1}{\kappa} = \frac{\{R_L\}}{\{\bar{c}_p\}} = \frac{0,28712}{1,039623508} = 0,276176902$$

$$T_2^{(3)} = 298,15\,K \cdot \left(\frac{30\,bar}{1\,bar}\right)^{0,276176902} = 762,67\,K \qquad t_2^{(3)} \approx \underline{489,52\,°C}$$

An dieser Stelle kann die Iteration abgebrochen werden, die Temperatur t_2 ändert sich nur noch um wenige Zehntel!

c) Verdichtung reales Gas mit Temperaturfunktion der Entropie mit Formel (3.5-8)

$$s_T(t_2) = s_T(t_1 = 25\,°C) + R_L \cdot \ln\frac{p_2}{p_1} = 0,24984\,\frac{kJ}{kg\,K} + 0,28712\,\frac{kJ}{kg\,K} \cdot \ln 30$$

$$= 1,2263918\,\frac{kJ}{kg\,K}$$

Inverse Interpolation in Tabelle 6.6-4 liefert die Temperatur t_2

$$t_2 = 450\,°C + \frac{(1,2263918 - 1,16229)kJ/(kg\,K)}{(1,23493 - 1,16229)\,kJ/(kg\,K)} \cdot (500\,°C - 450\,°C) = \underline{\underline{494,12\,°C}}$$

Mit dem Modell perfektes Gas wird der Aufwand für die Verdichtung in den meisten Fällen überschätzt. Das halbideale Gas liefert brauchbare Ergebnisse für niedrigere Drücke (etwa bis 50 bar), für höhere Drücke erreicht man die technisch erforderlichen Genauigkeiten nur mit dem höheren Aufwand bei der Berücksichtigung des Realgasverhaltens. Die Anwendung der Temperaturfunktion der Entropie beschränkt sich auf isentrope Zustandsänderungen, die ja schon ein theoretischer Grenzfall ist, den man technisch nie exakt verwirklichen kann.

3.5.2 Verdichtung von Luft unter Berücksichtigung von Realgasfaktoren

Wie hoch ist die erreichbare Verdichtung von 360 Liter trockener Luft bei 25 °C ausgedrückt durch das Verdichtungsverhältnis $\epsilon = V_1/V_2$ und die dafür erforderliche Arbeit in kWh bei isothermer Kompression von 1 auf 400 bar, wenn:
 a) Idealgasverhalten und
 b) Realgasfaktoren nach Tabelle 3-5 zur Berücksichtigung des Realgasverhaltens unterstellt werden?

Gegeben sind:

$p_1 = 1\,\text{bar}$	$t_1 = 25\,^\circ\text{C}$	$V_1 = 0,36\,\text{m}^3$	$Z_1(p_1, t_1) = 0,9997$ (Tabelle 3-5)
$p_2 = 400\,\text{bar}$	$t_2 = 25\,^\circ\text{C}$ (isotherm)		$Z_2(p_2, t_2) = 1,2060$ (Tabelle 3-5)

Vorüberlegungen:
Bei isothermer Kompression sind Volumenänderungsarbeit und technische Arbeit gleich. Wir müssen uns also keine Gedanken machen, ob die Verdichtung in einem geschlossenen oder offenen System stattfinden soll. Der Aufwand für die isotherme Kompression ist gleichzeitig der für eine Verdichtung geringst mögliche Aufwand und wird daher oft als Vergleichsmaßstab für Hubkompressoren mit gekühlten Zylinderwänden verwendet. Deshalb verwenden wir für den Arbeitsaufwand das Formelzeichen $W_{t,12}$. Die Berechnungsgleichung für die spezifische technische Arbeit entnehmen wir aus Tabelle 6.3-4 des Anhangs mit $w_{t,12} = p_1 \cdot v_1 \cdot \ln \frac{p_2}{p_1}$ und unter Nutzung von $V_1 = m \cdot v_1$ gewinnen wir eine Größengleichung zur Berechnung des Arbeitsaufwands in kWh: $W_{t,12} = p_1 \cdot V_1 \cdot \ln \frac{p_2}{p_1}$.

Lösung:
a) isotherme Verdichtung von idealem Gas nach dem Gesetz von Boyle-Mariotte (3.2-10)

$$\epsilon = \frac{V_1}{V_2} = \frac{p_2}{p_1} = \frac{400\,\text{bar}}{1\,\text{bar}} = \underline{\underline{400}}$$

$$W_{t,12} = 1 \cdot 10^5\,\text{N/m}^2 \cdot 0,36\,\text{m}^3 \cdot \frac{1\,\text{h}}{3.600\,\text{s}} \cdot \ln 400 = \underline{\underline{59,915\,\text{kWh}}}$$

b) Berücksichtigung des Realgasverhaltens bei T = konstant

$$p_1 \cdot V_1 = Z_1 \cdot m \cdot R_L \cdot T \quad \text{und} \quad p_2 \cdot V_2 = Z_2 \cdot m \cdot R_L \cdot T$$

führen auf

$$\frac{p_1 \cdot V_1}{Z_1} = \frac{p_2 \cdot V_2}{Z_2}.$$

Daraus folgt

$$\varepsilon = \frac{V_1}{V_2} = \frac{p_2}{p_1} \cdot \frac{Z_1}{Z_2} = \frac{400\,\text{bar}}{1\,\text{bar}} \cdot \frac{0{,}9997}{1{,}2060} = \underline{\underline{331{,}58}}$$

Das erreichbare Verdichtungsverhältnis ist bei Berücksichtigung des Realgasverhaltens deutlich niedriger, weil reales Gas der Verdichtung zu hohen Drücken im Verhältnis zu idealem Gas einem zusätzlichen Widerstand entgegensetzt. Wie hoch müsste das Druckverhältnis also sein, um ein Verdichtungsverhältnis von $\varepsilon = 400$ zu erhalten?

$$\frac{p_2}{p_1} = \frac{V_1}{V_2} \cdot \frac{Z_2}{Z_1} = 400 \cdot \frac{1{,}2060}{0{,}9997} = \underline{\underline{482{,}54}}$$

Der Aufwand für eine Verdichtung der trockenen Luft, der auf ein Verdichtungsverhältnis von $\varepsilon = 400$ führt, ergibt sich nun aus:

$$W_{t,12} = 1 \cdot 10^5\,\text{N/m}^2 \cdot 0{,}36\,\text{m}^3 \cdot \frac{1\,\text{h}}{3.600\,\text{s}} \cdot \ln 482{,}54 = \underline{\underline{61{,}780\,\text{kWh}}}$$

Erwartungsgemäß ist der Aufwand höher als für ideales Gas berechnet. Der Unterschied liegt hier bei etwa 3 %, nimmt bei noch höheren Verdichtungsenddrücken aber noch deutlich zu.

Relativer Fehler:

$$\frac{(61{,}780 - 59{,}915)\,\text{kWh}}{61{,}780\,\text{kWh}} \approx \underline{\underline{0{,}0302}}$$

3.5.3 Erhitzung von Luft als halbideales Gas

Man bestimme die erforderliche Wärme, um $1\,\text{m}^3$ trockene Luft mit einer Gaskonstante von $287{,}12\,\text{J/(kg K)}$ bei einem Druck von $1\,\text{bar}$ von $25\,°\text{C}$ auf $1.200\,°\text{C}$ isobar zu erhitzen unter Zugrundelegung des:

    a) Modells kalorisch perfektes Gas (konstante spezifische Wärmkapazität)
    b) Modells halbideales Gas (temperaturgemittelte spezifische Wärmekapazität).

Gegeben sind:

$R_L = 287{,}12 \, \text{J/(kg K)}$ $p_1 = 1 \, \text{bar}$ $V_1 = 1 \, \text{m}^3$

$T_1 = 298{,}15 \, \text{K} \, (t_1 = 25\,°\text{C})$ $t_2 = 1200\,°\text{C}$

Vorüberlegungen:

Die Bestimmung der erforderlichen Wärme für die Erhitzung der Luft erfolgt mit der Grundgleichung der Kalorik (2.3-2a):

$$Q_{12} = m \cdot \vec{c}|_{t_1}^{t_2} \cdot (t_2 - t_1)$$

Für den Fall des kalorisch perfekten Gases wird die temperaturgemittelte spezifische Wärmekapazität ersetzt durch die, die sich aus der Mayer'schen Gleichung ergibt, nämlich Formel (3.3-16), wobei der Isentropenexponent κ für das ganz überwiegend zweiatomige Gasgemisch Luft nach kinetischer Gastheorie mit 1,4 anzusetzen ist.

$$c_{p,L} = \frac{\kappa}{\kappa - 1} \cdot R_L = \frac{1{,}4}{0{,}4} \cdot 287{,}12 \, \frac{\text{J}}{\text{kg K}} = 1.004{,}92 \, \frac{\text{J}}{\text{kg K}}$$

Mit der Grundgleichung für ideales Gas (3.2-1) kann die Masse der Luft bestimmt werden. Für den Zustand 1 sind alle drei thermischen Zustandsgrößen bekannt.

$$m = \frac{p_1 \cdot V_1}{R_L \cdot T_1} = \frac{100.000 \, \text{N/m}^2 \cdot 1 \, \text{m}^3}{287{,}12 \, \text{J/(kg K)} \cdot 298{,}15 \, \text{K}} = 1{,}1682 \, \text{kg}$$

Lösung:

a) Luft als kalorisch perfektes Gas

$$Q_{12} = 1{,}1682 \, \text{kg} \cdot 1{,}00492 \, \text{kJ/(kg K)} \cdot (1.200\,°\text{C} - 25\,°\text{C}) = \underline{\underline{1.379{,}39 \, \text{kJ}}}$$

b) Luft als halbideales Gas

Die spezifische Wärmekapazität von Luft zwischen 25 °C und 1.200 °C errechnet sich nach Formel (2.3-6)

$$\bar{c}_p|_{t_1}^{t_2} = \frac{\bar{c}_p|_{0\,°\text{C}}^{t_2} \cdot t_2 - \bar{c}_p|_{0\,°\text{C}}^{t_1} \cdot t_1}{t_2 - t_1}$$

Die einzusetzenden Werte für die spezifische Wärmekapazität zwischen null Grad Celsius und einer Temperatur t finden sich in der dritten Spalte der Tabelle 6.6-4 im Anhang.

$$\bar{c}_p|_{0\,°\text{C}}^{1200\,°\text{C}} = \frac{1{,}1087 \, \text{kJ/(kg K)} \cdot 1.200\,°\text{C} - 1{,}0043 \, \text{kJ/(kg K)} \cdot 25\,°\text{C}}{1.200\,°\text{C} - 25\,°\text{C}} = 1{,}1109 \, \frac{\text{kJ}}{\text{kg K}}$$

Es fällt auf, dass die errechnete spezifische Wärmekapazität zwischen 25 °C und 1.200 °C größer ist als ihre beiden Ausgangswerte zwischen 0 °C und 1.200 °C sowie zwischen 0 °C und 25 °C. Das ist eine Konsequenz daraus, dass die spezifische Wärmekapazität im angesprochenen Temperaturbereich eine streng monoton wachsende Funktion ist.

$$Q_{12} = 1,1682\,\text{kg} \cdot 1,1109\,\text{kJ/(kg K)} \cdot (1.200\,^\circ\text{C} - 25\,^\circ\text{C}) = \underline{\underline{1.524,86\,\text{kJ}}}$$

Alternativ hätte man auch mit den Enthalpiewerten der 4. Spalte von Tabelle 6.6-4 arbeiten können. Das wäre auch die in der Praxis bevorzugte Methode, weil hier die Rundungsfehler geringer sind.

$$Q_{12} = m \cdot (h(1.200\,^\circ\text{C}) - h(25\,^\circ\text{C})) = 1,1682\,\text{kg} \cdot (1.330,43 - 25,108)\,\text{kJ/kg} = \underline{\underline{1.524,88\,\text{kJ}}}$$

Der relative Fehler für das Modell perfektes Gas beträgt

$$\frac{(1.524,86 - 1.379,39)\,\text{kJ}}{1.524,86\,\text{kJ}} = 0.0954.$$

Das ist bei technischen Anwendungen nicht mehr vernachlässigbar!

3.5.4 Mittlere spezifische Wärmekapazität für Wasser zwischen 0 und 100 Grad Celsius

Man bestimme die mittlere spezifische Wärmekapazität für Wasser zwischen 0 °C und 100 °C aus Werten für die wahre spezifische Wärmekapazität $c_W(t)$ in Tabelle 6.6-3 im Anhang.

Gegeben sind:
Werte der Tabelle 6.6-3 für $c_p = c_p(t)$ von Wasser

Vorüberlegungen:
Mit der sogenannten Keppler'schen Fassregel in Form von Gleichung (2.3-5) kann man aus einer in Tabellenform vorliegenden wahren spezifischen Wärmekapazität $c(t)$ über eine numerische Integrationsformel, die Polynome bis zum dritten Grad exakt integriert, eine zwischen zwei Temperaturen gemittelte spezifische Wärmekapazität berechnen.

$$\bar{c}_w\big|_{t_1}^{t_2} = \frac{1}{6}\left(c(t_1) + 4 \cdot c\left(\frac{t_1 + t_2}{2} \right) + c(t_2) \right)$$

Man sieht, dass der Funktionswert in der Mitte des Integrationsbereiches mit dem vierfachen Gewicht eingeht. Wenn man nur eine grobe Schätzung benötigt, reicht es mitunter aus, die mittlere spezifische Wärmekapazität zwischen zwei Temperaturen gleichzusetzen mit der wahren spezifischen Wärmekapazität in der Mitte des Temperaturintervalls.

Lösung:

Um eine möglichst hohe Genauigkeit zu erreichen, teilen wir den Integrationsbereich von 100 K in vier gleiche Teile von je 25 K auf und wenden (2.3-5) auf jeden Teilbereich an. Dieses Verfahren führt auf die Simpson'sche Formel, die jedoch in den meisten mathematischen Formelsammlungen etwas unübersichtlich dargestellt wird, sodass es einfacher ist, den Temperaturbereich in jeweils gleiche Teile aufzuspalten und die Keppler'sche Fassregel auf jeden dieser Bereiche anzuwenden. Für die Teilintervalle entnehmen wir Tabelle 6.6-3 folgende, teilweise auch interpolierte Werte in kJ/(kg K):

1. Intervall: $\{c_W(0\,°C)\} = 4{,}219$ $\{c_W(12{,}5\,°C)\} = 4{,}192$ $\{c_W(25\,°C)\} = 4{,}1815$

2. Intervall: $\{c_W(25\,°C)\} = 4{,}1815$ $\{c_W(37{,}5\,°C)\} = 4{,}179$ $\{c_W(50\,°C)\} = 4{,}180$

3. Intervall: $\{c_W(50\,°C)\} = 4{,}180$ $\{c_W(62{,}5\,°C)\} = 4{,}184$ $\{c_W(75\,°C)\} = 4{,}192$

4. Intervall: $\{c_W(75\,°C)\} = 4{,}192$ $\{c_W(87{,}5\,°C)\} = 4{,}2025$ $\{c_W(100\,°C)\} = 4{,}216$

$$\bar{c}_W\big|_{0\,°C}^{100\,°C} = \frac{1}{24}\cdot\left[54{,}426\,\text{kJ}/(\text{kg K}) + 46{,}146\,\text{kJ}/(\text{kg K})\right] = \underline{\underline{4{,}1905\,\frac{\text{kJ}}{\text{kg K}}}}$$

Der Übersichtlichkeit wegen wurden hier zwei Zwischenergebnisse verarbeitet:

$$c(0\,°C) + 4\cdot c(12{,}5\,°C) + 2\cdot c(25\,°C) + 4\cdot c(37{,}5\,°C) + 2\cdot c(50\,°C)$$

$$= (4{,}219 + 4\cdot 4{,}192 + 2\cdot 4{,}1815 + 4\cdot 4{,}179 + 2\cdot 4{,}180)\,\text{kJ}/(\text{kg K}) = 54{,}426\,\text{kJ}/(\text{kg K})$$

$$+4\cdot c(62{,}5\,°C) + 2\cdot c(75\,°C) + 4\cdot c(87{,}5\,°C) + c(100\,°C)$$

$$= (4\cdot 4{,}184 + 2\cdot 4{,}192 + 4\cdot 4{,}2025 + 4{,}216)\,\text{kJ}/(\text{kg K}) = 46{,}146\,\text{kJ}/(\text{kg K})$$

Auch hier bietet sich eine effizientere Methode zur Bestimmung der mittleren spezifischen Wärmekapazität für Wasser zwischen 0 °C und 100 °C über eine Enthalpiedifferenz an. Die entsprechenden Werte erhalten wir aus der Wasserdampftafel. Tabelle 6.6-6 enthält den Wert für die Enthalpie des siedenden Wassers für 1 bar mit $h'(1\,\text{bar}) =$ **417,436 kJ/kg** einschließlich zugehöriger Siedetemperatur für 1 bar mit $t_s(1\,\text{bar}) =$ **99,6059 °C**. Die 100 °C-Marke für siedendes Wasser gilt für den physikalischen Normdruck $p_n = 1{,}01325\,\text{bar}$. Aber selbst für diesen Druck wird dort nicht die Siedetemperatur von 100 °C ausgewiesen. Dazu muss man wissen, dass der Standard IAPWS-IF 97 eine Vorschrift zur genauesten möglichen Berechnung der Werte ist. Die Differenz zu 100 °C ist an dieser Stelle ein Maß für den Berechnungsfehler. Wir legen konsequent die für die angegebenen Parameter berechneten Werte zugrunde und übernehmen für die Enthalpie bei 0 °C den in Tabelle 6.6-7 in der Spalte für den Druck $p = 1\,\text{bar}$ ausgewiesenen Wert mit $h(0\,°C) =$ **0,05966 kJ/kg**. So folgt:

$$h'(1\,\text{bar}) - h(0\,°\text{C}, 1\,\text{bar}) = \bar{c}_p\big|_{0\,°\text{C}}^{100\,°\text{C}} \cdot (t_s(1\,\text{bar}) - 0\,°\text{C})$$

$$\rightarrow \quad \bar{c}_p\big|_{0\,°\text{C}}^{100\,°\text{C}} = \frac{h'(1\,\text{bar}) - h(0\,°\text{C}, 1\,\text{bar})}{t_s(1\,\text{bar}) - 0\,°\text{C}}$$

$$\bar{c}_W\big|_{0\,°\text{C}}^{100\,°\text{C}} = \frac{(417{,}436 - 0{,}05966)\,\text{kJ/kg}}{99{,}6059\,°\text{C} - 0\,°\text{C}} \approx 4{,}1903\,\frac{\text{kJ}}{\text{kg K}}$$

Mit der häufig verwendeten Näherung $\bar{c}_W\big|_{0\,°\text{C}}^{100\,°\text{C}} \approx 4{,}19\,\dfrac{\text{kJ}}{\text{kg K}}$ ist man also gut beraten!

3.6 Zustandsänderungen mit Phasenübergängen für reine Stoffe

Die hier angesprochenen reinen Stoffe sind reale Stoffe mit einheitlichem Teilchenauf-bau (Atome, Moleküle). Darunter fallen alle chemischen Elemente und darüber hinaus alle chemischen Verbindungen, die thermisch stabil sind. Nicht reine Stoffe sind dage-gen zum Beispiel:

- Luft (Gasgemisch)
- Messing (Legierung aus Kupfer, Zink und geringen Mengen Mangan)
- Gusseisen (Eisen-Kohlenstoffverbindung)
- Wodka (in Wasser gelöster Alkohol)

Reine Stoffe können fest, flüssig oder gasförmig sein. Ein Phasendiagramm beschreibt für ein abgeschlossenes System den Existenzbereich dieser drei Phasen in Abhängigkeit von Druck und Temperatur und zeigt an, unter welchen Bedingungen ein Phasenüber-gang stattfindet. Einphasengebiete erscheinen als Fläche, Zweiphasengebiete als Linien (Phasengleichgewichtskurven) und das Dreiphasengebiet nur als Punkt (*Tripelpunkt* In-dex *Tr*). Für jeden reinen Stoff existiert ein charakteristisches p, t-Schaubild.

In den Einphasengebieten können Druck und Temperatur innerhalb eines durch die Sublimations-, Dampfdruck- oder Schmelzdruckkurve eingegrenzten Bereiches un-abhängig voneinander variieren, ohne dass ein Phasenwechsel stattfindet. Nach der Gibbs'schen Phasenregel (2.1-1) besitzt ein thermodynamisches Einkomponentensystem ($K = 1$) mit einer Phase ($P = 1$) genau zwei Freiheitsgrade ($f = K + 2 - P = 1 + 2 - 1 = 2$). Diese beiden Freiheitsgrade sind hier die intensiven Zustandsgrößen Druck p und die Temperatur t.

Ein bei einer bestimmten Konstellation von Druck und Temperatur auftretender Phasenübergang vollzieht sich nicht gleichzeitig an allen Teilen des Stoffes. Zwischen seinem Beginn und Ende existieren alte und neue Phasen mit jeweils veränderlichen Anteilen nebeneinander (Zweiphasengebiet). In einem solchen Zweiphasengebiet be-stehen zwischen Druck und Temperatur feste, funktionale Zusammenhänge ($t = t(p)$ oder die Umkehrfunktion $p = p(t)$), sodass dabei nur noch Druck *oder* Temperatur als unabhängige Variable auftreten. Liegen in einem thermodynamischen System, das nur aus einer einzigen Komponente besteht, zwei unterschiedliche Phasen vor, verbleibt

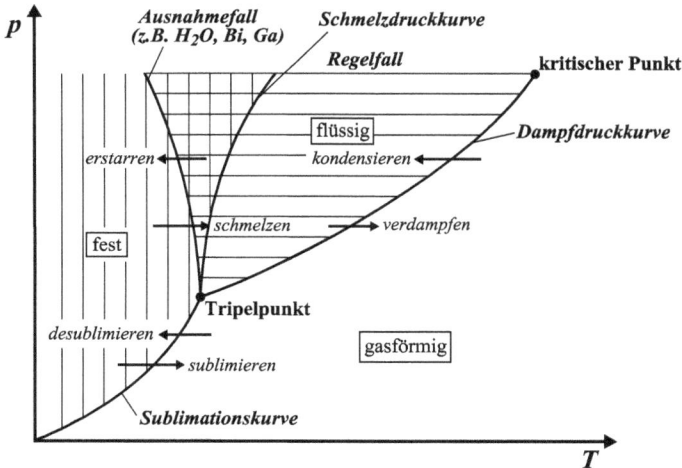

Abb. 3-15: Phasengleichgewichtskurven in einem p,t-Phasendiagramm für einen reinen Stoff.

nach der Gibbs'schen Phasenregel nur ein einziger Freiheitsgrad ($f = K+2-P = 1+2-2 =$ 1). Das System befindet sich im p,t-Phasendiagramm auf einer Linie (Koexistenzkurve) zwischen zwei Einphasengebieten und kann sich, wenn das Gleichgewicht zwischen den Phasen nicht aufgehoben werden soll, nur ausschließlich auf dieser Linie bewegen.

In Abbildung 3-15 fallen zunächst zwei Punkte auf, der Tripelpunkt (Index Tr) und der kritische Punkt (Index k). Im thermodynamischen Zustand **Tripelpunkt** und exakt nur dort existieren für jeden reinen realen Stoff die drei Phasen fest, flüssig und gasförmig in einem thermodynamischen Gleichgewicht stehend gleichzeitig nebeneinander. Schon geringste Abweichungen vom Tripeldruck und der Tripeltemperatur bewirken sofort das Verschwinden mindestens einer Phase. Nach der Gibb'schen Phasenregel besitzt ein thermodynamisches System im Tripelzustand mit einer Komponente ($K = 1$) und drei Phasen ($P = 3$) mit $f = K + 2 - P$ keinen Freiheitsgrad mehr ($f = 0$).

Der **kritische Punkt** (Index k) ist ein thermodynamischer Zustand, der durch drei Zustandsgrößen charakterisiert ist:
– den kritischen Druck p_k
– die kritische Temperatur t_k und
– das kritische spezifische Volumen v_k oder die kritische Dichte ρ_k.

Er markiert den Abschluss der Dampfdruckkurve. Lange Zeit ging man davon aus, dass die Siedetemperatur mit immer höheren Drücken beliebig weit ansteigt. Erst 1861 erkannte Andrews[18] bei der Untersuchung der Eigenschaften von Kohlendioxid, dass es bei einem bestimmten Druck, einer bestimmten Temperatur und einer bestimmten

---

18 Thomas Andrews (1813–1885), irischer Physiker und Chemiker.

Dichte einen Punkt gibt, an dem der Unterschied zwischen Gas und Flüssigkeit verschwindet. Diesen Punkt nannte er kritischen Punkt. Dieser Punkt gibt bei Verdampfung oder Kondensation reiner realer Stoffe die maximale Temperatur und den maximalen Druck an, bei dem zwischen flüssiger und gasförmiger Phase eine Phasengrenze beobachtet werden kann. Im kritischen Punkt gleichen sich alle Eigenschaften der beiden koexistierenden Phasen so an, dass sie nicht mehr voneinander unterschieden werden können, also zum Beispiel $v' = v'' = v_k$ oder $h' = h'' = h_k$. Auf mikroskopischer Ebene lässt sich diese Erscheinung so deuten, dass ein immer höherer Druck die Abstände der Teilchen im Gas so weit verringert, bis der Abstand zwischen den Teilchen genau dem in der Flüssigkeit entspricht und Unterschiede zwischen beiden Phasen nicht mehr feststellbar sind.

Oberhalb des kritischen Punktes wird bei Verdampfung oder Kondensation kein Zweiphasengebiet (koexistierende Phasen Gas und Flüssigkeit) mehr durchlaufen. Betrachtet man beispielsweise Wasser, ist festzustellen, dass oberhalb des kritischen Punktes kein flüssiges Wasser und kein Wasserdampf mehr existiert. Bei der Verdampfung bilden sich keine Dampfblasen. In diesen Bereichen spricht man deshalb von überkritischem Wasser (englisch: super critical scH$_2$O). Dieses verfügt über ganz andere thermophysikalische Eigenschaften als Wasser unter den üblichen Umgebungsbedingungen in der freien Natur. Es besitzt die Dichte von Wasser und eine Viskosität von Wasserdampf.

Mit dem Angleichen aller Eigenschaften eines Stoffes bei Annäherung an den kritischen Punkt nimmt die zur Verdampfung einer Flüssigkeit erforderliche Verdampfungsenthalpie ab, um im kritischen Punkt vollständig zu verschwinden. Wegen der äußerst niedrigen Verdampfungsenthalpie knapp unterhalb des kritischen Punktes tritt in diesem Bereich eine sogenannte kritische Opaleszenz auf. Dabei wechseln Teile des Stoffes intensiv zwischen flüssiger und gasförmiger Phase hin und her, wobei eine starke Schlierenbildung auftritt.

Technisch kommt überkritisches Wasser in überkritischen Kraftwerksprozessen zum Einsatz. Diese sind besonders energieeffizient, weil für die Dampferzeugung nicht mehr die Verdampfungsenthalpie beim Übergang vom flüssigen zum gasförmigen Zustand aufgebracht werden muss. Technisch kommt überkritisches Wasser in überkritischen Kraftwerksprozessen zum Einsatz. Diese sind besonders energieeffizient, weil für die Dampferzeugung nicht mehr die Verdampfungsenthalpie beim Übergang vom flüssigen zum gasförmigen Zustand aufgebracht werden muss. Der Bau entsprechender Dampferzeuger ist jedoch technisch sehr anspruchsvoll. Im Betrieb werden die Bauteile mechanisch (hoher Druck) und thermisch (hohe Temperaturen) extrem belastet, Schwachstellen sind immer wieder die Schweißnähte. Da im kritischen Punkt sich alle Stoffeigenschaften von flüssiger und gasförmiger Phase vollständig angenähert haben, besteht auch kein Dichteunterschied zwischen flüssiger und gasförmiger Phase. Deshalb gibt es keinen Auftrieb, sodass kein Naturumlauf mehr zustande kommt. Für solche Dampferzeuger ist also stets ein Zwangsdurchlauf vorzusehen. Wegen fehlender Trennung von Flüssigkeits- und Dampfphase wird allerdings auch keine Trommel mehr benötigt, die das siedende Wasser umfasst.

Überkritisches Wasser reagiert chemisch aggressiv und wird deshalb auch als Lösungsmittel bei der Zersetzung von Elektronikschrott oder bei der Aufarbeitung radioaktiv dekontaminierten Böden eingesetzt. Überkritisches Wasser kommt tatsächlich auch in der Natur vor. Man hat es über Hydrothermalquellen am Boden des Atlantiks gefunden.

Bedeutung hat der kritische Punkt auch für die Gasverflüssigung durch Druckerhöhung. Verdichtet man ein Gas bei einer Temperatur oberhalb seiner kritischen Temperatur t_k, so tritt bei keinem noch so hohen Druck eine Verflüssigung ein. Man glaubte daher früher, dass es sogenannte permanente (also nicht zu verflüssigende) Gase gäbe. Erst als man technisch in der Lage war, diese Gase unter ihre jeweilige kritische Temperatur zu kühlen, gelang es, auch diese durch Druckerhöhung zu verflüssigen. Die Daten in Tabelle 3-8 zeigen, dass Chlor, Ammoniak, Propan und Kohlendioxid der Höhe der kritischen Temperatur wegen direkt durch Kompression bei den gegebenen klimatischen Umgebungsbedingungen verflüssigt werden können. Methan, Sauerstoff, Kohlenmonoxid, Stickstoff müssen erst durch adiabate Drosselung unter t_k gekühlt werden, um sie durch Druckerhöhung flüssig zu machen. Den größten Aufwand verursacht die Verflüssigung von Helium. Dort muss man mit flüssigem Wasserstoff vorkühlen.

Tab. 3-8: Kritische Zustandsdaten einiger Stoffe.

Stoff	t_k in °C	p_k in bar	v_k in m³/kg	t_{Tr} in °C	p_{Tr} in Pa
Quecksilber Hg	1400,00	1056,00	0,0002	−38,8344	0,000165
Wasser H_2O	373,946	220,64	0,0031056	+0,01	611,657
Chlor Cl	143,85	77,00	0,00175	−100,98	1.387,00
Ammoniak NH_3	132,45	11,28	0,00425	−77,65	6.100,00
Propan C_3H_8	96,74	42,512	0,00442	−187,68	0,0003
Kohlendioxid CO_2	31,06	73,825	0,002145	−56,558	517.950,00
Methan CH_4	−82,59	45,992	0,006165	−182,45	11.700,00
Sauerstoff O_2	−118,57	50,430	0,00233	−218,789	146,330
Kohlenmonoxid CO	−140,20	34,990	0,00332	−205,0	15.400,00
Stickstoff N_2	−147,00	34,000	0,00322	−209,999	12.523,00
Wasserstoff H_2	−239,91	12,960	0,03230	−259,35	7.042,00
Helium He	−267,90	2,275	0,0145	besitzt als einzige Substanz keinen Tripelpunkt fest/flüssig/gasförmig	

Tripelpunkt und kritischer Punkt sind für jeden reinen realen Stoff charakteristisch, man könnte also anhand eines dieser Punkte den betreffenden Stoff auch identifizieren. Für Wasser halten wir Temperatur und Druck sowie die zugehörigen thermophysikalischen Eigenschaften im Tripelpunkt und im kritischen Punkt wie folgt fest:

– **Tripelpunkt Wasser** $t_{Tr} = +0,01\,°C$ $p_{Tr} = 0,00611657\,\text{bar}$
   $v' = 0,00100021\,\text{m}^3/\text{kg}$ $v'' = 205,997\,\text{m}^3/\text{kg}$
   $h' = 0,0006118\,\text{kJ/kg}$ $h'' = 2500,91\,\text{kJ/kg}$
   $s' = 0$ $s'' = 9,1555\,\text{kJ/(kg K)}$

– **kritischer Punkt Wasser** $t_k = 373,946\,°C$ $p_k = 220,64\,\text{bar}$
   $v_k = 0,00310559\,\text{m}^3/\text{kg}$ $h_k = 2087,55\,\text{kJ/kg}$ $s_k = 4,412\,\text{kJ/(kg K)}$

Interessanterweise ist Wasser in freier Natur auf der Erde ein gleichzeitig in allen drei Aggregatzuständen vorkommender Stoff, nämlich als festes Eis auf Gletschern und an den Polen, als Oberflächenwasser oder Grundwasser im flüssigen Zustand sowie gasförmig als in der Luft enthaltene Feuchtigkeit. Zu Beginn des Frühlings oder gegen Ende des Winters ist manchmal sogar das gleichzeitige Auftreten von festem Eis an der Oberfläche einer Pfütze, von flüssigem Wasser in der Pfütze und von dampfförmigem Wasser als darüber liegender Nebel zu beobachten. Vielleicht können Sie dabei sogar eine Temperatur messen, die der Tripeltemperatur von +0,01 °C entspricht, aber keineswegs den Tripeldruck! Wie ist das zu erklären? Darauf sind zwei Antworten zu geben:

1. Die Atmosphäre stellt keinen reinen realen Stoff dar, sondern sie ist ein Stoffgemisch aus verschiedenen Gasen und darin gespeichertem Wasser.
2. Das Wettergeschehen stellt kein thermodynamisches Gleichgewicht dar. Je nach Fall nehmen fortwährend bestimmte Phasen zulasten anderer Phasen zu oder ab.

Nach Abbildung 3-15 können bei reinen, realen Stoffen folgende Phasenübergänge mit sprunghaften Änderungen der Eigenschaften auftreten:
- von fest zu flüssig (schmelzen) über die Schmelzdruckkurve
- von flüssig zu fest (erstarren) über die Schmelzdruckkurve
- von flüssig zu gasförmig (verdampfen) über die Dampfdruckkurve
- von gasförmig zu flüssig (kondensieren) über die Dampfdruckkurve
- von fest zu gasförmig (sublimieren) über die Sublimationskurve
- von gasförmig zu fest (desublimieren) über die Sublimationskurve

Die spezifische Wärmekapazität für Eis bei 0 °C beträgt 2,039 kJ/(kg K), die für Wasser bei 0 °C 4,2194 kJ/(kg K). Man vergleiche dazu die gegebenen Stoffwerte in der grauen Box im Kapitel 2.3! Das illustriert, was eine sprunghafte Änderung der thermophysikalischen Eigenschaften bei Phasenwechsel bedeuten kann.

    Die Phasenübergänge über die Sublimationskurve werden bis heute von Ingenieuren kaum untersucht. Sublimation und Desublimation spielen in der Weltraum- und der Vakuumtechnik eine besondere Rolle und sind traditionell Arbeitsgebiet der Physik. Wir gehen deshalb hier nur am Rande auf diese Vorgänge ein. Erwärmt man einen Festkörper isobar unterhalb seines Tripeldruckes, dampft er ohne Bildung von Schmelzflüssigkeit an der Oberfläche ab. Diesen Phasenwechsel nennt man *Sublimation*.

Sublimation ist an kalten, aber sonnigen Wintertagen zu beobachten, wenn die Schneedecke auch ohne zu schmelzen abnimmt. Der umgekehrte Vorgang heißt *Desublimation*. Reif in kalten Winternächten ist Desublimation von Wasserdampf in der Luft (Luftfeuchtigkeit).

Bei der Deutung der hier erwähnten Wetterphänomene durch Sublimation oder Desublimation kann man schnell in Verlegenheit kommen, wenn man erklären soll, warum diese Vorgänge nach den Erfahrungen bei der Beobachtung winterlichen Wettergeschehens denn auch bei Drücken oberhalb von p_{Tr} = 0,00611657 bar und höheren Temperaturen als +0,01 °C vorkommen. Hierzu muss man wissen, dass Wasser nicht nur schlicht in drei verschiedenen Aggregatzuständen fest, flüssig und gasförmig vorkommen kann. Bis heute sind zwölf verschiedene Eismodifikationen bekannt geworden. Deshalb gibt es für Wasser außer dem oben aufgeführten vor allem technisch bedeutsamen Tripelpunkt noch elf weitere Tripelpunkte!

3.7 Phasenübergang fest-flüssig

Schmelz- und Erstarrungsvorgänge spielen im Maschinenbau und der Verfahrenstechnik eher am Rande eine Rolle und sollen deshalb auch nur kurz betrachtet werden. Größere Aufmerksamkeit schenkt man diesen Vorgängen in der Metallurgie bei der Herstellung metallischer Werkstoffe, die aber meist keine reinen Stoffe darstellen, sodass ohnehin noch andere theoretische Grundlagen gelegt werden müssten.

Die *Schmelzdruckkurve* als funktionaler Zusammenhang zwischen Druck und Temperatur beim Schmelzen und Erstarren trennt die Gebiete fest und flüssig. Sie beginnt bei niedrigen Drücken im Tripelpunkt. Wird das Schmelzen bei immer niedrigeren Drücken durchgeführt, erreicht man schließlich mit dem Tripeldruck p_{Tr} einen Druck, unterhalb dessen kein Schmelzen mehr möglich ist. Der Begriff Trockeneis für festes Kohlendioxid rührt daher, dass es bei passenden Umgebungsbedingungen sofort ohne zu schmelzen durch Sublimation in den gasförmigen Zustand übergeht. Kohlendioxid besitzt einen Tripeldruck von 5,18 bar und eine Tripeltemperatur von −56,6 °C.

Offen ist bis heute, ob für die Schmelzdruckkurve ein Abschluss wie der kritische Punkt bei der Dampfdruckkurve existiert. Ein Phasenübergang fest-flüssig oder flüssig-fest ohne Durchlaufen eines Schmelzgebietes ist bislang noch nicht beobachtet worden. Die Schmelzdruckkurve besitzt für die meisten Stoffe einen positiven Anstieg, jedoch für einige Stoffe, wie zum Beispiel Wasser oder die chemischen Elemente Wismut und Gallium, einen negativen Anstieg. Positiver Anstieg der Schmelzdruckkurve bedeutet, dass mit steigenden Drücken die Schmelztemperatur zunimmt. Für die meisten Reinstoffe erhöht sich die Schmelztemperatur mit wachsendem Druck geringfügig. Für die in Abbildung 3-15 als Ausnahmefälle gekennzeichneten Stoffe trifft dies aber nicht zu, dort verringert sich die Schmelztemperatur bei Druckerhöhung etwas, sodass Eis beispielsweise bei nicht zu niedrigen Temperaturen durch Druckerhöhung flüssig wird. Deshalb bestehen im Straßenverkehr bei Temperaturen zwischen 0 und –5 °C besondere Rutschgefahren durch Bildung eines Gleitfilms aus Wasser unter den Reifen. Auch das Gleiten von Schlittschuhkufen auf Eis wird gern auf die Eisverflüssigung durch Druckerhöhung zurückgeführt. Tatsächlich funktioniert das Schlittschuhlaufen nicht allein auf dieser Basis.[19]

Wird einem festen Körper kontinuierlich Energie bei konstantem Druck zugeführt, beginnt er bei einer ganz bestimmten Temperatur, der Schmelztemperatur t_{Sch}, flüssig zu werden. Bei weiterer Wärmezufuhr, beispielsweise durch Verbleiben in einer Umgebung mit einer Temperatur oberhalb der Schmelztemperatur, bildet sich bei Koexistenz von festem und flüssigem Stoff zunehmend Flüssigkeit zulasten des Feststoffs, bis schließlich nur noch Flüssigkeit vorliegt. Das Koexistenzgebiet von Flüssigkeit und Feststoff bezeichnet man als Schmelzgebiet. Während des Schmelzens steigt die Temperatur nicht, denn die zugeführte Energie wird zum Aufbrechen der kristallinen Ordnung im Festkörper benötigt. Die Moleküle selber werden dabei nicht aufgetrennt. Während im festen Zustand das Volumen eine feste Form hat, passt sich das Volumen der Flüssigkeit dem Raum an (die Form ist unbeständig). Die Energiemenge zum Aufbrechen der kristallinen Ordnung ist für jeden Stoff charakteristisch und heißt spezifische Schmelzenthalpie σ. Beispiele dafür enthält Tabelle 3-9.

Tab. 3-9: Schmelztemperatur und Schmelzenthalpie verschiedener Stoffe bei $p = 1{,}01325$ bar.

Stoff	t_{Sch} in °C	σ in kJ/kg
Ethanol C_2H_5OH	−114,2	108,0
Ammoniak NH_3	−77,9	339,0
Wasser H_2O	0,0	333,5
Quecksilber Hg	−38,9	11,3
Blei Pb	327,3	23,9
Kupfer Cu	1083,0	209,3

Beim Erstarren wird die kristalline Struktur als energieärmster Zustand wieder hergestellt und die Schmelzenthalpie (= Erstarrungsenthalpie) in gleicher Höhe frei. Theoretisch erfolgt dies wiederum bei der Schmelztemperatur, die man in diesem Fall Gefriertemperatur nennt. Praktisch kühlen Flüssigkeiten mitunter auf Temperaturen unterhalb ihrer Gefriertemperatur ab, ohne zu erstarren (*unterkühlte Flüssigkeit, unterkühlte Schmelze*). Das Impfen mit kleinsten Kristallisationskeimen oder das Übertragen von Impulsen durch Erschütterungen löst dann jedoch unter Freisetzung der Erstarrungsenthalpie die spontane Kristallisation aus. Unterkühlte Flüssigkeiten nehmen daher einen metastabilen Zustand ein. Das Fehlen von Kristallisationskeimen macht sich

---

19 Aktuelle Untersuchungen zur Physik des Schlittschuhlaufens legen nahe, dass die beim Gleiten der Kufen entstehende Reibung den größten Anteil an den Verflüssigungseffekten hat.

vor allem bei Flüssigkeiten mit sehr hohem Reinheitsgrad und sehr glatten Oberflächen ihrer Abfüllgefäße bemerkbar. Der Effekt der raschen Freisetzung der Erstarrungsenthalpie unterkühlter Flüssigkeiten durch Impfen mit Keimen nutzen die sogenannten Handwärmer. Durch Knicken eines kleinen Aluminiumplättchens werden in einer unterkühlten Flüssigkeit Kristallisationskeime freigesetzt, sodass die Erstarrungsenthalpie relativ zügig freigesetzt wird. Nach Gebrauch kann man die im Handwärmer erstarrte Flüssigkeit in heißem Wasser wieder auftauen. Beliebig oft lässt sich der Vorgang aber nicht wiederholen, denn mit jedem Gebrauch gelangen Kristallisationskeime in die Flüssigkeit, sodass ab einem bestimmten Zeitpunkt die Flüssigkeit nicht mehr unterkühlen kann.

3.7.1 Vollständiger Phasenübergang fest-flüssig

10 kg Eis mit einer Temperatur von −0,5 °C soll durch elektrische Beheizung in Wasser mit einer Temperatur von +0,5 °C umgewandelt werden. Bei der Bilanzierung sind für die mittlere spezifische Wärmekapazität von Eis 2,039 kJ/(kg K) und von flüssigem Wasser 4,219 kJ/(kg K zu verwenden. Die Schmelzenthalpie betrage 333,5 kJ/kg.

a) Welche elektrische Heizenergie in kWh wäre für die oben beschriebene Umwandlung erforderlich, wenn Verluste an die Umgebung unberücksichtigt bleiben?

b) Welche Temperatur erreicht das Eiswasser von 0 °C, wenn man genau die Energie, die zum Aufschmelzen des Eises benötigt wurde, zur Erwärmung des Wassers einsetzt? Hier kann als mittlere spezifische Wärmekapazität 4,19 kJ/(kg K) angesetzt werden.

c) Mit welcher Masse Wasser von 20 °C müssten die 10 kg Eis von −0,5 °C gemischt werden, damit Wasser von +0,5 °C entsteht?

Gegeben sind:

$m_E = 10\,\text{kg}$ $\qquad\qquad$ $\sigma_E = 333{,}5\,\text{kJ/kg}$

(a) $\bar{c}_E = 2{,}04\,\text{kJ/(kg K)}$ $\quad$ $t_E = -0{,}5\,°\text{C}$ $\qquad$ $\bar{c}_W = 4{,}219\,\text{kJ/(kg K)}$ $\qquad$ $t_W = +0{,}5\,°\text{C}$

(b) $\bar{c}_W \approx 4{,}19\,\text{kJ/(kg K)}$ $\quad$ $t_W = 0\,°\text{C}$

(c) $t_{WW} = 20\,°\text{C}$

Vorüberlegungen:

Im vorgegebenen Temperaturintervall $-0{,}5\,°\text{C} \leq t \leq +0{,}5\,°\text{C}$ findet bei einer Schmelztemperatur $t_{Sch} = 0\,°\text{C}$ ein Phasenübergang fest-flüssig statt, sodass die Grundgleichung der Kalorik (2.3-2a) bei Erreichen der Schmelztemperatur von $t_0 = 0\,°\text{C}$ um die Schmelzenthalpie σ zu erweitern ist.

Lösung:

a) zuzuführende Heizenergie in kWh

$$Q = m_E[\bar{c}_E(t_{Sch} - t_E) + \sigma_E + \bar{c}_W(t_W - t_{Sch})]$$

$$Q = 10\,\text{kg} \cdot \left[2{,}039\,\frac{\text{kJ}}{\text{kg\,K}} \cdot (0\,°\text{C} - (-0{,}5\,°\text{C})) + 333{,}5\,\frac{\text{kJ}}{\text{kg}} + 4{,}219\,\frac{\text{kJ}}{\text{kg\,K}} \cdot (+0{,}5\,°\text{C} - 0\,°\text{C})\right]$$

$$Q = 10{,}195\,\text{kJ} + 3335\,\text{kJ} + 21{,}095\,\text{kJ} = 3366{,}29\,\text{kWs} \cdot \frac{\text{h}}{3600\text{s}} = \underline{\underline{0{,}9351\,\text{kWh}}}$$

Grundsätzlich kann man hier auch die thermodynamischen Temperaturen ansetzen. Dann gehen allerdings die Rechenvorteile $\bar{c}_E t_{Sch} = 0$ und $\bar{c}_W t_{Sch} = 0$ verloren, denn die Schmelztemperatur ist jetzt zu bilanzieren mit $T_{Sch} = 273{,}15\,\text{K}$!

Aus den Anteilen für die benötigte Energie kann man erkennen, dass der mit Abstand größte Anteil für das Aufbringen der Schmelzenthalpie σ benötigt wird.

b) Einsatz der für die Eisschmelze erforderlichen Energie als Heizenergie für Wasser

$$Q = m_E \cdot \bar{c}_W \cdot (t_x - t_W) \quad \rightarrow \quad t_x = t_W + \frac{Q}{m_E \cdot \bar{c}_W}$$

$$t_x = 0\,°\text{C} + \frac{3335\,\text{kJ}}{10\,\text{kg} \cdot 4{,}19\,\text{kJ/(kg\,K)}} \approx \underline{\underline{79{,}6\,°\text{C}}}$$

Die Verflüssigung von Eis ist sehr energieintensiv. Die zum Schmelzen von Eis benötigte Energie reicht zum Aufwärmen der gleichen Menge Wasser auf fast 80 °C!

c) Aufschmelzen und Erwärmung des Eiswassers bis +0,5 durch Zugabe von Wasser mit einer Temperatur von 20 °C bis Mischungstemperatur $t_M = +0{,}5\,°\text{C}$
Energiebilanz $|Q_{ab}| = Q_{auf}$ (Q_{auf} kann aus a) übernommen werden)

$$|Q_{ab}| = m_W \cdot \bar{c}\big|_{0\,°\text{C}}^{20\,°\text{C}} \cdot (t_{WW} - t_M) = Q_{auf}$$

$$\bar{c}\big|_{0\,°\text{C}}^{20\,°\text{C}} = \frac{1}{6}(c(0\,°\text{C}) + 4 \cdot c(10\,°\text{C}) + c(20\,°\text{C})) \quad \text{und mit Tabelle 6.6-2}$$

$$\bar{c}\big|_{0\,°\text{C}}^{20\,°\text{C}} = \frac{1}{6}(4{,}219 + 4 \cdot 4{,}195 + 4{,}185)\text{kJ/(kg\,K)} = 4{,}1973\,\text{kJ/(kg\,K)}$$

$$m_W = \frac{Q_{auf}}{\bar{c}\big|_{0\,°\text{C}}^{20\,°\text{C}} \cdot (t_{WW} - t_M)} = \frac{3366{,}29\,\text{kJ}}{4{,}1973\,\text{kJ/(kg\,K)} \cdot (20\,°\text{C} - 0{,}5\,°\text{C})} = \underline{\underline{41{,}129\,\text{kg}}}$$

3.7.2 Unvollständiger Phasenübergang fest-flüssig

Ein 900 g schweres Aluminiumgefäß besitze die Anfangstemperatur von 0 °C und enthalte 1,4 kg Eis von 0 °C. Welche Temperatur stellt sich im Gefäß ein, wenn Verluste an die Umgebung unberücksichtigt bleiben und
  a) 2 kg Wasser mit 100 °C
  b) 1 kg Wasser mit 100 °C   hinzugegeben werden?

Stoffwerte: $\sigma_E = 333{,}5 \, \text{kJ/kg}$ $\quad \bar{c}_W = 4{,}19 \, \text{kJ/(kg K)}$ $\quad \bar{c}_{Al} = 0{,}908 \, \text{kJ/(kg K)}$

Gegeben sind:
(Stoffwerte wie oben)
$m_{Al} = 0{,}9 \, \text{kg}$ $\qquad t_{Al} = 0 \, °\text{C}$ $\qquad t_E = 0 \, °\text{C}$ $\qquad\qquad t_W = 100 \, °\text{C}$
(a) $m_W = 2 \, \text{kg}$ $\qquad$ oder $\qquad$ (b) $m_W = 1 \, \text{kg}$

Vorüberlegungen:
Hier wird eine Energiebilanz mit Beteiligung des Anteils aus dem Gefäß benötigt, die in Erweiterung der Übungsaufgabe 2.3.2 nun auch noch die Schmelzenthalpie berücksichtigen muss. Die Grundgleichung der Kalorik wird bei Erreichen der Schmelztemperatur von 0 °C aufgeteilt. Wegen der auftretenden Temperaturdifferenzen können wir immer Celsius-Temperaturen verwenden. Dies bleibt auch dann gültig, wenn die Glieder einzeln ausmultipliziert werden.

Lösung:
Energiebilanz gemäß Ansatz $|Q_{ab}| = Q_{auf}$

$$m_W \cdot \bar{c}_W \cdot (t_W - t_M) = m_{Al} \cdot \bar{c}_{Al} \cdot (t_M - t_{Al}) + m_E \cdot \sigma_E + m_E \cdot \bar{c}_W \cdot (t_M - t_E)$$

Die Gleichgewichtstemperatur t_M ergibt sich aus ($m_{Al} \cdot \bar{c}_{Al} \cdot t_{Al} = 0$ und $m_E \cdot \bar{c}_W \cdot t_E = 0$):

$$t_M = \frac{m_W \cdot \bar{c}_W \cdot t_W + m_{Al} \cdot \bar{c}_{Al} \cdot t_{Al} - m_E \cdot \sigma_E + m_E \cdot \bar{c}_W \cdot t_E}{(m_E + m_W) \cdot \bar{c}_W + m_{Al} \cdot \bar{c}_{Al}} = \frac{m_W \cdot \bar{c}_W \cdot t_W - m_E \cdot \sigma_E}{(m_E + m_W) \cdot \bar{c}_W + m_{Al} \cdot \bar{c}_{Al}}$$

a) $m_W = 2 \, \text{kg}$

$$t_M = \frac{2 \, \text{kg} \cdot 4{,}19 \, \text{kJ/(kg K)} \cdot 100 \, °\text{C} - 1{,}4 \, \text{kg} \cdot 333{,}5 \, \text{kJ/kg}}{(1{,}4 + 2)\text{kg} \cdot 4{,}19 \, \text{kJ/(kg K)} + 0{,}9 \, \text{kg} \cdot 0{,}908 \, \text{kJ/(kg K)}} \approx \underline{\underline{24{,}64 \, °\text{C}}}$$

b) $m_W = 1 \, \text{kg}$

$$t_M = \frac{1 \, \text{kg} \cdot 4{,}19 \, \text{kJ/(kg K)} \cdot 100 \, °\text{C} - 1{,}4 \, \text{kg} \cdot 333{,}5 \, \text{kJ/kg}}{(1{,}4 + 1)\text{kg} \cdot 4{,}19 \, \text{kJ/(kg K)} + 0{,}90 \, \text{kg} \cdot 908 \, \text{kJ/(kg K)}} \approx \underline{\underline{-4{,}405 \, °\text{C}}} \; ???$$

Wir bestimmen hier eine Temperatur, die nach dem 2. Hauptsatz der Thermodynamik gar nicht erreicht werden kann. Die Rechnung in Aufgabenteil b) enthält den Fehler, dass bei dieser Konstellation das Eis nicht wie im Aufgabenteil a) vollständig schmilzt. Dies war jedoch eine zentrale Annahme, die wir (unbewusst) mit dem Ansatz für die Energiebilanz aufgeschrieben haben. Die Masse m_{Sch} des geschmolzenen Eises ergibt sich für b) aus

$$m_{Sch} \cdot \sigma_E = m_W \cdot \bar{c}_W \cdot (t_W - t_{Sch})$$

$$\rightarrow \quad m_{Sch} = \frac{m_W \cdot \bar{c}_W \cdot (t_W - t_{Sch})}{\sigma_E} = \frac{419 \text{ kJ}}{333{,}5 \text{ kJ/kg}} = 1{,}2564 \text{ kg}$$

Die nicht geschmolzene Masse Eis bei 0 °C beträgt 1,4000 kg − 1,2564 kg = 0,1436 kg! Im Krug befinden sich also 1,2564 kg Wasser mit 0 °C und 143,6 g Eis mit 0 °C!

Beim Formulieren von Energiebilanzen mit Phasenübergängen ist immer sorgfältig auf die Vollständigkeit oder Unvollständigkeit des Phasenübergangs zu achten!

3.7.3 Phasenübergang im Thermosbehälter

In einem Thermosbehälter mit einem Fassungsvermögen von einem Liter werde ein Eiswürfel von 1,5 cm Kantenlänge (Dichte Eis 902 kg/m³) und einer Temperatur von −1 °C gelegt. Wenn der Behälter geschlossen wird, sei der Rest des Behälters mit Umgebungsluft (Gaskonstante 287,12 Nm/(kg K) von 20 °C und 1 bar gefüllt. Für Eis ist die mittlere spezifische Wärmekapazität von 2,039 kJ/(kg K), für Wasser ist die mittlere spezifische Wärmekapazität aus den Stoffwerten der Tabelle 6.6-3 zu ermitteln. Die spezifische Schmelzenthalpie des Eises betrage 333,5 kJ/kg.

   a) Welche Temperatur stellt sich im Inneren des Behälters ein, wenn der Behälter zunächst als ideal isoliert betrachtet wird und keine Wärme aus der Umgebung aufnimmt?
   b) Wie viel Prozent Vakuum entstehen dann im Behälter?
   c) Nach wie vielen Stunden herrscht im Behälter vollständig die Umgebungstemperatur von 20 °C, wenn die gesamte Zeit über ein konstanter mittlerer Wärmestrom von 15 mW von der Umgebung ins Behälterinnere fließt?

Gegeben sind:

Eis:	$\rho_E = 902 \text{ kg/m}^3$	$V_E = (1{,}5 \text{ cm})^3 = 3{,}375 \text{ cm}^3$	$\bar{c}_E = 2{,}039 \text{ kJ/(kg K)}$
	$\sigma_E = 333{,}5 \text{ kJ/kg}$	$t_E = -1\,^\circ\text{C}$	
Luft:	$V_L = 996{,}625 \text{ ml}$	$p = 1 \text{ bar}$	$T = 293{,}15 \text{ K}$ $\quad R_L = 287{,}12 \text{ J/(kg K)}$
Gefäß:	$V_G = 1 \text{ dm}^3 = V_L + V_E$	$\dot{Q} = 0{,}015 \text{ W}$	

Vorüberlegungen:

Nach Verschließen des Behälters teilt sich das Fassungsvermögen auf in das Volumen Eis und das Volumen der eingeschlossenen Luft.

Bei $t_0 = 0\,°C$ findet ein Phasenübergang statt. In Abhängigkeit vom Energiepotential der eingeschlossenen Luft ist für den Fall einer idealen Wärmeisolierung im Aufgabenteil a) zu überprüfen, ob der Phasenübergang vollständig oder unvollständig erfolgt. Bei einem vollständigen Phasenübergang müsste in einem zweiten Schritt geprüft werden, welche Wärme von der abgekühlten Luft im Thermosgefäß noch an das Eiswasser bei 0 °C übertragen werden kann. Bei unvollständigem Phasenübergang beträgt die Gleichgewichtstemperatur 0 °C.

Lösung:

a) Gleichgewichtstemperatur bei idealer Isolierung des Thermosgefäßes
   – erforderliche Wärme für den vollständigen Phasenübergang bei 0 °C

$$Q_E = m_E(\bar{c}_E(t_0 - t_E) + \sigma_E) \quad \text{mit}$$

$$m_E = \rho_E \cdot V_E = 902\,\text{kg/m}^3 \cdot 3{,}375 \cdot 10^{-6}\,\text{m}^3 = 3{,}04425\,\text{g}$$

$$Q_E = 3{,}04425 \cdot 10^{-3}\text{kg} \cdot \left(2{,}039\,\frac{\text{kJ}}{\text{kg K}} \cdot 1\,\text{K} + 333{,}5\,\frac{\text{kJ}}{\text{kg}}\right)$$

$$= (0{,}00620723 + 1{,}0152574)\,\text{kJ} = 1{,}0214646\,\text{kJ}$$

   – Energie zur Abkühlung der Luft auf 0 °C:

$$Q_L = m_L \cdot c_{V,L}(t_L - t_0) \quad \text{mit} \quad m_L = \frac{p \cdot V_L}{R_L \cdot T} \quad \text{und} \quad c_{V,L} = \frac{1}{\kappa - 1}R_L$$

$$Q_L = \frac{p \cdot V_L}{T} \cdot \frac{1}{\kappa - 1} \cdot (t_l - t_0) = \frac{1 \cdot 10^5\,\text{N/m}^2 \cdot 996{,}625 \cdot 10^{-6}\,\text{m}^3 \cdot 20\,\text{K}}{293{,}15\,\text{K} \cdot 0{,}4} = 16{,}999\,\text{J}$$

Wegen $Q_E > Q_L$ schmilzt das Eis durch Abkühlung der eingeschlossenen Luft nicht vollständig, sodass im Gefäß bei idealer Wärmeisolierung 0 °C herrschen.

b) Berechnung des Vakuums gemäß Definitionsformel (2.2-12)

$$p = \frac{m_L \cdot R_L \cdot T}{V_L} = \frac{1{,}185 \cdot 10^{-3}\,\text{kg} \cdot 287{,}12\,\text{J/(kg K)} \cdot 273{,}15\,\text{K}}{996{,}625 \cdot 10^{-6}\,\text{m}^3} = 93{,}25\,\text{kPa} = 0{,}9325\,\text{bar}$$

$$Va = \frac{\Delta p}{p} = \frac{(1 - 0{,}9325)\,\text{bar}}{1\,\text{bar}} = \underline{\underline{0{,}0675}} \quad \text{ca. 6,8 \% Vakuum!}$$

c) Wärme für den vollständigen Temperaturausgleich im Thermosgefäß bei nicht idealer Isolierung entspricht der Wärme zur Umwandlung von Eis bei –1 °C zu Wasser von +20 °C

$$Q = m_E(c_E(t_0 - t_E) + \sigma_E + \bar{c}_W|_{0\,°C}^{20\,°C} \cdot (t_L - t_0))$$

$$\bar{c}_W|_{0\,°C}^{20\,°C} = \frac{1}{6}(c(0\,°C) + 4 \cdot c(10°C) + c(20\,°C)) \quad \text{und mit Tabelle 6.6-3}$$

$$\bar{c}_W|_{0\,°C}^{20\,°C} = \frac{1}{6}(4{,}219 + 4 \cdot 4{,}195 + 4{,}185)\,\text{kJ}/(\text{kg K}) = 4{,}1973\,\text{kJ}/(\text{kg K})$$

$$Q = 3{,}04425 \cdot 10^{-3}\,\text{kg} \cdot (2{,}039\,\text{kJ}/(\text{kg K}) \cdot (0\,°C - (-1°C))$$

$$+ 333{,}5\,\text{kJ}/\text{kg} + 4{,}1973\,\text{kJ}/(\text{kg K}) \cdot 20\,\text{K})$$

$$Q = 3{,}04425 \cdot 10^{-3}\,\text{kg} \cdot 419{,}485\,\text{kJ}/\text{kg} = 1{,}27702\,\text{kJ}$$

$$\tau = \frac{Q}{\dot{Q}} = \frac{1277{,}02\,\text{Ws}}{0{,}015\,\text{W}} \approx 85.134{,}67\,\text{s} \approx \underline{\underline{23{,}65\,\text{h}}} \quad (1\,\text{h} = 3.600\,\text{s})$$

Erst nach fast einem vollen Tag hat sich bei dem gegebenen konstanten mittleren Wärmestrom über die Zeit der Inhalt des Thermosbehälters auf Umgebungstemperatur erwärmt. Tatsächlich wird sich anfangs bei großem Temperaturgradienten eine schnellere Aufwärmung ergeben. Mit zunehmender Verringerung des Temperaturgradienten von Behälterinhalt zur Umgebung wird der eindringende Wärmestrom kleiner. Die Frage, wann etwa 10 °C im Behälterinneren erreicht sind, lässt sich hier nicht mit einem einfachen Dreisatz realistisch beantworten.

3.7.4 Wegschmelzende Schneedecke bei Regen

Wie viel Liter pro Quadratmeter Regen mit einer Temperatur von 6 °C muss auf eine Schneefläche von 2 cm Höhe und einer Temperatur von −4 °C fallen, damit der Schnee gerade vollständig schmilzt? Die Dichte des Schnees sei mit 100 kg/m³ gegeben.

Gegeben sind:

Schnee: $\rho_{Schnee} = 100\,\text{kg}/\text{m}^3$ $\qquad h_{Schnee} = 0{,}02\,\text{m}$ $\qquad t_{Schnee} = -4\,°C$

Wasser: $t_W = 6\,°C$

Vorüberlegungen:

Das Regenwasser gibt Wärme ab ($Q_W < 0$), der Schnee nimmt Wärme auf ($Q_{schnee} > 0$). Zu bilanzieren ist also genauso wie wir es schon beim Wärmeübertrager mit Formel (2.3-9) gesehen haben mit $-Q_W = Q_{Schnee}$. Nach Aufgabenstellung soll der Schnee gerade vollständig schmelzen, sodass auf der rechten Seite der Bilanzgleichung in der Grundgleichung der Kalorik der Phasenübergang bei $t_0 = 0\,°C$ zu berücksichtigen ist.

Für die Lösung werden noch weitere Stoffwerte benötigt. Der Tabelle 6.6-3 im Anhang entnehmen wir die Dichte des Wassers bei 6 °C mit $\rho_W(6°C) = 999{,}94\,\text{kg}/\text{m}^3$. Sie wird zur Berechnung der Regenwassermasse benötigt. Das Regenwasser kühlt sich beim Auftreffen auf die Schneedecke von 6 °C auf 0 °C ab. Die mittlere spezifische Wärmekapazität des Wassers in diesem Temperaturbereich schätzen wir ab mit dem Wert der wahren spezifischen Wärmekapazität in der Mitte des Temperaturintervalls.

$$\bar{c}_W|_{0\,°C}^{6\,°C} \approx c_W(3\,°C) = 4{,}21\,\text{kJ}/(\text{kg K}) \quad \text{(Tabelle 6.6-3 im Anhang)}$$

Die spezifische Wärmekapazität des Schnees zwischen −4 °C und 0 °C schätzen wir mithilfe der in der grauen Box für die Stoffwerte von Wasser in Kapitel 2.3 ab durch den wahren Wert bei −2 °C. Die entsprechende lineare Interpolation für die Stoffwerte von Eis ergibt:

$$\bar{c}_{Schnee}|_{0\,°C}^{-4\,°C} \approx c_{Schnee}(-2\,°C) = 2{,}039\,\frac{\text{kJ}}{\text{kg K}} + \frac{-2\,°C - 0\,°C}{-20\,°C - 0\,°C} \cdot (1{,}947 - 2{,}039)\frac{\text{kJ}}{\text{kg K}} \approx 2{,}03\,\frac{\text{kJ}}{\text{kg K}}$$

Die Schmelzenthalpie für Wassereis mit $\sigma = 333{,}5\,\text{kJ/kg}$ entnehmen wir Tabelle 3-8 in Kapitel 3.7.
Sowohl für die Masse des Regenwassers als auch für die des Schnees gilt:

$$m = \rho \cdot V = \rho \cdot A \cdot h$$

Die auf der linken und rechten Seite der Bilanzgleichung auftauchende Fläche $A = 1\,\text{m}^2$ kann gekürzt werden.

Lösung:
Energiebilanz: $-Q_W = Q_{Schnee}$

$$- m_W \cdot \bar{c}_W|_{t_0}^{t_W} \cdot (t_0 - t_W) = m_{Schnee} \cdot (\sigma + \bar{c}_{Schnee}|_{t_{Schnee}}^{t_0} \cdot (t_0 - t_{Schnee}))$$

$$\rho_W(t_W) \cdot h_W \cdot \bar{c}_W|_{t_0}^{t_W} \cdot (t_W - t_0) = \rho_{Schnee} \cdot h_{Schnee} \cdot (\sigma + \bar{c}_{Schnee}|_{t_{Schnee}}^{t_0} \cdot (t_0 - t_{Schnee}))$$

$$h_W = \frac{\rho_{Schnee} \cdot h_{Schnee} \cdot (\sigma + \bar{c}_{Schnee}|_{t_{Schnee}}^{t_0} \cdot (t_0 - t_{Schnee}))}{\rho_W(t_W) \cdot \bar{c}_W|_{t_0}^{t_W} \cdot (t_W - t_0)}$$

$$h_W = \frac{100\,\frac{\text{kg}}{\text{m}^3} \cdot 0{,}02\,\text{m} \cdot \left(333{,}5\,\frac{\text{kJ}}{\text{kg}} + 2{,}03\,\frac{\text{kJ}}{\text{kg K}} \cdot (0\,°C - (-4\,°C))\right)}{999{,}94\,\frac{\text{kg}}{\text{m}^3} \cdot 4{,}21\,\frac{\text{kJ}}{\text{kg K}}}$$

$$= \frac{683{,}24\,\frac{\text{kJ}}{\text{m}^2}}{25258{,}4844\,\frac{\text{kJ}}{\text{m}^3}} \approx 0{,}027\,\text{m} = \underline{\underline{27\,\text{mm}}}$$

Umrechnung der Niederschlagshöhe in Liter/m²:

$$V = A \cdot h_W = 1\,\text{m}^2 \cdot 27 \cdot 10^{-3}\,\text{m} = 27 \cdot 10^{-3}\,\text{m} = 27\,\text{Liter}$$

Damit der Schnee vollständig schmilzt, müssten 27 Liter Regen pro Quadratmeter fallen!

3.8 Phasenübergang flüssig-gasförmig

Die Technische Thermodynamik konzentriert sich vor allem auf Verdampfungs- und Kondensationsvorgänge von fluiden Arbeitsmitteln. Liegt die Gastemperatur in der Nähe der kri-tischen Temperatur oder darunter, gelten selbst bei sehr niedrigem Druck die Zustandsgleichungen des idealen Gases nicht mehr. Reale Gase in der Nähe ihrer Verflüssigung bezeichnet man als Dampf. Dampf ist ein homogener gasförmiger Stoff, der durch Verdampfung einer Flüssigkeit oder durch Sublimation eines Feststoffes entstehen bzw. durch Kondensation in eine Flüssigkeit oder durch Desublimation in einen Feststoff umgewandelt werden kann. Vorgänge unterhalb des Tripelpunktes (Sublimation, Desublimation) spielen in der Ingenieurwissenschaft kaum eine Rolle. Ingenieure sprechen deshalb allgemein von Dämpfen, wenn sie reale Gase in der Nähe ihres Verflüssigungspunktes meinen. Folgerichtig werden die einzelnen technisch bedeutsamen Dampfzustände von der isobaren Verdampfung oder Kondensation ausgehend betrachtet.

Führt man einer Flüssigkeit bei konstantem Druck Energie zu, steigen zunächst ihre Temperatur und ihr Dampfdruck bis zu einer gewissen Grenze. Hat der Dampfdruck den Umgebungsdruck erreicht, beginnt der Phasenübergang flüssig-gasförmig (Verdampfen) und das Sieden der Flüssigkeit setzt ein. Dabei entspricht der Druck in den Dampfblasen dem Umgebungsdruck. Bei fortgesetzter Wärmezufuhr verdampft die siedende Flüssigkeit, ohne dass sich die Temperatur, die man jetzt Siedetemperatur t_S nennt, ändert, denn es wird Energie zur Auflockerung des molekularen Zusammenhalts und wegen der starken Volumenzunahme beim Übergang vom flüssigen in den gasförmigen Zustand auch für die notwendige Volumenänderungsarbeit gegen den Umgebungsdruck benötigt. Die Wärmezufuhr bewirkt erst bei vollständig erfolgter Verdampfung wieder eine Temperaturerhöhung. Der gesamte Verdampfungsvorgang bleibt ein isobar-isothermer Prozess. Die dafür aufzubringende *Verdampfungsenthalpie r* hängt vom Druck ab und setzt sich aus zwei Anteilen zusammen:

$$r(p) = \varphi_V + \psi_V \tag{3.8-1}$$

Darin bedeuten:

φ_V innere Verdampfungsenthalpie zur Auflockerung des molekularen Zusammenhalts,
ψ_V äußere Verdampfungsenthalpie für Arbeit gegen den Umgebungsdruck.

Der Index „V" steht hier für Verdampfung und drückt abweichend von der allgemeinen Verabredung keinen Bezug zum Volumen aus.

Die Verdampfungsenthalpie wird gemäß (3.8-1) benötigt, um zwei Arbeiten zu verrichten. Die sogenannte Austrittsarbeit (innere Verdampfungsenthalpie φ_V) ermöglicht den Austritt der Flüssigkeitsteilchen aus der Flüssigkeitsoberfläche gegen die molekularen Bindungskräfte. Die äußere Verdampfungsenthalpie ψ_V beschreibt den Anteil der Arbeit zur Vergrößerung des Volumens gegen den Umgebungsdruck. Der bei Weitem überwiegende Teil der Verdampfungsenthalpie r wird zur Überwindung der Kräfte zwischen den Molekülen aufgewendet, nur ein kleiner Teil entfällt auf die Arbeit zur Vergrößerung des Volumens gegen den Umgebungsdruck. Diese Aussage behält auch bei hohem Druck Gültigkeit, obwohl dort der Anteil der Volumenänderungsarbeit gegen den Umgebungsdruck nach Maßgabe der Druckerhöhung wächst und die innere Verdampfungsenthalpie niedrigere Werte annimmt. Insgesamt sinkt die Verdampfungsenthalpie $r = r(p)$ mit wachsendem Druck p, obwohl die erforderlichen Aufwendungen für die Volumenänderungsarbeit gegen den Umgebungsdruck steigen. Ursache dafür ist, dass die innere Verdampfungsenthalpie bei hohem Druck schneller fällt als die äußere steigt.

Als Siedeverzug bezeichnet man den metastabilen Zustand der Überhitzung von Flüssigkeiten über ihre Siedetemperatur hinaus beim Fehlen von entsprechenden Keimen. Keime sind kleine Zonen, in denen die Flüssigkeit schon in der Gasphase vorliegt. Bei zu schneller Erwärmung können diese Keime nicht in ausreichender Anzahl entstehen. Entfernt sich die überhitzte Flüssigkeit jedoch zu weit vom Gleichgewicht auf der Dampfdruckkurve oder sorgen kleinste Erschütterungen für eine vermehrte Keimbildung, bildet sich in Sekundenschnelle eine große Gasblase, die explosionsartig dem Kessel entweicht und ihn sogar zum Platzen bringen kann. Diesem technisch nicht ungefährlichen Effekt wirkt man entgegen, indem Dampfkessel mit vielen Röhren zur lokalen Begrenzung von Siedeverzügen bestückt werden. Dadurch bleibt der Druckanstieg in dem betreffenden Teil des Kessels beherrschbar.

Beim *Kondensieren* wird umgekehrt der gleiche Energiebetrag wie für die entsprechende Verdampfung frei (Verdampfungsenthalpie = *Kondensationsenthalpie*). Auch hier können fehlende Kondensationskeime bewirken, dass der Stoff zunächst in der Gasphase verbleibt, was zu einer Druckerhöhung führt. Bei zu großer Entfernung vom Gleichgewicht, stellt sich dieses dann explosionsartig ein. Die daraus folgende plötzliche Druckabsenkung kann Anlagenteile beschädigen.

Bei der Verdampfung treten nach hinreichender thermischer Anregung Teilchen aus der Flüssigkeit in den Gasraum aus. Der dabei entstehende Gasdruck heißt Dampfdruck. Im Gleichgewichtszustand zwischen Flüssigkeit und Dampf stellt sich der Sättigungsdampfdruck p_s ein. Er hängt nur von der Art des Stoffes und der Temperatur ab, das Volumen spielt keine Rolle. Mit zunehmender Temperatur steigt der Dampfdruck stark an, weil die Zahl der energiereichen Teilchen mit der Temperatur wächst.

Die Dampfdruckkurve (auch Sättigungslinie genannt) zeigt für einen gegebenen Druck p_s (Sättigungsdruck), bei welcher Temperatur t_s (Sättigungstemperatur) eine Flüssigkeit verdampft oder wie weit bei fest vorgegebener Temperatur t_s der Druck p_s einer Flüssigkeit zu vermindern ist, damit die Verdampfung einsetzt. Mathematisch schreibt man

$$p_s = p_s(t_s) \quad \text{oder} \quad t_s = t_s(p_s) \tag{3.8-2}$$

Die Dampfdruckkurven liegen für viele Flüssigkeiten als berechnete Werte und in Versuchen validiert vor und können der Literatur als Tabellen oder aus Diagrammen entnommen werden. Die Dampfdruckkurve $p_s = p_s(t_s)$ beginnt im Tripelpunkt (p_{Tr}, t_{Tr}) und endet im kritischen Punkt (p_K, t_K).

Da für alle reinen Stoffe der Dampfdruck mit zunehmender Temperatur bis zur kritischen Temperatur (bis zum kritischen Druck) stark steigt, werden Dampfdruckgleichungen bevorzugt angegeben in der Form

$$\frac{p_s}{p} = e^{f(T)} \quad \text{oder} \quad \ln \frac{p_s}{p} = f(T)$$

Um Zustandsgleichungen vorteilhaft in dimensionsloser Form darzustellen, verwendet man sogenannte reduzierte Zustandsgrößen (Index r), das heißt auf die jeweiligen Eigenschaften im kritischen Punkt bezogene Zustandsgrößen.

$$p_r = \frac{p}{p_k} \qquad T_r = \frac{T}{T_k} \qquad v_r = \frac{v}{v_k} \tag{3.8-3}$$

Mit (3.8-3) können Dampfdruckgleichungen, die die Messwerte des Dampfdrucks für reine Stoffe im gesamten Temperaturbereich $T_{Tr} < T < T_k$ sehr genau wiedergeben, bereitgestellt werden in der Form:

$$\ln p_r = \frac{1}{T_r} \cdot \sum_{i=1}^{l} a_i (1 - T_r)^{n_i} \tag{3.8-4}$$

Bereits mit $l = 4$ bis 6 Reihengliedern ergeben sich Dampfdrücke in technisch hinreichender Genauigkeit. Die Koeffizienten a_i und die Exponenten n_i in Gleichung (3.8-4) können aus Messwerten für jeden reinen Stoff berechnet werden. Beispiele dazu enthält Tabelle 3-10.

Tab. 3-10: Koeffizienten und Exponenten für Dampfdruckgleichungen (3.8-4) im Temperaturbereich $T_{Tr} < T < T_k$ Quelle: Baehr; Kabelac: Thermodynamik – Grundlagen und technische Anwendungen, Springer-Verl., 16. Auflage 2016.

Methan CH$_4$		Propan C$_3$H$_8$		Wasser H$_2$O	
$T_{Tr} = 90{,}694$ K		$T_{Tr} = 85{,}525$ K		$T_{Tr} = 273{,}16$ K	
$T_k = 190{,}564$ K		$T_k = 369{,}89$ K		$T_k = 647{,}096$ K	
$p_k = 45{,}992$ bar		$p_k = 42{,}512$ bar		$p_k = 220{,}64$ bar	
$a_1 = -6{,}036219$	$n_1 = 1{,}0$	$a_1 = -6{,}7722$	$n_1 = 1{,}0$	$a_1 = -7{,}85951783$	$n_1 = 1{,}0$
$a_2 = +1{,}409353$	$n_2 = 1{,}5$	$a_2 = +1{,}6938$	$n_2 = 1{,}5$	$a_2 = +1{,}84408259$	$n_2 = 1{,}5$
$a_3 = -0{,}4945199$	$n_3 = 2{,}0$	$a_3 = -1{,}3341$	$n_3 = 2{,}2$	$a_3 = -11{,}7866497$	$n_3 = 3{,}0$
$a_4 = -1{,}443048$	$n_4 = 4{,}5$	$a_4 = -3{,}1876$	$n_4 = 4{,}8$	$a_4 = +22{,}6807411$	$n_4 = 3{,}5$
		$a_5 = +0{,}949379$	$n_5 = 6{,}2$	$a_5 = -15{,}9618719$	$n_5 = 4{,}0$
				$a_6 = +1{,}80122502$	$n_6 = 7{,}5$

Nachfolgend beschränken wir uns ausschließlich auf das technisch prominente Arbeitsmittel Wasser. Das hierbei skizzierte Vorgehen ist aber auch auf alle anderen fluiden Arbeitsmittel anwendbar. Leider sind in einigen Fällen die benötigten Stoffdaten nicht in dem Umfang verfügbar, wie wir das vom Wasserdampf gewöhnt sind. Das begrenzt dann die Untersuchungsmöglichkeiten.

Abbildung 3-16 zeigt schematisch in zylindrischen Verdampfungsgefäßen mit reibungsfrei beweglichen Kolben als Symbol für den während des gesamten Prozesses konstanten Druck p den isobaren Verdampfungsvorgang in seinen einzelnen bei stetiger Wärmezufuhr aufeinanderfolgenden Etappen. Die nummerierten Zylinder markieren jeweils einen bestimmten Zustand bei der Verdampfung.

Bei der isobaren Verdampfung treten **fünf voneinander zu unterscheidende Zustände** auf, die man sich sehr gut und aktiv abrufbar einprägen sollte, denn sie sind für die Analyse von Prozessen mit Dampf von grundlegender Bedeutung.

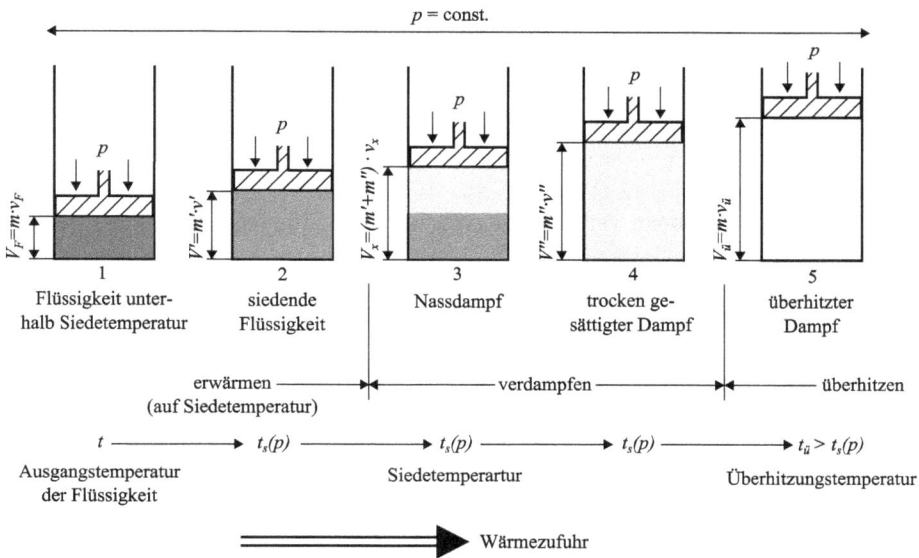

Abb. 3-16: Thermodynamische Zustände für Wasser in den Einphasengebieten sowie im Zweiphasengebiet Nassdampf bei fortgesetzter Wärmezufuhr.

Der Zustand 1 wird durch Flüssigkeit mit einer Temperatur unterhalb ihrer zum entsprechenden Druck gehörigen Siedetemperatur charakterisiert. Bei laufender Wärmezufuhr steigen bei konstantem Druck zunächst Temperatur und Volumen bis zu dem Zeitpunkt, bei dem die Siedetemperatur t_S erreicht wird und die Verdampfung gerade einsetzt. Wir kennzeichnen diesen neuen in Zylinder 2 festgehaltenen Zustand mit einem Beistrich am Formelzeichen (V' bedeutet: Volumen der siedenden Flüssigkeit). Die Höhe der Siedetemperatur t_S und das zugehörige spezifische Volumen v' (Dichte ρ')

sind für jeden Stoff charakteristisch und von ihrem Umgebungsdruck abhängig. Weitere stete Wärmezufuhr führt dann zum kontinuierlichen Verdampfen der siedenden Flüssigkeit mit Volumenzunahme, ohne dass sich dabei die Temperatur ändert. In diesem Zustand existieren siedende Flüssigkeit und (trocken gesättigter) Dampf gleichzeitig (zwei koexistierende Phasen = Zweiphasengebiet). Man nennt den Zustand im Zylinder 3 Nassdampf. Ein Index x am Formelzeichen kennzeichnet hier den Nassdampfzustand. Die Wärmezufuhr im Zustand 3 könnte jederzeit unterbrochen werden und man würde immer einen jeweiligen thermodynamischen Gleichgewichtszustand zwischen der Phase siedendes Wasser und der Phase (trocken gesättigter) Dampf vorfinden. Nach vollständiger Verdampfung erreichen wir unter weiterer Volumenzunahme bei konstanter Temperatur wieder ein Einphasengebiet (Zylinder 4: Abschluss der Verdampfung), das man trocken gesättigten Dampf oder Sattdampf nennt (Kennzeichnung dieses Zustandes durch zwei Beistriche am Formelzeichen, z. B. V''). Bei fortgesetzter isobarer Wärmezufuhr beginnen nun auch wieder Volumen **und** Temperatur zu wachsen. Diesen Zustand (Zylinder 5) bezeichnet man als überhitzten Dampf (technisch auch Heißdampf genau). Zur Kennzeichnung dieses Zustands erhalten die Formelzeichen den Index $\ddot{u}$. Trocken gesättigter Dampf und überhitzter Dampf sind farblos und etwa genauso durchsichtig wie saubere Luft. Im Nassdampf hingegen sind wegen der mitgerissenen feinsten Wassertröpfchen siedenden Wassers „weiße Nebelschwaden" sichtbar, die für eine Lichtstreuung sorgen.

Der hier beschriebene Verdampfungsvorgang läuft für jeden Druck im Bereich $p_{Tr} < p < p_k$ in immer gleicher Form ab. Bei Drücken $p > p_k$ lässt sich eine Verdampfung mit einer Koexistenz von flüssiger und gasförmiger Phase (Zweiphasengebiet) nicht mehr beobachten.

Die Umkehrung der Verdampfung heißt Kondensation. Beim Kondensieren wird der gleiche Energiebetrag frei, der zuvor für das Verdampfen aufgewendet wurde (Verdampfungsenthalpie = Kondensationsenthalpie). Die in Abbildung 3-14 dargestellten Zustände werden nun von rechts nach links durchlaufen, von Zylinder 5 zu Zylinder 1, wobei der eigentliche Kondensationsvorgang in Zylinder 4 beginnt und in Zylinder 2 abgeschlossen ist. Zylinder 1 steht dann für die fortgesetzte Auskühlung des Kondensats.

Der aus zwei gleichzeitig nebeneinander existierenden Phasen bestehende Nassdampf kann technisch in zwei Formen auftreten. Einmal mit einer zusammenhängenden Masse siedenden Wassers über der dann mit deutlich sichtbarer Phasengrenze der trocken gesättigte Dampf steht, so wie in Zylinder 3 angedeutet. Nassdampf tritt allerdings auch in Form eines Gemisches aus feinsten schwebenden Tröpfchen siedenden Wassers im gasförmigen trocken gesättigten Dampf auf. Durch die oben schon erwähnte diffuse Lichtreflexion werden diese kleinen Tröpfchen als weiße Nebelschwaden wahrgenommen, etwa wie die weiße Farbe von Milch, hervorgerufen durch feinste im Wasser schwebende Fetttröpfchen. Je mehr Tautröpfchen der Nassdampf enthält, desto undurchsichtiger wird er.

Die gegenseitige feste Zuordnung von Siededruck p_s und Siedetemperatur t_s erlaubt es nicht, den genauen thermodynamischen Zustand im Zweiphasengebiet aus diesen beiden Größen zu ermitteln, weil die exakte Zustandsbestimmung immer zwei voneinander unabhängige Variable erfordert. Im Zweiphasengebiet ändert sich die Siedetemperatur aber nicht bei vorgegebenem Siededruck, beziehungsweise ist eine bei der Verdampfung konstant bleibende Siedetemperatur fest an einen bestimmten Siededruck gebunden. Man benötigt also eine weitere (Zustands-) Größe, unabhängig von Siededruck und Siedetemperatur. Hier bietet sich der Dampfanteil x an, der per definitionem die Masse des trocken gesättigten Dampfes m'' ins Verhältnis zur Gesamtmasse aus trocken gesättigtem Dampf und siedender Flüssigkeit ($m' + m''$) setzt.

$$x = \frac{m''}{m' + m''} \qquad \text{(Dampfanteil)} \tag{3.8-5}$$

$$1 - x = \frac{m'}{m' + m''} \qquad \text{(Flüssigkeitsanteil, Kondensatanteil)} \tag{3.8-6}$$

So ist für den Dampfanteil x einen Wertebereich zwischen null und eins festgelegt. Dies bedeutet:

$x = 0$ Zustand siedende Flüssigkeit (Einphasengebiet)

$0 < x < 1$ Zustand Nassdampf (Zweiphasengebiet)

$x = 1$ Zustand trocken gesättigter Dampf (Einphasengebiet)

Zustandsgrößen im Zweiphasengebiet, beispielsweise das spezifische Volumen v_x sind nun bei bekanntem Dampfanteil x über den Ansatz bestimmbar:

$$(m' + m'') \cdot v_x = m' \cdot v' + m'' \cdot v'' \tag{3.8-7}$$

Der hier für das Beispiel spezifisches Volumen dargestellte Ansatz führt in Verbindung mit der Definition für den Dampfanteil x auf eine spezielle Berechnungsformel zur präzisen Bestimmung des Nassdampfzustands für das spezifische Volumen v, die spezifische innere Energie u, die spezifische Enthalpie h und die spezifische Entropie s. Aus dem für das Beispiel spezifische Volumen v_x des Nassdampfs kann in Verbindung mit (3.8-5) eine Berechnungsgleichung abgeleitet werden, mit der der Nassdampfzustand bei bekanntem Dampfanteil x und mit den in einer Wasserdampftafel (siehe Tabellen 6.6-5 und 6.6-6 im Anhang) tabellierten Werten für den Zustand in den Einphasengebieten siedende Flüssigkeit und trocken gesättigtem Dampf berechnet werden kann.

$$v_x = v' + x \cdot (v'' - v') \tag{3.8-8a}$$

Der gleiche Ansatz kann auch für alle anderen Zustandsgrößen im Nassdampfgebiet gelten. So sind in analoger Weise für die spezifische Enthalpie h_x, die spezifische innere Energie u_x oder sie spezifische Entropie s_x festzuhalten:

$$h_x = h' + x \cdot (h'' - h') \tag{3.8-8b}$$

$$u_x = u' + x \cdot (u'' - u') \qquad (3.8\text{-}8c)$$

$$s_x = s' + x \cdot (s'' - s') \qquad (3.8\text{-}8d)$$

Die Kenntnis von Zustandsgrößen und Stoffwerten für die Zustände von Wasser gemäß der Zylinder 1 bis 5 in Abbildung 3-16 sind wichtig für die Planung und den sicheren Betrieb von Dampfanlagen, wie zum Beispiel Dampfleitungen, Dampfkessel, Dampfspeicher und Dampfturbinen oder für Verdampfer und Kondensatoren sowie anderer Wärmeübertrager, in denen Dampf zum Einsatz kommt.

Für den Idealgaszustand sind mathematisch einfach aufgebaute thermische und kalorische Zustandsgleichungen bekannt, mit denen auf dem Taschenrechner die für die thermodynamischen Untersuchungen benötigten Zustandsgrößen berechnet werden können. Die empirisch abgeleiteten Gleichungen zur Approximation des Zustandsverhaltens von Wasserdampf gemäß der in der Abbildung 3-16 aufgeführten Zustände für Zylinder 1 bis 5 entziehen sich jedoch wegen ihres komplizierten Aufbaus einer Auswertung durch einen Taschenrechner. In der Praxis nähert man sich deshalb der Bestimmung von Zustandsgrößen für Wasserdampf auf drei Wegen:

1. Die Zustandsgleichungen werden als Software für einen PC programmiert. Durch Eingabe von Druck und Temperatur erhält man für den entsprechenden Dampfzustand: das spezifische Volumen v in m^3/kg und/oder die Dichte ρ in kg/m^3, die spezifische innere Energie u in kJ/kg, die spezifische Enthalpie h, in kJ/kg, die spezifische Verdampfungsenthalpie r in kJ/kg, die spezifische Entropie s in kJ/(kg K) sowie weitere thermophysikalische Eigenschaften wie zum Beispiel die spezifische Wärmekapazität c_p in kJ/(kg K), die Schallgeschwindigkeit a in m/s, die dynamische Viskosität η in kg/(m s) oder die Wärmeleitfähigkeit λ in W/(m K). Hier arbeitet man mit höchst erreichbarer Genauigkeit, aber auch mit dem größten Aufwand. Diese Art der Aufbereitung von Zustandsdaten setzt man vorrangig in Forschung und Entwicklungsabteilungen ein.

2. Mithilfe von (1) fertigt man Tabellen der Zustandsgrößen als Funktion von Druck und Temperatur an und veröffentlicht diese in Buchform (mehrere 100 Seiten) als Wasserdampftafel. Ingenieure, die Dampfanlagen planen und auslegen, verwenden zumeist nur speziell auf die benötigten Größen beschränkte Auszüge solcher Wasserdampftafeln, wie dies in den Tabellen von 6.6-5 bis 6.6-7 im Anhang zur Verfügung gestellt ist. Auszug bedeutet aber auch immer eine Einschränkung, nicht alle denkbar auftretenden Werte sind wegen der zwangsläufigen Endlichkeit der Zahlenkolonnen erfassbar. Zwischenwerte der tabellierten Größen müssen mit geeigneten Interpolationsverfahren bestimmt werden. Hier besteht die Gefahr zu großer Interpolationsfehler.

3. Die funktionalen Zusammenhänge zwischen den Zustandsgrößen von Wasserdampf werden in Diagrammen erfasst. Am weitesten verbreitet sind hier das p, v-Diagramm, das T, s-Diagramm und das Mollier h, s-Diagramm. Das Mollier h, s-Diagramm wurde von Richard Mollier so konstruiert, dass Wärme und technische Arbeit nicht wie im T, s-Diagramm oder p, v-Diagramm als Flächen erscheinen,

deren Inhalt durch Planimetrieren ermittelt werden muss, sondern direkt als Strecken ablesbar sind. Alle Diagramme sind im Format DIN A3 mit einer Ablesegenauigkeit von 1 mm in gedruckter Form oder als pdf-Datei erhältlich. Der Vorteil dieser Diagramme ist die anschauliche Darstellung der technisch relevanten Zusammenhänge. Nachteile ergeben sich manchmal aus der eingeschränkten Ablesegenauigkeit.

Die Schaffung technisch brauchbarer Berechnungsgrundlagen für die Stoffwerte von Wasserdampf geht auf Richard Mollier[20] zurück. Er verbesserte 1925 eine von Clausius entwickelte Zustandsgleichung für Wasserdampf, die die Grundlage der von ihm später herausgegebenen Dampftabellen war. Ab 1937 wurden dann die auf Erweiterungen der Mollier'schen Gleichungen beruhenden VDI-Wasserdampftafeln veröffentlicht. Um weltweit verbindliche Grundlagen zur Auslegung von Dampfkraftprozessen auf Basis der jeweils neuesten Erkenntnisse zu schaffen, wurde 1963 ein internationales Komitee für die Erarbeitung von entsprechenden Zustandsgleichungen eingerichtet.

Heute hat die aus vielen Wissenschaftlern bestehende internationale Vereinigung IAPWS (International Association for the Properties of Water and Steam) Verantwortung für die Fixierung internationaler Standards bei den thermophysikalischen Eigenschaften von Wasser und Dampf übernommen. Im Jahre 1997 schuf man mit der IAPWS-IF 97 einen vereinfachten Standard für den industriellen Gebrauch.

Die derzeit genaueste Abbildung der experimentell ermittelten Daten für die vom Druck p und der Temperatur t abhängigen Zustandsgrößen spezifisches Volumen v, spezifische Enthalpie h, spezifische innere Energie u, spezifische Entropie s für die einphasigen Dampfzustände siedende Wasserflüssigkeit, trocken gesättigter Wasserdampf und überhitzter Wasserdampf sind nach Zustandsgleichungen möglich, die 1995 unter der Bezeichnung IAPWS (International Association for the Properties of Water and Steam) Formulation 1995 for the Thermodynamic Properties of Ordinary Water Substance for General and Scientific Use international angenommen wurden. Daneben wird für den industriellen Gebrauch international ab 1998 die daran angepasste und vereinfachte IAPWS Industrial Formulation 1997 for the Thermodynamic Properties of Water and Steam (IAPWS-IF 97) für den Gültigkeitsbereich 0 °C $\leq t \leq$ 800 °C und $p \leq$ 1000 bar verwendet. Dieser Standard erfuhr dann in den Jahren von 2001 bis 2005 eine Weiterentwicklung. Die dazu 2008 publizierten Ergebnisse sind hier eine Basis für die entsprechenden Zusammenstellungen mit den Tabellen von 6.6-5 bis 6.6-7 im Anhang.

In den klassischen Wasserdampftafeln bezeichnet man die Tabelle 6.6-5 als Temperaturtabelle für den Sättigungszustand (Temperature table for saturation state), Ta-

---

[20] Richard Mollier (1863–1935), als Nachfolger von Gustav Zeuner, Professor für Maschinenlehre an der Technischen Hochschule Dresden, verbesserte Zustandsgleichungen zur Gewinnung von Stoffdaten und entwickelte die heute nach ihm benannten Diagramme für Wasserdampf (h, s) sowie für feuchte Luft (h, x).

belle 6.6-6 Drucktabelle für den Sättigungszustand (Pressure table for saturation state) und 6.6-7 als Tabelle für die Einphasengebiete (Single-phase region table). In dem wiedergegebenen Auszug aus einer typischen Wasserdampftafel im Anhang sind folgende Stoffwerte als Funktion von Druck p in bar und Celsius-Temperatur t aufgeführt:

Tabelle 6.6-5 **Siedetemperatur t_s, (erste Spalte)** als Argument der Dampfdruckkurve und Sättigungs- oder Siededruck p_s (zweite Spalte) als zugehöriger Funktionswert abgebildet, also $p_s(t_s)$. In den folgenden sechs Spalten die Zustandswerte auf der Siedelinie $x = 0$ und der Taulinie $x = 1$ für das spezifische Volumen v' und v'', die spezifische Enthalpie h' und h'' sowie die spezifische Entropie s' und s'' aufgeführt.

Hinweis:

Tauen ist ein Wort, das im allgemeinen Sprachgebrauch für das Auftauchen von Flüssigkeit beim Phasenübergang steht. Der Begriff Taulinie leitet sich davon ab, dass beim Überschreiten dieser Linie vom Gebiet des überhitzten Dampfes in das Nassdampfgebiet allererste kleinste Tröpfchen (Kondensat) auftreten, die an Tautröpfchen erinnern.

Tabelle 6.6-6 **Sättigungsdruck p_s, (erste Spalte)** als Argument und zugehörige Siedetemperatur t_s (zweite Spalte) als Funktionswert abgebildet. Die beiden ersten Spalten bilden die inverse Dampfdruckkurve in der Form $t_s(p_s)$ ab. In den folgenden sechs Spalten sind die Zustandswerte für den Dampfanteil $x = 0$ (in Diagrammen auch Siedelinie genannt) und für den Dampfanteil $x = 1$ (in Diagrammen auch Taulinie genannt) für das spezifische Volumen v' und v'', die spezifische Enthalpie h' und h'' sowie die spezifische Entropie s' und s'' aufgeführt.

Tabelle 6.6-7 Spezifisches Volumen v, spezifische Enthalpie h und Entropie s als Funktion ausgewählter Werte für Druck und Temperatur in den Einphasengebieten Flüssigkeit und überhitzter Dampf. Für speziell ausgewählte Drücke von $p = 0{,}01$ bar bis $p = 250$ bar enthält eine Seite immer zwei Spalten mit der Darstellung von jeweils spezifischem Volumen, spezifischer Enthalpie und spezifischer Entropie. Am linken Rand befindet sich eine über alle Drücke stets gleiche Temperaturleiste von 0 bis 800 °C. Mit der Spalte für den Druck und der Zeile für die Temperatur können die Stoffwerte als Funktion von Druck und Temperatur abgelesen werden. Die Spalten für einen ausgewählten Druck p in bar enthalten immer die Werte für Wasserflüssigkeit unterhalb der zugehörigen Siedetemperatur und die Werte für überhitzten Dampf mit Temperaturen oberhalb der betreffenden Siedetemperatur. Jeweils die letzten tabellierten Werte für die Wasserflüssigkeit sind fett und mit einem Unterstrich hervorgehoben. Alle danach aufgeführten Werte sind dem Zustandsgebiet überhitzter Dampf zugeordnet.

Die klassischen Wasserdampftafeln in Buchform sind in Bezug auf Tabellenstruktur ähnlich aufgebaut, umfassen jedoch deutlich mehr Werte mit feinerer Unterteilung der

Stützstellen. Außerdem beinhalten sie noch andere von Druck und Temperatur abhängige Stoffwerte wie zum Beispiel die Stoffwerte für Viskosität, Wärmeleitfähigkeit oder Schallgeschwindigkeit.

Wie auch schon für ideales Gas müssen die kalorischen Zustandsgrößen, die nicht direkt messbar sind, aus den messbaren intensiven thermischen Zustandsgrößen Druck p und Temperatur t berechnet werden. Dafür sind Gleichungen bereitzustellen. Um kalorischen Zustandsgrößen für beliebig gewählte Zustände einen exakten Zahlenwert zuordnen zu können, benötigt man einen Bezugspunkt. Die Integration von Gleichung (3.3-10) $dh = c_p \cdot dt$ liefert für eine willkürlich festgelegte Bezugstemperatur t_0:

$$\int_{t_0}^{t} dh = \int_{t_0}^{t} c_p(t) \cdot dt \quad \rightarrow \quad h(t) = \int_{t_0}^{t} c_p(t) \cdot dt + h_0$$

Sowohl für die Wasserdampftafeln als auch für die maßstäbliche Darstellung von kalorischen Zustandsgrößen im T, s- sowie Mollier-h, s-Diagrammen hat man sich mit dem Tripelpunkt für siedendes Wasser (p_{Tr} und t_{Tr}) nicht für einen willkürlich wählbaren, sondern für einen ganz bestimmten Bezugspunkt ($h_0 \equiv h'_{Tr}$) entschieden durch die Festlegungen:
- spezifische freie Enthalpie für siedendes Wasser $f'_{Tr} = 0$
- spezifische Entropie für siedendes Wasser $s'_{Tr} = 0$

Diese physikalisch gut begründbare Wahl vermeidet bei der Berechnung der Zustandsgrößen negative Werte.

Die spezifische freie Enthalpie ist definiert als $f = u - T \cdot s$, sodass aus $f'_{Tr} = 0$ folgt $u'_{Tr} = 0$!

Daraus ergeben sich Konsequenzen für h'_{Tr}. Die Zustandsgrößen für Wasser im Tripelpunkt führt Tabelle 6.6-5 nicht auf, sie sind aber in der grauen Box des Kapitels 3.6 gegeben! Dort entnehmen wir für den Tripeldruck $p_{Tr} = 0{,}00611657$ und für das spezifische Volumen des siedenden Wassers $v'_{Tr} = 0{,}00100021\,\mathrm{m^3/kg}$ und berechnen damit die spezifische Enthalpie von siedendem Wasser im Tripelpunkt zu:

$$h'_{Tr} = u'_{Tr} + p_{Tr} \cdot v'_{Tr} = 0 + 0{,}00611657 \cdot 10^5\,\frac{N}{m^2} \cdot 0{,}00100021\,\frac{m^3}{kg} \cdot \frac{1\,kJ}{10^3\,Nm}$$

$$= 0{,}000611785\,\frac{kJ}{kg}$$

Die spezifische Enthalpie des siedenden Wassers im Tripelpunkt besitzt also einen sehr kleinen, positiven Zahlenwert, den man aber in den Wasserdampftafeln und bei der maßstäblichen Darstellung der Zustandsdiagramme ignoriert und durch $h'_{Tr} \approx 0$ ersetzt.

Zum effizienten Ermitteln der gesuchten Stoffwerte in den Tabellen 6.6-5 bis 6.6-7 für einen durch Druck und Temperatur gegebenen Dampfzustand ist die Dampfdruckkurve (in der Verfahrenstechnik auch gelegentlich Sättigungsdruckkurve genannt) von zentraler Bedeutung. In Abbildung 3-17 wurde der schon in Abbildung 3-15 gezeigte prinzipielle Verlauf der im Tripelpunkt (t_{Tr}, p_{Tr}) beginnenden und oben im kritischen Punkt (t_k, p_k) endenden Kurve noch einmal besonders hervorgehoben. Die Funktion $p_s(t_s)$ verfügt über einen abgeschlossenen Definitionsbereich $[t_{Tr}, t_k]$ und ist einendeutig (mathematischer Begriff: bijektiv), weil innerhalb des Definitionsbereiches jeder Siedetemperatur t_s genau ein Siededruck p_s zugeordnet ist und umgekehrt auch jedem Siededruck genau eine Siedetemperatur. Beispielsweise siedet Wasser exakt bei 100 °C, wenn der dabei herrschende Druck genau dem physikalischen Normdruck von 1,01325 bar entspricht. Das ist einer der beiden Fixpunkte der Celsius-Temperaturskala. Niedrigere Drücke (etwa auf den Gipfeln der Alpen) führen auch zu sinkenden Siedetemperaturen. Im Schnellkochtopf für das Garen von Gemüse nutzt man den umgekehrten Effekt. Je höher die Gartemperatur, desto schneller werden für Fleisch und Gemüse zur besseren Verdaulichkeit die Zellwände aus Zellulose aufgeschlossen und so wird die Garzeit vermindert, bei zu hohen Temperaturen allerdings um den Preis der thermischen Zersetzung von Vitaminen und Geschmacksstoffen. Moderne Schnellkochtöpfe verfügen über zwei Kochstufen mit unterschiedlichen Druckniveaus und dementsprechenden Siedetemperaturen:

– Schonkochstufe bei etwa 1,3 bar mit einer Siedetemperatur von ungefähr 107 °C
– Schnellkopfstufe bei etwa 2 bar mit einer Siedetemperatur von ungefähr 120 °C

Für eine numerische Auswertung der Funktion $p_s(t_s)$ wurde das Polynom (3.8-4) angegeben.

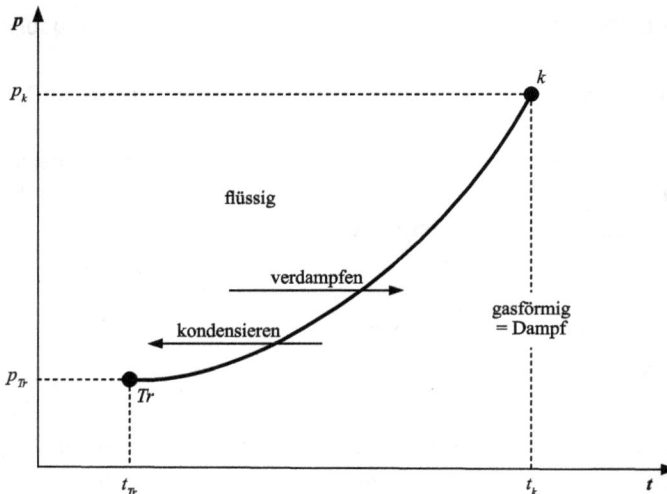

Abb. 3-17: Qualitativer Verlauf einer Dampfdruckkurve als Phasengleichgewichtskurve im p, t-Phasendiagramm.

Für den Standard IAPWS-IF 97 bilden die ersten beiden Spalten in Tabelle 6.6-5 die Dampfdruckkurve in der Form $p_s(t_s)$ ab. Jedem Argument t_s ist genau ein Funktionswert p_s zugeordnet. In Tabelle 6.6-6 ergibt sich aus den ersten beiden Spalten die inverse Dampfdruckkurve $t_s(p_s)$. Jedem Siededruck p_s als Argument der Funktion ist hier der zugehörige Funktionswert Siedetemperatur t_s zugeordnet. Alle Werte für siedende Flüssigkeit (am jeweiligen Formelzeichen gekennzeichnet durch einen Beistrich, zum Beispiel h') entsprechen den Werten im Siedezustand ($x = 0$), alle Werte für trocken gesättigten Dampf (am jeweiligen Formelzeichen gekennzeichnet durch zwei Beistriche, zum Beispiel v'') sind die Werte für trocken gesättigten Dampf ($x = 1$). Je nachdem für das Zweiphasengebiet Nassdampf die Siedetemperatur oder der Siededruck bekannt ist, erleichtert die Nutzung der passenden Tabelle das schnelle Auffinden der gesuchten Stoffwerte.

Für die Nutzung einer Wasserdampftafel ist es aber zunächst grundsätzlich erforderlich für den durch Druck und/oder Temperatur gegebenen Dampfzustand festzustellen, ob es sich um flüssiges Wasser unterhalb der Siedetemperatur, um siedendes Wasser, um Nassdampf, um trocken gesättigten Wasserdampf oder gar um überhitzten Dampf handelt. Zweckmäßig geht man dabei von einer Analyse der Zustandswerte $p_s(t_s)$ oder $t_s(p_s)$ auf der Dampfdruckkurve aus. Mit den beiden intensiven Zustandsgrößen Druck p und Temperatur t gelingt eine Zuordnung des betreffenden Dampfzustands. Dabei können folgende Fälle auftreten:

- $t < t_s(p)$ **oder** $p < p_s(t)$: Einphasengebiet Flüssigkeit
  (Zylinder 1 aus Abbildung 3-16) in Tabelle 6.6-7 Werte
  Bis einschließlich zur **fett gedruckten Zeile**
- $t > t_s(p)$ **oder** $p > p_s(t)$: Einphasengebiet überhitzter Dampf
  (Zylinder 5 aus Abbildung 3-16) in Tabelle 6.6-7 Werte
  unterhalb der **fett gedruckten Zeile**
- $t = t_s(p)$ **oder** $p = p_s(t)$: Zuordnung zu den Einphasengebieten siedende
  Flüssigkeit, trocken gesättigter Dampf oder zum
  Zweiphasengebiet Nassdampf muss noch geprüft
  werden!
  Wenn Dampfanteil x zusätzlich gegeben, dann
  $x = 0$ siedende Flüssigkeit: Tab. 6.6-5 oder Tab. 6.6-6
  (Zylinder 2 aus Abbildung 3-16)
  $x = 1$ trocken gesättigter Dampf Tab. 6.6-5 oder
  Tab. 6.6-6 (Zylinder 4 aus Abb. 3-16)
  $0 < x < 1$ Nassdampf,
  Zustandswerte aus Tabelle 6.6-5 oder 6.6-6 und dann
  Rechnung mit gegebenem Dampfanteil x, z. B.
  $v_x = v' + x \cdot (v'' - v')$ oder $h_x = h' + x \cdot (h'' - h')$

Die Stoffwerte für Druck und Temperatur oberhalb der Parameter für den kritischen Punkt ($p > p_k \approx 221\,\text{bar}$, $t > t_k \approx 374\,°\text{C}$) sind immer überkritischem Wasser zuzuordnen.

Aus Gründen der Übersichtlichkeit wird in einigen Wasserdampftafeln wie auch hier in den entsprechenden Tafeln im Anhang auf die Tabellierung der Verdampfungs-enthalpie $r(p_s)$ oder $r(t_s)$ sowie der spezifischen inneren Energien u' und u'' verzichtet. Diese Stoffwerte sind aus den tabellierten Werten einfach zu berechnen.

Die **Verdampfungsenthalpie** r kann mit den Werten aus der Wasserdampftafel we-gen der konstant bleibenden Temperatur t_S geschrieben werden als

$$r(p) = h'' - h' \quad \text{oder} \quad r(p) = \int_{s'}^{s''} T_s(p) \cdot \mathrm{d}s = T_s(p) \cdot (s'' - s') \qquad (3.8\text{-}9)$$

$$[r] = 1\,\text{kJ/kg} \quad \text{und} \quad [T_s] = 1\,\text{K}$$

Die in den Wasserdampftafeln verwendeten Celsius-Temperaturen müssen für den Ge-brauch in (3.8-9) unbedingt in thermodynamische Temperaturen umgerechnet werden!

Mit steigendem Druck fällt die Verdampfungsenthalpie $r(p)$. In Verbindung mit (3.8-1) und (3.8-9) sowie der Definition für die Enthalpie des siedenden Wassers $h' = u' + p \cdot v'$ und des trocken gesättigten Dampfes $h'' = u'' + p \cdot v''$ ist jetzt auch innere und äußere Verdampfungsenthalpie einer Berechnung zugänglich.

$$r = \varphi_V + \psi_V = h'' - h' = (u'' - u') + p(v'' - v') \qquad (3.8\text{-}10)$$

Daraus folgt für die
– innere Verdampfungsenthalpie zur Lockerung der molekularen Bindungen

$$\varphi_V = u'' - u'$$

– äußere Verdampfungsenthalpie zur Volumenänderungsarbeit gegen den Umge-bungsdruck

$$\psi_V = p(v'' - v')$$

Die Berechnung der spezifischen **inneren Energie** u beruht auf der Definition $h = u + pv$:
– für die siedende Flüssigkeit:

$$u' = h' - p \cdot v' \qquad (3.8\text{-}11\text{a})$$

– für den trocken gesättigten Dampf:

$$u'' = h'' - p \cdot v'' \qquad (3.8\text{-}11\text{b})$$

– für Wasserflüssigkeit und überhitzten Dampf

$$u = h - p \cdot v \qquad (3.8\text{-}11\text{c})$$

Sollten nicht die tabellierten Werte, sondern Zwischenwerte benötigt werden, können diese linear interpoliert werden. Erläuterungen dazu findet man im Anhang im Kapitel 6.4.

Wenn anstelle der spezifischen Stoffwerte h oder s die Werte für die Enthalpie H oder die Entropie S gesucht sind, wird zusätzlich noch eine Aussage zur Masse benötigt. Ist jedoch nur das Volumen V gegeben, berechnet man die Masse aus $m = \rho \cdot V = V/v$.

Sowohl das p, v- als auch das T, s-Diagramm zeigen bei der Darstellung von Zustandsänderungen im Zweiphasengebiet deutliche Abweichungen von den Zustandsverläufen, wie wir sie vom idealen Gas kennen und festgestellt hatten, dass die anschauliche Darstellung der ablaufenden Zustandsänderungen in diesen beiden Diagrammen das Verständnis der dahinter liegenden Prozesse wesentlich erleichtert. Im Unterschied zu idealem Gas können wir hier nicht auf einfache Zustandsgleichungen zurückgreifen, mit denen die Prozessgrößen Arbeit und Wärme aus den thermischen Zustandsgrößen mit dem Taschenrechner berechnet werden können, sodass diese Diagramme auch für die numerische Auswertung von Prozessen bedeutsam sind. Tatsächlich nutzt man diese beiden Diagrammdarstellungen eher selten zur Bestimmung von zu- oder abzuführenden Arbeiten beziehungsweise Wärmen, sondern greift auf ein speziell für die numerische Auswertung von Dampfprozessen entwickeltes Diagramm zurück, das Mollier-h, s-Diagramm, auf das an diese Stelle auch noch einzugehen ist. Allen drei Diagrammen ist gemeinsam, dass deshalb zwingend die Lage der sich im kritischen Punkt k treffenden Grenzkurven für den jeweils konstanten Dampfanteil für $x = 0$ (Siedelinie) und $x = 1$ (Taulinie) einzuzeichnen sind. In diesen drei thermodynamischen Zustandsdiagrammen haben die das Nassdampfgebiet umschließenden Grenzkurven jeweils einen unterschiedlichen charakteristischen Verlauf.

Trägt man die bei der Verdampfung mit schrittweise steigenden Drücken p jeweils die im Siedezustand und im Zustand des trocken gesättigten Dampfes gemessenen Volumina v' und v'' in einem p, v-Diagramm auf, so ergeben sich zwei Kurven, die sich bei Erreichen des kritischen Druckes $p_k = 220{,}64$ bar im kritischen Punkt k stetig ineinander übergehend treffen. Links die Siedelinie mit den Werten v' und rechts die Taulinie mit den Werten v''. Die Siedelinie verläuft im p, v-Diagramm bei geringen Drücken nahezu parallel zur Ordinate. Flüssigkeiten dehnen sich bei Erwärmung nur geringfügig aus, sodass der Anstieg der Siedelinie auf der linken Seite im p, v-Diagramm sehr steil verläuft. Die Differenz $(v'' - v')$ nimmt mit zunehmendem Druck wegen der stärkeren Volumenverringerung des Dampfes immer weiter ab und verschwindet im kritischen Punkt vollständig (Angleichung aller thermophysikalischen Eigenschaften im kritischen Punkt). Das in Abbildung 3-18 grau unterlegte Zweiphasengebiet Nassdampf wird von seinen beiden Grenzkurven Siedelinie ($x = 0$) und Taulinie ($x = 1$) umschlossen. Auf der Seite der Siedelinie wird das Nassdampfgebiet vom Gebiet der reinen Flüssigkeit und auf der Seite der Taulinie das Nassdampfgebiet vom Bereich des überhitzten Dampfes abgegrenzt.

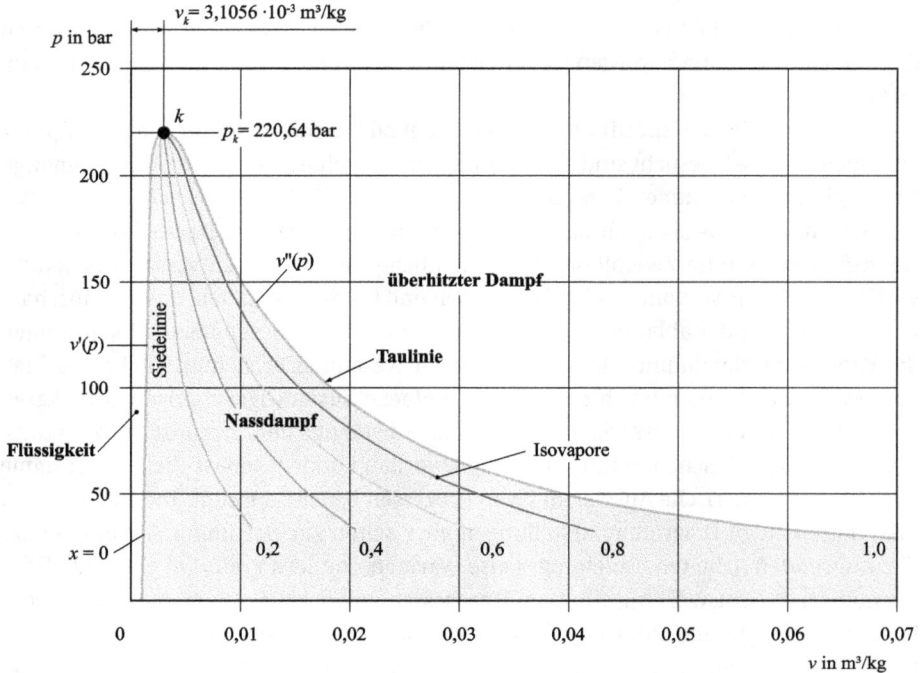

Abb. 3-18: p, v-Diagramm für Wasser mit Zweiphasengebiet (grau unterlegt).

Oberhalb des kritischen Punktes existiert kein Phasengleichgewicht zwischen siedender Flüssigkeit und trocken gesättigtem Dampf. Der kritische Punkt stellt also die obere Grenze für einen sichtbaren Phasenübergang dar. Im kritischen Punkt sind alle Eigenschaften von Flüssigkeit und Dampf gleich (auch der optische Brechungsindex, sodass man auch keine Phasenunterschiede mehr sieht). In diesem Bereich erfolgt dann ein unmittelbarer Übergang von Flüssigkeit zu überkritischen Dampf durch stetige Volumenzunahme.

Da beim isobaren Verdampfen (Kondensieren) Druck und Temperatur konstant bleiben, das Volumen sich aber durch zunehmende (abnehmende) Dampfbildung vergrößert (verkleinert), verlaufen einzuzeichnende Isobaren und Isothermen im Nassdampfgebiet gemäß der festen funktionalen Zuordnung $p_s(t_s)$ als zusammenfallende Linien parallel zur Abszisse. Für überhitzten Dampf erinnern die Isothermen mit ihrem hyperbelartigen Verlauf an die Isothermen für ideales Gas. Die durch den kritischen Punkt verlaufende Isotherme t_k = konstant besitzt bei dem spezifischen Volumen des kritischen Punktes $v_k = 0,00310559\ \mathrm{m^3/kg}$ den Anstieg null.

Der kritische Punkt k ist mathematisch ein Wendepunkt der kritischen Isotherme mit der Isobaren $p = p_k$ als horizontale Wendetangente.

Alle durch das Nassdampfgebiet verlaufenden Isothermen erfahren an jeweils beiden Grenzkurven eine Unstetigkeit. Oberhalb t_k berühren die Isothermen das Nassdampfgebiet nicht und verlaufen stetig. In ihrer Form nähern sie sich, je weiter sie im Gebiet überkritischer Dampf liegen, immer mehr gleichseitigen Hyperbeln an. Gleichseitige Hyperbeln im p, v-Diagramm gehorchen der Grundgleichung für ideales Gas $p \cdot v = R_i T$. Überhitzter Dampf mit Dampfparametern rechts von der Taulinie verhält sich umso mehr wie ein ideales Gas, je höher die Temperaturen über der kritischen Temperatur $t_k = 373{,}946\,°C$ liegen. Für reale Gase wird die Grundgleichung des idealen Gases außerdem umso besser erfüllt, je niedriger der Druck ist. Dies gilt auch für überhitzten Dampf. Bei sehr niedrigem Druck verhält sich der überhitzte Dampf auch in der Nähe der Taulinie annähernd wie ein ideales Gas. Superkritisches Gas mit entsprechend hohen Drücken hingegen zeigt wiederum ein vom Idealgasverhalten deutlich abweichendes Verhalten.

Den Abschluss des Nassdampfgebietes nach unten bildet die Tripellinie $p_{Tr} = 0{,}00611657\,\text{bar}$.

Linien gleichen Dampfanteils im grau unterlegten Nassdampfgebiet heißen Isovaporen und treffen sich alle im kritischen Punkt. Ihren prinzipiellen Verlauf kann man aus Abbildung 3-18 entnehmen. Da das spezifische Volumen des Nassdampfes v_x nach Gleichung (3.8-8a) direkt proportional zum Dampfanteil x ist, lassen sich die Isovaporen punktweise ermitteln. Man formt Gleichung (3.8-8a) in eine äquivalente Verhältnisgleichung um, die jede Linie $x = $ konstant die zwischen Siede- und Taulinie liegenden Isobarenabschnitte in gleichem Verhältnis teilt.

$$(v_x - v') : (v'' - v') = x : 1$$

Der kritische Punkt als gemeinsamer Treffpunkt aller Isovaporen ist geometrisch indifferent.

Mit diesen Überlegungen kann man unter Nutzung einer Analogie zum Hebelgesetz aus der Mechanik die aus dem Ansatz (3.8-7) gewonnenen Gleichungen (3.8-8a)–(3.8-8d) noch einmal bestätigen. Die isobare (und im Nassdampfgebiet zugleich isotherme) Verbindungsgerade zwischen Siedelinie ($x = 0$) und Taulinie ($x = 1$) im Koexistenzgebiet von siedender Flüssigkeit und trocken gesättigten Dampf teilt sich in allen drei hier behandelten Zustandsdiagrammen für Wasserdampf wie Abbildung 3-19 zeigt immer im Verhältnis der Massen trocken gesättigter Dampf zu Flüssigkeit auf. Aus der Definition für den Dampfanteil x mit $x = m''/(m' + m'')$ folgt für das Verhältnis $m''/m' = x/(1 - x)$. Bezeichnet also x den zur Masse des trocken gesättigten Dampfes proportionalen Dampfanteil, kann man den Term $(1 - x)$ als den zur Masse der Flüssigkeit im Zweiphasengebiet proportionalen Flüssigkeitsanteil auffassen.

$$\frac{m''}{m'} = \frac{x}{1 - x} = \frac{v_x - v'}{v'' - v_x} = \frac{h_x - h'}{h'' - h_x} = \frac{s_x - s'}{s'' - s_x}$$

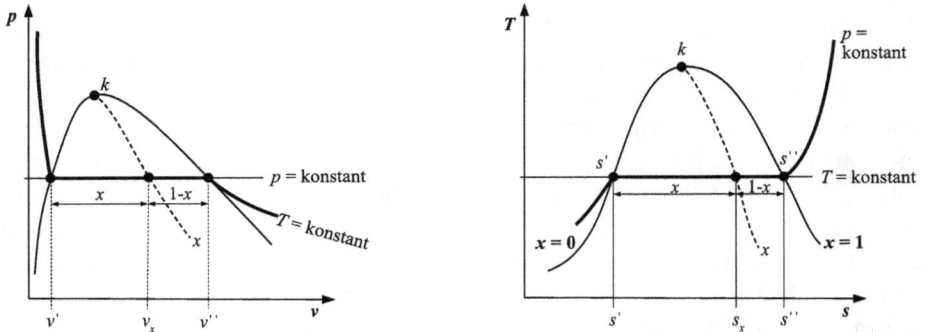

Abb. 3-19: Teilungsverhältnis für die Masse trocken gesättigten Dampfes zur Masse der siedenden Flüssigkeit durch die waagerechte Verbindungsgerade zwischen Siede- und Taulinie im p, v- und T, s-Diagramm.

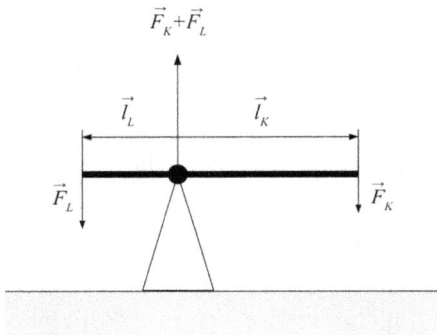

Abb. 3-20: Statische Gleichgewichtsbedingung beim Hebelgesetz für das bewegliche Lager.

Abbildung 3-20 die statische Gleichgewichtsbedingung (Kraft mal Kraftarm = Last mal Lastarm $F_K \cdot l_K = F_L \cdot l_L$) beim Hebelgesetz für das bewegliche Lager, das die sowohl am Kraftarm als auch die am Lastarm angreifenden Kräfte aufnehmen muss.

Für die Nutzung der Analogie zur Mechanik setzt man nun an:

– Mechanik:	$\vec{F}_K + \vec{F}_L$	F_L	l_L	F_K	l_K
– Thermodynamik:	s_x	s'	x	s''	$1 - x$

Setzen wir nun $\vec{F}_K + \vec{F}_L = s_x$, folgt für die Entropie des Nassdampfes mit $s_x = s' \cdot x + s'' \cdot (1 - x)$ die uns schon bekannte Beziehung (3.8-8d): $s_x = s' + x(s'' - s')$.

Die Isovaporen im Nassdampfgebiet ergeben sich also für alle drei Zustandsdiagramme immer aus der Aufteilung der Isobaren oder der Isothermen zwischen Siedelinie und Taulinie in stets gleiche Abschnitte.

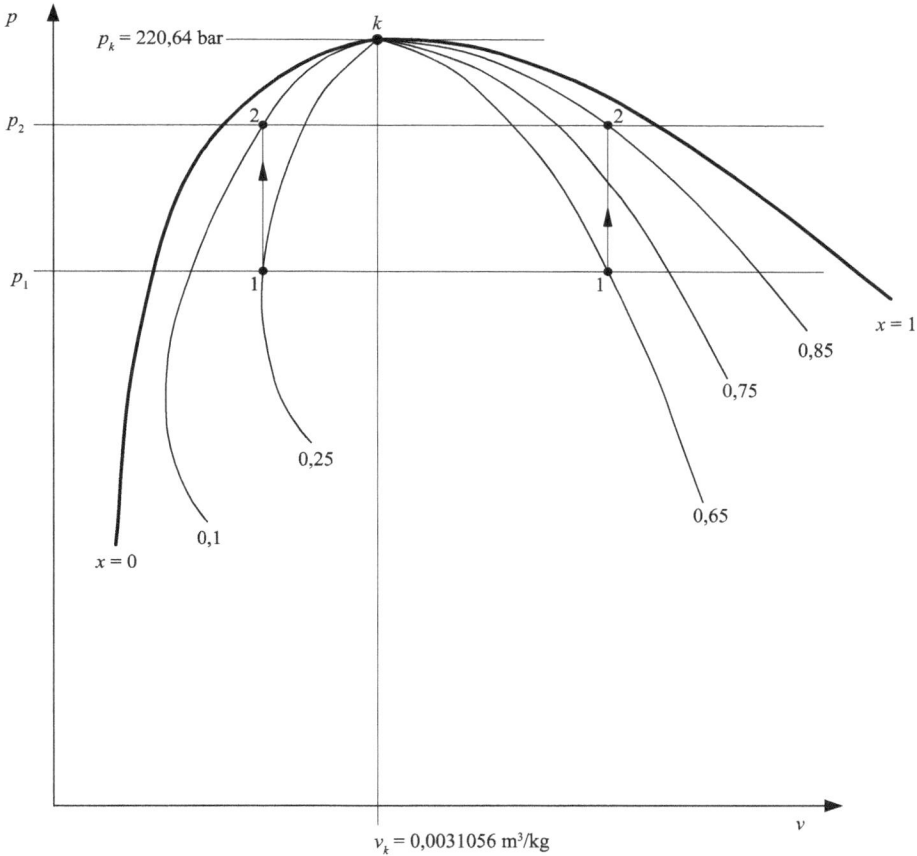

Abb. 3-21: Isochore Drucksteigerungen aus dem Nassdampfgebiet in der Nähe des kritischen Punktes.

Isochore Drucksteigerungen in der Nähe des kritischen Punktes aus dem Nassdampfgebiet heraus weisen eine interessante Besonderheit auf. Dazu betrachte man den in Abbildung 3-21 entsprechend dargestellten Ausschnitt eines p, v-Diagramms. Um den nachfolgend zu erklärenden Effekt deutlicher hervortreten zu lassen, verwenden wir hier eine nicht ganz maßstäbliche Zeichnung, in der zwei isochore Zustandsänderungen eingezeichnet sind. Eine Zustandsänderung erfolgt aus einem Gebiet links von der kritischen Isochore v_k mit ($v < v_k$) und eine rechts davon ($v > v_k$). Werden zum Beispiel Kältemittel unter Druck in Gasflaschen gefüllt, enthalten diese flüssiges und darüberliegend einen gewissen Anteil gasförmiges Kältemittelmittel. Kommt es nun zur Druckerhöhung in der Gasflasche durch Wärmeeintrag aus der Umgebung, verdampft im Fall $v > v_k$ ein Teil des Kältemittels und der in der Gasflasche enthaltene Nassdampf wird „trockener" ($x_2 > x_1$). Die oberhalb der fast inkompressiblen Flüssigkeit liegende Gasblase kann die Drucksteigerung auffangen. Für den Fall $v < v_k$ ist zu sehen, dass der Dampfanteil geringer wird $x_2 < x_1$, also Flüssigkeit entsteht und sogar die Siede-linie erreicht werden kann. Aus diesem Grund befüllt man die Gasflaschen niemals vollständig mit flüssigem Kältemittel, sondern zur Sicherheit immer nur so weit, dass $v > v_k$ eingehalten werden kann. Aus Kapitel 3.1 haben wir die Erkenntnis erlangt, dass in vollständig mit Flüssigkeit befüllten Behältern bei Wärmeeintrag nach Maßgabe des entsprechenden Volumenausdehnungskoeffizienten extrem hohe Drücke entstehen, die zum Bersten der Gasflasche führen könnten.

Im T, s-Diagramm der Abbildung 3-22 ist von Siede- und Taulinie umschlossene Nassdampfgebiet wiederum grau unterlegt. Die Isobaren im Nassdampfgebiet des T, s-Diagrammes sind wegen $T = T_s(p)$ Parallelen zur Abszisse. Im Flüssigkeitsgebiet links von der Siedelinie liegen alle Isobaren sehr eng beieinander und fallen hier bei einer maßstäblichen Darstellung im Rahmen der Zeichengenauigkeit mit der Siedelinie zusammen (bei der Kompression einer Flüssigkeit steigt die Temperatur nur geringfügig an!).

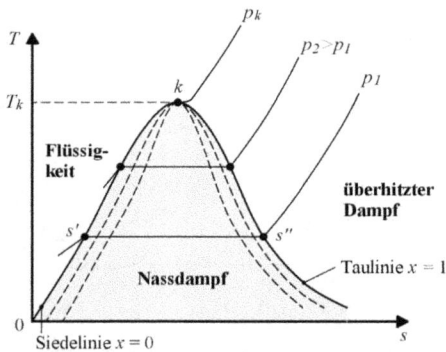

Abb. 3-22: Das T, s-Diagramm für Dampf mit den Zustandsgebieten Flüssigkeit, Nassdampf und überhitzter Dampf.

Im T, s-Diagramm lassen sich Wärmen wegen $dq = T \cdot ds$ als Flächen darstellen. Ein Zustandsverlauf von links nach rechts bedeutet wegen wachsender Entropie eine Wär-mezufuhr, die im Nassdampfgebiet eine Verdampfung bewirkt. Ein entgegengesetzter Verlauf im Diagramm von rechts nach links ist mit einer Wärmeabfuhr (im Nassdampf-gebiet eine Kondensation) verbunden.

Auffallend ist wieder der Verlauf der Siedelinie ($x = 0$) und der Taulinie ($x = 1$), die beide im kritischen Punkt k stetig und differenzierbar mit waagerechter Tangente (Anstieg = 0) ineinander übergehen. Deshalb besitzen beide Kurven im kritischen Punkt auch ihr gemeinsames Maximum. Alle anderen Isovaporen (Linien gleichen Dampfan-teils) treffen sich gleichfalls im kritischen Punkt und unterteilen im Nassdampfgebiet die parallel zur Abszisse verlaufenden Linien nach Maßgabe des Verhältnisses der Masse des trocken gesättigten Dampfes zur Masse der siedenden Flüssigkeit. Da die Entropie der siedenden Flüssigkeit im Tripelpunkt per Definition gleich null gesetzt wurde ($s'(p_{Tr}, T_{Tr}) = 0$), schneidet die Siedelinie bei der Tripeltemperatur von 0,01 °C die Ordinatenachse. Gleichzeitig bildet die Isotherme 0,01 °C zwischen Siede- und Taulinie den Abschluss des Nassdampfgebietes nach unten.

Mit der Eigenschaft des T, s-Diagramms, Wärmen als Fläche abzubilden, könnten auch Verdampfungsenthalpien $r = r(p)$ in Abhängigkeit vom Druck dargestellt werden. Mit der Beziehung $r(p) = \Delta h = T \cdot \Delta s$ ergibt sich die Verdampfungsenthalpie als eine Rechteckfläche, deren horizontalen Begrenzungen oben von der waagerechten Verbindung zwischen Siede- und Taulinie für den entsprechenden Druck p und unten von dem zugehörigen Abschnitt auf der Tripeltemperatur-Isotherme ($t_{Tr} = 0,01°C$) gebildet werden. Die vertikalen Begrenzungen stellen die Isentropen $s = $ konstant für jeweils $s'(p)$ und $s''(p)$ dar.

Die Isobaren erfahren an Siedelinie und Taulinie Unstetigkeiten. Im Gebiet überhitzter Dampf rechts von der Taulinie folgen die Isobaren logarithmischen Funktionen.

Sowohl im p, v-Diagramm als auch im T, s-Diagramm ist zu erkennen, dass im Gebiet oberhalb des kritischen Punktes (also wenn $p > p_k$ und $t > t_k$) Zustandsänderungen direkt von der Flüssigkeit in die überkritische Gasphase führen, ohne dass das Zweiphasengebiet Nassdampf durchlaufen wird. Umgekehrt gelangt man auf diesem Weg von der Gasphase direkt zur Flüssigkeit, ohne dass eine Kondensation wahrgenommen werden kann.

Enthalpien werden im T, s-Diagramm als Flächen unter den jeweiligen Isobaren dargestellt. Bei der Arbeit mit dem T, s-Diagramm wäre man dann aber darauf angewiesen, zu ermittelnde Enthalpiedifferenzen durch aufwendiges Planimetrieren der zugehörigen Diagrammflächen zu bestimmen. Dies ist nicht nur fehleranfällig, sondern auch sehr aufwendig und führt uns deshalb zu einer weiteren Diagrammdarstellung, die von dem schon erwähnten Pionier für die Stoffwertberechnung von Wasserdampf, Richard Mollier, vorgeschlagen wurde. Im Zusammenhang mit der Veröffentlichung wesentlich verbesserter Wasserdampftafeln hat er auch ein Diagramm für Wasserdampf vorgeschlagen, mit der Enthalpie h als Ordinate und der Entropie s als Abszisse. Genauso wie im T, s-Diagramm verlaufen isentrope Zustandsänderungen als vertikale Linien parallel zur Ordinate. Die dabei auftretenden Enthalpieänderungen sind Ausdruck für die technische Arbeit in oder an einem offenen thermodynamischen System und fallen in diesem Diagramm nicht als zu planimetrierende Fläche, sondern als mit einem Längenmaßstab direkt messbare Strecken an. Diese einfache und zugleich doch so geniale Idee hat den Bau von Wärmekraftanlagen revolutioniert. Zu Ehren von Mollier kam man 1923 international zum selben Schluss, alle Zustandsdiagramme mit der Enthalpie als eine der beiden Koordinatenachsen, Mollier-Diagramme zu nennen.

Eine Besonderheit ist die Lage des kritischen Punktes k im Mollier-h, s-Diagramm. Wie schon in den beiden anderen zuvor vorgestellten Diagrammen gehen die jeweils fett hervorgehobene Siedelinie ($x = 0$) und Taulinie ($x = 1$) im kritischen Punkt stetig ineinander über, wo sich auch alle anderen mit gestrichelten Linien eingezeichneten Isovaporen treffen. Die durch den kritischen Punkt verlaufende kritische Isobare hat an diesem Punkt den Anstieg, der wertmäßig die kritische Temperatur in der thermodynamischen Temperaturskala ausmacht und zugleich den Kurvenzug beider Grenzkurven berührt.

$$\left(\frac{\partial h}{\partial s}\right)_{p_k} = T_k$$

Deshalb liegt der kritische Punkt im Mollier-h, s-Diagramm nicht mehr im Scheitelpunkt des Kurvenzuges, sondern auf seinem linken ansteigenden Ast und fällt mit dessen Wendepunkt zusammen.

Die Diagrammfläche des Mollier-h, s-Diagramms trennt die Einphasengebiete flüssiges Wasser und überhitzter Dampf vom Zweiphasengebiet Nassdampf. Das Zweiphasengebiet Nassdampf liegt im Diagramm unterhalb der beiden im kritischen Punkt k zusammenlaufenden Grenzkurven Siedelinie und Taulinie. Links von der fett hervorgehobenen Isobare p_k erstreckt sich das Einphasengebiet flüssiges Wasser, rechts davon das Einphasengebiet überhitzter Dampf. Die Zustandswerte für siedendes Wasser sind auf der Siedelinie, die für trocken gesättigten Dampf auf der Taulinie abgetragen. Die Taulinie durchläuft in diesem Diagramm ein Maximum.

Die Isobaren im Nassdampfgebiet sind Geraden. Ihr konstanter Anstieg ergibt sich aus $(\partial h/\partial s)_p = T$ für einen vorgegebenen Druck p und kann mit einem Koeffizientenvergleich bei ds einfach nachvollzogen werden. Das Differential für die Enthalpie $h = h(s,p)$ kann dargestellt werden durch:

– die Hauptgleichung der Thermodynamik

$$\mathrm{d}h = T\mathrm{d}s + v\mathrm{d}p$$

– das totale oder vollständige Differential für die Enthalpie

$$\mathrm{d}h = \left(\frac{\partial h}{\partial s}\right)_p \mathrm{d}s + \left(\frac{\partial h}{\partial p}\right)_s \mathrm{d}p$$

Im Nassdampfgebiet liegt mit dem Druck p_s auch die Temperatur T_s fest, sodass dort die Isobaren mit den Isothermen $T = T_s(p_s)$ für die zugehörige Siedetemperatur zusammenfallen. Die Dampfdruckkurve $T_s(p_s)$ ist eine streng monoton wachsende Funktion. Deshalb nimmt im Nassdampfgebiet der Anstieg der Geraden für die Isobaren bei höheren Drücken zu. Erst beim Übergang vom Nassdampfgebiet in das Gebiet des überhitzten Dampfes an der Taulinie weisen Isobaren und Isothermen wieder einen unterschiedlichen Verlauf auf. Die Isobaren verlaufen beim Überschreiten der Taulinie stetig in das Gebiet des überhitzten Dampfes. Die Isothermen knicken an der Taulinie ab und fallen nach rechts. Im hier nicht dargestellten Gebiet des deutlich überhitzten Dampfes nähern sich die Isothermen dem Verlauf der Isenthalpen an (hier also dann Parallelen zur

Abszisse). Dies ist genau dann der Fall, wenn man mit den entsprechenden Parametern davon ausgehen kann, dass sich ein reales genauso wie ein ideales Gas verhält. Wie wir es schon in Abbildung 3-18 für das p, v- und in Abbildung 3-22 für das T, s-Diagramm gesehen haben, teilen eine für die Isobare und Isotherme gleichzeitig stehende Gerade die gestrichelt gezeichneten Isovaporen im Nassdampfgebiet genau im Verhältnis Anteil trocken gesättigter Dampf zu Flüssigkeitsanteil.

$$\frac{x}{1-x} = \frac{h_x - h'}{h'' - h_x}$$

Die Auflösung nach h_x ergibt mit $h_x = h' + (h'' - h')$, die uns als Vorschrift zur Berechnung von Zustandsgrößen im Nassdampfgebiet aus den Zustandsgrößen für siedendes Wasser und trocken gesättigtem Dampf bekannt geworden ist.

Die gleichzeitig als gestrichelte Linien in Abbildung 3-20 eingezeichneten Isochoren (v = konstant) besitzen im Nassdampfgebiet einen fast linearen Verlauf, im Zustandsgebiet überhitzter Dampf krümmen sie steiler werdend ab. Vom Grundsatz her verlaufen sie in beiden Zustandsgebieten jeweils steiler als die Isobaren.

Im Mollier-h, s-Diagramm erscheint die Darstellung des Nassdampfgebietes in der Nähe der Siedelinie als sehr schmaler Bereich. Die Isobaren (und damit auch die Isothermen) nähern sich im Nassdampfgebiet in ihrem unteren Teil, ohne tatsächlich Tangenten zu sein, fast tangential der Siedelinie. Für den praktischen Gebrauch kann man die Zustandslinien kaum voneinander unterscheiden und von daher sehr schlecht ablesen. Werden auch Ablesewerte im Bereich der Siedelinie benötigt (zum Beispiel für Kaltdampfprozesse), hat sich die Verwendung von Mollier-log-p, h-Diagrammen bewährt.

Im Gebiet stark überhitzter Dämpfe gehen die Isobaren in logarithmische Kurven über. In diesen Bereichen verhält sich überhitzter Dampf wie ideales Gas.

Für die zeichnerische Darstellung eines h, s-Diagramms zum Ablesen von Zustandswerten beziehungsweise zum quantitativen Verfolgen von Prozessen beschränkt sich aus vorgenannten Gründen auf den für das Realstoffverhalten Dampf bei der Entspannung in Turbinen wichtigen Bereich, der in Abbildung 3-23 grau unterlegt ist. Diesen Ausschnitt des Mollier-h, s-Diagramms zeigt Abbildung 3-24 (hier allerdings ohne Isochoren). Für die Arbeit mit dem Mollier-h, s-Diagramm orientiert man sich an der dicker ausgezogenen Taulinie x = 1, die man auch gut etwas unterhalb der Bildmitte in Abbildung 3-24 erkennt. Oberhalb der Taulinie liegt das Einphasengebiet überhitzter Dampf unterhalb das Zweiphasengebiet Nassdampf. Im Nassdampfgebiet des Diagramms aus Abbildung 3-24 sieht man außer den Isovaporen nur die ausgezeichneten Isobaren, denen aber gemäß Dampfdruckkurve $p_s(t_s)$ immer auch eine konkrete Isotherme zugeordnet ist.

Zur Verdeutlichung insbesondere für die qualitative Darstellung eines Prozessverlaufes im Mollier-h, s-Diagramm sind in Abbildung 3-24 noch einmal die Zustandsgebiete Flüssigkeit, Nassdampf und überhitzter Dampf und der prinzipielle Verlauf von Isobaren, Isothermen und Isovaporen dargestellt.

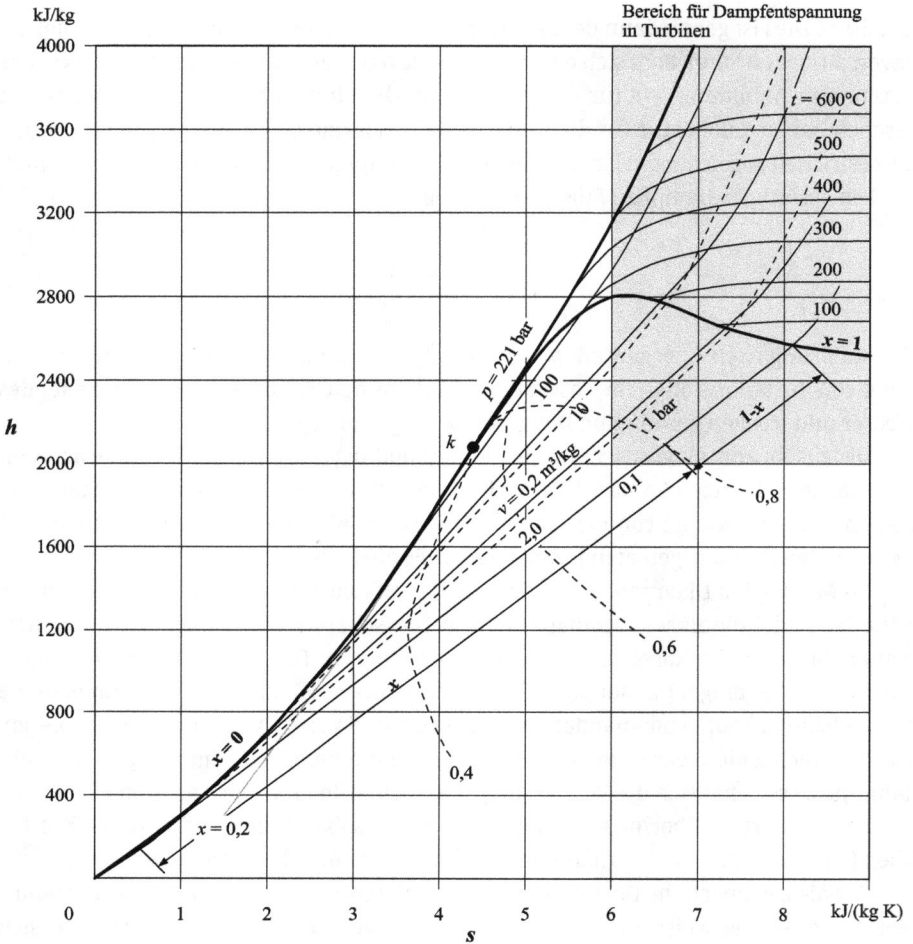

Abb. 3-23: Das vollständige Mollier-h, s-Diagramm mit grau unterlegtem relevanten Bereich für die Dampf-entspannung in Turbinen.

Im Nassdampfgebiet fallen Isotherme und Isobare zusammen und sind deshalb nur einmal gezeichnet. Um den Isobaren im Nassdampfgebiet auch die entsprechende Iso-therme zuzuordnen, betrachtet man den Schnittpunkt der Isobaren mit der Taulinie. Unmittelbar an der Taulinie beginnen im Gebiet des überhitzten Dampfes Isobare und Isotherme auch wieder auseinanderzufallen, sodass man dort auf die Temperatur einer Isothermen zu einer Isobaren im Nassdampfgebiet schließen kann (vergleiche 1 bar-Isobare trifft an Taulinie im Rahmen der Zeichnungsgenauigkeit die Isotherme 100 °C).

Die Abbildung 3-25 zeigt neben der Lage der Gebiete Flüssigkeit, Nassdampf und überhitzter Dampf noch einmal den prinzipiellen Verlauf von Isothermen, Isobaren und Isovaporen im Mollier-h, s-Diagramm für Dampf. Die qualitative Veranschauli-

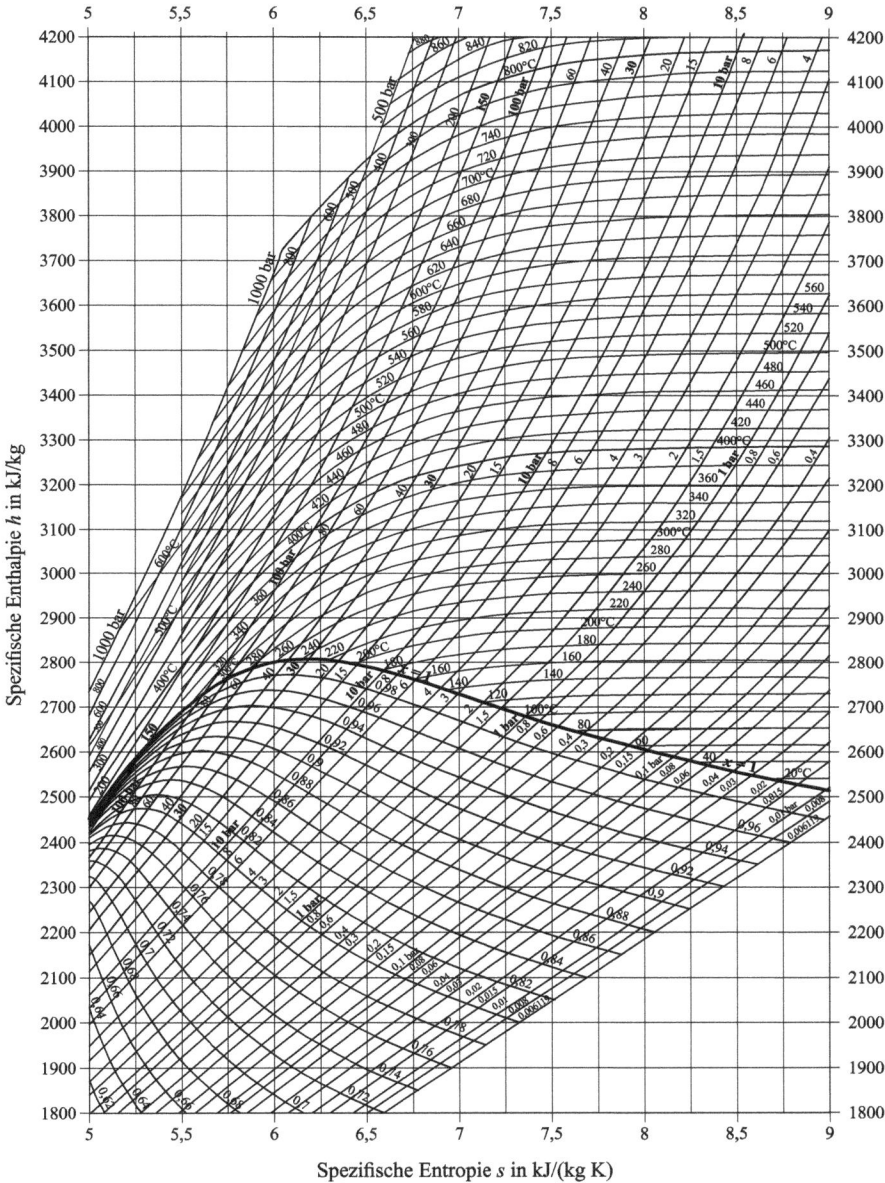

Abb. 3-24: Ausschnitt des Mollier-h, s-Diagramms für die Dampfentspannung in Turbinen.

chung von Zustandsänderungen und Prozessverläufen in diesem Diagramm in einer Skizze ist für die Findung eines Lösungsweges bei entsprechenden Aufgaben sehr hilfreich. Deshalb sollte man sich diese Abbildung gut einprägen! Dabei ist es sehr wichtig zu wissen, dass im Nassdampfgebiet Isothermen und Isobaren zusammenfallen und

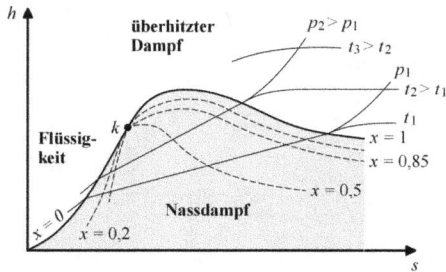

Abb. 3-25: Prinzipieller Aufbau des Mollier-h, s-Diagramms für Dampf.

erst beim Überschreiten der Taulinie sich wieder unterschiedliche Verläufe einstellen, weil dann Temperatur und Druck wieder als voneinander unabhängige Variablen auftreten.

3.8.1 Berechnung des Dampfdrucks

Wie hoch ist der zur Siedetemperatur von 184,07 °C gehörige Sättigungsdruck von Wasser in bar?

Hinweis: Eine Berechnung mit dem Standard IAPWS-IF 97 liefert $p_S(t_S) = 11$ bar (siehe Tabelle 6.6-6). Dies wollen wir als „exakte" Vergleichslösung verwenden, aber gleichzeitig so tun, als stünde uns Tabelle 6.6-6 nicht zur Verfügung. Die kritische Temperatur und der kritische Druck von Wasser seien gegeben durch: $t_k = 373,946$ °C und $p_k = 220,64$ bar.

a) durch geschlossene Integration der Clausius-Clapeyron'schen Gleichung
b) mithilfe der Gleichung (3.8-4)
c) mithilfe der Wasserdampftafel IAPWS-IF 97 Tabelle 6.6-5 im Anhang des Buches!

Gegeben sind:

Siedetemperatur: $t_s = 184,07$ °C ($T_s = 457,22$ K)
kritischer Punkt: $t_k = 373,946$ °C ($T_k = 647,096$ K) $p_k = 220,64$ bar

Vorüberlegungen:
Die Clausius-Clapeyron'schen Gleichung ist eine Differentialgleichung zur Berechnung von Veränderungen des Siede- oder Schmelzpunktes bei variierenden Drücken, deren Formulierung für die Berechnung der Verhältnisse bei der Dampfdruckkurve gegeben sei durch:

$$\frac{\mathrm{d}p}{\mathrm{d}T} = \frac{r(p_s)}{T_s \cdot (v'' - v')}$$

Eine geschlossene Integration gelingt mit folgenden Voraussetzungen:
1. $v' \ll v''$ (ist vor allem bei niedrigen Drücken erfüllt)
2. $p \cdot v'' = R_i \cdot T$ (trocken gesättigter Dampf wird wie ideales Gas behandelt)
3. $r \neq r(p)$ (Verdampfungsenthalpie sei keine Funktion des Drucks)

Für die praktische Bestimmung werden wir von den Werten aus der Wasserdampftafel bei der gegebenen Sättigungstemperatur ausgehen.

Eine zweite Möglichkeit besteht in der Anwendung der Gleichung (3.8-4). Für die Koeffizienten a_i und Exponenten n_i greifen wir auf die gegebenen Werte in Tabelle 3-10 zurück.

Als dritte Möglichkeit könnte man auf den Standard IAPWS-IF 97 zurückgreifen.

Lösung:

a) Clausius-Clapeyron'sche Gleichung mit den Vereinfachungen aus den Vorüberlegungen

$$\frac{dp}{dT} = \frac{r(p)}{T \cdot (v'' - v')} \quad \rightarrow \quad \frac{dp}{dT} = \frac{r(p)}{T \cdot v''}$$

$$\rightarrow \quad \frac{dp}{dT} = \frac{r(p) \cdot p}{T \cdot R_{H_2O} \cdot T_s} = \frac{r(p) \cdot p}{R_{H_2O} \cdot T^2}$$

$$\int_{p_k}^{p_s} \frac{dp}{p} = \frac{r}{R_{H_2O}} \int_{T_k}^{T_s} \frac{dT}{T^2} \quad \rightarrow \quad \ln \frac{p_s}{p_k} = \frac{r}{R_{H_2O}} \cdot \left(\frac{1}{T_k} - \frac{1}{T_s} \right)$$

$$\rightarrow \quad p_s(T_s) = p_k \cdot e^{\frac{r}{R_{H_2O}} \cdot \left(\frac{1}{T_k} - \frac{1}{T_s} \right)}$$

Tabelle 6.6-6 ordnet dem Sättigungsdruck von 11 bar die Sättigungstemperatur von 184,07 °C zu. Für die Verdampfungsenthalpie $r(184,07\,°C)$ verwenden wir hier deshalb auch die Werte aus Tabelle 6.6-6:

$$r(184,07\,°C) = (h'' - h')_{184,07°C} = (2780,67 - 781,198)\,kJ/kg = 1999,472\,kJ/kg$$

Gaskonstante Wasser mit gerundeter Molekülmasse für Wasser:

$$R_{H_2O} = \frac{R_m}{M_{H_2O}} = \frac{8,3144621\,kJ/(kmol\,K)}{18\,kg/kmol} = 0,4619146\,\frac{kJ}{kg\,K}$$

Aus Gründen der Übersichtlichkeit ist es sinnvoll, in einem Zwischenschritt den Exponenten für die e-Funktion zu berechnen und zu prüfen, ob dieser dimensionslos ist.

$$p_s(T_s) = p_k \cdot e^{f(T_s)} \qquad f(T_s) = \frac{r}{R_{H_2O}} \cdot \left(\frac{1}{T_k} - \frac{1}{T_s} \right)$$

$$f(T_s) = \frac{1999{,}472\,\text{kJ/kg}}{0{,}4619146\,\text{kJ/(kg K)}} \cdot \left(\frac{1}{647{,}096\,\text{K}} - \frac{1}{457{,}22\,\text{K}} \right) = -2{,}777984236$$

$$p_s(184{,}07\,^\circ\text{C}) = 220{,}64\,\text{bar} \cdot e^{-2{,}777984236} = \underline{\underline{13{,}716\,\text{bar}}}$$

Der relative Fehler von 24,7 % ist sehr hoch, was aber angesichts der Voraussetzungen, die zur Integration der Clausius-Clapeyron'schen erforderlich waren, nicht wirklich verwundert.

b) Dampfdruckgleichung (3.8-4) für Wasser als Reihenentwicklung mit reduzierten Zustandsgrößen und Parametern aus Tabelle 3-9

$$\ln p_r = \frac{1}{T_r} \cdot \sum_{i=1}^{6} a_i (1 - T_r)^{n_i} \quad \text{mit}$$

$$T_r = \frac{T_s}{T_k} = \frac{457{,}22\,\text{K}}{647{,}096\,\text{K}} = 0{,}706572131 \quad \text{und} \quad (1 - T_r) = 0{,}293427868$$

$$\ln \frac{p_s}{p_k} = \frac{1}{T_r} \cdot \left(a_1 (1 - T_r)^{n_1} + a_2 (1 - T_r)^{n_2} + a_3 (1 - T_r)^{n_3} \right.$$
$$\left. + a_4 (1 - T_r)^{n_4} + a_5 (1 - T_r)^{n_5} + a_6 (1 - T_r)^{n_6} \right)$$

$$\ln p_r = \frac{1}{0{,}706572131}$$
$$\cdot \left(-7{,}85951783 \cdot 0{,}293427868^{1{,}0} + 1{,}84408259 \cdot 0{,}293427868^{1{,}5} \right.$$
$$- 11{,}7866497 \cdot 0{,}293427868^{3{,}0} + 22{,}6807411 \cdot 0{,}293427868^{3{,}5}$$
$$\left. - 15{,}9618719 \cdot 0{,}293427868^{4{,}0} + 1{,}80122502 \cdot 0{,}293427868^{7{,}5} \right)$$

$$\ln \frac{p_s}{p_k} = \frac{1}{0{,}706572131} \cdot (-2{,}118622312) = -2{,}998451565$$

$$p_s(184{,}07\,^\circ\text{C}) = p_k \cdot e^{-2{,}998451565} = 220{,}64\,\text{bar} \cdot 0{,}04986422 = \underline{\underline{11{,}002\,\text{bar}}}$$

Durch den in Tabelle 6.6-6 ausgewiesenen Wert von exakt 11 bar wissen wir, dass dieser berechnete Wert schon sehr genau ist.

c) lineare Interpolation in Tabelle 6.6-5 zwischen $t_1 = 180\,^\circ\text{C}$ und $t_2 = 190\,^\circ\text{C}$

$$p_s(t_s) = p_{s,1} + \frac{t_s - t_1}{t_2 - t_1} \cdot (p_{s,2} - p_{s,1}) = p_{s,1} + k \cdot \Delta p_1$$

$$p_s(184{,}07\,^\circ\text{C}) = 10{,}0263\,\text{bar} + \frac{4{,}07\,\text{K}}{10\,\text{K}} (12{,}5502 - 10{,}0263)\,\text{bar} = \underline{\underline{11{,}054\,\text{bar}}}$$

Dieser noch ungenaue lineare Interpolationswert kann mit der im Anhang beschriebenen Methode nach Bessel unter Hinzunahme der Siededrücke für $t_0 = 170\,^\circ\text{C}$ und $t_3 = 200\,^\circ\text{C}$ verbessert werden über

$$p_s(t_s) = p_{s,1} + k \cdot (p_{s,2} - p_{s,1}) - k_1 \cdot \frac{(p_{s,3} - p_{s,2}) - (p_{s,1} - p_{s,0})}{2} \quad \text{mit}$$

$$k_1 = \frac{k \cdot (k-1)}{2} \qquad k_1 = \frac{0{,}407 \cdot (1 - 0{,}407)}{2} = 0{,}1206755$$

$$p_s(184{,}07\,°C) = 11{,}054\,\text{bar}$$

$$- 0{,}1206755 \cdot \frac{[(15{,}5467 - 12{,}5502) - (10{,}0263 - 7{,}92053)]\,\text{bar}}{2}$$

$$= \underline{\underline{11{,}0003\,\text{bar}}}$$

Hiermit haben wir die beste Annäherung an den exakten Vergleichswert erhalten!

3.8.2 Ermittlung der Siedetemperatur bei gegebenen Druck mit Wasserdampftafel

Charles Darwin unternahm auf seiner berühmt gewordenen Forschungsreise mit der „Beagle" einen Abstecher in die Anden und stieg mit einheimischen Begleitern in diesem Gebirge auf eine Höhe von circa 3.200 m. Am Nachtlager versuchte man abends, Kartoffeln in einem Topf zu kochen. Obwohl die Kartoffeln die ganze Nacht auf dem Feuer waren, sind sie nach Darwins Tagebuchnotizen morgens am anderen Tag noch nicht gar gewesen. Die einheimischen Träger gaben dem neu angeschafften Topf die Schuld. Er sei „verflucht" und „koche keine Kartoffeln". Wir wollen nachfolgend abschätzen, welche maximale Gartemperaturen unter solchen Bedingungen erreichbar sind.

Gegeben sind:
$H = 3000\,\text{m}$

Lösung:
Wenn man unterstellt, dass das Nachtlager in 3200 m Höhe errichtet wurde, kann man den dort herrschenden Luftdruck gemäß internationaler Normatmosphäre nach DIN ISO 2533 (Tabelle 6.5-1) mit 683,578 mbar entnehmen. In der Wasserdampftafel (Tabelle 6.6-6 druckgeführt) sind jedoch nur Werte für 0,6 bar und 0,7 bar abzulesen. Die lineare Interpolation für $p = 0{,}683578$ bar zwischen den Werten $t_s(0{,}6\,\text{bar}) = 85{,}9258\,°C$ und $t_s(0{,}7\,\text{bar}) = 89{,}9315\,°C$ liefert

$$t_s(0{,}683578\,\text{bar}) = 85{,}9258\,°C + \frac{(0{,}683578 - 0{,}6)\,\text{bar}}{(0{,}7 - 0{,}6)\,\text{bar}}(89{,}9315\,°C - 85{,}9258\,°C) = \underline{\underline{89{,}2737\,°C}}$$

In 3200 m Höhe herrschen ausweislich der Tabelle 6.5-1 Temperaturen von $-6\,°C$, sodass während des Kochvorgangs wahrscheinlich auch noch höhere Wärmeverluste aufgetreten sind. sodass die ausgewiesene Siedetemperatur wohl nicht durchgehend erreicht oder gehalten wurde. Für das Garen von Kartoffeln mit einer Siedetemperatur von 100 °C bei physikalischem Normdruck von 1,01325 bar bleibt man (abhängig von der Kartoffelgröße) deutlich unter einer Stunde.

3.8.3 Interpolation von Stoffwerten für überhitzten Dampf mit einem Polynom dritten Grades

Gesucht sind spezifisches Volumen, spezifische Enthalpie und Entropie für einen überhitzten Dampf bei 130 bar und 550 °C, die durch ein Interpolationspolynom dritten Grades zu ermitteln sind. Das Interpolationspolynom soll aus folgenden der Wasserdampftafel aus Tabelle 6.6-7 für die festgehaltene Temperatur von 550 °C gewonnenen Stützstellen entwickelt werden:

Druck p in bar	v in m³/kg	h in kJ/kg	s in kJ/(kg K)
$p_0 = 50$	0,0736941	3550,75	7,1235
$p_1 = 100$	0,0356552	3501,93	6,7584
$p_2 = 150$	0,0229451	3450,47	6,5230
$p_3 = 200$	0,0165707	3396,24	6,3390

Vorüberlegungen:

Der Nachweis der Überhitzung folgt den Überlegungen aus der vorangegangenen Aufgabe.

Die exakten Werte für 130 bar und 550 °C nach IAPWS-IF 97 betragen:

$v = 0{,}0268598\ \text{m}^3/\text{kg}$ $\qquad h = 3471{,}39\ \text{kJ/kg}$ $\qquad s = 6{,}6087\ \text{kJ}/(\text{kg K})$

Diese exakten Werte stehen uns aber in Tabelle 6.6-7 nicht zur Verfügung.

Bei der linearen Interpolation hängt die erreichbare Genauigkeit vom Stützstellenabstand ab. Die Interpolation der spezifischen Enthalpie $h(130\,\text{bar}, 550\,°\text{C})$ zwischen 100 und 200 bar liefert:

$$h(130\,\text{bar}) = 3501{,}94\ \frac{\text{kJ}}{\text{kg}} + \frac{(130 - 100)\,\text{bar}}{(200 - 100)\,\text{bar}}(3396{,}24 - 3501{,}94)\ \frac{\text{m}^3}{\text{kg}} = 3470{,}23\ \frac{\text{m}^3}{\text{kg}}$$

Dieser Wert stimmt nur in drei signifikanten Ziffern mit dem exakten Wert überein. Halbiert man den Stützstellenabstand und interpoliert nun zwischen 100 und 150 bar, erhalten wir ein Ergebnis, das in vier signifikanten Ziffern mit dem exakten Wert übereinstimmt.

$$h(130\,\text{bar}) = 3501{,}94\ \frac{\text{kJ}}{\text{kg}} + \frac{(130 - 100)\,\text{bar}}{(150 - 100)\,\text{bar}}(3450{,}47 - 3501{,}94)\ \frac{\text{m}^3}{\text{kg}} = 3471{,}058\ \frac{\text{m}^3}{\text{kg}}$$

Bei dem spezifischen Volumen und der spezifischen Entropie ergeben sich für diesen Stützstellenabstand nur Werte, die in zwei signifikanten Ziffern mit dem exakten Wert übereinstimmen. Hier können aber in der mit Tabelle 6.6-7 gegebenen Wasserdampftafel die Stützstellenabstände nicht weiter verringert werden.

$$v(130 \, \text{bar}) = 0,0356552 \, \frac{\text{m}^3}{\text{kg}} + \frac{(130 - 100) \, \text{bar}}{(150 - 100) \, \text{bar}} (0,0229451 - 0,0356552) \frac{\text{m}^3}{\text{kg}}$$

$$= 0,02802914 \, \frac{\text{m}^3}{\text{kg}}$$

$$s(130 \, \text{bar}) = 6,7584 \, \frac{\text{kJ}}{\text{kg K}} + \frac{(130 - 100) \, \text{bar}}{(150 - 100) \, \text{bar}} (6,5230 - 6,7584) \frac{\text{kJ}}{\text{kg K}} = 6,61716 \, \frac{\text{m}^3}{\text{kg}}$$

Eine höhere Genauigkeit für interpolierte Werte lässt sich mit Interpolationspolynomen höheren Grades erzielen. Weil spezifisches Volumen, Enthalpie und Entropie für jeweils gleiche Stützstellen auszuwerten sind, bieten sich Interpolationspolynome nach Lagrange an. Mit dem oben zitierten Ausschnitt aus der Wasserdampftafel kann man Interpolationspolynome dritten Grades ableiten.

Hinweis: Für die Interpolationspolynome verwendet man vorteilhaft Zahlenwertgleichungen, die an den geschweiften Klammern zu erkennen sind.

Lösung:

Berechnung der Basispolynome nach Lagrange:

$$L_0 = \frac{(p - p_1) \cdot (p - p_2) \cdot (p - p_3)}{(p_0 - p_1) \cdot (p_0 - p_2) \cdot (p_0 - p_3)} = \frac{(p - 100) \cdot (p - 150) \cdot (p - 200)}{(-50) \cdot (-100) \cdot (-150)}$$

$$L_0 = \frac{p^3 - 450 p^2 + 65.000 p - 3.000.000}{-750.000}$$

$$L_1 = \frac{(p - p_0) \cdot (p - p_2) \cdot (p - p_3)}{(p_1 - p_0) \cdot (p_1 - p_2) \cdot (p_1 - p_3)} = \frac{(p - 50) \cdot (p - 150) \cdot (p - 200)}{(+50) \cdot (-50) \cdot (-100)}$$

$$L_1 = \frac{p^3 - 400 p^2 + 47.500 - 1.000.000}{+250.000}$$

$$L_2 = \frac{(p - p_0) \cdot (p - p_1) \cdot (p - p_3)}{(p_2 - p_0) \cdot (p_2 - p_1) \cdot (p_2 - p_3)} = \frac{(p - 50) \cdot (p - 100) \cdot (p - 200)}{(-100) \cdot (+500) \cdot (-50)}$$

$$L_2 = \frac{p^3 - 350 p^2 + 35.000 p - 1.000.000}{-250.000}$$

$$L_3 = \frac{(p - p_0) \cdot (p - p_1) \cdot (p - p_2)}{(p_3 - p_0) \cdot (p_3 - p_1) \cdot (p_3 - p_2)} = \frac{(p - 50) \cdot (p - 100) \cdot (p - 150)}{(+150) \cdot (+100) \cdot (+50)}$$

$$L_3 = \frac{p^3 - 300 p^2 + 27.500 p - 750.000}{+750.000}$$

Kontrolle: $\sum_{i=0}^{3} L_i = 1$ erfüllt! Interpolationspolynome für v, h, s nach Formel (6.4-3):

$$v(p) = \sum_{i=0}^{3} v_i L_i \qquad h(p) = \sum_{i=0}^{3} h_i L_i \qquad s(p) = \sum_{i=0}^{3} s_i L_i$$

Speziell ergeben sich für:

a) das spezifische Volumen in m^3/kg:

$$10^4 \cdot \{v(p)\} = 0{,}0736941 \cdot \left(-\frac{p^3}{75} + 6p^2 - \frac{2.600}{3}p + 40.000 \right)$$

$$+ 0{,}0356552 \cdot \left(+\frac{p^3}{25} - 16p^2 + 1.900p - 60.000 \right)$$

$$+ 0{,}0229451 \cdot \left(-\frac{p^3}{25} + 14p^2 - 1.400p + 40.000 \right)$$

$$+ 0{,}0165707 \cdot \left(+\frac{p^3}{75} - 4p^2 + \frac{1.100}{3}p - 10.000 \right)$$

$$\{v(p)\} = 10^{-4}(-2{,}532413373p^3 + 0{,}12663p^2 - 22{,}17055667p + 1.560{,}549)$$

$$\{v(130\,\text{bar})\} = 10^{-4}(-556{,}3712093 + 2.140{,}047 - 2.882{,}172367 + 1.560{,}549)$$

$$= \underline{\underline{0{,}02620524}}$$

Bei der linearen Interpolation lag der relative Fehler für das spezifische Volumen bei 4,35 %, das Interpolationspolynom dritten Grades verringert den relativen Fehler auf 2,44 %.

b) die spezifische Enthalpie in kJ/kg

$$10^4 \cdot h(p) = 3550{,}75 \cdot \left(-\frac{p^3}{75} + 6p^2 - \frac{2.600}{3}p + 40.000 \right)$$

$$+ 3501{,}94 \cdot \left(+\frac{p^3}{25} - 16p^2 + 1.900p - 60.000 \right)$$

$$+ 3450{,}47 \cdot \left(-\frac{p^3}{25} + 14p^2 - 1.400p + 40.000 \right)$$

$$+ 3396{,}24 \cdot \left(+\frac{p^3}{75} - 4p^2 + \frac{1.100}{3}p - 10.000 \right)$$

$$\{h(p)\} = 10^{-4}(-0{,}00133333p^3 - 4{,}92p^2 - 9.000{,}667p + 3.597)$$

$$\{h(130\,\text{bar})\} = (-0{,}29293333 - 8{,}3148 - 117{,}008671 + 3.597) = \underline{\underline{3.471{,}3836}}$$

Ein sehr genaues Ergebnis!

c) die spezifische Entropie (zusammengefasst)

$$\{s(p)\} = 10^{-4}(-0{,}001044p^3 + 0{,}5726p^2 - 140{,}64p + 76.966)$$

$$\{s(130\,\text{bar})\} = -0{,}2293668 + 0{,}967694 - 1{,}82832 + 7{,}6966 = \underline{\underline{6{,}6066}}$$

Bei der linearen Interpolation lag der relative Fehler für die spezifische Entropie bei 0,1 %, das Interpolationspolynom dritten Grades verringert den relativen Fehler auf 0,03 %.

3.8.4 Isotherme/isobare Verdampfung in Abhängigkeit vom Druck

Zu untersuchen ist die vollständige isobare Verdampfung von jeweils 1 kg siedenden Wassers bei 1 bar und bei 10 bar.
a) Welches Volumen in cm^3 nimmt das siedende Wasser und der trocken gesättigte Dampf für die beiden gegebenen Drücke ein?
b) Welche Temperatur in °C herrscht jeweils nach erfolgter vollständiger Verdampfung?
c) Berechnen Sie für beide Drücke die innere und äußere Verdampfungsenthalpie!
d) In welcher Zeit (Minuten) erfolgt die Verdampfung bei 1 bar, wenn eine Heizleistung von 2 kW zur Verfügung steht und dabei keine Verluste auftreten?
e) Wie viele kWh sind bei verlustloser isobarer Umwandlung einzusetzen, wenn 1 kg Wasser von 8 °C in Dampf von 400 °C bei einem Druck von 1 bar umgewandelt werden soll und welches Volumen nimmt der Dampf dann ein?

Gegeben sind:
$p_1 = 1\,\text{bar}$ $\qquad p_2 = 10\,\text{bar}$ $\qquad m = 1\,\text{kg}$ $\qquad \dot{Q} = 2\,\text{kW}$
$t_W = 8\,°\text{C}$ $\qquad t_D = 400\,°\text{C}$

Vorüberlegungen:
Folgende Werte sind aus der Tabelle 6.6-6 (Druck p ist Führungsgröße) zu entnehmen:

$p_1 = 1\,\text{bar};\ t_s(1\,\text{bar}) = 99{,}6059\,°\text{C}$	$p_2 = 10\,\text{bar};\ t_s(10\,\text{bar}) = 179{,}886\,°\text{C}$
$v' = 0{,}00104315\,\text{m}^3/\text{kg}$	$v' = 0{,}00112723\,\text{m}^3/\text{kg}$
$v'' = 1{,}69402\,\text{m}^3/\text{kg}$	$v'' = 0{,}194349\,\text{m}^3/\text{kg}$
$h' = 417{,}436\,\text{kJ/kg}$	$h' = 762{,}683\,\text{kJ/kg}$
$h'' = 2674{,}95\,\text{kJ/kg}$	$h'' = 2777{,}12\,\text{kJ/kg}$

Für Aufgabe (e): Tabelle 6.6-7 (überhitzter Dampf, weil $t_D = 400\,°\text{C} > t_s(1\,\text{bar}) = 99{,}6059\,°\text{C}$):

$p_1 = 1\,\text{bar}$ und $t_D = 400\,°\text{C}$: $h_ü = 3278{,}54\,\text{kJ/kg}$ $\qquad v_ü = 3{,}10272\,\text{m}^3/\text{kg}$

Für Aufgabe (c) zeigt Formel (3.8-10) die Zusammenhänge zwischen der summarischen Verdampfungsenthalpie $r(p)$ und der inneren (φ_V) sowie äußeren (ψ_V) Verdampfungsenthalpie auf.

Lösung:
a) Volumina vor der Verdampfung der siedenden Flüssigkeit $m = m'$ und $V' = m \cdot v'$

$V'(1\,\text{bar}) = 1\,\text{kg} \cdot 0{,}00104315\,\text{m}^3/\text{kg} = \underline{1.043{,}15\,\text{cm}^3}$

$$V'(10\,\text{bar}) = 1\,\text{kg} \cdot 0,00112723\,\text{m}^3/\text{kg} = \underline{\underline{1.127,23\,\text{cm}^3}}$$

Volumina des trocken gesättigten Dampfes $m = m''$ und $V'' = m \cdot v''$

$$V''(1\,\text{bar}) = 1\,\text{kg} \cdot 1,69402\,\text{m}^3/\text{kg} = \underline{\underline{1.694.020\,\text{cm}^3}}$$

$$V''(10\,\text{bar}) = 1\,\text{kg} \cdot 0,194349\,\frac{\text{m}^3}{\text{kg}} = 0,194349\,\text{m}^3 \cdot \frac{10^6\,\text{cm}^3}{1\,\text{m}^3} = \underline{\underline{194.349\,\text{cm}^3}}$$

b) Die Verdampfung erfolgt jeweils bei Siedetemperatur, die auch noch der trocken gesättigte Dampf besitzt.

$$t_s(1\,\text{bar}) = 99,6059\,^\circ\text{C} \qquad t_s(10\,\text{bar}) = 179,886\,^\circ\text{C}$$

c) Berechnung der Verdampfungsenthalpien
   Verdampfungsenthalpie gesamt $\qquad r(p) = h'' - h'$
   äußere Verdampfungsenthalpie $\qquad \psi_V(p) = p(v'' - v')$
   innere Verdampfungsenthalpie $\qquad \varphi_V = u'' - u' = (h'' - h') - p(v'' - v') = r - \psi_V$

$$r(1\,\text{bar}) = (2.674,95 - 417,436)\text{kJ}/\text{kg} = \underline{\underline{2.257,514\,\text{kJ}/\text{kg}}}$$

$$\psi_V(1\,\text{bar}) = 10^2\,\text{kN}/\text{m}^2 \cdot (1,69402 - 0,00104315)\text{m}^3/\text{kg} = \underline{\underline{169,298\,\text{kJ}/\text{kg}}}$$

$$\varphi_V(1\,\text{bar}) = (2.257,514 - 169,298)\,\text{kJ}/\text{kg} = \underline{\underline{2.088,216\,\text{kJ}/\text{kg}}}$$

$$r(10\,\text{bar}) = (2.777,12 - 762,683)\text{kJ}/\text{kg} = \underline{\underline{2.014,437\,\text{kJ}/\text{kg}}}$$

$$\psi_V(10\,\text{bar}) = 10^3\,\text{kN}/\text{m}^2 \cdot (0,194349 - 0,00112723)\text{m}^3/\text{kg} = \underline{\underline{193,222\,\text{kJ}/\text{kg}}}$$

$$\varphi_V(10\,\text{bar}) = (2.014,437 - 193,222)\,\text{kJ}/\text{kg} = \underline{\underline{1.821,13\,\text{kJ}/\text{kg}}}$$

Die Verdampfungsenthalpie r als Summe von innerer und äußerer Verdampfungsenthalpie sinkt mit zunehmendem Druck. Auf den ersten Blick erscheint dieser Befund widersprüchlich, da man mit höherem Druck auch einen größeren Anteil Volumenänderungsarbeit gegen den Umgebungsdruck erwartet. In der Tat können Sie an den hier erhaltenen Ergebnissen für die äußere Verdampfungsenthalpie nachvollziehen, dass dieser Anteil bei steigendem Druck entsprechend höher ist. Mit wachsendem Druck nimmt allerdings gleichzeitig die innere Verdampfungsenthalpie in hohem Maße ab, sodass sich in der Gesamttendenz sinkende Werte ergeben. In Wärmekraftwerken bemüht man sich deshalb zur Steigerung der Energieeffizienz bei möglichst hohem Druck zu verdampfen. Steigert man den Druck über den kritischen Druck hinaus, entfällt die Verdampfungsenthalpie als aufzubringende Energie für die Dampferzeugung vollständig.

Gleichzeitig wird deutlich, dass die innere Verdampfungsenthalpie den absolut größten Anteil an der Verdampfungsenthalpie r insgesamt hat. An dieser qualitativen Aussage ändert sich auch bei hohem Druck nichts, obwohl mit zunehmendem Druck die innere Verdampfungsenthalpie sinkt und die äußere steigt.

d) für die vollständige Verdampfung benötigte Zeit

$$\tau = \frac{Q}{\dot{Q}} = \frac{m \cdot (h'' - h')}{\dot{Q}} = \frac{m \cdot r}{\dot{Q}} = \frac{1\,\text{kg} \cdot 2.257{,}514\,\text{kWs/kg}}{2\,\text{kW}} = 1.128{,}757\,\text{s} = \underline{\underline{18{,}81\,\text{min}}}$$

Für das Verdampfen einer Flüssigkeit wird wie man hier auch deutlich sieht mehr Energie benötigt als für das Schmelzen und für das Erhitzen bis Siedetemperatur zusammen. Vergleichen Sie dazu die Schmelzenthalpie Wasser und die für das Erhitzen bis Siedetemperatur benötigte Wärme von Wasser in Aufgabe 3.7.1.

e) Die Energie für die Umwandlung von flüssigem Wasser in Dampf setzt sich hier zusammen aus der benötigten Wärme zur Erhitzung bis Siedetemperatur + Verdampfungsenthalpie + Überhitzung des Dampfes.

$$Q = m \cdot [\bar{c}_W \cdot (t_S - t_W) + r(p) + (h_{\ddot{u}} - h'')]_{1\,\text{bar}}$$
$$Q = 1\,\text{kg} \cdot \left[4{,}19\,\frac{\text{kJ}}{\text{kg\,K}} \cdot 91{,}606\,\text{K} + 2.257{,}514\,\frac{\text{kJ}}{\text{kg}} + (3278{,}54 - 2674{,}95)\frac{\text{kJ}}{\text{kg}} \right]$$
$$Q = 383{,}829\,\text{kJ} + 2.257{,}514\,\text{kJ} + 603{,}59\,\text{kJ} = 3.244{,}933\,\text{kWs} \cdot \frac{1\,\text{h}}{3600\,\text{s}} = \underline{\underline{0{,}9014\,\text{kWh}}}$$

Da Masse und Druck während des gesamten Prozesses konstant bleiben, kann man die benötigte Wärme auch aus der Differenz der Enthalpien im Endzustand (überhitzter Dampf bei 400 °C) und Anfangszustand (Enthalpie des Wassers bei 8 °C) ermitteln. Dann folgt:

$$Q = m \cdot [h_{\ddot{u}} - h_W] = m \cdot [h_{\ddot{u}} - \bar{c}_W \cdot (t_W - 0\,°\text{C})]$$
$$Q = 1\,\text{kg} \cdot [3278{,}54\,\text{kJ/kg} - 4{,}19\,\text{kJ/(kg\,K)} \cdot 8\,\text{K}] = 3245{,}02\,\text{kJ} = \underline{\underline{0{,}9014\,\text{kWh}}}$$

In dieser Rechnung haben wir Ungenauigkeiten in der Differenzbildung bei der Enthalpie des siedenden Wassers ausgeschlossen. In die erste Rechnung geht für die Enthalpie des siedenden Wassers der Wert der Wasserdampftafel von 417,436 kJ/kg ein, andererseits haben wir aber als Endzustand des Teilprozesses Erwärmung Wasser bis Siedetemperatur gerechnet:

$$h' = \bar{c}_W(t_S(p) - 0\,°\text{C}) = 4{,}19\,\text{kJ/(kg\,K)} \cdot 99{,}6059\,\text{K} = 417{,}34872\,\text{kJ/kg}$$

Die Abweichungen ergeben sich aus den Unsicherheiten bei der Festlegung der mittleren spezifischen Wärmekapazität des Wassers, der Wert 4,19 kJ/(kg K) ist nur ein gerundeter Wert.

3.8.5 Wann verhält sich Dampf näherungsweise wie ein ideales Gas?

Die zur Ableitung der Grundgleichung für ideales Gas relevanten Voraussetzungen legen die Vermutung nahe, dass sich Dampf im Einphasengebiet bei sehr hohen Temperaturen (sehr weit im Gebiet überhitzter Dampf) und bei sehr niedrigen Drücken näherungsweise wie ein ideales Gas verhält. Ein reales Gas verhält sich in erster Näherung immer dann wie ein ideales, wenn man mit Druck und Temperatur genügend Abstand zum Verflüssigungspunkt hat. Wir wollen deshalb die Tafelwerte für spezifische Volumina v nach dem Standard IAPWS-IF 97 mit denen vergleichen, die bei jeweils gleichem Druck und gleicher Temperatur nach der Grundgleichung für das ideale Gas berechnet wurden. Man untersuche folgende Fälle:
a) trocken gesättigter Dampf von 1 MPa und 179,886 °C
b) überhitzter Dampf von 0,01 bar und 100 °C
c) überhitzter Dampf von 10 bar und 200 °C sowie 10 bar und 800 °C:
d) überkritischer Bereich bei 250 bar und 800 °C!

Vorüberlegungen:
Neben dem Druck p und der thermodynamischen Temperatur T benötigen wir dazu noch die Gaskonstante für Wasserdampf, die man aus der universellen Gaskonstante R_m und dem Molekulargewicht von Wasser M_{H_2O} gewinnen kann.

$$R_{H_2O} = \frac{R_m}{M_{H_2O}} = \frac{8,3144621 \text{ kJ/(kmol K)}}{18,01528 \text{ kg/kmol}} = 0,4615227796 \text{ kJ/(kg K)}$$

Nach der Grundgleichung für ideales Gas ist für die Berechnung des spezifischen Volumens eines Gases anzusetzen: $v = \dfrac{R_{H_2O} \cdot T}{p}$.

Lösung:
a) trocken gesättigter Dampf von 1 MPa und 179,886 °C
    Tabelle 6.6-6: $p = 10$ bar $t_s = 179,886\,°C$ ($T_s = 453,036$ K) $\rightarrow$ $\underline{v'' = 0,194349 \text{ m}^3/\text{kg}}$

$$v'' = \frac{R_{H_2O} \cdot T}{p} = \frac{461,5227796 \text{ J/(kg K)} \cdot 453,036 \text{ K}}{1.000.000 \text{ N/m}^2} = \underline{\underline{0,209086 \frac{\text{m}^3}{\text{kg}}}}$$

$$\left| \frac{\Delta v''}{v''} \right| \approx 0,076, \quad \text{relativer Fehler: ca. } \underline{7,6\,\%}$$

Ein solcher Fehler ist für praktische Anwendungen nicht zu tolerieren! 10 bar sind ein eher niedriger Druck, aber mit der Siedetemperatur liegt man hier quasi an der Verflüssigungsgrenze!

b) überhitzter Dampf von 0,01 bar und 100 °C

Tabelle 6.6-7: $p = 0,01$ bar und $t = 100\,°C$ ($T = 373,15\,K$) $\rightarrow$ $\underline{\underline{v = 172,193\,m^3/kg}}$

$$v = \frac{R_{H_2O} \cdot T}{p} = \frac{461,520217\,J/(kg\,K) \cdot 373,15\,K}{1.000\,N/m^2} = \underline{\underline{172,216\,\frac{m^3}{kg}}}$$

$\left|\dfrac{\Delta v}{v}\right| \approx 0,00013357,$ relativer Fehler: ca. $\underline{0,0013\,\%}$

Die Siedetemperatur liegt für 0,01 bar bei 6,97 °C. Mit fast 100 K ist man hier genügend weit von der Verflüssigungsgrenze entfernt! Je größer der Abstand von der Verflüssigungsgrenze, desto geringere Fehler treten auf. Bei 750 °C Dampftemperatur tritt dann nur noch ein relativer Fehler von etwa 0,00106 % auf.

Der Wasserdampf in ungesättigter feuchter Luft besitzt meist einen sehr niedrigen Partialdruck und kann deshalb fast immer wie ein ideales Gas behandelt werden!

c) überhitzter Dampf von 10 bar und 200 °C sowie 10 bar und 800 °C:

Tabelle 6.6-7: $p = 10$ bar $\quad t = 200\,°C \quad T = 473,15\,K \rightarrow \underline{\underline{v = 0,206004\,m^3/kg}}$

$$v = \frac{R_{H_2O} \cdot T}{p} = \frac{461,5227796\,J/(kg\,K) \cdot 473,15\,K}{1.000.000\,N/m^2} = \underline{\underline{0,2183695\,\frac{m^3}{kg}}}$$

$\left|\dfrac{\Delta v}{v}\right| \approx 0,060026,$ relativer Fehler: ca. 6,0 %

Die Entfernung zur Verflüssigungstemperatur mit $t_s(10\,bar) = 179,886\,°C$ ist aber für eine technisch ausreichende Genauigkeit hier viel zu gering!

d) überhitzter Dampf von 10 bar und 800 °C:

Tabelle 6.6-7: $p = 10$ bar $\quad t = 800\,°C \quad T = 1073,15\,K \rightarrow \underline{\underline{v = 0,494380\,m^3/kg}}$

$$v = \frac{R_{H_2O} \cdot T}{p} = \frac{461,5227796\,J/(kg\,K) \cdot 1073,15\,K}{1.000.000\,N/m^2} = \underline{\underline{0,495283\,\frac{m^3}{kg}}}$$

$\left|\dfrac{\Delta v}{v}\right| \approx 0,00183,$ relativer Fehler: ca. $\underline{0,18\,\%}$

Obwohl der Abstand zur Verflüssigungstemperatur mehr als 600 K beträgt, führt der entstehende Fehler bei der Behandlung als ideales Gas zu deutlich fehlerbehafteten Werten.

f) überkritischer Bereich bei 250 bar und 800 °C

Tabelle 6.6-7: $p = 250$ bar $\quad t = 800\,°C \quad T = 1073,15$ K $\rightarrow$ $\underline{v = 0,0189224\ \text{m}^3/\text{kg}}$

$$v = \frac{R_{H_2O} \cdot T}{p} = \frac{461,5227796\ \text{J}/(\text{kg K}) \cdot 1073,15\ \text{K}}{25.000.000\ \text{N}/\text{m}^2} = 0,0198113\ \frac{\text{m}^3}{\text{kg}}$$

$$\left|\frac{\Delta v}{v}\right| \approx 0,046976, \quad \text{relativer Fehler: ca. } \underline{4,7\,\%}$$

Im überkritischen Bereich ist die Anwendung der Grundgleichung für ideales Gas immer problematisch. Überkritisches (engl.: super critical) Wasser (scH_2O) besitzt völlig andere thermophysikalische und auch chemische Eigenschaften als Wasser im physikalischen Normzustand. Vor allem die hohen Drücke verhindern eine Annäherung über die idealen Gasgesetze.

3.8.6 Isochore Wärmezufuhr bei Nassdampf in geschlossenem Tank

Ein geschlossener Dampfbehälter, dessen Temperaturdehnung vernachlässigt werden soll, enthalte 2 kg Nassdampf mit einem Dampfanteil von 20 % unter einem Druck p_1. Über eine innen liegende elektrische Heizwendel werde Wärme zugeführt, sodass der Druck im Behälter auf p_2 steigt. Welche Wärme in kWh ist dafür zuzuführen und welche Temperatur in Grad Celsius herrscht dann im Behälter, wenn:
- a) der Nassdampf einen Dampfanteil von 20 % besitzt und der Druck von 1 auf 5 bar steigt
- b) der Nassdampf einen Flüssigkeitsanteil von 80 % aufweist und der Druck von 215 auf 220 bar steigt?
- c) Welches Fassungsvermögen in m^3 besitzt der Behälter im Fall (a) und wie viel Liter flüssigen Wassers verdampfen bis zum Erreichen des Drucks von 5 bar?

Gegeben sind: Gesucht:

$m = 2$ kg	$x_1 = 0,2$		ΔU in kJ und t_2 in Grad Celsius
$p_1 = 1$ bar	$p_2 = 5$ bar	für (a)	V_B und ΔV in Liter
$p_1 = 215$ bar	$p_2 = 220$ bar	für (b)	

Achtung! Für den Ausgangszustand 1 bedeuten 20 % Dampfanteil $x_1 = 0,2$ und ein Flüssigkeitsanteil von 80 % gleichfalls $x_1 = 1 - 0,8 = 0,2$! Die Annahme von $x_1 = 0,8$ für den Fall (b) ist ein häufiger Flüchtigkeitsfehler in Klausuren!

Isochorer Prozess: Stoffwerte aus Tabelle 6.6-6 (Druck ist gegebene Führungsgröße):

- **für $p = 1\,\text{bar}$:** Aufgabenteil (a)

  $v' = 0{,}00104315\,\text{m}^3/\text{kg}$ \qquad $h' = 417{,}436\,\text{kJ/kg}$ \qquad $u' = h' - p \cdot v' = 417{,}332\,\text{kJ/kg}$

  $v'' = 1{,}69402\,\text{m}^3/\text{kg}$ \qquad $h'' = 2.674{,}95\,\text{kJ/kg}$ \qquad $u'' = h'' - p \cdot v'' = 2.505{,}55\,\text{kJ/kg}$

- **für $p = 5\,\text{bar}$:** Aufgabenteil (a)

  $v' = 0{,}00109256\,\text{m}^3/\text{kg}$ \qquad $h' = 640{,}185\,\text{kJ/kg}$ \qquad $u' = h' - p \cdot v' = 639{,}639\,\text{kJ/kg}$

  $v'' = 0{,}374804\,\text{m}^3/\text{kg}$ \qquad $h'' = 2.748{,}11\,\text{kJ/kg}$ \qquad $u'' = h'' - p \cdot v'' = 2.560{,}71\,\text{kJ/kg}$

- **für $p = 215\,\text{bar}$:** Aufgabenteil (b)

  $v' = 0{,}00236016\,\text{m}^3/\text{kg}$ \qquad $h' = 1.932{,}81\,\text{kJ/kg}$ \qquad $u' = h' - p \cdot v' = 1.882{,}07\,\text{kJ/kg}$

  $v'' = 0{,}00446300\,\text{m}^3/\text{kg}$ \qquad $h'' = 2.282{,}18\,\text{kJ/kg}$ \qquad $u'' = h'' - p \cdot v'' = 2.186{,}22\,\text{kJ/kg}$

- **für $p = 220\,\text{bar}$:** Aufgabenteil (b)

  $v' = 0{,}00275039\,\text{m}^3/\text{kg}$ \qquad $h' = 2.021{,}92\,\text{kJ/kg}$ \qquad $u' = h' - p \cdot v' = 1.961{,}41\,\text{kJ/kg}$

  $v'' = 0{,}00357662\,\text{m}^3/\text{kg}$ \qquad $h'' = 2.164{,}18\,\text{kJ/kg}$ \qquad $u'' = h'' - p \cdot v'' = 2.085{,}49\,\text{kJ/kg}$

Vorüberlegungen:

Während der Beheizung des Behälters ändert sich das Volumen der Dampffüllung nicht. Es liegt also ein isochor ablaufender Prozess in einem geschlossenen thermodynamischen System mit angenommenen starren Wänden vor, für das als kalorische Zustandsgröße die innere Energie U zu bilanzieren ist. Die inneren Energien sind in den Tabellen unseres Wasserdampftafelauszugs im Anhang nicht aufgeführt und müssen errechnet werden, wie oben geschehen.

Masse m und Volumen V des Nassdampfes ändern sich während des Prozesses nicht, sodass das spezifische Volumen $v_x = V/m$ konstant bleibt. Dieses konstante spezifische Volumen bestimmen wir jeweils mit $v_x(p_1) = v'(p_1) + x \cdot (v''(p_1) - v'(p_1))$, weil im Zustand 1 auch eine zweite Zustandsgröße bekannt ist, nämlich der Dampfanteil $x_1 = 0{,}2$!

a) $v_x(1\,\text{bar}) = 0{,}00104315\,\dfrac{\text{m}^3}{\text{kg}} + 0{,}2 \cdot (1{,}69402 - 0{,}00104315)\dfrac{\text{m}^3}{\text{kg}} = 0{,}33963852\,\dfrac{\text{m}^3}{\text{kg}} > v_k$

b) $v_x(215\,\text{bar}) = 0{,}00236016\,\dfrac{\text{m}^3}{\text{kg}} + 0{,}2 \cdot (0{,}00446300 - 0{,}00236016)\dfrac{\text{m}^3}{\text{kg}} = 0{,}002780728\,\dfrac{\text{m}^3}{\text{kg}} < v_k$

Das kritische spezifische Volumen für Wasser beträgt $v_k = 0{,}00310559\,\text{m}^3/\text{kg}$. Im Fall (a) haben wir es also mit einem isochoren Prozess bei einem überkritischen und im Fall (b) bei einem unterkritischen spezifischen Volumen zu tun. Wie die Rechenbeispiele noch zeigen werden, unterscheidet sich das Verhalten von Nassdampf bei Wärmezufuhr in diesen Fällen.

Die Wärmezufuhr erfolgt für sowohl für (a) wegen $v''(p_2) > v_x$ als auch für (b) hier wegen $v'(p_2) < v_x$ so, dass das Nassdampfgebiet nicht verlassen wird.

a) Tabelle 6.6-6: $v''(5\,\text{bar}) = 0{,}374804\,\text{m}^3/\text{kg} > v_x = 0{,}33963852\,\text{m}^3/\text{kg}$

b) Tabelle 6.6-6: $v'(220\,\text{bar}) = 0{,}00275039\,\text{m}^3/\text{kg} < v_x = 0{,}002780728\,\text{m}^3/\text{kg}$

Eine isochore Wärmezufuhr lässt es plausibel erscheinen, dass der Nassdampf „trockener" wird ($x_2 > x_1$), weil Flüssigkeit verdampft. Dies ist so jedoch nur für überkritische spezifische Volumina der Fall! Unser Fall (b) zeigt, dass bei im Prozessverlauf konstanten spezifischen Volumina, die kleiner sind als v_k, bei Wärmezufuhr der Dampfanteil abnimmt ($x_2 < x_1$) und sogar das Gebiet Flüssigkeit erreicht werden kann.

Zur Bestimmung der jeweils zuzuführenden Wärme in kWh setzt man an:

$$Q = m \cdot (u_2 - u_1) = U_2 - U_1 \quad \text{mit} \quad 1\,\text{kJ} = 1\,\text{kWs} = 1\,\text{kWs} \cdot \frac{1\,\text{h}}{3.600\,\text{s}} = \frac{1}{3.600}\,\text{kWh}.$$

Für die Berechnung der inneren Energie U_2 wird der Dampfanteil x_2 benötigt, der sich aus der Bedingung $v(p_1, x_1) = v(p_2, x_2)$ ergibt, also $v_1'(p_1) + x_1 \cdot (v_1'' - v_1')_{p_1} = v_2'(p_2) + x_2 \cdot (v_2'' - v_2')_{p_2}$. Außer x_2 sind alle Größen bekannt. Die Auflösung nach x_2 führt auf:

$$x_2 = \frac{v_1' - v_2'}{v_2'' - v_2'} + x_1 \frac{v_1'' - v_1'}{v_2'' - v_2'}$$

Lösung:

a) $v_x > v_k$ **mit** $x_2 > x_1$

$$x_2 = \frac{(0{,}00104315 - 0{,}00109256)\,\text{m}^3/\text{kg}}{(0{,}374804 - 0{,}00109256)\,\text{m}^3/\text{kg}} + 0{,}2 \cdot \frac{(1{,}69402 - 0{,}00104315)\,\text{m}^3/\text{kg}}{(0{,}374804 - 0{,}00109256)\,\text{m}^3/\text{kg}}$$

$$= 0{,}905902$$

$$U_1 = 2\,\text{kg} \cdot [417{,}332 + 0{,}2 \cdot (2.505{,}55 - 417{,}332)]\,\text{kJ}/\text{kg} = 1.669{,}95\,\text{kJ}$$

$$U_2 = 2\,\text{kg} \cdot [639{,}639 + 0{,}905902 \cdot (2.560{,}71 - 639{,}639)]\,\text{kJ}/\text{kg} = 4.759{,}88\,\text{kJ}$$

$$Q = U_2 - U_1 = (4.759{,}88 - 1.669{,}95)\,\text{kJ} = 3.089{,}93\,\text{kJ} \approx \underline{0{,}8583\,\text{kWh}}$$

Das Nassdampfgebiet wird nicht verlassen. Deshalb entspricht die Temperatur des Behälterinhalts nach der Wärmezufuhr der Siedetemperatur $\underline{t_s(5\,\text{bar}) = 151{,}836\,^\circ\text{C}}$.

b) $v_x < v_k$ **mit** $x_2 < x_1$

$$x_2 = \frac{(0{,}00236016 - 0{,}00275039)\,\text{m}^3/\text{kg}}{(0{,}00357662 - 0{,}00275039)\,\text{m}^3/\text{kg}} + 0{,}2 \cdot \frac{(0{,}004463 - 0{,}00236016)\,\text{m}^3/\text{kg}}{(0{,}00357662 - 0{,}00275039)\,\text{m}^3/\text{kg}}$$

$$= 0{,}036718588$$

$$U_1 = 2\,\text{kg} \cdot [1.882{,}07 + 0{,}2 \cdot (2.186{,}22 - 1.882{,}07)]\,\text{kJ}/\text{kg} = 3.885{,}80\,\text{kJ}$$

$$U_2 = 2\,\text{kg} \cdot [1.961{,}41 + 0{,}036718588 \cdot (2.085{,}49 - 1.961{,}41)]\,\text{kJ}/\text{kg} = 3.931{,}93\,\text{kJ}$$

$$Q = U_2 - U_1 = (3.931{,}93 - 3.885{,}80)\,\text{kJ} = 46{,}13\,\text{kJ}$$

$$\approx \underline{0{,}012814\,\text{kWh}} \quad \text{(5 signifikante Ziffern!)}$$

Das Nassdampfgebiet wird nicht verlassen. Die Temperatur des Nassdampfes im Behälter nach der Wärmezufuhr entspricht der Siedetemperatur $t_s(220\,\text{bar}) = 373{,}707\,°\text{C}$.

c) Fassungsvermögen des Behälters V_B und verdampfendes Flüssigkeitsvolumen ΔV

$$V_B = m \cdot v_x(1\,\text{bar}) = 2\,\text{kg} \cdot 0{,}33963852\,\text{m}^3/\text{kg} = \underline{0{,}67928\,\text{m}^3}$$

$m'(1\,\text{bar}) = (1 - x_1) \cdot m = (1 - 0{,}2) \cdot 2\,\text{kg} = 1{,}6\,\text{kg}$

$m'(5\,\text{bar}) = (1 - x_2) \cdot m = (1 - 0{,}905902) \cdot 2\,\text{kg} = 0{,}188196\,\text{kg}$

$V'(1\,\text{bar}) = m'(1\,\text{bar}) \cdot v'(1\,\text{bar})$

$V'(1\,\text{bar}) = 1{,}6\,\text{kg} \cdot 0{,}00104315\,\text{m}^3/\text{kg} = 1{,}66904\,\text{dm}^3$

$V'(5\,\text{bar}) = m'(5\,\text{bar}) \cdot v'(5\,\text{bar})$

$V'(5\,\text{bar}) = 0{,}188196\,\text{kg} \cdot 0{,}00109256\,\text{m}^3/\text{kg} = 0{,}20562\,\text{dm}^3$

$$\Delta V = V'(1\text{bar}) - V'(5\,\text{bar}) = (1{,}66904 - 0{,}20562)\,\text{dm}^3 = 1{,}463419\,\text{dm}^3$$

$$\approx \underline{\underline{1{,}46\,\text{Liter}}}$$

Zusammenfassung:

Für isochore Zustandsänderungen aus dem Nassdampfgebiet sind zwei Fälle zu unterscheiden:

1. $v > v_k$. Wird unter dieser Bedingung Nassdampf erwärmt, steigen Druck und der Dampfanteil x, der Dampf wird bis zur Sättigung trockener. Beim Überschreiten der Linie $x = 1$ entsteht überhitzter Dampf.

2. $v < v_k$. Bei Wärmezufuhr verringert sich der Dampfanteil und der Druck erhöht sich. Wird die Grenzkurve bei $x = 0$ erreicht, entsteht Flüssigkeit! Bei weiterer Wärmezufuhr steigt dann der Druck mit der Temperatur sehr rasch an. Das hat Bedeutung für die Befüllung von Flüssiggasflaschen. Es ist bekannt, dass für geschlossene Behälter, die vollständig mit Flüssigkeit gefüllt sind, schon kleine Temperaturerhöhungen zu sehr deutlichen Druckanstiegen führen (vergleiche dazu Aufgabe 3.1.5). Für Gase ist das so nicht der Fall. Deshalb werden aus Sicherheitsgründen Flüssiggasflaschen nicht vollständig mit Flüssigkeit gefüllt, sondern immer so, dass $v > v_k$ gilt und damit genügend Spielraum für die Begrenzung des Druckanstiegs bei geringfügiger Erwärmung besteht.

3.8.7 Isobare Wärmezu- und -abfuhr bei Nassdampf

Man bestimme für die nachfolgend isobaren Wärmezu- oder -abfuhren jeweils die Volumenzu- oder -abnahme in Litern und die Temperatur in °C im Endzustand!
  a) 1 kg Nassdampf mit 80 % flüssigen Wassers werden bei 10 MPa 826 kJ/kg zugeführt!
  b) 1 kg Nassdampf mit 80 % flüssigen Wassers werden bei 10 MPa 1422 kJ/kg zugeführt!
  c) 2 m^3 Nassdampf mit 95 % Dampfanteil werden bei 8 MPa 6.000 kJ entzogen!
  d) 2 m^3 Nassdampf mit 95 % Dampfanteil werden bei 8 MPa 160 MJ entzogen!

Zur Kennzeichnung des Anfangszustandes ist der Index „A" und für den Endzustand der Index „E" zu verwenden!

Vorüberlegungen:

Für die isobare Wärmezufuhr im Zweiphasengebiet ist zu prüfen, ob die Taulinie als Grenze zwischen Nassdampfgebiet (Zweiphasengebiet) und dem Gebiet des überhitzten Dampfes (Einphasengebiet) überschritten wird. Entsprechendes gilt bei Wärmeentzug für die Siedelinie als Grenze zwischen Nassdampfgebiet und dem Gebiet Flüssigkeit (Einphasengebiet). Dazu betrachte man auch die Diagrammdarstellungen in Abbildung 3-26 und in Abbildung 3-27.

Für die Aufgabenteile a) und b) ist mit den spezifischen Enthalpien zu arbeiten, die direkt in der Wasserdampftafel abgelesen werden können, weil die Wärmezufuhr auch schon als massenspezifischer Wert gegeben ist. In den Aufgabenteilen c) und d) muss die massenspezifische Wärmeabfuhr erst errechnet werden. Dazu ist zuvor die Masse des Nassdampfes aus seinem gegebenen Volumen zu ermitteln.

Die benötigten Stoffwerte beziehen wir aus der Wasserdampftafel Tabelle 6.6-6, weil dort direkt die Werte für die Drücke abgelesen werden können.

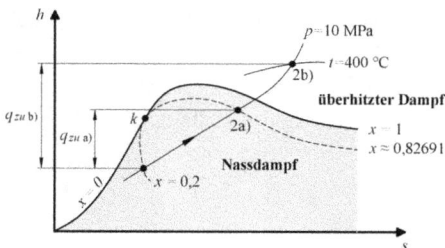

Abb. 3-26: Wärmezufuhr bei konstantem Druck aus dem Nassdampfgebiet.

Lösung:

a) Gegeben sind:

$q_{zu} = 826 \, \text{kJ/kg}$ $\qquad p = 10 \, \text{MPa} = 100 \, \text{bar}$

$x_A = 0,2$: (80 % flüssiges Wasser im Dampf bedeuten nach Definitionsgleichung (3.5-5) 20 % Dampfanteil!)

$q_{zu} = h_E - h_A$ und damit $\quad h_E = h_A + q_{zu}$

$h_A = h'(100 \, \text{bar}) + x_A (h'' - h')_{100 \, \text{bar}}$

$\qquad = 1407,87 \, \dfrac{\text{kJ}}{\text{kg}} + 0,2 \cdot (2725,47 - 1407,87) \dfrac{\text{kJ}}{\text{kg}} = 1671,39 \, \dfrac{\text{kJ}}{\text{kg}}$

$h_E = h_A + q_{zu} = 1671,39 \, \text{kJ/kg} + 826 \, \text{kJ/kg} = 2497,39 \, \text{kJ/kg}$

$h_E < h''(100 \, \text{bar}) \quad \rightarrow \quad$ Endzustand liegt im Nassdampfgebiet mit

$$\underline{\underline{t_E = t_s(100 \, \text{bar}) \approx 311 \, °\text{C}}}$$

Für die Bestimmung des Volumens im Endzustand wird der Dampfanteil x_E im Endzustand benötigt, den wir aus der Bedingung $h_E = h_x(100 \, \text{bar}) = h' + x_E(h'' - h')_{100 \, \text{bar}}$ gewinnen:

$x_E = \dfrac{h_E - h'(100 \, \text{bar})}{(h'' - h')_{100 \, \text{bar}}} = \dfrac{(2497,39 - 1407,87) \, \text{kJ/kg}}{(2725,47 - 1407,87) \, \text{kJ/kg}} = 0,8269 \quad$ (Tabelle 6.6-6)

$V_E = m \cdot v_E = m \cdot [v'(100 \, \text{bar}) + x_E(v'' - v')_{100 \, \text{bar}}]$

$V_E = 1 \, \text{kg} \cdot [0,00145262 + 0,8269 \cdot (0,0180336 - 0,00145262)] \, \text{m}^3/\text{kg}$

$\qquad \approx \underline{\underline{15,16 \, \text{dm}^3}} \quad$ (Tabelle 6.6-6)

b) Gegeben sind:

$q_{zu} = 1422 \, \text{kJ/kg} \qquad x_A = 0,2$

$h_E = h_A + q_{zu} = 1671,39 \, \dfrac{\text{kJ}}{\text{kg}} + 1422 \, \dfrac{\text{kJ}}{\text{kg}} = 3093,39 \, \dfrac{\text{kJ}}{\text{kg}}$

$h_E > h''(100 \, \text{bar}) \quad \rightarrow \quad$ Endzustand liegt im Gebiet überhitzter Dampf

Temperatur und spezifisches Volumen müssen aus den Werten für $p = 100 \, \text{bar}$ in Tabelle 6.6-7 (in der Regel durch Interpolation) bestimmt werden. In diesem Beispiel entfällt die Interpolation, denn bei Inkaufnahme eines minimalen Rundungsfehlers ist $t = 400 \, °\text{C}$: $h = 3097,38 \, \text{kJ/kg}$ und damit $\underline{\underline{t_E = 400 \, °\text{C}}}$ und $v_E = 0,0264393 \, \text{m}^3/\text{kg}$

$V_E = m \cdot v_E = 1 \, \text{kg} \cdot 0,0264393 \, \text{m}^3/\text{kg} \approx \underline{\underline{26,44 \, \text{Liter}}}$

Bei isobarer Wärmezufuhr erhöht sich der Dampfanteil im Nassdampf stetig bis zur Erreichung des Zustands trocken gesättigt. Bei denn fortgesetzter Wärmezufuhr überhitzt der Dampf. Sein Volumen nimmt bei Wärmezufuhr stetig zu, besonders rasant ist die Volumenzunahme bei Überhitzung.

c) Gegeben sind:

$$Q_{ab} = 6000\,\text{kJ} \qquad V = 2\,\text{m}^3$$

Um bequem mit massespezifischen Größen arbeiten zu können, muss zunächst die Masse des Nassdampfes bestimmt werden.

$$m = \rho_x \cdot V = \frac{V}{v_x} = \frac{V}{v'(80\,\text{bar}) + x_A(v'' - v')_{80\,\text{bar}}}$$

$$m = \frac{2\,\text{m}^3}{0{,}00138466\,\text{m}^3/\text{kg} + 0{,}95 \cdot (0{,}0235275 - 0{,}00138466)\,\text{m}^3/\text{kg}} \approx 89{,}2\,\text{kg}$$

$$|q_{ab}| = \frac{|Q_{ab}|}{m} = \frac{6000\,\text{kJ}}{89{,}2\,\text{kg}} = 67{,}2646\,\frac{\text{kJ}}{\text{kg}}$$

$$h_A = h'(80\,\text{bar}) + x_A(h'' - h')_{80\,\text{bar}}$$

$$h_A = 1317{,}08\,\text{kJ/kg} + 0{,}95 \cdot (2758{,}61 - 1317{,}08)\,\text{kJ/kg} = 2686{,}53\,\text{kJ/kg}$$

$$h_E = h_A - |q_{ab}| = 2686{,}53\,\text{kJ/kg} - 67{,}2646\,\text{kJ/kg} = 2619{,}27\,\text{kJ/kg}$$

$$h_E > h'(80\,\text{bar}) \quad \rightarrow \quad \text{Endzustand liegt im Nassdampfgebiet mit}$$

$$\underline{t_E = t_s(80\,\text{bar}) \approx 295\,°\text{C}}$$

Für die Bestimmung des Volumens im Endzustand V_E wird der zugehörige Dampfanteil x_E im Endzustand benötigt, der aus der Bedingung gewinnbar ist:

$$h_E = h_x(80\,\text{bar}) = h'(80\,\text{bar}) + x_E(h'' - h')_{80\,\text{bar}}$$

$$x_E = \frac{h_E - h'(80\,\text{bar})}{(h'' - h')_{80\,\text{bar}}} = \frac{(2619{,}27 - 1317{,}08)\,\text{kJ/kg}}{(2758{,}61 - 1317{,}08)\,\text{kJ/kg}} = 0{,}9033$$

Der Wärmeentzug bewirkt eine Abnahme des Dampfanteils.

$$V_E = m \cdot v_E = m \cdot [v'(80\,\text{bar}) + x_E(v'' - v')_{80\,\text{bar}}]$$

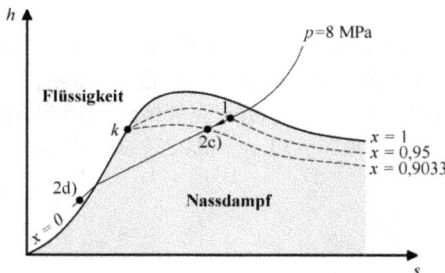

Abb. 3-27: Kondensation von Nassdampf bei konstantem Druck.

$$V_E = 89{,}2\,\text{kg} \cdot \left[0{,}00138466\,\frac{\text{m}^3}{\text{kg}} + 0{,}9033 \cdot \left(0{,}0235275\,\frac{\text{m}^3}{\text{kg}} - 0{,}00138466\,\frac{\text{m}^3}{\text{kg}} \right) \right]$$

$$= \underline{1.908\,\text{Liter}}$$

Das Volumen des Nassdampfes hat sich um etwa 4,6 % verringert.

d) Gegeben sind:

$$Q_{ab} = 160.000\,\text{kJ} \qquad V = 2\,\text{m}^3$$

Die Masse des Nassdampfes und die Enthalpie im Anfangszustand übernehmen wir aus c).

$$|q_{ab}| = \frac{|Q_{ab}|}{m} = \frac{160.000\,\text{kJ}}{89{,}2\,\text{kg}} = 1793{,}72\,\frac{\text{kJ}}{\text{kg}}$$

$$h_E = h_A - |q_{ab}| = 2686{,}53\,\frac{\text{kJ}}{\text{kg}} - 1793{,}72\,\frac{\text{kJ}}{\text{kg}} = 892{,}81\,\frac{\text{kJ}}{\text{kg}}$$

$$h_E < h'(80\,\text{bar}) \qquad \rightarrow \qquad \text{Endzustand liegt im Einphasengebiet Flüssigkeit}$$
$$\text{bei 80 bar!}$$

Für die Bestimmung der Temperatur und des spezifischen Volumens sind die Werte in Tabelle 6.6-7 für eine entsprechende lineare Interpolation zu verwenden ($h_E = 892{,}81\,\text{kJ/kg}$ liegt bei 80 bar zwischen 200 °C und 250 °C).

$$t_E = 200\,°\text{C} + \frac{(892{,}81 - 855{,}061)\,\text{kJ/kg}}{(1085{,}66 - 855{,}061)\,\text{kJ/kg}} \cdot (250\,°\text{C} - 200\,°\text{C}) = \underline{208{,}18\,°\text{C}}$$

$$v_E(80\,\text{bar}; 208{,}18\,°\text{C})$$

$$= 0{,}0011501\,\frac{\text{m}^3}{\text{kg}} + \frac{(892{,}81 - 855{,}061)\,\text{kJ/kg}}{(1085{,}66 - 855{,}061)\,\text{kJ/kg}}(0{,}00124475 - 0{,}0011501)\,\frac{\text{m}^3}{\text{kg}}$$

$$v_E(80\,\text{bar}; 208{,}18\,°\text{C}) = 0{,}001165564\,\frac{\text{m}^3}{\text{kg}}$$

$$V_E = m \cdot v_E = 89{,}2\,\text{kg} \cdot 0{,}001165564\,\text{m}^3/\text{kg} \approx \underline{103{,}97\,\text{Liter}}$$

3.8.8 Isobare Dampfkühlung

Welcher Kühlwasservolumenstrom von 35 °C in Litern pro Minute ist isobar in einem Dampfstrom von 6 t/h bei 150 bar zum Schutz temperaturgefährdeter Bauteile einzudüsen, damit sich der Dampf von 650 °C auf 600 °C abkühlt?

Gegeben sind:

Heißdampf: $\dot{m}_D = 6\,\text{t/h}$ $\quad$ $p = 150\,\text{bar}$ $\quad$ $t_1 = 650\,°\text{C}$ $\quad$ $t_2 = 600\,°\text{C}$

Kühlwasser: $t_K = 35\,°\text{C}$

Vorüberlegungen:

Bei konstant bleibenden Druck von 150 bar liegt für Temperaturen zwischen 600 °C und 650 °C immer überhitzter Dampf vor, das Kühlwasser bei 150 bar ist flüssiges Wasser. Aus der Energiebilanz kann der erforderliche Kühlwassermassenstrom $\dot{m}_K$ berechnet werden, der dann die Bestimmung des Kühlwasservolumenstroms $\dot{V}_K$ ermöglicht. Der Tabelle 6.6-7 entnehmen wir in der Spalte für den Druck 150 bar folgende benötigte Stoffwerte:

– Kühlwasser:

$\quad$ $v(150\,\text{bar}, 35\,°\text{C}) = 0{,}000999495\,\text{m}^3/\text{kg}$ $\quad$ $h(150\,\text{bar}, 35\,°\text{C}) = 160{,}061\,\text{kJ/kg}$

– überhitzter Dampf

$\quad$ $h(150\,\text{bar}, 600\,°\text{C}) = 3583{,}31\,\text{kJ/kg}$ $\quad$ $h(150\,\text{bar}, 650\,°\text{C}) = 3712{,}41\,\text{kJ/kg}$

Lösung:

Für p = konstant = 150 bar ergibt sich folgende Energiebilanz für die Mischung:

$$(\dot{m}_D + \dot{m}_K) \cdot h(600\,°\text{C}) = \dot{m}_D \cdot h(650\,°\text{C}) + \dot{m}_K \cdot h(35\,°\text{C})$$

Der Volumenstrom errechnet sich aus dem Massenstrom nach: $\dot{V}_K = v(35\,°\text{C}) \cdot \dot{m}_K$

$$\dot{V}_K = v(35\,°\text{C}) \cdot \dot{m}_K = v(35\,°\text{C}) \cdot \dot{m}_D \cdot \frac{h(650\,°\text{C}) - h(600\,°\text{C})}{h(600\,°\text{C}) - h(35\,°\text{C})}$$

$$\dot{V}_K = 0{,}000999495\,\frac{\text{m}^3}{\text{kg}} \cdot \frac{6.000\,\text{kg}}{3.600\,\text{s}} \cdot \frac{(3712{,}41 - 3583{,}31)\,\text{kJ/kg}}{(3583{,}31 - 160{,}061)\,\text{kJ/kg}} \cdot \frac{60\,\text{s}}{\text{min}} \cdot \frac{1000\,\text{Liter}}{\text{m}^3}$$

$$\approx 3{,}77\,\frac{\text{Liter}}{\text{min.}}$$

Wird mit Druckzerstäuberdüsen Kühlwasser bzw. Kondensat fein verteilt in einen Dampfstrom eingedüst, findet stromabwärts in der Rohrleitung ein Mischprozess statt, in dessen Folge das eingedüste Wasser sich zunächst erwärmt, dann verdampft und schließlich sogar überhitzen kann. Der Dampfstrom kühlt sich dabei ab. Die Dampfkühlung wird oft mit einer Druckregelung zum Konstanthalten des Drucks kombiniert, sodass man von einer isobaren Mischung ausgehen kann. In Kraftwerken dient die Dampfkühlung unter Inkaufnahme einer gewissen Wirkungsgradminderung der Dampftemperaturregelung oder dem Schutz überhitzungsgefährdeter Anlagenteile. Heizdampf wird vor seiner Verwendung oft auf Sattdampfzustand oder in den Zustand nur geringer Überhitzung gekühlt, weil sich dann die Wärmeübergangsbedingungen in den Wärmeübertragern verbessern und die Heizflächen entsprechend klein gehalten werden können.

3.8.9 Isentrope Kompression von siedendem Wasser

In einem Kraftwerk werden 3.600 t/h siedendes Wasser bei 5 kPa durch eine Speisewasserpumpe auf einen Druck von 20 MPa gebracht.

   a) Welche Leistung in MW würde eine ideal (isentrop) verdichtende Speisewasserpumpe dafür benötigen und welche Temperaturen weist das Wasser vor und nach der Druckerhöhung auf?

   b) Die Wassertemperatur nach der Druckerhöhung wird mit 34 °C gemessen. Über welche Leistung in MW muss die Pumpe also tatsächlich verfügen und wie groß ist ihr isentroper Wirkungsgrad $\eta_{is} = P_{is}/P_{real}$?

Gegeben sind:

$\dot{m} = 3.600\,\text{t/h} = 1000\,\text{kg/s}$ $p_1 = 0{,}05\,\text{bar}$ $p_2 = 200\,\text{bar}$

Tabelle 6.6-6 für Stoffwerte von siedendem Wasser bei $p_1 = 0{,}05\,\text{bar}$:

$v' = 0{,}00100532\,\text{m}^3/\text{kg}$ $h' = 137{,}765\,\text{kJ/kg}$ $s' = 0{,}47625\,\text{kJ/(kg K)}$

Lösung:

a)   Pumpenleistung für isentrope Kompression und Wassertemperaturen

Es gilt:

$$P_{is} = \dot{m} \cdot w_{t,12} = \dot{m} \cdot \int_1^2 v\,\mathrm{d}p = \dot{m} \cdot \left[h_{is}(p_2, t_{2,is}) - h'(p_1)\right]$$

1. Berechnungsmöglichkeit: Wasser wird als inkompressibel angesehen. Damit kann die isentrope Zustandsänderung durch eine isochore Zustandsänderung ersetzt werden.

$$P = \dot{m} \cdot \int_1^2 v\,\mathrm{d}p$$

Wegen $v = $ konstant folgt

$$P = \dot{m} \cdot v' \cdot (p_2 - p_1) \quad \text{mit} \quad v'(p_1) \approx v(p_2, t_2)$$

also

$$w_{t,12} \approx v'(p_1) \cdot (p_2 - p_1) = 0{,}00100532\,\text{m}^3/\text{kg} \cdot (200 - 0{,}05)\,\text{bar} = \underline{\underline{20{,}1014\,\text{kJ/kg}}}$$

$$P = \dot{m} \cdot w_{t,12} = 10^3\,\text{kg/s} \cdot 20{,}1014\,\text{kJ/kg} = \underline{\underline{20{,}1014\,\text{MW}}}$$

$$t_1 = t_s(p_s) = \underline{\underline{32{,}8755\,^\circ\text{C}}}$$

t_2 aus

$$h(t_2, p_2) = w_{t,12} + h'(p_1) = 20{,}1014\,\text{kJ/kg} + 137{,}765\,\text{kJ/kg} = 157{,}8664\,\text{kJ/kg}$$

Nach Tabelle 6.6-7 für 200 bar muss die Temperatur t_2 wegen $h_2 = 157{,}8664\,\text{kJ/kg}$ zwischen $t_1 = 30\,°C$ und $t_2 = 35\,°C$ liegen und kann linear interpoliert werden zu:

$$t_2 = t_1 + \frac{h - h_1}{h_2 - h_1}(t_2 - t_1) = 30°C + \frac{(157{,}8664 - 143{,}856)\,\text{kJ/kg}}{(164{,}508 - 143{,}856)\,\text{kJ/kg}} \cdot 5\,\text{K} \approx \underline{\underline{33{,}39\,°C}}$$

Inwieweit ist die Annahme, dass Wasser inkompressibel ist, gerechtfertigt? Die Interpolation zwischen den Temperaturstützpunkten $t_1 = 30\,°C$ und $t_2 = 35\,°C$ für das spezifische Volumen bei 200 bar liefert:

$$v_2 = v_1 + \frac{h - h_1}{h_2 - h_1}(v_2 - v_1)$$

$$v_2 = 0{,}00099569\,\frac{\text{m}^3}{\text{kg}} + \frac{(157{,}8664 - 143{,}856)\,\text{kJ/kg}}{(164{,}508 - 143{,}856)\,\text{kJ/kg}} \cdot (0{,}000997374 - 0{,}00099569)\,\frac{\text{m}^3}{\text{kg}}$$

$$\approx \underline{\underline{0{,}000996832\,\frac{\text{m}^3}{\text{kg}}}}$$

$$\Delta v = v_2 - v' = 0{,}000996832\,\text{m}^3/\text{kg} - 0{,}00100532\,\text{m}^3/\text{kg} = -0{,}000008488\,\text{m}^3/\text{kg}$$

$$\frac{\Delta v}{v} \approx 0{,}008 \quad \text{(der relative Fehler beträgt etwa 0,8 %)}$$

Man kann also tatsächlich $v'(p_1) \approx v(p_2, t_2)$ voraussetzen!

2. Berechnungsmöglichkeit aus:

$$P_{is} = \dot{m} \cdot \left[h_{is}(p_2, t_{2,is}) - h'(p_1) \right]$$

unter Nutzung von

$$s = s_2(p_2, t_2) = s'(p_1) = \text{konstant} \quad \text{(isentrop)}$$
$$s = s'(0{,}05\,\text{bar}) = 0{,}47625\,\text{kJ/(kg K)}$$

liegt nach Tabelle 6.6-7 für $p = 200$ bar auch zwischen den Temperaturstützpunkten $t_1 = 30\,°C$ und $t_2 = 35\,°C$. Somit kann linear interpoliert werden zu:

$$h(s = 0{,}47625\,\text{kJ/(kg K)}; 200\,\text{bar})$$

$$h = 143{,}856\,\frac{\text{kJ}}{\text{kg}} + \frac{(0{,}47625 - 0{,}43057)\,\text{kJ/(kg K)}}{(0{,}49814 - 0{,}43057)\,\text{kJ/(kg K)}} \cdot (164{,}508 - 143{,}856)\frac{\text{kJ}}{\text{kg}}$$

$$\approx \underline{\underline{157{,}81757\,\frac{\text{m}^3}{\text{kg}}}}$$

$$P_{is} = 10^3 \, \text{kg/s} \cdot (157{,}81757 - 137{,}765) \, \text{kJ/kg} = \underline{\underline{20{,}0526 \, \text{MW}}}$$

Die Temperatur des komprimierten Wassers erhält man unter der Bedingung $s =$ konstant wiederum durch die lineare Interpolation:

$$t_2(s = 0{,}47625 \, \text{kJ/(kg K)}; 200 \, \text{bar}) = 30 \,^{\circ}\text{C} + \frac{(0{,}47625 - 0{,}43057) \, \text{kJ/(kg K)}}{(0{,}49814 - 0{,}43057) \, \text{kJ/(kg K)}} \cdot 5 \, \text{K}$$

$$\approx \underline{\underline{33{,}38 \,^{\circ}\text{C}}}$$

Die hier erhaltenen Ergebnisse sind in Bezug auf die Forderung nach einer isentropen Zustandsänderung in der Aufgabenstellung genauer.

b) Pumpenleistung bei realer Kompression für $t_2 = 34 \,^{\circ}\text{C}$ und $p_2 = 200 \, \text{bar}$

$$P_{real} = \dot{m} \cdot [h_{2,real} - h'(p_1)]$$

$h_{2,real}$ aus linearer Interpolation in Tabelle 6.6-7 für $p = 200 \, \text{bar}$

$$h_{2,real} = 143{,}856 \, \frac{\text{kJ}}{\text{kg}} + \frac{34 \,^{\circ}\text{C} - 30 \,^{\circ}\text{C}}{35 \,^{\circ}\text{C} - 30 \,^{\circ}\text{C}} (164{,}508 - 143{,}856) \frac{\text{kJ}}{\text{kg}} = 160{,}3776 \, \frac{\text{kJ}}{\text{kg}}$$

$$P_{is} = 10^3 \, \text{kg/s} \cdot (160{,}3776 - 137{,}765) \, \text{kJ/kg} = \underline{\underline{22{,}6126 \, \text{MW}}}$$

$$\eta_{is} = \frac{P_{is}}{P_{real}} = \frac{20{,}0526 \, \text{MW}}{22{,}6126 \, \text{MW}} = \underline{\underline{0{,}8868}}$$

3.8.10 Aufplatzen einer Dampfleitung

In einem geschlossenen Dampfleitungssystem, das von einem Kesselhaus umgeben sei, befinde sich:
   a) Nassdampf mit einem Dampfanteil von 30 % bei 30 bar oder
   b) siedende Flüssigkeit von 315 °C.

Im Kesselhaus herrsche der Umgebungsdruck von 1014 mbar. Um welches Vielfache erhöht sich das jeweilige Dampfvolumen, wenn die betreffende Leitung plötzlich aufreißt?

Gegeben sind:

$p_{amb} = 1{,}014 \, \text{bar}$:

(müsste eigentlich als druckgeführter Wert aus Tabelle 6.6-6 interpoliert werden. In Tabelle 6.6-5 ist jedoch der zur Siedetemperatur 100 °C gehörige Druck mit 1,014 bar ausgewiesen. Der Genauigkeit halber übernehmen wir hier die Stoffwerte für den Dampf aus Tabelle 6.6-5)

$v' = 0,00104346 \, \text{m}^3/\text{kg}$ $\qquad v'' = 1,67186 \, \text{m}^3/\text{kg}$
$h' = 419,099 \, \text{kJ/kg}$ $\qquad h'' = 2675,57 \, \text{kJ/kg}$

Für die beiden Aufgabenteile a) und b) werden weiterhin folgende Stoffwerte für den Nassdampf bzw. für die siedende Flüssigkeit aus der Wasserdampftafel bereitgestellt:

a) $x_1 = 0,3$ $\quad p_s(t_s) = \textbf{30} \, \textbf{bar}$ $\quad$ Tabelle 6.6-6 mit $t_s = 233,858 \, °C$:
$\qquad\qquad\qquad\qquad\qquad\qquad\qquad v' = 0,00121670 \, \text{m}^3/\text{kg} \quad v'' = 0,0666641 \, \text{m}^3/\text{kg}$
$\qquad\qquad\qquad\qquad\qquad\qquad\qquad h' = 1008,37 \, \text{kJ/kg} \qquad\quad h'' = 2803,26 \, \text{kJ/kg}$

b) $x_1 = 0$ $\qquad t_s(p_s) = \textbf{315} \, °\textbf{C}$ $\quad$ Tabelle 6.6-5 mit $p_s = 105,558 \, \text{bar}$
$\qquad\qquad\qquad\qquad\qquad\qquad\qquad v' = 0,00147239 \, \text{m}^3/\text{kg} \qquad h' = 1431,63 \, \text{kJ/kg}$

Vorüberlegungen:

Der hier zu untersuchende Prozess ist durch zwei Gleichgewichtszustände gekennzeichnet:

– Zustand 1:
 In der Dampfleitung ist innere Energie u gespeichert und die Leitung stellt gegenüber der Umgebung ein geschlossenes System dar.
– Zustand 2:
 Beim Aufplatzen der Leitung liegt die gespeicherte Energie bei konstant bleibendem Umgebungsdruck vor, das System ist deshalb als offen zu betrachten. Der neue Gleichgewichtszustand entspricht der Enthalpie des Dampfes bei Umgebungsdruck.

Der vom Zustand 1 in Zustand 2 verlaufende Prozess führt von einem geschlossenen System in ein offenes, sodass gilt: $u_1 = h_2(p_{amb})$. Die Untersuchung kann unabhängig von der Größe des Leitungssystems mit massenspezifischen Werten ausgeführt werden. Sowohl für den Nassdampf bei 30 bar als auch für das siedende Wasser bei 315 °C sind die Siedetemperaturen deutlich höher als die zum Umgebungsdruck gehörige Siedetemperatur von 100 °C. Es wird deshalb eine spontane Nachverdampfung stattfinden.

Lösung:

a) Nassdampfleitung
 – Zustand 1: In der Dampfleitung gespeicherte innere Energie u
 $\qquad$ (geschlossenes System)

$$u_1 = h_1 - p_1 \cdot v_1$$
$$h_1 = h_x(p_1 = 30 \, \text{bar}) = h'(30 \, \text{bar}) + x_1 \cdot (h'' - h')_{30 \, \text{bar}}$$
$$v_1 = v_x(p_1 = 30 \, \text{bar}) = v'(30 \, \text{bar}) + x_1 \cdot (v'' - v')_{30 \, \text{bar}}$$
$$h_1 = 1008,37 \, \text{kJ/kg} + 0,3(2803,26 - 1008,37) \, \text{kJ/kg} = 1546,84 \, \text{kJ/kg}$$
$$v_1 = 0,00121670 \, \frac{\text{m}^3}{\text{kg}} + 0,3 \cdot (0,0666641 - 0,00121670) \frac{\text{m}^3}{\text{kg}} = 0,0208509 \, \frac{\text{m}^3}{\text{kg}}$$

$$u_1(p_1, x_1) = 1546{,}84\,\text{kJ/kg} - 30 \cdot 10^5\,\text{N/m}^2 \cdot 0{,}0208509\,\text{m}^3/\text{kg} = 1484{,}29\,\text{kJ/kg}$$

- Zustand 2: Geplatzte Leitung, konstanter Umgebungsdruck $p_2 = p_{amb}$ (offenes System)

$$u_1(p_1, x_1) = h_2(p_2, x_2)$$
$$u_1(p_1, x_1) = h_x(1{,}014\,\text{bar}, x_2) = h'(1{,}014\,\text{bar}) + x_2(h'' - h')_{1{,}014\,\text{bar}}$$

Der unbekannte Dampfanteil x_2 lässt sich bestimmen aus:

$$x_2 = \frac{u_1 - h'(1{,}014\,\text{bar})}{(h'' - h')_{1{,}014\,\text{bar}}} = \frac{(1484{,}29 - 419{,}099)\,\text{kJ/kg}}{(2675{,}57 - 419{,}099)\,\text{kJ/kg}} = 0{,}4721$$

Mit dem nun bekannten Dampfanteil des entspannten Nassdampfes x_2 kann man sein neues spezifisches Volumen und die Volumenzunahme errechnen mit:

$$v_2 = v_x(1{,}014\,\text{bar}) = v'(1{,}014\,\text{bar}) + x_2(v'' - v')_{1{,}014\,\text{bar}}$$
$$v_2 = 0{,}00104346\,\text{m}^3/\text{kg} + 0{,}4721 \cdot (1{,}67186 - 0{,}00104346)\,\text{m}^3/\text{kg} = 0{,}7898359\,\text{m}^3/\text{kg}$$

Volumenzunahme:

$$\frac{v_2}{v_1} = \frac{0{,}7898359\,\text{m}^3/\text{kg}}{0{,}0208509\,\text{m}^3/\text{kg}} = \underline{\underline{37{,}88}}$$

Das Volumen des Leitungsinhaltes nimmt um knapp das 38-fache zu!

b) siedendes Wasser bei 315 °C ($p_1 = p_S(t_S) = 105{,}558\,\text{bar}$)
- Zustand 1: In der Dampfleitung gespeicherte innere Energie u (geschlossenes System)

$$u_1' = h_1' - p_1 \cdot v_1'$$
$$h_1 = h'(315\,°C) = 1431{,}63\,\text{kJ/kg}$$
$$v_1 = v'(315\,°C) = 0{,}00147239\,\text{m}^3/\text{kg}$$
$$u_1' = 1431{,}63\,\frac{\text{kJ}}{\text{kg}} - 105{,}558 \cdot 10^5\,\frac{\text{N}}{\text{m}^2} \cdot 0{,}00147239\,\frac{\text{m}^3}{\text{kg}} = 1416{,}09\,\frac{\text{kJ}}{\text{kg}}$$

- Zustand 2: Geplatzte Leitung, konstanter Umgebungsdruck $p_2 = p_{amb}$ (offenes System)

$$u_1'(t_1) = h_2(p_2, x_2)$$
$$x_2 = \frac{u_1' - h'(1{,}014\,\text{bar})}{(h'' - h')_{1{,}014\,\text{bar}}} = \frac{(1416{,}09 - 419{,}099)\,\text{kJ/kg}}{(2675{,}57 - 419{,}099)\,\text{kJ/kg}} = 0{,}4418$$

Aus dem siedenden Wasser beim Druck von 105,558 bar ist beim Aufplatzen der Dampfleitung Nassdampf bei 1,014 bar mit einem Dampfanteil von 44,18 % geworden.

$$v_2 = 0{,}00104346 \, \text{m}^3/\text{kg} + 0{,}4418(1{,}67186 - 0{,}00104346) \, \text{m}^3/\text{kg} = 0{,}7392102 \, \text{m}^3/\text{kg}$$

Volumenzunahme:

$$\frac{v_2}{v_1} = \frac{0{,}7392102 \, \text{m}^3/\text{kg}}{0{,}00147239 \, \text{m}^3/\text{kg}} = \underline{\underline{502{,}05}}$$

mehr als eine 500-fache Steigerung!!

Die Rechnungen zeigen, dass mit einem plötzlichen Druckabfall beim Bersten von Dampfleitungen in Kesselhäusern immer mit lebhafter Nachverdampfung zu rechnen ist. Die damit einhergehende Erhöhung des Dampfanteiles führt bei solchen Havarien mitunter zu erheblichen Sichtbehinderungen.

Eine Nachverdampfung tritt auch infolge des Druckverlustes von Regelventilen in Kondensatleitungen auf. Dann ist auf eine passende Dimensionierung der Kondensatleitung zu achten, denn die Volumenzunahme durch Dampf kann in den Leitungen zu unzulässig hohen Strömungsgeschwindigkeiten führen. Diese Erscheinungen stellen instationäre Mehrphasenströmungen dar, deren Berechnung sehr aufwendig ist.

3.8.11 Maximale Saughöhe von Wasser

In einem Saugrohr wird durch Evakuieren von Luft ein Unterdruck erzeugt und eine Wassersäule wie in Abbildung 3-28 dargestellt durch die Wirkung des äußeren Umgebungsdruckes um den Betrag h_s nach oben gedrückt. Berechnen Sie die maximal mögliche Saughöhe $h_{s,\text{max}}$ für $p_{L,1} = 1{,}0 \, \text{bar}$ (häufig gemessener Luftdruck im Flachland) und $p_{L,2} = 0{,}9 \, \text{bar}$ (Luftdruck im Gebirge ab 1000 m Höhe). Stellen Sie die entsprechende Funktion mit diesen beiden Drücken für den Definitionsbereich $10\,°\text{C} \le t \le 90\,°\text{C}$ dar!

Gegeben sind:

$p_{L,1} = 1{,}0 \, \text{bar}$ und $p_{L,2} = 0{,}9 \, \text{bar}$ und $10\,°\text{C} \le t \le 90\,°\text{C}$ als Parameter für $h_{s,\text{max}} = h_{s,\text{max}}(t)$

Vorüberlegungen:

Die Vakuumpumpe am oberen Ende eines Saugrohrs (Abbildung 3-27) erzeugt einen Unterdruck, jedoch kein ideales Vakuum. Die Druckabsenkung gelingt nur bis zum absoluten Unterdruck, der dem Siededruck des Wassers bei vorliegender Wassertemperatur t entspricht. Danach beginnt das Wasser kontinuierlich zu verdampfen, sodass keine Flüssigkeit mehr gefördert werden kann. Dieses Problem tritt nicht auf, wenn man für die Förderung von Flüssigkeit anstelle von saugenden, drückende Pumpen einsetzt.

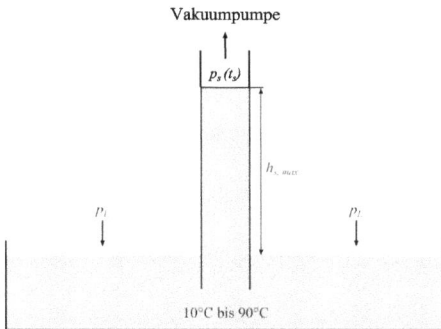

Abb. 3-28: Prinzipschema für das Ansaugen von Wasser.

Vergleichen Sie diese Situation hier mit Aufgabe 2.2.4 Luftdruckmessung mit Quecksilbermanometer und der zugehörigen Abbildung 2-13. Auch dort bildet sich am geschlossenen Teil der Glasröhre kein absolutes Vakuum,[21] sondern Quecksilberdampf entsprechend vorliegendem Sättigungsdruck, was wir aber dort getrost vernachlässigen konnten!

Als Unterdruck in der Saugleitung stellt sich also der zur jeweiligen Wassertemperatur t gehörige Sättigungsdruck $p_s(t)$ ein, der aus der Wasserdampftafel Tabelle 6.6-5 für den hier vorgegebenen Temperaturbereich $10\,°C \leq t \leq 90\,°C$ entnommen werden kann. Die Dichte des Wassers errechnet sich aus dem Kehrwert des spezifischen Volumens „siedende Flüssigkeit" bei $p_s(t_s)$. Exemplarisch wollen wir einen besten Fall ($p_{L,1} = 1$ bar und $t = 10\,°C$) und einen schlechtesten Fall ($p_{L,2} = 0{,}9$ bar und $t = 90\,°C$) berechnen. Aus der Tabelle 6.6-5 lesen wir folgende Werte und erhalten mit $\rho\ 1/v$:

$t = 10\,°C$: $p_s(t) = 0{,}0122818$ bar $\qquad v' = 0{,}00100035\ m^3/kg \qquad \rho' = 999{,}650\ kg/m^3$

$t = 90\,°C$: $p_s(t) = 0{,}701824$ bar $\qquad v' = 0{,}00103594\ m^3/kg \qquad \rho' = 965{,}307\ kg/m^3$

---

21 Ergänzend zu der in Aufgabe 2.2.4 erwähnten Auseinandersetzung zwischen Torricelli und Descartes sei erwähnt, dass es bis heute ungeklärt ist, ob man ein ideales Vakuum mit einem Druck von null Pascal und einer Teilchendichte von null erzeugen kann. Die Quantenfeldtheorie beschreibt eine sogenannte Vakuumfluktuation, bei der überall ständig neue Teilchen erzeugt und wieder vernichtet werden. Nach DIN 28400: Vakuumtechnik – Benennungen und Definitionen vom Mai 1990 heißt Vakuum der Zustand eines Gases in einem Behälter, wenn sein Druck darin und damit die Teilchendichte geringer ist als im Außenraum oder wenn der Druck im Behälter niedriger als 300 mbar (niedrigster vorkommender Atmosphärendruck auf der Erde). Im Weltraum herrscht extrem hohes Vakuum mit Drücken unterhalb von 10^{-11} mbar und einer Teilchendichte von weniger als $10^5\ cm^{-3}$.

Lösung:

$p_L \cdot A = p_s(t_s) \cdot A + m \cdot g$ (Kräftegleichgewicht auf Höhe des Quecksilberspiegels im Gefäß)

Mit $m = \rho \cdot V = \rho' \cdot A \cdot h_{s,\max}$ folgt aus dem Kräftegleichgewicht aufgelöst nach $h_{s,\max}$:

$$h_{s,\max} = \frac{p_L - p_s(t_s)}{\rho' \cdot g}$$

Bester Fall:

$$h_{s,\max}(p_{L,1} = 1\,\text{bar}, t = 10\,^\circ\text{C}) = \frac{(1 - 0{,}0122818) \cdot 10^5\,\text{N/m}^2}{999{,}650\,\text{kg/m}^3 \cdot 9{,}80665\,\text{m/s}^2} = \underline{\underline{10{,}0754\,\text{m}}}$$

Schlechtester Fall:

$$h_{s,\max}(p_{L,2} = 0{,}9\,\text{bar}, t = 90\,^\circ\text{C}) = \frac{(0{,}9 - 0{,}701824) \cdot 10^5\,\text{N/m}^2}{965{,}307\,\text{kg/m}^3 \cdot 9{,}80665\,\text{m/s}^2} = \underline{\underline{2{,}09346\,\text{m}}}$$

In Abbildung 3-29 wurden durch Berechnung weiterer Punkte die funktionalen Zusammenhänge grafisch aufbereitet.

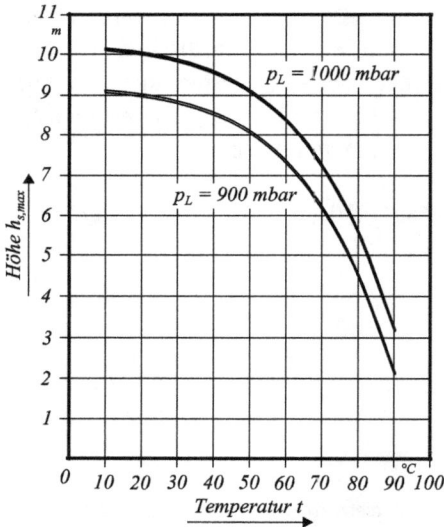

Abb. 3-29: Maximale Saughöhe von Wasser als Funktion der Temperatur bei zwei verschiedenen Luftdrücken.

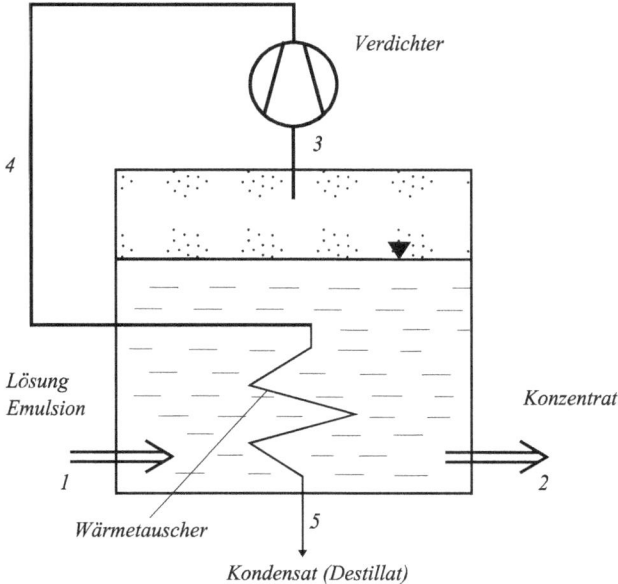

Abb. 3-30: Prinzip der Brüdenverdichtung.

3.8.12 Gewinnung von Fruchtsaftkonzentrat durch Brüdenverdichtung

Die Brüdenverdichtung ist ein Verfahren zur Wärmerückgewinnung bei Destillations- und Eindampfungsprozessen, bei denen thermisch einzelne Bestandteile aus einer Lösung (oder Emulsion) abgetrennt werden. Wirtschaftlich ist das Verfahren vor allem dann interessant, wenn dabei nur geringe Druckdifferenzen zu überwinden sind, zum Beispiel bei Lösungen mit geringen Siedepunkterhöhungen. Das technische Verfahren illustriert Abbildung 3-30.

Durch Wärmezufuhr wird aus der im Behälter befindlichen Lösung Dampf (Brüdendampf oder einfach Brüden genannt) ausgetrieben, der anschließend in einem Verdichter auf höheren Druck gebracht wird. Mit dem höheren Druck steigt für den Dampf auch die Siedetemperatur (bzw. die Kondensationstemperatur). Ein Wärmeübertrager im Bereich der Flüssigkeit kühlt jetzt den verdichteten Dampf, der dabei seine Kondensationsenthalpie an die Flüssigkeit abgibt und so die externe Wärmezufuhr zum großen Teil ersetzt. Die Kondensationstemperatur des Brüdendampfes muss für eine erfolgreiche technische Realisierung mindestens 15 bis 20 K höher sein als die Siedetemperatur der Lösung.

Zum Start des Prozesses muss dem einzudampfenden Behälterinhalt von außen so viel Wärme zugeführt werden, dass die Flüssigkeit siedet. Danach sinkt die erforderliche Wärmezufuhr um die zurückgewonnene Verdampfungsenthalpie, wodurch die Energieeffizienz des Prozesses erheblich gesteigert wird.

Das hier beschriebene Prinzip soll zur Eindampfung von Fruchtsaft zu Fruchtsaft-konzentrat eingesetzt werden. Der Fruchtsaft laufe dem beheizten Eindampfbehälter mit einem Massenstrom von 0,1 kg/s bei 20 °C und gedrosselt auf 0,6 bar zu und werde dort bis Siedetemperatur erhitzt. Der Verdichter saugt einen an der Flüssigkeitsober-fläche verdampfenden Sattdampfstrom von 0,09 kg/s ab, der isentrop auf 100 kPa verdichtet wird. Nach Passieren des Wärmeübertragers wird dieser Massenstrom als gekühltes Destillat (reines Wasser) aus der Anlage abgeführt.

Das Fruchtsaftkonzentrat verlässt die Anlage im Siedezustand. Vereinfachend soll unterstellt werden, dass sich das aufkonzentrierte Abwasser thermophysikalisch wie Wasser verhält, dessen mittlere spezifische Wärmekapazität mit 4,19 kJ/(kg K) an-gesetzt werden kann.

a) Welche Leistung in kW muss der Verdichter aufbringen und welche Celsius-Temperatur erreicht der isentrop verdichtete Dampf?
b) Welche Enthalpie und welche Celsius-Temperatur besitzt das abfließende De-stillat?
c) Welcher Wärmestrom würde für die Eindampfung ohne Brüdenverdichtung benötigt?
d) Welcher externe Wärmestrom ist mit Brüdenverdichtung noch erforderlich?
e) Welcher Wärmestrom wird benötigt, um den Strom für den Verdichterantrieb mit fossilen Brennstoffen in einem Wärmekraftwerk mit durchschnittlich 40 % Wirkungsgrad für die Stromerzeugung herzustellen?

Gegeben sind:
(Indizes nach Nummer des Zustandes in Abbildung 3-30)

$\dot{m}_1 = 0,1 \,\text{kg/s}$ $\qquad\qquad \dot{m}_3 = \dot{m}_4 = \dot{m}_5 = 0,09 \,\text{kg/s}$

$t_1 = 20 \,°\text{C}$ $\qquad\qquad \vec{c}_W = 4,19 \,\text{kJ/(kg K)}$

$p_1 = p_2 = p_3 = 0,6 \,\text{bar}$ $\qquad p_4 = p_5 = 1,0 \,\text{bar}$

Vorüberlegungen:
Zur Beantwortung der Fragen von a) bis d) werden die Enthalpien der Prozesszustände von 1 bis 5 benötigt. Die Zustandsdaten 2 (siedende Flüssigkeit bei 0,6 bar) und 3 (trocken gesättigter Dampf bei 0,6 bar) können direkt aus der Wasserdampftafel (Tabelle 6.6-6 druckgeführt) entnommen werden.

$t_2 = t_s(p_2 = 0,6 \,\text{bar}) = 85,9258\,°\text{C}$ $\qquad h_2 = h'(p_2 = 0,6 \,\text{bar}) = 359,837 \,\text{kJ/kg}$

$h_3 = h''(p_3 = 0,6 \,\text{bar}) = 2.652,85 \,\text{kJ/kg}$ $\qquad s_3 = s''(p_3 = 0,6 \,\text{bar}) = 7,5311 \,\text{kJ/(kg K)}$

Der Massenstrom für das abfließende Kondensat folgt aus der Massenstrombilanz:

$$\dot{m}_1 = \dot{m}_2 + \dot{m}_3 \qquad \rightarrow \qquad \dot{m}_2 = \dot{m}_1 - \dot{m}_3 = 0,1 \,\text{kg/s} - 0,09 \,\text{kg/s} = 0,01 \,\text{kg/s}$$

Die zu- und abgeführten Energieströme sind nach Abbildung 3-30 mit einem Kontroll-raum, der durch die Behälterwände begrenzt wird, wie folgt zu bilanzieren:

$$\dot{H}_1 + \dot{H}_4 = \dot{H}_2 + \dot{H}_3 + \dot{H}_5 \qquad \rightarrow \qquad \dot{m}_1 h_1 + \dot{m}_4 h_4 = \dot{m}_2 h_2 + \dot{m}_3 h_3 + \dot{m}_5 h_5$$

Lösung:

1. Schritt: Ermittlung der Enthalpien in den Zustandspunkten von 1 bis 5:

– Zustand 1: Rückrechnung aus isobarer Wärmezufuhr bis $t_s(p_2)$:

$$h_2 - h_1 = \bar{c}_W(t_s(p_2) - t_1)$$
$$h_1 = h_2 - \bar{c}_W(t_s(p_2) - t_1)$$
$$= 359{,}837\,\frac{\text{kJ}}{\text{kg}} - 4{,}19\,\frac{\text{kJ}}{\text{kg K}}(85{,}9258\,°\text{C} - 20\,°\text{C}) = 83{,}158\,\frac{\text{kJ}}{\text{kg}}$$

– Zustand 2: gegeben mit

$$h_2 = h'(p_2 = 0{,}6\,\text{bar}) = 359{,}837\,\text{kJ/kg}$$

– Zustand 3: gegeben mit

$$h_3 = h''(p_3 = 0{,}6\,\text{bar}) = 2.652{,}85\,\text{kJ/kg}$$

– Zustand 4:

Mit der Energiezufuhr durch die isentrope Verdichtung überhitzt der trocken gesättigte Dampf von ursprünglich $t_s(0{,}6\,\text{bar}) = 85{,}9258\,°\text{C}$ auf $t_4(p = 1\,\text{bar}; s = 7{,}5311\,\text{kJ/(kg K)})$ ins Gebiet überhitzter Dampf. Weil die Verdichtung isentrop erfolgt, kann angesetzt werden:

$$s_3 = s''(p_3 = 0{,}6\,\text{bar}) = s_4(p_4 = 1\,\text{bar}) = 7{,}5311\,\text{kJ/(kg K)}$$

Tabelle 6.6-7 zeigt für die Druckspalte 1 bar, dass wegen $s_4(1\,\text{bar}) = 7{,}5311\,\text{kJ/(kg K)}$ der Zustandspunkt 4 im Temperaturbereich zwischen 130 °C und 140 °C liegen muss. Eine inverse Interpolation über die Entropie ergibt für die Enthalpie

$$h_4\left(s = 7{,}5311\,\frac{\text{kJ}}{\text{kg K}}\right) = 2.736{,}72\,\frac{\text{kJ}}{\text{kg}}$$
$$+ \frac{(7{,}5311 - 7{,}5181)\text{kJ/(kg K)}}{(7{,}5671 - 7{,}5181)\,\text{kJ/(kg K)}} \cdot (2.756{,}70 - 2.736{,}72)\,\frac{\text{kJ}}{\text{kg}}$$
$$h_4\left(s = 7{,}5311\,\frac{\text{kJ}}{\text{kg K}}\right) = 2.742{,}02\,\frac{\text{kJ}}{\text{kg}} \quad \text{sowie für die Temperatur}$$
$$t_4\left(s = 7{,}5311\,\frac{\text{kJ}}{\text{kg K}}\right) = 130\,°\text{C} + \frac{(7{,}5311 - 7{,}5181)\text{kJ/(kg K)}}{(7{,}5671 - 7{,}5181)\,\text{kJ/(kg K)}} \cdot (140 - 130)\text{K} = 132{,}65\,°\text{C}$$

Die Temperaturdifferenz $(t_4 - t_3) = 132{,}65\,°\text{C} - 85{,}93\,°\text{C} = 46{,}72\,\text{K}$ ist so hoch, dass für eine wirtschaftliche Realisierung der Brüdenverdichtung die Heizflächen im Wärmeübertrager entsprechend klein gehalten werden können.

– Zustand 5:

Die Enthalpie wird aus der Energiebilanz bestimmt unter Verwendung von $\dot{m}_3 = \dot{m}_4 = \dot{m}_5$

$$h_5 = \frac{\dot{m}_1 \cdot h_1 + \dot{m}_3 \cdot (h_4 - h_3) - \dot{m}_2 \cdot h_2}{\dot{m}_3}$$

$$h_5 = \frac{0{,}1\,\dfrac{\text{kg}}{\text{s}} \cdot 83{,}158\,\dfrac{\text{kJ}}{\text{kg}} + 0{,}09\,\dfrac{\text{kg}}{\text{s}}(2.742{,}02 - 2.652{,}85)\dfrac{\text{kJ}}{\text{kg}} - 0{,}01\,\dfrac{\text{kg}}{\text{s}} \cdot 359{,}837\,\dfrac{\text{kJ}}{\text{kg}}}{0{,}09\,\text{kg/s}}$$

$$= 141{,}59\,\frac{\text{kJ}}{\text{kg}}$$

2. Schritt: Analyse des Prozesses

a) Temperatur des verdichteten Dampfes und (mechanische) Leistung des Verdichters

Die Dampftemperatur wurde schon ermittelt mit $\underline{t_4 = 132{,}65\,°\text{C}}$.

$$P = \dot{W}_{t,34} = \dot{m}_3(h_4 - h_3) = 0{,}09\,\frac{\text{kg}}{\text{s}} \cdot (2.742{,}02 - 2.652{,}85)\frac{\text{kJ}}{\text{kg}} \approx \underline{\underline{8{,}03\,\text{kW}}}$$

b) Temperatur und Enthalpie des Destillates

Die Enthalpie des Destillates haben wir schon ermittelt mit $\underline{h_5 = 141{,}59\,\text{kJ/kg}}$

Für die Temperatur des isobar bei $p = 1\,\text{bar}$ gekühlten Destillates t_5 verwenden wir folgenden Ansatz:

$$h'(1\,\text{bar}) - h_5 = \bar{c}_W (t_s(1\,\text{bar}) - t_5) \quad \text{mit}$$

$$h'(1\,\text{bar}) = 417{,}436\,\frac{\text{kJ}}{\text{kg}} \quad \text{und} \quad t_s(1\,\text{bar}) = 99{,}6059\,°\text{C}$$

$$t_5 = t_s(1\,\text{bar}) - \frac{h'(1\,\text{bar}) - h_5}{\bar{c}_W}$$

$$= 99{,}6059\,°\text{C} - \frac{(417{,}436 - 141{,}59)\,\text{kJ/kg}}{4{,}19\,\text{kJ/(kg K)}} = \underline{\underline{33{,}77\,°\text{C}}}$$

Alternativ könnte man die Temperatur durch Interpolation über die Enthalpie h_5 mit den in Tabelle 6.6-7 für 1 bar gegebenen Werten ermitteln. Dabei ergibt sich dann

$$t_5 = 30\,°\text{C} + \frac{(141{,}59 - 125{,}833)\,\text{kJ/kg}}{(146{,}73 - 125{,}833)\,\text{kJ/kg}} \cdot (35\,°\text{C} - 30\,°\text{C}) = \underline{\underline{30{,}77\,°\text{C}}}$$

Die hier ermittelte Temperatur t_5 liegt deutlich unterhalb der Siedetemperatur $t_s(0{,}6\,\text{bar}) = 85{,}9258\,°\text{C}$, aber noch oberhalb der Fruchtsafteintrittstemperatur von 20 °C. Den größten Energiespareffekt könnte man erzielen, wenn das Destillat bis

zur Fruchtsafteintrittstemperatur auskühlen würde. Dafür benötigte man allerdings – eine ideale thermische Schichtung der Flüssigkeit im Behälter unterstellt
– eine unrealistisch große Heizfläche im Kondensator. Von der Annahme, dass
das Fruchtsaftkonzentrat den Eindampfbehälter im Zustand siedende Flüssigkeit
verlässt, wird auch die Höhe der Temperatur t_5 tangiert.

c) benötigter Wärmestrom ohne Brüdenverdichtung $\dot{Q}_{oB}$ bei Prozessdruck von 0,6 bar

$$\dot{Q}_{oB} = \dot{m}_1 \cdot (h''(0,6\,\text{bar}) - h_1) = 0,1\,\frac{\text{kg}}{\text{s}} \cdot (2.652,85 - 83,154)\frac{\text{kJ}}{\text{kg}} = \underline{\underline{256,97\,\text{kW}}}$$

d) bei Einsatz der Brüdenverdichtung noch erforderliche externe Wärmeleistung $\dot{Q}_{mB}$
Im stationären Betrieb ergibt sich die noch erforderliche externe Wärmeleistung
aus dem Aufwand für die Aufheizung des Fruchtsaftmassenstroms von 20 °C Eintrittstemperatur bis zum Erreichen der Siedetemperatur und der anschließenden
vollständigen Verdampfung abzüglich der vom Massenstrom $\dot{m}_3$ zurückgespeisten
Kondensationsenthalpie und der Auskühlung des Kondensats auf die Temperatur t_5.

$$\dot{Q}_{mB} = \dot{Q}_{oB} - \dot{m}_3 \cdot (h_4 - h_5) = 256,97\,\text{kW} - 0,09\,\frac{\text{kg}}{\text{s}} \cdot (2.742,02 - 141,59)\frac{\text{kJ}}{\text{kg}} \approx \underline{\underline{22,93\,\text{kW}}}$$

Die Brüdenverdichtung reduziert die für den Eindampfvorgang erforderliche Wärmeleistung erheblich. Zur Mobilisierung des Einsparpotentials müssen allerdings
die Investitionskosten für den Verdichter und die Kosten für seinen Betrieb aufgebracht werden. Im Regelfall ergeben sich sehr kurze Amortisationszeiten.

e) erforderliche Wärmeleistung für die Bereitstellung einer elektrischen Leistung von
8,03 kW zum Betrieb des Verdichters bei einem angenommenen Gesamtwirkungs-
grad von 40 % für ein Wärmekraftwerk

$$\eta = \frac{P_{el}}{\dot{Q}} \qquad \dot{Q} = \frac{P_{el}}{\eta} = \frac{8,03\,\text{kW}}{0,4} = \underline{\underline{20,075\,\text{kW}}}$$

Für die mit den gegebenen Rahmenbedingungen vorgenommene energiewirtschaft-
liche Bewertung stehen 256,97 kW erforderliche Wärmeleistung für die Eindampfung
dem Aufwand von $(22,93 + 20,075)\,\text{kW} \approx 43\,\text{kW}$ bei der Brüdenverdichtung für die
externe Restwärmezufuhr und der erforderlichen Wärmeleistung für die Erzeugung
des Stroms gegenüber. Volkswirtschaftlich ist dies also immer zu rechtfertigen, betriebswirtschaftlich können aber durchaus noch weitere (entgegenstehende) Aspekte
relevant sein.

3.8.13 Isentrope Dampfentspannung in Dampfturbine

In einen Dampfturbosatz eines Kraftwerks mit einem Hochdruck-, Mitteldruck- und Niederdruckteil trete ein Dampfmassenstrom von 3.600 t/h bei Frischdampfparametern von 150 bar und 550 °C (Zustand 1) ein und entspanne dort auf 0,1 bar Kondensationsdruck (Zustand 2).

- a) Welcher Volumenstrom in m³/s tritt in die Dampfturbine ein und welcher bei Erreichen des Kondensationsdruckes aus?
- b) Welche theoretische Leistung in MW könnte bei verlustloser Umwandlung (isentroper Entspannung) an der Turbinenwelle abgegriffen werden?
- c) Welcher Dampfanteil stellt sich im Turbinenabdampf ein, wenn man die Entspannung des Frischdampfes bei 50 bar unterbricht und eine Zwischenüberhitzung bis auf 550 °C vorsieht? Welche zusätzliche Wärmezufuhr wird erforderlich?

Gegeben sind:

$\dot{m}$ = 3.600 t/h = 1.000 kg/s

Frischdampfparameter: p_1 = 150 bar t_1 = 550 °C

Zwischenüberhitzung: $p_{Z\ddot{U}}$ = 50 bar $t_{Z\ddot{U}}$ = 550 °C   Kondensationsdruck: p_2 = 0,1 bar

Vorüberlegungen:

Die Frischdampftemperatur 550 °C liegt über der Siedetemperatur t_s(150 bar) = 342,158 °C, sodass der Frischdampf unterkritischer überhitzter Dampf ist. Die benötigten Stoffwerte liest man deshalb in Tabelle 6.6-7 in der Spalte für 150 bar ab.

p_1 = 150 bar t_1 = 550 °C: v_1 = 0,0229451 m³/kg h_1 = 3.450,47 kJ/kg

s_1 = 6,5230 kJ/(kg K)

Aufgabenteil c) deutet schon ein Entspannungsende im Nassdampfgebiet an! Bei einer isentropen Entspannung bleibt die Entropie des Dampfes konstant, also $s_1 = s_2$! Die Entspannung ins Nassdampfgebiet kann nun auch faktisch bestätigt werden, weil $s_1 < s''$(0,1 bar) = 8,1489 kJ/(kg K). Bei einem Kondensationsdruck von 0,1 bar würde die Taulinie erst bei 8,1489 kJ/(kg K) durchstoßen. Die Stoffwerte für den Zustandspunkt 2 lesen wir deshalb in Tabelle 6.6-6 für den Druck p_2 = 0,1 bar ab.

p_2 = 0,1 bar t_s = 45,8075 °C: v' = 0,00101026 m³/kg v'' = 14,6706 m³/kg

s' = 0,64922 kJ/(kg K) s'' = 8,1489 kJ/(kg K)

h' = 191,812 kJ/kg h'' = 2.583,89 kJ/kg

$p_{Z\ddot{U}}$ = 50 bar $t_{Z\ddot{U}}$ = 550 °C: $h_{Z\ddot{U}}$ = 3550,75 kJ/kg $s_{Z\ddot{U}}$ = 7,1235 kJ/(kg K)

Lösung:

a)   ein- und austretender Volumenstrom mit $\dot{V} = \dot{m} \cdot v$

   – eintretender Volumenstrom

$$\dot{V}_1 = \dot{m} \cdot v_1 = 1.000 \text{ kg/s} \cdot 0,229451 \text{ m}^3/\text{kg} = \underline{\underline{229,451 \text{ m}^3/\text{s}}}$$

– austretender Volumenstrom

$$\dot{V}_2 = \dot{m} \cdot v_{x,2} = \dot{m} \cdot [v'(0,1\,\text{bar}) + x_{2,is} \cdot (v'' - v')_{0,1\,\text{bar}}]$$

Zur Berechnung des austretenden Nassdampf-Volumenstroms benötigen wir noch den Dampfanteil x_2, den man aus $s_1 = s_2 = s'(0,1\,\text{bar}) + x_{2,is} \cdot (s'' - s')_{0,1\,\text{bar}}$ gewinnt. Bis auf x_2 sind alle Größen bekannt, sodass man nach $x_{2,is}$ auflösen kann.

$$x_{2,is} = \frac{s_1 - s'(0,1\,\text{bar})}{(s'' - s')_{0,1\,\text{bar}}} = \frac{(6,5230 - 0,64922)\,\text{kJ}/(\text{kg K})}{(8,1489 - 0,64922)\,\text{kJ}/(\text{kg K})} = 0,747203$$

Für das spezifische Nassdampfvolumen bei Kondensationsdruck von 0,1 bar folgt jetzt:

$$v_{x,2} = v'(0,1\,\text{bar}) + x_{2,is} \cdot (v'' - v')_{0,1\,\text{bar}}$$

$$v_{x,2} == 0,00101026\,\frac{\text{m}^3}{\text{kg}} + 0,747203 \cdot (14,6706 - 0,00101026)\,\frac{\text{m}^3}{\text{kg}} = 10,9622\,\frac{\text{m}^3}{\text{kg}}$$

$$\dot{V}_2 = \dot{m} \cdot v_{x,2} = 1.000\,\text{kg/s} \cdot 10,9622\,\frac{\text{m}^3}{\text{kg}} = \underline{\underline{10.962,2\,\frac{\text{m}^3}{\text{s}}}}$$

Kommentare:

1. Der um fast das 48-fache anwachsende Volumenstrom muss von den zur Verfügung stehenden Querschnittsflächen in der Turbine aufgenommen werden können. Dampfturbinen besitzen zum Austritt hin kegelförmig wachsende Querschnitte. Der Rotor mit den darauf befestigten Schaufeln dreht sich beim Betrieb einer Turbine aber mit 3.000 Umdrehungen pro Minute. Dabei entstehen gewaltige Fliehkräfte, die wegen der mechanischen Festigkeit der Schaufeln die Turbinenquerschnitte begrenzen. Deshalb entspannen große Dampfkraftwerke den Frischdampf nicht mit einer einzigen Turbine, sondern – wie Abbildung 3-31 zeigt – mit einem aus Hochdruck-, Mitteldruck- und Niederdruckturbinen bestehenden Satz. Der Frischdampf entspannt etwa bis zu einem Druck von 40 bar in einer Hochdruckturbine. Danach werden in der Regel bei größeren Kraftwerken zwei Mitteldruckturbinen parallel angeschlossen und damit der Dampfvolumenstrom halbiert, sodass die benötigten Turbinenquerschnitte mechanisch beherrschbar bleiben. Eine weitere Aufteilung des Dampfstroms erfolgt dann im Niederdruckbereich mit einem Eingangsdruck von etwa 7 bar bis je nach den konkreten Kondensationsbedingungen vor Ort auf 0,03 bar. Häufig wird dann der entspannte Mitteldruckdampf auf vier Niederdruckdampfturbinen aufgeteilt. Manchmal entzieht man aber dem Prozess auch Dampf, um ihn einer anderen Verwendung zuzuführen. Dann reichen mitunter drei parallel arbeitende Niederdruckturbinen.

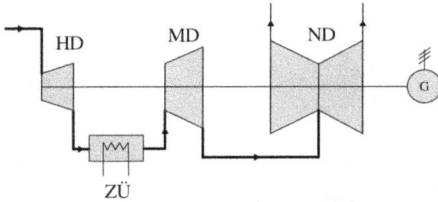

Abb. 3-31: Einwelliger Dampfturbinensatz mit Zwischenüberhitzung (ZÜ) nach Hochdruckturbine (HD) sowie nachgeordneten einflutigen Mitteldruckteil (MD) und zweiflutigen Niederdruckteil (ND).

2. Für den praktischen Turbinenbetrieb ist der sich hier ergebende Dampfanteil $x_{2,is} \approx$ 0,747 im Turbinenabdampf zu niedrig, da ein zu hoher Flüssigkeitsanteil zu Beschädigungen bis zum Bruch der sich mit sehr hoher Umlaufgeschwindigkeit rotierenden Turbinenschaufeln führt. Mit zu niedrigen Dampfanteilen im Turbinenabdampf muss man praktisch ab Frischdampfdrücken von 130 bar rechnen. Hier ist der Einsatz einer Zwischenüberhitzung des teilentspannten Dampfes zwingend. Dabei wird der die Hochdruckturbine verlassende Dampf nicht direkt zur Mitteldruckturbine geleitet, sondern mit einem geeigneten Wärmeübertrager noch einmal bis zur Frischdampftemperatur erhitzt und erst danach in der Mitteldruckturbine entspannt. Zielwert ist ein Dampfanteil x von mindestens 0,85, manche Dampfturbinenhersteller geben sogar 0,90 an.

b) theoretisch abgegebene Leistung an der Turbinenwelle
die Enthalpie im Nassdampfgebiet berechnet sich aus:

$$h_{2,is,x} = h'(0,1\,\text{bar}) + x_{2,is} \cdot (h'' - h')_{0,1\,\text{bar}}$$

$$h_{2,is,x} = 191,812\,\frac{\text{kJ}}{\text{kg}} + 0,747203 \cdot (2.583,89 - 191,812)\frac{\text{kJ}}{\text{kg}} = 1.979,18\,\frac{\text{kJ}}{\text{kg}}$$

$$P_{is} = \dot{m} \cdot (h_{2,is,x} - h_1) = 1.000\,\text{kg/s} \cdot (1.979,18 - 3.450,47)\,\text{kJ/kg} = \underline{-1.471,29\,\text{MW}}$$

(Das Minuszeichen bedeutet das Freiwerden der Leistung!)

c) Zwischenüberhitzung
Stoffwerte bei $p = 50$ bar und $t = 550\,°\text{C}$:

$$h_{Z\ddot{U}} = 3550,75\,\text{kJ/kg} \quad \text{und} \quad s_{Z\ddot{U}} = 7,1235\,\text{kJ/(kg K)}$$

Nach der Zwischenüberhitzung verläuft die isentrope Entspannung auf Kondensationsdruck $p_2 = 0,1$ bar ausgehend von $s_{Z\ddot{U}} = s'(p_2) + x_{2,is,\text{neu}} \cdot (s''(p_2) - s'(p_2))$. Damit ergibt sich:

$$x_{2,is} = \frac{s_{Z\ddot{U}}(50\,\text{bar}) - s'(0,1\,\text{bar})}{s''(0,1\,\text{bar}) - s'(0,1\,\text{bar})} = \frac{(7,1235 - 0,64922)\,\text{kJ/(kg K)}}{(8,1489 - 0,64922)\,\text{kJ/(kg K)}} = \underline{\underline{0,86327}}$$

Mit der Zwischenüberhitzung kann die Forderung nach $x > 0,85$ eingehalten werden!

Praktisch verläuft die Entspannung niemals isentrop, sondern mit Verlusten behaftet und unter Entropiezunahme. Dadurch erhöht sich der Dampfanteil bei Entspannungsende gleichfalls noch etwas.

Enthalpie des Dampfes bei Eintritt in die Zwischenüberhitzung durch isentrope Dampfentspannung von Zustandspunkt 1 auf $p_{Z\ddot{U}} = 50$ bar:

Interpolation für $s_1 = 6,5230$ kJ/(kg K) bei $p = 50$ bar (Tabelle 6.6-7) zwischen 6,4515 und 6,6481 kJ/(kg K)

$$h\left(p = 50\,\text{bar}; s = 6,523\,\frac{\text{kJ}}{\text{kg K}} \right)$$
$$= 3.069,29\,\frac{\text{kJ}}{\text{kg}} + \frac{(6,5230 - 6,4515)\,\text{kJ/(kg K)}}{(6,6481 - 6,4515)\,\text{kJ/(kg K)}} \cdot (3.196,59 - 3.069,29)\frac{\text{kJ}}{\text{kg}}$$

$$h\left(p = 50\,\text{bar}; s = 6,523\,\frac{\text{kJ}}{\text{kg K}} \right)$$
$$= 3.069,29\,\frac{\text{kJ}}{\text{kg}} + 0,363682604 \cdot 127,3\,\frac{\text{kJ}}{\text{kg}} = 3.115,59\,\frac{\text{kJ}}{\text{kg}}$$

Enthalpie nach Abschluss der Zwischenüberhitzung

$h_{Z\ddot{U}}(50\,\text{bar}; 550\,^{\circ}\text{C}) = 3550,75$ kJ/kg   (Tabelle 6.6-7).

Erforderliche Wärmeleistung für Zwischenüberhitzung:

$$\dot{Q}_{Z\ddot{U}} = \dot{m} \cdot (h_{Z\ddot{U}} - h(50\,\text{bar}; 6,5223\,\text{kJ/(kg K)}))$$
$$= 1.000\,\frac{\text{kg}}{\text{s}} \cdot (3.550,75 - 3.115,59)\,\frac{\text{kJ}}{\text{kg K}} = \underline{\underline{435,16\,\text{MW}}}$$

4 Erster Hauptsatz der Thermodynamik

Der erste Hauptsatz der Thermodynamik beschreibt die Anwendung des als Erfahrungstatsache bekannten Prinzips der Energieerhaltung auf thermodynamische Systeme in Verbindung mit der Erkenntnis, dass Wärme genauso wie mechanische oder elektrische Energie eine spezielle Energieform ist. Ein sichtbares Zeichen dafür sind die für Wärme sowie die für mechanische und elektrische Arbeit verwendeten Maßeinheiten.

$$\text{Wärme } [Q] = 1\,J = 1\,Ws = 1\,Nm \qquad \text{mechanische Arbeit } [W] = 1\,Nm = 1\,Ws = 1\,J$$

$$\text{elektrische Arbeit } [W_{el}] = 1\,Ws = 1\,Nm = 1\,J$$

Der Begriff Energie geht auf den von dem griechischen Philosophen Aristoteles (384 bis 322 vor Christi Geburt) geprägten Ausdruck „energeia" zurück. Er sah darin den göttlichen Geist bzw. eine „Wirksamkeit", die dem bloß Möglichen zur Wirklichkeit verhilft und interpretierte damit alles Geschehen als Übergang aus dem Zustand des Möglichen in den Zustand der Wirklichkeit. Heute verstehen wir unter Energie allgemein die Fähigkeit eines Systems in Wechselwirkung mit seiner Umgebung oder mit anderen Systemen, Arbeit zu verrichten. Der Energieerhaltungssatz verdeutlicht uns, dass Energie unzerstörbar ist.

Historisch wurde der Begriff Hauptsatz verwendet, um seine fundamentale Bedeutung für die Wissenschaft herauszustellen. Hermann von Helmholtz[1] hob die Bedeutung der thermodynamischen Hauptsätze durch die Bezeichnung „Weltgesetze" hervor, was ausdrücken sollte, man könne sie unbedenklich auf das gesamte Universum anwenden.

Der durch Erfahrungen immer wieder bestätigte Satz von der Erhaltung der Energie ist auch in seiner Formulierung als der erste Hauptsatz der Thermodynamik nicht aus anderen Naturgesetzen herzuleiten oder über diese beweisbar, sondern gründet sich allein aus immer wieder gemachten Beobachtungen und durchgeführten exakten Messungen. Man könnte den ersten Hauptsatz nur falsifizieren, gäbe es zwangsläufige, experimentell bestätigte Folgerungen, die im Widerspruch zu seinen Aussagen stehen. Ein solcher Nachweis ist bekanntlich bis heute nicht gelungen und wird auch in der Zukunft nicht zu erbringen sein.

Zusammengefasst enthält der erste Hauptsatz der Thermodynamik als Anwendung des Energieerhaltungssatzes unter Einschluss der Energieform Wärme drei Postulate, also drei unbeweisbare, aber glaubhafte und einsichtige Annahmen, die die Basis für die Energiebilanzierung als ein fundamentales Werkzeug für den Thermodynamiker sind:

---

[1] Hermann Ludwig Ferdinand von Helmholtz (1821–1894), zunächst als Arzt, später aber als Physiker tätig, formulierte in seinem 1847 erschienenen Buch „Über die Erhaltung der Kraft" den Energieerhaltungssatz für mechanische Energien.

https://doi.org/10.1515/9783111017570-004

1. Jedes thermodynamische System besitzt als Eigenschaft eine extensive Zustandsgröße Energie E.
2. Wärme ist eine spezielle Energieform. Über alle Prozesse bleibt Energie stets erhalten und kann weder aus dem Nichts erzeugt oder vernichtet werden. Sie ist aber als konstant bleibende Größe von einer in eine oder mehrere andere Energieformen umwandelbar.
3. Die Konsequenz aus (1) und (2): Die Energie eines thermodynamischen Systems kann sich nur durch Energietransport über die Systemgrenze ändern. Dieser Energietransport kann auftreten als:
   – Verrichtung von Arbeit,
   – Übertragung von Wärme durch Temperaturdifferenzen an der Systemgrenze,
   – Stofftransport (für offene Systeme).

In einem vollständig abgeschlossenen thermodynamischen System bleibt die Energie immer konstant. Energie kann also niemals aus dem Nichts erzeugt oder vernichtet werden. Wohl aber können sich verschiedene Energieformen ineinander umwandeln!

Das Postulat, dass jedes thermodynamische System eine extensive, also massen- oder stoffabhängige, Zustandsgröße Energie besitzt, schafft in Verbindung mit dem Prinzip der Energieerhaltung die Grundlagen zum Aufstellen von Energiebilanzen an den Systemgrenzen. Die Untersuchung dieser Bilanzen stellt eines der wichtigsten Werkzeuge des mit Problemen der Energieumwandlung befassten Ingenieurs dar. Jeder thermische und damit auch kalorische Zustand eines thermodynamischen Systems ist eindeutig. Er wird anhand der Freiheitsgrade des Systems durch einen vollständigen Satz unabhängiger Zustandsgrößen beschrieben. Ändert sich mindestens eine dieser Zustandsgrößen, ändert sich der Zustand des Systems.

Die Energie E eines thermodynamischen Systems setzt sich aus seiner inneren Energie U, und seiner äußeren Energie E_a in Form von potentiellen Energie E_{pot} und kinetischer Energie E_{kin} zusammen ($E = U + (E_{pot} + E_{kin})$). Die äußeren Energien können den Massenschwerpunkt eines Systems im Raum verändern. Die kinetische Energie E_{kin} resultiert aus der Geschwindigkeit, mit der sich der Massenschwerpunkt des Systems im Raum bewegt. Eine gegen die Lichtgeschwindigkeit strebende Geschwindigkeit verursacht einen relativistischen Massenzuwachs, sodass dann die innere Energie U durch die äußere Translationsbewegung des Systems beeinflusst wird. Die potentielle Energie E_{pot} bestimmt sich aus der Position des Systems in äußeren Feldern wie zum Beispiel das Gravitationsfeld oder anliegende elektrische und magnetische Felder. In Kapitel 3.3 wurde die innere Energie U eines Systems schon vorgestellt und der Hinweis gegeben, dass im Folgenden hier mit innerer Energie immer nur die thermische innere Energie gemeint ist. Innere Energien verschieben den Massenschwerpunkt eines thermodynamischen Systems nicht. Aus der Bilanz erhält die innere Energie eines thermodynamischen Systems aus seiner Gesamtenergie E abzüglich der äußeren mechanischen Energie $U = E - (E_{pot} + E_{kin})$.

Energie kann nicht verloren gehen, sondern kann sich nur immer in andere Energieformen umwandeln. Damit ist und bleibt es unmöglich, dass ein System Arbeit verrichtet ohne Zufuhr eines äquivalenten Betrages einer anderen Energieform und/oder ohne eine entsprechende Verringerung seiner inneren Energie. Kürzer drückt man dieses Unmöglichkeitsprinzip aus durch die Feststellung: *Ein Perpetuum mobile erster Art ist nicht möglich*. Der Zusatz erster Art bezieht sich dabei auf den ersten Hauptsatz. Mit dem perpetuum mobile zweiter Art wird ein noch weiteres Unmöglichkeitsprinzip, das aus dem zweiten Hauptsatz der Thermodynamik abzuleiten ist und im Übrigen nicht zwangsläufig gegen den ersten Hauptsatz verstößt. Aber weil der erste Hauptsatz der Thermodynamik eben „nur" auf der Erfahrung beruht, ist die Versuchung bis heute groß geblieben, unter ganz besonderen Bedingungen doch die eine Ausnahme zu finden. Das Bestreben, ein perpetuum mobile erster Art zu konstruieren, ist uralt. Leonardo da Vinci, nicht nur ein bedeutender Künstler seiner Zeit, sondern auch ein genialer Mechaniker, ist in die Technikgeschichte mit einem solchen Versuch eingegangen. Der von ihm entworfene Apparat wird heute noch nachgebaut, um damit in TV-Spots dafür zu werben, wie man das Unmögliche doch möglich machen könnte. Aber auch schon circa 100 Jahre vor der Formulierung des Energieerhaltungssatzes hatte sich die Vermutung durchgesetzt, dass man damit einem Phantom nachjagt. Die Französische Akademie der Wissenschaften begründete 1775 ihren Beschluss, zukünftig keine Begutachtungen von Konstruktionen eines perpetuum mobile mehr vorzunehmen, so:

> „Diese Art Forschung hat mehr als eine Familie zugrunde gerichtet und in vielen Fällen haben Techniker, die Großes hätten leisten können, ihr Geld, ihre Zeit und ihren Geist darauf verschwendet."

Das, was als zweite fundamentale Erkenntnis des ersten Hauptsatzes oben aufgeführt wurde, klingt aus heutiger Sicht nahezu trivial. Bis zur Mitte des 19. Jahrhunderts wurde aber Wärme nicht als Energie wahrgenommen. Der Vorgang der Wärmeübertragung zwischen zwei Körpern unterschiedlicher Temperatur erweckte den Eindruck, dass es sich bei der Wärme scheinbar um einen unsichtbaren, unzerstörbaren und unwägbaren (also masselosen) Stoff („caloricum") handelte, der vom wärmeren zum kälteren Körper übergeht. Diese Erscheinungen ordnete man zunächst der Chemie als Wissenschaft zu. Im Sinne dieser Theorie wurden das Schmelzen von Festkörpern sowie das Verdampfen von Flüssigkeiten als eine Art chemische Reaktion zwischen „caloricum" und dem betreffenden Stoff gedeutet. Die Erzeugung von Wärme durch Reibung sollte auf die Befreiung des Wärmestoffes aus einer chemischen oder mechanischen Verbindung mit den Stoffen der beiden aneinander geriebenen Körper zurückzuführen sein. Demnach müsste mit steigendem Abrieb auch mehr Wärme frei werden. Der amerikanische Offizier und Erfinder Benjamin Thompson, der spätere Reichsgraf Rumford (1753–1814), beobachtete 1798 beim Bohren von Kanonenrohren mithilfe eines von Pferden angetriebenen Bohrers im Münchener Zeughaus aber gerade das Gegenteil. Bei stumpfen Bohrern wurden weniger Späne abgehoben, es wurde aber viel mehr Wärme frei, wobei bei scharfen Bohrern viele Späne bei relativ geringer Wärmefreisetzung anfielen. Die entstehende Wärme wurde von Kühlwasser aufgenommen, dass sogar zum Sieden gebracht sein soll. Die Temperaturerhöhung des Kühlwassers führte Rumford auf die mechanische Arbeit der Pferde zurück. Aus diesen Beobachtungen schloss er, dass Wärme eine andere Form der mechanischen Bewegung sei. Aber erst zwischen 1840 und 1850 setzte sich über den Nachweis der Äquivalenz von Arbeit und Wärme die Auffassung durch, dass Wärme eine spezielle und umwandelbare Energieform darstellt. Besonderen Anteil an der theoretischen Fundierung dieser Erkenntnis hatte Julius Robert Mayer und eine experimentelle Bestätigung (siehe Aufgabe 4.2.1) lieferte James Prescott Joule.[2] Der Heilbronner Arzt Robert Mayer ist uns schon in Kapitel 3.3. begegnet. Er errechnete 1840 mit 1 kcal = 426,9 kpm den zu einer Wärmemenge äquivalenten Betrag mechanischer Arbeit (Mayersches Wärmeäquivalent). Zunächst hatte er rechnerisch die Wärme bestimmt, die einem definierten Zylinderinhalt bei festgehaltenem und bei frei beweglichem Kolben zugeführt werden muss, wenn in beiden Fällen eine Temperaturerhöhung von einem Kelvin erzielt werden soll. Durch Gleichsetzen der in kcal gemessenen Wärmen mit der reversibel gegenüber der Umgebung verrichteten Volumenänderungsarbeit ermittelte er das mechanische Wärmeäquivalent mit dem ungenauen Wert 1 kcal = 367 kpm. Die Abweichung vom zuerst genannten exakten Wert beträgt etwa 14 % und ist darauf zurückzuführen, dass damals nur sehr ungenaue Messwerte für die spezifischen Wärmekapazitäten für konstantes Volumen und für konstanten Druck vorlagen. Da Mayer als Mediziner in der Physik ein Außenseiter war, fanden seine theoretischen Arbeiten zunächst keine Anerkennung. Poggendorf lehnte wegen einiger verbliebener Unklarheiten eine Veröffentlichung in den Annalen der Physik ab. Sie wurde erst 1842 auf Anregung des für die mineralische Düngung von Pflanzen bekannt gewordenen Chemikers Liebig in den Annalen der Chemie und Pharmazie veröffentlicht. Erst wesentlich später und nach einem nervenaufreibenden Prioritätsstreit mit Joule wurden Mayers Leistungen wissenschaftlich voll anerkannt. Vor allem Helmholtz ist es zu danken, dass Mayers Verdienste und das Erstrecht an der Entdeckung des Energieerhaltungssatzes entsprechend gewürdigt wurden. 1867 wurde ihm das Ritterkreuz des Verdienstordens der württembergischen Krone verliehen. Dadurch wurde er in den Adelsstand erhoben und hieß damit von Mayer. Ohne Mayers Arbeiten zur Kenntnis genommen zu haben, bestimmte Joule 1843 experimentell das mechanische Wärmeäquivalent, in dem er die Arbeit einer um eine definierte Höhe herabsinkenden Masse über ein Rührwerk benutzte, um eine Flüssigkeit in einem Gefäß zu erwärmen. Außerdem untersuchte er auch die Umwandlung elektrischer Energie in Wärme und entdeckte, dass die Wärmeabgabe eines stromdurchflossenen elektrischen Leiters di-

---

2 James Prescott Joule (1818–1889), britischer Experimentalphysiker, war als Jugendlicher Schüler von John Dalton und bildete sich später autodidaktisch weiter. 1852 wies er gemeinsam mit William Thomson (geadelt Lord Kelvin) nach, dass sich Gase bei ungestörter Expansion abkühlen (Joule-Thomson-Effekt). Den hier angesprochenen Versuch zur Bestimmung des mechanischen Wärmeäquivalents führte er 1845 aus.

rekt proportional zu seinem elektrischen Widerstand und dem Quadrat der Stromstärke ist.

Die Energie eines thermodynamischen Systems lässt sich nur durch Energietransport über die Systemgrenze ändern. Die Übergabe der Energie an der Systemgrenze kann erfolgen als:

- *Wärme Q* aufgrund eines Temperaturgefälles zwischen System und seiner Umgebung. Adiabate Wände unterbinden den Wärmefluss vollständig.
- *mechanische Arbeit W* infolge äußerer Kräfte oder Momente, die auf das System wirken. Bei den äußeren Kraftfeldern ist insbesondere der Einfluss des zeitlich konstanten Gravitationsfeldes auf das System zu berücksichtigen.
- *elektrische Arbeit* W_{el} durch das Fließen eines elektrischen Stromes über die Systemgrenze. Elektrische Arbeit entsteht durch das Verschieben der elektrischen Ladungen, auf die im elektrischen Potentialfeld Kräfte wirken. Damit kann elektrische Energie auf eine mechanische Basis zurückgeführt werden, genauso wie es die kinetische Gastheorie für die Wärme ermöglicht.
- *stoffgebundene Energie* beim Stofftransport über die Systemgrenze. Geschlossene Systeme haben im Gegensatz zu offenen Systemen stoffdichte Grenzen, die einen stoffgebundenen Energietransport unterbinden.

Bei allen Energieumwandlungsprozessen wird ein gewisser Teil der Energie unumkehrbar in Wärme umgewandelt. Physikalisch ist das kein Energieverlust, wohl aber eine Umwandlung in meist nicht gewünschte Richtung. In Kapitel 2.3 haben wir diese Energieumwandlung als Dissipation („Zerstreuung") von Energie eingeführt und damit neben der klassischen Reibung auch plastische Verformungen, Lichteffekte sowie elektrische und magnetische Erscheinungen einbezogen. Eine exakte Berechnung der dissipierten Energien aus den fluidtechnischen Systemkoordinaten ist sehr oft so schwierig, dass man von ihrer expliziten Ermittlung absieht und sie mittelbar summarisch aus den Bilanzen bestimmt.

Sind die durch Dissipation bewirkten Energieflüsse im Verhältnis zu den übrigen bilanzierten Energien sehr gering, liefert das theoretische Gedankenmodell der reversiblen Prozessführung brauchbare Ergebnisse. Ist jedoch auch die Reibungsarbeit möglichst genau zu bilanzieren, stößt man auf die Schwierigkeit, innere und äußere Reibungsarbeit zu unterscheiden. Diese Unterscheidung erfolgt immer aus der Perspektive des thermodynamischen Systems. Die *äußere* Reibungsarbeit entsteht nicht im thermodynamischen System, sondern durch zusätzliche Reibungseffekte an bewegten Teilen eines technischen Systems (zum Beispiel in den Lagern einer Welle). Die *innere* Reibungsarbeit resultiert aus dissipativen Effekten bei Prozessen im thermodynamischen System. Leider kann man bei der Formulierung der Energiebilanz der zu untersuchenden technischen Anlage die Reibung nur als Summe aus äußerer und innerer Reibung erfassen, was oft zu Schwierigkeiten bei der Rechnung führt.

In vielen Fällen ist es für eine Analyse der thermodynamischen Vorgänge ausreichend, Anlagen und Maschinen im Beharrungszustand zu betrachten. Im Beharrungszustand sind die thermodynamischen Zustandsgrößen keine Funktion der Zeit. Prozesse, bei denen die Zustandsgrößen in Bezug auf die Zeit konstant sind, heißen stationäre Prozesse. Stationär bedeutet hier jedoch nicht, dass die Zustandsgrößen im thermodynamischen System stets überall konstant sind. So sind Druck und Temperatur eines Gases am Eintritt eines Kompressors niedriger als an seinem Austritt. Bei stationären Prozessen sind die Zustandsgrößen innerhalb des Systems vom Ort abhängig, aber für einen festen Ort stets konstant und von der Zeit unabhängig. Von den stationären Prozessen zu unterscheiden sind die instationären Prozesse, wie zum Beispiel Anfahr- und Abfahrprozesse, bei denen die Zustandsgrößen sich auch zeitlich ändern. Die Energiebilanzen von instationären Prozessen enthalten also zusätzlich noch Glieder und Terme für die zeitlichen Änderungen von Zustandsgrößen, was den Rechenaufwand für die entsprechenden Analysen deutlich erhöht. In den folgenden Unterkapiteln gehen wir deshalb auf instationäre Vorgänge nur im Ausnahmefall ein und werden besonders darauf aufmerksam machen.

Für die Energiebilanzierung in den Übungsbeispielen gehen wir immer von einem mit dem System fest verbundenen Beobachter aus, sodass dieser das System in relativer Ruhe wahrnimmt. Der „in relativer Ruhe befindliche" Beobachter registriert nur Veränderungen der inneren Zustandsgrößen wie Druck und Temperatur infolge einer Energiezu- oder -abfuhr über die Systemgrenze. Die Lage und Geschwindigkeit des Systems im Raum (im weitesten Sinne: Universum) kann er dagegen nicht feststellen.

4.1 Geschlossene (stoffdichte) Systeme

In einem geschlossenen und bewegten System ist die Summe der inneren und äußeren Energien die Summe der am System verrichteten oder entnommenen Arbeiten und Wärmen.

$$\mathrm{d}U + \mathrm{d}E_a = \mathrm{d}Q + \mathrm{d}W_g \qquad (4.1\text{-}1)$$

Die kalorische Zustandsgröße innere Energie U wurde in Kapitel 3.3, die Prozessgrößen Wärme Q und die am geschlossenen System zu bilanzierende Arbeit W_g wurden in Kapitel 2.3 vorgestellt. Unter äußerer Energie E_a sind hier in vereinfachter Betrachtung die kinetischen und potentiellen Energien des Massenschwerpunktes des Systems zu verstehen.

$$E_a = E_{kin} + E_{pot} \qquad (4.1\text{-}2)$$

Bei der kinetischen Energie geht es im Wesentlichen um die translatorische Bewegung des Systems im Raum und müsste im Bedarfsfalle noch um einen Rotations- und Schwingungsanteil ergänzt werden. Die potentielle Energie in (4.1-2) ist eigentlich gar keine Zustandsgröße des betrachteten thermodynamischen Systems, sondern müsste dem Gravitationsfeld zugeordnet werden. Die Darstellung in (4.1-2) ist diesbezüglich nur dem Ingenieur oft eigenen Pragmatismus geschuldet, weil das Gravitationsfeld zeitlich konstant ist und deshalb wie eine Zustandsgröße des thermodynamischen Systems erscheint. Würde man das thermodynamische System aus dem Gravitationsfeld herauslösen, verschwände damit auch seine potentielle Energie, ohne dass am System selbst Änderungen auftreten.

Es wurde schon erwähnt, dass wir nicht den Standpunkt eines Beobachters einnehmen wollen, der aus der Ferne die Energien bewegter Systeme bilanziert, sondern die Position eines fest mit dem thermodynamischen System verbundenen Beobachters, der sich in Bezug auf das System in relativer Ruhe befindet und nur Veränderungen der inneren Energie infolge einer Zufuhr oder Abfuhr von Wärme und/oder Arbeit über die Systemgrenzen registriert. Unter diesen Bedingungen ist die Energiebilanz sehr übersichtlich, da alle die Systemgrenze passierenden Arbeiten $W_{g,12}$ und Wärmen Q_{12} ihren Niederschlag in der Änderung der inneren Energie des Systems ΔU findet. Die innere Energie U ist eine Zustandsgröße, sodass ihre Änderung als Differenz zwischen End- und Anfangszustand beschrieben werden kann. Wärme und Arbeit als Prozessgrößen sind an dem Doppelindex erkennbar.

$$Q_{12} + W_{g,12} = U_2 - U_1 \qquad q_{12} + w_{g,12} = u_2 - u_1 \qquad (4.1\text{-}3)$$
$$[U] = 1\,\text{kJ} \qquad [u] = 1\,\text{kJ/kg}$$

Mit dem Verzicht auf die Berücksichtigung der Dissipation (reversible Prozessführung) entsteht aus (4.1-3) in Verbindung mit der reversiblen Volumenänderungsarbeit nach (2.3-11)

$$Q_{12} - \int_1^2 p\,\mathrm{d}V = U_2 - U_1 \quad \text{oder massenspezifisch} \quad q_{12} - \int_1^2 p\,\mathrm{d}v = u_2 - u_1 \qquad (4.1\text{-}4)$$

Wie aus den Ausführungen im Kapitel 2.3 hervorgeht, ist im geschlossenen System die gesamte bei einer Zustandsänderung verrichtete Arbeit die Summe aus Volumenänderungsarbeit $W_{V,12}$ und Dissipationsarbeit $W_{diss,12}$. Wird Wellenarbeit $W_{W,12}$ zugeführt, bewirken Reibungsspannungen zwischen ruhenden und von der Welle angeregten Fluidteilchen irreversibel eine vollständige Dissipation in Wärme und Speicherung als innere Energie, die das System nicht mehr als Wellenarbeit abgeben kann.

Die massenspezifische Bilanzgleichung (4.1-4) kann in differentieller Form geschrieben werden als

$$\mathrm{d}q - p\,\mathrm{d}v = \mathrm{d}u \qquad (4.1\text{-}5)$$

und in Verbindung mit Gleichung (3.3-7) folgt

$$\mathrm{d}q = c_V\,\mathrm{d}T + p\,\mathrm{d}v \qquad (4.1\text{-}6)$$

Gleichung (4.1-6) wird unter anderem gern dazu genutzt, Wärme und Volumenänderungsarbeit bei geschlossenen Systemen mit idealem Gas aus den thermischen Zustandsgrößen zu berechnen (siehe auch Tabelle 6.3-2 und 6.3-3).

Die praktischen technischen Anwendungen für die Energiebilanzen bei geschlossenen Systemen beziehen sich oft auf instationäre Prozesse, bei denen sich die Systemmasse ändert, zum Beispiel beim Aus- oder Einströmen in einen Behälter. Unterstellt man dabei starre Wände, laufen die entsprechenden Zustandsänderungen isochor, also bei konstantem Volumen ab. Die in einem Behälter eingeschlossene Gasmasse m mit der spezifischen inneren Energie u kann verändert werden durch:

- Zu- oder Abfuhr von Wärme $\pm dQ$
- Zufuhr oder Verrichtung von Arbeit $\pm dW_V$ (hier: reversibler Prozess)
- Zu- oder Abfuhr von Gas $\pm dm \cdot h$ (bei konstantem Umgebungsdruck)

Für diesen allgemeinen Fall ist die Energiebilanz gegeben durch:

$$d(m \cdot u) = \pm dQ \pm dW_V + dm_{zu} \cdot h_{zu} - dm_{ab} \cdot h_{ab} \qquad (4.1\text{-}7)$$

Zunächst betrachten wir nur das **Ausströmen** eines perfekten Gases aus einem Behälter mit starren Wänden und adiabater Systemgrenze an der inneren Oberfläche des Behälters, sodass nur die Eigenschaften des Gases, nicht aber die der Behälterwand Berücksichtigung finden. Über die Systemgrenze solle auch keine Arbeit transferiert werden, also c_V = konstant, V = konstant, $dQ = 0$ und $dW_V = 0$. Der Term $dm_{zu} \cdot h_{zu}$ spielt bei alleinigem Ausströmen von Gas keine Rolle ($dm_{zu} \cdot h_{zu} = 0$). Gleichzeitig setzen wir $dm_{ab} \cdot h_{ab} \equiv dm \cdot h$.

Unter Berücksichtigung der Produktregel für $d(m \cdot u) = dm \cdot u + du \cdot m$ ergibt sich damit für die Bilanz (4.1-7):

$$dm \cdot u + du \cdot m = dm \cdot h \quad \text{oder} \quad m \cdot du = dm \cdot (h - u)$$

Mit der Definition für die Enthalpie $h = u + p \cdot v$ und mit $p \cdot v = R_i \cdot T$ ist zu folgern:

$$h - u = p \cdot v = R_i \cdot T$$

Mit Gleichung (3.3-7) $du = c_V \cdot dT$ und $c_V = \dfrac{1}{\kappa - 1} \cdot R_i$ kann die Energiebilanz auch geschrieben werden als

$$m \cdot c_V \cdot dT = dm \cdot R_i \cdot T \quad \rightarrow \quad \frac{c_V}{R_i} \cdot \int_1^2 \frac{dT}{T} = \int_1^2 \frac{dm}{m} \quad \rightarrow \quad \frac{1}{\kappa - 1} \cdot \ln \frac{T_2}{T_1} = \ln \frac{m_2}{m_1}$$

Das Delogarithmieren führt zur Gleichung:

$$\frac{T_2}{T_1} = \left(\frac{m_2}{m_1} \right)^{\kappa - 1} \qquad (4.1\text{-}8)$$

Die Grundgleichung für ideales Gas führt im Zusammenhang mit $V = $ konstant für m_2/m_1 zu:

$$\frac{m_2}{m_1} = \frac{p_2 \cdot V_2}{R_i \cdot T_2} \cdot \frac{R_i \cdot T_1}{p_1 \cdot V_1} = \frac{p_2}{p_1} \cdot \frac{T_1}{T_2}$$

woraus nun abgeleitet werden kann:

$$\frac{T_2}{T_1} \cdot \left(\frac{T_2}{T_1}\right)^{\kappa-1} = \left(\frac{p_2}{p_1}\right)^{\kappa-1}$$

und schließlich folgt

$$\frac{T_2}{T_1} = \left(\frac{p_2}{p_1}\right)^{\frac{\kappa-1}{\kappa}}$$

Die Temperatur des Gases im Endzustand T_2 ergibt sich aus den Gleichungen für eine isentrope Zustandsänderung. Für das Ausströmen von Gas ist $p_2 < p_1$ und somit auch $T_2 < T_1$. In diesem Fall kann also die innere Energie des Gases im Behälter nur abnehmen.

Die Ausströmgeschwindigkeit c_2 lässt sich aus der Energiebilanz für offene Systeme (4.2-4) berechnen. Für horizontales Ausströmen aus einem adiabaten Behälter ohne Transfer von Arbeit über die Systemgrenze mit einer Geschwindigkeit $c_1 = 0$ im Behälter wird aus

$$q_{12} + w_{t,12} = (h_2 - h_1) + \frac{1}{2}(c_2^2 - c_1^2) + g(z_2 - z_1)$$

$$q_{12} = 0 \qquad w_{t,12} = 0 \qquad z_1 = z_2 \qquad c_1 = 0$$

$$\frac{c_2^2}{2} = h_1 - h_2 \quad \rightarrow \quad c_2^2 = 2 \cdot c_p(T_1 - T_2) \quad \rightarrow \quad c_2^2 = \frac{2\kappa}{\kappa-1} \cdot R_i \cdot T_1 \cdot \left(1 - \frac{T_2}{T_1}\right)$$

Die Ausströmgeschwindigkeit c_2 hängt vom Druckgefälle p_1 zu p_2 ab. Deswegen ist T_2/T_1 in der Formel für die Ausströmgeschwindigkeit durch die isentrope Zustandsgleichung

$$\frac{T_2}{T_1} = \left(\frac{p_2}{p_1}\right)^{\frac{\kappa-1}{\kappa}}$$

zu substituieren. Dann entsteht

$$c_2 = \sqrt{\frac{2\kappa}{\kappa-1} \cdot R_i \cdot T_1 \cdot \left[1 - \left(\frac{p_2}{p_1}\right)^{\frac{\kappa-1}{\kappa}}\right]} \tag{4.1-9}$$

In einem weiteren Schritt betrachten wir nun Temperaturänderungen mit den gleichen oben getroffenen Annahmen, aber mit Beteiligung der Behältermasse m_B über $dQ = m_B \cdot c_B \cdot dT$ an der Abkühlung unter folgenden Voraussetzungen:

- die spezifischen Wärmekapazitäten c_V und c_B sind konstant,
- der dünnwandige Behälter nimmt immer sofort die Gastemperatur an,
- der Behälter ist an den Außenflächen ideal isoliert (adiabate Systemgrenze).

Die Energiebilanz (4.1-7) besitzt so folgende Gestalt:

$$d(m \cdot u) + m_B \cdot c_B \cdot dT = dm \cdot h \quad \text{oder} \quad dm \cdot u + du \cdot m + m_B \cdot c_B \cdot dT = dm \cdot h$$

$$dT(m \cdot c_V + m_B \cdot c_B) = dm \cdot (h - u) = dm \cdot R_i \cdot T$$

$$\frac{dT}{T} = \frac{R_i \cdot dm}{(m \cdot c_V + m_B \cdot c_B)} = \frac{R_i \cdot dm}{c_V\left(m + m_B \cdot \dfrac{c_B}{c_V}\right)} = (\kappa - 1)\frac{dm}{\left(m + m_B \cdot \dfrac{c_B}{c_V}\right)}$$

$$\int_1^2 \frac{dT}{T} = (\kappa - 1) \cdot \int_1^2 \frac{dm}{\left(m + m_B \cdot \dfrac{c_B}{c_V}\right)}$$

führt nach dem Delogarithmieren auf:

$$T_2 = T_1 \cdot \left(\frac{m_2 + m_B \cdot c_B/c_V}{m_1 + m_B \cdot c_B/c_V}\right)^{\kappa - 1} \tag{4.1-10}$$

Für den **Einströmvorgang** eines Gases mit konstanter Temperatur T_{ein} ist vorauszusetzen:

- c_V = konstant, V = konstant, $dQ = 0$ und $dW_V = 0$ sowie
- $dm_{ab} \cdot h_{ab} = 0$ und $dm_{zu} \cdot h_{zu} = dm \cdot h$

Die Energiebilanz führt jetzt wieder auf:

$$dm \cdot u + du \cdot m = dm \cdot h.$$

Als zusätzliche Einflussgröße taucht hier aber die für die Enthalpie h maßgebliche Temperatur T_{ein} des einströmenden Gases auf, sodass zur Herleitung einer Berechnungsvorschrift für T_2 als Gastemperatur im Endzustand etwas anders argumentiert werden muss als beim Ausströmvorgang.

Mit der willkürlich wählbaren Bezugstemperatur $T_0 = 0\,\text{K}$ und zugehöriger Enthalpie $h_0 = 0\,\text{kJ/kg}$ bzw. $u_0 = 0\,\text{kJ/kg}$ folgen aus

$$\int_{h_0}^{h} dh = h = \int_{T_0}^{T} c_p \cdot dT = c_p \cdot (T - 0\,\text{K}) = c_p \cdot T \quad \text{und mit} \quad \kappa = \frac{c_p}{c_V} \quad h = \kappa \cdot c_V \cdot T \quad \text{sowie}$$

$$\int_{u_0}^{u} dh = u = \int_{T_0}^{T} c_V \cdot dT = c_V \cdot (T - 0\,\text{K}) = c_V \cdot T.$$

So lässt sich die Energiebilanz jetzt schreiben als:

$$m \cdot c_V \cdot dT = dm \cdot (h - u) = dm \cdot (\kappa \cdot c_V \cdot T_{ein} - c_V \cdot T)$$

oder nach Trennung der Veränderlichen

$$-\frac{dT}{T - \kappa \cdot T_{ein}} = \frac{dm}{m}$$

Bestimmte Integration zwischen Anfangszustand 1 und Endzustand 2 liefert:

$$-\ln\frac{T_2 - \kappa \cdot T_{ein}}{T_1 - \kappa \cdot T_{ein}} = \ln\frac{m_2}{m_1} \quad \rightarrow \quad \frac{T_1 - \kappa \cdot T_{ein}}{T_2 - \kappa \cdot T_{ein}} = \frac{m_2}{m_1}$$

und aufgelöst nach T_2:

$$T_2 = \kappa \cdot T_{ein} + (T_1 - \kappa \cdot T_{ein}) \cdot \frac{m_1}{m_2} \tag{4.1-11}$$

Für konstantes Volumen ist $\dfrac{m_1}{m_2} = \dfrac{p_1}{p_2} \cdot \dfrac{T_2}{T_1}$, womit sich (4.1-11) darstellen lässt durch

$$T_2 = \frac{\kappa \cdot T_{ein}}{1 + \left(\kappa \cdot \dfrac{T_{ein}}{T_1} - 1\right) \cdot \dfrac{p_1}{p_2}} \tag{4.1-12}$$

Gleichung (4.1-12) zeigt, dass bei $T_1 = \kappa \cdot T_{ein}$ die Temperatur während des Füllvorgangs konstant bleibt. Sowohl (4.1-11) als auch (4.1-12) zeigen, dass der Druck des von außen einströmenden Gases keinen Einfluss auf den Prozess hat.

Die Berücksichtigung der Wärmekapazität des Behälters führt zu einer langsameren Temperaturerhöhung. Für diesen Fall ist anzusetzen:

$$T_2 = \kappa \cdot T_{ein} + (T_1 - \kappa \cdot T_{ein}) \cdot \frac{(m_1 + m_B \cdot c_B/c_V)}{(m_2 + m_B \cdot c_B/c_V)} \tag{4.1-13}$$

4.1.1 Herleitung der Formeln für die polytrope spezifische Wärmekapazität und der Poisson'schen Gleichung

Man leite mithilfe des ersten Hauptsatzes der Thermodynamik für geschlossene Systeme und reversibler Prozessführung

a) aus der Bilanzgleichung $q_{12} + w_{V,12} = u_2 - u_1$ die Berechnungsformel für die polytrope spezifische Wärmekapazität und

b) aus der differentiellen Bilanzgleichung $dq = du + p\,dv$ die Poisson'sche Gleichung $p \cdot v^\kappa = \text{konstant}$ ab!

Gegeben sind:

a) $q_{12} + w_{V,12} = u_2 - u_1$ und b) $p_1 v_1^\kappa = p_2 v_2^\kappa = p \cdot v^\kappa = $ konstant

Vorüberlegungen:

Die polytrope spezifische Wärmekapazität c_n als Funktion des Polytropenexponenten n wurde im Zusammenhang mit dem Wärmetransport über die Systemgrenze $q_{12} = c_n \cdot (T_2 - T_1)$ für polytrope Zustandsänderungen in Kapitel 3.3 mit (3.4-21) eingeführt.

$$c_n = c_V \cdot \frac{n - \kappa}{n - 1}$$

Die Poisson'sche Gleichung beschreibt das Zustandsverhalten des Volumens in Abhängigkeit vom Druck für ein ideales Gas bei einer isentropen Zustandsänderung. Sie wurde in Kapitel 3.2 mit Formel (3.2-11) und dem Hinweis vorgestellt, dass man sie aus dem Prinzip der Energieerhaltung für reversible Zustandsänderungen in adiabaten geschlossenen Systemen herleiten kann. Für isentrope Zustandsänderungen gilt $q = $ konstant oder $dq = 0$, also kein Wärmetransport über die Systemgrenze bei der Zustandsänderung.

Lösung:

a)   polytrope spezifische Wärmekapazität

$$q_{12} + w_{V,12} = u_2 - u_1$$

$$c_n \cdot (T_2 - T_1) + \frac{1}{n-1} \cdot R_i \cdot (T_2 - T_1) = c_V \cdot (T_2 - T_1)$$

$$\rightarrow \quad c_n = c_V - \frac{1}{n-1} R_i \quad \rightarrow \quad c_n = \frac{1}{\kappa - 1} \cdot R_i - \frac{1}{n-1} R_i$$

$$c_n = R_i \left(\frac{1}{\kappa - 1} - \frac{1}{n-1} \right) = R_i \cdot \left(\frac{(n-1) - (\kappa - 1)}{(\kappa - 1) \cdot (n-1)} \right) = c_V \cdot \frac{n - \kappa}{n - 1}$$

b)   Poisson'sche Gleichung für isentrope Zustandsänderungen

Die Bedingung $dq = 0$ führt auf $0 = c_V \cdot dT + p \cdot dv$ und die Grundgleichung für ideales Gas $p \cdot v = R_i \cdot T$ kann in differentieller Form geschrieben werden als $p \cdot dv + v \cdot dp = R_i \cdot dT$. Diese differentielle Form löst man nach dT auf und setzt dT in die Bilanzgleichung oben ein. Es folgt also:

$$dT = \frac{p \cdot dv}{R_i} + \frac{v \cdot dp}{R_i} \quad \text{und} \quad 0 = c_V \left(\frac{p \cdot dv}{R_i} + \frac{v \cdot dp}{R_i} \right) + p \cdot dv$$

$$0 = c_V \cdot p \cdot dv + c_V \cdot v \cdot dp + R_i \cdot p \cdot dv \quad \text{und mit} \quad R_i = c_p - c_V$$

$$0 = c_V \cdot p \cdot dv + c_V \cdot v \cdot dp + c_p \cdot p \cdot dv - c_V \cdot p \cdot dv \quad |(c_V \cdot p \cdot v)$$

$$0 = v \cdot dp + \frac{c_p}{c_V} p \cdot dv \quad \text{oder} \quad 0 = \frac{dp}{p} + \kappa \cdot \frac{dv}{v} \quad \rightarrow \quad -\int_{p_1}^{p_2} \frac{dp}{p} = \kappa \cdot \int_{v_1}^{v_2} \frac{dv}{v}$$

Die bestimmte Integration liefert

$$-\ln\left(\frac{p_2}{p_1}\right) = \kappa \cdot \ln\left(\frac{v_2}{v_1}\right)$$

oder nach Anwendung der Regeln für Logarithmen

$$\ln\left(\frac{p_1}{p_2}\right) = \ln\left(\frac{v_2}{v_1}\right)^\kappa \qquad \frac{p_1}{p_2} = \left(\frac{v_2}{v_1}\right)^\kappa$$

$$\boxed{p_1 v_1^\kappa = p_2 v_2^\kappa = p \cdot v^\kappa = \text{konstant}}$$

4.1.2 Wärmezufuhr an Sauerstoff in einer Stahlflasche

Welche Wärme wurde dem in einer 50 Liter fassenden Stahlflasche abgefüllten Sauerstoff zugeführt, wenn der Druck in der Flasche um 1 bar steigt?

Gegeben sind:
$V_1 = 50\,\text{dm}^3 = 0,05\,\text{m}^3$ $\qquad V = \text{konstant} \qquad \Delta p = 1\,\text{bar}$
Sauerstoff = zweiatomiges Gas $\rightarrow \kappa = 1,4$

Vorüberlegungen:
Zweckmäßig legt man die Systemgrenze des geschlossenen thermodynamischen Systems an die innere Oberfläche der Stahlflasche. So liegt ein einfaches thermodynamisches System mit zwei Freiheitsgraden vor, dass hier durch das Volumen V und den Druck p eindeutig bestimmt ist. Der Druck p ist jedoch hier als Δp gegeben. Die Wärmezufuhr ist hier ein isochor ablaufender Prozess $dV = 0$.

In der Aufgabenstellung ist Sauerstoff erwähnt, ohne dass irgendeine stoffbezogene Größe gegeben wurde. Eine solche wäre zum Beispiel die Gaskonstante für Sauerstoff, die aus universeller Gaskonstante und der Molekülmasse von Sauerstoff jederzeit eindeutig berechnet werden könnte. Bei geschickter Handhabung des Formelwerks für ideales Gas kommen wir aber auch ohne diese Berechnung aus.

Lösung:
Man geht von der differentiellen Form des ersten Hauptsatzes für geschlossene Systeme (4.1-6) mit $dv = 0$ aus.

$$dq = c_V \cdot dT + p \cdot dv \quad \rightarrow \quad dq = c_V \cdot dT \quad \rightarrow \quad q_{12} = \frac{1}{\kappa - 1} \cdot R_{O_2} \cdot (T_2 - T_1)$$

Wir nutzen $\Delta p \cdot v_1 = R_{O_2} \cdot \Delta T$ für $V = \text{konstant}$, sodass

$$q_{12} = \frac{1}{\kappa - 1} \cdot R_{O_2} \cdot \frac{\Delta p \cdot v_1}{R_{O_2}} \quad \text{und} \quad Q_{12} = m \cdot q_{12} = \frac{m \cdot v_1}{\kappa - 1} \cdot \Delta p = \frac{V_1}{\kappa - 1} \cdot \Delta p$$

$$Q_{12} = \frac{0{,}05 \, \text{m}^3}{1{,}4 - 1} \cdot 1 \cdot 10^5 \, \frac{\text{N}}{\text{m}^2} = \underline{\underline{12{,}5 \, \text{kJ}}}$$

4.1.3 Volumenänderungsarbeit bei polytroper Verdichtung in einem Zylinder

Welche Volumenänderungsarbeit in kJ ist zuzuführen, wenn in einem Zylinder mit gasdicht eingepassten Kolben 2 Liter eines beliebigen zweiatomigen Gases bei Idealgasverhalten mit einem Druck von 1 bar auf 0,1 Liter einem Polytropenexponenten von 1,35 verdichtet werden soll?

Gegeben sind:

$V_1 = 2 \, \text{Liter}$ $V_2 = 0{,}1 \, \text{Liter}$ $p_1 = 1 \, \text{bar}$ $\kappa = 1{,}40$

                                                                      $n = 1{,}35$

Vorüberlegungen:

Hier handelt es sich um ein eindeutig durch Volumen und Druck festgelegtes geschlossenes thermodynamisches System. Bei einer polytropen Zustandsänderung werden Arbeit und Wärme simultan über die Systemgrenze transportiert, wobei Wärme und Arbeit in einem festen Verhältnis gemäß Formel (3.3-22) zueinander stehen:

$$\frac{w_{V,12}}{q_{12}} = \frac{\kappa - 1}{n - \kappa} = \frac{1{,}4 - 1}{1{,}35 - 1{,}4} = -8$$

Dieses Verhältnis zeigt an, dass bei $w_{t,12} > 0$ (Zufuhr von Volumenänderungsarbeit) gleichzeitig Wärme über die Systemgrenze abgeführt werden muss ($q_{12} > 0$).

Lösung:

Erster Hauptsatz für geschlossene Systeme (4.1-2):

$$W_{V,12} + Q_{12} = U_2 - U_1$$

$$W_{V,12} + \frac{n - \kappa}{\kappa - 1} \cdot W_{V,12} = m \cdot c_V \cdot (T_2 - T_1)$$

$$\rightarrow \quad W_{V,12}\left(1 + \frac{n - \kappa}{\kappa - 1}\right) = m \cdot \frac{1}{\kappa - 1} \cdot R_i \cdot (T_2 - T_1)$$

$$W_{V,12}\left(1 + \frac{n - \kappa}{\kappa - 1}\right) \cdot (\kappa - 1) = m \cdot R_i \cdot T_1 \cdot \left(\frac{T_2}{T_1} - 1\right)$$

$$\rightarrow \quad W_{V,12} \cdot (n - 1) = p_1 \cdot V_1 \cdot \left(\frac{T_2}{T_1} - 1\right)$$

$$W_{V,12} = \frac{p_1 \cdot V_1}{n - 1} \cdot \left[\left(\frac{V_1}{V_2}\right)^{n-1} - 1\right] \quad \text{weil} \quad \frac{T_2}{T_1} = \left(\frac{V_1}{V_2}\right)^{n-1}$$

$$W_{V,12} = \frac{1 \cdot 10^5\,\text{N/m}^2 \cdot 2 \cdot 10^{-3}\,\text{m}^3}{1{,}35 - 1} \cdot \left[\left(\frac{2\,\text{dm}^3}{0{,}1\,\text{dm}^3} \right)^{0{,}35} - 1 \right] = \underline{\underline{1{,}05908\,\text{kJ}}}.$$

Hinweis: Bei der Verdichtung werden $Q_{12} = -\dfrac{1}{8} \cdot W_{V,12} = -\dfrac{1}{8} \cdot 1{,}05908\,\text{kJ} \approx -0{,}13239\,\text{kJ}$ über die Zylinderwände an die Umgebung abgegeben.

4.1.4 Energieinhalt eines geschlossenen Behälters

Ein $3\,\text{m}^3$ fassender Stahlbehälter enthalte ein unter einem Druck von 5 bar stehendes Fluid mit einer Temperatur von 250 °C. Dem eingeschlossenen Fluid werde durch Behälterkühlung von außen innerhalb von 10 Minuten so viel Wärme entzogen, dass die Fluidtemperatur im Behälterinneren auf 100 °C fällt. Im Behälter arbeite zur Sicherstellung einer guten Durchmischung ein Rührwerk mit einer Leistung von 200 W. Der Einfachheit halber soll angenommen werden, dass die über das Rührwerk zugeführte Arbeit während der Kühlzeit vollständig dissipiert. Der Behälter habe eine Masse von 120 kg, die mittlere spezifische Wärmekapazität für Stahl im hier relevanten Temperaturbereich sei mit 0,516 kJ/(kg K) gegeben. Man gehe davon aus, dass der Behälter während des Kühlprozesses stets die Temperatur des Fluids aufweise.

  a) Welche Energie in kJ ist zur vorgegebenen Kühlung abzuführen und welcher Druck herrscht nach der Kühlung im Behälter, wenn dieser Luft mit einer Gaskonstante von 287,12 kJ/(kg K) als ideales Gas enthält?

  b) Welche Energie in kJ ist zur vorgegebenen Kühlung abzuführen und welcher Druck herrscht nach der Kühlung im Behälter, wenn für Luft die mittlere spezifische Wärmekapazität zwischen 100 und 250 °C aus Tabelle 6.6-4 ermittelt wird?

  c) Welche Energie in kJ ist zur vorgegebenen Kühlung abzuführen und welcher Druck herrscht nach der Kühlung im Behälter, wenn dieser Wasserdampf enthält?

Gegeben sind:

Stahlbehälter:	$m_{St} = 120\,\text{kg}$	$\bar{c}_{St}\big|_{100\,°C}^{250\,°C} = 0{,}516\,\text{kJ/(kg K)}$	$V = 3\,\text{m}^3$
Fluidparameter	$p_1 = 5\,\text{bar}$	$t_1 = 250\,°C$	$t_2 = 100\,°C$
dissipierte Arbeit	$P_{el} = 200\,\text{W}$	$\tau = 600\,\text{s}$	
Luft	$R_L = 287{,}12\,\text{kJ/(kg K)}$ und $\kappa = 1{,}4$ (zweiatomig)		

überhitzter Wasserdampf wegen $250\,°C > t_s(5\,\text{bar}) = 151{,}836\,°C$ (Tabelle 6.6-4):

$$v_1(5\,\text{bar}, 250\,°C) = 0{,}474429\,\text{m}^3/\text{kg}$$

$$h_1(5\,\text{bar}, 250\,°C) = 2.961{,}13\,\text{kJ/kg}$$

Vorüberlegungen:

Der Behälter stellt ein geschlossenes, heterogenes System dar. Volumenänderungsarbeit $W_{V,12}$ wird nicht geleistet, wenn wir von starren Behälterwänden ausgehen. Nach der Aufgabenstellung muss die Systemgrenze um die äußere Oberfläche des Behälters (Index St) gelegt werden. Die Änderung der inneren Energie ist also sowohl für die Stahlwände des Behälters als auch für das eingeschlossene Fluid zu berechnen.

Die Änderung der inneren Energie des Behälters und des darin eingeschlossenen Fluids resultiert aus der Wärmeabfuhr an die Umgebung. Die dem Fluid durch das Rührwerk zugeführte Wellenarbeit dissipiert vollständig und ist dem System gleichfalls durch die Wärmeabfuhr bei der Kühlung zu entziehen.

$$Q_{12} + W_{diss,12} = (U_2 - U_1)_{System} \qquad Q_{12} = \Delta U_{St} + m(u_2 - u_1)_{Fluid} - W_{diss,12}$$

Die Änderung der inneren Energie des Stahlbehälters ist in den Fällen von a) bis c) gleich und folgt der Grundgleichung der Kalorik (2.3-2): $\Delta U_{St,12} = Q_{Stahl,12} = m_{St} \cdot \bar{c}_{St}|_{100\,°C}^{250\,°C} \cdot (t_2 - t_1)$. Die dissipierte Leistung beträgt $W_{diss,12} = P_{el} \cdot \tau = 200\,\text{W} \cdot 600\,\text{s} = +120\,\text{kJ}$ und ist in den Fällen von a) bis c) immer gleich.

Zur Berechnung der Änderung der inneren Energie des Fluids ist zunächst seine Masse zu bestimmen. Beide Fluide durchlaufen während des Kühlprozesses eine isochore Zustandsänderung.

Lösung:
Berechnung der Fluidmassen:
- Für das ideale Gas trockene Luft ist Gleichung (3.2-1) für den Zustand 1 heranzuziehen.

$$m_L = \frac{p_1 \cdot V}{R_L \cdot T_1} = \frac{5 \cdot 10^5\,\text{N/m}^2 \cdot 3\,\text{m}^3}{287{,}12\,\text{J/(kg K)} \cdot 523{,}15\,\text{K}} = 9{,}98623\,\text{kg}$$

- Für den Wasserdampf setzen wir an:

$$m_{\text{H}_2\text{O}} = \frac{V}{v_1} = \frac{3\,\text{m}^3}{0{,}474429\,\text{m}^3/\text{kg}} = 6{,}3234\,\text{kg}$$

Die in den Fällen von a) bis c) abzuführende Wärme des Stahlbehälters ergibt sich aus:

$$\Delta U_{St} = Q_{St,12} = m_{St} \cdot \bar{c}_{St}(t_2 - t_1) = 120\,\text{kg} \cdot 0{,}516\,\text{kJ/(kg K)} \cdot (100\,°C - 250\,°C) = -9.288\,\text{kJ}$$

a) abzuführende Wärme, wenn der Behälter mit Luft als ideales Gas gefüllt ist:

$$c_{V,L} = \frac{1}{\kappa - 1} \cdot R_L = \frac{1}{0{,}4} \cdot 0{,}28712 = 0{,}7178\,\frac{\text{kJ}}{\text{kg K}}$$

$$\Delta U_L = m_L \cdot c_{V,L} \cdot (t_2 - t_1) = 9{,}98623\,\text{kg} \cdot 0{,}7178\,\text{kJ/(kg K)} \cdot (100\,°C - 250\,°C)$$

$$= -1.075{,}217\,\text{kJ}$$

$$Q_{12} = \Delta U_{St} + \Delta U_L - W_{diss,12} = (-9.288 - 1.075{,}217 - 120)\,\text{kJ} = \underline{\underline{-10.483{,}217\,\text{kJ}}}$$

Fast 89 % der abzuführenden Wärme entfallen auf den Stahlbehälter. Insofern kann man hier nicht vereinfachend nur das eingeschlossene Fluid betrachten. Isochore Zustandsänderung für ideales Gas:

$$\frac{p_1}{p_2} = \frac{T_1}{T_2} \qquad p_2 = p_1 \cdot \frac{T_2}{T_1} = 5\,\text{bar} \cdot \frac{373{,}15\,\text{K}}{523{,}15\,\text{K}} = \underline{\underline{3{,}566\,\text{bar}}}.$$

b) abzuführende Wärme, wenn Luft als halbideales Gas aufgefasst wird:
Werte aus Tabelle 6.6-4:

$$\bar{c}_{p,L}\big|_{0\,°C}^{100\,°C} = 1{,}0066\,\frac{\text{kJ}}{\text{kg K}} \qquad \bar{c}_{p,L}\big|_{0\,°C}^{250\,°C} = 1{,}0152\,\frac{\text{kJ}}{\text{kg K}}$$

Formel (2.3-6)

$$\bar{c}_{p,L}\big|_{100\,°C}^{250\,°C} = \frac{\bar{c}_{p,L}\big|_{0\,°C}^{250\,°C} \cdot (t_1 - 0\,°C) - \bar{c}_{p,L}\big|_{0\,°C}^{100\,°C} \cdot (t_2 - 0\,°C)}{t_1 - t_2}$$

$$\bar{c}_{p,L}\big|_{100\,°C}^{250\,°C} = \frac{1{,}0152\,\text{kJ/(kg K)} \cdot 250\,\text{K} - 1{,}0066\,\text{kJ/(kg K)} \cdot 100\,\text{K}}{150\,\text{K}} = 1{,}0209\,\frac{\text{kJ}}{\text{kg K}}$$

Achtung! In Tabelle 6.6-4 sind die spezifischen Wärmekapazitäten für konstanten Druck zusammengestellt, benötigt wird der Wert für konstantes Volumen!

$$\bar{c}_{V,L}\big|_{100\,°C}^{250\,°C} = \frac{\bar{c}_{p,L}\big|_{100\,°C}^{250\,°C}}{\kappa} = \frac{1{,}0209\,\text{kJ/(kg K)}}{1{,}4} = 0{,}72921\,\frac{\text{kJ}}{\text{kg K}}$$

$$\Delta U_L = m_L \cdot \bar{c}_{V,L}\big|_{100\,°C}^{250\,°C} \cdot (t_2 - t_1)$$

$$\Delta U_L = 9{,}98623\,\text{kg} \cdot 0{,}72921\,\text{kJ/(kg K)} \cdot (100\,°C - 250\,°C) = -1.092{,}309\,\text{kJ}$$

Die Werte für die mittlere spezifische Wärmekapazität in Tabelle 6.6-4 gehen von einem konstanten Druck von 1 bar aus. Dies kann hier nicht uneingeschränkt vorausgesetzt werden. Aber die entsprechenden Werte zwischen 1 und 5 bar unterscheiden sich nicht so signifikant, dass ein noch höherer Aufwand für ihre Berücksichtigung zu rechtfertigen wäre. Da sich die gegebenen Parameter gut in den Vertrauensbereich für das Modell ideales Gas einordnen, werden damit praktisch gut verwendbare Ergebnisse errechnet.

$$Q_{12} = \Delta U_{St} + \Delta U_L - W_{diss,12} = (-9.288 - 1.092{,}309 - 120)\,\text{kJ} = \underline{\underline{-10.500{,}309\,\text{kJ}}}$$

Druck wie in Aufgabenteil (a)!

$$p_2 = p_1 \cdot \frac{T_2}{T_1} = 5\,\text{bar} \cdot \frac{373{,}15\,\text{K}}{523{,}15\,\text{K}} = \underline{\underline{3{,}566\,\text{bar}}}$$

c) abzuführende Wärme für die isochore Kühlung des überhitzten Dampfes:

$$Q_{12} = \Delta U_{St} + \Delta U_{H_2O} - W_{diss,12}$$

Bei $t = 100\,°C$ sind der Tabelle 6.6-5 folgende Werte zu entnehmen:

$v' = 0{,}00104346\,\text{m}^3/\text{kg}$ $v'' = 1{,}67186\,\text{m}^3/\text{kg}$
$h' = 419{,}099\,\text{kJ/kg}$ $h'' = 2.675{,}57\,\text{kJ/kg}$

Wegen der isochor ablaufenden Zustandsänderung bei $v = 0{,}474429\,\text{m}^3/\text{kg} =$ konstant liegt Zustandspunkt 2 im Nassdampfgebiet ($v'(100\,°C) < v < v''(100\,°C)$). Der Dampfanteil x_2 ergibt sich damit aus:

$$v_1 = v_{2,x} = v'(100\,°C) + x_2(v'' - v')_{100°C}$$

$$x_2 = \frac{v_1 - v'(100\,°C)}{(v'' - v')_{100\,°C}} = \frac{(0{,}474429 - 0{,}00104346)\text{m}^3/\text{kg}}{(1{,}671860 - 0{,}00104346)\text{m}^3/\text{kg}} = 0{,}2833$$

Die Tabellen 6.6-5 und 6.6-7 enthalten keine Werte für die innere Energie u. Die Änderung der inneren Energie ΔU muss berechnet werden aus:

$$\begin{aligned}
\Delta U_{H_2O} &= m_{H_2O} \cdot [u_{2,x}(100\,°C) - u_1(5\,\text{bar}, 250\,°C)] \\
&= m_{H_2O} \cdot [(h_{2,x} - p_2 \cdot v) - (h_1 - p_1 \cdot v)] \\
h_{2,x} &= h'(100\,°C) + x_2 \cdot (h'' - h')_{100°C} \\
h_{2,x} &= 419{,}099\,\text{kJ/kg} + 0{,}2833 \cdot (2675{,}57 - 419{,}099)\,\text{kJ/kg} = 1058{,}36\,\text{kJ/kg}
\end{aligned}$$

Der Druck nach Abkühlung auf $100\,°C$ ergibt sich mit $p_2 = p(t_s = 100\,°C) = \underline{1{,}01418\,\text{bar}}$ als der $100\,°C$ zugeordnete Sättigungsdruck aus Tabelle 6.6-5.

$$\begin{aligned}
u_2 &= h_{2,x} - p_2 \cdot v = 1.058{,}36\,\text{kJ/kg} - 1{,}01418 \cdot 10^5\,\text{N/m}^2 \cdot 0{,}474429\,\text{m}^3/\text{kg} \\
&= 1.010{,}244\,\text{kJ/kg}
\end{aligned}$$

$$u_1 = h_1 - p_1 \cdot v = 2.961{,}13\,\text{kJ/kg} - 5 \cdot 10^5\,\text{N/m}^2 \cdot 0{,}474429\,\text{m}^3/\text{kg} = 2.723{,}92\,\text{kJ/kg}$$

$$\Delta U_{H_2O} = m(u_2 - u_1) = 6{,}3234\,\text{kg} \cdot (1.010{,}244 - 2.723{,}92)\,\text{kJ/kg} = -10.836{,}26\,\text{kJ/kg}$$

$$Q_{12} = \Delta U_{St} + \Delta U_{H_2O} - W_{diss,12} = (-9.288 - 10.836{,}26 - 120)\,\text{kJ} = \underline{\underline{-20.244{,}26\,\text{kJ}}}$$

An den Ergebnissen sieht man unmittelbar, dass Nassdampf/überhitzter Dampf in einem vorgegebenen Temperaturintervall deutlich mehr Wärme speichern kann als Gase. Deshalb geben Dampfturbinen bei vergleichbaren Arbeitsmittelparametern deutlich mehr Energie ab als Gasturbinen.

4.1.5 Instationärer Prozess der Befüllung eines Gasbehälters

Ein adiabater Behälter sei teilweise evakuiert. Die darin verbliebene Luft weise bei 21 °C noch einen Druck von 0,15 bar auf. Durch ein geöffnetes Ventil ströme Außenluft von ebenfalls 21 °C in den Behälter ein. Das Ventil solle geschlossen werden, wenn der Druck im Behälter 0,6 bar beträgt. Welche Lufttemperatur herrscht im Behälter nach Schließen des Ventils?

Gegeben sind:

$T_1 = 294{,}15\,\text{K}\;(21\,^\circ\text{C})$ $T_a = T_1 = 294{,}15\,\text{K}\;(21\,^\circ\text{C})$

$p_1 = 0{,}15\,\text{bar}$ $p_2 = 0{,}60\,\text{bar}$

Luft: (zweiatomiges Gas): $\kappa = 1{,}4$

Vorüberlegungen:

Die im Behälter eingeschlossene und die über das Ventil einströmende Luft bilden ein adiabates geschlossenes System mit starren Wänden (V = konstant). Die Systemgrenze wird so gelegt, dass das System hier nur aus der Luft besteht, die thermophysikalischen Eigenschaften der Behälterwände finden keine Berücksichtigung.

Die Außenluft strömt ohne Arbeitsabgabe unter Druckminderung durch die Verengung des Ventils in den Behälter ein. Die Masse der von außen eingeströmten Luft m_a ergibt sich der Luftmasse im Behälter im Endzustand m_2 abzüglich der schon vorher im Behälter vorhandenen Luftmasse m_1. Hier liegt ein instationärer Vorgang vor, weil während des Füllprozesses der Behälterinnendruck einer zeitlichen Änderung von $p_1 \rightarrow p_2$ unterworfen ist. Die innere Energie der Luft im Behälter erhöht sich um die Verschiebearbeit $p_a \cdot V_a$. Die Verschiebearbeit entspricht hier der gesamten, am geschlossenen System verrichteten Arbeit W_g nach (2.3-12): $W_{g,12} + Q_{12} = U_2 - U_1$ mit $Q_{12} = 0$, weil adiabate Systemgrenze und $W_{g,12} = p_a \cdot V_a$.

Unter diesen Voraussetzungen ergibt sich die Temperatur der Luft im Behälter im Endzustand aus Formel (4.1-12) mit der Besonderheit, dass $T_{ein} = T_1$ ist. Damit ergibt sich für die Temperatur T_2 mach Befüllung des Behälters aus:

$$T_2 = T_1 \cdot \frac{\kappa}{1 + \dfrac{p_1}{p_2} \cdot (\kappa - 1)}$$

Für die Lösung soll deshalb auch noch ein alternativer Weg für das Ableiten der Berechnungsvorschrift angegeben werden.

Lösung:

– Zugeschnittene Energiebilanz nach dem ersten Hauptsatz für das geschlossene System der im Behälter eingeschlossenen Luft:

$$p_a \cdot V_a = U_2 - U_1$$

– Ansatz für die Verschiebearbeit mit $T_a = T_1$:

$$p_a \cdot V_a = m_a \cdot R_L \cdot T_a = (m_2 - m_1) \cdot R_L \cdot T_1 = \left(\frac{p_2 \cdot V}{R_L \cdot T_2} - \frac{p_1 \cdot V}{R_L \cdot T_1} \right) \cdot R_L \cdot T_1$$

– Änderung der inneren Energie der im Behälter eingeschlossenen Luft ergibt sich aus:

$$U_2 - U_1 = m_2 \cdot c_V \cdot (T_2 - T_1) = \frac{p_2 \cdot V}{R_L \cdot T_2} \cdot \frac{1}{\kappa - 1} \cdot R_L \cdot (T_2 - T_1)$$

(Luftmasse $m_2 = m_a + m_1$ und $T_a = T_1$)
– jeweils eingesetzt in die zugeschnittene Energiebilanz führt zu:

$$\left(\frac{p_2 \cdot V}{R_L \cdot T_2} - \frac{p_1 \cdot V}{R_L \cdot T_1} \right) \cdot R_L \cdot T_1 = \frac{p_2 \cdot V}{R_L \cdot T_2} \cdot \frac{1}{\kappa - 1} \cdot R_L \cdot (T_2 - T_1)$$

Beide Gleichungsseiten werden durch den Term $\frac{V}{R_L} \cdot R_L$ geteilt, woraus entsteht:

$$\left(\frac{p_2}{T_2} - \frac{p_1}{T_1} \right) \cdot T_1 = \frac{p_2}{T_2 \cdot (\kappa - 1)} \cdot (T_2 - T_1)$$

und nach weiteren äquivalenten Umformungen:

$$T_2 = T_1 \cdot \frac{\kappa}{1 + \frac{p_1}{p_2} \cdot (\kappa - 1)}$$

$$T_2 = 294{,}15\,\text{K} \cdot \frac{1{,}4}{1 + \frac{0{,}15\,\text{bar}}{0{,}60\,\text{bar}} \cdot (1{,}4 - 1)} = 374{,}37\,\text{K} \quad \rightarrow \quad \underline{\underline{t_2 = 101{,}22\,°\text{C}}}$$

Hinweis:

Wie man hier sieht, spielt der Druck der von außen einströmenden Luft p_a für die Höhe der Temperatur der Luft nach dem Auffüllen des Behälters keine Rolle.

4.1.6 Aufpumpen eines Autoreifens

Ein Autoreifen, in dem der Druck auf 2,2 bar abgefallen ist, soll aufgepumpt werden. Vor dem Aufpumpen besitze die Luft im Reifen genau wie die Umgebung eine Temperatur von 8 °C. Das Reifenvolumen während des Füllvorgangs soll als konstant angesehen werden und betrage 20 Liter. Die Luft zum Aufpumpen wird aus einem sehr großen Druckbehälter, welcher Luft der konstanten Temperatur von 17 °C enthält, über das Ventil in den Reifen geleitet. Luft kann hier als ideales Gas mit einer Gaskonstante von 287,12 J/(kg K) behandelt werden.

a) Welche Luftmasse wurde eingefüllt, wenn der Reifendruck nach einiger Zeit und vollständigem Temperaturausgleich mit der Umgebung 3 bar beträgt?

b) Man berechne die Lufttemperatur und den Reifendruck unmittelbar nach Beendigung des Füllvorganges! Während des Füllvorganges soll kein Wärmeaustausch mit der Umgebung stattfinden!

Gegeben sind:

$V = 0,02 \, \text{m}^3$ $R_L = 287{,}12 \, \text{J/(kg K)}$ $\kappa = 1{,}4$ (Luft als zweiatomiges Gas)

$t_U = 8 \, ^\circ\text{C}$ $t_{DB} = 17 \, ^\circ\text{C}$ (290,15 K)

$p_1 = 2{,}2 \, \text{bar}$ $t_1 = 8 \, ^\circ\text{C}$ (281,15 K) $p_3 = 3{,}0 \, \text{bar}$ $t_3 = 8 \, ^\circ\text{C}$

Vorüberlegungen:

Auch hier liegt wieder ein instationärer Prozess vor, weil sich während des Vorganges sowohl in Aufgabenteil (a) als auch in (b) bei konstantem Volumen der Reifeninnendruck ändert. Bei der Reifenfüllung ändert sich die innere Energie der eingeschlossenen Luft nach Maßgabe der inneren Energie der eingefüllten Luft und der notwendigen Verschiebearbeit. Die Systemgrenze wird an die Innenwand des Reifens gelegt, sodass seine Eigenschaften für die Untersuchung keine Rolle spielen.

Für die Lösung dieser Aufgabe sind drei Zustände zu untersuchen:

1. Ausgangszustand: dieser Gleichgewichtszustand ist eindeutig bestimmt durch gegebene Werte für p, T und V, Masse ist durch Gleichung (3.2-1) für ideales Gas zu errechnen

2. Übergangszustand: besteht unmittelbar nach verlustfreier Einfüllung und endet durch die Annahmen in der Aufgabenstellung zu Beginn der Wärmeübertragung an die Umgebung, Volumen bekannt (Reifenausdehnung wird vernachlässigt), aber Druck und Temperatur unbekannt. Die Masse m_2 ändert sich zu diesem Zeitpunkt nicht mehr und kann mit den Parametern des Endzustands 3 berechnet werden.

3. Endzustand: der neue Gleichgewichtszustand ist nach Abschluss der Wärmeübertragung an die Umgebung abgeschlossen. Reifenfüllung besitzt Umgebungstemperatur, thermodynamischer Zustand durch p, T und V eindeutig bestimmt, sodass wieder mit Gleichung (3.2-1) die Luftmasse berechnet werden kann.

Die Luftmasse m_2 entspricht der Masse m_3. Aus der Differenz zur Ausgangsmasse m_1 kann die nachgefüllte Luftmasse Δm errechnet werden. Das Reifeninnere stellt thermodynamisch ein geschlossenes System dar, während des Prozesses ändern sich aber innere Energie und Systemmasse, sodass auch beide Größen zu bilanzieren sind. Mit dem Hinweis „sehr großer Behälter" soll zum Ausdruck gebracht werden, dass trotz Entnahme einer (sehr kleinen) Luftmenge der Druck im Behälter und damit auch die Verschiebearbeit praktisch konstant bleiben. Dadurch ist für die eingefüllte Luft die Enthalpie die maßgebliche Bilanzgröße. Aus der vorangegangenen Aufgabe wissen wir, dass die Höhe des Drucks der Luft im Druckbehälter sofern $p_{DB} > p_2$ keinen Einfluss auf das Ergebnis nimmt.

Für die Bestimmung der Luftmasse mit Gleichung (3.2-1) sind statt der gegebenen Celsius-Temperaturen die thermodynamischen Temperaturen zu verwenden. Dies erweist sich auch der Übersichtlichkeit in den Berechnungsformeln wegen als sinnvoll bei der Ermittlung von innerer Energie und Enthalpie.

Formel (4.1-12) kann für die Ermittlung von T_2 nicht angesetzt werden, weil p_2 unbekannt. Neben der Masse m_1 kennen wir über m_3 auch die Masse m_2, sodass Formel (4.1-11) gut einsetzbar wäre. Für Aufgabenteil (b) soll aber noch einmal ein alternativer Weg für die Herleitung aufgezeigt werden.

Lösung:
a) eingefüllte Luftmasse aus Massenbilanz

$$m_1 = \frac{p_1 \cdot V}{R_L \cdot T_1} = \frac{2{,}2 \cdot 10^5 \, \text{N/m}^2 \cdot 0{,}02 \, \text{m}^3}{287{,}12 \, \text{Nm/(kg K)} \cdot 281{,}15 \, \text{K}} = 0{,}054507 \, \text{kg}$$

$$m_3 = \frac{p_3 \cdot V}{R_L \cdot T_3} = \frac{3{,}0 \cdot 10^5 \, \text{N/m}^2 \cdot 0{,}02 \, \text{m}^3}{287{,}12 \, \text{Nm/(kg K)} \cdot 281{,}15 \, \text{K}} = 0{,}074328 \, \text{kg}$$

$$\Delta m = m_3 - m_1 = 0{,}074328 \, \text{kg} - 0{,}054507 \, \text{kg} = \underline{\underline{0{,}019821 \, \text{kg}}}$$

$$\boldsymbol{m_3 = m_2}$$

b) Temperatur und Reifendruck aus Energiebilanz
   Die Energiebilanz kann so aufgestellt werden, dass die unbekannte Temperatur T_2 als einzige unbekannte Größe auftritt. Eine Auflösung nach T_2 liefert die Lufttemperatur im Reifen, mit der dann wiederum nach Formel (3.2-1) der Reifendruck bestimmt werden kann. Die Änderung der inneren Energie der im Reifen eingeschlossenen Luft von 1 nach 2 erfolgt einerseits durch Zunahme der Masse und andererseits durch die Temperatur der eingefüllten Luft. Deshalb müssen für beide Zustände jeweils Masse und spezifische innere Energie bestimmt werden. In Summe entspricht die Zunahme der inneren Energie der Enthalpie der zugeführten Luft.

$$\Delta U = H \qquad \leftrightarrow \qquad m_2 u_2 - m_1 u_1 = (m_2 - m_1) \cdot h_{DB} \qquad (m_2 = m_3)$$

Für die Berechnung der inneren Energie der Luft im Zustand 1 und 2 nehmen wir Bezug auf eine beliebig gewählte Temperatur T_0, bei der $u = u_0$ sei. Zweckmäßig ist dafür $T_0 = 0\,K$ und $u_0 = 0\,kJ/kg$!

$$u_1 = u_0 + c_V(T_1 - T_0) \qquad u_2 = u_0 + c_V(T_2 - T_0) \qquad u_{DB} = u_0 + c_V(T_{DB} - T_0)$$

Die spezifische Enthalpie der eingefüllten Luft berechnet sich nach Gleichung (3.3-6) aus:

$$h_{DB} = u_{DB} + p \cdot v = u_{DB} + R_L \cdot T_{DB} = u_0 + c_V(T_{DB} - T_0) + R_L \cdot T_{DB}$$

Innere Energie in Zustand 1 und 2 sowie Enthalpie der Luft im Druckbehälter eingesetzt in die Energiebilanz führen zu:

$$m_2(u_0 + c_V(T_2 - T_0)) - m_1(u_0 + c_V(T_1 - T_0))$$
$$= (m_2 - m_1)(u_0 + c_V(T_{DB} - T_0) + R_L \cdot T_{DB})$$

Die Auflösung nach der unbekannten Temperatur T_2 ergibt:

$$T_2 = \frac{(m_2 - m_1) \cdot T_{DB} \cdot (c_V + R_L) + m_1 \cdot c_V \cdot T_1}{m_2 \cdot c_V}$$

mit

$$c_V = \frac{1}{\kappa - 1} R_L = \frac{1}{0,4} \cdot 287,12\,\frac{J}{kg\,K} = 717,8\,\frac{J}{kg\,K}$$
$$c_p = c_V + R_L = (717,8 + 287,12)\,J/(kg\,K) = 1004,92\,J/(kg\,K)$$

$$T_2 = \frac{0,019821\,kg \cdot 290,15\,K \cdot 1004,92\,\dfrac{J}{kg\,K} + 0,054507\,kg \cdot 717,8\,\dfrac{J}{kg\,K} \cdot 281,15\,K}{0,074328\,kg \cdot 717,8\,J/(kg\,K)}$$
$$T_2 = \frac{16.799,637\,J}{53,3526384\,J/K} \approx \underline{\underline{314,50\,K}} \qquad \underline{\underline{t_2 = 41,35\,°C}}$$

$$p_2 = \frac{m_2 \cdot R_L \cdot T_2}{V} = \frac{0,074328\,kg \cdot 287,12\,J/(kg\,K) \cdot 314,50\,K}{0,02\,m^3} \approx \underline{\underline{3,3559\,bar}}$$

4.1.7 Ausströmen von perfektem Gas aus einer Gasflasche

Eine Stahlflasche mit 12 Liter Fassungsvermögen und einer Leermasse von 17 kg sei mit trockener Luft mit einem Druck von 100 bar gefüllt. Als Stoffwerte sind die Gaskonstante der trockenen Luft mit 287,12 kJ/(kg K) und der Isentropenexponent mit 1,4 sowie die spezifische Wärmekapazität von Stahl mit 0,46 kJ/(kg K) gegeben. Stahlflasche und eingeschlossene Luft stehen mit der Umgebung im thermischen Gleichgewicht und weisen eine Temperatur von 10 °C auf. Durch ein geöffnetes Ventil ströme Luft solange aus der Gasflasche, bis die zu Beginn in der Flasche enthaltene Luftmasse auf ein Fünftel abgesunken ist.

a) Welche Temperatur und welchen Druck besitzt die Luft nach Erreichen des Endzustands, wenn der Einfluss der Flaschenwände auf die Abkühlung unberücksichtigt bleibt?

b) Welche Temperatur und welchen Druck besitzen Luft und Stahlflasche nach Abschluss des Ausströmvorganges, wenn man unterstellt, dass die Stahlflasche immer unmittelbar die Temperatur der Luft annimmt?

c) Man diskutiere für (a) und (b), welche Konsequenzen für die Versprödung des Stahls zu berücksichtigen wären!

Gegeben sind:

Stahl:	$m_{St} = 17$ kg	$c_{St} = 0,46$ kJ/(kg K)	$t_{1,St} = 10\,°$C
Luft:	$R_L = 287,12$ J/(kg K)	$\kappa = 7/5$	$t_{1,L} = 10\,°$C $\qquad p_1 = 100$ bar
	$m_2 = m_1/5$	$V = 12$ dm^3	

Vorüberlegungen:

Ausgangspunkt für die Analyse ist ein geschlossenes adiabates thermodynamisches System. Für die isentrope Entspannung in Aufgabenteil (a) ist weder der Druck noch die Temperatur im Endzustand gegeben, weswegen die klassische Zustandsgleichung (3.2-16) für die Berechnung der Temperatur T_2 nicht zum Ziel führt. Stattdessen kann aber Gleichung (4.1-8) verwendet werden. Für Aufgabenteil (b) ist in Kapitel 4.1 die Gleichung (4.1-10) abgeleitet worden.

Bei der Expansion von Luft darf man fallende Temperaturen erwarten. Mit sinkender Temperatur verringert sich die Zähigkeit eines Werkstoffes, er wird spröder und kann nur noch geringe Kräfte aufnehmen, bevor es zum Bruch kommt. Auf Meeresspiegelhöhe sind auf der Antarktis 1983 schon Lufttemperaturen von −89,2 °C gemessen worden. Solche Temperaturen sind für metallische Werkstoffe wegen der einsetzenden Versprödung problematisch.

Lösung:

a) Ausströmen von Luft ohne Berücksichtigung der Eigenschaften des Flaschenwerkstoffs

$$m_1 = \frac{p_1 \cdot V}{R_L \cdot T_1} = \frac{100 \cdot 10^5\,\text{N/m}^2 \cdot 0{,}012\,\text{m}^3}{287{,}12\,\text{Nm/(kg K)} \cdot 283{,}15\,\text{K}} = 1{,}47605\,\text{kg}$$

$$T_2 = T_1 \cdot \left(\frac{m_2}{m_1}\right)^{\kappa-1} = 283{,}15\,\text{K} \cdot \left(\frac{1}{5}\right)^{2/5} \approx 148{,}74\,\text{K} = \underline{\underline{-124{,}41\,^\circ\text{C}}}$$

$$p_2 = \frac{R_L \cdot T_2 \cdot m_2}{V} = \frac{287{,}12\,\text{Nm/(kg K)} \cdot 148{,}74\,\text{K} \cdot 0{,}29521\,\text{kg}}{0{,}012\,\text{m}^3} = \underline{\underline{10{,}506\,\text{bar}}}$$

b) Ausströmen von Luft mit Berücksichtigung der Eigenschaften des Flaschenwerkstoffs

$$c_V = \frac{1}{\kappa - 1} R_L = \frac{1}{0{,}4} \cdot 287{,}12\,\frac{\text{J}}{\text{kg K}} = 717{,}8\,\frac{\text{J}}{\text{kg K}}$$

$$m_2 = \frac{m_1}{5} = \frac{1{,}47605\,\text{kg}}{5} = 0{,}29521\,\text{kg}$$

$$m_B \cdot \frac{c_B}{c_V} = 17\,\text{kg} \cdot \frac{0{,}46\,\text{kJ/(kg K)}}{0{,}7178\,\text{kJ/(kg K)}} = 10{,}89439955\,\text{kg}$$

$$T_2 = T_1 \cdot \left(\frac{m_2 + m_B \cdot c_B/c_v}{m_1 + m_B \cdot c_B/c_v}\right)^{\kappa-1} = 283{,}15\,\text{K} \cdot \left(\frac{(0{,}29521 + 10{,}89439955)\text{kg}}{(1{,}47605 + 10{,}89439955)\text{kg}}\right)^{0{,}4}$$

$$= 272{,}01\,\text{K} = \underline{\underline{-11{,}38\,^\circ C}}$$

$$p_2 = \frac{m_2 \cdot R_L \cdot T_2}{V} = \frac{0{,}29521\,\text{kg} \cdot 287{,}12\,\text{J/(kg K)} \cdot 272{,}01\,\text{K}}{0{,}912\,\text{m}^3} = \underline{\underline{19{,}213\,\text{bar}}}$$

c) Einschätzung Versprödung des Flaschenwerkstoffs

Man sieht, dass das Material der Gasflasche den Prozess verlangsamt. Würde man die Versprödung auf Basis der Ergebnisse in (a) bewerten, käme man zu dem Schluss, dass Druck und Temperatur im Endzustand zur Zerstörung der Flasche führen würde.

Tatsächlich zeigt aber die Einbeziehung des Flaschenwerkstoffs in die Betrachtung, dass man eine Versprödung des Flaschenmaterials nicht befürchten muss. Die für die Ableitung der hier verwendeten Formeln getroffene Annahme adiabater Systemgrenzen führt uns auf die sichere Seite der Abschätzung, denn eine Wärme leitende Wand würde noch für einen Wärmeeintrag aus der Umgebung sorgen und die Temperatur T_2 läge noch etwas höher.

4.2 Ruhende offene Systeme

Im Maschinenbau analysiert man offene Systeme häufiger als geschlossene, denn sie repräsentieren technische Einrichtungen, die von Massenströmen durchsetzt werden und die in der Lage sind, kontinuierliche Energieumwandlungsprozesse zu verwirklichen. Im Vergleich zum geschlossenen System muss hier noch der mit den Massenströmen über die Systemgrenze erfolgende Energietransport bilanziert werden. Die Bilanz für die zeitliche Änderung der Energie E_{sys} im ruhenden offenen thermodynamischen System für einen Kontrollraum, der für den Stofftransport über die Systemgrenze über jeweils eine Zuström- mit dem Index 1 und eine Abströmleitung mit dem Index 2 für das fluide Arbeitsmittel verfügt, hat folgendes Aussehen:

$$\frac{dE_{sys}}{d\tau} = \dot{Q}_{12} + \dot{W}_{t,12} + \dot{m}_1 \cdot \left(h_1 + \frac{1}{2}c_1^2 + g \cdot z_1 \right) - \dot{m}_2 \cdot \left(h_2 + \frac{1}{2}c_2^2 + g \cdot z_2 \right) \qquad (4.2\text{-}1)$$

Dabei bedeuten:

$\dot{Q}_{12}$ Summe der Wärmeströme über die Systemgrenze,

$\dot{W}_{t,12}$ Summe der nach der Zeit τ abgeleiteten reversiblen technischen Arbeiten,

$\dot{m}_1$ Massenstrom des zugeführten Arbeitsmittels,

$\dot{m}_2$ Massenstrom des abgeführten Arbeitsmittels,

h_1, h_2 spezifische Enthalpie des zugeführten und des abgeführten Arbeitsmittels,

c_1, c_2 Strömungsgeschwindigkeit des Arbeitsmittels am Ein- und Austritt,

z_1, z_2 geodätische Höhe für den Stoffstrom am Ein- und Austrittsquerschnitt.

Der Fall des stationären Prozesses kommt in der Technik oft vor und vereinfacht die Aufstellung der Energiebilanz erheblich, denn bei stationären Prozessen sind sämtliche die Systemgrenze passierenden Massen- und Energieströme sowie die im Kontrollraum befindliche Masse von der Zeit unabhängig. Im stationären Zustand fließt in ein System immer so viel Masse hinein wie heraus ($\dot{m}$ = konstant). Für den Gleichgewichtszustand sind so nur die Bilanzquerschnitte am stoffdurchströmten Teil der Systemgrenze zu berücksichtigen. Eine solche Betrachtung hebt bewusst nicht auf die Untersuchung von Vorgängen im Systeminneren ab.

Aus

$$\frac{dE_{sys}}{d\tau} = 0$$

für ein ruhendes offenes System bei stationärem Prozess mit $\dot{m}_1 = \dot{m}_2 = \dot{m}$ = konstant entsteht aus Gleichung (4.2-1):

$$\dot{Q}_{12} + P_{12} = \dot{m} \cdot \left[(h_2 - h_1) + \frac{1}{2}(c_2^2 - c_1^2) + g(z_2 - z_1) \right] \qquad (4.2\text{-}2)$$

Für die erste Ableitung der reversiblen technischen Arbeit nach der Zeit haben wir mit der mechanischen Leistung die übliche physikalische Größe eingesetzt ($\dot{W}_{t,12} = P_{12}$).

Der Stofftransport über eine Systemgrenze erfordert Verschiebearbeit. Eine abgegrenzte Stoffmenge (grau unterlegt in Abbildung 4-1) mit einer Masse m_1 und dem Volumen V_1 strömt am Eintrittsquerschnitt A_1 in den Kontrollraum und verlässt ihn wieder am Austrittsquerschnitt A_2. Beim Eintritt in das System muss gegen den Druck p_1 eine Arbeit W_1 geleistet werden. Gleichfalls ist am Austrittsquerschnitt A_2 eine Arbeit W_2 erforderlich, um den dort herrschenden Druck p_2 zu überwinden.

$$W_1 = F_1 \cdot s_1 = p_1 \cdot A_1 \cdot \frac{V_1}{A_1} = p_1 \cdot V_1 \qquad W_2 = F_2 \cdot s_2 = p_2 \cdot A_2 \cdot \frac{V_2}{A_2} = p_2 \cdot V_2$$

Eine Bilanz der beiden Verschiebearbeiten führt zu dem Ansatz

$$W_2 - W_1 = p_2 \cdot V_2 - p_1 \cdot V_1$$

Nach Abbildung 4-1 kann nun die Energiebilanz für ein ruhendes offenes System im stationären Fall unter Berücksichtigung der Verschiebearbeit sowie der kinetischen und potentiellen Energie des ein- und austretenden Massenstroms gleichfalls formuliert werden als:

$$\dot{Q}_{12} + P_{12} = \dot{m} \cdot \left[(u_2 - u_1) + (p_2 \cdot v_2 - p_1 \cdot v_1) + \frac{1}{2}(c_2^2 - c_1^2) + g(z_2 - z_1) \right] \qquad (4.2\text{-}3)$$

Hieran sieht man, dass die Definition der kalorischen Zustandsgröße Enthalpie mit Formel (3.3-3) $h = u + p \cdot v$ ganz sinnvoll gewählt wurde.

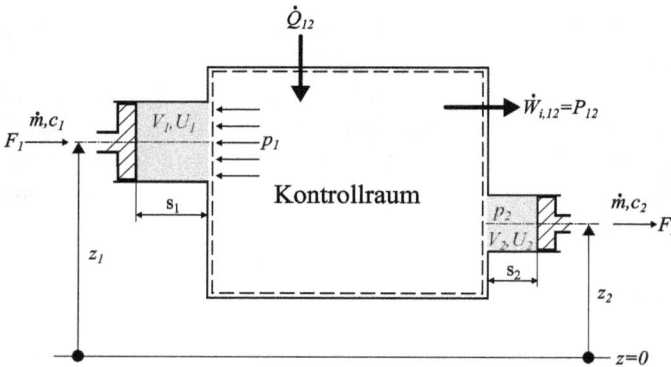

Abb. 4-1: Kontrollraum für die Energiebilanz eines offenen Systems.

Gleichung (4.2-2) für den reversiblen stationären Fall kann auch auf den Massenstrom bezogen werden. Dann folgt

$$q_{12} + w_{t,12} = (h_2 - h_1) + \frac{1}{2}(c_2^2 - c_1^2) + g(z_2 - z_1) \qquad (4.2\text{-}4)$$

Lässt man auch noch Irreversibilitäten zu, ist anstelle der spezifischen technischen Arbeit $w_{t,12}$ gemäß Definition (2.3-14) die spezifische innere Arbeit $w_{i,12}$ nach Definition (2.3-16) heranzuziehen ($w_{i,12} = w_{t,12} + w_{dis,12}$).

$$q_{12} + w_{i,12} = q_{12} + w_{t,12} + w_{diss,12} = (h_2 - h_1) + \frac{1}{2}(c_2^2 - c_1^2) + g(z_2 - z_1) \qquad (4.2\text{-}5)$$

Gleichung (4.2-5) sagt aus, dass wenn einem offenen System Wärme und/oder Arbeit zugeführt werden, diese in Enthalpie sowie in kinetischer und potentieller Energie des fluiden Arbeitsmittels gespeichert werden.

Der Thermodynamiker arbeitet bevorzugt mit den auf den Massenstrom bezogenen Gleichungen (4.2-4) und (4.2-5) anstelle von (4.2-2). Erst wenn eine Maschine oder Anlage hinsichtlich der thermodynamischen Zusammenhänge komplett analysiert ist, wird über $P_{12} = \dot{m} \cdot w_{t,12}$ mit der Höhe des Massenstroms skaliert, ob es sich beispielsweise um eine kleine Turbine mit einer Leistung von beispielsweise 70 MW Leistung oder um eine größere Turbine mit 300 MW Leistung handeln soll.

Mit den Bilanzgleichungen (4.2-4) oder (4.2-5) für offene Systeme, durch die ein Massenstrom durchgesetzt wird, untersucht man stationäre Fließprozesse, bei denen man Strömungsprozesse mit $w_{t,12} = 0$ von den Arbeitsprozessen mit $w_{t,12} \neq 0$ unterscheidet. Die arbeitsisolierten (rigiden) Systeme für die Untersuchung von Strömungsprozessen sind durch das Fehlen von Einrichtungen zur Zu- oder Abfuhr von technischer Arbeit gekennzeichnet, zum Beispiel zur Modellierung von Strömungsvorgängen in Kanälen, Rohren, Düsen, Diffusoren sowie Wärmeübertragern.

Arbeitsprozesse laufen in Maschinen ab, die kontinuierlich thermische in mechanische Energie wandeln und diese abgeben (Verbrennungsmotor, Gas- und Dampfturbinen, Strahltriebwerke = sogenannte Kraftmaschinen) oder in sogenannten Arbeitsmaschinen (zum Beispiel Kompressoren oder Gebläse), die durch Aufnahme von Arbeit unter Druckerhöhung einen Fluidstrom fördern. Das offene thermodynamische System analysiert alle Kraft- oder Arbeitsmaschinen immer als Ganzes, ohne auf die Energieumwandlungen in einzelnen Stufen einzugehen.

Bei den meisten Kraft- und Arbeitsmaschinen kann man die Unterschiede der Ein- und Austrittsgeschwindigkeit des Arbeitsmittels und Höhenunterschiede zwischen Ein- und Austritt vernachlässigen. Wenn also bei offenen Systemen mit Stofftransport die Änderungen von kinetischer und potentieller Energie des Arbeitsfluids im Verhältnis zu den anderen Energieumsätzen vernachlässigbar klein sind, spricht man in der nachfolgenden Energiebilanz (4.2-6) von der sogenannten *Totalenthalpie h* und man schreibt

$$\dot{Q}_{12} + \dot{W}_{t,12} + \dot{W}_{diss,12} = \dot{H}_2 - \dot{H}_1 = \dot{m}(h_2 - h_1) \qquad (4.2\text{-}6)$$

Eine Beschränkung auf die Totalenthalpie kann zum Beispiel angezeigt sein, wenn Zu- und Ablauf auf gleicher Höhe liegen (potentielle Energie = 0) und die Strömungsgeschwindigkeit am Eintritt etwa der am Austritt entspricht (kinetische Energie ≈ 0). Bei der Totalenthalpie tut man praktisch so, als ob in ($h_2 - h_1$) die Änderung der kinetischen und potentiellen Energie des Arbeitsmittels schon enthalten oder durch eine geringfügige Aufrundung schon berücksichtigt worden wäre. Manche Autoren unterscheiden die Totalenthalpie von der Enthalpie nach Definition (3.3-3) durch einen Zusatz zum Formelzeichen, etwa h^* für die Totalenthalpie und lediglich h für die Enthalpie. Hier wird auf diese zusätzliche Kennzeichnung verzichtet. Der eventuelle Rückgriff auf die Totalenthalpie ergibt sich eindeutig aus dem jeweiligen Kontext.

Systeme mit Stofftransport über die Systemgrenze sind wegen eines vorhandenen Zu- und Abflusses leicht als offene Systeme zu erkennen. Ein System ist aber auch dann als offen zu klassifizieren, wenn kein Stofftransport stattfindet, aber ein direkter Kontakt zur Umgebung besteht, sodass der Druck im System dem Umgebungsdruck entspricht. Ein solches offenes System ist zum Beispiel ein Topf mit lose aufliegendem Deckel, in dem Wasser erwärmt wird. Gerade der aufliegende Deckel verführt optisch dazu, dass man dieses System nicht sofort als offen erkennt. Bei der Erwärmung des Wassers herrscht auch im Topf Umgebungsdruck, denn immer wenn sich ein kleiner Überdruck aufbaut, hebt sich der Deckel etwas und es kommt zum Druckausgleich.

In der Regel spielen bei offenen Systemen ohne Stofftransport mit konstant bleibenden Massen und Drücken die Änderungen von kinetischer und potentieller Energie keine Rolle, sodass man Gleichung (4.2-6) modifizieren kann, in dem man den Massenstrom $\dot{m}$ durch die Systemmasse m ersetzt.

$$Q_{12} + W_{t,12} + W_{diss,12} = H_2 - H_1 = m(h_2 - h_1) \qquad (4.2\text{-}7a)$$

$$q_{12} + w_{t,12} + w_{diss,12} = h_2 - h_1 \qquad (4.2\text{-}7b)$$

In vielen Fällen sind Reibungseinflüsse ebenfalls vernachlässigbar, sodass in den beiden Gleichungen (4.2-7) nur der Wärmetransport Q_{12} über die Systemgrenze und die reversible technische Arbeit $W_{t,12}$ betrachtet wird ($W_{diss,12} = 0$).

4.2.1 Joule'scher Versuch zum mechanischen Wärmeäquivalent

Abbildung 4-2 zeigt den prinzipiellen Versuchsaufbau von Joule aus dem Jahr 1845 zur Bestimmung des mechanischen Wärmeäquivalents. Die mechanische Energie eines herabfallenden Gewichtes nutzte Joule, um über ein Rührwerk eine Flüssigkeit zu erwärmen.

    a) Man errechne die Temperaturerhöhung von 100 g Wasser mit einer Temperatur von 15 °C, wenn für eine Masse von 10 kg eine effektive Fallhöhe von 4,27 m zur Verfügung steht und diskutiere das Ergebnis!

    b) Welche Temperaturerhöhung resultiert aus dem Versuch, wenn anstelle von Wasser 1 kg Quecksilber (spezifische Wärmekapazität bei 15 °C = 0,1393 kJ/(kg K)) verwendet wird?

Gegeben sind:

$h = 4{,}27\,\mathrm{m}$ $\qquad m_G = 10\,\mathrm{kg}$

a) $m_W = 0{,}1\,\mathrm{kg}$ $\qquad c_W(15\,^\circ\mathrm{C}) = 4{,}189\,\mathrm{kJ/(kg\,K)}$ (interpoliert aus Tab. 6.6-3 im Anhang)

b) $m_{\mathrm{Hg}} = 1\,\mathrm{kg}$ $\qquad c_{\mathrm{Hg}}(15\,^\circ\mathrm{C}) = 0{,}1393\,\mathrm{kJ/(kg\,K)}$

Vorüberlegungen:

1. Für den Versuchsaufbau von Joule unterstellen wir vollständige und verlustfreie Umwandlung der potentiellen Energie in Wärme. Ansatz $E_{pot} = Q$

2. Um die Umwandlung der mechanischen Energie in Wärme (Erhöhung der inneren Energie der eingeschlossenen Flüssigkeit) solide nachweisen zu können, musste Joule eine deutlich wahrnehmbare Temperaturerhöhung anstreben. Für einen festen, durch die Fallhöhe gegebenen Wert für Q wird nach der Grundgleichung der Kalorik (2.3-1) die Temperaturerhöhung Δt dann besonders groß, wenn der zu erwärmende Stoff eine kleine Masse und einen niedrigen Wert für die spezifische Wärmekapazität aufweist.

3. Die im Behälter eingeschlossene Flüssigkeit stellt ein stoffdichtes, aber trotzdem zur Umgebung offenes thermodynamisches System mit adiabaten Systemgrenzen dar. Während des Prozesses ändert sich der Druck im System nicht, es herrscht Umgebungsdruck. Die kinetische und potentielle Energie des Fluids am Ein- und Austritt des Systems entfallen, weil Ein- und Austritt nicht vorhanden sind. Im System dissipiert die zugeführte Wellenarbeit vollständig in Wärme. Eine Rolle sorgt dafür, dass die potentielle Energie der herabfallenden Masse dem System als Wellenarbeit zur Verfügung steht. Auch hier unterstellen wir verlustfreie Umwandlung.

Lösung:

$$W_{pot} = m_G \cdot g \cdot h = 10\,\mathrm{kg} \cdot 9{,}80665\,\frac{\mathrm{m}}{\mathrm{s}^2} \cdot 4{,}27\,\mathrm{m} = \underline{\underline{418{,}744\,\mathrm{Nm}}}$$

Das hier gewonnene Ergebnis entspricht dem Betrag nach etwa dem Wert einer zehntel Kilokalorie. Man vergleiche dazu Tabelle 6.2-6 im Anhang: 1/10 kcal = 418,55 J. Da 1 kcal die Masse von 1 kg Wasser von 14,5 °C auf 15,5 °C erwärmt, also $\Delta t = 1\,\mathrm{K}$, können wir schon vorab schätzen, dass sich 100 g Wasser um circa 1 K erwärmen müssten.

a) Auswertung des Joule'schen Versuches mit Wasser:

$$Q = m_W \cdot c_W \cdot \Delta t \qquad \Delta t = \frac{Q}{m_W \cdot c_W} = \frac{418{,}744\,\mathrm{J}}{0{,}1\,\mathrm{kg} \cdot 4.189\,\mathrm{J/(kg\,K)}} \approx \underline{\underline{1\,\mathrm{K}}}$$

In der Literatur findet man widersprüchliche Angaben dazu, mit welchen Parametern Joule den Versuch tatsächlich ausgeführt hat. Sicherlich hat er nicht mit Grad Celsius gearbeitet, sondern mit Grad Fahrenheit und hat wahrscheinlich die Britisch thermal unit (Btu) in irgendeiner Form nachgebildet. Die Messung einer Temperaturdifferenz von 1 K kann mit den seinerzeit verfügbaren Thermometern schwierig

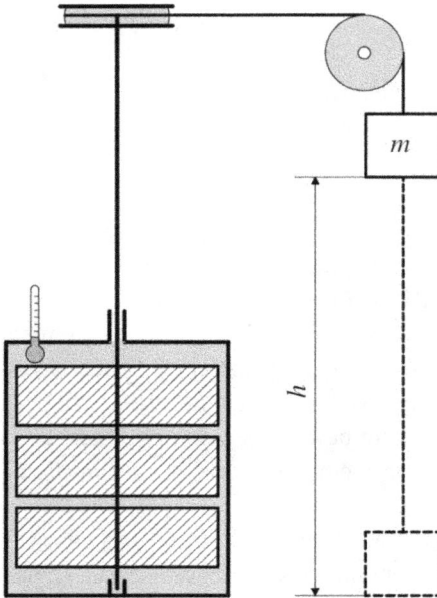

Abb. 4-2: Versuchsaufbau von Joule zur Bestimmung des mechanischen Wärmeäquivalents.

gewesen sein. Deshalb betrachten wir jetzt noch, was sich mit Quecksilber anstelle von Wasser erreichen ließe.

b) Auswertung des Joule'schen Versuches mit Quecksilber:

$$\Delta t = \frac{Q}{m_{Hg} \cdot c_{Hg}} = \frac{418{,}744\,J}{1\,kg \cdot 139{,}3\,J/(kg\,K)} \approx \underline{\underline{3\,K}}$$

0,1 kg Wasser entsprechen etwa einem Volumen von 100 ml, 1 kg Quecksilber einem Volumen von knapp 74 ml (Dichte $\rho = 13{,}59\,g/cm^3$). Joule hat in seinem Versuch mit einer zwischen Rührwerk und Behälter abgestimmten Konstruktion das eingeschlossene Flüssigkeitsvolumen niedrig gehalten.

Man beachte außerdem:

Eine Umkehrung des Versuches, nämlich das Anheben der Masse von 10 kg um 4,27 m über Rührwerk und Rolle unter Abkühlung der Flüssigkeit, stellt keinen Widerspruch zum ersten Hauptsatz dar. Allein aus der Erfahrung wissen wir, dass dies nicht passieren wird. Zur Untersuchung von Vorgängen in der Natur benötigen wir neben dem ersten Hauptsatz noch mindestens eine weitere Aussage zur Richtung spontan ablaufender Prozesse. Diese Hinweise liefert der zweite Hauptsatz der Thermodynamik.

4.2.2 Instationärer Prozess: Erwärmung von Wasser auf der Herdplatte

1 kg frisch aus der Trinkwasserleitung entnommenes Wasser, das die Temperatur von 8 °C besitze, solle in einem dünnwandigen Topf aus Stahl mit einer Masse von 0,4 kg auf einer Herdplatte mit einer Anschlussleistung von 1.500 W bis zum Sieden bei 100 °C erhitzt werden. Der Stahltopf besitze unmittelbar vor dem Einfüllen des Wassers die Umgebungstemperatur von 18 °C, die temperaturgemittelte spezifische Wärmekapazität des Stahls betrage 0,502 kJ/(kg K), die des Wassers kann mit 4,19 kJ/(kg K) angesetzt werden. Über die mit der Umgebung in Kontakt stehende Oberfläche des Stahltopfes (800 cm^2) treten während der Aufheizzeit Verluste an die Umgebung auf. Der entsprechende Wärmedurchgangskoeffizient sei als konstanter Wert mit 10 W/(m^2 K) gegeben. Die Umgebungstemperatur von 18 °C bleibe während des gesamten Aufheizvorgangs konstant. Der Wärmeverluststrom über die äußere Oberfläche des Stahltopfes verhält sich direkt proportional zur Temperaturdifferenz zwischen der zeitabhängigen Wassertemperatur und der konstanten Umgebungstemperatur $\dot{Q}_V \sim (t_W(\tau) - t_U)$. Der Proportionalitätsfaktor ist das Produkt aus dem Wärmedurchgangskoeffizienten k und der Wärme übertragenden Fläche A_{St}. Somit ist der Wärmeverluststrom an die Umgebung durch $\dot{Q}_V = k \cdot A_{St} \cdot (t_W(\tau) - t_U)$ darzustellen.

Für die gesamte Zeit der Erhitzung des Wassers ist stets von einer guten Durchmischung auszugehen, sodass das Wasser überall im Topf zu jedem Zeitpunkt τ eine feste Temperatur t_W besitzt. Wegen der Dünnwandigkeit des Stahltopfes darf davon ausgegangen werden, dass er immer unverzüglich die Temperatur des Wassers annimmt.

    a) Man bestimme die Anfangstemperatur für den Aufheizvorgang als kalorische Mitteltemperatur der anfänglichen Temperaturen von einzufüllendem Wasser und Stahltopf!

Auf dieser Basis ist zu ermitteln, welche **Temperatur das Wasser nach vier Minuten** aufweist und nach **welcher Zeit das Wasser im Topf bei 100 °C** zu sieden beginnt, wenn:

    b) der Wärmeverluststrom an die Umgebung vernachlässigt wird?

    c) die Wärmeverluste an die Umgebung mit steigender Wassertemperatur nach oben aufgeführtem Ansatz wachsen?

Außerdem ist zu untersuchen:

    d) Welche Wärme wurde insgesamt während der Aufheizzeit an die Umgebung abgegeben und welche Kosten entstehen dafür, wenn ein Stromtarif von 40 ct/kWh anzusetzen ist?

Gegeben sind:

Stahltopf: $\quad m_{St} = 0{,}4\,\text{kg} \qquad \bar{c}_{St} = 0{,}502\,\text{kJ}/(\text{kg K}) \qquad A_{St} = 0{,}08\,\text{m}^2 \qquad k = 10\,\text{W}/(\text{m}^2\,\text{K})$

$\qquad\qquad\quad t_{St} = 18\,°\text{C} \qquad t_U = 18\,°\text{C} = \text{konstant}$

Wasser: $\qquad m_W = 1\,\text{kg} \qquad \bar{c}_W = 4{,}19\,\text{kJ}/(\text{kg K}) \qquad t_s = 100\,°\text{C}$

Herdplatte: $\quad P_{el} = 1.500\,\text{W}$

Vorüberlegungen:

Trotz eines eventuell auf dem Stahltopf liegenden Deckels stellen Stahltopf und eingefülltes Wasser ein ruhendes offenes heterogenes thermodynamisches System mit
einem instationären Prozess dar. Die Masse des Wassers im Behälter darf idealisierend
als konstant angesehen werden. Die Aufheizung bis zum Sieden findet praktisch bei
konstantem Umgebungsdruck statt. Wenn durch sich bildenden Wasserdampf im Topf
ein kleiner Überdruck entsteht, kommt es durch ein leichtes Anheben des Deckels zum
Druckausgleich mit der Umgebung.

Die Bilanzgleichung (4.2-1) ist hier zu modifizieren! Die zeitliche Änderung der Sys-
temenergie folgt nicht aus einer zeitabhängig zugeführten elektrischen Energie oder aus
zeitabhängigen Massenströmen am Eintritt und Austritt des Systems, sondern aus einer
von der Aufheizzeit abhängigen Enthalpie. Die Energiebilanz ist hier also zu schreiben
als:

$$P_{el} - \dot{Q}_V = \dot{H}$$

Zugeführte elektrische Leistung und abgeführter Wärmeverluststrom bestimmen über
die bis zum Siedepunkt steigende Temperatur die zeitliche Änderung der Enthalpie, die
sich aus einer konstanten Kapazität C und der zugehörigen zeitlich veränderlichen Temperatur ergibt:

$$\frac{\text{d}H}{\text{d}\tau} = C \cdot \frac{\text{d}t}{\text{d}\tau} \quad \text{mit} \quad C = m_W \cdot \bar{c}_W + m_{St} \cdot \bar{c}_{St}.$$

Die Kapazität C wird als physikalische Größe für die Aufgabenteile von a) bis d) benötigt.
Eine Vorabbestimmung ist daher sinnvoll.

$$C = 0{,}4\,\text{kg} \cdot 0{,}502\,\text{kJ}/(\text{kg K}) + 1\,\text{kg} \cdot 4{,}19\,\text{kJ}/(\text{kg K}) = 4{,}3908\,\text{kJ/K}$$

Lösung:

a) Kalorische Mitteltemperatur nach (2.3-8) als Anfangstemperatur t_A für Aufheizvor-
    gang:

$$m_{St} \cdot c_{St} \cdot (t_{St} - t_A) = m_W \cdot c_W \cdot (t_A - t_W)$$

$$t_A = \frac{m_{St} \cdot c_{St} \cdot t_{St} + m_W c_W \cdot t_W}{m_{St} c_{St} + m_W \cdot c_W} = \frac{m_{St} \cdot c_{St} \cdot t_{St} + m_W c_W \cdot t_W}{C}$$

$$t_A = \frac{0,4\,\text{kg} \cdot 0,502\,\text{kJ/(kg K)} \cdot 18\,°\text{C} + 1\,\text{kg} \cdot 4,19\,\text{kJ/(kg K)} \cdot 8\,°\text{C}}{4,3908\,\text{kJ/K}}$$

$$= \underline{\underline{8,4573\,°\text{C}}}$$

b) Aufheizzeit bei Vernachlässigung der Wärmeverluste an die Umgebung ($\dot{Q}_V = 0$)

$$P_{el} = C \cdot \frac{dt}{d\tau}$$

Diese einfache lineare Differentialgleichung erster Ordnung ist durch Trennung der Veränderlichen und der anschließenden bestimmten Integration schnell zu lösen.

$$\int_{t_A}^{t(\tau)} dt = \frac{P_{el}}{C} \cdot \int_0^\tau d\tau \quad \text{führt auf die lineare Funktion} \quad t(\tau) = t_A + \frac{P_{el}}{C} \cdot \tau$$

Temperatur nach 4 Minuten:

$$t(240\,\text{s}) = 8,4573\,°\text{C} + \frac{1,5\,\text{kW}}{4,3908\,\text{kWs/K}} \cdot 240\,\text{s} = \underline{\underline{90,45\,°\text{C}}}$$

Für die Ermittlung der Zeit für das Erreichen der Temperatur von 100 °C benötigt man mathematisch die Umkehrfunktion $\tau = \tau(t)$, die man durch Auflösung nach τ aus obiger Gleichung gewinnt:

$$\tau(t) = (t(\tau) - t_A) \cdot \frac{C}{P_{el}}$$

$$\tau(t = 100\,°\text{C}) = (100\,°\text{C} - 8,4573\,°\text{C}) \cdot \frac{4,3908\,\text{kWs/K}}{1,5\,\text{kW}} = 267,96\,\text{s} \approx \underline{\underline{4,47\,\text{min.}}}$$

c) zeitabhängiger Wärmeverluststrom $\dot{Q}_V = k \cdot A_{St} \cdot (t_W(\tau) - t_U)$

$$P_{el} - k \cdot A_{St} \cdot (t(\tau) - t_U) = C \cdot \frac{dt(\tau)}{d\tau} \quad \rightarrow \quad \frac{dt(\tau)}{d\tau} + \frac{k \cdot A_{St}}{C} \cdot t(\tau) = \frac{P_{el} + k \cdot A_{St} \cdot t_U}{C}$$

Der besseren Übersichtlichkeit fassen wir auftretende konstante Größen zu zwei neuen konstanten Größen A und B zusammen:

$$A = \frac{k \cdot A_{St}}{C} \quad \text{und} \quad B = \frac{P_{el} + k \cdot A_{St} \cdot t_U}{C} \quad \rightarrow \quad \frac{dt(\tau)}{d\tau} + A \cdot t(\tau) = B$$

Die hier abgeleitete Gleichung ist eine inhomogene lineare Differentialgleichung erster Ordnung, die wir mit einer Integration durch Variation der Konstanten lösen. Typischerweise geht man dabei wie folgt vor:

– Lösung der homogenen DGL

$$\frac{dt(\tau)}{d\tau} + A \cdot t(\tau) = 0 \quad \rightarrow \quad \frac{dt(\tau)}{t(\tau)} = -A \cdot d\tau \quad \rightarrow \quad \ln t(\tau) = -A \cdot \tau + K_1$$

$$\rightarrow \quad t(\tau) = e^{-A \cdot \tau} \cdot e^{K_1} = K_1 \cdot e^{-A \cdot \tau}$$

K_1 ist eine frei wählbare, reelle Konstante

– Variation der Konstanten $K_1 \rightarrow K_1(\tau)$ = Ansatz von Lagrange

$$t(\tau) = K_1(\tau) \cdot e^{-A \cdot \tau}$$

$$\frac{dt(\tau)}{d\tau} = \frac{dK_1(\tau)}{d\tau} \cdot e^{-A \cdot \tau} - A \cdot e^{-A \cdot \tau} \cdot K_1(\tau) \quad \text{(Produktregel!)}$$

– Bestimmung von $K_1(\tau)$ durch Einsetzen von $t(\tau)$ in die Normalform der Differentialgleichung

$$\frac{dK_1(\tau)}{d\tau} \cdot e^{-A \cdot \tau} - A \cdot e^{-A \cdot \tau} \cdot K_1(\tau) + A \cdot K_1(\tau) \cdot e^{-A \cdot \tau} = B$$

$$dK_1(\tau) = B \cdot e^{+A \cdot \tau} \cdot d\tau \quad \text{unbestimmte Integration führt auf}$$

$$K_1(\tau) = \frac{B}{A} \cdot e^{+A \cdot \tau} + K_2$$

K_2 ist wiederum eine frei wählbare reelle Konstante

– Einsetzen von $K_1(\tau)$ in den Ansatz von Lagrange

$$t(\tau) = \left(\frac{B}{A} \cdot e^{A \cdot \tau} + K_2 \right) \cdot e^{-A \cdot \tau} \qquad t(\tau) = \frac{B}{A} + K_2 \cdot e^{-A \cdot \tau}$$

Jetzt liegt eine allgemeine Lösung der Ausgangsdifferentialgleichung mit einer frei wählbaren reellen Konstante K_2 vor! Für die interessierende spezielle Lösung muss K_2 durch die Anfangsbedingung näher bestimmt werden.

– spezielle Lösung aus der Anfangsbedingung $t(\tau = 0) = t_A$

$$t_A = \frac{B}{A} + K_2 \cdot e^0 \qquad K_2 = t_A - \frac{B}{A}$$

$$t(\tau) = \frac{B}{A} + \left(t_A - \frac{B}{A} \right) \cdot e^{-A \cdot \tau} = \frac{P_{el}}{k \cdot A_{St}} + t_U + \left(t_A - \frac{P_{el}}{k \cdot A_{St}} - t_U \right) \cdot e^{-\frac{k \cdot A_{St}}{C} \cdot \tau}$$

mit

$$A = \frac{k \cdot A_{St}}{C} = \frac{10\,\text{W/(m}^2\,\text{K)} \cdot 0{,}08\,\text{m}^2}{4{,}3908 \cdot 10^3\,\text{Ws/K}} \approx 0{,}182199 \cdot 10^{-3} \cdot \frac{1}{s}$$

und

$$\frac{B}{A} = \frac{P_{el}}{k \cdot A_{St}} + t_U = \frac{1.500\,\text{W}}{10\,\text{W/(m}^2\,\text{K)} \cdot 0{,}08\,\text{m}^2} + 18\,°\text{C} = 1893\,°\text{C}$$

$$\tau(240\,\text{s}) = 1893\,^\circ\text{C} + (8{,}4573\,^\circ\text{C} - 1893\,^\circ\text{C}) \cdot e^{-0{,}182199\cdot10^{-3}\,\text{s}^{-1}\cdot240\,\text{s}} = \underline{\underline{89{,}09\,^\circ\text{C}}}$$

- Zur Berechnung der Zeit bis zur Erreichung der Siedetemperatur $\tau(t = 100\,^\circ\text{C})$ mit $t(\tau_s) = t_s$ löst man die obige Gleichung für $t(\tau)$ nach τ auf:

$$\frac{t_s - \dfrac{P_{el}}{k \cdot A_{St}} - t_U}{t_A - \dfrac{P_{el}}{k \cdot A_{St}} - t_U} = e^{-\frac{k \cdot A_{St}}{C} \cdot \tau_s} \quad \rightarrow \quad \ln \frac{t_s - \dfrac{P_{el}}{k \cdot A_{St}} - t_U}{t_A - \dfrac{P_{el}}{k \cdot A_{St}} - t_U} = -\frac{k \cdot A_{St}}{C} \cdot \tau_s$$

$$\tau_s = \frac{C}{k \cdot A_{St}} \cdot \ln \frac{t_A - \dfrac{P_{el}}{k \cdot A_{St}} - t_U}{t_s - \dfrac{P_{el}}{k \cdot A_{St}} - t_U} = \frac{1}{A} \cdot \ln \frac{t_A - \dfrac{B}{A}}{t_s - \dfrac{B}{A}}$$

$$\tau_s = 5488{,}504\,\text{s} \cdot \ln \frac{8{,}4573\,^\circ\text{C} - 1893\,^\circ\text{C}}{100\,^\circ\text{C} - 1893\,^\circ\text{C}} = 273{,}3\,\text{s} \approx \underline{\underline{4{,}55\,\text{Minuten}}}$$

d) Bilanzen für „Wärmeverluste" bis zum Erreichen der Siedetemperatur
gesamter Wärmeverlust = real zugeführte Wärme – theoretisch erforderliche Wärme

$$Q_{V,ges} = P_{el} \cdot \tau_s - C \cdot (t_s - t_A)$$
$$Q_{V,ges} = 1{,}5\,\text{kW} \cdot 273{,}3\,\text{s} - 4{,}3908\,\text{kJ/K} \cdot (100 - 8{,}4573)\text{K} = 409{,}95\,\text{kJ} - 401{,}95\,\text{kJ} = 8\,\text{kJ}$$

Hier wird die Erwärmung des Stahltopfes als zwangsläufig erforderlich für den Aufheizvorgang erachtet. Praktisch ist aber auch die hierfür aufgewandte Energie ein Verlust, denn eine weitere technische Verwendung wird allenfalls für die Vorwärmung neu einzufüllenden Wassers infrage kommen.
„Wärmeverlust" durch Aufwärmung des Wassergefäßes:

$$Q_{V,St} = m_{St} \cdot c_{St} \cdot (t_s - t_A) = 0{,}4\,\text{kg} \cdot 0{,}502\,\text{kJ/(kg K)} \cdot (100\,^\circ\text{C} - 8{,}4573\,^\circ\text{C}) = 18{,}382\,\text{kJ}$$

Insgesamt dissipiert eine elektrische Arbeit von $(18{,}382 + 8)\,\text{kJ} = 26{,}382\,\text{kJ} = 0{,}0073\,\text{kWh}$ elektrische Arbeit in Wärme, die technisch nicht mehr nutzbar ist. Bei einem Stromtarif von 40 ct/kWh betragen die Kosten dafür weniger als 0,3 Cent.

Kommentar:
Dieses Beispiel demonstriert, dass man vereinfachten Betrachtungen schon Lösungen mit hinreichender technischer Genauigkeit erzielen kann. Der mathematische Aufwand zur Berücksichtigung einer relativ genauen Höhe von Wärmeverlusten ist beträchtlich und müsste sich aus den Untersuchungszielen rechtfertigen.

4.2.3 Energiebilanz zur Bestimmung eines Getriebewirkungsgrades

Ein 250-kW-Motor gibt seine Leistung über ein Getriebe an eine Arbeitsmaschine ab. Beim stationären Betrieb werden durch das Getriebe stündlich 1000 kg Öl gepumpt, das sich dabei um 20 K erwärmt. Die mittlere spezifische Wärmekapazität des Öls betrage 1,675 kJ/(kg K). An der jeweils auf gleicher Höhe liegenden Ein- und Austrittsöffnung habe das Öl gleiche Geschwindigkeit. Der Getriebekasten soll als ideal wärmeisoliert angesehen werden.

a) Welche Leistung in kW steht an der Abtriebswelle zum Antrieb der Arbeitsmaschine zur Verfügung?

b) Wie groß ist der Getriebewirkungsgrad?

c) Welche Leistung wird im Getriebe dissipiert?

Gegeben sind:

Öl: $\dot{m}_{Öl} = 1000 \text{ kg/h}$ $\quad \bar{c}_{Öl} = 1,675 \text{ kJ/(kg K)}$ $\quad \Delta t = 20 \text{ K}$

Getriebe: $P_{an} = 250 \text{ kW}$

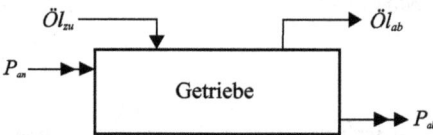

Abb. 4-3: Darstellung eines gekühlten Getriebes als offenes System.

Vorüberlegungen:

Abbildung 4-3 enthält eine Skizze zu dem dieser Aufgabenstellung zugeordneten thermodynamischen System. Mit dem gegebenen Ölstrom über die Systemgrenze Getriebegehäuse mit Zu- und Ablauf ist das hier vorliegende System leicht als offen zu erkennen. Der Prozess verläuft stationär.

Gleichung (4.2-2) nimmt bezogen auf die Bedingungen der Aufgabenstellung die Form an: $P = \dot{m} \cdot (h_2 - h_1)$ mit folgenden Vereinfachungen:

$\dot{Q}_{12} = 0$ wegen adiabater Systemwände

$\frac{1}{2}(c_2^2 - c_1^2) = 0$ gleiche Ölgeschwindigkeit am Ein- und Austritt

$g(z_2 - z_1) = 0$ Ein- und Austritt liegen auf gleicher Höhe

Über die Systemgrenze wird die Antriebsleistung von 250 kW als zugeführte Leistung transportiert (positiver Bilanzbeitrag) und die Abtriebsleistung in noch unbekannter Höhe abgeführt (negativer Bilanzbeitrag), sodass $P = P_{an} - P_{ab}$.

Die Systemgrenze wird hier an die Innenseite des Getriebegehäuses gelegt, damit zur einfachen thermodynamischen Beschreibung des Systems nur die Eigenschaften des Getriebeöls und nicht die Eigenschaften des Getriebekastens betrachtet werden müssen.

Lösung:

a) Leistung an der Abtriebswelle

$$P_{an} - P_{ab} = \dot{m}_{\ddot{O}l}(h_2 - h_1) = \dot{m}_{\ddot{O}l} \cdot \bar{c}_{\ddot{O}l} \cdot \Delta t \quad \rightarrow \quad P_{ab} = P_{an} - \dot{m}_{\ddot{O}l} \cdot \bar{c}_{\ddot{O}l} \cdot \Delta t$$

$$P_{ab} = 250\,\text{kW} - \frac{1000\,\text{kg}}{3600\,\text{s}} \cdot 1{,}675\,\frac{\text{kJ}}{\text{kg K}} \cdot 20\,\text{K} \approx \underline{\underline{240{,}7\,\text{kW}}}$$

b) Berechnung des Getriebewirkungsgrades

$$\eta_{\text{Getriebe}} = \frac{P_{ab}}{P_{an}} = \frac{240{,}7\,\text{kW}}{250{,}0\,\text{kW}} = 0{,}963$$

Mit 96,3 % Getriebewirkungsgrad liegt hier ein relativ hoher Wirkungsgrad vor, der in der Regel nur von Getrieben mit gerade verzahnten Zahnrädern erreicht wird. Leider verursachen diese Getriebe relativ starke Geräuschemissionen. In Kraftfahrzeugen setzt man daher auf geräuschärmere, schräg verzahnte Getrieberäder, die aber wegen des längeren Gleitweges beim Zahneingriff einen schlechteren Wirkungsgrad aufweisen (ca. 85 bis 88 %).

4.2.4 Generatorkühlung mit Wasserstoff

Ein Drehstromgenerator besitze bei einer mechanischen Antriebsleistung von 50 MW einen Wirkungsgrad von 95,5 %. Der Generator werde mit Wasserstoff isobar bei 0,98 bar gekühlt, der mit 15 °C in den Generator eintritt und mit 60 °C wieder austreten soll. Die Geschwindigkeit des Wasserstoffs bei Eintritt entspreche ungefähr der am Austritt. Ein- und Austritt liegen in gleicher geodätischer Höhe. Welcher Wasserstoff-Volumenstrom in m^3 pro Stunde wird für die Kühlung benötigt?

Gegeben sind:

Generator:	$P = 50\,\text{MW}$	$\eta_G = 0{,}955$	
Wasserstoff:	$p = 0{,}98\,\text{bar}$	$t_1 = 15\,°\text{C}$	$t_2 = 60\,°\text{C}$

Vorüberlegungen:

Der Generator stellt ein offenes thermodynamisches System im stationären Betrieb dar. Damit ist die Bilanzgleichung (4.2-2) anzuwenden. Zweckmäßig schneidet man die Systemgrenzen so, dass das Systeminnere nur den gasförmigen Wasserstoff erfasst.

Wasserstoff kann hier als perfektes Gas angesehen werden. Damit sind die noch zusätzlich benötigten Stoffwerte einfach zu berechnen.

Für die Gaskonstante R_{H_2} ist Gleichung (3.2-4) anzusetzen, die relative Molekülmasse entnehmen wir der Tabelle 3-2 mit $M_{H_2} = 2{,}01588\,\text{kg/kmol}$. Die Wasserstoffmoleküle bestehen aus zwei Wasserstoffatomen, sodass der Isentropenexponent mit $\kappa = 7/5$ anzusetzen ist.

$$R_{H_2} = \frac{R_m}{M_{H_2}} = \frac{8{,}3144621\,\text{kJ/(kmol K)}}{2{,}01588\,\text{kg/kmol}} = 4{,}1245\,\frac{\text{kJ}}{\text{kg K}}$$

$$c_{p,H_2} = \frac{\kappa}{\kappa - 1} \cdot R_{H_2} = 3{,}5 \cdot 4{,}1245\,\frac{\text{kJ}}{\text{kg K}} = 14{,}436\,\frac{\text{kJ}}{\text{kg K}}$$

Lösung:

Gleichung (4.2-2) führt mit $c_1 \approx c_2$ und $z_1 = z_2$ sowie $P_{12} = 0$ auf: $\dot{Q}_{12} = \dot{m} \cdot (h_2 - h_1)$.

Die im Systeminneren in Wärme dissipierte Leistung kann über den Generatorwirkungsgrad ermittelt werden zu:

$$\eta_G = \frac{P_{12} - \dot{Q}_{12}}{P_{12}} = 1 - \frac{\dot{Q}_{12}}{P_{12}} \quad \rightarrow \quad \dot{Q}_{12} = P_{12} \cdot (1 - \eta_G) = 50\,\text{MW} \cdot (1 - 0{,}955) = 2{,}25\,\text{MW}$$

Mit $p \cdot \dot{V} = \dot{m} \cdot R_{H_2} \cdot T_1$ folgt nun für die Energiebilanz nach dem ersten Hauptsatz:

$$\dot{Q}_{12} = \frac{p \cdot \dot{V}}{R_{H_2} \cdot T_1} \cdot c_{p,H_2} \cdot (t_2 - t_1)$$

und aufgelöst nach dem gesuchten Volumenstrom:

$$\dot{V} = \frac{\dot{Q}_{12} \cdot R_{H_2} \cdot T_1}{p \cdot c_{p,H_2} \cdot (t_2 - t_1)} = \frac{2{,}25 \cdot 10^6\,\text{W} \cdot 4.124{,}5\,\text{J/(kg K)} \cdot 288{,}15\,\text{K}}{0{,}98 \cdot 10^5\,\text{N/m}^2 \cdot 14.436\,\text{J/(kg K)} \cdot 45\,\text{K}} \cdot \frac{3.600\,\text{s}}{1\,\text{h}} \approx \underline{\underline{151.213\,\frac{\text{m}^3}{\text{h}}}}.$$

4.2.5 Arbeitsprozess: Energiebereitstellung durch fallendes Wasser

Einer kleinen, mit fallendem Wasser betriebenen Turbine strömen 4,2 m³/s Wasser zu. Das Wasser stamme aus einem sehr großen See, dessen Spiegel 15,8 m über dem Austrittsquerschnitt der Turbine liegt. Die Austrittsgeschwindigkeit des Wassers aus der Turbine betrage bei drallfreier Betrachtung 3,2 m/s. Außerdem sind für das Wasser eine Dichte von 1000 kg/m³ und eine mittlere spezifische Wärmekapazität von 4,187 kJ/(kg K) gegeben.

a) Wie groß ist die an der Turbine abgegebene Leistung in kW bei reibungsfreier Strömung?
b) Wie vermindert sich die Leistungsabgabe, wenn 35 % der potentiellen Energie des fallenden Wassers infolge der auf Reibung beruhenden Druckverluste zu Wärme dissipieren?
c) Welche Temperaturdifferenz in Kelvin tritt bei Aufgabenteil b) auf?

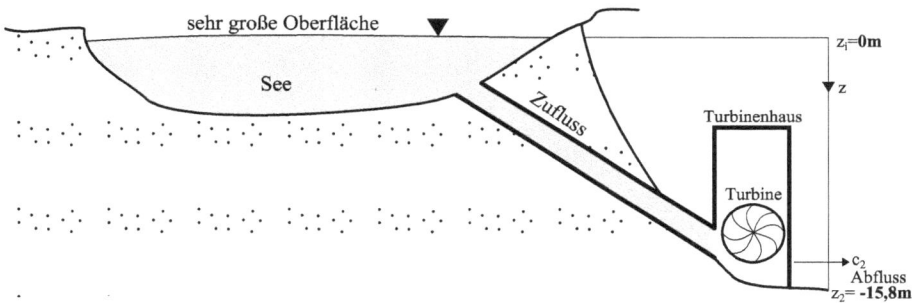

Abb. 4-4: Skizze zur Energiebereitstellung durch fallendes Wasser.

Gegeben sind:

Seeoberfläche: Index „1":	$z_1 = 0,0$ m	$c_1 = 0,0$ m/s
Turbinenaustritt: Index „2":	$z_2 = -15,8$ m	$c_2 = 3,2$ m/s
Wasser: $\rho = 1000$ kg/m³	$\bar{c}_W = 4,187$ kJ/(kg K)	$\dot{V} = 4,2$ m³/s

Vorüberlegungen:
Abbildung 4-4 veranschaulicht den dieser Aufgabenstellung zugrunde liegenden Sachverhalt. Es handelt sich um ein offenes System mit Zu- und Ablauf. Der Druck bleibt während des Prozesses konstant. Es wird ein Arbeitsprozess analysiert, da Leistung über die Systemgrenze tritt. Wir verwenden hier eine Energiebilanzgleichung in spezifischer Form, weil mit spezifischen Werten über die Skalierung mit dem Massenstrom eine vorteilhafte Basis zur Untersuchung von Anlagen unterschiedlicher Größe geschaffen wird. Bezogen auf die Aufgabenstellung nimmt die Energiebilanzgleichung

$q_{12} + w_{t,12} + w_{diss,12} = (h_2 - h_1) + \frac{1}{2}(c_2^2 - c_1^2) + g(z_2 - z_1)$ folgende Gestalt an:

$w_{t,12} + w_{diss,12} = \frac{1}{2}(c_2^2 - c_1^2) + g(z_2 - z_1)$. Darin sind als Modellannahmen enthalten:

$q_{12} = 0$ kein Wärmetransport über die Rohrwände und das Turbinengehäuse

$h_2 - h_1 = 0$ keine Energiezufuhr an das Arbeitsmittel Wasser

Die Geschwindigkeit c_1 des Arbeitsmittels Wasser ist in der Aufgabenstellung versteckt implizit gegeben. Mit dem Hinweis auf die sehr große Oberfläche des Sees wird angedeutet, dass wir die Geschwindigkeit der sinkenden Wasseroberfläche kaum wahrnehmen können.

Lösung:

a) Leistungsabgabe bei reibungsfreier Strömung ($w_{diss,12} = 0$)

$$w_{t,12} = \frac{1}{2}(c_2^2 - c_1^2) + g(z_2 - z_1) = \frac{1}{2} \cdot 3{,}2^2 \frac{m^2}{s^2} + 9{,}80665 \frac{m}{s^2} \cdot (-15{,}8\,m) = -149{,}825 \frac{m^2}{s^2}$$

$$P = \dot{m} \cdot w_{t,12} = \rho \cdot \dot{V} \cdot w_{t,12} = 1000 \frac{kg}{m^3} \cdot 4{,}2 \frac{m^3}{s} \cdot \left(-149{,}825 \frac{m^2}{s^2}\right) = \underline{\underline{-629{,}265\,kW}}$$

b) verminderte Leistungsabgabe bei Berücksichtigung der Rohrreibung

$$w_{diss,12} = 0{,}35 \cdot g \cdot \Delta z = 0{,}35 \cdot 9{,}80665 \frac{m}{s^2} \cdot (-15{,}8\,m) = -54{,}23 \frac{m^2}{s^2}$$

$$P = \dot{m} \cdot (w_{t,12} - w_{diss,12}) = 4200 \frac{kg}{s} \cdot (-149{,}825 - (-54{,}23)) \frac{m^2}{s^2} = \underline{\underline{-401{,}499\,kW}}$$

Eine theoretische Analyse zur Wirkung der Rohrreibung würde zeigen, dass maximal zwei Drittel der potentiellen Energie zur Leistungsabgabe nutzbar sind. Diese Grenze kann etwas angehoben werden, wenn am Turbinenaustritt ein Diffusor angebracht wird, doch dann setzt Kavitation meist schnell eine neue Grenze in der Nähe des hier angegebenen Potentials.

c) Erwärmung des Wassers durch Rohrreibung

$$w_{diss,12} = q_{12} = \bar{c}_W \cdot \Delta t$$

$$\Delta t = \frac{|w_{diss,12}|}{\bar{c}_W} = \frac{54{,}23 \frac{m^2}{s^2}}{4187\,Nm/(kg\,K)} = \frac{54{,}23 \frac{m^2}{s^2}}{4187 \frac{kg\,m^2}{s^2\,kg\,K}} = \underline{\underline{0{,}013\,K}}$$

Diese Temperaturdifferenz ist kaum messbar!

4.2.6 Arbeitsprozess: Leistung eines Verdrängerkompressors

Ein Hubkolbenkompressor verdichte polytrop einen Volumenstrom trockener Luft von $7{,}2\,m^3$/h mit einem Luftdruck von 1020 hPa und einer Lufttemperatur von 15 °C auf einen Druck von 8,5 bar, wobei eine Temperatur von 219 °C erreicht wird. Die Luft kann als perfektes Gas mit einer Gaskonstante von 287,12 J/(kg K) betrachtet werden. Lufteinlass (Saugseite) und -auslass (Druckseite) liegen auf gleicher geodätischer Höhe. Die Luftgeschwindigkeit im Auslass entspreche ungefähr der am Einlass.

a) Welche mechanische Leistung muss der Antrieb des Kompressors für die Verdichtung der Luft bereitstellen und welche Wärme ist an den Zylinderwänden abzuführen?
Man bewerte die Energieeffizienz des gekühlten Zylinders mit einem passend gewählten Wirkungsgrad!

b) Welche mechanische Leistung muss der Antrieb des Kompressors für eine isentrope Verdichtung bereitstellen? Welche Verdichtungsendtemperatur wird jetzt erreicht? Man bewerte auch hier die Energieeffizienz des Kompressors mit adiabaten Zylinderwänden durch einen passend gewählten Wirkungsgrad!

Gegeben sind:

$T_1 = 288{,}15\,K\ (15\,°C)$ $p_1 = 1{,}02\,bar\ (1020\,hPa)$ $\dot{V} = 7{,}2\,m^3/h = 0{,}02\,m^3/s$

$T_2 = 462{,}15\,K\ (219\,°C)$ $p_2 = 8{,}50\,bar$

Luft als perfektes Gas: $R_L = 287{,}12\,J/(kg\,K)$ $\kappa = 1{,}4$ (zweiatomiges Gas)

Kompressor: $c_1 \approx c_2$ $z_1 = z_2$

Vorüberlegungen:
Der stationär arbeitende Kompressor stellt ein offenes thermodynamisches System dar und folgt deshalb mit den Vereinfachungen $c_1 \approx c_2$ und $z_1 = z_2$ in Übereinstimmung mit (4.2-2) der Energiebilanz:

$$\dot{Q}_{12} + P_{12} = \dot{m} \cdot (h_2 - h_1)$$

Der angesaugte Massenstrom errechnet sich aus dem gegebenen Volumenstrom nach (3.2-1) mit den Parametern am Einlass aus:

$$\dot{m} = \frac{p_1 \cdot \dot{V}}{R_L \cdot T_1}$$

Die zuzuführende spezifische technische Arbeit $w_{t,12}$ kann aus der Energiebilanz bestimmt werden.

$$w_{t,12} = (h_2 - h_1) - q_{12} \quad \text{mit} \quad h_2 - h_1 = c_p(T_2 - T_1) \quad \text{aus Gleichung (3.3-10)}$$

$$q_{12} = c_n \cdot (T_2 - T_1) = c_V \cdot \frac{n - \kappa}{n - 1} \cdot (T_2 - T_1)$$

nach Gleichung (3.3-20)

$$w_{t,12} = \frac{\kappa}{\kappa - 1} \cdot R_L \cdot (T_2 - T_1) - \frac{1}{\kappa - 1} \cdot R_L \cdot \frac{n - \kappa}{n - 1} \cdot (T_2 - T_1)$$

$$= R_L \cdot (T_2 - T_1) \cdot \left[\frac{\kappa}{\kappa - 1} - \frac{n - \kappa}{(n - 1) \cdot (\kappa - 1)} \right]$$

$$w_{t,12} = \frac{n}{n - 1} \cdot R_L \cdot T_1 \cdot \left(\frac{T_2}{T_1} - 1 \right) \quad \text{(Vergleiche auch Tabelle 6.3-4 im Anhang!)}$$

Schließlich ergibt sich der Polytropenexponent aus Gleichung (3.2-22) aus:

$$n = \frac{\ln \dfrac{p_2}{p_1}}{\ln \dfrac{p_2}{p_1} - \ln \dfrac{T_2}{T_1}}$$

Lösung:

a) mechanische Leistungsaufnahme und abzuführender Wärmestrom bei polytroper Verdichtung

$T_{2,po}$ = Endtemperatur bei polytroper Verdichtung

1. Schritt: Berechnung des Polytropenexponenten n

$$n = \frac{\ln \dfrac{8{,}50 \, \text{bar}}{1{,}02 \, \text{bar}}}{\ln \dfrac{8{,}50 \, \text{bar}}{1{,}02 \, \text{bar}} - \ln \dfrac{462{,}15 \, \text{K}}{288{,}15 \, \text{K}}} = 1{,}2867$$

2. Schritt: zuzuführende mechanische Leistung für die Verdichtung von p_1 auf p_2 in kW und Höhe der Wärmeleistung für die Kühlung

$$P_{12} = \dot{m} \cdot w_{t,12} = \frac{p_1 \cdot \dot{V}}{R_L \cdot T_1} \cdot \frac{n}{n - 1} \cdot R_L \cdot T_1 \cdot \left(\frac{T_{2,po}}{T_1} - 1 \right) = \frac{n}{n - 1} \cdot p_1 \cdot \dot{V} \cdot \left(\frac{T_{2,po}}{T_1} - 1 \right)$$

$$P_{12} = \frac{1{,}2867}{0{,}2867} \cdot 102 \cdot 10^3 \, \frac{\text{N}}{\text{m}^2} \cdot 0{,}02 \, \frac{\text{m}^3}{\text{s}} \cdot \left(\frac{462{,}15 \, \text{K}}{288{,}15 \, \text{K}} - 1 \right) = \underline{\underline{5{,}5285 \, \text{kW}}}$$

(zur Vermeidung von Rundungsfehlern rechnen wir den Massenstrom nicht explizit aus!)

$$\dot{Q}_{12} = \dot{m} \cdot c_n \cdot (T_{2,po} - T_1)$$

$$= \frac{p_1 \cdot \dot{V}}{R_L \cdot T_1} \cdot \frac{1}{\kappa - 1} R_L \cdot \frac{n - \kappa}{n - 1} \cdot T_1 \cdot \left(\frac{T_{2,po}}{T_1} - 1 \right) = \frac{p_1 \cdot \dot{V}}{\kappa - 1} \cdot \frac{n - \kappa}{n - 1} \cdot \left(\frac{T_{2,po}}{T_1} - 1 \right)$$

$$\dot{Q}_{12} = \frac{102 \cdot 10^3 \, \text{N/m}^2 \cdot 0{,}02 \, \text{m}^3/\text{s}}{0{,}4} \cdot \frac{1{,}2867 - 1{,}4}{0{,}2867} \cdot \left(\frac{462{,}15 \, \text{K}}{288{,}15 \, \text{K}} - 1 \right) = \underline{\underline{-1{,}2170 \, \text{kW}}}$$

Das Minuszeichen im Ergebnis zeigt an, dass der Wärmestrom über die Zylinderwände abgeführt wird.

3. Schritt: Wirkungsgrad für gekühlte Kompressoren

In Kapitel 3.2 wurde im Zusammenhang mit Abbildung 3-8 schon erläutert, dass eine isotherme Verdichtung im Verhältnis zu allen anderen Zustandsänderungen den geringsten mechanischen Aufwand erfordert, sich aber technisch praktisch nicht verwirklichen lässt.

Daher definieren wir für gekühlte Kompressoren den isothermen Verdichterwirkungsgrad:

$$\eta_{V,isotherm} = \frac{w_{t,12}(\text{isotherm})}{w_{t,12}(\text{real})} = \frac{R_i \cdot T_1 \cdot \ln\frac{p_2}{p_1}}{\frac{n}{n-1} \cdot R_i \cdot T_1 \cdot \left[\left(\frac{p_2}{p_1}\right)^{\frac{n-1}{n}} - 1\right]} = \frac{(n-1) \cdot \ln\frac{p_2}{p_1}}{n \cdot \left[\left(\frac{p_2}{p_1}\right)^{\frac{n-1}{n}} - 1\right]}$$

$w_{t,12} = \int_1^2 v(p)\mathrm{d}p$ Für eine isotherme Zustandsänderung von einem festen Anfangszustand (p_1, v_1) zu einem beliebigen Zustand (p, v) gilt $p_1 \cdot v_1 = p \cdot v$ woraus dann folgt:

$$w_{t,12} = \int_1^2 \frac{p_1 \cdot v_1}{p}\mathrm{d}p = p_1 \cdot v_1 \cdot \ln\frac{p_2}{p_1} = R_i \cdot T_1 \cdot \ln\frac{p_2}{p_1}$$

$$\eta_{V,isotherm} = \frac{0{,}2867 \cdot \ln\frac{8{,}50\,\text{bar}}{1{,}02\,\text{bar}}}{1{,}2867 \cdot \left[\left(\frac{8{,}50\,\text{bar}}{1{,}02\,\text{bar}}\right)^{\frac{0{,}2867}{1{,}2867}} - 1\right]} = \underline{\underline{0{,}78231}}.$$

Dieser Wirkungsgrad ließe sich noch durch eine noch intensivere Kühlung und damit Annäherung des realen an den isothermen Verdichtungsverlauf steigern. Für den praktischen Kompressorbetrieb ist hier eine stärkere Kühlung dringend anzuraten, da man bei den hier erreichten Verdichtungsendtemperaturen mit einer Verzunderung des Verdichteröls und damit mit „Kolbenfressern" rechnen muss. Die angestrebten Verdichtungsendtemperaturen liegen zwischen 85 °C und 120 °C. Können diese Temperaturen durch eine Zylinderwandkühlung nicht sichergestellt werden, teilt man das zu erreichende Verdichtungsverhältnis zur Begrenzung der Verdichtungsendtemperaturen in mehrere Stufen auf.

b) mechanische Leistungsaufnahme bei isentroper Verdichtung

Hier sind die Zylinderwände adiabat ($q_{12} = 0$) und es tritt keine Reibung auf.

Verdichtungsendtemperatur:

$$T_{2,is} = T_1 \cdot \left(\frac{p_2}{p_1}\right)^{\frac{\kappa-1}{\kappa}} = 288,15 \text{ K} \cdot \left(\frac{8,50 \text{ bar}}{1,02 \text{ bar}}\right)^{2/7} = 528,09 \text{ K}$$

$$P_{12,is} = \dot{m} \cdot w_{t,12} = \frac{p_1 \cdot \dot{V}}{R_L \cdot T_1} \cdot \frac{\kappa}{\kappa-1} \cdot R_L \cdot T_1 \cdot \left(\frac{T_{2,is}}{T_1} - 1\right) = \frac{\kappa}{\kappa-1} \cdot p_1 \cdot \dot{V} \cdot \left(\frac{T_{2,is}}{T_1} - 1\right)$$

$$P_{12,is} = \frac{1,4}{0,4} \cdot 102 \cdot 10^3 \, \frac{\text{N}}{\text{m}^2} \cdot 0,02 \, \frac{\text{m}^3}{\text{s}} \cdot \left(\frac{528,09 \text{ K}}{288,15 K} - 1\right) = \underline{\underline{5,9454 \text{ kW}}}$$

Wirkungsgrad für ungekühlte Kompressoren (adiabate Hülle):
Hier ergibt die Annäherung an einen isothermen Prozessverlauf als den idealerweise zu erreichenden Grenzfall keinen Sinn. Die isentrope Verdichtung ist selbst schon ein nur theoretisch zu erreichender Grenzfall. Der isentrope Verdichterwirkungsgrad $\eta_{V,is}$ setzt deshalb die erforderliche isentrope spezifische technische Arbeit in Verhältnis zur real erforderlichen, für die noch ein gewisser Reibungsanteil zu berücksichtigen ist. Durch die Reibungswärme erhöht sich die Gastemperatur im adiabaten Zylinder noch stärker. Die hier errechnete isentrope Verdichtungsendtemperatur führt bei der Ermittlung des Polytropenexponenten auf $n = \kappa$, also $n = 1,4$. Um die entstehende Reibungswärme zu berücksichtigen müsste man zum Beispiel $n = 1,46$ ansetzen.

$$\eta_{V,is} = \frac{w_{t,12,is}}{w_{t,12,real}} = \frac{h_{2,is} - h_1}{h_{2,real} - h_1} = \frac{c_p(T_{2,is} - T_1)}{c_p(T_{2,real} - T_1)}$$

für perfektes Gas ergibt sich ferner

$$\eta_{V,is} = \frac{\dfrac{T_{2,is}}{T_1} - 1}{\dfrac{T_{2,real}}{T_1} - 1} = \frac{\left(\dfrac{p_2}{p_1}\right)^{\frac{\kappa-1}{\kappa}} - 1}{\left(\dfrac{p_2}{p_1}\right)^{\frac{n-1}{n}} - 1}.$$

Mit dem vorgeschlagenen Wert für die reale Verdichtung von $n = 1,46$ ergäbe sich dann für den isentropen Verdichtungswirkungsgrad

$$\eta_{V,is} = \frac{\left(\dfrac{8,50 \text{ bar}}{1,02 \text{ bar}}\right)^{2/7} - 1}{\left(\dfrac{8,50 \text{ bar}}{1,02 \text{ bar}}\right)^{\frac{0,46}{1,46}} - 1} = \frac{0,832698703}{0,950387825} \approx \underline{\underline{0,87617}}.$$

4.2.7 Strömungsprozess: Drosselung eines idealen Gases

In einer wärmedichten, horizontalen Rohrleitung ströme reibungsfrei trockene Luft (ideales Gas mit Gaskonstante 287,12 J/(kg K), konstanter Isentropenexponent 1,4) von 25 °C und 1 bar mit einer Strömungsgeschwindigkeit von 1 m/s. Zur Druckminderung sei an einer Stelle eine Drossel angebracht, die einen Druckverlust von 250 mbar verursacht. Die Änderung der kinetischen Energie durch unterschiedliche Strömungsgeschwindigkeiten vor und nach der Drosselstelle kann vernachlässigt werden.

a) Welche Zustandsänderung beschreibt den Prozess?
b) Wie hoch ist die Temperatur nach der Drosselstelle?
c) Mit welcher Berechtigung kann man die Änderung der kinetischen Energie vernachlässigen?

Gegeben sind:

$T_1 = 298{,}15\,\text{K}\;(25\,°\text{C})$ $p_1 = 1\,\text{bar}$ $p_2 = p_1 - \Delta p = (1 - 0{,}25)\,\text{bar} = 0{,}75\,\text{bar}$

$R_L = 287{,}12\,\text{J/(kg K)}$ $\kappa = 1{,}4$ $c_1 = 1\,\text{m/s}$

Vorüberlegungen:

In dem gegebenen offenen System mit adiabaten Systemwänden wird ein stationärer Fließprozess (Strömungsprozess) untersucht. Den Kontrollraum legt man zweckmäßigerweise zur Begrenzung des Einflusses der sich an der Drosselstelle bildenden Wirbel so fest, dass sowohl Zulauf (Index 1) als auch Ablauf (Index 2) hinreichend weit von der Drosselstelle entfernt liegen.

Für die Lösung setzt man vorteilhaft die auf den Massenstrom bezogene Energiebilanz (4.2-4) für das offene System ein.

Lösung:

a)   Untersuchung der Zustandsänderung

$$q_{12} + w_{t,12} = (h_2 - h_1) + \frac{1}{2}(c_2^2 - c_1^2) + g(z_2 - z_1)$$

$$q_{12} = 0 \qquad \text{adiabate Rohrleitungswände}$$

$$w_{t,12} = 0 \qquad \text{Strömungsprozess}$$

$$g(z_2 - z_1) = 0 \qquad \text{horizontale Rohrleitung}$$

$$(c_2^2 - c_1^2) \approx 0 \qquad \text{Strömungsgeschwindigkeiten ungefähr gleich groß}$$

$$0 + 0 = (h_2 - h_1) + 0 + 0 \quad \text{führt auf} \quad h_2 = h_1$$

Zustandsänderungen mit konstant bleibender Enthalpie heißen isenthalp, in genügendem Abstand hinter der Drosselstelle ist die Enthalpie genauso hoch wie davor. Hinweis: Die obigen Ausführungen besagen nicht, dass die Enthalpie während des gesamten Prozesses der Drosselung unverändert bleibt. Zwischen den Querschnitten 1 und 2 wird die Luft zunächst unter Abnahme der Enthalpie beschleunigt und danach unter Zunahme der Enthalpie verzögert.

b) Berechnung der Temperatur T_2 nach der Drosselstelle
   Der Zustand nach der Drosselstelle ist beschrieben durch $p_2 = 0{,}75$ bar und $h_2 = h_1$. Könnte man für Luft die kalorische Zustandsgleichung (3.3-2) $h = h(p, T)$ als bekannt voraussetzen, wäre daraus die Temperatur T_2 berechenbar. Für Luft im Realgaszustand ist $h = h(T, p)$ in der Literatur dokumentiert. Mit der den Sachverhalt wesentlich vereinfachenden Annahme des Vorliegens von idealem Gas gilt $h = h(T)$ und daraus folgt bei $h_2 = h_1$ auch $T_2 = T_1 = 298{,}15$ K.
   Für das reale Gas mit $h = h(T, p)$ folgt bei Druckänderung durch Drosselung gleichermaßen eine Temperaturänderung (Joule-Thomson-Effekt).

c) Einfluss der Änderung der kinetischen Energie
   Kontinuitätsgleichung für Strömungsprozess $\dot{m}$ = konstant
   Für $c \ll a$ = Schallgeschwindigkeit kann man noch von konstanter Gasdichte ausgehen, also

$$\rho_1 \cdot c_1 \cdot A_1 = \rho_2 \cdot c_2 \cdot A_2.$$

Wegen $A_1 = A_2$ folgt dann

$$c_2 = c_1 \cdot \frac{\rho_1}{\rho_2} = c_1 \cdot \frac{p_1 \cdot T_2}{p_2 \cdot T_1}$$

Für die Berechnung der Strömungsgeschwindigkeit c_2 wird die noch unbekannte Temperatur T_2 benötigt. Dazu liefert die Bilanzgleichung (4.2-4) den Zusammenhang

$$(h_2 - h_1) + \frac{1}{2}(c_2^2 - c_1^2) = 0$$

und in Verbindung mit der kalorischen Zustandsgleichung $h = h(T)$ oder $h_2 - h_1 = c_p(T_2 - T_1)$, wobei

$$c_p = \frac{\kappa}{\kappa - 1} \cdot R_L = \frac{1{,}4}{0{,}4} \cdot 287{,}12 \frac{\text{J}}{\text{kg K}} = 1004{,}92 \frac{\text{J}}{\text{kg K}}$$

ist, entsteht dann

$$T_2 = T_1 - \frac{(c_2^2 - c_1^2)}{2 \cdot c_p}$$

Aus der Kontinuitätsgleichung gewinnen wir für T_2:

$$T_2 = \frac{c_2}{c_1} \cdot \frac{p_2}{p_1} \cdot T_1$$

Gleichsetzen liefert eine quadratische Gleichung für c_2, die in Normalform $x^2 + px + q = 0$ gebracht für die bekannte p, q-Lösungsformel zugänglich ist.

$$\frac{c_1^2}{2c_p} - \frac{c_2^2}{2c_p} + T_1 = \frac{p_2}{p_1} \cdot \frac{T_1}{c_1} \cdot c_2 \quad \rightarrow \quad \frac{c_2^2}{2c_p} - \frac{p_2}{p_1} \cdot \frac{T_1}{c_1} \cdot c_2 + \frac{c_1^2}{2c_p} - T_1 = 0$$

$$c_2^2 + \frac{p_2}{p_1} \cdot \frac{T_1}{c_1} \cdot 2c_p \cdot c_2 - (c_1^2 + 2c_p \cdot T_1) = 0$$

$$(c_2)_{1,2} = -\frac{p_2}{p_1} \cdot \frac{T_1}{c_1} \cdot c_p \pm \sqrt{\left(\frac{p_2}{p_1} \cdot \frac{T_1}{c_1} \cdot c_p\right)^2 + c_1^2 + 2c_p \cdot T_1}$$

$$(c_2)_{1,2} = -\frac{0{,}75\,\text{bar}}{1{,}00\,\text{bar}} \cdot \frac{298{,}15\,\text{K}}{1\,\text{m/s}} \cdot 1004{,}92\,\frac{\text{kg\,m}^2/\text{s}^2}{\text{kg\,K}}$$

$$\pm \sqrt{(5{,}049578563 \cdot 10^{10} + 1 + 599233{,}796)\,\text{m}^2/\text{s}^2}$$

$$\underline{\underline{c_2 = 1{,}333332\,\text{m/s}}}$$

(die andere, negative Lösung entfällt aus physikalischen Gründen!)

Anteilig gesehen, erscheint die Erhöhung der Geschwindigkeit c_2 nicht unbedeutend, eingesetzt in die Bestimmungsgleichung für T_2 zeigt sich aber, dass die Temperatur praktisch unverändert bleibt (die Temperaturänderung beträgt 0,0003 K).

$$T_2 = \frac{c_2}{c_1} \cdot \frac{p_2}{p_1} \cdot T_1 = \frac{1{,}333332\,\text{m/s}}{1\,\text{m/s}} \cdot \frac{0{,}75\,\text{bar}}{1{,}00\,\text{bar}} \cdot 298{,}15\,\text{K} \approx \underline{\underline{298{,}1497\,\text{K}}}$$

Wegen der Wirbelbildung unmittelbar hinter der Drosselstelle tritt die bei reibungsfreier Strömung eigentlich zu erwartende Zunahme der kinetischen Energie trotz deutlicher Druckabsenkung nicht ein.

Insgesamt bleibt festzustellen, dass die Vernachlässigung der Änderung der kinetischen Energie unter den Bedingungen, die in der Aufgabenstellung genannt sind, gerechtfertigt ist. Die hier unterstellte Modellvorstellung ideales Gas und reibungsfreie Strömung versagt bei höheren Drücken und niedrigeren Temperaturen. Dann ist tatsächlich $h = h(T, p)$ zu berücksichtigen.

4.2.8 Dynamische Temperaturen in Strömungsprozessen

Man betrachte einen festen Körper aus einem Material, das die Wärme sehr gut leitet, der sich horizontal mit einer Geschwindigkeit c_1 in einer Luftatmosphäre bewegt und durch den Luftwiderstand auf die Geschwindigkeit null abgebremst wird. Die Gaskonstante solle für trockene Luft 287,12 J/(kg K) angesetzt werden. Der Körper sei so klein und so gut leitend, dass er immer die Temperatur der Luft an der Staupunktfläche annimmt.

a) Welche Temperatur erreicht der Körper, wenn er eine Ausgangstemperatur von 25 °C und eine Geschwindigkeit von 44,8 m/s besitzt?

b) Welche Temperatur erreicht der Körper, wenn er eine Ausgangstemperatur von −56,5 °C und eine Geschwindigkeit von 4480 m/s besitzt?

Gegeben sind:

$R_L = 287{,}12\,\text{J}/(\text{kg K})$ $\qquad c_2 = 0 \qquad$ a) $\qquad c_1 = 44{,}80\,\text{m}/\text{s} \qquad t_1 = +25{,}0\,°\text{C}$

$\qquad\qquad\qquad\qquad\qquad\qquad\qquad\qquad$ b) $\qquad c_1 = 4480\,\text{m}/\text{s} \qquad t_1 = -56{,}5\,°\text{C}$

Vorüberlegungen:

Für die thermodynamischen Untersuchungen ist es unerheblich, ob sich ein Körper in ruhender Luft bewegt oder ob ein ruhender Körper von Luft mit entsprechender Geschwindigkeit umspült wird. Von Letzterem gehen wir in Übereinstimmung mit den bisher vorgenommenen Festlegungen zum Kontrollraum eines offenen Systems aus.

Die gedachte Kontrollraumgrenze wird so gelegt, dass die Austrittsfläche (Index 2) mit dem Staupunkt des Körpers zusammenfällt. Für die Analyse gehen wir wie in vorangegangener Aufgabe von der auf den Massenstrom bezogenen Energiebilanz (4.2-4) aus.

Für die spezifische Wärmekapazität von Luft bei konstantem Druck folgt mit der gegebenen Gaskonstante: $c_{p,L} = \dfrac{\kappa}{\kappa - 1} \cdot R_L = 3{,}5 \cdot 287{,}12\,\text{Nm}/(\text{kg K}) = 1.004{,}92\,\dfrac{\text{m}^2}{\text{s}^2\,\text{K}}$.

Lösung:

$$q_{12} + w_{t,12} = (h_2 - h_1) + \frac{1}{2}(c_2^2 - c_1^2) + g(z_2 - z_1)$$

$q_{12} = 0 \qquad\qquad$ adiabates System
$w_{t,12} = 0 \qquad\qquad$ Strömungsprozess
$g(z_2 - z_1) = 0 \qquad$ horizontale Bahn

$$h_2 - h_1 = \frac{1}{2}(c_1^2 - c_2^2) \quad \rightarrow \quad 2c_p(t_2 - t_1) = c_1^2 - c_2^2 \quad \rightarrow \quad t_2 = t_1 + \frac{c_1^2 - c_2^2}{2c_p}$$

a) $t_2 = 25\,°\mathrm{C} + \dfrac{(44{,}8\,\mathrm{m/s})^2 \cdot \mathrm{K}}{2.009{,}84\,\mathrm{m}^2/\mathrm{s}^2} \approx \underline{\underline{26\,°\mathrm{C}}}$

Dies entspricht etwa der Situation Abschuss einer Kugel mit einer Luftpistole.

b) $t_2 = -56{,}5\,°\mathrm{C} + \dfrac{(4.480\,\mathrm{m/s})^2 \cdot \mathrm{K}}{2.009{,}84\,\mathrm{m}^2/\mathrm{s}^2} \approx \underline{\underline{9.929{,}5\,°\mathrm{C}}}$

Dies entspricht etwa dem Eindringen eines Meteoriten in die Erdumlaufbahn.

Insbesondere das Ergebnis der Aufgabe b) macht deutlich, warum die meisten Meteoriten in der Erdatmosphäre verglühen, noch ehe sie den Erdboden erreichen.

Die hier errechneten Temperaturen t_2 nennt man dynamische Temperaturen. Entsprechende Effekte sind zu berücksichtigen, wenn man die Temperatur eines strömenden Gases mit einem an einem festen Ort angebrachten Temperaturmessgerät messen will.

Hinweis:

Die dynamische Temperatur spielt auch eine Rolle für die Festigkeit der Bugspitze von Flugzeugen oder Raketen, die mit Überschallgeschwindigkeiten fliegen. Hierzu betrachten wir die Gleichung

$$T_2 = T_1 + \frac{c_1^2}{2 \cdot c_{p,L}} \quad \text{mit} \quad c_2 = 0 \quad \text{und} \quad c_{p,L} = \frac{\kappa}{\kappa - 1} \cdot R_i$$

und führen als Maß für die Geschwindigkeit die Machzahl Ma als das Verhältnis der Fluggeschwindigkeit c zur Schallgeschwindigkeit a nach Formel (3.2-12) ein. Wegen $a = \sqrt{\kappa \cdot R_i \cdot T}$ müssen wir auch zu den absoluten Temperaturen übergehen.

$$Ma = \frac{c}{a}$$

Für das Quadrat der Geschwindigkeit c_1 kann man so schreiben:

$$c_1^2 = Ma^2 \cdot a_1^2 = Ma^2 \cdot \kappa \cdot R_i \cdot T_1$$

Eingesetzt in die Gleichung für die dynamische Temperatur T_2 ergibt sich so die Temperatur an der Bugspitze des Überschallflugzeugs:

$$T_2 = T_1 + \frac{Ma^2 \cdot \kappa \cdot R_i \cdot T_1}{2 \cdot \dfrac{\kappa \cdot R_i}{(\kappa - 1)}} = T_1 \cdot \left(1 + \frac{(\kappa - 1)}{2} \cdot Ma^2\right).$$

Der zugehörige Druck p_2 an der Bugspitze folgt aus:

$$\frac{p_2}{p_1} = \left(\frac{T_2}{T_1}\right)^{\frac{\kappa}{\kappa-1}} \quad \rightarrow \quad p_2 = p_1 \cdot \left(1 + \frac{\kappa - 1}{2} \cdot Ma^2\right)^{\frac{\kappa}{\kappa-1}}.$$

Zivile Überschallflugzeuge wie die sowjetische TU-144 oder die französisch-britische Concorde versahen ihren Dienst bei geringfügig mehr als $Ma = 2$. Bei einer Reiseflughöhe von 6.400 m können wir von Temperaturen der ruhenden Luft in Höhe von etwa $-27\,°C$ (≈ 246 K) und einem Luftdruck von circa 447 mbar ausgehen (vergleiche Tabelle 6.5-1 im Anhang). Das bedeutet für die Lufttemperatur t_2 und den Druck p_2 an der Bugspitze:

$$T_2 = 246\,\text{K} \cdot (1 + 0,2 \cdot 4) = 442,8\,\text{K} \quad \text{also etwa } 170\,°C$$

$$p_2 = 447\,\text{mbar} \cdot (1 + 0,2 \cdot 4)^{3,5} \approx 3,5\,\text{bar}$$

Solche Parameter beherrscht man heute gut. Aktuell fliegen aber Raketenflugzeuge im Bereich $7 \leq Ma < 8$. Das bedeutet nun bei Flughöhen von 7000 m und einer Temperatur der ruhenden Luft von circa $-30,5\,°C$ (≈ 243 K)

$$T_2 = 243\,\text{K} \cdot (1 + 0,2 \cdot 7^2) = 2.624,4\,\text{K} \quad (\approx 2351\,°C \text{ eine echte Herausforderung})$$

Ein Space Shuttle erreicht übrigens anfangs bei Wiedereintritt in die Erdatmosphäre etwa $Ma = 27$.

Dynamische Temperaturen sind auch bei der Messung von Temperaturen in strömenden Gasen zu beachten. Angenommen ein strömendes Gas besäße die Temperatur T_1. Diese könnte man messen, wenn der Temperatursensor mit dem Gas mitströmen würde. Installiert man dagegen zur Temperaturmessung einen Temperaturfühler an einem festen Ort im strömenden Gas, wird durch die Umwandlung von kinetischer Energie in Wärme am Staupunkt eine zu hohe, nämlich die dynamische Temperatur T_2 angezeigt.

4.2.9 Strömungsprozess: Isenthalpe Entspannung zur Bestimmung des Dampfanteils

In einer horizontalen adiabaten Nassdampfleitung mit einem Innendurchmesser von 100 mm ströme mit einer Geschwindigkeit von 10 m/s Nassdampf bei 10 bar mit unbekanntem Dampfanteil x. Zur Bestimmung des Nassdampfanteils wird ein kleiner Teilstrom des Dampfes auf 1 bar gedrosselt, wobei dann die Temperatur des Dampfes zu 110 °C gemessen wurde. Die Dampfgeschwindigkeit vor der Drossel entspreche der in genügendem Abstand hinter der Drossel.

   a) Wie hoch ist der Dampfanteil x des Nassdampfes?
   b) Wie viel t/h Nassdampf strömen durch die Leitung?

Gegeben sind:

$c = 10\,\text{ms}$ $\qquad\quad$ $d = 0,1\,\text{m}$

vor der Drossel: $\quad$ Nassdampf mit $p_1 = 10\,\text{bar}$: $t_s(10\,\text{bar}) = 179,886\,°\text{C}$ (Tabelle 6.6-6)

$\qquad\qquad\qquad\quad v' = 0,00112723\,\text{m}^3/\text{kg}$ $\qquad v'' = 0,194349\,\text{m}^3/\text{kg}$

$\qquad\qquad\qquad\quad h' = 762,683\,\text{kJ/kg}$ $\qquad\qquad h'' = 2777,12\,\text{kJ/kg}$

nach der Drossel: $\quad$ Dampf mit $p_2 = 1\,\text{bar}$ und $t_2 = 110\,°\text{C}$: $\to$ überhitzter Dampf mit

$\qquad\qquad\qquad\quad h_2 = 2696,32\,\text{kJ/kg}$

Vorüberlegungen:

Unter Vernachlässigung von Reibungseffekten folgt aus der Bilanz 1. Hauptsatz:

$$q_{12} + w_{t,12} = (h_2 - h_1) + \frac{1}{2}(c_2^2 - c_1^2) + g(z_2 - z_1)$$

$$\text{wegen } q_{12} = 0,\, w_{t,12} = 0,\, c_2 = c_1 \text{ und } z_2 = z_1$$

$\boldsymbol{h_2(p_2, t_2) = h_1(p_1, x)}$. Gleiche Enthalpien vor und nach der Drosselstelle bedeuten: **isenthalpe Zustandsänderungen** (vergleiche Abbildung 4-5). Man beachte, dass der Zustandspunkt 1 zunächst nicht eindeutig festgelegt ist, weil nur der Druck p bekannt ist. Im Nassdampfgebiet liegt damit auch die Temperatur t fest. Für die eindeutige Zustandsbestimmung benötigt man noch eine zweite unabhängige Zustandsvariable. Im Zustandspunkt 2 sind Druck und Temperatur die beiden unabhängigen Zustandsgrößen, die durch entsprechende Messungen ermittelt werden. Damit liegt die Höhe der Enthalpie im Zustand 2 eindeutig fest und nun kann im Zustandspunkt 1 auf den Dampfanteil geschlossen werden, weil $h_2(p_2, t_2) = h'(p_1) + x \cdot (h''(p_2) - h'(p_2))$.

$\qquad$ Deshalb lässt sich der Dampfanteil x bestimmen aus: $x = \dfrac{h_2(p_2) - h'(p_1)}{h''(p_1) - h'(p_1)}$.

$\qquad$ Mit bekanntem Dampfanteil x ergibt sich nach Kontinuitätsgleichung der Massenstrom zu:

$$\dot{m} = \rho \cdot c \cdot A = \frac{c \cdot A}{v_x} = \frac{c \cdot \frac{\pi}{4} \cdot d^2}{v' + x \cdot (v'' - v')}$$

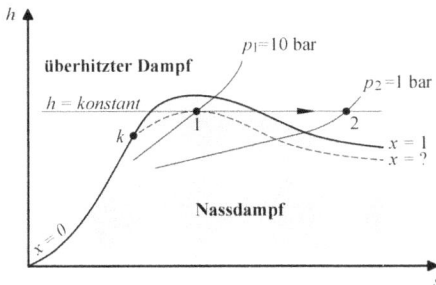

Abb. 4-5: Experimentelle Bestimmung des Dampfanteils eines Nassdampfs durch isenthalpe Expansion ins Gebiet überhitzter Dampf.

Lösung:

a) Bestimmung Dampfanteil

$$x = \frac{(2696{,}32 - 762{,}683)\ \text{kJ/kg}}{(2777{,}12 - 762{,}683)\ \text{kJ/kg}} = \underline{\underline{0{,}96088}}$$

Früher hat man tatsächlich, so wie hier durch einen Versuch mit einer isenthalpen Drosselentspannung von Nassdampf in das Gebiet trocken gesättigter Dampf demonstriert, den Dampfanteil x des Nassdampfes bestimmt. Die Enthalpie des Nassdampfs muss dazu aber über der Enthalpie des kritischen Punktes (h_k = 2087,55 kJ/kg) liegen, was hier wegen h_x = 2696,32 kJ/kg sofort einsichtig der Fall ist. Heute kommen zur Bestimmung des Dampfanteils in der Praxis optische Messverfahren zum Einsatz. Eine nachträgliche Ermittlung des Dampfanteils aus den Energiebilanzen (wie in den Vorlesungen und Übungen hier) kann angewandt in der Praxis mit bis zu 12 % fehlerbehaftet sein.

b) Bestimmung Massenstrom

$$\dot{m} = \frac{10\ \text{m/s} \cdot \dfrac{\pi}{4} \cdot 0{,}1^2\ \text{m}^2}{0{,}00112723\ \dfrac{\text{m}^3}{\text{kg}} + 0{,}96088 \cdot (0{,}194349 - 0{,}00112723)\dfrac{\text{m}^3}{\text{kg}}}$$

$$= 0{,}420470834\ \frac{\text{kg}}{\text{s}} \cdot \frac{t \cdot 3600\ \text{s}}{\text{h} \cdot 1000\ \text{kg}} = \underline{\underline{1{,}5137\ \frac{t}{h}}}$$

5 Zweiter und dritter Hauptsatz der Thermodynamik

5.1 Grundaussagen

Aufbauend auf den Erkenntnissen von Carnot, Mayer und Joule formulierte Clausius[1] im Jahre 1850 die beiden Hauptsätze der Thermodynamik. Den ersten Hauptsatz hatte er auf die Bilanzgleichungen zwischen Wärme, Arbeit und einer von ihm erstmals eingeführten inneren Energie als Zustandsgröße eines Systems gestützt. Den zweiten Hauptsatz der Thermodynamik formulierte er so:

> *„Wärme kann nie von selbst von einem Körper niedriger Temperatur auf einen Körper höherer Temperatur übergehen."*

Im Jahr 1865 veröffentlichte Clausius unter dem Titel: *„Über verschiedene für die Anwendungen bequeme Formen der Hauptgleichungen der mechanischen Wärmetheorie"* in den Annalen der Physikalischen Chemie einen Aufsatz, in dem erstmalig der Begriff Entropie erwähnt wird. Dies ist ein aus griechischen Wortstämmen gebildetes Kunstwort, das man mit „Verwandlungsgröße" übersetzen könnte. Clausius entwickelte gleichfalls das Gesetz der Entropievermehrung bei irreversiblen Prozessen. Die oben erwähnte Arbeit enthält jedoch auch Aussagen, die Energie der Welt sei konstant und strebe einem Entropiemaximum zu. Dies ist später als „Wärmetodtheorie" in die wissenschaftliche Diskussion eingegangen und völlig zu recht kritisiert worden. Nur in einem abgeschlossenen System strebt die Entropie tatsächlich nach Ablauf aller Ausgleichsprozesse einem Maximum zu. Dann können im Systeminneren spontan keine Prozesse mehr ablaufen, das System ist „tot". Das Universum mit seiner unendlichen Ausdehnung kann nicht als thermodynamisch vollkommen abgeschlossenes System aufgefasst werden. Wo man auch immer die Systemgrenze ziehen würde, taucht sofort die Frage auf, was dahinter läge. Die Unendlichkeit des Universums setzt sich offenbar aus unendlich vielen Endlichkeiten zusammen.

Unabhängig von Clausius entwickelte 1851 Lord Kelvin[2] den zweiten Hauptsatz als Verbot, Arbeit durch Abkühlen eines Stoffes unter Umgebungstemperatur zu gewinnen, was er so ausdrückte:

---

[1] Rudolf Julius Emanuel Clausius (1818–1888) war einer der ersten theoretischen Physiker in der Mitte des 19. Jahrhunderts, der wichtige Beiträge zum wissenschaftlichen Ausbau der kinetischen Gastheorie leistete. Als Hochschullehrer hatte er Professuren für Physik an den Universitäten von Zürich, Würzburg und Bonn inne.

[2] William Thomson (1824–1907), seit 1892 Lord Kelvin, britischer Physiker, forschte auf den Gebieten der Elektrizitätslehre und der Thermodynamik. Aufbauend auf den Arbeiten von Carnot hatte er außerdem schon 1848 die Existenz einer universellen, von Eigenschaften der eingesetzten Thermometer unabhängigen Temperaturskala erkannt. Ihm zu Ehren wird deshalb die thermodynamische Temperatur in Kelvin gemessen.

https://doi.org/10.1515/9783111017570-005

„It is impossible, by means of inanimate material agency, to derive mechanical effect from any portion of matter by cooling it below the temperature of coldest of surrounding objects.“

1852 erkannte er weiterhin, dass sich bei allen natürlich ablaufenden (irreversiblen) Prozessen der Umfang umwandelbarer, arbeitsfähiger Energie mindert (Zerstreuung mechanischer Energie = dissipation of mechanical energy).

Die den Kern des zweiten Hauptsatzes der Thermodynamik ausmachende Nichtumkehrbarkeit natürlicher (wegen der Reibung irreversibler) Prozesse wurde historisch zunächst immer wieder als Unmöglichkeitsprinzip an sehr speziellen Beispielen erläutert. Der französische Mathematiker und Physiker Henri Poincaré erläuterte die Worte „von selbst" durch folgenden Hinweis:

„Es ist unmöglich, Wärme von einem kälteren an einen wärmeren Körper übergehen zu lassen, wenn nicht gleichzeitig ein Verbrauch an Arbeit stattfindet."

Schließlich beschrieb Max Planck den zweiten Hauptsatz der Thermodynamik 1897 so:

„Es ist unmöglich, eine periodisch arbeitende Maschine zu konstruieren, die weiter nichts bewirkt, als eine Last zu heben und e i n e m Wärmebehälter dauernd Wärme zu entziehen."

Zum Zeitpunkt ihrer Formulierung stellten die heute eher trivial klingenden Sätze eine Revolution in der Physik dar, denn sie beendeten etliche fruchtlose Versuche, die innere Energie der Umgebung (Lufthülle der Erde oder Wasser der Ozeane) zur Gewinnung von Arbeit heranzuziehen! Ein Schiff kann eben nicht dem Wasser dauernd Wärme entziehen, um daraus Arbeit zum Antrieb der Schiffsschraube unter Zurücklassung eines Streifens kalten Wassers zu gewinnen. Wilhelm Ostwald bezeichnete eine solche Maschine als Perpetuum mobile zweiter Art und stellte in Übereinstimmung mit der Erfahrung fest:

„Ein Perpetuum mobile zweiter Art ist nicht möglich."

Insofern schränkt der zweite Hauptsatz der Thermodynamik mit den Aussagen zur Richtung spontan ablaufender Energieumwandlungen den Anwendungsbereich des ersten Hauptsatzes der Thermodynamik ein. Nicht jede nach dem ersten Hauptsatz aufstellbare Energiebilanz lässt sich technisch real verwirklichen. Für eine bewusste Gestaltung thermodynamischer Prozesse müssen jeweils beide Hauptsätze betrachtet werden.

Auf die Schwierigkeiten bei der Deutung des Begriffes Entropie wurde schon in Kapitel 1.2 hingewiesen. Ergänzend dazu sei hier angefügt, dass Entropie selbst in der statistischen Thermodynamik begrifflich völlig anders hinterlegt ist als hier in der klassischen, phänomenologischen Thermodynamik. Die statistische Thermodynamik untersucht Systeme, die aus sehr vielen einzelnen Teilchen bestehen. Der jeweils makroskopische Zustand solcher Systeme wird durch Volumen, Druck und Temperatur bestimmt. Dieser Makrozustand ist durch eine hohe Zahl unterschiedlicher Mikrozustände erreichbar, die stetig durch innere Prozesse ineinander übergehen, ohne dass sich der Makrozustand ändert. Der Logarithmus für die Anzahl unterschiedlicher Mikrozustände, die ein bestimmter Makrozustand haben könnte, bezeichnet die statistische Thermodynamik als Entropie. Mit dieser Definition kann man in der klassischen Thermodynamik nichts richtig anfangen. Dort ist die Entropie eine extensive Zustandsgröße, die die Richtung eines ablaufenden Prozesses unter Beteiligung der Energieform Wärme kennzeichnet. Sie unterscheidet sich jedoch von den anderen Zustandsgrößen wie Volumen, Druck oder Temperatur dadurch, dass sie als abstrakte Rechengröße aus rein mathematischen Überlegungen hervorgeht und keine anschauliche Entsprechung in der Natur besitzt. Man kann die Entropie nicht „sehen" oder direkt messen, sondern nur aus den oben genannten Zustandsgrößen berechnen. Der so nützlichen Rechengröße Entropie haftet ihrer abstrakten Natur wegen leider der Makel einer fehlenden Anschaulichkeit an. Deshalb haben einige Ingenieure selbst nach etlichen Jahren Berufserfahrung immer noch eine gewisse Scheu, numerische Auswertungen zum zweiten Hauptsatz der Thermodynamik mit der Größe Entropie durchzuführen. Alternativ hat man schon früher versucht, den Sachverhalt durch Größen zu beschreiben, die der Vorstellungswelt des Ingenieurs entgegen kommen. Der Begründer der Dresdener Thermodynamikschule Gustav Zeuner entwickelte in Analogie zur Mechanik das Modell des „Wärmegewichtes $= Q/T$". Der Wärmeübergang von einem wärmeren zu einem kälteren Körper wurde mit dem Herabfallen einer Wassermasse verglichen, wobei die Fallhöhe ihre Entsprechung in der Temperaturdifferenz zwischen warmen und kalten Körper fand.

Gelegentlich wird im Bemühen um Anschaulichkeit der Begriff der Entropie als „Maß für die Unordnung" interpretiert. Dies knüpft daran an, dass die Entropie mit abnehmender Temperatur sinkt und als Grenzwert am absoluten Nullpunkt den Wert Null annehmen würde. Am absoluten Nullpunkt besäße ein idealer Kristall die größtmögliche Ordnung, denn die Teilchen könnten keine thermischen Bewegungen mehr ausführen. Mit höher werdender Temperatur stiege aber die Bewegungsfreiheit der Teilchen. Im festen Zustand schwingen die Teilchen im Kristall um ihre Ruhelage. Ein jeweils signifikanter Zuwachs an Bewegungsmöglichkeiten ergibt sich beim Übergang von fester zu flüssiger und mit weiter steigender Temperatur beim Übergang von flüssiger zu gasförmiger Phase. So nimmt mit größer werdender Temperatur die „Ordnung" des betrachteten Systems ab bzw. die „Unordnung" zu.

Die Summe der Entropien aller an einem nichtumkehrbaren Vorgang beteiligten Körper nimmt stets zu. Die Entropie kann deshalb auch als Maß für die Wahrscheinlichkeit eines Zustandes aufgefasst werden. Steigt die Entropie eines Systems, hat es einen wahrscheinlicheren Zustand eingenommen.

Alle diese Deutungen können für Ingenieure, deren Untersuchungen sich ausschließlich auf den makroskopischen Bereich beziehen, stellenweise hilfreich sein, an anderen Stellen aber gerade daran hindern, tiefer in die Sachverhalte einzudringen.

Nach dem Verständnis der klassischen Thermodynamik ist die Entropie S eine der Prozessgröße Wärme Q zugeordnete Zustandsgröße. Sie ist nur eine Rechengröße, die man allein dadurch gewinnt, dass man das unvollständige Differential der Prozessgröße Wärme in ein vollständiges Differential einer Zustandsgröße überführt. Mathematisch muss man dazu mit einem geeigneten Ansatz einen integrierenden Faktor (Euler'schen Multiplikator) finden. Wegen der zentralen Bedeutung für das Verständnis der Zustandsgröße Entropie in der klassischen Thermodynamik soll nachfolgend der mathematische Weg dorthin für ein ideales Gas angedeutet werden.

Den Ausgangspunkt bildet der Nachweis, dass die Prozessgröße Wärme mathematisch in unvollständiges Differential darstellt. Ohne Beschränkung der Allgemeingültigkeit greifen wir hier auf spezifische Größen zurück.

Für geschlossene Systeme wurde mit Gleichung (3.3-1) die Zustandsgröße innere Energie mit $u = u(v, T)$ und mit Gleichung (3.3-4) das zugehörige vollständige Differential vorgestellt.

$$u = u(v, T) \quad \text{und} \quad du = \left(\frac{\partial u}{\partial T} \right)_v dT + \left(\frac{\partial u}{\partial v} \right)_T dv$$

Die differentielle Form des ersten Hauptsatzes für geschlossene Systeme hatten wir mit Gleichung (4.1-5) gefunden.

$$dq - p\,dv = du$$

Für das Differential der spezifischen Wärme folgt daraus:

$$dq = du + p\,dv = \left(\frac{\partial u}{\partial T} \right)_v dT + \left(\frac{\partial u}{\partial v} \right)_T dv + p\,dv = \left(\frac{\partial u}{\partial T} \right)_v dT + \left[\left(\frac{\partial u}{\partial v} \right) + p \right]_T dv$$

Der Gay-Lussac'sche Überstromversuch für ideales Gas lieferte die Erkenntnis $(\partial u / \partial v)_T = 0$. Gleichung (3.3-7) liefert $(\partial u / \partial T)_v = c_V$. Nach Grundgleichung (3.2-2) für ideales Gas gilt ferner $p = (R_i \cdot T)/v$. Damit kann man für dq auch schreiben:

$$dq = c_V \cdot dT + \left(\frac{R_i \cdot T}{v} \right) \cdot dv = \left(\frac{\partial q}{\partial T} \right)_v dT + \left(\frac{\partial q}{\partial v} \right)_T dv$$

Wenn die Funktion $q = q(T, v)$ durch ein vollständiges Differential (in der mathematischen Literatur auch totales Differential) beschrieben würde, müsste ihre totale Differenzierbarkeit gewährleistet sein. Dies ist nach dem Satz von Schwarz der Fall, wenn die Reihenfolge der gemischten partiellen Differentiationen vertauscht werden kann, also:

$$\frac{\partial^2 q}{\partial T \partial v} = \frac{\partial^2 q}{\partial v \partial T}$$

Aus einem Koeffizientenvergleich in der oben für das Differential dq angegeben Gleichung können wir gewinnen:

$$\frac{\partial q}{\partial T} = c_V \quad \text{und} \quad \frac{\partial q}{\partial v} = \frac{R_i \cdot T}{v}$$

$$\frac{\partial^2 q}{\partial T \partial v} = \frac{\partial c_V}{\partial v} = 0$$

Die spezifische Wärmekapazität ist eine von der Größe des Volumens unabhängige Stoff-größe. Die Ableitung einer Konstante ergibt null.

$$\frac{\partial^2 q}{\partial v \partial T} = \frac{\partial (R_i \cdot T)/v}{\partial T} = \frac{R_i}{v} \neq 0$$

R_i/v kann für eine festgehaltene Temperatur niemals null sein!

Somit ist

$$\frac{\partial^2 q}{\partial T \partial v} \neq \frac{\partial^2 q}{\partial v \partial T},$$

weil $0 \neq \dfrac{R_i}{v}$.

Damit liegt der Nachweis vor, dass dq ein unvollständiges Differential darstellt. Mathematisch lässt sich zeigen, dass es stets mindestens einen integrierenden Faktor $\mu = \mu(v, T)$ gibt, der aus dem unvollständigem Differential ein vollständiges macht. So ist zu schreiben:

$$\mu(T) \cdot dq = \mu(T) \cdot c_V \cdot dT + \mu(T) \cdot \frac{R_i \cdot T}{v} \cdot dv$$

Ansätze für μ könnten beispielsweise sein $\mu = \mu(T), \mu = \mu(v), \mu = \mu(v \cdot T)$ oder $\mu = \mu(v+T)$. Welcher Ansatz zum Ziel führt, muss schlicht probiert werden. Der Ansatz $\boldsymbol{\mu = \mu(T)}$ ist der durch Probieren gefundene, tatsächlich zum Ziel führende. Aus diesem Ansatz folgt nämlich:

$$\frac{\partial \mu(T)}{\partial T} = \mu' \quad \text{und} \quad \frac{\partial \mu(T)}{\partial v} = 0$$

($\mu(T)$ enthält keine Abhängigkeit von v und wirkt wie eine Konstante).

Mit der Produktregel zur Ableitung verketteter Funktionen entsteht aus $\mu(T) \cdot dq$:

$$\frac{\partial c_V}{\partial v} \cdot \mu(T) + \frac{\partial \mu(T)}{\partial v} \cdot c_V = \frac{\partial (R_i \cdot T/v)}{\partial T} \cdot \mu(T) + \frac{\partial \mu(T)}{\partial T} \cdot \frac{R_i \cdot T}{v} \quad \text{oder}$$

$$0 \cdot \mu(T) + 0 \cdot c_V = \frac{R_i}{v} \cdot \mu(T) + \mu'(T) \cdot \frac{R_i \cdot T}{v} \quad \rightarrow \quad 0 = \mu(T) + \mu'(T) \cdot T \quad \text{oder}$$

$$\frac{\mu'(T)}{\mu(T)} = -\frac{1}{T} \quad \rightarrow \quad \int \frac{\mu'(T)}{\mu(T)} d\mu = -\int \frac{dT}{T} \quad \rightarrow \quad \ln \mu(T) = -\ln T + \ln C$$

C ist eine zusammengefasste Konstante aus den beiden unbestimmten Integrationen. Wegen der leichteren Handhabung bei den nächsten Schritten haben wir hier davon Gebrauch gemacht, dass wenn C eine frei wählbare reelle Konstante ist, $\ln C$ gleichfalls für eine frei wählbare reelle Konstante steht.

$$\ln \mu(T) = -\ln T + \ln C \quad \Leftrightarrow \quad \mu(T) = \frac{C}{T}$$

Für den einfachsten Fall setzt man $C = 1$ und hat so den integrierenden Faktor bestimmt zu

$$\mu(T) = \frac{1}{T}$$

Mit diesem integrierenden Faktor wird aus dem unvollständigen Differential der spezifischen Wärme dq nun das vollständige Differential der spezifischen Entropie ds

$$\mathrm{d}s = \frac{\mathrm{d}q}{T} = \left(\frac{c_V}{T} \right)_v \cdot \mathrm{d}T + \left(\frac{R_i \cdot T}{T \cdot v} \right)_T \cdot \mathrm{d}v = \left(\frac{\partial s}{\partial T} \right)_v \mathrm{d}T + \left(\frac{\partial s}{\partial v} \right)_T \mathrm{d}v$$

Wenn ds ein vollständiges (totales) Differential ist, müsste nach dem Satz von Schwarz die Bedingung erfüllt werden:

$$\frac{\partial^2 s}{\partial T \partial v} = \frac{\partial^2 s}{\partial v \partial T}$$

Durch Koeffizientenvergleich in der Gleichung für das Differential ds gewinnen wir:

$$\frac{\partial s}{\partial T} = \frac{c_V}{T} \quad \text{und} \quad \frac{\partial s}{\partial v} = \frac{R_i}{v}$$

$$\frac{\partial^2 s}{\partial T \partial v} = \frac{\partial(c_V/T)}{\partial v} = \frac{(\partial c_V/\partial v) \cdot T - (\partial T/\partial v) \cdot c_V}{T^2} = \frac{0 \cdot T - 0 \cdot c_V}{T^2} = 0$$

Beachte: Die Temperatur T ist eine intensive Zustandsgröße und hängt nicht vom Volumen ab!

$$\frac{\partial^2 s}{\partial v \partial T} = \frac{\partial(R_i/v)}{\partial T} = \frac{(\partial R_i/\partial T) \cdot v - (\partial v/\partial T) \cdot R_i}{v^2} = \frac{0 \cdot v - 0 \cdot R_i}{v^2} = 0$$

Die Differentiationsreihenfolge für die gemischten partiellen Ableitungen kann jetzt tatsächlich vertauscht werden und es gilt:

$$\frac{\partial^2 s}{\partial T \partial v} = \frac{\partial^2 s}{\partial v \partial T}$$

Aus diesen hier dargestellten Zusammenhängen ergibt sich logisch die Definition der Entropie als Zustandsgröße durch:

$$S = \frac{Q}{T} \qquad [S] = 1 \frac{\mathrm{kJ}}{\mathrm{K}} \tag{5.1-1a}$$

oder in differentieller Form:

$$\mathrm{d}S = \frac{\mathrm{d}Q}{T} \tag{5.1-1b}$$

$$s = \frac{S}{m} = \frac{Q}{m \cdot T} = \frac{q}{T} \qquad [s] = 1\,\frac{\text{kJ}}{\text{kg}\,\text{K}} \tag{5.1-2a}$$

$$\mathrm{d}s = \frac{\mathrm{d}q}{T} \tag{5.1-2b}$$

Die Temperatur T ist die thermodynamische Temperatur, die an der Systemgrenze zum Zeitpunkt des jeweiligen Wärmetransports herrscht.

Was ermöglicht nun die Zustandsgröße Entropie? Für die klassische Thermodynamik sind drei Dinge anzusprechen, die in den folgenden Kapiteln noch näher erläutert werden:

1. Veranschaulichung von Wärmeenergie als Fläche im T, s-Diagramm
2. Bestimmung der Art eines Prozesses (im vollständig abgeschlossenen System)
3. Berechnung der Arbeitsfähigkeit der Enthalpie (Exergieverluste)

Zu Punkt 1 wurde schon das Wichtigste in Kapitel 3.2 für ideales Gas und in Kapitel 3.8 für Dämpfe behandelt. In Kapitel 5.2 wird lediglich noch einmal auf den grundsätzlichen Funktionstyp für die Darstellung von Isochoren und Isobaren im T, s-Diagramm und die Begründung dafür nachgereicht, warum Isochoren in diesem Diagramm steiler verlaufen als die Isobaren. Die anderen beiden Punkte vertiefen wir in Kapitel 5.2 und 5.3.

Da die Entropie in der klassischen Thermodynamik ein mathematisch quantitativ fassbares Maß für die Unumkehrbarkeit von natürlichen Prozessabläufen ist, bestehen auch Verknüpfungen mit dem Begriff der Zeit. Das ist in Bezug auf die Naturwissenschaften ein Alleinstellungsmerkmal, keine andere Naturwissenschaft kann etwas Vergleichbares vorweisen. Erst durch irreversible Vorgänge, die durch rechnerische Vermehrung der Entropie gekennzeichnet sind, können Menschen den Verlauf der Zeit wahrnehmen. Die von uns nun schon öfter bemühten reversiblen (sprich: umkehrbaren) Prozesse sind lediglich Denkmodelle. Gäbe es tatsächlich natürlich ablaufende reversible Prozesse, wäre das Vergehen von Zeit nicht feststellbar. Dazu stelle man sich eine Kugel an einer idealen Feder im Vakuum vor, die unendlich lange schwingen könnte. Würde ein Film dieses Vorgangs rückwärts abgespielt, fiele es dem Beobachter nicht auf.

Der zweite Hauptsatz der Thermodynamik postuliert in makroskopischen Systemen also auch eine von der Vergangenheit in die Zukunft gerichtete stets positive Zeit. Zum Philosophieren neigende Naturwissenschaftler beschäftigt bei der Auseinandersetzung mit dem zweiten Hauptsatz der Thermodynamik die zentrale Frage, woher in der makroskopischen Dimension die Richtungsvorgabe für die Zeit wohl herrühren könnte. Im mikroskopischen Bereich gibt es für die Zeit keine vorgegebene Richtung. Bisher unbeantwortet bleibt außerdem die Frage, ob allein die Entropie der klassischen Thermodynamik der Zeit eine Richtung aufprägt. Die Expansion unseres Universums in der Gravitationsblase könnte ebenfalls geeignet sein, nach unserem Raum-Zeit-Verständnis die Zeitrichtung einseitig positiv festzulegen.

Der dritte als Erfahrungstatsache von Walter Nernst 1906 formulierte Hauptsatz der Thermodynamik wurde schon in Kapitel 3.1 in einer Fußnote als Nernst'sches Wärmetheorem vorgestellt: Es ist unmöglich, mit irgendeinem Prozess in einer endlichen Zahl von Stufen die Temperatur des Systems auf null Kelvin zu senken. Am Nullpunkt der thermodynamischen Temperatur würden sich theoretisch alle Teilchen zu einen absolut regelmäßigen starren Gitter anordnen, zu einem „perfekten" Kristall, in dem jegliche thermische Bewegung zur Ruhe kommt. Unter Laborbedingungen hat man sich bislang dem absoluten Nullpunkt der thermodynamischen Temperatur auf etwa 0,2 mK genähert!

Als Zustandsgröße hängt die Entropie nur vom Zustand des Systems ab, nicht aber vom Weg, auf den dieser erreicht wurde. Die Definitionen der Entropie (5.1-1) oder (5.1-2) gestatten es lediglich, die Entropiedifferenz zwischen End- und Anfangszustand des Systems zu berechnen. Für viele ingenieurtechnische Untersuchungen ist das auch ausreichend. Will man jedoch die Entropie eines einphasigen Einkomponentensystems als Zahlenwert aus seinen zwei Freiheitsgraden (zum Beispiel Temperatur und Volumen) berechnen, benötigt man einen Bezugspunkt. Am Nullpunkt der absoluten Temperatur kann wegen einer Division durch null mit den Definitionen (5.1-1) oder (5.1-2) kein endlicher Entropiewert angegeben werden. Vor diesem Hintergrund hat Max Planck 1912 vorgeschlagen, der Entropie am Nullpunkt der thermodynamischen Temperaturskala $T_0 = 0\,\mathrm{K}$ den Wert $S_0 = 0\,\mathrm{J/K}$ zuzuordnen. Damit gewinnt man einen sinnvollen Bezugspunkt und kann auch für jede andere Temperatur der Entropie einen numerischen Absolutwert bestimmen.

Der von Nernst formulierte Erfahrungssatz und die von Planck vorgeschlagene Festsetzung von $S(T = 0\,\mathrm{K}) = 0\,\mathrm{J/K}$ geben dem dritten Hauptsatz der Thermodynamik die heute gebräuchliche Form.

5.2 Berechnung und Bilanzierung der Entropie

Mit dem ersten Hauptsatz der Thermodynamik sind bei reversiblen Prozessen für geschlossene und offene Systeme folgende Bilanzgleichungen in differentieller Form gefunden worden:

$$\mathrm{d}U = \mathrm{d}Q - p \cdot \mathrm{d}V \qquad \text{(geschlossene Systeme)}$$
$$\mathrm{d}H = \mathrm{d}Q + V \cdot \mathrm{d}p \qquad \text{(offene Systeme)}$$

Bemerkenswert an diesen differentiell aufgeschriebenen Bilanzgleichungen ist, dass sie gleichzeitig aus vollständigen Differentialen für die Zustandsgrößen innere Energie U, Enthalpie H, Druck p und Volumen V sowie unvollständigen Differentialen für die Prozessgröße Wärme Q zusammengesetzt sind. Eine Verbindung dieser Bilanzgleichungen aus dem ersten mit dem zweiten Hauptsatz ist bei reversiblen Prozessen über Formel

(5.1-1b) herzustellen, denn dann gilt $dQ = T \cdot dS$. Daraus entstehen die Fundamental-
gleichungen der Thermodynamik

$$dU = T \cdot dS - p \cdot dV \qquad \text{(geschlossene Systeme)} \qquad (5.2\text{-}1)$$

$$dH = T \cdot dS + V \cdot dp \qquad \text{(offene Systeme)} \qquad (5.2\text{-}2)$$

Diese Gleichungen enthalten nur vollständige Differentiale und können einfacher integriert werden. Die Gleichungen (5.2-1) und (5.2-2) entsprechen der Gibbs'schen Fundamentalgleichung für Systeme ohne Änderung der Stoffmenge ($dn = 0$), wenn chemische
Potentiale keine Rolle spielen.

Für **geschlossene Systeme** gilt ausgehend vom ersten Hauptsatz für reversible Prozesse unabhängig von der Art der Zustandsänderung $dq = du + pdv$ und damit gemäß
(5.1-2b) für die Entropie des idealen Gases:

$$ds = \frac{dq}{T} = \frac{du}{T} + \frac{pdv}{T} = c_v \frac{dT}{T} + \frac{R_i \cdot T}{v \cdot T} dv \qquad (5.2\text{-}3a)$$

$$s_2 - s_1 = c_v \ln \frac{T_2}{T_1} + R_i \ln \frac{v_2}{v_1} \qquad (5.2\text{-}3b)$$

Gleichung (5.2-3b) gibt die Entropieänderung für ein ideales Gas an, wenn es eine isentrope Expansion oder Kompression vom Anfangszustand (T_1, v_1) in den Endzustand
(T_2, v_2) erfährt. Mit $s_1 = s_2$ folgt:

$$c_V \cdot \ln \frac{T_2}{T_1} = -R_i \cdot \ln \frac{v_2}{v_1} \quad \text{oder} \quad c_V \cdot \ln \frac{T_1}{T_2} = +R_i \cdot \ln \frac{v_2}{v_1}$$

Diese Gleichung ist erfüllt, wenn bei:

- isentroper Expansion mit $v_2 > v_1$ und $\ln \frac{v_2}{v_1} > 0$ auch $\ln \frac{T_1}{T_2} > 0$, also $T_2 < T_1$ (das
  Gas muss sich abkühlen)
- isentroper Kompression mit $v_2 < v_1$ und $\ln \frac{v_2}{v_1} < 0$ auch $\ln \frac{T_1}{T_2} < 0$, also $T_2 > T_1$ (das
  Gas muss sich erhitzen)

Für den Spezialfall des geschlossenen Systems mit festen Wänden ($v_2 = v_1$) bei einer
isochoren Zustandsänderung mit $dv = 0$ wird aus (5.2-3b):

$$s_2 - s_1 = c_V \ln \frac{T_2}{T_1} \qquad (5.2\text{-}3c)$$

Für **offene Systeme** gilt entsprechend $dq = dh - vdp$ und damit wiederum nach (5.1-2b)
für die Entropie des idealen Gases:

$$ds = \frac{dq}{T} = \frac{dh}{T} - \frac{v \cdot dp}{T} = \frac{c_p \cdot dT}{T} - R_i \cdot \frac{dp}{p} \qquad (5.2\text{-}4a)$$

$$s_2 - s_1 = c_p \ln \frac{T_2}{T_1} - R_i \ln \frac{p_2}{p_1} \qquad (5.2\text{-}4\text{b})$$

Gleichung (5.2-4b) ist gleichzeitig die Grundlage zur Berechnung der Entropien idealer Gase zwischen einem gewählten Bezugszustand (p_0, T_0) und dem Zustand (p, T).

Für den Spezialfall des arbeitsisolierten offenen Systems und isobarer Zustandsänderung mit $p_1 = p_2$ oder $p_2/p_1 = 1$ und $\ln 1 = 0$

$$s_2 - s_1 = c_p \ln \frac{T_2}{T_1} \qquad (5.2\text{-}4\text{c})$$

Die Entropie und die Entropieänderung eines idealen Gases kann nicht direkt gemessen werden, aber – wie die obigen Formeln zeigen – hängen Entropie und Entropieänderungen ausschließlich von messbaren Größen ab!

Aus Gleichung (5.2-3a) folgt für die Isochoren mit $\mathrm{d}v = 0$:

$$\left(\frac{\mathrm{d}s}{\mathrm{d}T} \right)_V = c_V$$

Für die Darstellung der Isochoren im T, s-Diagramm benötigt man den Anstieg der Kurven:

$$\left(\frac{\mathrm{d}T}{\mathrm{d}s} \right)_V = \frac{1}{c_V}$$

Analog können wir aus (5.2-4a) für den Anstieg der Isobaren im T, s-Diagramm gewinnen:

$$\left(\frac{\mathrm{d}T}{\mathrm{d}s} \right)_p = \frac{1}{c_p}$$

Aus $c_p = c_V + R_i$, also $c_p > c_V$ ergibt sich, dass die Isochoren im T, s-Diagramm steiler verlaufen müssen als die Isobaren. Gleichung (5.2-4c) beschreibt eine Funktion $s = s(\ln T)$ bei konstantem Volumen. Für die Darstellung der Isochoren im T, s-Diagramm wird die Umkehrfunktion benötigt. Diese Umkehrfunktion ist eine e-Funktion im I. Quadranten. Analoges gilt für die flacher verlaufenden Isobaren. In Kapitel 3.3 wurden Isobaren und Isochoren im T, s-Diagramm auch schon grafisch dargestellt (vergleiche Abbildung 3-11).

Die Entropie eines Systems ändert sich (dS), wenn Wärme (dQ) über die Systemgrenze transportiert wird, und/oder wenn Energie im Inneren des Systems dissipiert (dW_{diss}).

$$\mathrm{d}S = \frac{\mathrm{d}Q_{rev}}{T} + \frac{\mathrm{d}W_{diss}}{T} \qquad (5.2\text{-}5)$$

Den ersten Term auf der rechten Seite von Gleichung (5.2-5) nennt man Entropieänderung durch Wärmetransport über die Systemgrenze dS_q. Der Wärmetransport erfolgt durch Temperaturdifferenzen an der Systemgrenze oder durch eine an einen Massenstrom gebundene Wärme in Form von $Q = \dot{m} \cdot q \cdot \tau$.

$$dS_q = \frac{dQ_{rev}}{T} = \begin{cases} > 0, & \text{wenn Wärme zugeführt } (Q > 0) \\ = 0, & \text{bei adiabaten Systemen } (Q = 0) \\ < 0, & \text{wenn Wärme abgeführt } (Q < 0) \end{cases} \qquad (5.2\text{-}6)$$

Der zweite Term auf der rechten Seite von Gleichung (5.2-5) stellt die Entropieproduktion dS_i dar. Schon der Name drückt aus, dass es sich hier um ein Quellglied handelt, das für die schon angesprochene Entropievermehrung sorgt.

$$dS_i = \frac{dW_{diss}}{T} = \begin{cases} > 0, & \text{wenn } W_{diss,12} > 0 \rightarrow \text{natürlicher Prozess} \\ = 0, & \text{wenn } W_{diss,12} = 0 \rightarrow \text{nur theoret. Denkmodell} \\ < 0, & \text{wenn } W_{diss,12} < 0 \rightarrow \text{„unmöglicher" Prozess} \end{cases} \qquad (5.2\text{-}7)$$

Gleichung (5.2-7) definiert die differentielle Entropieproduktion mit $dS_i = \frac{dW_{diss}}{T}$. Für eine Integration müsste die Temperaturabhängigkeit der Dissipationsarbeit bekannt sein. Das ist aber leider oft nicht der Fall. Bei der Integration differentieller Bilanzgleichungen schreibt man beispielsweise für Gleichung (5.2-5) dann nicht:

$$S_2 - S_1 = \int_1^2 \frac{dQ}{T} + \int_1^2 \frac{dW_{diss}}{T} \quad \text{sondern} \quad S_2 - S_1 = \int_1^2 \frac{dQ}{T} + S_{i,12}$$

In Kapitel 3.3 wurde mit Abbildung 3-6 schon gezeigt, wie die dissipierte Energie („Reibungswärme") im T, s-Diagramm als Fläche dargestellt werden kann. Man erkennt dort auch den Unterschied zwischen einer isentropen und einer sogenannten adiabatischen Zustandsänderung. Eine isentrope Zustandsänderung kann nur durch reversible Prozesse ausgelöst werden. Es findet keine Entropieproduktion statt. Nach (5.2-7) ist dies nur ein theoretisches, aber in der Praxis trotzdem nützliches Denkmodell. Eine adiabatische Zustandsänderung liegt vor, wenn eine Zustandsänderung mit dem Auftreten von Dissipation in adiabaten Systemen stattfindet. Die „Reibungswärme" kann das System nicht verlassen und erhöht seine innere Energie. Die Entropieproduktion führt zu einer gleichzeitigen Entropiezunahme. Der funktionale Zusammenhang zwischen Entropieproduktion und Temperatur ist fast immer unbekannt, bekannt sind lediglich der Anfangs- und Endzustand. Deshalb wurde in Abbildung 3-6 der Verlauf zwischen diesen beiden bekannten Zuständen gestrichelt gezeichnet. Für adiabatische Kompressionen verlaufen polytrop mit einem Polytropenexponenten n, der größer ist als der jeweilige Isentropenexponent κ des betreffenden Gases ($n > \kappa$), für polytrop mit Entropiezunahme verlaufende Expansionen gilt ($n < \kappa$). Man betrachte dazu auch noch Abbildung 2-19 in Kapitel 2.3.

Im Polytropenexponenten wird jedoch sowohl die spezielle Form der Zustandsänderung als auch die auftretende Dissipation summarisch erfasst, sodass ohne zusätzliche Informationen die Effekte nicht getrennt werden können. Die hier erforderlichen zusätzlichen Informationen sind praktisch nur extrem selten zu beschaffen.

Alle reibungsbehafteten Prozesse und alle Ausgleichsprozesse können als sogenannte natürliche Prozesse bei Vorhandensein Prozess auslösender Treiber (zum Beispiel: Temperaturunterschiede, Druckdifferenzen oder Konzentrationsunterschiede) spontan ablaufen. Bei den als reversibel bezeichneten Prozessen unterstellen wir die Abwesenheit von Reibung oder anderen dissipativen Effekten. Das kommt in der Praxis nicht vor und ist lediglich ein theoretisches Denkmodell. Die in (5.2-7) als unmöglich gekennzeichneten Prozesse sind Prozesse, die spontan nicht ablaufen können (nicht von allein in Gang kommen), wohl aber durch zusätzliche Energieaufwendungen möglich gemacht werden könnten.

Die Entropie eines Systems ändert sich nach der Bilanzgleichung (5.2-5) durch Zu- und Abfuhr von Entropie über die Systemgrenze infolge von Wärme- und/oder Stofftransporten sowie mit der Entropieproduktion in seinem Inneren durch Dissipationsvorgänge.

$$dS = dS_q + dS_i \quad \text{oder} \quad d\dot{S} = d\dot{S}_q + d\dot{S}_i \tag{5.2-8}$$

Der Index i bei der Entropieproduktion deutet darauf hin, dass diese nur im Systeminneren entsteht.

Die Entropiebilanz unterscheidet sich insofern von den nach dem ersten Hauptsatz der Thermodynamik formulierten Bilanzgleichungen für Masse und Energie, als sie mit der Entropieproduktion ein Quellglied besitzt. Daher kann man für die Entropie in der Regel keine Erhaltungsgleichungen formulieren, was auch als Unsymmetrie von Energieumwandlungen bezeichnet wird.

Mögliche Fälle für die Entropiebilanz nach (5.2-8):

1. **$dS_q = 0$ und $dS_i = 0$ $\rightarrow$ Entropieerhaltung mit $dS = 0$**
   Eine wichtige Ausnahme bilden jedoch die reversiblen, ohne Entropieproduktion erfolgenden Zustandsänderungen ($dS_i = 0$). Hier folgt die Entropiebilanz einer Erhaltung, und die so gewonnene zusätzliche Bedingung ist vielfach eine entscheidende Voraussetzung, um bestimmte Probleme überhaupt lösen zu können. Bei reversiblen Prozessen ($S_{i,12} = 0$) im adiabaten System ($dQ = 0$ oder $dS_q = 0$) ist nach (5.2-8) folglich $dS = 0$, das heißt, die Entropie bleibt konstant (isentrope Zustandsänderung!).

2. **$dS_q \neq 0$ und $dS_i = 0$ $\rightarrow$ Entropieerhaltung mit $S = $ konstant**
   Zustandsänderungen verlaufen reversibel, das System nimmt Wärme auf oder gibt Wärme ab. Bei entsprechender Höhe der Wärmeabgabe kann sich die Entropie des Systems verringern. Die Entropie wird dadurch aber nicht vernichtet, sondern an die Umgebung übertragen. Die Summe der Entropie des Systems und die an die Umgebung übertragene Entropie bleiben konstant.

3. $dS_q = 0$ und $dS_i > 0 \rightarrow$ **keine Entropieerhaltung!**

   Dieser Fall ist ein gewisses Pendant zu (1). Im adiabaten System läuft eine irreversible Zustandsänderung ab, man spricht hier von einer adiabatischen Zustandsänderung im Unterschied zu (1), wo die dort fehlende Dissipation eine Bedingung für die isentrope Zustandsänderung ist.

   Laufen irreversible Prozesse in nicht adiabaten Systemen ab, nimmt die Entropie der Umgebung immer zu. In (vollständig) abgeschlossenen Systemen dagegen kann es wegen fehlender energetischer und stofflicher Wechselwirkung mit der Umgebung keine Zu- oder Abfuhr von Entropie über die Systemgrenze geben. Die Entropie eines solchen Systems nimmt durch spontan ablaufende irreversible Ausgleichsvorgänge (chemische Reaktionen, Vermischung durch Diffusion, Konzentrationsausgleich, Temperatur- und Druckausgleich) nur zu. Der Endzustand ist ein neuer Gleichgewichtszustand und durch das Vorliegen der maximal möglichen Entropie S_{max} in einem stationären Zustand ($dS/d\tau = 0$) bestimmt.

4. $dS_q \neq 0$ und $dS_i > 0 \rightarrow$ **keine Entropieerhaltung!**

   Im System laufen irreversible Zustandsänderungen ab bei simultanem Transport von Wärme über die Systemgrenze. Dieser Fall ist oft sehr schwierig zu analysieren, weil die Änderung der Entropie dS summarisch errechnet wird, aber oft fehlen Informationen wie sich die Summe der Entropieänderung auf Entropieänderung durch Wärmetransport und Entropieproduktion verteilt.

Eine Besonderheit ist bei der Analyse von Ausgleichsprozessen in abgeschlossenen Systemen zu beachten. Über die Systemgrenze können weder Stoff, Wärme oder Arbeit transportiert werden, sodass die Energie solcher Systeme immer konstant bleibt. Hier muss das abgeschlossene System immer in Teilsysteme aufgespalten werden. Betrachtet man zum Beispiel die Mischung einer bestimmten Menge heißen Wassers (Temperatur T_1) mit einer bestimmten Menge kalten Wassers (Temperatur T_2) gibt das Teilsystem mit dem heißen Wasser bis zum Erreichen der Mischungstemperatur T_M eine bestimmte Wärmemenge Q ($Q < 0$) ab, die das Teilsystem mit dem kalten Wasser in gleicher Höhe entsprechend aufnimmt ($Q > 0$). Die Entropieänderung des abgeschlossenen Systems setzt sich hier zusammen aus den Entropieänderungen des Teilsystems 1 und 2, im allgemeinen Fall aus der Summe aller n Teilsysteme.

$$dS = dS_1 + dS_2 + \cdots + dS_n \qquad (5.2\text{-}9)$$

Im speziell oben angesprochenen Fall der beiden Teilsysteme für Wasser mit der Temperatur T_1 und T_2 ergibt sich für die Änderung der Entropie des abgeschlossenen Systems:

$$dS = -\frac{dQ}{T_1} + \frac{dQ}{T_2} = dQ \cdot \frac{T_1 - T_2}{T_1 \cdot T_2}$$

Wegen $T_1 > T_2$ ist immer von $(T_1 - T_2)/T_1 \cdot T_2 > 0$ auszugehen und damit von $dS > 0$ (also Entropiezunahme). Der Mischungsprozess ist nicht mehr umkehrbar (irreversibel).

Er wäre nur dann reversibel ($dS = 0$), wenn $T_1 = T_2$ und deshalb $(T_1 - T_2)/T_1 \cdot T_2 = 0$. Aus Erfahrung wissen wir aber, dass bei Temperaturgleichgewicht kein Temperaturausgleich stattfinden kann.

Die durch Irreversibilitäten dissipierte Energie $W_{diss,12}$ lässt sich nach Formel (5.2-7) berechnen aus:

$$W_{diss,12} = T \cdot S_{i,12} \quad \text{(für } T = \text{konstant!)} \tag{5.2-10}$$

Diese dissipierte Energie entsteht durch die Irreversibilitäten in einem Prozess und steckt als technisch nicht mehr nutzbare Wärme nach Beendigung des Prozesses in der Umgebung. Gleichzeitig ist es die mindestens aufzuwendende Energie für eine Umkehrung des in der Natur spontan ablaufenden Prozesses. Eine Einschränkung für die Anwendung von (5.2-10) ergibt sich aus der Tatsache, dass vorausgesetzt wird, dass die Temperatur T konstant bleibt. Ändern sich die Temperaturen während des Prozesses, kann man sich mit einer thermodynamischen Mitteltemperatur $\bar{T}$ für die Wärmezufuhr und -abfuhr helfen, die man nach Definition aus den Zustandsgrößen im End- und Anfangszustand wie folgt berechnet:

$$\bar{T} = \frac{h_2 - h_1}{s_2 - s_1} \tag{5.2-11a}$$

Für ideales Gas ist (5.2-11a) darstellbar durch:

$$\bar{T} = \frac{T_2 - T_1}{\ln \dfrac{T_2}{T_1}} \tag{5.2-11b}$$

Der zweite Hauptsatz ist ein Erfahrungssatz. Aber nicht immer sagt uns allein unsere Erfahrung, ob ein Prozess möglich ist oder spontan nicht möglich ist. Sollte man entscheiden, ob es möglich ist, Luft in einem Apparat von 3 bar und 20 °C auf 1 bar zu entspannen und dabei mit einer speziellen Zustandsänderung die Temperatur von –120 °C zu erreichen, ist man auf eine mathematische Analyse mithilfe des zweiten Hauptsatzes der Thermodynamik angewiesen. In Bezug auf die Druckabnahme ist der Prozess nach unseren Erfahrungen sicherlich möglich, ob er aber hinsichtlich der erwarteten Temperaturabnahme möglich ist, bleibt offen.

5.2.1 Richtung des Wärmestroms bei Energieumwandlung

Ein Elektromotor gebe eine Wellenleistung P_W ab, wenn ihm eine elektrische Leistung P_{el} zugeführt wird. Man diskutiere die mögliche Bedeutung der in Abbildung 5-1 eingezeichneten Wärmeströme nach den Hauptsätzen der Thermodynamik für den stationären Betrieb!

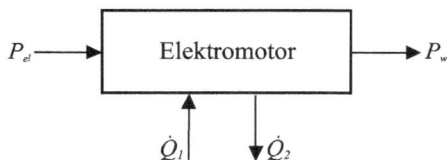

Abb. 5-1: Elektromotor mit schematischer Darstellung der Energieströme.

Gegeben sind:
$P_{el}, P_W, \dot{Q}_1$ und $\dot{Q}_2$ als Bilanzgrößen nach Abbildung 5-1

Vorüberlegungen:
Der Elektromotor stellt ein thermodynamisch geschlossenes System dar, über dessen Grenzen elektrische Leistung, mechanische Leistung und *e i n* (resultierender) Wärmestrom $\dot{Q}$ transportiert werden. Im stationären Zustand besitzt dieses System eine konstante innere Energie U.

Lösung:

$$\frac{dU}{d\tau} = \dot{Q} + P_W + P_{el} = 0 \quad \text{(stationärer Zustand nach Abbildung 5-1)}$$
$$-P_W = P_{el} + \dot{Q}$$

Mit diesem Befund könnten wir in völliger Übereinstimmung zum ersten Hauptsatz der Thermodynamik die abgegebene Wellenleistung durch Beheizung des Motors steigern. Die Betrachtung der Entropie nach Maßgabe von Gleichung (5.2-8) führt aber zur Aussage

$$d\dot{S} = \dot{S}_{q,12} + \dot{S}_{i,12} = 0 \quad \text{(im stationären Zustand bleibt die Entropie konstant und } d\dot{S} = 0)$$

Da nach den Vorüberlegungen im Unterschied zur Darstellung in Abbildung 5-1 nur ein Wärmestrom die Systemgrenze überschreitet, ist unter Bezugnahme auf (5.2-8):

$$\dot{S}_{q,12} = \frac{\dot{Q}}{T} = -\dot{S}_{i,12} \quad \rightarrow \quad \dot{Q} = -T \cdot \dot{S}_{i,12} \leq 0$$

Nach dem zweiten Hauptsatz kann der Wärmestrom nur abgeführt werden, die in Abbildung 5-1 angegebene Richtung des Wärmestroms $\dot{Q}_1$ ist also falsch! Es entspricht auch der Erfahrung, dass die durch den elektrischen Widerstand in den Motorwicklungen und die durch mechanische Reibung erzeugte Wärme spontan als dissipierte Energie an die Umgebung abgegeben wird ($\dot{Q}_2$).

5.2.2 Nachweis der Irreversibilität beim Fließen eines Gleichstroms

Ein elektrischer Leiter weise zwischen zwei Punkten einen elektrischen Potentialunterschied von 20 V auf und besitze genau wie die Umgebung eine Temperatur von 15 °C sowie einen elektrischen Widerstand von 2 Ω.

a) Welche Wärme in kJ ist innerhalb einer Stunde dem Leiterabschnitt zu entziehen, wenn er von einem zeitlich konstanten Gleichstrom durchflossen wird und seine Temperatur sich nicht ändern soll?

b) Man weise nach, dass der Stromfluss im gekühlten Leiter ein irreversibler Vorgang ist!

Gegeben sind:

$U = 20\,\text{V}$ $\qquad R = 2\,\Omega$ $\qquad T = 288{,}15\,\text{K}$ $\qquad \tau = 3600\,\text{s}$

Vorüberlegungen:

1. Wenn der Leiter eine konstante Temperatur behalten soll, darf sich sein Zustand zeitlich nicht ändern. Die elektrische Leistung und alle anderen Zustandsgrößen dürfen also nicht von der Zeit τ abhängen. Daher muss man für einen stationären Prozess den der elektrischen Leistung adäquaten Wärmestrom abführen.

2. P_{el} wird dem Leiter zugeführt und dissipiert infolge seines elektrischen Widerstandes vollständig im Leiter zu Wärme. $\dot{Q}_{12} = -P_{el}$

3. Aus der Physik sind folgende Formeln bekannt:

$$P_{el} = U \cdot I \quad \text{und} \quad U = R \cdot I \quad \text{führt zu} \quad P_{el} = \frac{U^2}{R}$$

Lösung:

a) stündlich abzuführende Wärme gemäß Vorüberlegung 1: $P_{el} = -\dot{Q}_{12}$

$$P_{el} = \frac{U^2}{R} = \frac{400\,\text{V}^2}{2\,\Omega} = 200\,\text{W}$$

$$\dot{Q}_{12} = -200\,\text{W} \qquad Q_{12} = \dot{Q}_{12} \cdot \tau = -200\,\text{W} \cdot 3600\,\text{s} = \underline{\underline{-720\,\text{kJ}}}$$

b) Irreversibilitätsnachweis über Entropieproduktion ausgehend von Gleichung (5.2-8)

$$d\dot{S} = d\dot{S}_{q,12} + d\dot{S}_{i,12}$$

Wegen $d\dot{S} = 0$ (stationärer Prozess) folgt $\dot{S}_{i,12} = -\dot{S}_{q,12}$ und damit ist

$$\dot{S}_{i,12} = -\frac{\dot{Q}_{12}}{T} = -\frac{(-200\,\text{W})}{288{,}15\,\text{K}} = \underline{\underline{+0{,}694\,\frac{\text{W}}{\text{K}}}} > 0$$

Der Nachweis für die Irreversibilität des Prozesses ist mit positiver Entropieproduktion erbracht. Dies ist hier auch leicht einsehbar, denn eine Umkehrung würde uns aus Erfahrung ohnehin als absurd erscheinen. Noch niemand hat den Prozess in umgekehrter Richtung beobachtet, dass bei Wärmezufuhr in einem elektrischen Leiter ein Strom fließt!

5.2.3 Untersuchung einer adiabaten Entspannung in einer Düse

In einem Gutachten wird eine Beschleunigung von trockener Luft von null auf 550 m/s durch eine adiabate Düse beschrieben, wobei der Ausgangsdruck von 4,21 bar auf physikalischen Normdruck fallen soll. Die Ausgangstemperatur der Luft betrage 85 °C, ihre Gaskonstante sei mit 287,12 J/(kg K) gegeben. Man nehme zu dieser Aussage des Gutachtens auf der Basis der Hauptsätze der Thermodynamik Stellung!

Gegeben sind:

$c_1 = 0$ $c_2 = 550 \, \text{m/s}$ $R_L = 287{,}12 \, \text{J/(kg K)}$

$t_1 = 85 \, °\text{C}$ $p_1 = 4{,}21 \, \text{bar}$ $p_2 = 1{,}01325 \, \text{bar}$ (physikalischer Normdruck)

Vorüberlegungen:

1. Luft kann hier als zweiatomiges, ideales Gas behandelt werden (Isentropenexponent $\kappa = 1{,}4$) womit für die spezifische Wärmekapazität folgt:

$$c_{p,L} = \frac{\kappa}{\kappa - 1} R_L = \frac{1{,}4}{0{,}4} \cdot 287{,}12 \, \frac{\text{J}}{\text{kg K}} = 1004{,}92 \, \frac{\text{J}}{\text{kg K}}$$

2. Hier wird ein stationärer Fließprozess ($w_{t,12} = 0$) im adiabaten System ($q_{12} = 0$) beschrieben. Für eine horizontale Lage der Düse ($z_1 = z_2$) kann der erste Hauptsatz der Thermodynamik für offene Systeme in folgender Form aufgeschrieben werden:

$$0 = (h_2 - h_1) + \frac{1}{2}(c_2^2 - c_1^2) \quad \leftrightarrow \quad 2(h_1 - h_2) = c_2^2 - c_1^2 \quad \leftrightarrow \quad 2 \cdot c_{p,L}(t_1 - t_2) = c_2^2 - c_1^2$$

Der hier analysierte Fließprozess unterscheidet sich von einer rein isentropen Zustandsänderung um den Betrag der Strömungsenergie. Daher wäre ein Ansatz

$$T_2 = T_1 \left(\frac{p_2}{p_1} \right)^{\frac{\kappa - 1}{\kappa}} \quad \text{an dieser Stelle falsch!}$$

3. Die Düse ist ein offenes, adiabates System. Die Bilanzgleichung (5.2-8) in massenstromspezifischer Form führt mit $s_{q,12} = 0$ wegen der adiabaten Systemgrenze auf $s_2 - s_1 = 0 + s_{i,12}$. Der zweite Hauptsatz ist erfüllt, wenn die massenstromspezifische Entropieproduktion $s_{i,12} > 0$ ist.

Lösung:
Temperatur t_2 am Düsenaustritt nach dem ersten Hauptsatz:

$$t_2 = t_1 - \frac{c_2^2 - c_1^2}{2c_{p,L}} = 85\,°C - \frac{550^2\,(m/s)^2}{2 \cdot 1004{,}92\,J/(kg\,K)} \approx -65{,}51\,°C$$

Bei Vorliegen von Temperaturdifferenzen können ohne Weiteres Celsius-Temperaturen verwendet werden, jedoch ist in den nachfolgenden Formeln für die Entropie auf thermodynamische Temperaturskala umzurechnen ($t_1 = 85\,°C \rightarrow T_1 = 358{,}15\,K$ und $t_2 = -65{,}51\,°C \rightarrow T_2 = 207{,}64\,K$).

Entropieproduktion nach dem zweiten Hauptsatz in Verbindung mit Gleichung (5.2-4b):

$$s_{i,12} = s_2 - s_1 = c_{p,L} \ln \frac{T_2}{T_1} - R_L \ln \frac{p_2}{p_1}$$

$$s_{i,12} = 1004{,}92\,\frac{J}{kg\,K} \cdot \ln \frac{207{,}64\,K}{358{,}15\,K} - 287{,}12\,\frac{J}{kg\,K} \cdot \ln \frac{1{,}01325\,bar}{4{,}21\,bar} = -138{,}88\,\frac{J}{kg\,K} < 0$$

Dieser Befund steht im Widerspruch zum zweiten Hauptsatz, das Gutachten ist in Bezug auf diese Tatsache und alle daraus gefolgerten Schlüsse fehlerhaft!

5.2.4 Der irreversible Vorgang der Drosselung

Bei strömenden Medien tritt durch Reibung zwischen den einzelnen Fluidteilchen und an den Begrenzungswänden ein Druckverlust auf (natürlicher irreversibler Prozess). Dieser Druckverlust ist bei höheren Geschwindigkeiten an Rohrverengungen besonders groß. Rohrverengungen (Blende, Klappe, Ventil) werden daher zur Druckabsenkung als *Drosseln* eingesetzt.

Für die Drosselung sollen folgende Annahmen getroffen werden:
- kein Wärme- und Arbeitstransport über die Systemgrenze ($q_{12} = 0$ und $w_{i,12} = 0$)
- Strömungsgeschwindigkeit vor Drosselstelle sei etwa gleich der Geschwindigkeit nach der Drosselstelle ($c_1 \approx c_2$)
- die Strömung erfolge in einem waagerechten Rohr ($z_1 = z_2$)
    - a) Man verwende den zweiten Hauptsatz der Thermodynamik für den Nachweis, dass bei allen in Abbildung 5-2 gezeigten technischen Anwendungen der Drosselung ein irreversibler, also nicht umkehrbarer Prozess abläuft!
    - b) Man leite eine Formel zur Berechnung der Dissipationsleistung ab!

Lösung:
a) Nachweis für die Irreversibilität der Drosselung
   Für ein strömendes Fluid ist nach dem ersten Hauptsatz für offene Systeme nach Gleichung (4.2-4) anzusetzen:

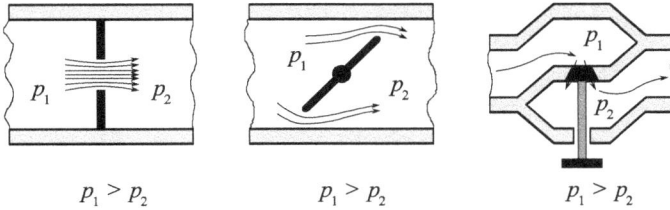

$$p_1 > p_2 \qquad\qquad p_1 > p_2 \qquad\qquad p_1 > p_2$$

Abb. 5-2: Technische Anwendungen der Drosselung.

$$q_{12} + w_{i,12} = (h_2 - h_1) + \frac{1}{2}(c_2^2 - c_1^2) + g(z_2 - z_1)$$

Mit den in der Aufgabenstellung genannten Annahmen folgt für die Drosselung:

$$0 + 0 = (h_2 - h_1) + 0 + 0 \quad \text{oder} \quad h_2 = h_1 \quad (\mathrm{d}h = 0)$$

Bei der Drosselung bleibt also die Enthalpie h konstant. Einen solchen Prozess nennt man *isenthalp*. Die Enthalpie des idealen Gases ist eine reine Temperaturfunktion. Deshalb folgt aus $h_1 = h_2$ für ideales Gas außerdem $T_1 = T_2$.

Aus der Fundamentalgleichung der Thermodynamik (5.2-2) in massenspezifischer Form folgt mit $\mathrm{d}h = 0$ und unter Verwendung von $p \cdot v = R_i \cdot T$:

$$\mathrm{d}h = T \cdot \mathrm{d}s + v \cdot \mathrm{d}p \quad \rightarrow \quad \mathrm{d}s = -\frac{v}{T} \cdot \mathrm{d}p = -\frac{R_i}{p} \cdot \mathrm{d}p$$

$$\Delta s = s_2 - s_1 = -\int_1^2 R_i \frac{\mathrm{d}p}{p} = -R_i \ln \frac{p_2}{p_1} = R_i \ln \frac{p_1}{p_2}$$

Dieses Ergebnis könnten wir für ideales Gas auch mit der Annahme T = konstant aus Gleichung (5.2-4b) gewonnen haben.

Der Nachweis für $\Delta s > 0$ ist wegen $p_1 > p_2$ und daraus folgend $\ln(p_1/p_2) > 0$ erbracht. Außerdem folgt für $\Delta s = s_{q,12} + s_{i,12}$ mit $s_{q,12} = 0$ der unmittelbare Nachweis, dass die Entropieproduktion $s_{i,12} = \Delta s = s_2 - s_1$ ein positives Vorzeichen hat ($s_{i,12} > 0$). Somit stellt die Drosselung einen irreversiblen Prozess dar.

b) Berechnung der Dissipationsarbeit
    Aus Formel (5.2-7) leiten wir für die Berechnung der Dissipationsenergie *für konstante Temperatur* bei der Drosselung von idealem Gas ab. Wegen $s_{i,12} = s_2 - s_1$ und in Verbindung mit Gleichung (5.2-4b) bei T = konstant mit

$$s_2 - s_1 = -R_i \ln \frac{p_2}{p_1} = R_i \cdot \ln \frac{p_1}{p_2}$$

folgt nun:

$$W_{diss,12} = T \cdot S_{i,12} = T \cdot m \cdot s_{i,12} = m \cdot R_i \cdot T \cdot \ln \frac{p_1}{p_2}, \quad \text{sodass}$$

$$W_{diss,12} = m \cdot R_i \cdot T \cdot \ln \frac{p_1}{p_2} \quad \text{oder} \quad P_{diss,12} = \dot{m} \cdot R_i \cdot T \cdot \ln \frac{p_1}{p_2}$$

5.2.5 Dissipation an einer Normblende bei Massenstrommessung

Mit einer nach DIN ISO 5167 gefertigten kreisförmigen Messblende vom Durchmesser 20 mm soll in einer Sauerstoffleitung eine Durchflussmessung zur Bestimmung des Massenstroms durchgeführt werden. In dem hier zu untersuchenden Fall kann man von inkompressibler Strömung eines idealen Gases ausgehen und für die Massenstromberechnung die Formel $\dot{m} = \alpha \cdot A_{Bl} \cdot \sqrt{2 \cdot \rho_{O_2} \cdot \Delta p}$ verwenden. Die Durchflusszahl α ist als kalibrierte Gerätekonstante mit $\alpha = 0,9855$ gegeben. Der statische Druck wurde zuvor in der Leitung mit einer Sonde zu 125 kPa, die Temperatur zu 17 °C gemessen.
a) Welcher Massenstrom in kg/h ergibt sich, wenn über der Blende eine Druckdifferenz von 11 mm Wassersäule abfällt? (Dichte Wasser 1,0 kg/dm^3)
b) Welche Leistung in mW wird durch die Messung dissipiert?

Gegeben sind:

$d_{Bl} = 20$ mm $\qquad \alpha = 0,9855 \qquad\qquad \rho_{H_2O} = 1.000 \, \dfrac{\text{kg}}{\text{m}^3} \qquad h = 0,011$ m

$T = 290,15$ K $\qquad p = 125.000$ Pa

Vorüberlegungen:

1. Gaskonstante Sauerstoff mit Molekülmasse aus Stoffwerttabelle 3-2:

$$R_{O_2} = \frac{R_m}{M_{O_2}} = \frac{8,3144621 \, \text{kJ/(kmol K)}}{31,9988 \, \text{kg/kmol}} = 0,2598367 \, \frac{\text{kJ}}{\text{kg K}}$$

2. Dichte des Sauerstoffs unter Betriebsbedingungen

$$\rho_{O_2} = \frac{p}{R_{O_2} \cdot T} = \frac{125.000 \, \text{N/m}^2}{259,8367 \, \text{Nm/(kg K)} \cdot 290,15 \, \text{K}} = 1,658 \, \frac{\text{kg}}{\text{m}^3}$$

3. Druckabfall in der Blende

$$\Delta p = \rho_{H_2O} \cdot g \cdot h = 1.000 \, \text{kg/m}^3 \cdot 9,80665 \, \text{m/s}^2 \cdot 0,011 \, \text{m} = 107,87315 \, \text{Pa}$$

4. dissipierte Leistung Die Drosselung eines idealen Gases erfolgt isenthalp und isotherm, weil $h = h(T)$.
Formel (5.2-7) führt deshalb in Verbindung mit Formel (5.2-4b) zu

$$P_{diss,12} = \dot{m} \cdot R_{O_2} \cdot T \cdot \ln \frac{p_1}{p_2}$$

Lösung:

a) Berechnung Massenstrom aus Messung mit Lochblende

$$\dot{m} = \alpha \cdot \frac{\pi}{4} \cdot d_{Bl}^2 \cdot \sqrt{2 \cdot \rho_{O_2} \cdot \Delta p}$$

$$\dot{m} = 0{,}9855 \cdot \frac{\pi}{4} \cdot 0{,}02^2 \, \text{m}^2 \cdot \sqrt{2 \cdot 1{,}658 \, \frac{\text{kg}}{\text{m}^3} \cdot 107{,}87315 \, \frac{\text{kg m}}{\text{s}^2 \, \text{m}^2}}$$

$$\dot{m} = 0{,}005855587 \, \frac{\text{kg}}{\text{s}} \cdot \frac{3600 \, \text{s}}{\text{h}} = \underline{\underline{21{,}08 \, \frac{\text{kg}}{\text{h}}}}$$

b) durch die Messung hervorgerufene Dissipation

$$P_{diss,12} = \dot{m} \cdot R_{O_2} \cdot T \cdot \ln \frac{p_1}{p_2}$$

$$P_{diss,12} = 0{,}005855587 \, \frac{\text{kg}}{\text{s}} \cdot 259{,}8367 \, \frac{\text{J}}{\text{kg K}} \cdot 290{,}15 \, \text{K} \cdot \ln \frac{125.000{,}00 \, \text{Pa}}{124.892{,}13 \, \text{Pa}} = \underline{\underline{381{,}13 \, \text{mW}}}$$

5.2.6 Zustandsänderungen und Dissipation im gedrosselten Luftstrom

2.700 Normkubikmeter trockene Luft, die pro Stunde durch eine horizontale Rohrleitung (Innendurchmesser 5 cm) mit adiabaten Rohrwänden strömen, werden durch ein Ventil von 15 auf 10 bar gedrosselt. Die Lufttemperatur vor dem Ventil betrage 20 °C, die Gaskonstante sei mit 287,12 J/(kg K) gegeben.

a) Mit welcher Geschwindigkeit strömt die Luft in der Leitung und wie hoch ist die Temperatur nach der Drosselstelle, wenn die Luft als kalorisch perfektes Gas betrachtet und die Änderung der Strömungsgeschwindigkeit nach der Drosselstelle vernachlässigt wird?

b) Welche Leistung in kW wird bei der Drosselung von Luft unter den Bedingungen von a) dissipiert?

c) Mit welcher Geschwindigkeit strömt die Luft in der Leitung und wie hoch ist die Temperatur nach der Drosselstelle, wenn die Luft als kalorisch perfektes Gas betrachtet und die Änderung der Strömungsgeschwindigkeit nach der Drosselstelle berücksichtigt wird? (Ansatz mit Totalenthalpie)

d) Welcher prozentuale Fehler in Bezug auf die Enthalpie entsteht durch die Vernachlässigung der Änderung der kinetischen Energie vor und nach der Drosselstelle?

Gegeben sind:

Luft: $\dot{V}_n = 2.700 \, \text{m}^3/\text{h}$ $R_L = 287{,}12 \, \text{J/(kg K)}$ $\kappa = 1{,}4$ (zweiatomiges Gas)

$p_1 = 15 \, \text{bar}$ $p_2 = 10 \, \text{bar}$ $T_1 = 293{,}15 \, \text{K} \, (20 \, ^\circ\text{C})$

Rohr: $d_i = 0{,}05 \, \text{m}$

DIN 1343: $T_n = 273{,}15 \, \text{K}$ $p_n = 101.325 \, \text{Pa}$ (physikalischer Normzustand)

Vorüberlegungen:

Die Zustandsgrößen vor dem Ventil erhalten den Index „1", die danach den „2".

Der konstant bleibende Luftmassendurchsatz ist wegen des Bezugs auf den physikalischen Normzustand für T_n = 273,15 K und p_n = 101.325 Pa zu bestimmen.

Mithilfe von Kenntnissen aus der Strömungslehre vergewissern wir uns, dass der volle Massenstrom durch das Ventil durchgesetzt wird. Das hier gegebene Druckverhältnis ist größer als das kritische Druckverhältnis. An der engsten Stelle wird deshalb die Schallgeschwindigkeit noch nicht erreicht, sodass der volle Massenstrom das Ventil passiert.

$$\frac{p_2}{p_1} = \frac{10\,\text{bar}}{15\,\text{bar}} \approx 0,6667 > \left(\frac{p_2}{p_1}\right)_{krit} = \left(\frac{2}{\kappa+1}\right)^{\frac{\kappa}{\kappa-1}} = \left(\frac{2}{2,4}\right)^{3,5} \approx 0,5283$$

Es gilt die Kontinuitätsgleichung $\dot{m} = \rho(p,T) \cdot \bar{c} \cdot A$, aus der dann die mittleren Geschwindigkeiten $\bar{c}$ vor und nach dem Ventil ermittelbar sind.

Eine Berechnungsvorschrift für die bei der Drosselung dissipierten Leistung können wir der Übungsaufgabe 5.2.4 entnehmen mit $P = \dot{m} \cdot w_{diss,12} = \dot{m} \cdot T_1 \cdot (s_2 - s_1) = \dot{m} \cdot R_L \cdot T_1 \cdot \ln \frac{p_1}{p_2}$.

Lösung:

a) Strömungsgeschwindigkeit vor dem Ventil und Temperatur nach dem Ventil

Nebenrechnung: Massenstrom in kg/s

$$\dot{m} = \rho_n \cdot \dot{V}_n = \frac{p_n}{R_L \cdot T_n} \cdot \dot{V}_n = \frac{101.325\,\text{N/m}^2}{287,12\,\text{Nm/(kg\,K)} \cdot 273,15\,\text{K}} \cdot \frac{2.700\,\text{m}^3}{3.600\,\text{s}}$$

$$= 0,968976457\,\frac{\text{kg}}{\text{s}} \approx 0,97\,\frac{\text{kg}}{\text{s}}$$

$$\rho_1 = \frac{p_1}{R_L \cdot T_1} \quad \text{und} \quad \dot{m} = \rho_1 \cdot \bar{c}_1 \cdot \frac{\pi}{4} d_i^2$$

führen auf

$$\bar{c}_1 = \frac{4 \cdot \dot{m}}{\rho_1 \cdot \pi \cdot d_i^2} = \frac{4 \cdot \dot{m} \cdot R_L \cdot T_1}{p_1 \cdot \pi \cdot d_i^2}$$

$$\bar{c}_1 = \frac{4 \cdot 0,968976457\,\text{kg/s} \cdot 287,12\,\text{Nm/(kg\,K)} \cdot 293,15\,\text{K}}{1.500.000\,\text{N/m}^2 \cdot \pi \cdot 0,0025\,\text{m}^2}$$

$$= 27,69143235\,\frac{\text{m}}{\text{s}} \approx 27,691\,\frac{\text{m}}{\text{s}}$$

Für Luft im physikalischen Normzustand oder bei niedrigen Drücken wählt man bei der Auslegung Strömungsgeschwindigkeiten zwischen 10 und 40 m/s. Insofern erscheint der hier errechnete Wert plausibel.

Mit der Annahme konstant bleibender Strömungsgeschwindigkeit $\bar{c}_1 = \bar{c}_2$ in horizontaler Rohrleitung folgt aus der Bilanzgleichung des ersten Hauptsatzes der Thermodynamik $\boldsymbol{h_1 = h_2}$. Die Enthalpie ist für perfektes Gas eine reine Temperaturfunktion, sodass außerdem folgt $\boldsymbol{T_1 = T_2} = 293{,}15$ K (20 °C). Der Drosselvorgang verläuft isenthalp, man vergleiche dazu auch die Ausführungen für Übungsaufgabe 5.2.5!

b) dissipierte Leistung in kW

$$P = \dot{m} \cdot R_L \cdot T \cdot \ln \frac{p_1}{p_2} = 0{,}968976457 \frac{\text{kg}}{\text{s}} \cdot 287{,}12 \frac{\text{Nm}}{\text{kg K}} \cdot 293{,}15\,\text{K} \cdot \ln \frac{15\,\text{bar}}{10\,\text{bar}}$$

$$\approx \underline{\underline{33{,}069\,\text{kW}}}$$

c) Berücksichtigung der Änderung der kinetischen Energie
aus $\dot{m} = \rho_1 \cdot \bar{c}_1 \cdot A = \rho_2 \cdot \bar{c}_2 \cdot A$ folgt wegen $A =$ konstant

$$\bar{c}_2 = \bar{c}_1 \cdot \frac{\rho_1}{\rho_2} = \bar{c}_1 \cdot \frac{p_1}{p_2} \cdot \frac{T_2}{T_1}$$

für den bei konstanter Totalenthalpie ablaufenden Vorgang gilt:

$$h_1 + \frac{\bar{c}_1^2}{2} = h_2 + \frac{\bar{c}_2^2}{2} \quad \leftrightarrow \quad c_p \cdot T_1 + \frac{\bar{c}_1^2}{2} = c_p \cdot T_2 + \frac{\bar{c}_2^2}{2}$$

Ersetzt man in dieser Gleichung $\bar{c}_2$ durch die obige Beziehung mit $\bar{c}_1$, so entsteht nach entsprechender Umformung eine quadratische Gleichung für T_2

$$2c_p \cdot T_2 = 2c_p \cdot T_1 + \bar{c}_1^2 - \bar{c}_1^2 \cdot \left(\frac{p_1}{p_2 \cdot T_1} \right)^2 \cdot T_2^2$$

oder

$$\left(\frac{\bar{c}_1 \cdot p_1}{T_1 \cdot p_2} \right)^2 \cdot T_2^2 + 2c_p \cdot T_2 - \left(2c_p \cdot T_1 + \bar{c}_1^2 \right) = 0$$

oder in Normalform

$$T_2^2 + \frac{2c_p}{\left(\dfrac{\bar{c}_1 \cdot p_1}{T_1 \cdot p_2} \right)^2} \cdot T_2 - \frac{2c_p \cdot T_1 + \bar{c}_1^2}{\left(\dfrac{\bar{c}_1 \cdot p_1}{T_1 \cdot p_2} \right)^2} = 0$$

mit

$$c_p = \frac{\kappa}{\kappa - 1} \cdot R_L = \frac{1{,}4}{0{,}4} \cdot 287{,}12 \frac{\text{J}}{\text{kg K}} = 1004{,}92 \frac{\text{J}}{\text{kg K}}$$

$$(T_2)_{1,2} = -\frac{c_p}{\left(\dfrac{\bar{c}_1 \cdot p_1}{T_1 \cdot p_2}\right)^2} \pm \sqrt{\frac{c_p^2}{\left(\dfrac{\bar{c}_1 \cdot p_1}{T_1 \cdot p_2}\right)^4} + \frac{2c_p \cdot T_1 + \bar{c}_1^2}{\left(\dfrac{\bar{c}_1 \cdot p_1}{T_1 \cdot p_2}\right)^2}} \quad \text{mit} \quad \frac{p_1}{p_2} = \frac{15\,\text{bar}}{10\,\text{bar}} = 1{,}5$$

$$(T_2)_{1,2} = -\frac{1004{,}92\,\text{J/(kg K)}}{\left(\dfrac{27{,}691\,\text{m/s} \cdot 1{,}5}{293{,}15\,\text{K}}\right)^2}$$

$$\pm \sqrt{\frac{1004{,}92^2\left(\dfrac{\text{J}}{\text{kg K}}\right)^2}{\left(\dfrac{27{,}691\,\text{m/s} \cdot 1{,}5}{293{,}15\,\text{K}}\right)^4} + \frac{2009{,}84\,\dfrac{\text{J}}{\text{kg K}} \cdot 293{,}15\,\text{K} + 27{,}691^2\,\dfrac{\text{m}^2}{\text{s}^2}}{\left(\dfrac{27{,}691\,\text{m/s} \cdot 1{,}5}{293{,}15\,\text{K}}\right)^2}}$$

$$(T_2)_{1,2} = -50.055{,}46375\,\text{K} \pm \sqrt{2.505.549.451\,\text{K}^2 + 29.407.435{,}58\,\text{K}^2}$$

$$(T_2)_{12} = -50.055{,}46375\,\text{K} \pm 50.348{,}35535\,\text{K}$$

$$(T_2)_1 \approx 292{,}89\,\text{K} \quad \text{und} \quad (T_2)_2 \approx -100.403{,}81\,\text{K}$$

Die negative Lösung entfällt aus physikalischen Gründen, sodass für die Temperatur der Luft nach dem Ventil ermittelt wird: $T_2 = 292{,}89\,\text{K}$. Daraus folgt für die Strömungsgeschwindigkeit nach dem Ventil:

$$\bar{c}_2 = 27{,}691\,\frac{\text{m}}{\text{s}} \cdot \frac{15\,\text{bar}}{10\,\text{bar}} \cdot \frac{292{,}89\,\text{K}}{293{,}15\,\text{K}} = 41{,}502\,\frac{\text{m}}{\text{s}}$$

d) prozentualer Fehler für die Enthalpie h_1
Den Wert für die Enthalpie von Luft als perfektes Gas schätzen wir ab mit der Annahme $h_0 = h(t_0 = 0\,°\text{C}) = 0\,\text{kJ/kg}$:

$$h_1 - h_0 = c_p \cdot (t_1 - t_0) \quad \rightarrow \quad h_1 = 0\,\text{kJ/kg} + 1004{,}92\,\text{kJ/(kg K)} \cdot 20\,\text{K} = 20{,}0984\,\text{kJ/kg}$$

Die vernachlässigte Änderung der kinetischen Energie der Luft beträgt:

$$\frac{1}{2}(c_2^2 - c_1^2) = \frac{1}{2}(41{,}502^2 - 27{,}691^2)\frac{\text{m}^2}{\text{s}^2} = 477{,}81\,\frac{\text{m}^2}{\text{s}^2} \cdot \frac{\text{kg}}{\text{kg}} = 0{,}47781\,\frac{\text{kJ}}{\text{kg}}$$

Prozentualer Fehler

$$\left|\frac{0{,}47781\,\text{kJ/kg}}{20{,}0984\,\text{kJ/kg}}\right| = 0{,}02377 \quad \text{(etwas weniger als 2,4 \%)}$$

5.2.7 Irreversible Abkühlung eines Stahlblocks

Ein Stahlblock mit einer Masse von 100 kg und einer Anfangstemperatur von 800 °C kühlt bei konstantem Druck auf die währenddessen stets gleich bleibende Umgebungstemperatur von 20 °C ab. Die spezifische Wärmekapazität für den Stahl sei hier mit 0,42 kJ/(kg K) gegeben. Man führe mithilfe des zweiten Hauptsatzes der Thermodynamik den Nachweis, dass es sich dabei um einen nicht umkehrbaren, also irreversiblen Prozess handelt!

Gegeben sind:

Stahl: m_{St} = 100 kg c_{St} = 0,42 kJ/(kg K)   Umgebung: T_U = 293,15 K (20 °C)

Vorüberlegungen:
Die Erfahrung sagt uns ganz klar, dass es sich um einen irreversiblen Vorgang handeln muss. Niemand wird ernsthaft erwarten, dass man eine Erwärmung eines Stahlblocks auf 800 °C allein dadurch bewerkstelligt, ihn in einer Umgebung von 20 °C aufzustellen und zu warten, bis ihn die Umgebung auf 800 °C aufwärmt. Der lupenreine Nachweis wird hier nur erbracht, um zu lernen, wie man mit dem Instrumentarium des zweiten Hauptsatzes der Thermodynamik umgeht.

Reibungseffekte spielen bei diesem Vorgang offenbar keine Rolle ($W_{diss,12}$ = 0). Vielmehr ist es so, dass der Stahlblock eine bestimmte Wärme Q an die Umgebung abgibt und so seine Entropie verringert. Die Umgebung nimmt genau diese Wärme auf und erhöht ihre Entropie. Nach den Regularien des zweiten Hauptsatzes ist dies ein spontan ablaufender, natürlicher Prozess, wenn die Entropieverringerung des Stahlblocks durch die Entropievermehrung der Umgebung überkompensiert wird. Dazu betrachten wir die Entropieänderung des Systems Stahlblock nach der Bilanzgleichung (5.2-8): $dS = dS_q + dS_i$. Endzustand ist der Umgebungszustand U mit 20 °C, Anfangszustand 1 die Anfangstemperatur des Stahlblocks mit 800 °C.

Lösung:
Mithilfe von Gleichung (5.2-4c) ermittelt man für die Entropiedifferenz des isobaren Prozesses:

$$\Delta S = m \cdot c_{St} \cdot \ln \frac{T_U}{T_1} = 100 \text{ kg} \cdot 0,42 \frac{\text{kJ}}{\text{kg K}} \cdot \ln \frac{293,15 \text{ K}}{1073,15 \text{ K}} \approx -54,50 \frac{\text{kJ}}{\text{K}}$$

Der Stahlblock gibt bis zu seiner Abkühlung auf Umgebungstemperatur folgende Wärme ab:

$$Q = m \cdot c_{St} \cdot (t_U - t_{St}) = 100 \text{ kg} \cdot 0,42 \text{ kJ/(kg K)} \cdot (800\,°C - 20\,°C) = -32.760 \text{ kJ}$$

Die Wärmeübertragung bei konstanter Temperatur von 20°°C bewirkt eine Entropieänderung durch Wärmetransport von

$$S_{q,12} = \frac{Q}{T_U} = \frac{-32.760\,\text{kJ}}{293{,}15\,\text{K}} = -111{,}75\,\frac{\text{kJ}}{\text{K}}$$

$$\Delta S = S_{q,12} + S_{i,12} \quad \rightarrow \quad -54{,}50\,\text{kJ/K} = -111{,}75\,\text{kJ/K} + S_{i,12}$$

$$\rightarrow \quad \underline{\underline{S_{i,12} = +57{,}25\,\text{kJ/K} > 0}}$$

5.2.8 Irreversibilitäten beim Schmelzen von Eis und beim Mischen von warmem und kaltem Wasser

In einem ersten Schritt schmelze man eine Menge von 20 kg Wassereis bei –15 °C, was aus einer Gefriertruhe entnommen wurde, in einer Umgebung von t_U = +15 °C zu Wasser von +15 °C bei physikalischem Normdruck. In einem zweiten Schritt werden die 20 kg Wasser mit einer Temperatur von 15 °C mit 30 kg heißem Wassers von 90 °C bei konstantem Druck in einem adiabaten Gefäß gemischt, sodass sich eine Gleichgewichtstemperatur t_M einstellt.

Die mittleren spezifischen Wärmekapazitäten seien für Eis mit 2,04 kJ/(kg K) und für Wasser mit 4,19 kJ/(kg K), die Schmelzenthalpie mit 333,5 kJ/kg gegeben.

a) Welche Wärmemenge in kJ wird im ersten Schritt der Umgebung entzogen?

b) Wie kann der Nachweis erbracht werden, dass der Schmelzvorgang im ersten Schritt ein irreversibler Vorgang ist!

c) Man bestimme die Mischungstemperatur für den zweiten Schritt und weise nach, dass dies gleichfalls ein nicht umkehrbarer Vorgang ist!

d) Man betrachte eine Flüssigkeit der Masse m und der Temperatur T_1, die gemischt wird in einem adiabaten Gefäß mit der gleichen Flüssigkeit und der gleichen Masse m, aber die von T_1 verschiedene Temperatur T_2 besitzt. Man zeige, dass dieser Vorgang in allen Fällen von $T_1 \neq T_2$ irreversibel ist!

Gegeben sind:

Eis: $\qquad m_E = 20\,\text{kg} \qquad\qquad \sigma_{H_2O} = 333{,}5\,\text{kJ/kg} \qquad \bar{c}_E = 2{,}04\,\text{kJ/(kg K)} \qquad t_E = -15\,°\text{C}$

Wasser: $\quad t_U = t_{W1} = +15\,°\text{C} \qquad m_{W1} = m_E = 20\,\text{kg} \qquad \bar{c}_W = 4{,}19\,\text{kJ/(kg K)}$

$\qquad\qquad t_{W2} = 90\,°\text{C} \qquad\qquad\quad m_{W2} = 30\,\text{kg}$

Vorüberlegungen:

1. Die Schmelztemperatur für das Eis beträgt bei physikalischem Normdruck t_0 = 0 °C oder T_0 = 273,15 K.

2. Bei in Formeln auftauchenden Temperaturdifferenzen können thermodynamische Temperaturen in Kelvin und Celsius-Temperaturen in °C gleichberechtigt verwendet werden. Die Verwendung von Celsius-Temperaturen bringt Vorteile, wenn eine der Temperaturen 0 °C entspricht. Bei den Formeln für die Entropie mit dem Formelzeichen T ist immer die thermodynamische Temperatur in Kelvin einzusetzen!

3. Die bei beiden Vorgängen vorliegenden Irreversibilitäten entstehen nicht durch Entropieproduktion infolge von Dissipation, sondern durch Ausgleichsvorgänge und

können durch die Entropiezunahme beim Wärmetransport nachgewiesen werden. Nach Gleichung (5.2-8) mit $dS = dS_q + dS_i$ ist in beiden Prozessen $dS_i = 0$ und die Erhöhung der Entropie des Systems muss aus dS_q nachgewiesen werden $dS = dS_q$.

Lösung:

a) die der Umgebung entzogene Wärme

Der Entzug von Wärme aus der Umgebung ist nur möglich, weil man in der Ausgangssituation ein System betrachtet, das eine unter der Umgebungstemperatur liegende Temperatur aufweist. Es liegt kein Verstoß gegen den zweiten Hauptsatz der Thermodynamik vor, denn um das Eis zu gewinnen, hat die Gefriertruhe zuvor durch die Irreversibilitäten bei der Eiserzeugung eine größere Wärmemenge an die Umgebung abgegeben als beim Schmelzen der Umgebung danach entzogen wird. Wir unterstellen, dass das schmelzende Eis und das anschließend sich erwärmende Wasser ein stoffdichtes thermodynamisches System mit wärmedurchlässiger Systemgrenze darstellt und die Wärme aufnimmt:

$$Q = m_E \cdot \bar{c}_E (t_0 - t_E) + \sigma_{H_2O} + \bar{c}_W (t_{W1} - t_0)$$

$$Q = 20\,\text{kg} \cdot 2{,}04\,\text{kJ/(kg K)} \cdot 15\,\text{K} + 333{,}5\,\text{kJ/kg} + 4{,}19\,\text{kJ/(kg K)} \cdot 15\,\text{K} = \underline{\underline{8.539\,\text{kJ}}}$$

b) Nachweis, dass der Schmelzvorgang und die anschließende Wasseraufwärmung nicht spontan umkehrbare Vorgänge sind:

Der (unendlich großen) Umgebung wird bei konstanter Temperatur $T_U = 288{,}15\,\text{K}$ die in a) errechnete Wärme entzogen, die Umgebung erfährt also eine Entropieverminderung in betragsmäßig gleicher Höhe wie diese dem System zugeführt wird:

$$S_{q,12} = \frac{Q}{T_U} = \frac{8.539\,\text{kJ}}{288{,}15\,\text{K}} = +29{,}634\,\frac{\text{kJ}}{\text{K}}$$

Das aus schmelzendem Eis und unter Umgebungstemperatur liegendem Wasser bestehende thermodynamische System nimmt Wärme aus der Umgebung auf und erfährt eine Entropiezunahme ΔS bei konstantem Druck nach Maßgabe von Gleichung (5.2-4c).

$$s = \int_1^2 \frac{dh}{T} = \bar{c} \int_1^2 \frac{dT}{T} = \bar{c} \cdot \ln \frac{T_2}{T_1}$$

$$\Delta S = m_E \left[\bar{c}_E \int_{T_E}^{T_0} \frac{dT}{T} + \frac{\sigma_{H_2O}}{T_0} + \bar{c}_W \int_{T_0}^{T_U} \frac{dT}{T} \right] = m_e \left[\bar{c}_E \ln \frac{T_0}{T_E} + \frac{\sigma_{H_2O}}{T_0} + \bar{c}_W \ln \frac{T_U}{T_0} \right]$$

$$\Delta S = 20\,\text{kg} \left[2{,}04\,\frac{\text{kJ}}{\text{kg K}} \ln \frac{273{,}15\,\text{K}}{258{,}15\,\text{K}} + \frac{333{,}5\,\text{kJ/kg}}{273{,}15\,\text{K}} + 4{,}19\,\frac{\text{kJ}}{\text{kg K}} \ln \frac{288{,}15\,\text{K}}{273{,}15\,\text{K}} \right]$$

$$= +31{,}203 \frac{\text{kJ}}{\text{K}}$$

$$\Delta S = S_{q,12} + S_{i,12} \quad \rightarrow \quad +31{,}203 \,\text{kJ/K} = 29{,}634 \,\text{kJ/K} + S_{i,12} \quad \rightarrow \quad \underline{\underline{S_{i,12} = +1{,}569 \,\text{kJ/K}}}$$

Das erhaltene Ergebnis von $S_{i,12}$ = +1,569 kJ/(kg K) sagt aus, dass der Schmelzvorgang und das anschließende Erwärmen auf Umgebungstemperatur nicht ohne einen weiteren, zusätzlichen Energieaufwand rückgängig zu machen ist. Es entspricht auch keineswegs der Erfahrung, dass das Wasser von sich aus Wärme an die Umgebung zurückgibt, damit wieder Eis von −15 °C entstehen kann.

c) Ansatz zur Bestimmung der Mischungstemperatur t_M: $Q_{auf} = |Q_{ab}|$

$$m_{W1}\bar{c}_W(t_M - t_{W1}) = m_{W2}\bar{c}_W(t_{W2} - t_M) \quad \text{mit} \quad \bar{c}_W = \text{konstant}$$

$$t_M = \frac{m_{W1} \cdot t_{W1} + m_{W2} \cdot t_{W2}}{m_{W1} + m_{W2}} = \frac{20\,\text{kg} \cdot 15\,°\text{C} + 30\,\text{kg} \cdot 90\,°\text{C}}{20\,\text{kg} + 30\,\text{kg}} = \underline{\underline{60\,°\text{C}}}$$

Entropiezuwachs beim Mischen von „kaltem" und „warmen" Wasser:
Jetzt ist davon auszugehen, dass in einem (vollständig) abgeschlossenen thermodynamischen System ein Ausgleichsvorgang ohne Beteiligung der Umgebung stattfindet. Zum Nachweis der Entropiezunahme ist dieses System in zwei Teilsysteme (kaltes Wasser W1 und heißes Wasser W2) aufzuspalten.

$$\Delta S = dS_{W1} + dS_{W2} = m_{W1} \cdot \bar{c}_W \int_{T_{W1}}^{T_M} \frac{dT}{T} + m_{W2} \cdot \bar{c}_W \int_{T_{W2}}^{T_M} \frac{dT}{T}$$

$$\Delta S = 20\,\text{kg} \cdot 4{,}19\,\frac{\text{kJ}}{\text{kg K}}\ln\frac{333{,}15\,\text{K}}{288{,}15\,\text{K}} + 30\,\text{kg} \cdot 4{,}19\,\frac{\text{kJ}}{\text{kg K}}\ln\frac{333{,}15\,\text{K}}{363{,}15\,\text{K}} = \underline{\underline{+1{,}32\,\frac{\text{kJ}}{\text{K}}}}$$

Mit diesem Ergebnis wird bestätigt, dass das Mischen von gleichartigen Flüssigkeiten mit unterschiedlicher Temperatur ein irreversibler Vorgang ist. Noch nie wurde wirklich beobachtet, dass sich Wasser mit einer Temperatur von 60 °C von allein in zwei Bereiche mit 15 °C und 90 °C aufteilt. Dennoch kursierte vor einigen Jahren die Meldung über eine Erfindung spezieller Membranen mit der Fähigkeit, Wassermoleküle mit sehr hoher Geschwindigkeit durchzulassen und solche mit niedriger Geschwindigkeit zurückzuhalten. Gäbe es eine solche Membran tatsächlich, könnte man die unterschiedliche Geschwindigkeit einzelner Wassermoleküle gemäß Geschwindigkeitsverteilung bei einer mittleren Temperatur nutzen, um quasi von allein Temperaturunterschiede zu generieren.

d) Entropiezuwachs durch Mischen gleicher Flüssigkeiten unterschiedlicher Temperatur
Für den Mischungsvorgang wird hier nachfolgend die spezifische Wärmekapazität der Flüssigkeit als konstant vorausgesetzt. Die Entropieänderung des aus beiden

Flüssigkeitsanteilen bestehenden Gesamtsystems bezieht sich auf den Übergang der jeweiligen Ausgangszustände 1 und 2 auf den Mischungszustand M als Endzustand.

$$S_M - S = m[(s_M - s_1) + (s_M - s_2)]$$

Gleichung (5.2-4c) geht aus von

$$\mathrm{d}s = \frac{\mathrm{d}h}{T} = c_p \cdot \frac{\mathrm{d}T}{T}$$

$$\int_1^M \mathrm{d}s = c_p \int_1^M \frac{\mathrm{d}T}{T} \quad \rightarrow \quad s_M - s_1 = c_p \cdot \ln \frac{T_M}{T_1}$$

$$\int_2^M \mathrm{d}s = c_p \int_2^M \frac{\mathrm{d}T}{T} \quad \rightarrow \quad s_M - s_2 = c_p \cdot \ln \frac{T_M}{T_2}$$

$$S_M - S = m \cdot c_p \left(\ln \frac{T_M}{T_1} + \ln \frac{T_M}{T_2} \right) = m \cdot c_p \ln \frac{T_M^2}{T_1 \cdot T_2}$$

Berechnung der Mischungstemperatur T_M aus den beiden Ausgangstemperaturen über den Ansatz $Q_{ab} = |Q_{auf}|$ („1" = heiß und „2" = kalt)

$$m \cdot c_p (T_1 - T_M) = m \cdot c_p (T_M - T_2) \quad \rightarrow \quad (T_1 - T_M) = (T_M - T_2) \quad T_M = \frac{T_1 + T_2}{2}$$

$$\Delta S = S_M - S = m \cdot c_p \ln \frac{(T_1 + T_2)^2}{4 \cdot T_1 \cdot T_2}$$

Nach dem zweiten Hauptsatz handelt es sich um einen irreversiblen Vorgang in einem adiabaten System, wenn die Entropieänderung positiv ist. Dies ist genau dann der Fall, wenn:

$$\ln \frac{(T_1 + T_2)^2}{4 \cdot T_1 \cdot T_2} > 0 \quad \rightarrow \quad (T_1 + T_2)^2 > 4 \cdot T_1 \cdot T_2 \quad \rightarrow \quad T_1^2 + T_2^2 > 2 \cdot T_1 \cdot T_2$$

$$T_1^2 - 2 \cdot T_1 \cdot T_2 + T_2^2 > 0 \quad \rightarrow \quad (T_1 - T_2)^2 > 0$$

Diese Bedingung ist stets erfüllt, solange $T_1 \neq T_2$ ist. Die Entropieänderung verschwindet nur bei $T_1 = T_2$. In genau diesem Fall wäre der Mischungsvorgang reversibel.

5.2.9 Irreversible Mischung und Diffusion von Gasen

Man entwickle ein allgemeines Rechenschema zur Ermittlung der Entropiezunahme beim Mischen zweier idealer Gase für konstant bleibende Temperatur mithilfe der Regularien des zweiten Hauptsatzes der Thermodynamik. Ausgangspunkt solle sein:

In einem abgeschlossenen System mit dem Volumen V sollen sich die beiden idealen Gase A und B mit ihren Massen m_A und m_B sowie ihren Gaskonstanten R_A und R_B befinden, den sie mit der gemeinsamen Temperatur T und dem gemeinsamen Druck p durch die Teilvolumina V_A und V_B gerade ausfüllen und zunächst durch eine Trennwand separiert sind. Nach dem Entfernen der Trennwand startet mit der gegenseitigen Durchmischung der beiden Komponenten ein irreversibler Ausgleichsprozess. Die innere Energie U eines solchen Systems bleibt konstant und damit auch seine Temperatur (ideales Gas). Nach den Dalton'schen Gesetzen verhält sich jedes Gas nach vollständiger Mischung so, als würde es allein den ganzen Raum ausfüllen. Praktisch haben dann die beiden Gase jeweils an einer isothermen Expansion teilgenommen:

Gas A: $p, V_A \rightarrow p_A$ $\qquad V p_A = \dfrac{V_A}{V} p = r_A \cdot p$ $\qquad$ (vergleiche Formel (3.4-7))

Gas B: $p, V_B \rightarrow p_B$ $\qquad V p_B = \dfrac{V_B}{V} p = r_B \cdot p$

Außerdem gebe man eine Formel an, nach der die Entropie eines idealen Gasgemisches aus zwei Komponenten für einen festen Druck p und einer festen Temperatur T berechnet werden kann.

Vorüberlegungen:

Die Erfahrung zeigt, dass Mischung und Diffusion von Gasen nicht umkehrbare Vorgänge sind. Deshalb muss nach dem zweiten Hauptsatz der Thermodynamik für ein abgeschlossenes System eine berechenbare Entropiezunahme vorliegen.

Eine gewisse Analogie zur Mischung von zwei idealen Gasen bei konstanter Temperatur in einem abgeschlossenen System entsteht durch die Vorstellung einer isenthalpen Drosselung von idealem Gas, bei der die Temperatur bekanntlich konstant bleibt. Dabei stellt jeweils ein Gas die Drossel dar, durch die das andere Gas von seinem Partialvolumen auf das gesamte vom Raum eingenommene Volumen expandiert, wobei der Druck vom Gesamtdruck p auf den Partialdruck reduziert wird. Die Komponente A und die Komponente B stellen in dem abgeschlossenen System zwei Teilsysteme dar, die an der Entropieänderung durch den Mischungsvorgang beteiligt sind. Die Entropieproduktion durch das Mischen der beiden Gase A und B ergibt sich aus den beiden Teilsystemen nach Formel (5.2-9) durch $\Delta S = \Delta S_A + \Delta S_B$.

Da in dem abgeschlossenen System nach Aufgabenstellung konstante Temperatur herrscht, findet dort keine Entropieänderung durch Wärmetransport statt. Bilanzgleichung (5.2-8) weist unter diesen Umständen nur auf eine positive Entropieproduktion hin, die der Nachweis für die Irreversibilität des Mischungsvorganges ist.

$$dS = dS_q + dS_i \quad \text{mit} \quad dS_q = 0 \quad \text{und} \quad \Delta S > 0 \quad \rightarrow \quad \Delta S = S_i > 0$$

Lösung:
Die Entropieänderung für jede an der Mischung beteiligten Komponente K kann mithilfe von Formel (5.2-4b) beschrieben werden durch:

$$\Delta S_K = m_K \cdot (s_2 - s_1) = m_K \cdot \left(c_{p,K} \cdot \ln \frac{T_2}{T_1} - R_K \cdot \ln \frac{p_2}{p_1} \right)$$

Wegen einer vorausgesetzten isothermen Mischung ist $T_1 = T_2$, der Anfangsdruck entspricht dem Gesamtdruck des Gemisches $p_1 = p$, der Enddruck p_2 dem Partialdruck des Gemischpartners p_K ($p_2 = p_K$).

$$\Delta S_K = m_K \cdot \left(-R_K \cdot \ln \frac{p_K}{p} \right) = m_K \cdot R_K \cdot \ln \frac{p}{p_K}$$

Die jeweilige Drosselung des Gesamtdrucks p auf die beiden Partialdrücke p_A und p_B führt also auf folgende Beträge zur Änderung der Entropie des Gesamtsystems:

$$\Delta S_A = m_A \cdot R_A \ln \frac{p}{p_A} \quad \text{und} \quad \Delta S_B = m_B \cdot R_B \ln \frac{p}{p_B}$$

$$S_i = \Delta S_A + \Delta S_B = m_A \cdot R_A \cdot \ln \frac{p}{p_A} + m_B \cdot R_B \cdot \ln \frac{p}{p_B} > 0$$

Da der Gesamtdruck des Gasgemisches p immer größer ist als die Partialdrücke der einzelnen Komponenten ($p > p_A$ und $p > p_B$), folgt somit $\ln(p/p_A) > 1$ und gleichfalls $\ln(p/p_B) > 1$, woraus stets $S_i > 0$ abgeleitet werden kann.

Die Entropie*zunahme* bei der isothermen Mischung idealer Gase entspricht der Summe der Entropien der Komponenten des Gemisches, wenn das Verhältnis von Gesamtdruck zu Partialdruck bei T = konstant für jeden Gemischbestandteil in Formel (5.2-4b) eingesetzt wird. Diese Gleichung ist gleichzeitig die Grundlage zur Berechnung der Entropien vor der Mischung zwischen einem gewählten Bezugszustand (p_0, T_0) und dem Zustand (p, T).

Die Gesamtentropie des Gasgemisches in dem abgeschlossenen System setzt sich aus den Entropien der einzelnen Gemischbestandteile vor der Mischung und der Entropiezunahme durch die isotherme Mischung zusammen.

Die beiden Gemischpartner A und B besitzen vor der Mischung nach Formel (5.2-4b) bezogen auf die Entropie eines beliebig gewählten Zustands (p_0, T_0) die Entropien:

$$S_A(p, T) = m_A \cdot \left[c_{p,A} \cdot \ln \frac{T}{T_0} - R_A \cdot \ln \frac{p}{p_0} + s_A(p_0, T_0) \right] \quad \text{und}$$

$$S_B(p, T) = m_B \cdot \left[c_{p,B} \cdot \ln \frac{T}{T_0} - R_B \cdot \ln \frac{p}{p_0} + s_B(p_0, T_0) \right].$$

Zweckmäßig wählt man für alle Komponenten jeweils den gleichen Bezugszustand (p_0, T_0) und definiert an diesem Bezugszustand $s(p_0, T_0) = 0\,\text{kJ}/(\text{kg K})$.

Die Höhe der Entropieproduktion durch den Mischungsvorgang wurde oben berechnet zu:

$$S_i = m_A \cdot R_A \cdot \ln \frac{p}{p_A} + m_B \cdot R_B \cdot \ln \frac{p}{p_B}$$

Die Gesamtentropie eines Gasgemisches $S_M(p, T)$ in einem abgeschlossenen System für einen vorgegebenen Druck p und eine vorgegebene Temperatur T ergibt sich aus den Entropien der Gemischkomponenten vor der Mischung und der Entropieproduktion durch die Mischung. Der Index „M“ bezieht sich auf das ideale Gasgemisch.

$$
\begin{aligned}
S_M(p, T) = \ & m_A \cdot \left[c_{p,A} \cdot \ln \frac{T}{T_0} - R_A \cdot \ln \frac{p}{p_0} + s_A(p_0, T_0) \right] \\
& + m_B \cdot \left[c_{p,B} \cdot \ln \frac{T}{T_0} - R_B \cdot \ln \frac{p}{p_0} + s_B(p_0, T_0) \right] \\
& + m_A \cdot R_A \cdot \ln \frac{p}{p_A} + m_B \cdot R_B \cdot \ln \frac{p}{p_B}
\end{aligned}
$$

Gemäß der Logarithmengesetze werden die Terme mit „ln“ wie folgt zusammengefasst:

$$R_A \cdot \ln \frac{p}{p_A} - R_A \cdot \ln \frac{p}{p_0} = R_A \cdot \ln\left(\frac{p}{p_A} \cdot \frac{p_0}{p} \right) = R_A \cdot \ln \frac{p_0}{p_A} \qquad \left(\text{analog entsteht } R_B \cdot \ln \frac{p_0}{p_B} \right)$$

So kann schließlich folgende Formel zur Berechnung des Entropiemaximums als der Gesamtentropie des abgeschlossenen Systems nach erfolgter Mischung festgehalten werden durch:

$$
\begin{aligned}
S_M(p, T) = \ & m_A \left[c_{p,A} \ln \frac{T}{T_0} - R_A \ln \frac{p_A}{p_0} + s_A(p_0, T_0) \right] \\
& + m_B \left[c_{p,B} \ln \frac{T}{T_0} - R_B \ln \frac{p_B}{p_0} + s_B(p_0, T_0) \right]
\end{aligned}
$$

Für die Ableitung wurde ein isothermer Mischungsvorgang in einem abgeschlossenen System vorausgesetzt. Ein Wärmetransport über die Systemgrenze ist damit unterbunden. Die beiden Komponenten A und B wiesen gemäß Aufgabenstellung die gleiche Temperatur auf. Im Systeminneren existierten so keine Temperaturunterschiede als Triebkraft für einen Temperaturausgleich. Selbstverständlich kann man die einschränkende Voraussetzung einer konstanten Temperatur auch fallen lassen. Dann ist die Entropieänderung für alle an beiden Ausgleichsprozessen teilnehmenden Komponenten anzusetzen:

$$\Delta S_K = m_K \cdot \left(c_{p,K} \cdot \ln \frac{T_A}{T_K} + R_K \cdot \ln \frac{p}{p_K} \right)$$

Dabei ist T_A die Ausgleichstemperatur nach (2.3-7) und T_K die Anfangstemperatur der betreffenden Komponente.

5.2.10 Berechnung der spezifischen Entropie von trockener Luft

In Aufgabe 3.4.1 wurde trockene Luft als ideales Gasgemisch mit folgender Zusammensetzung betrachtet:

Komponente	Molanteil x_i	rel. Molekülmasse M_i
Stickstoff N_2	0,7812	28,013 kg/kmol
Argon Ar	0,0092	39,948 kg/kmol
Sauerstoff O_2	0,2096	31,999 kg/kmol

a) Welche individuellen Gaskonstanten und spezifischen Wärmekapazitäten bei konstantem Druck besitzen die einzelnen Komponenten der trockenen Luft?
b) Man weise mit den Entropiebilanzen des zweiten Hauptsatzes der Thermodynamik nach, dass eine isobar bei 1 bar und isotherm bei 50 °C erfolgende Mischung der oben angegebenen Volumenanteile in einem abgeschlossenen System ein irreversibler spontan verlaufender Prozess ist!
c) Welche Energie müsste man mindestens aufwenden, um die Komponenten aus der trockenen Luft wieder zu separieren?
d) Welche maximale spezifische Entropie wird nach Abschluss des Ausgleichsvorgangs im abgeschlossenen System erreicht?
e) Wie groß ist der prozentuale Fehler der hier berechneten spezifischen Entropie trockene Luft bei 1 bar und 50 °C zu der im VDI-Wärmeatlas 10. Auflage 2006 ausgewiesenen Wert 0,0849 kJ/(kg K) für Luft gleicher Zusammensetzung?

Hinweis zu d): Für die Berechnung des Absolutwertes der spezifischen Entropie der Gaskomponenten benötigt man die Entropie in einem Bezugszustand. Dazu verwende man Druck und Temperatur des chemischen Standardzustands nach der IUPAC-Empfehlung mit $p = 1,01325$ bar und $T_0 = 298,15$ K (25 °C) und definiere dort $h_0 = 0$ kJ/kg und $s_0 = 0$ kJ/(kg K)!

Gegeben sind:

Trockene Luft:	$T = 323{,}15\,\text{K}$ (50 °C)	$p = 1\,\text{bar}$ (perfektes Gas)	
Stickstoff N$_2$:	$r \equiv x = 0{,}7812$	$M = 28{,}013\,\text{kg/kmol}$	$\kappa = 7/5$
Argon Ar:	$r \equiv x = 0{,}0092$	$M = 39{,}948\,\text{kg/kmol}$	$\kappa = 5/3$
Sauerstoff O$_2$:	$r \equiv x = 0{,}2096$	$M = 31{,}9988\,\text{kg/kmol}$	$\kappa = 7/5$
Bezugszustand:	$T_0 = 298{,}15\,\text{K}$ (25 °C)	$p_0 = 1{,}01325\,\text{bar}$:	$s_0 = 0\,\text{kJ/(kg K)}$

Vorüberlegungen:

Für eine effiziente Lösung dieser Aufgabe ist es hilfreich, zuvor noch einmal die Aufgaben 3.4.1 und 5.2.9 zu studieren! Aus Aufgabe 3.4.1 übernehmen wir die Gaskonstante der trockenen Luft als ideales Gasgemisch mit $R_M = R_L = 0{,}28712\,\text{kJ/(kg K)}$ und aus 5.2.9 Formeln als Ausgangspunkte für die nachfolgenden Betrachtungen.

Stickstoff und Sauerstoff sind zweiatomige Gase, für die nach kinetischer Gastheorie der Isentropenexponent mit $\kappa = 7/5$ angesetzt werden kann. Argon ist ein einatomiges Edelgas mit $\kappa = 5/3$.

Die theoretisch mindestens erforderliche Arbeit für einen (reversiblen) Entmischungsprozess, zum Beispiel über einen Durchsatz durch semipermeable (das heißt nur für eine Gasart durchlässige) Trennwände, kann nach Formel (5.2-10) berechnet werden, wenn wir voraussetzen, dass dieser Entmischungsprozess wieder isotherm bei 50 °C erfolgt. Der Mindestaufwand für die Prozessumkehr stellt eine Kompensation der zuvor im Prozess entstandenen Irreversibilitäten dar.

Lösung:

a) spezifische Wärmekapazitäten und Gaskonstanten der Gemischbestandteile:

$$R_{\text{N}_2} = \frac{R_m}{M_{\text{N}_2}} = \frac{8{,}3144521\,\text{kJ/(kg K)}}{28{,}013\,\text{kg/mol}} = 0{,}296807271\,\frac{\text{kJ}}{\text{kg K}}$$

$$R_{\text{O}_2} = \frac{R_m}{M_{\text{O}_2}} = \frac{8{,}3144521\,\text{kJ/(kg K)}}{31{,}9988\,\text{kg/mol}} = 0{,}259836684\,\frac{\text{kJ}}{\text{kg K}}$$

$$R_{\text{Ar}} = \frac{R_m}{M_{\text{Ar}}} = \frac{8{,}3144521\,\text{kJ/(kg K)}}{39{,}948\,\text{kg/mol}} = 0{,}208132124\,\frac{\text{kJ}}{\text{kg K}}$$

$$c_{p,\text{N}_2} = \frac{\kappa}{\kappa - 1} \cdot R_{\text{N}_2} = \frac{7}{2} \cdot 0{,}296807271\,\frac{\text{kJ}}{\text{kg K}} = 1{,}038825449\,\frac{\text{kJ}}{\text{kg K}}$$

$$c_{p,\text{O}_2} = \frac{\kappa}{\kappa - 1} \cdot R_{\text{O}_2} = \frac{7}{2} \cdot 0{,}259836684\,\frac{\text{kJ}}{\text{kg K}} = 0{,}909428394\,\frac{\text{kJ}}{\text{kg K}}$$

$$c_{p,\text{Ar}} = \frac{\kappa}{\kappa - 1} \cdot R_{\text{Ar}} = \frac{5}{2} \cdot 0{,}208132124\,\frac{\text{kJ}}{\text{kg K}} = 0{,}5203306\,\frac{\text{kJ}}{\text{kg K}}$$

b) Entropiezuwachs durch isobar/isotherme Mischung der drei Gaskomponenten in einem abgeschlossenen System

In Aufgabe 5.2.9 wurde für die Entropiezunahme durch isotherme Mischung der Gase A und B abgeleitet:

$$S_i = \Delta S_A + \Delta S_B = -m_A \cdot R_A \cdot \ln \frac{p_A}{p} - m_B \cdot R_B \cdot \ln \frac{p_B}{p} > 0$$

Mit (3.4-7) können wir den Quotienten von Partialdruck zu Gesamtdruck als Raumanteil r schreiben, also $r_A = p_A/p$ und $r_B = p_B/p$. Dann folgt weiter:

$$(m_A + m_B) \cdot s_i = -m_A \cdot R_A \cdot \ln r_A - m_B \cdot R_B \cdot \ln r_B > 0 \quad \text{oder}$$
$$s_i = -\mu_A \cdot R_A \cdot \ln r_A - \mu_B \cdot R_B \cdot \ln r_B$$

Ferner bestehen zwischen Massenanteilen der Gemischkomponenten μ_i und ihren Raumanteilen r_i folgende Beziehungen:

$$\mu_i = r_i \cdot \frac{M_i}{M_M} = r_i \cdot \frac{R_m/R_i}{R_m/R_M} = r_i \cdot \frac{R_M}{R_i}$$

woraus folgt:

$$s_i = -R_M \cdot (r_A \cdot \ln r_A + r_B \cdot \ln r_B) \quad R_M \equiv R_L = 0{,}28712 \, \text{kJ/(kg K)}.$$

Für die massenspezifische Entropieproduktion s_i mit den drei Komponenten können wir schreiben:

$$s_i = \Delta s_{N_2} + \Delta s_{O_2} + \Delta s_{Ar} = -R_L \cdot (r_{N_2} \cdot \ln r_{N_2} + r_{O_2} \cdot \ln r_{O_2} + r_{Ar} \cdot \ln r_{Ar}) > 0$$

wegen $r_i < 1$ und $\ln r_i < 0$

$$s_i = 0{,}28712 \, \frac{\text{kJ}}{\text{kg K}} (0{,}7812 \cdot \ln 0{,}7812 + 0{,}2096 \cdot \ln 0{,}2096 + 0{,}0092 \cdot \ln 0{,}0092)$$

$$s_i = \underline{\underline{0{,}16180451 \, \text{kJ/(kg K)} > 0}}$$

Nachdem John Dalton die Atomgewichte für Sauerstoff mit $\approx 32 \, \text{kg/kmol}$ und für Stickstoff mit $\approx 28 \, \text{kg/kmol}$ bestimmt hatte, stellte er sich die Frage, warum im Laufe der Zeit in der Luft unter dem Einfluss der Schwerkraft keine Entmischung stattfinde, bei der sich der schwerere Sauerstoff unten und der leichtere Stickstoff oben absetzt. Zeit seines Lebens hatte er darauf keine schlüssige Antwort gefunden. Hier wurde der mathematisch schlüssige Nachweis mit $s_i > 0 \, \text{kJ/(kg K)}$ erbracht, dass die Mischung der Luftbestandteile ein irreversibler, spontan verlaufender Vorgang ist. Selbstverständlich ist es möglich, die Luft wieder in ihre Bestandteile zu zerlegen. Das passiert aber nicht von allein wie bei der Mischung, sondern erfordert einen erheblichen Energieaufwand.

c) Mindestenergieaufwand für eine Entmischung von Stickstoff und Sauerstoff nach Formel (5.2-10):

$$w_{diss,12} = T \cdot \Delta s_{i,12} = 323{,}15 \, \text{K} \cdot 0{,}16180351 \, \text{kJ/(kg K)} = \underline{\underline{52{,}287 \, \text{kJ/kg}}}$$

d) Entropiemaximum im abgeschlossenen System

Nach Abschluss des Ausgleichsvorgangs setzt sich die Entropie der System eingeschlossenen trockenen Luft aus den Entropien, die die drei Komponenten der Luft
vor der Mischung hatten, und der Mischungsentropie zusammen.

$$s(p, T) = \mu_{N_2} \cdot s_{N_2}(p, T) + \mu_{O_2} \cdot s_{O_2}(p, T) + \mu_{Ar} \cdot s_{Ar}(p, T) + s_i$$

Man kann also die Entropie eines idealen Gasgemisches nicht durch einfaches Auf-
summieren der entsprechend der Zusammensetzung gewichteten Entropien der
einzelnen Komponenten vor der Mischung berechnen, wie es in Kapitel 3.4 für die
Dichte, die Gaskonstante oder die spezifische Wärmekapazität gezeigt wurde, sondern dieser Summe muss die beim Mischungsvorgang produzierte Mischungsentropie hinzugefügt werden!

Die Entropieproduktion wurde in Aufgabe (b) berechnet zu:

$$s_i = 0{,}16180351 \, \text{kJ/(kg K)}.$$

Für die spezifischen Entropien der Gemischkomponenten bei $p = 50$ bar und $T = 323{,}15$ K bei einem Bezugszustand von $p_0 = 1{,}01325$ bar und $T_0 = 298{,}15$ K gilt immer
$s_0 = 0 \, \text{kJ/(kg K)}$!

 – Stickstoff:

$$s_{N_2}(p, T) = c_{p,N_2} \ln \frac{T}{T_0} - R_{N_2} \ln \frac{p}{p_0}$$

$$s_{N_2}(1 \, \text{bar}, 50 \, ^\circ\text{C}) = 1{,}038825449 \, \frac{\text{kJ}}{\text{kg K}} \cdot \ln \frac{323{,}15 \, \text{K}}{298{,}15 \, \text{K}}$$

$$- 0{,}296807271 \, \frac{\text{kJ}}{\text{kg K}} \cdot \ln \frac{1 \, \text{bar}}{1{,}01325 \, \text{bar}}$$

$$s_{N_2}(1 \, \text{bar}, 50 \, ^\circ\text{C}) = (0{,}083646117 + 0{,}00390687) \, \text{kJ/(kg K)} = 0{,}087552987 \, \text{kJ/(kg K)}$$

 – Sauerstoff:

$$s_{O_2}(p, T) = c_{p,O_2} \ln \frac{T}{T_0} - R_{O_2} \ln \frac{p}{p_0}$$

$$s_{O_2}(1 \, \text{bar}, 50 \, ^\circ\text{C}) = 0{,}909428394 \, \frac{\text{kJ}}{\text{kg K}} \cdot \ln \frac{323{,}15 \, \text{K}}{298{,}15 \, \text{K}}$$

$$- 0{,}259836684 \, \frac{\text{kJ}}{\text{kg K}} \cdot \ln \frac{1 \, \text{bar}}{1{,}01325 \, \text{bar}}$$

$$s_{O_2}(1 \, \text{bar}, 50 \, ^\circ\text{C}) = (0{,}073227079 + 0{,}003420226) \, \text{kJ/kg} = 0{,}076647305 \, \text{kJ/(kg K)}$$

 – Argon:

$$s_{Ar}(p, T) = c_{p,Ar} \ln \frac{T}{T_0} - R_{Ar} \ln \frac{p}{p_0}$$

$$s_{Ar}(1\,bar, 50\,°C) = 0{,}5203306\,\frac{kJ}{kg\,K} \cdot \ln\frac{323{,}15\,K}{298{,}15\,K}$$

$$- 0{,}208132124\,\frac{kJ}{kg\,K} \cdot \ln\frac{1\,bar}{1{,}01325\,bar}$$

$$s_{Ar}(1\,bar, 50\,°C) = (0{,}041896965 + 0{,}00273964)\,kJ/(kg\,K) = 0{,}044636605\,kJ/(kg\,K)$$

Summe der gewichteten spezifischen Entropien der einzelnen Komponenten:

$$\sum_{k=1}^{3} \mu_k \cdot s_k(1\,bar, 50\,°C) = \mu_{N_2} \cdot s_{N_2} + \mu_{O_2} \cdot s_{O_2} + \mu_{Ar} \cdot s_{Ar}$$

$$\sum_{k=1}^{3} \mu_k \cdot s_k(1\,bar, 50\,°C)$$

$$= (0{,}7557 \cdot 0.087552987 + 0{,}23161 \cdot 0{,}076647305 + 0{,}01269 \cdot 0{,}044636605)\,kJ/(kg\,K)$$

$$= \underline{\underline{0{,}084482513\,kJ/(kg\,K)}}$$

Demnach beträgt das zum Abschluss des Ausgleichsvorganges erreichte Entropiemaximum:

$$s(1\,bar, 50\,°C) = (0{,}084482513 + 0{,}16180451)kJ/(kg\,K) \approx \underline{\underline{0{,}24629\,kJ/(kg\,K)}}$$

e) Vergleichswert für $s(1\,bar, 50\,°C) = 0{,}0849\,kJ/(kg\,K)$ aus dem VDI-Wärmeatlas
In den Stoffwerttabellen für die spezifische Entropie von Gasgemischen als Funktion von Druck und Temperatur $s(p, T)$ wird die spezifische Mischungsentropie s_i als nicht mit ausgewiesen, da diese bei der Bildung von Entropiedifferenzen als Konstante entfällt. Der Vergleichswert ist also hier

$$\sum_{k=1}^{3} \mu_k \cdot s_k(1\,bar, 50\,°C) = 0{,}084482513\,kJ/(kg\,K) \approx 0{,}0845\,kJ/(kg\,K)$$

$$\left|\frac{(0{,}0849 - 0{,}0845)\,kJ/(kg\,K)}{0{,}0849\,kJ/(kg\,K)}\right| \approx 0{,}0047$$

Die prozentuale Abweichung zwischen dem hier berechneten und in der Stoffwerttabelle ausgewiesenen Wert beträgt etwa 0,47 %.

5.3 Exergie und Anergie der Wärme

Nach dem streng auf dem Energieerhaltungsprinzip beruhenden ersten Hauptsatz der Thermodynamik entsteht zunächst der Eindruck, alle Energien seien durch ihre wechselseitige Umwandelbarkeit gleichwertig. Nach dem zweiten Hauptsatz sind aber für das Ingangsetzen von Prozessen die gewaltigen, in der Atmosphäre gespeicherten Energien praktisch nutzlos. Man kann sie nicht zum Antrieb von Fahrzeugen oder zum Heizen einsetzen. Wir wissen außerdem, dass uns keine Zauberformel den Strom zurückbringt, den eine Glühbirne „verbraucht" hat. Natürlich wurde diese Energie nicht vernichtet, sondern vom Zustand geringer Entropie in einen neuen Gleichgewichtszustand mit höherer Entropie überführt (schlichter ausgedrückt: die gewandelte Energie steckt jetzt im „Wärmesumpf" der Umgebung).

Mit dem zweiten Hauptsatz nehmen wir also zur Kenntnis, dass die Eigenschaften der Umgebung die Energieumwandlung beeinflussen können und sich nicht alle Energieformen beliebig in andere Energieformen umwandeln lassen (Unsymmetrie bei den Energieumwandlungen). Mechanische und elektrische Energien gehören zu den Energieformen, die sich bei unterstellter reversibler Prozessführung unbeschränkt in jede andere Energieform umwandeln lassen. Thermische Energien können selbst bei theoretisch reversibler Prozessführung dagegen nur solange genutzt werden, bis sie sich im thermodynamischen Gleichgewicht mit der Umgebung befinden. Wenn Temperatur und Druck des am Energiewandlungsprozess beteiligten Mediums den Werten der Umgebung entsprechen, ist das Umwandlungspotential erschöpft. Der zweite Hauptsatz setzt hier eine obere Grenze durch den reversiblen Prozess, bei dem keine Entropieproduktion anfällt. Darüber hinausführende Energieumwandlungen sind als Perpetuum mobile zweiter Art ausgeschlossen. Für Energie gibt es somit zwei Qualitätsklassen: Energien, deren vollständige Umwandelbarkeit durch den zweiten Hauptsatz nicht beschränkt wird, sowie Energien, die nur bis zum Erreichen der Umgebungstemperatur und/oder dem Umgebungsdruck (thermodynamisches Gleichgewicht mit Umgebung) umwandelbar sind.

Der Anteil einer Energie E, der in Übereinstimmung mit dem zweiten Hauptsatz der Thermodynamik vollständig in eine beliebige andere Energie umgewandelt werden kann, wird als Exergie[3] E_{Ex} (Nutzenergie) bezeichnet, der Anteil, der bei der Energieumwandlung zur Erhöhung der Entropie der Umgebung führt, als Anergie E_{An} (Verlustenergie). Bezüglich der Arbeitsfähigkeit einer Energieform ist festzuhalten, dass mechanische Energie vollständig aus Exergie besteht, Wärme hingegen immer in einen exergetischen und anergetischen Anteil aufgespalten ist.

$$E = E_{Ex} + E_{An} \quad \text{und wenn} \quad E = Q \quad \rightarrow \quad Q = Q_{Ex} + Q_{An} \tag{5.3-1}$$

Aus dem ersten Hauptsatz (Energieerhaltung) folgt, dass bei einem Prozess die Summe aus Exergie und Anergie stets konstant bleibt, weil die Energie ja nicht verloren gehen kann. Alle irreversiblen Prozesse sind aber mit Exergieverlusten, mit der Umwandlung von Exergie in Anergie, verbunden. Im theoretischen Modell reversibler Prozesse wird

---

3 Dieser Begriff wurde 1956 als Ausdruck für die technische Arbeitsfähigkeit eines Systems von Zoran Rant (1904–1972) eingeführt und leitet sich aus dem altgriechischem Wort *ergon* (εργον) für Arbeit ab.

der Grenzfall einer mit null zu bilanzierenden Anergie abgebildet. Die Verwandlung von Anergie in Exergie wäre ein Perpetuum mobile zweiter Art.

Gelegentlich werden sogar in Vorlesungsskripten die Konsequenzen aus dem zweiten Hauptsatz der Thermodynamik so beschrieben, dass die Umwandlung von Arbeit in Wärme stets vollständig, von Wärme in Arbeit aber immer nur unvollständig erfolgen könne. Dies ist nur zum Teil richtig. Schon Max Planck verwies auf das Beispiel eines unter Arbeitsabgabe expandierenden idealen Gases, dessen Abkühlung beständig durch Zufuhr von Wärme höherer Temperatur ausgeglichen werde. Da die innere Energie eines idealen Gases nur von seiner Temperatur abhängt, bleibt diese bei dem beschriebenen Prozess konstant, sodass die zugeführte Wärme vollständig in Arbeit umgewandelt wird.

Aus ökonomischer Sicht sind die unbeschränkt umwandelbaren Energien wertvoller als jene, deren Umwandelbarkeit durch den zweiten Hauptsatz begrenzt wird. Exergie kann man verkaufen, Anergie dagegen nicht!

Die mathematische Formulierung des Exergiebegriffes geht davon aus, dass alle thermodynamischen Systeme gegenüber ihrer Umgebung ein bestimmtes Arbeitsvermögen besitzen, solange sich ihr Zustand von dem der Umgebung unterscheidet. Wird dieser Zustand der Umgebung angeglichen, baut sich dieses Arbeitsvermögen ab und kann als Nutzarbeit zur Verfügung stehen. Die maximale Nutzarbeit ist gewinnbar, wenn das System ohne das Auftreten von Dissipation (reversibel) in den Umgebungszustand überführt wird. Die hier gemeinte Umgebung ist nicht identisch mit der natürlichen Umwelt, denn die Erdatmosphäre befindet sich nicht im thermodynamischen Gleichgewicht. Fast überall tritt ein durch Sonneneinstrahlung ausgelöster Stoff- und Energietransport auf. Die thermodynamische Umgebung im hier aufgerufenen Sinn ist eine Modellumgebung, die je nach den zu bewertenden Prozessen die entsprechende natürliche Umgebung mit konstant bleibenden Zustandsgrößen hinreichend genau nachbildet. Dabei wird stets angenommen, dass Energie- und Stofftransport in die Umgebung im Verhältnis zu ihrem Gesamtpotential so klein sind, dass sich die Zustandsgrößen der Umgebung nicht ändern.

Die Tatsache, dass für technische Prozesse der Energiebereitstellung durch Umwandlung von Wärme die minimale Temperatur durch die Umgebung vorgegeben ist, ergeben für Exergie und Anergie der Wärme Q bei jeweils konstanter Temperatur für Wärmezu- sowie Wärmeabfuhr noch folgende Zusammenhänge::

$$Q_{Ex} = \left(1 - \frac{T_U}{T_{\max}}\right) \cdot Q \quad \text{oder} \quad \dot{Q}_{Ex} = \left(1 - \frac{T_U}{T_{\max}}\right) \cdot \dot{Q} \qquad (5.3\text{-}2)$$

$$Q_{An} = \frac{T_U}{T_{\max}} Q \quad \text{oder} \quad \dot{Q}_{An} = \frac{T_U}{T_{\max}} \dot{Q} \qquad (5.3\text{-}3)$$

Aus (5.3-2) ist unmittelbar zu sehen, dass die Exergie der Wärme vom Betrag her stets kleiner ist als die Wärme selbst ($Q_{Ex} < Q$) und mit steigender Temperatur $T_{\max}$ der Anteil der Exergie an der Wärme zunimmt. Wärme bei höherer Temperatur ist also wertvoller als Wärme bei niedriger Temperatur. Ein guter Ingenieur wird immer bemüht sein, die Exergie der Wärme so gut wie möglich zu nutzen.

Lässt man HEL („Heizöl extra leicht" – je nach Versteuerung Dieseltreibstoff oder Heizöl) einfach in der Umgebung abbrennen, entsteht mit der Aufwärmung der Umgebung Anergie ohne Nutzen. Verbrennt die gleiche Menge Heizöl in einer Hausheizung, entsteht am Ende des Prozesses die gleiche Menge Anergie, wir haben aber durch eine angenehme Zimmertemperierung bei kaltem Wetter davon profitiert. Unter exergetischen Aspekten ist dies – obwohl häufig praktiziert – suboptimal, da eine Hochtemperaturwärme (Verbrennungstemperatur bis zu 1600 °C) für einen Niedertemperaturzweck (Vorlauftemperatur der Heizung 85 °C) eingesetzt wird. Eine exergetisch weit bessere Nutzung wäre in einem Blockheizkraftwerk möglich, bei dem ein Dieselmotor (Hochtemperaturwärme) über einen verbundenen Generator Strom (Exergie) erzeugt und der verbleibende Exergiegehalt der Motorabwärme dann für eine Hausheizung (Niedertemperaturwärme) genutzt wird. Auch in diesem Prozess wird das Heizöl komplett in Anergie verwandelt, aber unter Stiftung eines höheren Nutzens als bei der reinen Raumbeheizung. Jedoch ist die technisch effizienteste Lösung auch die investiv teuerste, und nicht überall sind alle bereit, für jede Energieumwandlung einen hohen, volkswirtschaftlich durchaus sinnvollen Investitionsaufwand zu akzeptieren. Nicht selten unterbleiben aber selbst betriebswirtschaftlich rentierliche Investitionen, weil Wissen und Problembewusstsein fehlen.

Wird der Wärmestrom $\dot{Q}$ nicht – wie in (5.3-2) und (5.3-3) vorausgesetzt – bei konstanter Temperatur zugeführt, sondern bei veränderlicher Temperatur im Intervall $T_U \leq T \leq T_{\max}$, zerlegt man für die Berechnung der Exergie die Wärmezufuhr in differentielle Teilintervalle $d\dot{Q}$ und integriert das Differential (5.3-2):

$$d\dot{Q}_{Ex} = \left(1 - \frac{T_U}{T_{\max}}\right)d\dot{Q} \quad \rightarrow \quad \dot{Q}_{Ex,12} = \dot{Q}_{12} - T_U \cdot \int_1^2 \frac{d\dot{Q}}{T}$$

In Verbindung mit (5.2-8) entstehen dann die Berechnungsgleichungen für die Exergie und Anergie der Wärme zu:

$$\dot{Q}_{Ex,12} = \dot{Q}_{12} - T_U[(\dot{S}_2 - \dot{S}_1) - \dot{S}_{i,12}] \tag{5.3-4}$$

$$\dot{Q}_{An,12} = \dot{Q}_{12} - \dot{Q}_{Ex,12} \tag{5.3-5}$$

Bei ingenieurtechnisch zu bewertenden Energieumwandlungsprozessen spielen stationäre Fließprozesse eine herausragende Rolle. Die Exergie eines stationär strömenden Fluids ist der Betrag der reversiblen technischen Arbeit, die das Fluid höchstens verrichten kann, wenn es aus seinem Anfangszustand 1 mit der Umgebung U reversibel ins Gleichgewicht gebracht wird ($W_{diss} = 0$).

$$Q_{1U,rev} + W_{t,1U} = H_U - H_1 + \frac{m}{2}(c_U^2 - c_1^2) + mg(z_U - z_1)$$

Für die Exergie des Fluids ist nur die Wärmezu- oder -abfuhr bis zur konstant bleibenden Umgebungstemperatur T_U relevant. Bei Vernachlässigung der Änderung der Strömungsgeschwindigkeiten und Höhenunterschiede vereinfacht sich die obige Gleichung zu

$$Q_{1U,rev} + W_{t,1U} = H_U - H_1$$

Für die reversible Wärmeübertragung bei konstanter Umgebungstemperatur T_U gilt:

$$Q_{1U,rev} = T_U(S_U - S_1)$$

Die bei reversibler Überführung von Zustand 1 in den Umgebungszustand U freiwerdende Exergie (technische Arbeitsfähigkeit) $E_{Ex,1}$ ist identisch der gewonnenen technischen Arbeit $W_{t,1U}$.

$$W_{t,1U} \equiv -E_{Ex,1} = H_U - H_1 - T_U(S_U - S_1)$$

Die Berechnung der Exergie und Anergie im Zustand 1 ist damit wie folgt möglich:

$$E_{Ex,1} = H_1 - H_U - T_U \cdot (S_1 - S_U) \tag{5.3-6}$$
$$E_{An,1} = H_U + T_U \cdot (S_U - S_1) \tag{5.3-7}$$

Eine Enthalpie H_1 zerfällt nach (5.3-6) und (5.3-7) in Exergie und Anergie.

$$H_1 = E_{Ex,1} + E_{An,1} = H_1 - H_U - T_U \cdot (S_1 - S_U) + H_U + T_U \cdot (S_1 - S_U) = H_1$$

Zwischen zwei Zuständen 1 und 2 beträgt die Exergiedifferenz der Enthalpien H_1 und H_2

$$E_{Ex,2} - E_{Ex,1} = [H_2 - H_U - T_U \cdot (S_2 - S_U)] - [H_1 - H_U - T_U \cdot (S_1 - S_U)]$$
$$E_{Ex,2} - E_{Ex,1} = H_2 - H_1 - T_U \cdot (S_2 - S_1) \tag{5.3-8}$$

Der durch einen irreversiblen Prozess entstehende Exergieverlust ΔE_{Ex} beim Übergang von Zustand 1 auf 2 ergibt sich aus der Differenz der Anergien (5.3-7):

$$\Delta E_{Ex} = E_{An,2} - E_{An,1} = T_U \cdot (S_2 - S_1) = T_U \cdot S_{i,12} \tag{5.3-9}$$

Die Bereitstellung der Formeln (5.3-2) bis (5.3-9) gestattet jetzt auch eine genauere Bewertung der Güte von Energieumwandlungen. Der thermische Wirkungsgrad einer Wärmekraftmaschine, der Wärme mit der Absicht zugeführt wird, Arbeit zu gewinnen, setzt den erzielten Nutzen ins Verhältnis zum Aufwand:

$$\eta_{th} = \frac{\text{Nutzen}}{\text{Aufwand}} = \frac{W}{Q_{zu}}$$

Diese Wirkungsgraddefinition lässt außer Acht, dass der Umwandlung von Wärme in Arbeit a priori durch die nicht beeinflussbaren Umgebungsbedingungen Grenzen gesetzt sind, sodass die tatsächliche Güte des Prozesses und der Anlage nur unvollkommen beurteilt werden kann. Einen unmittelbaren Maßstab könnte man aber gewinnen, wenn man die abgegebene Nutzleistung zu der unter den vorliegenden Umgebungsbedingungen maximal erzielbaren Leistung ins Verhältnis setzt. Dies führt auf die Definition eines exergetischen Wirkungsgrades η_{ex}

$$\eta_{ex} = \frac{\text{nutzbare Exergie}}{\text{zugeführte Exergie}} = \frac{E_{Ex,nutz}}{E_{Ex,zu}} \quad (0 < \eta_{ex} \leq 1) \tag{5.3-10}$$

Der exergetische Wirkungsgrad ist ein Maß dafür, wie viel Arbeitsfähigkeit bei dem betrachteten Prozess verloren geht. Mit Berücksichtigung eines bei der Umwandlung entstandenen Exergieverlustes ΔE_{Ex} errechnet sich die nutzbare Exergie aus $E_{Ex,nutz} = E_{Ex,zu} - \Delta E_{Ex}$, sodass für Formel (5.3-10) folgt:

$$\eta_{ex} = \frac{E_{Ex,zu} - \Delta E_{Ex}}{E_{Ex,zu}} = 1 - \frac{\Delta E_{Ex}}{E_{Ex,zu}} \tag{5.3-11}$$

Die jeweilige Differenz der intensiven Zustandsgrößen Temperatur T bei der Wärmeübertragung oder des Druckes p beim Strömungsprozess sind die Triebkräfte für Prozesse. Je größer ΔT oder Δp, desto größer ist auch die Entropieproduktion (Irreversibilität). Damit wächst der Exergieverlust, wobei der exergetische Wirkungsgrad sinkt. Aus der rein thermodynamischen Perspektive müssten also möglichst kleine Triebkräfte angestrebt werden. Geringe Triebkräfte führen aber gleichzeitig zu einem von der Konstruktion und dem Materialeinsatz höherem Aufwand, zum Beispiel erfordern kleine Temperaturdifferenzen zwischen einem heißen und einem kalten Medium bei Wärmeübertragern zu größeren Heizflächen. Für die Optimierung von Prozessen sollten immer die Gesamtaufwendungen die Kosten der Anlage und ihrem Betrieb ins Auge gefasst werden.

Die Verminderung der Exergie ΔE_{Ex}, ist nicht immer automatisch Anergie E_{An}, sondern muss immer als Verlust in Hinsicht auf die jeweilige Zweckbestimmung des Prozesses gesehen werden. Es gibt so gut wie keine technische Einrichtung, bei der alle das System verlassende Exergieströme als Nutzen zu interpretieren wären. So können in Prozessen durchaus arbeitsfähige Energieanteile (beispielsweise die Exergie von ungewollten Hochtemperatur-Wärmeverlusten) anfallen. Sie müssen aber nur dann als Verlust verbucht werden, wenn keine geeignete nachgelagerte Nutzung erfolgt. Wird die als „Abfallprodukt" anfallende Hochtemperaturwärme parallel zum Hauptprozess in einem Nebenprozess genutzt, stiftet die dort enthaltene Exergie zumindest noch teilweise einen weiteren Nutzen. Dieser Nutzen ist dann keine Anergie. Der größtmögliche Zusatznutzen entsteht, wenn die Hochtemperaturabwärme bis zum Erreichen der Umgebungstemperatur ausgenutzt wird. In der chemischen Industrie wird oft durch kaskadenförmiges Hintereinanderschalten von Prozessen die Exergie der Einsatzstoffe sehr weitgehend genutzt.

Die Definitionsformeln (5.3-10) und (5.3-11) bilden also den exergetischen Wirkungsgrad nur mit allgemeinen Kategorien ab. Für die Bewertung konkreter Prozesse müssen zugeführte Exergie und Nutzleistung aus dem Prozessablauf bestimmt werden. Was also im speziellen Fall den Inhalt von Zähler und Nenner der Quotienten der Gleichungen (5.3-10) und (5.3-11) ausmacht, hängt in starkem Maße von den Untersuchungszielen und der konkreten Prozessführung ab. Dies kann bei einem komplexen Zusammenwirken mehrerer Teilsysteme zu erheblichen Schwierigkeiten führen bis hin zur manchmal notwendigen Feststellung, dass der exergetische Wirkungsgrad zur Charakterisierung der Qualität bestimmter Prozesse versagt.

Werden alle das System verlassende Exergieströme auf die dem Bilanzraum zugeführten Exergieströme bezogen, tritt das Problem auf, dass die durch irreversible Prozesse verursachten Exergieverluste Anergie sind und somit nicht als das System verlassende Exergieströme bilanziert werden. Der auf dieser Basis errechnete exergetische Wirkungsgrad gibt an, wie weit der Prozess vom Idealfall der reversiblen Prozessführung entfernt ist, sagt jedoch nichts darüber aus, ob das Exergieangebot tatsächlich maximal bis zum Umgebungszustand genutzt wird. Damit ist das Ziel verfehlt, mit dem exergetischen Wirkungsgrad einen Energiewandler an seiner Effektivität zu messen, die er unter gleichen äußeren Umgebungsbedingungen maximal haben könnte.

Der exergetische Wirkungsgrad erreicht seinen maximalen Wert $\eta_{ex,\max} = 1$, wenn kein Exergieverlust auftritt und somit der Prozess reversibel ($S_{i,12} = 0$) das Arbeitsmedium in den Umgebungszustand führt.

Zentral für das Verständnis von Exergie und Anergie ist, dass diese beiden Zustandsgrößen sich nicht „objektiv", sondern nur unter Berücksichtigung der jeweiligen Umgebung bestimmen lassen, etwa wie der Wert eines Glases Trinkwasser, der in der Wüste sicherlich deutlich höher als an einem klaren Gebirgsbach ist. Ein Druckluftbehälter mit einem Druck von 5 bar und Umgebungstemperatur enthält in einer Umgebung von 1 bar eine gewisse Exergie, in der Umgebung von 5 bar nur Anergie und in einer Umgebung von 10 bar enthält er wieder Exergie.

Der Unterschied zwischen Enthalpie und Exergie ist, dass die Enthalpie eine durch Druck p und Temperatur T beschriebene Zustandsfunktion ist und nicht von den Parametern der Umgebung abhängt. Exergie hingegen ist ein Potential zwischen zwei Zuständen, wovon einer der Umgebungszustand ist. Exergie ist im Gegensatz zur Energie auch keine Erhaltungsgröße, weil sie durch irreversible Prozesse abgebaut und in Anergie umgewandelt wird. In Übereinstimmung mit dem ersten Hauptsatz der Thermodynamik gilt aber mit der Energieerhaltung, dass die Summe aus Exergie und Anergie immer konstant bleibt. In Übereinstimmung mit dem zweiten Hauptsatz der Thermodynamik ist festzuhalten, dass bei irreversiblen Prozessen immer Exergie in Anergie umgewandelt wird, aber aus Anergie keine Exergie gewonnen werden kann.

5.3.1 Berechnung des Exergieverlustes bei der Drosselung eines Wasserstroms

In einer Rohrleitung mit adiabater Wandung strömen 100 Liter Wasser pro Minute mit einer Temperatur von 20 °C. Die Umgebungstemperatur betrage gleichfalls 20 °C. Der in der Rohrleitung herrschende Überdruck von 10 bar werde mit einem Druckminderungsventil bei weitgehend konstant bleibender Temperatur auf 5 bar gesenkt.
    a) Wie hoch ist dabei der stündliche Exergieverlust?
    b) Welche Temperaturerhöhung erfährt der Wasserstrom durch die auftretende Dissipation in Wärme?

Gegeben sind:
$t_W = 20\,°C\ (T_W = 293{,}15\,K)$ $T_U = 293{,}15\,K$ $p_1 = 10\,bar$ $p_2 = 5\,bar$
$\dot{V}_W = 100\,dm^3/min$

Vorüberlegungen:
Der Exergieverlust der isenthalp verlaufenden Drosselung ($H_2 = H_1$) kann ausgehend von Formel (5.3-9) berechnet werden: aus

$$|\Delta E_{Ex}| = E_{An} = T_U \cdot (S_2 - S_1)$$

Die Entropiedifferenz $S_2 - S_1$ ist für das maßgebliche Volumen $V = \dot{V} \cdot \Delta\tau$ auf zwei Wegen bestimmbar:
1. Möglichkeit: Formel (5.2-2): $dH = T_U \cdot dS + V \cdot dp$ für $dH = 0$ führt zu:

$$T_U \cdot dS = -V \cdot dp \quad \rightarrow \quad T_U \int_1^2 d = -V \int_1^2 dp \quad \rightarrow \quad T_U \cdot (S_2 - S_1) = V \cdot (p_1 - p_2)$$

2. Möglichkeit: die spezifische Entropie $s_2 - s_1$ aus der Wasserdampftafel interpolieren
die Masse muss aus dem Volumen über $m = V/v$ ermittelt werden, sodass $S_2 - S_1 = m \cdot (s_2 - s_1)$ herangezogen werden kann:
$p_1 = 10\,bar$ und $t_1 = 20\,°C$: (Tabelle 6.6-7)
$h_1 = 84{,}8585\,kJ/kg$ $v_1 = 0{,}00100139\,m^3/kg$ $s_1 = 0{,}29630\,kJ/(kg\,K)$

Für die Berechnung der Temperaturerhöhung infolge der bei der Drosselung auftretenden Reibung kann die Grundgleichung der Kalorik herangezogen werden. Dazu wird die mittlere spezifische Wärmekapazität von Wasser im hier relevanten Temperaturbereich bei 5 bar benötigt. Wir schätzen diesen Wert ab über die spezifische Wärmekapazität von Wasser bei 20 °C und 1 bar. Den Wert entnehmen wir mit $c_p = 4{,}185\,kJ/(kg\,K)$ aus Tabelle 6.6-3.

    Alternativ ist auch eine inverse Interpolation für die Temperatur t_2 in Tabelle 6.6-7 möglich.

Lösung:

a) stündlicher Exergieverlust

das in einer Stunde strömende Wasservolumen beträgt:

$$V_W = \dot{V}_W \cdot \Delta\tau = \frac{0,1\,\mathrm{m}^3}{1/60\,\mathrm{h}} = 6\,\mathrm{m}^3$$

- erste Möglichkeit nach Vorüberlegungen:

$$|\Delta E_{Ex}| = E_{An} = V \cdot (p_1 - p_2) = 6\,\mathrm{m}^3 \cdot (10 - 5) \cdot 10^5\,\mathrm{N/m}^2 = \underline{\underline{3.000\,\mathrm{kJ}}}$$

- zweite Möglichkeit nach Vorüberlegungen:

$$m = \frac{V}{v} = \frac{6\,\mathrm{m}^3}{0,00100139\,\mathrm{m}^3/\mathrm{kg}} = 5.991,6716\,\mathrm{kg}$$

für p_2 = 5 bar ist die spezifische Entropie für die konstant bleibende spezifische Enthalpie von 84,8585 kJ/kg zwischen den Enthalpiewerten 84,3882 kJ/kg (s = 0,2964 kJ/(kg K)) und 105,298 kJ/kg (s = 0,36713 kJ/(kg K)) in Tabelle 6.6-7 linear zu interpolieren.

$$s_2 = 0,2964\,\frac{\mathrm{kJ}}{\mathrm{kg\,K}} + \frac{(84,8585 - 84,3882)\,\mathrm{kJ/kg}}{(105,298 - 84,3882)\,\mathrm{kJ/kg}} \cdot (0,36713 - 0,29640)\,\frac{\mathrm{kJ}}{\mathrm{kg\,K}}$$

$$= 0,29799\,\frac{\mathrm{kJ}}{\mathrm{kg\,K}}$$

$$|\Delta E_{Ex}| = E_{An} = T_U \cdot m \cdot (s_2 - s_1)$$

$$= 298,15\,\mathrm{K} \cdot 5.991,6716\,\mathrm{kg} \cdot (0,29799 - 0,29630)\,\mathrm{kJ/(kg\,K)}$$

$$|\Delta E_{Ex}| = E_{An} = \underline{\underline{3.019,04\,\mathrm{kJ}}}$$

b) Temperaturerhöhung durch Reibungseffekte (Dissipation von Energie)

$$Q = \Delta E_{Ex} = E_{An} = m \cdot \bar{c}_W \cdot (t_2 - t_1)$$

$$t_2 = t_1 + \frac{\Delta E_{Ex}}{m \cdot \bar{c}_W} = 20\,^\circ\mathrm{C} + \frac{3.019,04\,\mathrm{kJ}}{5.991,6716\,\mathrm{kg} \cdot 4,185\,\mathrm{kJ/(kg\,K)}} \approx \underline{\underline{20,12\,^\circ\mathrm{C}}}$$

Mittels inverser linearer Interpolation der Werte in Tabelle 6.6-7 für die Temperatur bei der Enthalpie h = 84,8585 kJ/kg können wir alternativ und ohne zusätzliche Annahmen zur spezifischen Wärmekapazität auch die Temperatur t_2 bestimmen:

$$t_2 = 20\,^\circ\mathrm{C} + \frac{(84,8585 - 84,3882)\,\mathrm{kJ/kg}}{(105,298 - 84,3882)\,\mathrm{kJ/kg}} \cdot (25 - 20)\,\mathrm{K} \approx \underline{\underline{20,11\,^\circ\mathrm{C}}}$$

Theoretisch ist der Temperaturunterschied von 0,11 K zur Umgebungstemperatur wiederum Exergie, die jedoch niemals wirtschaftlich genutzt werden könnte.

5.3.2 Exergetischer Wirkungsgrad des Verbrennungsprozesses

Analysieren Sie den exergetischen Wirkungsgrad eines Verbrennungsprozesses mit maximaler Verbrennungstemperatur von 2000 °C und einer Umgebungstemperatur von 15 °C, in dem Sie die Exergie des Rauchgases ins Verhältnis setzen zur Exergie, die mit dem Brennstoff zugeführt wird!

Gegeben sind:
$$T_{max} = 2273{,}15\,K \qquad T_U = 288{,}15\,K$$

Vorüberlegungen:
Folgende Bezeichnungen werden noch eingeführt:
$\dot{m}_B$ = Brennstoffmassestrom
$\bar{c}_{RG}$ = mittlere spezifische Wärmekapazität des Rauchgases

Aus der Abkühlung des mit der Verbrennung entstehenden Rauchgases kann bis zur Erreichung der Umgebungstemperatur Arbeit als gewollte Exergie gewonnen werden.

$$\dot{E}_{Ex,nutz} = \int_{T_u}^{T_{max}} (1 - \frac{T_U}{T})d\dot{Q} = \int_{T_u}^{T_{max}} \dot{m}_B \cdot \bar{c}_{RG} \cdot (1 - \frac{T_U}{T})dT$$

Die zugeführte Brennstoffexergie errechnet sich aus:

$$\dot{E}_{Ex,zu} = \dot{m}_B \cdot \bar{c}_{RG} \cdot (T_{max} - T_U)$$

Lösung:

$$\eta_{ex} = \frac{\dot{E}_{Ex,nutz}}{\dot{E}_{Ex,zu}}$$

$$\dot{E}_{Ex,nutz} = \dot{m}_{RG} \cdot \bar{c}_{RG} \cdot \left(\int_{T_U}^{T_{max}} dT - \int_{T_U}^{T_{max}} \frac{T_U}{T} dT \right) = \dot{m}_{RG} \cdot \bar{c}_{RG} \cdot \left((T_{max} - T_U) - T_U \ln \frac{T_{max}}{T_U} \right)$$

$$\eta_{ex} = \frac{(T_{max} - T_U) - T_U \cdot \ln \frac{T_{max}}{T_U}}{T_{max} - T_U} = 1 - \frac{T_U \cdot \ln \frac{T_{max}}{T_U}}{T_{max} - T_U}$$

$$= 1 - \frac{288{,}15\,K \cdot \ln \frac{2273{,}15\,K}{288{,}15\,K}}{(2273{,}15 - 288{,}15)K} = \underline{\underline{0{,}7002}}$$

So gehen also 30 % der im Brennstoff enthaltenen Arbeitsfähigkeit verloren, allein der Tatsache geschuldet, dass die chemische Energie des Brennstoffes über die Verbrennung freigesetzt wird. Hier sind noch nicht die Exergieverluste erfasst, die prozessbedingt bei der Umwandlung von Wärme in mechanische Energie ($\rightarrow$ elektrische Energie) anfallen. Das ist der Grund dafür, dass man für die Stromerzeugung versucht, Umwandlungstechnologien zu finden, welche die chemisch im Brennstoff gebundene Energie direkt in Strom umzuwandeln, um die zwangsläufig mit relativ hohen Exergieverlusten behaftete Verbrennung zu vermeiden (Brennstoffzellen).

5.3.3 Exergieverlust durch erzwungene Frischdampfdrosselung

Kraftwerksbetreiber drosseln im laufenden Betrieb den Frischdampfstrom unmittelbar vor Eintritt in die Dampfturbine, um die gesetzlich vorgeschriebene Sekundenreserve für die Kraftwerksleistung vorhalten zu können. Wird bei einem Frequenzabfall im Übertragungsnetz die Sekundenreserve abgerufen, kann durch Öffnen des Ventils innerhalb weniger Sekunden eine zusätzliche Leistung zur Verfügung gestellt werden. Der Preis dafür ist eine im Normalbetrieb beständige Exergievernichtung.

Welcher auf den Massenstrom bezogener Exergieverlust entsteht durch das angedrosselte Ventil, wenn der überhitzte Frischdampf von 180 bar und 550 °C isenthalp auf 170 bar gedrosselt wird? Die Dampfentspannung in der Turbine kann als isentrop angesehen werden. Die Kondensation erfolge bei einem konstanten Druck von 7 kPa ins Nassdampfgebiet.

Gegeben sind:
Frischdampfparameter bei 180 bar und 550 °C aus Tabelle 6.6-7 überhitzter Dampf:
$h_F = 3418{,}27 \, \text{kJ/kg}$ $\quad s_F = 6{,}4085 \, \text{kJ/(kg K)}$
Kondensation im Nassdampfgebiet bei 0,07 bar = 7 kPa aus Tabelle 6.6-6:
$h' = 163{,}366 \, \text{kJ/kg}$ $\quad h'' = 2571{,}76 \, \text{kJ/kg}$
$s' = 0{,}55908 \, \text{kJ/(kg K)}$ $\quad s'' = 8{,}2746 \, \text{kJ/(kg K)}$
Druckverlust durch Drosselung: $\Delta p = 10 \, \text{bar}$

Vorüberlegungen:
Die Stromproduzenten sind verpflichtet, bis zu 2 % der installierten Kraftwerksleistung als sogenannte Sekundenreserve zum Ausgleich von Schwankungen der Frequenz im Stromnetz ($\pm 200 \, \text{mHz}$) durch Abweichungen zwischen Stromerzeugung und -nachfrage vorzuhalten. Bei Abruf der Sekundenreserve muss das Kraftwerk innerhalb von 30 Sekunden mit der zusätzlichen Leistung am Netz sein und diese 15 Minuten lang halten können. Die üblichen Mechanismen zur Regelung der Kraftwerksleistung sind zeitlich viel zu träge, um dies zu gewährleisten. Deshalb drosselt man kontinuierlich den Fischdampf etwas, und man nimmt damit verbundene Exergieverluste hin, damit im Bedarfsfalle durch Öffnen des Ventils in gewissen Grenzen die Lastkurve des Stromnetzes nachgefahren werden kann.

Bei der Drosselung bleibt die Enthalpie des Dampfes gleich, die in ihm enthaltene Arbeitsfähigkeit sinkt jedoch, denn die Enthalpie liegt im Verhältnis zum Umgebungszustand bei einem niedrigeren Druck und bei einer niedrigeren Temperatur vor. Der Umgebungszustand ist hier durch die Kondensationsbedingungen festgelegt. Die im Dampf enthaltene Exergie wird zwischen dem Frischdampfzustand bei Eintritt in die Turbine und dem Turbinenabdampfzustand am Austritt aus der Dampfturbine bei Kondensationsdruck bestimmt.

Die Enthalpie des Frischdampfes ist durch den gegebenen Druck und durch die gegebene Temperatur direkt aus Tabelle 6.6-7 abzulesen. Für den Umgebungszustand ist zunächst nur der Druck gegeben und der Hinweis, dass dort Nassdampf vorliegt. Zur eindeutigen Festlegung des Zustandes benötigen wir noch eine zweite intensive Zustandsgröße. Hier greift man zweckmäßig auf den Dampfanteil x zurück, der aus der Bedingung s = konstant für die isentrope Entspannung ermittelt werden kann.

Lösung:

1. Isentrope Dampfentspannung von 180 bar und 550 °C auf 0,07 bar
   - Bestimmung der Kondensationsenthalpie $h_x(0,07\,\text{bar})$ aus s = konstant
   Ansatz: $s_F(180\,\text{bar}, 550\,°\text{C}) = s_x(0,07\,\text{bar})$

$$s_F = s'(0,07\,\text{bar}) + x \cdot (s''(0,07\,\text{bar}) - s'(0,07\,\text{bar}))$$

   $\rightarrow$ auflösen nach dem unbekannten x

$$x = \frac{s_F - s'(0,07\,\text{bar})}{s''(0,07\,\text{bar}) - s'(0,07\,\text{bar})} = \frac{(6,4085 - 0,55908)\,\text{kJ/(kg\,K)}}{(8,2746 - 0,55908)\,\text{kJ/(kg\,K)}} = 0,75814$$

   Nassdampfenthalpie:

$$h_x(0,07\,\text{bar}) = h'(0,07\,\text{bar}) + x \cdot (h''(0,07\,\text{bar}) - h'(0,07\,\text{bar}))$$

$$h_x(0,07\,\text{bar}) = 163,366\,\frac{\text{kJ}}{\text{kg}} + 0,75814 \cdot (2571,76 - 163,366)\frac{\text{kJ}}{\text{kg}} = 1989,27\,\frac{\text{kJ}}{\text{kg}}$$

   - Exergie des Dampfes = spezifische technische Arbeit $w_{t,12} = h_F - h_x$

$$w_{t,12} = (3418,27 - 1989,27)\,\text{kJ/kg} = \underline{\underline{1429,00\,\text{kJ/kg}}}$$

2. Isentrope Dampfentspannung von h_F = 3418,27 kJ/kg bei 170 bar
   - Bestimmung der neuen Frischdampfentropie durch lineare Interpolation für h_F in Tabelle 6.6-7 bei 170 bar zwischen h_1 = 3238,61 kJ/kg und h_2 = 3429,11 kJ/kg:

$$s\left(170\,\text{bar}, 3418,27\,\frac{\text{kJ}}{\text{kg}}\right) = 6,2627\,\frac{\text{kJ}}{\text{kg\,K}}$$

$$+ \frac{(3418,27 - 3283,61)\,\text{kJ/kg}}{(3429,11 - 3283,61)\,\text{kJ/kg}} \cdot (6,4451 - 6,2627)\frac{\text{kJ}}{\text{kg\,K}}$$

$$s\left(170\,\text{bar}, 3418{,}27\,\frac{\text{kJ}}{\text{kg}}\right) = 6{,}4315\,\frac{\text{kJ}}{\text{kg K}}$$

– Bestimmung des Dampfanteils x in der Kondensationsenthalpie aus s = konstant

$$x = \frac{s_F(170\,\text{bar}, h_F) - s'(0{,}07\,\text{bar})}{s''(0{,}07\,\text{bar}) - s'(0{,}07\,\text{bar})} = \frac{(6{,}4315 - 0{,}55908)\,\text{kJ}/(\text{kg K})}{(8{,}2746 - 0{,}55908)\text{kJ}/(\text{kg K})} = 0{,}76112$$

– Kondensationsenthalpie mit neuem Dampfanteil x

$$h_x(0{,}07\,\text{bar}) = 163{,}366\,\frac{\text{kJ}}{\text{kg}} + 0{,}76112 \cdot (2571{,}76 - 163{,}366)\frac{\text{kJ}}{\text{kg}} = 1996{,}44\,\frac{\text{kJ}}{\text{kg}}$$

– Exergie des Dampfes bei 170 bar: = spezifische technische Arbeit $w_{t,12} = h_F - h_x$

$$w_{t,12} = (3418{,}27 - 1996{,}44)\,\text{kJ}/\text{kg} = \underline{\underline{1421{,}83\,\text{kJ}/\text{kg}}}$$

3. Exergieverlust durch Drosselung von 180 bar auf 170 bar bei $h = 3418{,}27\,\text{kJ}/\text{kg}$:

$\Delta e_{Ex} = 1429{,}00\,\text{kJ}/\text{kg} - 1421{,}83\,\text{kJ}/\text{kg} = 7{,}17\,\text{kJ}/\text{kg}$

Prozentualer Verlust an Arbeitsfähigkeit des Dampfes bei Drosselung von 180 auf 170 bar:

$$\left|\frac{7{,}17\,\text{kJ}/\text{kg}}{1429{,}00\,\text{kJ}/\text{kg}}\right| \approx 0{,}005$$

Durch Öffnen des auf 170 bar angedrosselten Ventils könnten sofort 0,5 % mehr Leistung abgegeben werden. Bei einem 600-MW-Block fielen so im laufenden Normalbetrieb immer circa 3 MW Verluste für die Vorhaltung der Sekundenreserve an.

6 Anhang

6.1 Verzeichnis der Formelzeichen

A	Fläche	m^2
a	Schallgeschwindigkeit	m/s
a_l	linearer Wärmeausdehnungskoeffizient	1/K
β	(griech.: Beta) isobarer Volumenausdehnungskoeffizient	1/K
c	Strömungsgeschwindigkeit	m/s
c_n	polytrope spezifische Wärmekapazität	kJ/(kg K)
c_p	spezifische Wärmekapazität bei konstantem Druck	kJ/(kg K)
c_V	spezifische Wärmekapazität bei konstantem Volumen	kJ/(kg K)
$c_{m,p}$	molare Wärmekapazität bei konstantem Druck	kJ/(kmol K)
χ	(griech.: Chi) isothermer Kompressibilitätskoeffizient	$m \cdot s^2/kg$
d	Kreisdurchmesser	m
d	Stoffmengendichte	$kmol/m^3$
η	(griech: Eta) Wirkungsgrad	1
F	Kraft	N
φ_V	(griech.: Phi) innere Verdampfungsenthalpie	kJ/kg
g	Fallbeschleunigung $\{g\}$ = 9,80665	m/s^2
γ	(griech.: Gamma) isochorer Spannungskoeffizient	1/K
H	Enthalpie	kJ
H_u	unterer Heizwert	kJ/kg
h	massenspezifische Enthalpie	kJ/kg
h	Höhe (manchmal auch z)	m
K	Kompressionsmodul für Fluide	Pa
k	Boltzmann-Konstante	J/K
M	relative Molekülmasse	kg/kmol
M_M	scheinbare relative Molekülmasse	kg/kmol
m	Masse	kg
μ_i	(griech.: My) Massenanteil einer Komponente	i
N	Anzahl der Teilchen	1
N_A	Avogadro-Konstante	$kmol^{-1}$
N_L	Loschmidt-Konstante	m^{-3}
n	Polytropenexponent	1
n	Stoffmenge	kmol
n_D	Drehzahl	min^{-1}
P	Leistung	W
p	Druck	Pa
p_{amb}	Umgebungsdruck	Pa
p_{abs}	absoluter Druck	Pa

https://doi.org/10.1515/9783111017570-006

p_n	Normdruck	Pa
π	Kreiskonstante, Ludolf'sche Zahl	1
ψ_V	(griech.: Psi) äußere Verdampfungsenthalpie	kJ/kg
Q	Wärme	kJ
q	spezifische Wärme	kJ/kg
$\dot{Q}$	Wärmeleistung, Wärmestrom	kW
R_i	individuelle Gaskonstante (eines speziellen Gases)	kJ/(kg K)
R_m	molare (universelle) Gaskonstante	kJ/(kmol K)
R	Ohm'scher Widerstand	Ω
r	Kreisradius	m
r_i	Volumenanteil einer Komponente i (Vol %: 100 %)	1
r	Verdampfungsenthalpie	kJ/kg
ρ	(griech.: Rho) Dichte	kg/m^3
S	Entropie	kJ/K
s	spezifische Entropie	kJ/(kg K)
σ	Schmelzenthalpie	kJ/kg
t	Celsius-Temperatur	°C
t_n	Celsius-Temperatur im physikalischen Normzustand	°C
T	thermodynamische Temperatur	K
T_n	thermodynamische Temperatur im physikalischen Normzustand	K
τ	(griech.: Tau) Zeit	s
U	innere Energie	kJ
u	spezifische innere Energie	kJ/kg
V	Volumen	m^3
v	spezifisches Volumen	m^3/kg
$V_{m,n}$	molares Normvolumen	m^3/kmol
V_m	molares Volumen	m^3/kmol
W_N	Nutzarbeit	Nm
W_t	technische Arbeit	Nm
W_V	Volumenänderungsarbeit	Nm
x	Dampfanteil	1
x_i	Molanteil einer Komponente i (Mol %: 100 %)	1
Z	Realgasfaktor	1
z	Höhe (manchmal auch h) oder Länge	m

Indizes

Hinweis: Wenn chemische Symbole als Indizes verwendet werden, erscheinen diese in gerade aufgestellter Schrift.

amb	Umgebung
An	Anergie
diss	dissipiert
el	elektrisch
Ex	Exergie
ex	exergetisch
k	kritischer Punkt
L	Luft
M	Mischung
m	molar
max	maximal
min	minimal
n	physikalischer Normzustand
r	reduziert
rev	reversibel
th	thermisch
T	konstante Temperatur
Tr	Tripelpunkt
Sch	Schmelzpunkt
opt	optimal
p	konstanter Druck
V	konstantes Volumen
U	Umgebung
u	unterer (Wert)

6.2 Normzustände und Maßeinheiten

Tab. 6.2-1: Übersicht über verschiedene Normzustände und Normbezugsbedingungen.

Anwendungsbereich	Bedingungen		
physikalischer Normzustand[a] (DIN 1343)	Temperatur Druck	$T_n = 273{,}15\,\mathrm{K}$ $p_n = 1{,}01325\,\mathrm{bar}$	$(t_n = 0\,^\circ\mathrm{C})$ $(p_n = 760\,\mathrm{Torr})$
chemischer Standardzustand (IUPAC-Empfehlung)[b]	Temperatur Druck	$T_n = 298{,}15\,\mathrm{K}$ $p_n = 1{,}01325\,\mathrm{bar}$	$(t_n = 25\,^\circ\mathrm{C})$ $(p_n = 760\,\mathrm{Torr})$
Normbezugszustand für atmosphärische Luft (DIN ISO 2533)	Temperatur Druck relative Luftfeuchte 0 % (trockene Luft) Dichte bei	$T_0 = 288{,}15\,\mathrm{K}$ $p_0 = 1{,}01325\,\mathrm{bar}$ $h = 0:$	$(t_0 = 15\,^\circ\mathrm{C})$ $(p_0 = 760\,\mathrm{Torr})$ $\rho_0 = 1{,}225\,\mathrm{kg/m^3}$
Bedingungen für die Abnahme von Verdrängerkompressoren (DIN 1945)	Temperatur Druck relative Luftfeuchte 0 % Kühlwasser-Eintrittstemperatur 20 °C	$T_0 = 293{,}15\,\mathrm{K}$ $p_0 = 1\,\mathrm{bar}$	$(t_0 = 20\,^\circ\mathrm{C})$ $(p_0 = 750{,}062\,\mathrm{Torr})$
Normbezugsbedingungen für Verbrennungsmotoren (ISO 15550)	Temperatur Druck relative Luftfeuchte 30 %	$T = 298{,}15\,\mathrm{K}$ $p = 1\,\mathrm{bar}$	$(t = 25\,^\circ\mathrm{C})$ $(p = 750{,}062\,\mathrm{Torr})$
Normbezugszustand für Gasturbinen (DIN 4342)	Temperatur Druck relative Luftfeuchte 60 % flüssiger Brennstoff gasförmiger Brennstoff	$T = 288{,}15\,\mathrm{K}$ $p = 1{,}01325\,\mathrm{bar}$ $H_u = 42.000\,\mathrm{kJ/kg}$ $H_u = 50.056\,\mathrm{kJ/kg}$	$(t = 15\,^\circ\mathrm{C})$ $(p = 760\,\mathrm{Torr})$

[a] Auch STP-Bedingungen genannt (englisch: **S**tandard **T**emperature and **P**ressure), werden auch beim Handel mit Gasen zugrunde gelegt (Normkubikmeter).
[b] IUPAC = International Union for Pure and Applied Chemistry: Dieser Referenzzustand wird manchmal bei der Angabe thermophysikalischer Stoffeigenschaften verwendet, gelegentlich auch mit $p_0 = 1\,\mathrm{bar}$!

Im Allgemeinen wird empfohlen, Maßeinheiten nicht mit Zusätzen zu versehen, die auf bestimmte Zustände hinweisen, zum Beispiel Nm für Normkubikmeter. Besser ist es, das Formelzeichen für die betreffende Größe zu indizieren, also $V_n = 10\,\mathrm{m^3}$ für 10 Normkubikmeter.

Tab. 6.2-2: Basisgrößen und Basiseinheiten sowie abgeleitete Größen (Auswahl) im SI-Einheitensystem.

Basisgröße	Symbol	Maßeinheit	Kurzzeichen
Länge	l	Meter	m
Masse[a]	m	Kilogramm	kg
Zeit	τ	Sekunde	s
Stromstärke	I	Ampere	A
Temperatur	T	Kelvin	K
Lichtstärke	I	Candela	cd
Stoffmenge	n	Mol	mol

$1\,\textbf{N}\,\text{(ewton)} = 1\,\text{kg m/s}^2$

$1\,\textbf{J}\,\text{(oule)} = \textbf{1 kg m}^2\textbf{/s}^2 = 1\,\text{Nm}$

$1\,\textbf{W}\,\text{(att)} = 1\,\text{J/s}$

$1\,\textbf{Pa}\,\text{(scal)} = \textbf{1 N/m}^2 = 1\,\text{kg/(ms}^2)$

[a] Das Kilogramm als Basiseinheit für die Masse enthält schon eine Vorsilbe, daher dürfen bei Masseeinheiten Vorsilben nur auf die SI-fremden Einheiten Gramm oder Tonne angewendet werden.

Tab. 6.2-3: Präfixe (Vorsilben) für dezimale Vielfache und Teile von Einheiten nach DIN 1301 (Auszug).

Vorsilbe	Kurzzeichen	Bedeutung
Exa	E	10^{18}
Peta	P	10^{15}
Tera	T	10^{12}
Giga	G	10^{9}
Mega	M	10^{6}
Kilo	k	10^{3}
Hekto	h	10^{2}
Deka	da	10^{1}
Dezi	d	10^{-1}
Zenti	c	10^{-2}
Milli	m	10^{-3}
Mikro	µ	10^{-6}
Nano	n	10^{-9}
Piko	p	10^{-12}
Femto	f	10^{-15}
Atto	a	10^{-18}

Bei Angabe einer physikalischen Größe sollte die Vorsilbe der Maßeinheit so gewählt werden, dass ihr Zahlenwert im Bereich zwischen 0,1 und 999 liegt.

Ausnahmen von Tabelle 6.2-3

$1\,\text{Liter} = 1\,\text{dm}^3 = 10^{-3}\,\text{m}^3$ $1\,\text{ml} = 1\,\text{cm}^3$ $1\,\text{mg} = 10^{-6}\,\text{kg}$

$1\,\text{Tonne} = 1\,\text{t} = 10^3\,\text{kg}$ $1\,\text{Mt} = 10^6\,\text{kg}$

$1\,\text{Bar} = 1\,\text{bar} = 10^5\,\text{Pa} = 10^5\,\text{N/m}^2$

$1\,\text{Erg} = 1\,\text{erg} = 10^{-7}\,\text{J}$ $1\,\text{Dyn} = 1\,\text{dyn} = 10^{-5}\,\text{N} = 1\,\text{g cm/s}^2$

Tab. 6.2-4: Umrechnungen für (gesetzlich nicht mehr anzuwendende) Einheiten des Druckes.

Druck	Pa	bar	kp/cm^2	Torr	atm	mmWs
1 Pa = 1 N/m^2	**1** kg/(ms^2)	10^{-5}	$1{,}0197 \cdot 10^{-5}$	0,007500615	$0{,}98692 \cdot 10^{-5}$	0,1019716
1 bar	10^5	**1**	1,0197162	750,062	0,98692	$1{,}0197 \cdot 10^4$
1 kp/cm^2 = 1 at[*)]	98066,5	0,980665	**1**	735,56	0,96784	10^4
1 Torr = 1 mmHg[*)]	133,3224	0,001333224	0,0013591	**1**	0,00131578	13,599
1 atm	101325	1,01325	1,0332275	760	**1**	1033,2275
1 mmWs = 1 kp/m^2[*)]	9,80665	$9{,}80665 \cdot 10^{-5}$	10^{-4}	$7{,}3556 \cdot 10^{-2}$	$9{,}67841 \cdot 10^{-5}$	**1**

[*)]seit dem 01.01.1978 in Deutschland nicht mehr zulässig (1 Torr = 1 mm Hg ist innerhalb der EU zulässige Einheit für die Blutdruckmessung)

Tab. 6.2-5: Umrechnungen für (gesetzlich nicht mehr anzuwendende) Einheiten der Leistung.

Leistung	J/s	kW	kcal/h	PS	kpm/s
1 J/s	**1**	10^{-3}	0,86	$1{,}359619 \cdot 10^{-3}$	0,1019716
1 kW	10^3	**1**	$0{,}86 \cdot 10^3$	1,359619	101,9716
1 kcal/h	1,163	$1{,}163 \cdot 10^{-3}$	**1**	$1{,}5813 \cdot 10^{-3}$	0,11859
1 PS	735,49875	0,7354987	632,4	**1**	75
1 kpm/s	9,80665	$9{,}80665 \cdot 10^{-3}$	8,43	0,0133334	**1**

Tab. 6.2-6: Umrechnungen für (gesetzlich nicht mehr anzuwendende) Einheiten der Energie (Arbeit).

Energie	J	kWh	kcal$_{15\,°C}$	PSh	kpm
1 J = 1 Ws	**1** Nm	$0{,}277778 \cdot 10^{-6}$	$0{,}23892 \cdot 10^{-3}$	$0{,}377673 \cdot 10^{-6}$	0,1019716
1 kWh	$3{,}6 \cdot 10^6$	**1**	860,11	1,359619	$0{,}37 \cdot 10^6$
1 kcal$_{15\,°C}$[*)]	4.185,5	$1{,}16264 \cdot 10^{-3}$	0,99968 kcal$_{IT}$	$1{,}58075 \cdot 10^{-3}$	426,800
1 kcal$_{IT}$	4.186,8	$1{,}16300 \cdot 10^{-3}$	1,00031 kcal$_{15°}$	$1{,}58111 \cdot 10^{-3}$	426,935
1 PSh	$2{,}65 \cdot 10^6$	0,735499	632,61	**1**	270.000
1 kpm	9,80665	$2{,}72407 \cdot 10^{-6}$	$0{,}34 \cdot 10^{-3}$	$3{,}7037 \cdot 10^{-6}$	**1**

[*)]Heute noch üblich für den Brennwert/Energiegehalt von Lebensmitteln und den Energieverbrauch von Organismen, allerdings nur zusätzlich zu der gesetzlich vorgeschriebenen Einheit kJ.

Im Jahr 1948 wurde das Bar mit 1 bar = 10^5 N/m^2 weltweit als Maßeinheit vorgeschlagen (das Pascal als aus den Basiseinheiten abgeleitete Maßeinheit mit 1 Pa = 1 N/m^2 existiert erst seit 1971). Ab dem 01.01.1978 löste das Bar zusammen mit dem Pascal in Deutschland und Österreich die Maßeinheiten für den Druck technische Atmosphäre (at) und physikalische Atmosphäre (atm) ab. Bei der technischen Atmosphäre wurde mit Kennzeichnung in der Maßeinheit zwischen absoluten Druck (ata) und Differenzdruck zur Umgebung (atü) unterschieden. Nach den SI-Richtlinien ist ein solches Vorgehen nicht mehr zulässig. Wenn heute ein Messgerät für den Reifendruck im Auto 2,1 bar anzeigt, müssen wir es uns aus dem technischen Kontext erschließen, dass damit der Überdruck

Tab. 6.2-7: Umrechnungen für ausgewählte angelsächsische Einheiten und Handelsmaße.

Größe	angelsächsische Einheit	Kurzzeichen	Umrechnung
Länge	inch (deutsch: Zoll)	in oder $''$	1 in = 25,40 mm
	foot (deutsch: Fuß)	ft	1 ft = 12 in = 0,30480 m
	yard	yd	1 yd = 3 ft = 36 in = 0,91440 m
	statute mile[a]	mi	1 mi = 1760 yd = 1609,344 m
	nautical mile[b]	nm	1 nm = 1 sm = 1852 m
Fläche	square inch	sq. in.	1 sq. in. = 6,4516 cm^2
	square foot	sq. ft.	1 sq. ft. = 0,09290304 m^2
Volumen	cubic foot	cu. ft.	1 cu. ft. = 28,316846 dm^3
	register ton	BRT	1 BRT = 100 ft^3 = 2,831685 m^3
	gallon (GB oder Imperial gal.)	Imp.gal	1 Imp. gal = 4,54609 ℓ (exakt)
	gallon (US liquid)	US. liq. gal	1 US. liq. gal = 3,785411784 ℓ
	gallon (US dry)	US. dry. Gal	1 US. dry. gal = 4,40488377 ℓ
	gallon (metric)	metric gal	1 metric gal = 4 ℓ (exakt)
Masse	ounce (Avoirdupois) = Handelsgewicht	oz	1 oz = 28,34952 g
	ounce (troy-system)[c]	oz.tr.	1 oz.tr. = 31,1034768 g
	pound (mass)	lb	1 lb = 16 oz = 0,45359237 kg
	hundredweight (GB: 1 cwt = 112 lb)	cwt (GB)	1 cwt (GB) = 50,802 kg
	hundredweight (US: 1 cwt = 100 lb)	cwt (US)	1 cwt (US) = 45,359 kg
	long ton[d] (GB: = 20 cwt)	t (GB)	1 long ton = 1016,05 kg
	short ton (US: = 2000 lb))	t (US)	1 short ton = 907,18546 kg
Massenstrom	pound per hour	lb/hr	1 lb/hr = 1,26 · 10^{-4} kg/s
spez. Volumen	cubic foot per pound	cft/lb	1 cu. ft./lb = 0,062429 m^3/kg
Dichte	pound per cubic foot	lb/cft	1 lb/cu. ft = 16,0185 kg/m^3
	pound per cubic inch	pci	1 pci = 27,679905 g/cm^3
Geschwindigkeit	knot	kt	1 kt = 1 nm/hr = 1,852 km/h
Kraft	pound (force)	Lb	1 Lb = 4,4482 N
Druck	pound/square inch	Lb/sq. in. oder psi	1 Lb/sq. in. = 0,0689475729 bar
Leistung	horse-power	h. p.	1 h. p. = 0,74567 kW
Wärmeleistung	British thermal unit per hour	Btu/hr	1 Btu/hr = 293,07107017 W
Arbeit/Energie	British thermal unit	Btu	1 Btu = 1055,05585262 J

[a]Verwendet für Entfernungsangaben (z. B. im Straßenverkehr).
[b]Deutsch Seemeile (sm) verwendet in Seefahrt und in der Luftfahrt, international festgelegt mit 1852,01 m, in DIN 1301-1 jedoch exakt auf 1852 m
[c]Betrifft Handelsgewichte für Edelmetalle und Arzneien (Feinunzen). Es gilt 175 oz. tr. = 192 oz Avoirdupois-System.
[d]Zur Vermeidung von Verwechslungen wird empfohlen, immer den vollen Namen zu verwenden, also long ton, short ton, im Unterschied zu metric ton = tonne = 1000 kg.

zum atmosphärischen Druck gemeint ist, der absolute Druck im Reifen beträgt also etwa $2,1\,\text{bar} + p_{amb} \approx 3,1\,\text{bar}$. Aus der Maßeinheit für den Druck ist der Zustand nicht mehr zu erkennen, man kann aber mit einem Formelzeichen einen Hinweis geben, also etwa mit $p_e = 2,1\,\text{bar}$ oder $p_{abs} \approx 3,1\,\text{bar}$.

6.3 Formelsammlungen

Tab. 6.3-1: Zustandsgleichungen für ideales Gas.

	Isochore $v =$ konstant	Isobare $p =$ konstant	Isotherme $p \cdot v =$ konstant	Isentrope $p \cdot v^\kappa =$ konstant
$\dfrac{v_1}{v_2} =$	1	$\dfrac{T_1}{T_2}$	$\dfrac{p_2}{p_1}$	$\left(\dfrac{p_2}{p_1}\right)^{\frac{1}{\kappa}} = \left(\dfrac{T_2}{T_1}\right)^{\frac{1}{\kappa-1}}$
$\dfrac{p_1}{p_2} =$	$\dfrac{T_1}{T_2}$	1	$\dfrac{v_2}{v_1} = \dfrac{\rho_1}{\rho_2}$	$\left(\dfrac{v_2}{v_1}\right)^{\kappa} = \left(\dfrac{T_1}{T_2}\right)^{\frac{\kappa}{\kappa-1}}$
$\dfrac{T_1}{T_2} =$	$\dfrac{p_1}{p_2}$	$\dfrac{v_1}{v_2} = \dfrac{\rho_2}{\rho_1}$	1	$\left(\dfrac{p_1}{p_2}\right)^{\frac{\kappa-1}{\kappa}} = \left(\dfrac{v_2}{v_1}\right)^{\kappa-1}$
$s_2 - s_1$	$c_v \ln \dfrac{p_2}{p_1}$	$c_p \ln \dfrac{v_2}{v_1}$	$R_i \cdot \ln \dfrac{v_2}{v_1}$	0

Tab. 6.3-2: Wärme von idealem Gas bei verschiedenen Zustandsänderungen.

Zustandsänderung	Wärme $q_{12} =$
Isochore	$c_V(T_2 - T_1) = \dfrac{R_i}{\kappa - 1}(T_2 - T_1) = \dfrac{v}{\kappa - 1}(p_2 - p_1)$
Isobare	$c_p(T_2 - T_1) = \dfrac{\kappa}{\kappa - 1}R_i(T_2 - T_1) = \dfrac{\kappa}{\kappa - 1}p(v_2 - v_1)$
Isotherme	$R_i \cdot T_1 \cdot \ln \dfrac{p_1}{p_2} = p_1 v_1 \ln \dfrac{v_2}{v_1} = -w_{V,12} = -w_{t,12}$
Isentrope	0
Polytrope	$c_V \dfrac{n - \kappa}{n - 1}(T_2 - T_1) = c_n(T_2 - T_1) = \dfrac{n - \kappa}{\kappa - 1}w_{V,12}$

Tab. 6.3-3: Volumenänderungsarbeit von idealem Gas bei verschiedenen Zustandsänderungen.

Zustandsänderung	Volumenänderungsarbeit $w_{V,12} =$
Isochore	0
Isobare	$p(v_1 - v_2) = R_i(T_1 - T_2)$
Isotherme	$R_i T_1 \ln \dfrac{p_2}{p_1} = p_1 v_1 \ln \dfrac{p_2}{p_1} = p_2 v_2 \ln \dfrac{p_2}{p_1} = w_{t,12}$
Isentrope	$c_V(T_2 - T_1) = \dfrac{R_i T_1}{\kappa - 1}\left(\dfrac{T_2}{T_1} - 1\right) = \dfrac{R_i T_1}{\kappa - 1}\left[\left(\dfrac{p_2}{p_1}\right)^{\frac{\kappa-1}{\kappa}} - 1\right] = \dfrac{p_1 \cdot v_1}{\kappa - 1}\left[\left(\dfrac{v_1}{v_2}\right)^{\kappa-1} - 1\right]$
Polytrope	$\dfrac{R_i}{n - 1}(T_2 - T_1) = \dfrac{c_V(\kappa - 1)}{n - 1}(T_2 - T_1) = \dfrac{p_1 v_1}{n - 1}\left[\left(\dfrac{p_2}{p_1}\right)^{\frac{n-1}{n}} - 1\right]$

Tab. 6.3-4: Technische Arbeit von idealem Gas bei verschiedenen Zustandsänderungen.

Zustandsänderung	technische Arbeit $w_{t,12} =$
Isochore	$v \cdot (p_2 - p_1) = R_i \cdot (T_2 - T_1)$
Isobare	0
Isotherme	$R_i T_1 \ln \dfrac{p_2}{p_1} = p_1 v_1 \ln \dfrac{p_2}{p_1} = p_2 v_2 \ln \dfrac{p_2}{p_1} = w_{V,12}$
Isentrope	$\dfrac{\kappa}{\kappa - 1} p_1 \cdot v_1 \left[\left(\dfrac{p_2}{p_1} \right)^{\frac{\kappa-1}{\kappa}} - 1 \right] = \dfrac{\kappa}{\kappa - 1} R_i \cdot T_1 \left(\dfrac{T_2}{T_1} - 1 \right) = \kappa \cdot w_{V,12}$
Polytrope	$\dfrac{n}{n - 1} R_i \cdot T_1 \left(\dfrac{T_2}{T_1} - 1 \right) = \dfrac{n}{n - 1} p_1 \cdot v_1 \left[\left(\dfrac{p_2}{p_1} \right)^{\frac{n-1}{n}} - 1 \right] = n \cdot w_{V,12}$

6.4 Hinweise zu Interpolationsverfahren

6.4.1 Beispiele für lineare Interpolationen

Der Ingenieur betrachtet häufig funktionale Zusammenhänge physikalischer Größen, die durch Angabe von Werten in einer Tabelle gegeben sind wie in diesem Lehrbuch in den Abschnitten 6.5 und 6.6. In praktischen Fällen sucht man häufig nach Funktionswerten, die zwischen zwei tabellierten Stützwerten liegen. Meistens genügt bei der Bestimmung von Funktionswerten aus Tafeln mit feiner Unterteilung eine **lineare Ersatzfunktion**, um Zwischenwerte mit genügender Genauigkeit zu berechnen. Mithilfe des Strahlensatzes kann man für eine lineare Funktion $f(x)$, die durch die beiden Punkte (x_1, y_1) und (x_2, y_2) verläuft, für den Zwischenpunkt (x, y) wie Abbildung 6-1 zeigt den Ansatz wählen:

$$\frac{f(x) - f(x_1)}{x - x_1} = \frac{f(x_2) - f(x_1)}{x_2 - x_1} \quad \rightarrow \quad f(x) = f(x_1) + \frac{x - x_1}{x_2 - x_1} \cdot \left(f(x_2) - f(x_1) \right) \qquad (6.4\text{-}1)$$

Betrachten wir als Beispiel dazu die Ermittlung des Luftdrucks in 300 m Höhe, wenn

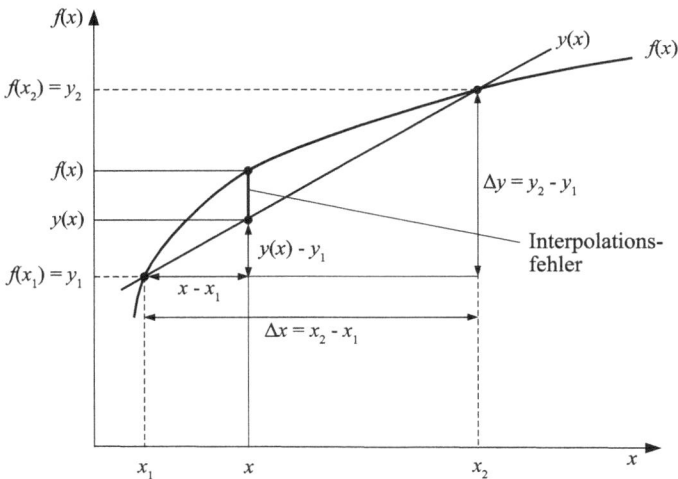

Abb. 6-1: Interpolation einer Funktion $f(x)$ mithilfe einer linearen Ersatzfunktion $y(x)$.

die Bedingungen der internationalen Normatmosphäre nach DIN ISO 2533 unterstellt werden. Ein Auszug dieser Norm liegt uns mit Tabelle 6.5-1 im Anhang vor. Der Luftdruck in 300 m Höhe wird dort mit **977,727 mbar** ausgewiesen. Um gleichzeitig einen Eindruck von den Genauigkeitsverlusten bei der linearen Interpolation zu gewinnen, wählen wir zur Ermittlung von $p(h = 300\,\text{m})$ die beiden Stützwerte 200 m und 400 m.

$h_1 = 200\,\text{m}$ $\qquad p_1 = 989{,}454\,\text{mbar}$

$h_2 = 400\,\text{m}$ $\qquad p_2 = 966{,}114\,\text{mbar}$

Nach Formel (6.4-1) folgt für die Funktion $p(h)$ mit der Höhe h als Argument und dem Druck p als Funktionswert nun:

$$p(h = 300\,\text{m}) = p(h_1) + \frac{h - h_1}{h_2 - h_1} \cdot (p(h_2) - p(h_1))$$

$$p(h = 300\,\text{m}) = 989{,}454\,\text{mbar} + \frac{300\,\text{m} - 200\,\text{m}}{400\,\text{m} - 200\,\text{m}} \cdot (966{,}114 - 989{,}454)\,\text{mbar}$$

$$p(h = 300\,\text{m}) = \underline{\underline{977{,}784\,\text{mbar}}}$$

In der 5. und 6. signifikanten Ziffer weicht das Interpolationsergebnis vom als exakt unterstellten Wert in Tabelle 6.5-1 ab. Die lineare Interpolation liefert nur dann exakte Werte, wenn der in der Tabelle abgebildete Zusammenhang sich tatsächlich durch eine lineare Funktion beschreiben ließe. Das ist hier nicht der Fall. Bei hinreichend kleinem Stützstellenabstand kann aber eine lineare Ersatzfunktion gebildet werden, um mit linearer Interpolation brauchbare Resultate zu erzielen. Grundsätzlich entsteht jedoch die Frage, welcher Genauigkeitsverlust durch eine lineare Interpolation zwischen zwei Werten mit dem Stützstellenabstand $h = x_2 - x_1$ entsteht, wenn eine Funktionstafel einer beliebigen (nicht linearen) Funktion $f = f(x)$ mit z Dezimalstellen vorliegt. Mathematiker verwenden zur Beurteilung eine Abschätzung des Restgliedes

$$R_2(x) = \left| (x - x_1) \cdot (x - x_2) \right| \cdot \frac{f''(\xi)}{2!}$$

Die Größe des Stützstellenabstands ergibt sich aus x_1 und $x_2 = x_1 + h$. Das Produkt

$$\left| f(x) \right| = \left| (x - x_1) \cdot (x - x_2) \right| = \left| x^2 - (2x_1 + h) \cdot x + x_1^2 + x_1 \cdot h \right|$$

nimmt – wie man leicht sieht – an der Stelle $x = x_1 + h/2$ ein Maximum an.

$$f'(x) = 2x - 2x_1 - h = 0$$

($f'(x) = 0$ liefert extremwertverdächtige Stelle $x = x_1 + \frac{h}{2}$)

$$f\left(x = x_1 + \frac{h}{2} \right) = \frac{h}{2} \cdot \left(-\frac{h}{2} \right) = -\frac{h^2}{4} \qquad \left| -\frac{h^2}{4} \right| = \frac{h^2}{4}$$

Die Abschätzung des Restgliedes $R_2(x)$ gelingt dann über

$$R_2(x) \le \frac{1}{8} \cdot h^2 \cdot \left| f''(\xi) \right|$$

Die Ermittlung der Höhe der Restglieder gestaltet sich meist schwierig und liefert oft unrealistisch hohe Werte. Eine schnelle, und zugleich auf der sicheren Seite liegende Übersicht erhält man, wenn man bei jeweils gleichem Stützstellenabstand links und rechts einen mittleren Wert durch das arithmetische Mittel der beiden Randpunkte überprüft. Im obigen Beispiel tritt ein Genauigkeitsverlust erst in der fünften und sechsten signifikanten Stelle auf.

Bei identifizierten größeren Genauigkeitsverlusten kann man eine Verbesserung der linearen Interpolation durch einen quadratischen **Ansatz nach Bessel** in Erwägung ziehen. Dazu ist nicht nur $f(x_2) - f(x_1)$ zu betrachten, sondern auch die benachbarten Differenzen der Funktionswerte.

Stützstellen	Differenzen der Funktionswerte
$x_0 = x_1 - h$	
	$\Delta f_0 = f(x_1) - f(x_0)$
x_1 und $h = x_2 - x_1$	
	$\Delta f_1 = f(x_2) - f(x_1)$
$x_2 = x_1 + h$	
	$\Delta f_2 = f(x_3) - f(x_2)$
$x_3 = x_2 + 2 \cdot h$	

Die oben besprochene lineare Funktion wird hier repräsentiert durch

$$f(x) = f(x_1) + k \cdot \Delta f_1 \quad \text{mit dem Interpolationsgewicht} \quad k = \frac{x - x_1}{x_2 - x_1}$$

Für den verbesserten quadratischen Ansatz ist jetzt zu ergänzen:

$$f(x) = f(x_1) + k \cdot \Delta f_1 - k_1 \cdot \frac{\Delta f_2 - \Delta f_0}{2} \quad \text{mit} \quad k_1 = \frac{k \cdot (1 - k)}{2} \qquad (6.4\text{-}2)$$

Um für den obigen Fall nun eine Verbesserung der Genauigkeit mit (6.4-2) zu erreichen, ist nun zu betrachten:

$h_0 = 0\,\text{m}$ $p_0 = 1013,25\,\text{mbar}$
$h_1 = 200\,\text{m}$ $p_1 = 989,454\,\text{mbar}$
$h_2 = 400\,\text{m}$ $p_2 = 966,114\,\text{mbar}$
$h_3 = 600\,\text{m}$ $p_3 = 943,223\,\text{mbar}$

$$k = \frac{h - h_1}{h_2 - h_1} = \frac{300\,\text{m} - 200\,\text{m}}{400\,\text{m} - 200\,\text{m}} = 0,5 \quad \text{und} \quad k_1 = \frac{k \cdot (1 - k)}{2} = \frac{0,5 \cdot 0,5}{2} = 0,125 \quad \text{sowie}$$

$$\Delta p_0 = (989,454 - 1013,25)\,\text{mbar} = -23,796\,\text{mbar}$$

$$\Delta p_1 = (966,114 - 989,454)\,\text{mbar} = -23,340\,\text{mbar}$$

$$\Delta p_2 = (943,223 - 966,114)\,\text{mbar} = -22,891\,\text{mbar}$$

$$p(h = 300\,\text{m}) = 989,454\,\text{mbar} + 0,5 \cdot (-23,340\,\text{mbar})$$

$$- 0,125 \cdot \frac{(-22,891 - (-23,796))\,\text{mbar}}{2}$$

$p(h = 300\,\text{m}) = \underline{977{,}727\,\text{mbar}}$

Der für 300 m interpolierte Wert stimmt mit der nach DIN ISO 2533 ausgewiesenen Höhe des Luftdrucks überein. Mit der quadratischen Interpolation nach Bessel können bei nicht zu weitem Stützstellenabstand für die meisten Zusammenhänge, die keiner linearen Funktion folgen, also sehr gute Ergebnisse erzielt werden.

Sind Stoffeigenschaften, die bei konstantem Druck in Abhängigkeit von der Temperatur oder bei konstanter Temperatur in Abhängigkeit vom Druck tabelliert sind (siehe zum Beispiel das p, t-Raster in einer Wasserdampftafel), ist die lineare Interpolation in einigen Fällen zu verbessern, wenn der jeweilige physikalische Sachverhalt berücksichtigt wird. Hinweise dazu können wir schon aus den Proportionalitäten für das Idealgasverhalten ableiten.

Stoffwert	p = konstant	T = konstant
v	~ T	~ $1/p$
h	~ T	~ p
s	~ $\ln T$	~ $\ln p$

Nach dieser Übersicht ergeben sich Vorteile bei der Interpolation von Werten $v(p)$ sowie bei $s(T)$ und $s(p)$. Zur Illustration fügen wir zwei Beispiele aus der Wasserdampftafel an:

1. Tabelle 6.6-7: überhitzter Wasserdampf bei 500 °C

   gegeben: $\quad v_1(30\,\text{bar}) = 0{,}116193\,\text{m}^3/\text{kg}$ $\qquad v_2(50\,\text{bar}) = 0{,}0685829\,\text{m}^3/\text{kg}$

   gesucht: $\quad v_x(p_x = 40\,\text{bar})$ $\qquad\qquad$ (exakter Wert **0,0866441 m^3/kg**)

   – lineare Interpolation mit $v \sim p$:

$$v(p_x) = v(p_1) + \frac{p_x - p_1}{p_2 - p_1} \cdot (v(p_2) - v(p_1))$$

$$v(40\,\text{bar}) = v(30\,\text{bar}) + \frac{(40 - 30)\,\text{bar}}{(50 - 30)\,\text{bar}} \cdot (v(50\,\text{bar}) - v(30\,\text{bar}))$$

$$v(40\,\text{bar}) = 0{,}116193\,\text{m}^3/\text{kg} + 0{,}5 \cdot (0{,}0685829 - 0{,}116193)\,\text{m}^3/\text{kg}$$

$$= \underline{0{,}092388\,\text{m}^3/\text{kg}}$$

relativer Fehler zum exakten Wert:

$$\frac{(0{,}092388 - 0{,}0866441)\,\text{m}^3/\text{kg}}{0{,}0866441\,\text{m}^3/\text{kg}} \approx 0{,}0663 \quad \text{ca. } 6{,}63\,\%$$

– lineare Interpolation mit $v \sim 1/p$:

$$v(p_x) = v(p_1) + \frac{\dfrac{1}{p_x} - \dfrac{1}{p_1}}{\dfrac{1}{p_2} - \dfrac{1}{p_1}} \cdot (v(p_2) - v(p_1))$$

$$v(40\,\text{bar}) = v(30\,\text{bar}) + \frac{\left(\dfrac{1}{40} - \dfrac{1}{30}\right)\text{bar}}{\left(\dfrac{1}{50} - \dfrac{1}{30}\right)\text{bar}} \cdot (v(50\,\text{bar}) - v(30\,\text{bar}))$$

$$v(40\,\text{bar}) = 0{,}116193\,\text{m}^3/\text{kg} + \frac{5}{8} \cdot (0{,}0685829 - 0{,}116193)\,\text{m}^3/\text{kg}$$

$$= \underline{\underline{0{,}0864367\,\text{m}^3/\text{kg}}}$$

relativer Fehler zum exakten Wert:

$$\left| \frac{(0{,}0864367 - 0{,}0866441)\,\text{m}^3/\text{kg}}{0{,}0866441\,\text{m}^3/\text{kg}} \right| \approx 0{,}0024 \quad \text{ca. } 0{,}24\,\%$$

2. Tabelle 6.6-7: überhitzter Wasserdampf bei 40 bar
    gegeben: $s_1(300\,^\circ C) = 6{,}3638\,\text{kJ}/(\text{kg K})$ $s_2(600\,^\circ C) = 7{,}3704\,\text{kJ}/(\text{kg K})$
    gesucht: $s_x(t_x = 450\,^\circ C)$ (exakter Wert **6,9383 kJ/(kg K)**)
    – lineare Interpolation mit $s \sim T$:

$$s(t_x) = s(t_1) + \frac{t_x - t_1}{t_2 - t_1} \cdot (s(t_2) - s(t_1))$$

$$s(450\,^\circ C) = s(300\,^\circ C) + \frac{(450 - 300)\text{K}}{(600 - 300)\text{K}} \cdot (s(600\,^\circ C) - s(300\,^\circ C))$$

$$s(450\,^\circ C) = 6{,}3638\,\frac{\text{kJ}}{\text{kgk}} + \frac{1}{2} \cdot (7{,}3704 - 6{,}3638)\,\frac{\text{kJ}}{\text{kg K}} = \underline{\underline{6{,}8671\,\frac{\text{kJ}}{\text{kg K}}}}$$

relativer Fehler zum exakten Wert:

$$\left| \frac{(6{,}8671 - 6{,}9383)\,\text{kJ}/(\text{kg K})}{6{,}9383\,\text{kJ}/(\text{kg K})} \right| \approx 0{,}0103 \quad \text{ca. } 1{,}03\,\%$$

– lineare Interpolation mit $s \sim \ln T$: (Proportionalität besteht zur absoluten Temperatur!)

$$s(t_x) = s(t_1) + \frac{\ln \dfrac{T_x}{T_1}}{\ln \dfrac{T_2}{T_1}} \cdot (s(t_2) - s(t_1))$$

$$s(450\,°C) = s(300\,°C) + \frac{\ln\dfrac{723{,}15\,\text{K}}{573{,}15\,\text{K}}}{\ln\dfrac{873{,}15\,\text{K}}{573{,}15\,\text{K}}} \cdot (s(600\,°C) - s(300\,°C))$$

$$s(450\,°C) = 6{,}3638\,\frac{\text{kJ}}{\text{kgk}} + 0{,}552235989 \cdot (7{,}3704 - 6{,}3638)\,\frac{\text{kJ}}{\text{kg K}} = \underline{\underline{6{,}9197\,\frac{\text{kJ}}{\text{kg K}}}}$$

relativer Fehler zum exakten Wert:

$$\left| \frac{(6{,}9197 - 6{,}9383)\,\text{kJ}/(\text{kg K})}{6{,}9383\,\text{kJ}/(\text{kg K})} \right| \approx 0{,}00268 \quad \text{ca. } 0{,}27\,\%$$

Diese Beispiele sprechen für sich. Man erzielt gute Ergebnisse selbst bei etwas größeren Stützstellenabständen.

Von einer **inversen Interpolation** spricht man, wenn in einer Tabelle nicht die Funktion $y = f(x)$, sondern die Umkehrfunktion $x = f(y)$ zu interpolieren ist. Dazu betrachten wir ein Beispiel aus Tabelle 6.6-7 und suchen die Temperatur und die Entropie eines überhitzten Dampfes bei 50 bar, wenn seine Enthalpie mit $h = 3.205{,}05\,\text{kJ/kg}$ gegeben ist.

Ausweislich der Tabelle 6.6-7 für den Druck von 50 bar liegt der gegebene Enthalpiewert zwischen den beiden Enthalpiestützpunkten $h_1 = 3.196{,}59\,\text{kJ/kg}$ bei $t_1 = 400\,°C$ und $h_2 = 3.317{,}03\,\text{kJ/kg}$ bei $t_2 = 450\,°C$. Die Formel (6.4-1) ist jetzt entsprechend anzuwenden. In der Funktion $t = t(h)$ ist jetzt die spezifische Enthalpie h das Argument und die Temperatur t der Funktionswert.

$$t(h = 3205{,}05\,\text{kJ/kg}) = t_1 + \frac{h - h_1}{h_2 - h_1} \cdot (t_2 - t_1)$$

$$t(h = 3.205{,}05\,\text{kJ/kg}) = 400\,°C + \frac{(3.205{,}05 - 3.196{,}59)\,\text{kJ/kg}}{(3.317{,}03 - 3.196{,}59)\,\text{kJ/kg}} \cdot (450\,°C - 400\,°C)$$

$$t(h = 3.205{,}05\,\text{kJ/kg}) = 400\,°C + 0{,}070242444 \cdot (50\,\text{K}) = \underline{\underline{403{,}51\,°C}}$$

$$s(h = 3.205{,}05\,\text{kJ/kg}) = s_1 + \frac{h - h_1}{h_2 - h_1} \cdot (s_2 - s_1)$$

$$s(h = 3.205{,}05\,\text{kJ/kg}) = 6{,}6481\,\frac{\text{kJ}}{\text{kg K}} + 0{,}070242444 \cdot (6{,}8208 - 6{,}6481)\,\frac{\text{kJ}}{\text{kg K}} = \underline{\underline{6{,}6602\,\frac{\text{kJ}}{\text{kg K}}}}$$

Bei der Interpolation in der Wasserdampftafel im Gebiet des überhitzten Dampfes ergibt sich die Notwendigkeit einer zweifachen linearen Interpolation, wenn weder die benötigten Druck- noch die Temperaturwerte tabellierte Größen sind.

Wollen wir beispielsweise die Enthalpie eines überhitzten Wasserdampfes für 130 bar und 570 °C in dem mit Tabelle 6.6-7 gegebenen Auszug aus der Wasserdampftafel ermitteln, stehen uns bezüglich des Druckes die Stützstellen 100 und 150 bar zur Verfügung und für die Temperatur 550 und 600 °C.

Der exakte Wert wird von IAPWS-IF 97 angegeben mit: $h(130\,\text{bar}, 570\,°\text{C}) =$ **3523,49 kJ/kg**

$h(100\,\text{bar}, 550\,°\text{C}) = 3501,94\,\text{kJ/kg}$ $\qquad$ $h(100\,\text{bar}, 600\,°\text{C}) = 3625,84\,\text{kJ/kg}$

$h(150\,\text{bar}, 550\,°\text{C}) = 3450,47\,\text{kJ/kg}$ $\qquad$ $h(150\,\text{bar}, 600\,°\text{C}) = 3583,31\,\text{kJ/kg}$

Erster Interpolationsschritt: Enthalpien für $t = 570\,°\text{C}$ bei 100 bar und 150 bar ermitteln.

$h(100\,\text{bar}, 570\,°\text{C})$

$$= h(100\,\text{bar}, 550\,°\text{C}) + \frac{570\,°\text{C} - 550\,°\text{C}}{600\,°\text{C} - 550\,°\text{C}} \left(h(100\,\text{bar}, 600\,°\text{C}) - h(100\,\text{bar}, 550\,°\text{C})\right)$$

$$h(100\,\text{bar}, 570\,°\text{C}) = 3501,94\,\frac{\text{kJ}}{\text{kg}} + 0,4 \cdot (3625,84 - 3501,94)\frac{\text{kJ}}{\text{kg}} = 3551,5\,\frac{\text{kJ}}{\text{kg}}$$

$h(150\,\text{bar}, 570\,°\text{C})$

$$= h(150\,\text{bar}, 550\,°\text{C}) + \frac{570\,°\text{C} - 550\,°\text{C}}{600\,°\text{C} - 550\,°\text{C}} \cdot \left(h(150\,\text{bar}, 600\,°\text{C}) - h(150\,\text{bar}, 550\,°\text{C})\right)$$

$$h(150\,\text{bar}, 570\,°\text{C}) = 3450,47\,\frac{\text{kJ}}{\text{kg}} + 0,4 \cdot (3583,31 - 3450,47)\frac{\text{kJ}}{\text{kg}} = 3503,606\,\frac{\text{kJ}}{\text{kg}}$$

Zweiter Interpolationsschritt: mit den Enthalpien $h(100\,\text{bar})$ und $h(130\,\text{bar})$ für die feste Temperatur von 570 °C die Enthalpie $h(130\,\text{bar}, 570\,°\text{C})$ ermitteln.

$h(130\,\text{bar}, 570\,°\text{C})$

$$= h(100\,\text{bar}, 570\,°\text{C}) + \frac{130\,\text{bar} - 100\,\text{bar}}{150\,\text{bar} - 100\,\text{bar}} \cdot \left(h(150\,\text{bar}, 570\,°\text{C}) - h(100\,\text{bar}, 570\,°\text{C})\right)$$

$$h(130\,\text{bar}, 570\,°\text{C}) = 3551,5\,\frac{\text{kJ}}{\text{kg}} + 0,6 \cdot (3503,606 - 3551,5)\frac{\text{kJ}}{\text{kg}} = \underline{\underline{3522,76\,\frac{\text{kJ}}{\text{kg}}}}$$

Die Umkehr der Interpolationsreihenfolge liefert gleiches Ergebnis:

Erster Interpolationsschritt: Enthalpie für $p = 130\,\text{bar}$ bei 550 °C und 600 °C ermitteln:

$h(130\,\text{bar}, 550\,°\text{C})$

$$= h(100\,\text{bar}, 550\,°\text{C}) + \frac{130\,\text{bar} - 100\,\text{bar}}{150\,\text{bar} - 100\,\text{bar}} \cdot \left(h(150\,\text{bar}, 550\,°\text{C}) - h(100\,\text{bar}, 550\,°\text{C})\right)$$

$$h(130\,\text{bar}, 550\,°\text{C}) = 3501,94\,\frac{\text{kJ}}{\text{kg}} + 0,6(3450,47 - 3501,94)\frac{\text{kJ}}{\text{kg}} = 3471,058\,\frac{\text{kJ}}{\text{kg}}$$

$$h(130\,\text{bar}, 600\,°\text{C}) = 3625,84\,\frac{\text{kJ}}{\text{kg}} + 0,6(3583,31 - 3625,84)\frac{\text{kJ}}{\text{kg}} = 3600,322\,\frac{\text{kJ}}{\text{kg}}$$

Zweiter Interpolationsschritt: Enthalpie für den festen Druck bei 130 bar für $t = 570\,°C$ aus den Stützstellen 550 und 600 °C ermitteln:

$$h(130\,\text{bar}, 570\,°C)$$

$$= h(130\,\text{bar}, 550\,°C) + \frac{570\,°C - 550\,°C}{600\,°C - 550\,°C} \cdot (h(130\,\text{bar}, 600\,°C) - h(130\,\text{bar}, 550\,°C))$$

$$h(130\,\text{bar}, 570\,°C) = 3471{,}058\,\frac{\text{kJ}}{\text{kg}} + 0{,}4 \cdot (3600{,}322 - 3471{,}058)\frac{\text{kJ}}{\text{kg}} = \underline{\underline{3522{,}76\,\frac{\text{kJ}}{\text{kg}}}}$$

Die Abweichungen vom als exakt ausgewiesenen Wert entstehen weniger durch Rundungsfehler oder durch den Interpolationsweg, sondern durch den Genauigkeitsverlust bei der Linearisierung der Zustandsgleichung. Für eine lineare Interpolation liegen die betreffenden Stützstellen zu weit auseinander. Wir haben hier ein Ergebnis erhalten, das zur Verwendung bei ingenieurtechnischen Untersuchungen noch geeignet ist.

6.4.2 Interpolation nach Lagrange

Das Interpolationsverfahren nach Lagrange liefert ein Polynom n-ten Grades $P_n(x)$ aus $(n + 1)$-Punkten (x_i, y_i), mit dem innerhalb des durch diese Punkte aufgespannten Bereiches beliebige Zwischenwerte berechnet werden können. Mit diesem Verfahren wird bei der Bestimmung von $P_n(x)$ die Schwierigkeit umgangen, ein Gleichungssystem mit $(n + 1)$-Gleichungen und gleich vielen Unbekannten zu lösen, was für $n > 2$ schon sehr aufwendig sein kann.

Bei $(n + 1)$ Stützpunkten (x_i, y_i) mit paarweise verschiedenen Stützstellen $x_0, \ldots, x_n$ folgt das Interpolationspolynom nach Lagrange, geschrieben in der Form:

$$P_n(x) = \sum_{i=0}^{n} y_i \cdot L_i(x) \quad \text{im Intervall} \quad x_0 < x < x_n \tag{6.4-3}$$

Dabei bezeichnen die $L_i(x)$ die Lagrange'schen Basispolynome für $i = 1, \ldots, n$ und die y_i die Funktionswerte der Stützpunkte

$$L_i(x) = \prod_{\substack{s=0 \\ s \neq i}}^{n} \frac{x - x_s}{x_i - x_s} = \frac{(x - x_0) \cdot (x - x_1) \cdot \cdots \cdot (x - x_{i-1}) \cdot (x - x_{i+1}) \cdot \cdots \cdot (x - x_n)}{(x_i - x_0) \cdot (x_i - x_1) \cdot \cdots \cdot (x_i - x_{i-1}) \cdot (x_i - x_{i+1}) \cdot \cdots \cdot (x_i - x_n)}$$

Das Verfahren ist vorteilhaft, wenn mehrere Polynome mit jeweils gleichen Stützstellen x_i aufzustellen sind, da die Basispolynome $L_i(x)$ nur von diesen abhängen. Ansonsten ist die aufwendige Berechnung der Basispolynome eher ein Nachteil. Das Hinzufügen einer weiteren Stützstelle erfordert eine komplette Neuberechnung aller Basispolynome (hoher Aufwand). Zu beachten ist, dass man hier Polynome n-ten Grades erhält, die genau durch die $(n + 1)$ Stützpunkte geht. Das Verhalten des Polynoms zwischen den Stützstellen ist damit nicht zwangsläufig etwa im Sinne einer Ausgleichskurve festgelegt, die die Abweichungen von den Stützpunkten mit dem Verfahren der kleinsten Fehlerquadrate minimiert. Insbesondere bei Polynomen höheren als dritten Grades können die Funktionswerte zwischen den Stützstellen oszillieren, sodass man sich sinnvoll auf maximal kubische Interpolationspolynome beschränkt. Meist ist ein quadratischer Ansatz völlig ausreichend.

Wir hatten in 6.4.1 eine lineare Interpolation in der Tabelle 6.5-1 mit einem quadratischen Ansatz von Bessel so verbessert, dass ein Ergebnis ohne Genauigkeitsverlust erzielt werden konnte. Mit der Interpolation nach Lagrange leiten wir effizient ein Interpolationspolynom zweiten Grades für den Luftdruck $p = p(h)$ und parallel dazu eines für die Luftdichte $\rho(h)$ ab. Gleichzeitig ist die Hypothese zu prüfen, dass die mit der quadratischen Interpolationsformel erreichbare Genauigkeit der entsprechen müsste, die wir schon mit dem quadratischen Ansatz nach Bessel im Beispiel (6.4-1) erhalten haben. Dazu betrachten wir folgenden Auszug aus der DIN ISO 2533:

h in m	0	200	400	600
p in mbar	1013,25	989,454	966,114	943,223
ρ in kg/m^3	1,22500	1,20165	1,17865	1,15598

Hinweis: Für die Berechnung des Polynoms wird $h_4 = 600$ m nicht benötigt, er wird hier nur zu Kontrollzwecken für eine Extrapolation (Berechnung eines Wertes außerhalb des Definitionsbereiches für das Polynom) aufgeführt.

Berechnung der Lagrange'schen Basispolynome für das Polynom zweiten Grades (drei Stützstellen: $h_0 = 0$ m, $h_1 = 200$ m und $h_2 = 400$ m):

$$L_0 = \frac{(h - h_1) \cdot (h - h_2)}{(h_0 - h_1) \cdot (h_0 - h_2)} = \frac{(h - 200) \cdot (h - 400)}{(0 - 200) \cdot (0 - 400)} = \frac{h^2 - 600 \cdot h + 80.000}{80.000}$$

$$= 0,0000125 \cdot h^2 - 0,0075 \cdot h + 1$$

$$L_1 = \frac{(h - h_0) \cdot (h - h_2)}{(h_1 - h_0) \cdot (h_1 - h_2)} = \frac{(h - 0) \cdot (h - 400)}{(+200) \cdot (-200)} = \frac{h^2 - 400 \cdot h}{-40.000}$$

$$= -0,000025 \cdot h^2 + 0,01 \cdot h$$

$$L_2 = \frac{(h - h_1) \cdot (h - h_2)}{(h_2 - h_0) \cdot (h_2 - h_1)} = \frac{(h - 0) \cdot (h - 200)}{(400) \cdot (200)}$$

$$= \frac{h^2 - 200 \cdot h}{80.000} = 0,0000125 \cdot h^2 - 0,0025 \cdot h$$

Daraus folgt für das Interpolationspolynom im Bereich **$0 < h < 400$**:

$$p(h) = p_0 L_0 + p_1 L_1 + p_2 L_2$$

$$p(h) = 1013{,}25(0{,}0000125h^2 - 0{,}0075h + 1) + 989{,}454(-0{,}000025h^2 + 0{,}01h)$$
$$+ 966{,}114(0{,}0000125h^2 - 0{,}0025h)$$
$$\underline{p(h) = 0{,}0000057h^2 - 0{,}12012h + 1013{,}25}$$

Interpolation für $h = 300\,\text{m}$:

$$p(h = 300\,\text{m}) = 0{,}0000057 \cdot 90.000 - 0{,}12012 \cdot 300 + 1013{,}25 = \underline{\underline{977{,}727}}$$

Der quadratische Interpolationsansatz liefert in Übereinstimmung mit dem Ergebnis von oben einen Wert, der in allen 6 signifikanten Ziffern mit dem in DIN ISO 2533 ausgewiesenen Wert übereinstimmt.

Eine Extrapolation für $h = 600\,\text{m}$ (Interpolationspolynom gilt für $0 < h < 400\,\text{m}$) ergibt

$$p(h = 600\,\text{m}) = 0{,}0000057 \cdot 36.000 - 0{,}12012 \cdot 600 + 1013{,}25 = \underline{\underline{943{,}23}}$$

Die Approximationsgüte ist auch für den extrapolierten Wert noch sehr gut (vergleiche Stützstelle bei 600 m).

Nachdem die Basispolynome L_0 bis L_2 vorliegen, können nun auch einfach Interpolationspolynome für andere Parameter aus der DIN ISO 2533 abgeleitet werden. Beispielsweise für die Dichte ρ ergibt sich nun:

$$\rho(h) = \rho_0 L_0 + \rho_1 L_1 + \rho_2 L_2$$
$$\rho(h) = 1{,}225 \cdot (0{,}0000125h^2 - 0{,}0075h + 1) + 1{,}20165 \cdot (-0{,}000025h^2 + 0{,}01h)$$
$$+ 1{,}17865 \cdot (0{,}0000125h^2 - 0{,}0025h)$$
$$\underline{\rho(h) = 0{,}004375 \cdot 10^{-6} \cdot h^2 - 0{,}000117625 \cdot h + 1{,}225}$$

Interpolierte Dichte für die Höhe von 300 m (gerundet auf 6 signifikante Ziffern)

$$\rho(300\,\text{m}) = 0{,}00039375 - 0{,}0352875 + 1{,}225 = \underline{\underline{1{,}19011}}$$

Genau dieser Wert ist auch in DIN ISO 2533 für die Höhe von 300 m verzeichnet!

6.4.3 Interpolation nach Newton

Auch hier kann zur Ableitung eines Interpolationspolynoms n-ten Grades auf die aufwendige Lösung eines Gleichungssystems mit $(n + 1)$ Gleichungen und gleicher Zahl von Unbekannten verzichtet werden.

Für $(n + 1)$ Stützpunkte (x_i, y_i) mit paarweise verschiedenen Stützstellen $x_0, \dots, x_n$ kann das Newton'sche Interpolationspolynom $P_n(x)$ geschrieben werden in der Form:

$$P_n(x) = \sum_{i=0}^{n} a_i \cdot N_i(x) \quad \text{im Intervall} \quad x_0 < x < x_n \tag{6.4-4}$$

Die Newton'schen Basispolynome $N_i(x)$ sind im Verhältnis zu den Lagrange'schen Basispolynomen verhältnismäßig einfach zu berechnen. Die konstanten Koeffizienten a_i in der Interpolationsformel können aus einem gestaffelten Gleichungssystem ermittelt werden, das man durch Einsetzen der Stützstellen in die Interpolationsformel gewinnt.

$$N_0 = 1$$
$$N_1 = (x - x_0) = N_0(x - x_0)$$
$$N_2 = (x - x_0) \cdot (x - x_1) = N_1(x - x_1)$$
$$N_i = (x - x_0) \cdot (x - x_1) \cdots (x - x_{i-1}) = N_{i-1}(x - x_{i-1})$$

Im Unterschied zur Interpolation nach Lagrange müssen hier bei Hinzunahme eines weiteren Stützpunktes nicht alle Basispolynome neu berechnet, sondern nur ein Zusatzglied addiert werden. Der Aufwand für eine Erhöhung des Grades des Interpolationspolynoms ist also überschaubar. Das Verfahren ist gleichfalls vorteilhaft, wenn $P_n(x)$ an vielen Stützstellen ausgewertet werden muss, da der Rechenaufwand für die a_i hier wesentlich geringer ist als für die Basispolynome nach Lagrange.

Beim Interpolationsverfahren nach Newton werden gleichfalls keine gleichen Abstände zwischen den Stützpunkten benötigt. Wegen möglicher Genauigkeitsverluste durch oszillierende Funktionswerte zwischen den Stützstellen beschränkt man sich ebenfalls zumeist auf Polynome maximal dritten Grades.

Die Newton'sche Interpolation soll an der Berechnung eines Polynoms zur Bestimmung der spezifischen Enthalpie h von überhitzten Wasserdampf in Abhängigkeit vom Druck p bei der festen Temperatur von 600 °C für drei gegebene Stützpunkte demonstriert werden. Damit sei die spezifische Enthalpie bei **p = 80 bar** durch Interpolation zu ermitteln. Die Stützpunkte entnehmen wir der Tabelle 6.6-7:

	$i = 0$	$i = 1$	$i = 2$	
p in bar	10	100	180	$t = 600\,°C$
h in kJ/kg	3698,56	3625,84	3557,04	

Zunächst kann mithilfe der linearen Interpolation zwischen 10 und 100 bar gemäß Formel (6.4-1) ermittelt werden:

$$h(80\,\text{bar}, 600\,°C)$$
$$= h_0 + \frac{p - p_0}{p_1 - p_0} \cdot (h_1 - h_0) = 3.698{,}56\,\frac{\text{kJ}}{\text{kg}} + \frac{(80 - 10)\,\text{bar}}{(100 - 10)\,\text{bar}} \cdot (3.625{,}84 - 3.698{,}56)\frac{\text{kJ}}{\text{kg}}$$
$$= \underline{\underline{3.642{,}00\,\text{kJ/kg}}}$$

In Tabelle 6.6-7 ist die spezifische Enthalpie mit $h(80\,\text{bar}, 600\,°\text{C}) = 3.642,42\,\text{kJ/kg}$ verzeichnet. Das Interpolationsergebnis ist eigentlich schon verwendbar. Dennoch soll jetzt weiter untersucht werden, ob ein quadratischer Interpolationsansatz das Ergebnis noch verbessert. Zunächst suchen wir mit der Newton'schen Interpolation ein Polynom ersten Grades (also eine Gerade). Es ist zu erwarten, dass die Genauigkeit für die interpolierte spezifische Enthalpie der entspricht, die wir schon mit der Interpolationsformel (6.4-1) erzielt haben. Danach soll ein weiterer Stützpunkt hinzugenommen werden, sodass aus dem linearen ein quadratischer Ansatz entsteht.

Nach (6.4-4) folgt für einen linearen Ansatz:

$$h(p, 600\,°\text{C}) = a_0 \cdot N_0 + a_1 \cdot N_1(p) \quad \text{mit} \quad N_0 = 1$$

Durch Einsetzen der Stützpunkte $i = 0$ und $i = 1$ in diesen Ansatz ergeben sich die Koeffizienten a_0 und a_1 aus dem gestaffelten Gleichungssystem:

$i = 0$:

$$h(p_0) = a_0 \cdot N_0 + a_1 \cdot N_1 = a_0 \cdot N_0 + a_1 \cdot N_0 \cdot (p - p_0)$$
$$3.698,56 = a_0 \cdot 1 + a_1 \cdot 1 \cdot (10 - 10) \quad a_0 = \underline{\underline{3.698,56}}$$

$i = 1$:

$$h(p_1) = a_0 \cdot N_0 + a_1 \cdot N_1 = a_0 \cdot N_0 + a_1 \cdot N_0 \cdot (p_1 - p_0)$$
$$3.625,84 = 3.698,56 + a_1 \cdot 1 \cdot (100 - 10) \quad a_1 = \frac{-72,72}{90} = \underline{\underline{-0,808}}$$

Daraus ergibt sich die lineare Interpolationsformel

$$h(p) = 3.698,56 - 0,808 \cdot (p - p_0)$$
$$h(80\,\text{bar}, 600\,°\text{C}) = 3.698,56 - 0,808 \cdot (80 - 10) = \underline{\underline{3.642,00}}$$

Das Ergebnis stimmt mit dem nach Formel (6.4-1) errechneten überein. Das war zu erwarten. Eine Extrapolation (Berechnung außerhalb des Definitionsbereiches 10 bar $<$ $p <$ 100 bar) liefert:

$$h(210\,\text{bar}, 600\,°\text{C}) = 3.698,56 - 0,808 \cdot (210 - 10) = \underline{\underline{3.536,96}}$$

Der nach IAPWS-IF 97 berechnete Wert beträgt $h(210\,\text{bar}, 600\,°\text{C}) = 3.530,23\,\text{kJ/kg}$, er ist nicht in Tabelle 6.6-7 der Wasserdampftafel im Anhang verzeichnet.

Durch Extrapolation wurde hier ein Wert mit einem Fehler von circa 0,2 % ermittelt.

Für die Gewinnung eines quadratischen Ansatzes betrachten wir jetzt einen weiteren Stützpunkt ($i = 2$).

$i = 2$:

$$h(p_2) = a_0 \cdot N_0 + a_1 \cdot N_1 + a_2 \cdot N_2 = a_0 \cdot N_0 + a_1 \cdot N_0 \cdot (p_2 - p_0) + a_2 \cdot N_1 \cdot (p_2 - p_1)$$

$$3.557{,}04 = 3.698{,}56 \cdot 1 - 0{,}808 \cdot 1 \cdot (180 - 10) + a_2 \cdot 1 \cdot (180 - 10) \cdot (180 - 100)$$

$$a_2 = \frac{-4{,}16}{13.600} = \underline{\underline{-0{,}305882352 \cdot 10^{-3}}}$$

Die Interpolation für $p = 80\,\text{bar}$ ergibt mit dem zusätzlichen Stützpunkt sehr einfach aus:

$$h(80\,\text{bar}, 600\,^\circ\text{C}) = 3.642{,}00 - 0{,}305882352 \cdot 10^{-3} \cdot (80 - 10) \cdot (80 - 100) \approx 3.642{,}43$$

Damit wurde der Tafelwert aus der Wasserdampftafel nach IAPWS-IF 97 fast erreicht.

Für die Extrapolation liefert der quadratische Interpolationsansatz:

$$h(210\,\text{bar}, 600\,^\circ\text{C})$$
$$= 3.698{,}56 - 0{,}808 \cdot (210 - 10) - 0{,}305882352 \cdot 10^{-3} \cdot (210 - 10) \cdot (210 - 100)$$
$$\approx 3.530{,}23$$

Für die Extrapolation erreichen wir exakt den Wert nach IAPWS-IF 97!

Abschließend betrachten wir noch ein Beispiel, mit dem gezeigt werden soll, dass ein klug gewählter Interpolationsansatz den Rechenaufwand enorm verkürzen kann. Für den elektrischen Widerstand in einem Stromkreis gilt $U = R \cdot I$. Ist der Ohm'sche Widerstand R konstant, besteht ein linearer Zusammenhang zwischen Strom I und Spannungsabfall U. Bei metallischen Leitern ist der Widerstand gleichzeitig direkt proportional zur Temperatur. Mit höherer Temperatur nimmt der Widerstand zu. Je höher der Stromfluss durch einen metallischen Leiter, desto größer ist also die innere Wärmeentwicklung. Bei einer Glühlampe wurden bei einer Messung für eine Kennlinie folgende Werte aufgenommen:

I in A	0,0	0,1	0,2	0,4
U in V	0,0	21	48	144

Man bestimme aus diesen vier Einzelmessungen ein Näherungspolynom dritten Grades für die Kennlinie $U = f(I)$ der Glühlampe nach der Interpolationsformel von Newton und gebe mittels Extrapolation einen Wert für den Spannungsabfall U bei $I = 0{,}5\,\text{A}$ an!

Ansatz für Newton'sche Interpolation:

$$U = a_0 + a_1(I - I_0) + a_2(I - I_0)(I - I_1) + a_3(I - I_0)(I - I_1)(I - I_2)$$

Einsetzen der Messpunkte in den Ansatz liefert gestaffeltes Gleichungssystem:

$I = I_0$: $\quad 0 = a_0$ $\hspace{9cm}$ $a_0 = 0$

$I = I_1$: $\quad 21 = a_0 + a_1 \cdot 0{,}1$ $\hspace{7.5cm}$ $a_1 = 210$

$I = I_2$: $\quad 48 = a_0 + a_1 \cdot 0{,}2 + a_2 \cdot 0{,}02$ $\hspace{2cm}$ $48 = 42 + a_2 \cdot 0{,}02$ $\quad$ $a_2 = 300$

$I = I_3$: $\quad 144 = a_0 + a_1 \cdot 0{,}4 + a_2 \cdot 0{,}12 + a_3 \cdot 0{,}024$ $\quad$ $24 = a_3 \cdot 0{,}024$ $\quad$ $a_3 = 1000$

$$U = 210I + 300(I^2 - 0{,}1I) + 1000(I^2 - 0{,}1I)(I - 0{,}2)$$

$$U = 210I + 300I^2 - 30I + 1000I^3 - 200I^2 - 100I^2 + 20I$$

$$\underline{U = 200 \cdot I + 1000 \cdot I^3} \quad \rightarrow \quad U(I = 0{,}5) = 100 + 125 = \underline{\underline{225}}$$

Folgende Überlegung führt zu einer deutlichen Verringerung des Rechenaufwandes. Die Wärmeentwicklung im Widerstand ist nur von der Stärke des Stromes abhängig, nicht aber von seiner Richtung. Deshalb muss die Kennlinie punktsymmetrisch verlaufen. Der Zusammenhang folgt also einer ungeraden Funktion, die durch den Koordinatenursprung geht. Deshalb könnte man den Lösungsansatz auch beschreiben durch:

$$U = a \cdot I^3 + b \cdot I$$

Jetzt reichen schon *zwei* Messpunkte für die Bestimmung der Interpolierenden dritten Grades aus. Der Weg über die Lösung eines Gleichungssystems anstelle der Interpolationsformeln von Lagrange oder Newton ist jetzt einfach erreichbar.

$$U(I = 0{,}1) = 21 \qquad 21 = 0{,}001 \cdot a + 0{,}1 \cdot b$$

$$U(I = 0{,}2) = 48 \qquad 48 = 0{,}008 \cdot a + 0{,}2 \cdot b$$

$$a = \frac{\begin{vmatrix} 21 & 0{,}1 \\ 48 & 0{,}2 \end{vmatrix}}{\begin{vmatrix} 0{,}001 & 0{,}1 \\ 0{,}008 & 0{,}2 \end{vmatrix}} = \frac{-0{,}6}{-0{,}0006} = 1000$$

$$b = \frac{\begin{vmatrix} 0{,}001 & 21 \\ 0{,}008 & 48 \end{vmatrix}}{\begin{vmatrix} 0{,}001 & 0{,}1 \\ 0{,}008 & 0{,}2 \end{vmatrix}} = \frac{-0{,}12}{-0{,}0006} = 200$$

Damit ergibt sich in Übereinstimmung mit der obigen Interpolation für den Spannungsabfall

$$U = 200 \cdot I + 1000 \cdot I^3$$

6.5 Internationale Normatmosphäre nach DIN ISO 2533

Tab. 6.5-1: DIN ISO 2533: Zustandsgrößen für Luft (R_L = 287,05287 J/(kg K)) als Funktion der geometrischen Höhe. Wiedergabe mit Erlaubnis des DIN Deutschen Instituts für Normung e. V. Maßgebend für das Anwenden dieser Norm ist deren Fassung mit neuestem Ausgabedatum, erhältlich bei der Beuth Verlag GmbH, Burggrafenstraße 6, 10787 Berlin.

h in m	t in °C	p in mbar	ρ in kg/m^3	g in m/s^2
0	15,000	1013,250	1,22500	9,8066
100	14,350	1001,290	1,21328	9,8063
200	13,700	989,454	1,20165	9,8060
300	13,050	977,727	1,19011	9,8057
400	12,400	966,114	1,17865	9,8054
500	11,750	954,613	1,16727	9,8051
600	11,100	943,223	1,15598	9,8048
700	10,451	931,944	1,14478	9,8045
800	9,801	920,775	1,13366	9,8042
900	9,151	909,715	1,12261	9,8039
1000	8,501	898,763	1,11166	9,8036
1200	7,201	877,180	1,08999	9,8029
1400	5,902	856,020	1,06865	9,8023
1600	4,603	835,277	1,04764	9,8017
1800	3,303	814,943	1,02694	9,8011
2000	2,004	795,014	1,00655	9,8005
2200	0,705	775,483	0,986483	9,7999
2400	−0,594	756,342	0,966721	9,7992
2600	−1,893	737,588	0,947264	9,7986
2800	−3,192	719,213	0,928110	9,7980
3000	−4,491	701,212	0,909254	9,7974
3200	−5,790	683,578	0,890694	9,7968
3400	−7,088	666,306	0,872427	9,7962
3600	−8,387	649,390	0,854449	9,7956
3800	−9,685	632,825	0,836756	9,7949
4000	−10,984	616,604	0,819347	9,7943
4200	−12,282	600,723	0,802216	9,7937
4400	−13,580	585,176	0,785363	9,7931
4600	−14,878	569,957	0,768782	9,7925
4800	−16,176	555,061	0,752472	9,7919
5000	−17,474	540,483	0,736429	9,7912
5200	−18,772	526,217	0,720649	9,7906
5400	−20,070	512,259	0,705131	9,7900
5600	−21,368	498,602	0,689871	9,7894
5800	−22,666	485,243	0,674865	9,7888
6000	−23,963	472,176	0,660111	9,7882
6200	−25,261	459,396	0,645607	9,7875
6400	−26,558	446,899	0,631348	9,7869
6600	−27,856	434,679	0,617332	9,7863
6800	−29,153	422,732	0,603557	9,7857
7000	−30,450	411,053	0,590018	9,7851

6.6 Stoffdaten

Tab. 6.6-1: Größenordnungen für den mittleren linearen Ausdehnungskoeffizienten α_l, zwischen t_1 und t_2 und den Elastizitätsmodul E sowie den isothermen Kompressibilitätskoeffizienten χ verschiedener Feststoffe. Quelle: eigene Angaben sowie Cerbe, G. und G. Wilhelms: Technische Thermodynamik, 19. Aufl. 2021.

Feststoff	$\bar{\alpha}_l\vert_{0\,°C}^{100\,°C} \cdot 10^{-6}\ \mathrm{K^{-1}}$	$\bar{\alpha}_l\vert_{0\,°C}^{200\,°C} \cdot 10^{-6}\ \mathrm{K^{-1}}$	E in N/mm^2	χ in $10^{-12}\ \mathrm{Pa^{-1}}$
Aluminium	23,8	24,6	72.000	13,8889
Blei	29,3		16.200	6,1728
Eisen	12,3		196.000	5,1020
Gold	14,3		78.000	
Kupfer	16,5	16,9	100.000	
Magnesium	26,0		40.000	
Messing	18,4	19,3	80.000	
Stahl (0,2 bis 0,6 % C)	11,0	12,0	210.000	4,7619
Zink	36,0		108.000	14,2857
Eis	61,0		9.100	1,0989
Glas	6 bis 9		55.000	
Quarzglas	0,50	0,60		
Zement, Beton	12,0		50.000	

Tab. 6.6-2: Größenordnungen für den isobaren Volumenausdehnungskoeffizienten β und den Elastizitätsmodul E sowie den isothermen Kompressibilitätskoeffizienten χ verschiedener Fluide.

Fluid	β in $10^{-6}\ \mathrm{K^{-1}}$	E in N/mm^2	χ in $10^{-12}\ \mathrm{Pa^{-1}}$
Quecksilber 20 °C	181	28.531	35,05
Wasser[a]			
– 1 bar, 20 °C	206,6		456
– 100 bar, 20 °C	221		450
– 500 bar, 20 °C	308		427
– 1000 bar, 20 °C	344		398
Benzol 20 °C	1.230		
Benzin 20 °C	1.060		
Ethanol 20 °C	1.100	1.400	714
Methanol 20 °C	1.100		
HFC-Hydrauliköl 20 °C	710		
Glycerin 20 °C	500	3.125	320
Luft (trocken)	3.674 (0 °C)	$\approx 10^{-1}$	$\approx 10^{7}$

[a] Der Volumenausdehnungskoeffizient β für Wasser bei einem Druck von 1 bar in Abhängigkeit von der Temperatur kann der Tabelle 6.6-3 in der vierten Spalte entnommen werden.

Hinweis: Die Daten der Tabellen 6.6-1 und 6.6-2 wurden aus eigenen Aufzeichnungen und verschiedenen Quellen zusammengestellt und besitzen nur die Qualität einer ungefähren Größenordnung. Sie haben die Funktion einer ersten Orientierung zu den auftretenden Größenordnungen.

Tab. 6.6-3: Stoffeigenschaften von Wasser bei p = 1 bar als Funktion der Temperatur (Quelle: VDI-Wärmeatlas, Springer Verlag, 11. Auflage 2013).

t °C	ρ kg/m^3	c kJ/(kg K)	β 10^{-3}/K	λ W/(m K)	η 10^{-6} kg/(m · s)	ν 10^{-6} m^2/s	Pr
0	999,84	4,219	−0,0677	0,55565	1791,8	1,792	13,61
1	999,90	4,216	−0,0497	0,55818	1731,0	1,731	13,07
2	999,94	4„213	−0,0324	0,56066	1673,5	1,674	12,57
3	1000,0	4,210	−0,0156	0,56309	1619,0	1,619	12,10
4	1000,0	4,207	+0,0006	0,56547	1567,3	1,567	11,66
5	1000,0	4,205	0,0163	0,56779	1518,2	1,518	11,24
6	999,94	4,203	0,0315	0,57008	1471,5	1,472	10,85
7	999,90	4,201	0,0463	0,57231	1427,0	1,427	10,47
8	999,85	4,199	0,0606	0,57451	1384,7	1,385	10,12
9	999,78	4,197	0,0746	0,57666	1344,4	1,345	9,785
10	999,70	4,195	0,0881	0,57878	1305,9	1,306	9,466
11	999,61	4,194	0,1013	0,58085	1269,2	1,270	9,164
12	999,50	4,193	0,1142	0,58289	1234,0	1,235	8,876
13	999,38	4,191	0,1267	0,58489	1200,5	1,201	8,603
14	999,25	4,190	0,1389	0,58686	1168,3	1,169	8,342
15	999,10	4,189	0,1509	0,58880	1137,6	1,139	8,093
16	998,94	4,188	0,1625	0,59070	1108,1	1,109	7,856
18	998,60	4,186	0,1850	0,59442	1052,7	1,054	7,414
20	998,21	4,185	0,2066	0,59801	1001,6	1,003	7,009
22	997,77	4,183	0,2273	0,60149	954,40	0,9565	6,638
24	997,30	4,182	0,2472	0,60487	910,68	0,9131	6,297
26	996,79	4,181	0,2664	0,60814	870,11	0,8729	5,983
28	996,24	4,181	0,2850	0,61131	832,38	0,8355	5,692
30	995,56	4,180	0,3029	0,61439	797,22	0,8007	5,424
32	995,03	4,180	0,3202	0,61738	764,41	0,7682	5,175
34	994,38	4,179	0,3371	0,62029	733,73	0,7379	4,943
36	993,69	4,179	0,3535	0,62310	704,99	0,7095	4,728
38	992,97	4,179	0,3694	0,62584	625,84	0,6828	4,527
40	992,22	4,179	0,3849	0,62849	628,49	0,6578	4,340
42	991,44	4,179	0,4001	0,63107	631,07	0,6343	4,164
44	990,64	4,179	0,4149	0,63357	633,57	0,6122	4,000
46	989,80	4,179	0,4294	0,63600	636,00	0,5914	3,846
48	988,94	4,179	0,4435	0,63835	638,35	0,5717	3,702
50	988,05	4,180	0,4574	0,64064	640,64	0,5531	3,566
55	985,71	4,181	0,4910	0,64604	646,04	0,5109	3,259
60	983,21	4,183	0,5231	0,65102	651,02	0,4740	2,994
65	980,57	4,185	0,5541	0,65559	655,59	0,4415	2,764
70	977,78	4,188	0,5841	0,65978	659,78	0,4127	2,562
75	974,86	4,192	0,6132	0,66358	663,58	0,3872	2,384
80	971,80	4,196	0,6417	0,66701	667,01	0,3643	2,227
85	968,62	4,200	0,6695	0,67008	670,08	0,3439	2,088
90	965,32	4,205	0,6970	0,67280	672,80	0,3255	1,964
95	961,89	4,211	0,7241	0,67517	675,17	0,3089	1,853
99,606	958,64	4,216	0,7489	0,67707	677,07	0,2950	1,761

Tab. 6.6-4: Stoffeigenschaften von trockener Luft bei $p = 1,01325$ bar als Funktion der Temperatur (Referenztemperatur $t_0 = 0\,°C$) nach VDI-Richtlinie 4670: Thermodynamische Stoffwerte von feuchter Luft und Verbrennungsgasen vom Februar 2003.

t in °C	c_p in kJ/(kg K)	$\bar{c}_p\vert_{0\,°C}^{t}$ in $\frac{kJ}{kg\,K}$	h in kJ/kg	s_T in kJ/(kg K)
$t_0 = 0$	1,0038	1,0038	$h_0 = 0$	0,16189
10	1,0042	1,0040	10,040	0,19798
20	1,0046	1,0042	20,084	0,23284
25	1,0048	1,0043	25,108	0,24984
30	1,0051	1,0044	30,132	0,26655
40	1,0057	1,0046	40,186	0,29918
50	1,0063	1,0049	50,246	0,33080
60	1,0070	1,0052	60,312	0,36148
70	1,0077	1,0055	70,385	0,39127
80	1,0085	1,0058	80,467	0,42023
90	1,0095	1,0062	90,557	0,44840
100	1,0104	1,0066	100,66	0,47584
120	1,0126	1,0074	120,89	0,52865
140	1,0151	1,0083	141,16	0,57896
160	1,0180	1,0093	161,49	0,62701
180	1,0211	1,0105	181,88	0,67303
200	1,0245	1,0117	202,34	0,71720
250	1,0341	1,0152	253,80	0,82058
300	1,0449	1,0192	305,77	0,91545
350	1,0565	1,0237	358,30	1,00332
400	1,0684	1,0286	411,42	1,08531
450	1,0805	1,0337	465,15	1,16229
500	1,0924	1,0389	519,47	1,23493
550	1,1040	1,0443	574,38	1,30375
600	1,1151	1,0498	629,86	1,36919
650	1,1258	1,0552	685,89	1,43160
700	1,1358	1,0606	742,43	1,49128
750	1,1454	1,0659	799,46	1,54848
800	1,1543	1,0712	856,95	1,60341
850	1,1627	1,0763	914,88	1,65627
900	1,1706	1,0814	973,22	1,70722
950	1,1779	1,0862	1031,93	1,75641
1000	1,1848	1,0910	1091,00	1,80396
1050	1,1913	1,0956	1150,41	1,85000
1100	1,1974	1,1001	1210,13	1,89464
1150	1,2031	1,1045	1270,40	1,93797
1200	1,2084	1,1087	1330,43	1,98007
1250	1,2134	1,1128	1390,98	2,02104
1300	1,2182	1,1167	1451,77	2,06093
1350	1,2227	1,1206	1512,79	2,09984
1400	1,2270	1,1243	1574,04	2,13780
1450	1,2310	1,1279	1635,48	2,17490
1500	1,2348	1,1314	1697,13	2,21118
1550	1,2385	1,1348	1758,97	2,24671

Tab. 6.6-5: Stoffeigenschaften von siedender Wasserflüssigkeit und von trocken gesättigtem Wasserdampf nach der Temperatur geordnet gemäß IAPWS-IF 97.

t °C	p_s bar	v' m³/kg	v'' m³/kg	h' kJ/kg	h'' kJ/kg	s' kJ/(kg K)	s'' kJ/(kg K)
0	0,006112127	0,00100021	206,14	−0,041586	2500,89	−0,0001545	9,1558
1	0,00657088	0,00100015	192,445	4,17665	2502,73	0,01526	9,1291
2	0,00705988	0,00100011	179,764	8,3916	2504,57	0,030606	9,1027
3	0,00758082	0,00100008	168,014	12,6035	2506,4	0,045886	9,0765
4	0,00813549	0,00100007	157,121	16,8127	2508,24	0,061101	9,0506
5	0,00872575	0,00100008	147,017	21,0194	2510,07	0,076252	9,0249
6	0,00935353	0,00100011	137,638	25,2237	2511,91	0,09134	8,9994
7	0,0100209	0,00100014	128,928	29,4258	2513,74	0,10637	8,9742
8	0,0107299	0,0010002	120,834	33,6260	2515,57	0,12133	8,9492
9	0,0114828	0,00100027	113,309	37,8244	2517,40	0,13624	8,9244
10	0,0122818	0,00100035	106,309	42,0211	2519,23	0,15109	8,8998
11	0,0131295	0,00100044	99,7927	46,2162	2521,06	0,16587	8,8755
12	0,0140282	0,00100055	93,7243	50,41	2522,89	0,18061	8,8514
13	0,0149806	0,00100067	88,0698	54,6024	2524,71	0,19528	8,8275
14	0,0159894	0,0010008	82,7981	58,7936	2526,54	0,2099	8,8038
15	0,0170574	0,00100095	77,8807	62,9837	2528,36	0,22447	8,7804
16	0,0181876	0,0010011	73,2915	67,1727	2530,19	0,23898	8,7571
17	0,0193829	0,00100127	69,0063	71,3608	2532,01	0,25344	8,7341
18	0,0206466	0,00100145	65,0029	75,5479	2533,83	0,26785	8,7112
19	0,0219818	0,00100164	61,2609	79,7343	2535,65	0,28220	8,6886
20	0,0233921	0,00100184	57,7615	83,9199	2537,47	0,29650	8,6661
21	0,024881	0,00100205	54,4873	88,1048	2539,29	0,31075	8,6439
22	0,0264521	0,00100228	51,4225	92,289	2541,10	0,32495	8,6218
23	0,0281092	0,00100251	48,5521	96,4727	2542,92	0,33910	8,6000
24	0,0298563	0,00100275	45,8626	100,656	2544,73	0,3532	8,5783
25	0,0316975	0,00100301	43,3414	104,838	2546,54	0,36726	8,5568
26	0,0336369	0,00100327	40,9768	109,021	2548,35	0,38126	8,5355
27	0,0356789	0,00100354	38,7582	113,202	2550,16	0,39521	8,5144
28	0,0378281	0,00100382	36,6754	117,384	2551,97	0,40912	8,4934
29	0,0400892	0,00100411	34,7194	121,565	2553,78	0,42298	8,4727
30	0,0424669	0,00100441	32,8816	125,745	2555,58	0,43679	8,4521
31	0,0449663	0,00100472	31,1540	129,926	2557,39	0,45056	8,4317
32	0,0475925	0,00100504	29,5295	134,106	2559,19	0,46428	8,4115
33	0,0503508	0,00100536	28,0010	138,286	2560,99	0,47795	8,3914
34	0,0532469	0,00100570	26,5624	142,465	2562,79	0,49158	8,3715
35	0,0562862	0,00100604	25,2078	146,645	2564,58	0,50517	8,3518
40	0,0738443	0,00100788	19,517	167,541	2573,54	0,57243	8,2557
45	0,0959439	0,00100991	15,2534	188,437	2582,45	0,63862	8,1634
50	0,123513	0,00101214	12,0279	209,336	2591,31	0,70379	8,0749
55	0,157614	0,00101454	9,56492	230,241	2600,11	0,76798	7,9899
60	0,199458	0,00101711	7,66766	251,154	2608,85	0,83122	7,9082
65	0,250411	0,00101985	6,19383	272,079	2617,51	0,89354	7,8296
70	0,312006	0,00102276	5,03973	293,018	2626,10	0,95499	7,7540
75	0,385954	0,00102582	4,12908	313,974	2634,60	1,0156	7,7812

Tab. 6.6-5 (Fortsetzung)

t °C	p_s bar	v' m³/kg	v'' m³/kg	h' kJ/kg	h'' kJ/kg	s' kJ/(kg K)	s'' kJ/(kg K)
80	0,474147	0,00102904	3,40527	334,949	2643,01	1,0754	7,6110
85	0,578675	0,00103242	2,82593	355,946	2651,33	1,1344	7,5434
90	0,701824	0,00103594	2,35915	376,968	2659,53	1,1927	7,4781
91	0,728904	0,00103667	2,27705	381,176	2661,16	1,2042	7,4653
92	0,756849	0,00103740	2,19830	385,385	2662,78	1,2158	7,4526
93	0,785681	0,00103813	2,12275	389,595	2664,39	1,2273	7,4400
94	0,815420	0,00103887	2,05025	393,806	2666,01	1,2387	7,4275
95	0,846089	0,00103962	1,98065	398,019	2667,61	1,2502	7,4150
96	0,877711	0,00104038	1,91383	402,232	2669,22	1,2616	7,4027
97	0,910308	0,00104114	1,84965	406,447	2670,81	1,2730	7,3904
98	0,943902	0,00104190	1,78801	410,663	2672,40	1,2844	7,3782
99	0,978518	0,00104268	1,72878	414,880	2673,99	1,2957	7,3661
100	1,01418	0,00104346	1,67186	419,099	2675,57	1,3070	7,3541
110	1,43376	0,00105158	1,20939	461,363	2691,07	1,4187	7,2380
120	1,98665	0,00106033	0,891303	503,785	2705,93	1,5278	7,1291
130	2,7026	0,00106971	0,668084	546,388	2720,09	1,6346	7,0264
140	3,61501	0,00107976	0,508519	589,200	2733,44	1,7393	6,9293
150	4,76101	0,0010905	0,392502	632,252	2745,92	1,8420	6,8370
160	6,18139	0,00110199	0,306818	675,575	2757,43	1,9428	6,7491
170	7,92053	0,00111426	0,242616	719,206	2767,89	2,0419	6,6649
180	10,0263	0,00112739	0,193862	763,188	2777,22	2,1395	6,5841
190	12,5502	0,00114144	0,156377	807,566	2785,31	2,2358	6,5060
200	15,5467	0,00115651	0,127222	852,393	2792,06	2,3308	6,4303
210	19,0739	0,00117271	0,104302	897,729	2797,35	2,4248	6,3565
220	23,1929	0,00119016	0,0861007	943,642	2801,05	2,5178	6,2842
230	27,9679	0,00120901	0,0715102	990,21	2803,01	2,6102	6,2131
240	33,4665	0,00122946	0,0597101	1037,52	2803,06	2,7019	6,1425
250	39,7594	0,00125174	0,0500866	1085,69	2801,01	2,7934	6,0722
260	46,9207	0,00127613	0,0421755	1134,83	2796,64	2,8847	6,0017
270	55,0284	0,00130301	0,0356224	1185,09	2789,69	2,9762	5,9304
280	64,1646	0,00133285	0,030154	1236,67	2779,82	3,0681	5,8578
290	74,4164	0,00136629	0,0255568	1289,80	2766,63	3,1608	5,7832
300	85,8771	0,00140422	0,0216631	1344,77	2749,57	3,2547	5,7058
305	92,0919	0,00142524	0,019937	1373,07	2739,38	3,3024	5,6656
310	98,6475	0,00144788	0,0183389	1402,00	2727,92	3,3506	5,6243
315	105,558	0,00147239	0,0168557	1431,63	2715,08	3,3994	5,5816
320	112,839	0,00149906	0,0154759	1462,05	2700,67	3,4491	5,5373
325	120,505	0,0015283	0,0141887	1493,37	2684,48	3,4997	5,4911
330	128,575	0,0015606	0,012984	1525,74	2666,25	3,5516	5,4425
335	137,067	0,00159667	0,0118522	1559,34	2645,60	3,6048	5,3910
340	146,002	0,00163751	0,0107838	1594,45	2622,07	3,6599	5,3359
345	155,401	0,0016846	0,0097698	1631,44	2595,01	3,7175	5,2763
350	165,292	0,00174007	0,0088009	1670,86	2563,59	3,7783	5,2109
355	175,701	0,0018078	0,007866	1713,71	2526,45	3,8438	5,1377
360	186,664	0,00189451	0,0069449	1761,49	2480,99	3,9164	5,0527

Tab. 6.6-5 (Fortsetzung)

t °C	p_s bar	v' m³/kg	v'' m³/kg	h' kJ/kg	h'' kJ/kg	s' kJ/(kg K)	s'' kJ/(kg K)
365	198,222	0,00201561	0,0060044	1817,59	2422,00	4,0011	4,9482
370	210,434	0,00222209	0,0049462	1892,64	2333,500	4,1142	4,7996
371	212,964	0,0022902	0,0046914	1913,25	2307,45	4,1453	4,7573
372	215,528	0,0023817	0,0043985	1938,54	2274,69	4,1836	4,7046
373	218,132	0,00252643	0,0040212	1974,14	2227,55	4,2377	4,6299

Tab. 6.6-6: Stoffeigenschaften von siedender Wasserflüssigkeit und von trocken gesättigtem Wasserdampf nach dem Siededruck geordnet gemäß IAPWS-IF 97.

p_s bar	t °C	v' m³/kg	v'' m³/kg	h' kJ/kg	h'' kJ/kg	s' kJ/(kg K)	s'' kJ/(kg K)
0,01	6,96963	0,00100014	129,183	29,2982	2513,68	0,10591	8,9749
0,02	17,4953	0,00100136	66,9896	73,4346	2532,91	0,26058	8,7227
0,03	24,0799	0,00100277	45,6550	100,990	2544,88	0,35433	8,5766
0,04	28,9615	0,0010041	34,7925	121,404	2553,71	0,42245	8,4735
0,05	32,8755	0,00100532	28,1863	137,765	2560,77	0,47625	8,3939
0,06	36,1603	0,00100645	23,7342	151,494	2566,67	0,52087	8,3291
0,07	39,0009	0,00100749	20,5252	163,366	2571,76	0,55908	8,2746
0,08	41,5101	0,00100847	18,0994	173,852	2576,24	0,59253	8,2274
0,09	43,7618	0,00100939	16,1997	183,262	2580,25	0,62233	8,1859
0,1	45,8075	0,00101026	14,6706	191,812	2583,89	0,64922	8,1489
0,2	60,0586	0,00101714	7,64815	251,400	2608,95	0,83195	7,9072
0,3	69,0954	0,00102222	5,22856	289,229	2624,55	0,94394	7,7675
0,4	75,8568	0,00102636	3,99311	317,566	2636,05	1,0259	7,6690
0,5	81,3167	0,00102991	3,24015	340,476	2645,21	1,0910	7,5930
0,6	85,9258	0,00103306	2,73183	359,837	2652,85	1,1452	7,5311
0,7	89,9315	0,00103589	2,36490	376,680	2659,42	1,1919	7,4790
0,8	93,4854	0,00103849	2,08719	391,639	2665,18	1,2328	7,4339
0,9	96,6870	0,0010409	1,86946	405,128	2670,31	1,2694	7,3942
1,0	99,6059	0,00104315	1,69402	417,436	2674,95	1,3026	7,3588
1,01325	99,9743	0,00104344	1,67330	418,991	2675,53	1,3067	7,3544
1,1	102,292	0,00104526	1,54955	428,775	2679,18	1,3328	7,3268
1,2	104,784	0,00104727	1,42845	439,299	2683,06	1,3608	7,2976
1,3	107,109	0,00104917	1,32541	449,132	2686,65	1,3867	7,2708
1,4	109,292	0,00105098	1,23665	458,367	2689,99	1,4109	7,2460
1,5	111,350	0,00105272	1,15936	467,081	2693,11	1,4335	7,2229
1,6	113,298	0,00105440	1,09143	475,336	2696,04	1,4549	7,2014
1,7	115,149	0,00105601	1,03124	483,184	2698,81	1,4752	7,1811
1,8	116,912	0,00105756	0,977534	490,668	2701,42	1,4944	7,1620
1,9	118,597	0,00105906	0,929299	497,825	2703,89	1,5127	7,1440
2,0	120,212	0,00106052	0,885735	504,684	2706,24	1,5301	7,1269
2,1	121,761	0,00106193	0,846187	511,273	2708,48	1,5468	7,1106
2,2	123,251	0,00106331	0,810119	517,615	2710,62	1,5628	7,0951
2,3	124,688	0,00106464	0,777086	523,731	2712,66	1,5782	7,0802

Tab. 6.6-6 (Fortsetzung)

p_s bar	t °C	v' m³/kg	v'' m³/kg	h' kJ/kg	h'' kJ/kg	s' kJ/(kg K)	s'' kJ/(kg K)
2,4	126,074	0,00106595	0,746716	529,637	2714,62	1,5930	7,0660
2,5	127,414	0,00106722	0,718697	535,350	2716,50	1,6072	7,0524
2,6	128,711	0,00106846	0,692763	540,884	2718,31	1,6210	7,0393
2,7	129,968	0,00106968	0,668687	546,251	2720,04	1,6343	7,0267
2,8	131,188	0,00107087	0,646274	551,462	2721,72	1,6472	7,0146
2,9	132,373	0,00107203	0,625355	556,527	2723,33	1,6597	7,0029
3,0	133,525	0,00107318	0,605785	561,455	2724,89	1,6718	6,9916
3,1	134,647	0,00107430	0,587436	566,255	2726,40	1,6835	6,9806
3,2	135,740	0,00107540	0,570196	570,934	2727,86	1,6950	6,9700
3,3	136,806	0,00107648	0,553966	575,500	2729,27	1,7061	6,9597
3,4	137,845	0,00107754	0,538658	579,957	2730,64	1,7169	6,9498
3,5	138,861	0,00107858	0,524196	584,311	2731,97	1,7275	6,9401
4,0	143,613	0,00108356	0,462392	604,723	2738,06	1,7766	6,8954
4,5	147,908	0,0010882	0,413900	623,224	2743,39	1,8206	6,8560
5,0	151,836	0,00109256	0,374804	640,185	2748,11	1,8606	6,8206
5,5	155,462	0,00109668	0,342592	655,877	2752,33	1,8972	6,7885
6,0	158,832	0,00110061	0,315575	670,501	2756,14	1,9311	6,7592
6,5	161,986	0,00110436	0,292581	684,216	2759,60	1,9626	6,7321
7,0	164,953	0,00110797	0,272764	697,143	2762,75	1,9921	6,7070
7,5	167,755	0,00111144	0,255503	709,384	2765,64	2,0198	6,6835
8,0	170,414	0,00111479	0,240328	721,018	2768,30	2,0460	6,6615
8,5	172,943	0,00111803	0,226878	732,113	2770,76	2,0708	6,6408
9,0	175,358	0,00112118	0,214874	742,725	2773,04	2,0944	6,6212
9,5	177,669	0,00112425	0,204090	752,901	2775,15	2,1169	6,6027
10	179,886	0,00112723	0,194349	762,683	2777,12	2,1384	6,5850
11	184,070	0,00113299	0,177436	781,198	2780,67	2,1789	6,5520
12	187,965	0,0011385	0,163250	798,499	2783,77	2,2163	6,5217
13	191,613	0,0011438	0,151175	814,764	2786,49	2,2512	6,4936
14	195,047	0,00114892	0,140768	830,132	2788,89	2,2839	6,4675
15	198,295	0,00115387	0,131702	844,717	2791,01	2,3147	6,4431
16	201,378	0,00115868	0,123732	858,610	2792,88	2,3438	6,4200
17	204,315	0,00116336	0,116668	871,888	2794,53	2,3715	6,3983
18	207,120	0,00116792	0,110362	884,614	2795,99	2,3978	6,3776
19	209,806	0,00117238	0,104698	896,844	2797,26	2,4229	6,3579
20	212,385	0,00117675	0,0995805	908,622	2798,38	2,4470	6,3392
21	214,865	0,00118103	0,0949339	919,989	2799,36	2,4701	6,3212
22	217,256	0,00118524	0,0906953	930,981	2800,20	2,4924	6,3040
23	219,564	0,00118937	0,0868125	941,626	2800,92	2,5138	6,2874
24	221,795	0,00119343	0,0832421	951,952	2801,54	2,5344	6,2714
25	223,956	0,00119744	0,0799474	961,983	2802,04	2,5544	6,2560
26	226,052	0,00120139	0,0768973	971,740	2802,45	2,5738	6,2411
27	228,086	0,00120528	0,0740653	981,241	2802,78	2,5925	6,2266
28	230,063	0,00120913	0,0714285	990,503	2803,02	2,6107	6,2126
29	231,986	0,00121294	0,0689671	999,542	2803,18	2,6284	6,1990
30	233,858	0,00121670	0,0666641	1008,37	2803,26	2,6456	6,1858

Tab. 6.6-6 (Fortsetzung)

p_s bar	t °C	v' m^3/kg	v'' m^3/kg	h' kJ/kg	h'' kJ/kg	s' kJ/(kg K)	s'' kJ/(kg K)
31	235,684	0,00122042	0,0645044	1017,00	2803,28	2,6624	6,1729
32	237,464	0,00122411	0,0624748	1025,45	2803,24	2,6787	6,1604
33	239,203	0,00122777	0,0605639	1033,72	2803,13	2,6946	6,1481
34	240,901	0,00123139	0,0587614	1041,83	2802,96	2,7102	6,1362
35	242,562	0,00123498	0,0570582	1049,78	2802,74	2,7254	6,1245
36	244,186	0,00123855	0,0554463	1057,57	2802,47	2,7403	6,1131
37	245,776	0,00124209	0,0539183	1065,23	2802,15	2,7548	6,1019
38	247,334	0,00124560	0,0524678	1072,76	2801,78	2,7690	6,0910
39	248,861	0,00124910	0,0510890	1080,15	2801,36	2,783	6,0802
40	250,358	0,00125257	0,0497766	1087,43	2800,90	2,7967	6,0697
45	257,439	0,00126966	0,0440593	1122,14	2798,00	2,8613	6,0198
50	263,943	0,00128641	0,0394463	1154,50	2794,23	2,9207	5,9737
55	269,967	0,00130291	0,0356422	1184,92	2789,72	2,9759	5,9307
60	275,586	0,00131927	0,0324487	1213,73	2784,56	3,0274	5,8901
65	280,859	0,00133557	0,0297276	1241,17	2778,83	3,0760	5,8515
70	285,830	0,00135186	0,0273796	1267,44	2772,57	3,1220	5,8146
75	290,537	0,0013682	0,0253313	1292,70	2765,82	3,1658	5,7792
80	295,009	0,00138466	0,0235275	1317,08	2758,61	3,2077	5,7448
85	299,272	0,00140129	0,0219258	1340,70	2750,96	3,2478	5,7115
90	303,347	0,00141812	0,0204929	1363,65	2742,88	3,2866	5,6790
95	307,251	0,00143522	0,0192026	1386,02	2734,38	3,3240	5,6472
100	310,999	0,00145262	0,0180330	1407,87	2725,47	3,3603	5,6159
105	314,606	0,00147038	0,0169687	1429,27	2716,14	3,3956	5,5850
110	318,081	0,00148855	0,0159939	1450,28	2706,39	3,4300	5,5545
115	321,436	0,00150718	0,0150972	1470,95	2696,21	3,4636	5,5243
120	324,678	0,00152633	0,0142689	1491,33	2685,58	3,4965	5,4941
125	327,816	0,00154607	0,0135006	1511,46	2674,49	3,5288	5,4640
130	330,857	0,00156649	0,0127851	1531,40	2662,89	3,5606	5,4339
135	333.806	0,00158766	0,0121163	1551,19	2650,77	3,5920	5,4036
145	339,452	0,00163276	0,0108981	1590,51	2624,81	3,6538	5,3422
150	342,158	0,00165696	0,0103401	1610,15	2610,86	3,6844	5,3108
155	344,792	0,00168249	0,0098114	1629,85	2596,22	3,7150	5,2789
160	347,357	0,00170954	0,00930813	1649,67	2580,80	3,7457	5,2463
165	349,856	0,00173833	0,00882826	1669,68	2564,57	3,7765	5,2129
170	352,293	0,00176934	0,00836934	1690,04	2547,41	3,8077	5,1785
175	354,671	0,00180286	0,00792681	1710,76	2529,11	3,8393	5,1428
180	356,992	0,00183949	0,00749867	1732,02	2509,53	3,8717	5,1055
185	359,258	0,00188000	0,00708178	1753,99	2488,41	3,905	5,0663
190	361,471	0,00192545	0,00667261	1776,89	2465,41	3,9396	5,0246
195	363,663	0,00197747	0,00626677	1801,08	2440,00	3,9762	4,9795
200	365,746	0,00203865	0,00585828	1827,10	2411,39	4,0154	4,9299
205	367,811	0,00211358	0,00543778	1855,90	2378,16	4,0588	4,8736
210	369,827	0,00221186	0,00498768	1889,40	2337,54	4,1093	4,8062
215	371,795	0,00236016	0,00446300	1932,81	2282,18	4,1749	4,7166
220	373,707	0,00275039	0,00357662	2021,92	2164,18	4,3109	4,5308

Tab. 6.6-7: Einphasengebiet Wasserflüssigkeit und überhitzter Dampf nach IAPWS-IF 97 (fett geschriebene Stoffwerte mit Unterstrich sind jeweils die letzten für Wasserflüssigkeit tabellierten Werte).

t	p = 0,01 bar			p = 0,05 bar		
°C	v m³/kg	h kJ/kg	s kJ/(kg K)	v m³/kg	h kJ/kg	s kJ/(kg K)
0	0,00100021	−0,04119	−0,0001545	0,0010002	−0,0372743	−0,0001543
2	0,00100011	8,3919	0,030607	0,0010001	8,39594	0,030607
4	0,00100007	16,8129	0,061101	0,00100007	16,8169	0,061101
6	**0,00100011**	**25,2237**	**0,09134**	0,0010001	25,2277	0,091339
8	129,662	2515,63	8,9819	0,0010002	33,6299	0,12133
10	130,590	2519,41	8,9953	0,00100034	42,0248	0,15108
20	135,222	2538,19	9,0604	0,00100184	83,9224	0,2965
25	137,536	2547,55	9,0921	0,001003	104,84	0,36726
30	139,849	2556,92	9,1233	**0,00100441**	**125,746**	**0,43679**
35	142,162	2566,28	9,1539	28,3849	2564,84	8,4072
40	144,474	2575,65	9,1841	28,8514	2574,38	8,4379
45	146,785	2585,02	9,2138	29,317	2583,88	8,4680
50	149,096	2594,40	9,2430	29,7822	2593,36	8,4976
55	151,407	2603,78	9,2718	30,2469	2602,83	8,5266
60	153,717	2613,17	9,3002	30,7112	2612,29	8,5553
65	156,027	2622,56	9,3282	31,1753	2621,75	8,5834
70	158,337	2631,96	9,3558	31,6392	2631,21	8,6112
75	160,647	2641,37	9,3830	32,1028	2640,68	8,6386
80	162,957	2650,79	9,4099	32,5663	2650,14	8,6656
85	165,266	2660,21	9,4364	33,0296	2659,61	8,6922
90	167,575	2669,64	9,4625	33,4927	2669,08	8,7185
95	169,884	2679,08	9,4883	33,9557	2678,56	8,7444
100	172,193	2688,54	9,5138	34,4186	2688,05	8,7700
110	176,811	2707,47	9,5639	35,3441	2707,04	8,8202
120	181.428	2726,44	9,6128	36,2692	2726,06	8,8692
130	186,045	2745,46	9,6606	37,1941	2745,12	8,9171
140	190,662	2764,53	9,7073	38,1187	2764,22	8,9639
150	195,279	2783,65	9,7530	39,0431	2783,37	9,0097
200	218,360	2880,00	9,9682	43,6631	2879,82	9,2251
250	241,439	2977,73	10,165	48,2812	2977,61	9,4216
300	264,517	3076,95	10,346	52,8984	3076,86	9,6027
350	287,595	3177,72	10,514	57,5150	3177,64	9,7713
400	310,672	3280,08	10,672	62,1312	3280,01	9,9293
450	333,749	3384,08	10,821	66,7472	3384,03	10,078
500	356,826	3489,77	10,962	71,3631	3489,73	10,220
550	379,903	3597,18	11,097	75,9788	3597,14	10,354
600	402,980	3706,34	11,226	80,5944	3706,31	10,483
650	426,056	3817,26	11,349	85,2100	3817,24	10,607
700	449,133	3929,96	11,468	89,8255	3929,94	10,725
750	472,209	4044,43	11,583	94,4410	4044,41	10,840
800	495,286	4160,66	11,694	99,0564	4160,64	10,951

t	p = 1 bar			p = 5 bar		
°C	v m³/kg	h kJ/kg	s kJ/(kg K)	v m³/kg	h kJ/kg	s kJ/(kg K)
0	0,00100016	0,05966	−0,0001478	0,00099995	0,46700	−0,000121
2	0,00100006	8,49179	0,03061	0,00099986	8,89527	0,030622
4	0,00100003	16,9119	0,061101	0,00099983	17,3117	0,061100
6	0,00100006	25,3219	0,09136	0,00099986	257183	0,091324
8	0,00100015	33,7233	0,12133	0,00099996	34,1164	0,12130
10	0,0010003	42,1174	0,15108	0,00100001	42,5075	0,15104
20	0,00100180	84,0118	0,29648	0,00100161	84,3882	0,2964
25	0,00100296	104,928	0,36723	0,00100278	105,298	0,36713
30	0,00100437	125,833	0,43676	0,00100419	126,197	0,43664
35	0,00100600	146,73	0,50513	0,00100582	147,089	0,50500
40	0,00100784	167,623	0,57239	0,00100766	167,978	0,57224
45	0,00100987	188,516	0,63859	0,0010097	188,866	0,63842
50	0,0010121	209,412	0,70375	0,00101192	209,757	0,70357
55	0,0010145	230,313	0,76794	0,00101432	230,653	0,76774
60	0,00101708	251,222	0,83117	0,0010169	251,558	0,83096
65	0,00101982	272,141	0,8935	0,00101964	272,473	0,89327
70	0,00102273	293,074	0,95495	0,00102254	293,401	0,95471
75	0,00102579	314,023	1,0156	0,00102561	314,346	1,0153
80	0,00102902	334,991	1,0754	0,00102883	335,309	1,0751
85	0,00103239	355,979	1,1344	0,0010322	356,293	1,1341
90	0,00103593	376,992	1,1926	0,00103573	377,301	1,1923
95	**0,00103962**	**398,030**	**1,2502**	0,00103942	398,335	1,2499
100	1,69596	2675,77	7,361	0,00104325	419,399	1,3067
110	1,74482	2696,32	7,4154	0,00105139	461,623	1,4184
120	1,79324	2716,61	7,4676	0,00106016	503,996	1,5275
130	1,84132	2736,72	7,5181	0,00106957	546,543	1,6344
140	1,88913	2756,7	7,5671	0,00107967	589,29	1,7391
150	1,93673	2776,59	7,6147	**0,00109049**	**632,266**	**1,8419**
200	2,17249	2875,48	7,8356	0,425034	2855,9	7,0611
250	2,40619	2974,54	8,0346	0,474429	2961,13	7,2726
300	2,63887	3074,54	8,2171	0,522603	3064,6	7,4614
350	2,87097	3175,82	8,3865	0,570138	3168,06	7,6345
400	3,10272	3278,54	8,5451	0,617294	3272,29	7,7954
450	3,33424	3382,81	8,6945	0,664205	3377,67	7,9464
500	3,56558	3488,71	8,8361	0,710947	3484,41	8,0891
550	3,79681	3596,28	8,9709	0,757566	3592,64	8,2247
600	4,02795	3705,57	9,0998	0,804095	3702,46	8,3543
650	4,25902	3816,6	9,2234	0,850556	3813,91	8,4784
700	4,49004	3929,38	9,3424	0,896964	3927,05	8,5977
750	4,72101	4043,92	9,4571	0,943332	4041,87	8,7128
800	4,95196	4160,21	9,5681	0,989667	4158,40	8,8240

t	$p = 10$ bar			$p = 30$ bar		
°C	v m³/kg	h kJ/kg	s kJ/(kg K)	v m³/kg	h kJ/kg	s kJ/(kg K)
0	0,0009997	0,97582	−0,00008842	0,00099869	3,00722	0,00003247
2	0,00099961	9,39927	0,030637	0,00099861	11,4117	0,030689
4	0,00099958	17,8112	0,061099	0,0009986	19,8057	0,061086
6	0,00099962	26,2135	0,091307	0,00099865	28,1911	0,091233
8	0,00099972	34,6076	0,12127	0,00099876	36,5691	0,12114
10	0,00099987	42,9948	0,15100	0,00099892	44,941	0,15081
20	0,00100139	84,8585	0,29630	0,00100047	86,7374	0,29588
25	0,00100255	105,761	0,36700	0,00100165	107,611	0,36648
30	0,00100396	126,653	0,43649	0,00100307	128,475	0,43588
35	0,0010056	147,538	0,50482	0,00100471	149,334	0,50413
40	0,00100744	168,421	0,57204	0,00100655	170,191	0,57127
45	0,00100947	189,303	0,63820	0,00100859	191,050	0,63735
50	0,0010117	210,188	0,70334	0,00101081	211,912	0,70241
55	0,0010141	231,079	0,76749	0,00101321	232,78	0,76649
60	0,00101667	251,977	0,8307	0,00101577	253,656	0,82963
65	0,00101941	272,887	0,89299	0,00101851	274,544	0,89187
70	0,00102231	293,810	0,95441	0,0010214	295,445	0,95322
75	0,00102537	314,749	1,0150	0,00102445	316,363	1,0137
80	0,00102859	335,707	1,0748	0,00102765	337,299	1,0734
85	0,00103196	356,686	1,1338	0,00103101	358,256	1,1324
90	0,00103549	377,688	1,1920	0,00103451	379,236	1,1905
95	0,00103917	398,717	1,2495	0,00103817	400,242	1,2480
100	0,00104300	419,774	1,3063	0,00104198	421,277	1,3048
110	0,00105112	461,987	1,4179	0,00105006	463,443	1,4163
120	0,00105988	504,348	1,5271	0,00105876	505,755	1,5253
130	0,00106928	546,882	1,6339	0,0010681	548,237	1,6320
140	0,00107936	589,614	1,7386	0,0010781	590,913	1,7365
150	**0,00109015**	**632,575**	**1,8414**	0,00108881	633,813	1,8391
200	0,206004	2828,27	6,6955	**0,00115505**	**852,978**	**2,3285**
250	0,232739	2943,22	6,9266	0,0706225	2856,55	6,2893
300	0,257979	3051,7	7,1247	0,0811753	2994,35	6,5412
350	0,282492	3158,16	7,3028	0,090555	3116,06	6,7449
400	0,306595	3264,39	7,4668	0,0993766	3231,57	6,9233
450	0,33044	3371,19	7,6198	0,107884	3344,66	7,0853
500	0,35411	3479,00	7,7640	0,116193	3457,04	7,2356
550	0,377656	3588,07	7,9007	0,124367	3569,59	7,3767
600	0,401111	3698,56	8,0309	0,132445	3682,81	7,5102
650	0,424497	3810,55	8,1557	0,140451	3796,99	7,6373
700	0,447829	3924,12	8,2755	0,148403	3912,34	7,7590
750	0,471121	4039,31	8,3909	0,156312	4028,99	7,8759
800	0,494380	4156,14	8,5024	0,164189	4147,03	7,9885

t	p = 40 bar			p = 50 bar		
°C	v m³/kg	h kJ/kg	s kJ/(kg K)	v m³/kg	h kJ/kg	s kJ/(kg K)
0	0,000998184	4,02620	0,00008726	0,00099768	5,0325	0,0001383
2	0,000998113	12,4157	0,030710	0,00099762	13,4183	0,030727
4	0,000998107	20,8009	0,061075	0,00099762	21,7948	0,061060
6	0,000998163	29,1779	0,091192	0,00099768	30,1635	0,091147
8	0,000998277	37,5481	0,12107	0,0009978	38,5258	0,12100
10	0,000998446	45,9125	0,15071	0,00099797	46,8827	0,15062
20	0,00100002	87,6755	0,29566	0,00099956	88,6128	0,29545
25	0,00100120	108,534	0,36622	0,00100076	109,457	0,36596
30	0,00100263	129,385	0,43557	0,00100219	130,294	0,43526
35	0,00100427	150,231	0,50378	0,00100383	151,128	0,50343
40	0,00100611	171,076	0,57088	0,00100567	171,960	0,57049
45	0,00100815	191,923	0,63692	0,00100771	192,795	0,6365
50	0,00101037	212,773	0,70195	0,00100993	213,634	0,70149
55	0,00101276	233,630	0,76600	0,00101232	234,480	0,76550
60	0,00101533	254,495	0,82910	0,00101488	255,334	0,82858
65	0,00101806	275,372	0,89130	0,00101761	276,200	0,89074
70	0,00102094	296,263	0,95263	0,00102049	297,080	0,95204
75	0,00102398	317,169	1,0131	0,00102352	317,976	1,0125
80	0,00102718	338,095	1,0728	0,00102671	338,891	1,0721
85	0,00103053	359,041	1,1317	0,00103006	359,826	1,1310
90	0,00103403	380,010	1,1898	0,00103355	380,785	1,1891
95	0,00103768	401,006	1,2473	0,00103719	401,769	1,2465
100	0,00104148	422,029	1,3040	0,00104098	422,782	1,3032
110	0,00104953	464,172	1,4154	0,00104901	464,902	1,4146
120	0,00105821	506,460	1,5244	0,00105765	507,165	1,5235
130	0,00106751	548,916	1,6310	0,00106693	549,595	1,6301
140	0,00107748	591,564	1,7355	0,00107686	592,216	1,7345
150	0,00108814	634,433	1,8380	0,00108748	635,055	1,8369
200	0,00115404	853,387	2,3269	0,00115304	853,800	2,3254
250	**0,00125169**	**1085,69**	**2,7933**	**0,00124987**	**1085,66**	**2,7909**
300	0,588680	2961,65	6,3638	0,0453466	2925,64	6,2109
350	0,664740	3093,32	6,5843	0,0519714	3069,29	6,4515
400	0,0734318	3214,37	6,7712	0,0578398	3196,59	6,6481
450	0,0800422	3330,99	6,9383	0,0633245	3317,03	6,8208
500	0,0864410	3445,84	7,0919	0,0685829	3434,48	6,9778
550	0,0926990	3560,22	7,2353	0,0736941	3550,75	7,1235
600	0,0988574	3674,85	7,3704	0,0787027	3666,83	7,2604
650	0,104943	3790,15	7,4989	0,0836367	3783,28	7,3901
700	0,110973	3906,41	7,6215	0,0885146	3900,45	7,5137
750	0,116961	4023,80	7,7391	0,0933495	4018,59	7,6321
800	0,122915	4142,46	7,8523	0,098151	4137,87	7,7459

t	$p = 80$ bar			$p = 100$ bar		
°C	v m³/kg	h kJ/kg	s kJ/(kg K)	v m³/kg	h kJ/kg	s kJ/(kg K)
0	0,00099619	8,05907	0,0002693	0,0009952	10,0693	0,0003384
2	0,00099615	16,4176	0,030758	0,00099517	18,4100	0,030762
4	0,00099617	24,7683	0,060998	0,0009952	26,7440	0,060942
6	0,00099625	33,1127	0,090998	0,00099529	35,0726	0,090884
8	0,00099638	41,4519	0,12076	0,00099544	43,3967	0,12060
10	0,00099657	49,7868	0,15031	0,00099564	51,7173	0,15009
20	0,00099821	91,4196	0,29480	0,00099732	93,2865	0,29437
25	0,00099942	112,221	0,36516	0,00099854	114,06	0,36463
30	0,00100086	133,018	0,43434	0,00099999	134,831	0,43372
35	0,00100252	153,814	0,50238	0,00100165	155,601	0,50168
40	0,00100437	174,61	0,56932	0,0010035	176,374	0,56855
45	0,0010064	195,41	0,63522	0,00100554	197,151	0,63437
50	0,00100862	216,215	216,215	0,00100775	217,934	0,69919
55	0,00101101	237,028	0,76402	0,00101013	238,725	0,76303
60	0,00101356	257,850	0,82699	0,00101268	259,526	0,82594
65	0,00101627	278,684	0,88906	0,00101538	280,339	0,88795
70	0,00101913	299,532	0,95027	0,00101824	301,166	0,94909
75	0,00102215	320,396	1,0106	0,00102125	322,099	1,0094
80	0,00102532	341,279	1,0702	0,00102441	342,871	1,0689
85	0,00102864	362,183	1,1290	0,00102771	363,754	1,1276
90	0,00103211	383,109	1,1870	0,00103116	384,659	1,1856
95	0,00103572	404,061	1,2443	0,00103475	405,590	1,2428
100	0,00103948	425,041	1,3009	0,0010385	426,548	1,2994
110	0,00104745	467,093	1,4121	0,00104641	468,555	1,4105
120	0,00105601	509,285	1,5208	0,00105493	510,701	1,5190
130	0,00106519	551,639	1,6272	0,00106405	553,005	1,6253
140	0,00107502	594,178	1,7314	0,0010738	595,491	1,7294
150	0,00108552	636,929	1,8337	0,00108422	638,184	1,8315
200	0,0011501	855,061	2,3207	0,00114818	855,918	2,3177
250	**0,00124457**	**1085,66**	**2,7837**	0,00124116	1085,72	2,7791
300	0,0242802	2786,38	5,7935	**0,00139804**	**1343,1**	**3,2484**
350	0,0299776	2988,06	6,1319	0,0224422	2923,96	5,9458
400	0,0343477	3139,31	6,3657	0,0264393	3097,38	6,2139
450	0,038197	3273,23	6,5577	0,029785	3242,28	6,4217
500	0,0417691	3399,37	6,7264	0,0328129	3375,06	6,5993
550	0,0451721	3521,77	6,8798	0,0356552	3501,94	6,7584
600	0,0484625	3642,42	7,0221	0,0383775	3625,84	6,9045
650	0,0516732	3762,42	7,1557	0,0410163	3748,32	7,0409
700	0,0548251	3882,42	7,2823	0,0435944	3870,27	7,1696
750	0,0579325	4002,86	7,403	0,0461269	3992,28	7,2918
800	0,0610054	4124,02	7,5186	0,0486242	4114,73	7,4087

t	p = 150 bar			p = 160 bar		
°C	v m³/kg	h kJ/kg	s kJ/(kg K)	v m³/kg	h kJ/kg	s kJ/(kg K)
0	0,00099276	15,0694	0,0004489	0,00099227	16,0651	0,0004606
2	0,00099276	23,3671	0,030716	0,00099229	24,3545	0,030697
4	0,00099283	31,6606	0,060749	0,00099235	32,6401	0,060701
6	0,00099294	39,9508	0,090554	0,00099248	40,9228	0,090479
8	0,00099312	48,2384	0,12014	0,00099266	49,2033	0,12004
10	0,00099334	56,5242	0,14950	0,00099288	57,4824	0,14938
20	0,0009951	97,9391	0,29324	0,00099467	98,8671	0,29302
25	0,00099636	118,644	0,36328	0,00099592	119,559	0,36301
30	0,00099783	139,351	0,43215	0,0009974	140,253	0,43184
35	0,0009995	160,061	0,49991	0,00099907	160,952	0,49956
40	0,00100135	180,776	0,5666	0,00100093	181,655	0,56621
45	0,00100339	201,497	0,63224	0,00100297	202,365	0,63182
50	0,0010056	222,226	0,69689	0,00100518	223,083	0,69643
55	0,00100798	242,963	0,76057	0,00100755	243,810	0,76008
60	0,00101051	263,712	0,82332	0,00101008	264,549	0,82280
65	0,00101319	284,473	0,88518	0,00101276	285,300	0,88463
70	0,00101603	305,249	0,94617	0,00101559	306,066	0,94559
75	0,00101901	326,042	1,0063	0,00101856	326,848	1,0057
80	0,00102213	346,853	1,0657	0,00102168	347,649	1,0650
85	0,0010254	367,684	1,1242	0,00102494	368,470	1,1236
90	0,00102881	388,538	1,1821	0,00102835	389,314	1,1814
95	0,00103236	409,416	1,3292	0,00103189	410,182	1,2384
100	0,00103606	430,321	1,2956	0,00103558	431,076	1.2948
110	0,00104387	472,219	1,4064	0,00104337	472,953	1,4056
120	0,00105225	514,250	1,5147	0,00105173	514,961	1,5138
130	0,00106123	556,432	1,6206	0,00106067	557,120	1,6197
140	0,00107082	598,788	1,7244	0,00107023	599,450	1,7234
150	0,00108105	641,340	1,8262	0,00108042	641,975	1,8251
200	0,0011435	858,117	2,3102	0,00114258	858,566	2,3088
250	0,00123301	1086,04	2,7679	0,00123144	1086,13	2,7657
300	**0,00137826**	**1338,06**	**3,2275**	**0,00137464**	**1337,20**	**3,2236**
350	0,0114807	2693,00	5,4435	0,00976565	2616,99	5,3045
400	0,0156711	2975,55	5,8817	0,014281	2947,46	5,8177
450	0,0184781	3157,84	6,1433	0,0170494	3139,61	6,0935
500	0,0208285	3310,79	6,3479	0,0193237	3297,31	6,3045
550	0,0229451	3450,47	6,523	0,0213532	3439,85	6,4832
600	0,0249207	3583,31	6,6797	0,0232373	3574,61	6,6422
650	0,026803	3712,41	6,8235	0,0250259	3705,11	6,7876
700	0,0286193	3839,48	6,9576	0,0267475	3833,26	6,9228
750	0,0303871	3965,56	7,0839	0,02842	3960,18	7,0499
800	0,0321182	4091,33	7,2039	0,0300554	4086,62	7,1706

t	p = 170 bar			p = 180 bar		
°C	v m³/kg	h kJ/kg	s kJ/(kg K)	v m³/kg	h kJ/kg	s kJ/(kg K)
0	0,000991792	17,0594	0,0004688	0,000991311	180,0523	0,0004737
2	0,000991809	25,3405	0,030675	0,000991335	26,3252	0,030650
4	0,000991884	33,6183	0,060651	0,000991416	34,5952	0,060598
6	0,000992014	41,8936	0,090403	0,000991551	42,8632	0,090323
8	0,000992196	50,1671	0,11994	0,000991738	51,1298	0,11983
10	0,000992426	58,4394	0,14925	0,000991972	59,3954	0,14913
20	0,000994228	99,7943	0,29279	0,000993791	100,721	0,29256
25	0,000995491	120,473	0,36273	0,000995060	121,386	0,36246
30	0,000996967	141,155	0,43152	0,000996541	142,056	0,43121
35	0,000998643	161,841	0,49921	0,000998219	162,731	0,49885
40	0,00100051	182,534	0,56582	0,001000080	183,412	0,56543
45	0,00100254	203,233	0,63139	0,001000212	204,100	0,63097
50	0,00100475	223,940	0,69597	0,00100433	224,796	0,69552
55	0,00100712	244,657	0,75959	0,00100670	245,503	0,75910
60	0,00100965	265,385	0,82228	0,00100922	266,221	0,82176
65	0,00101232	286,126	0,88408	0,00101189	286,952	0,88353
70	0,00101515	306,882	0,94501	0,00101471	307,698	0,94443
75	0,00101812	327,654	1,0051	0,00101768	328,461	1,0045
80	0,00102123	348,445	1,0644	0,00102079	349,241	1,0638
85	0,00102449	369,256	1,1229	0,00102404	370,043	1,1223
90	0,00102788	390,09	1,1807	0,00102742	390,866	1,1800
95	0,00103142	410,948	1,2377	0,00103095	411,714	1,2370
100	0,00103509	431,832	1,2941	0,00103462	432,587	1,2933
110	0,00104286	473,687	1,4048	0,00104236	474,421	1,4040
120	0,0010512	515,673	1,5129	0,00105068	516,385	1,5121
130	0,00106012	557,808	1,6188	0,00105957	558,497	1,6178
140	0,00106964	600,113	1,7224	0,00106906	600,777	1,7214
150	0,0010798	642,611	1,8241	0,00107918	643,247	1,8230
200	0,00114167	859,018	2,3073	0,00114077	859,473	2,3058
250	0,00122989	1086,23	2,7635	0,00122836	1086,34	2,7614
300	0,00137112	1336,38	3,2197	0,00136769	1335,6	3,216
350	**0,00172701**	**1666,59**	**3,7701**	**0,00170295**	**1658,65**	**3,7546**
400	0,0130376	2917,78	5,7533	0,0119147	2886,31	5,6881
450	0,0157838	3120,89	6,0449	0,0146541	3101,65	5,9973
500	0,017994	3283,61	6,2627	0,0168102	3269,69	6,2222
550	0,0199477	3429,11	6,4451	0,0186977	3418,27	6,4085
600	0,0217515	3565,86	6,6064	0,0204306	3557,04	6,5722
650	0,0234577	3697,79	6,7534	0,0220638	3690,42	6,7208
700	0,0250959	3827,01	6,8897	0,0236279	3820,74	6,8583
750	0,0266844	3954,78	7,0178	0,0251418	3949,37	6,9872
800	0,0282354	4081,9	7,1391	0,0266179	4077,18	7,1091

t	p = 190 bar			p = 200 bar		
°C	v m³/kg	h kJ/kg	s kJ/(kg K)	v m³/kg	h kJ/kg	s kJ/(kg K)
0	0,000990832	19,0438	0,0004752	0,00099035	20,0338	0,0004733
2	0,000990862	27,3086	0,030622	0,00099039	28,2906	0,030591
4	0,00099095	35,5710	0,060542	0,00099048	36,5454	0,060484
6	0,00099109	43,8317	0,090241	0,00099063	44,799	0,090157
8	0,000991281	52,0913	0,11972	0,00099083	53,0518	0,11962
10	0,00099152	60,3504	0,14900	0,00099107	61,3043	0,14886
20	0,000993356	101,646	0,29232	0,00099292	102,571	0,29209
25	0,000994630	122,299	0,36218	0,0009942	123,211	0,3619
30	0,000996115	142,956	0,43089	0,00099569	143,856	0,43057
35	0,000997796	163,619	0,49850	0,00099737	164,508	0,49814
40	0,000999661	184,289	0,56504	0,00099924	185,166	0,56464
45	0,0010017	204,967	0,63054	0,00100128	205,833	0,63012
50	0,00100391	225,653	0,69506	0,00100348	226,509	0,6946
55	0,00100627	246,349	0,75861	0,00100585	247,195	0,75813
60	0,00100879	267,057	0,82124	0,00100837	267,893	0,82072
65	0,00101146	287,778	0,88298	0,00101103	288,604	0,88243
70	0,00101428	308,514	0,94385	0,00101385	309,330	0,94327
75	0,00101724	329,267	1,0039	0,0010168	330,073	1,0033
80	0,00102034	350,038	1,0631	0,0010199	350,834	1,0625
85	0,00102358	370,829	1,1216	0,00102313	371,615	1,1209
90	0,00102696	391,642	1,1793	0,00102651	392,419	1,1786
95	0,00103048	412,48	1,2363	0,00103002	413,246	1,2356
100	0,00103414	433,343	1,2926	0,00103366	434,1	1,2918
110	0,00104187	475,156	1,4032	0,00104137	475,892	1,4024
120	0,00105016	517,098	1,5112	0,00104964	517,811	1,5104
130	0,00105902	559,186	1,6169	0,00105847	559,877	1,6160
140	0,00106848	601,441	1,7205	0,0010679	602,107	1,7195
150	0,00107856	643,885	1,822	0,00107795	644,524	1,8209
200	0,00113987	859,931	2,3044	0,00113899	860,391	2,3030
250	0,00122685	1086,46	2,7593	0,00122536	1086,58	2,7572
300	0,00136435	1334,85	3,2123	0,00136109	1334,14	3,2087
350	**0,00168259**	**1651,88**	**3,741**	**0,00166487**	**1645,95**	**3,7288**
400	0,0108911	2852,77	5,6213	0,00994958	2816,84	5,5525
450	0,0136386	3081,88	5,9504	0,0127202	3061,53	5,9041
500	0,0157493	3255,55	6,1829	0,0147929	3241,19	6,1445
550	0,0175785	3407,31	6,3732	0,0165707	3396,24	6,3390
600	0,0192485	3548,16	6,5393	0,0181844	3539,23	6,5077
650	0,0208166	3683,03	6,6895	0,0196942	3675,59	6,6596
700	0,0223146	3814,46	6,8282	0,0211327	3808,15	6,7994
750	0,0237617	3943,95	6,9580	0,0225198	3938,52	6,9301
800	0,251707	4072,46	7,0806	0,0238685	4067,73	7,0534

t	p = 230 bar			p = 250 bar		
°C	v m³/kg	h kJ/kg	s kJ/(kg K)	v m³/kg	h kJ/kg	s kJ/(kg K)
0	0,00988932	22,9558	0,0004478	0,00098799	24,9636	0,0004146
2	0,000988987	31,2290	0,030480	0,00098806	33,1814	0,03039
4	0,000989098	39,4615	0,060291	0,00098818	41,3994	0,060149
6	0,000989259	47,6938	0,089888	0,00098835	49,6180	0,089697
8	0,00098947	55,9265	0,11928	0,00098857	57,8375	0,11904
10	0,000989723	64,1597	0,14846	0,00098884	66,0582	0,14817
20	0,000991628	105,341	0,29138	0,00099077	107,183	0,29091
25	0,00992924	125,942	0,36107	0,00099208	127,759	0,36051
30	0,000994424	146,551	0,42962	0,00099359	148,345	0,42898
35	0,000996115	167,169	0,49707	0,00099528	168,940	0,49636
40	0,000997986	187,795	0,56347	0,00099716	189,545	0,56269
45	0,00100003	208,430	0,62885	0,0009992	210,159	0,62800
50	0,00100223	229,074	0,69323	0,0010014	230,783	0,69232
55	0,00100459	249,730	0,75666	0,00100375	251,419	0,75569
60	0,0010071	270,398	0,81917	0,00100626	272,068	0,81814
65	0,00100975	291,080	0,88079	0,00100891	292,730	0,8797
70	0,00101255	311,777	0,94155	0,0010117	313,408	0,9404
75	0,00101549	332,491	1,0015	0,00101463	334,103	1,0003
80	0,00101857	353,223	1,0606	0,0010177	354,815	1,0593
85	0,00102179	373,975	1,1190	0,0010209	375,548	1,1176
90	0,00102514	394,749	1,1766	0,00102424	396,303	1,1752
95	0,00102863	415,547	1,2334	0,00102771	417,081	1,232
100	0,00103225	436,370	1,2896	0,00103131	437,884	1,2881
110	0,00103989	478,099	1,4000	0,00103892	479,573	1,3984
120	0,00104809	519,954	1,5078	0,00104707	521,385	1,5056
130	0,00105685	561,951	1,6133	0,00105577	563,337	1,6115
140	0,00106618	604,108	1,7166	0,00106505	605,446	1,7147
150	0,00107613	646,446	1,8178	0,00107492	647,732	1,8158
200	0,00113636	861,789	2,2987	0,00113463	862,734	2,2959
250	0,00122098	1087,01	2,7510	0,00121814	1087,33	2,7469
300	0,00135176	1332,20	3,1982	0,00134587	1331,06	3,1915
350	0,00162186	1631,55	3,6978	0,00159879	1623,86	3,6803
400	0,00747730	2689,22	5,3242	0,0060048	2578,59	5,1399
450	0,0104203	2996,84	5,7668	0,0091752	2950,38	5,6755
500	0,0124153	3196,72	6,0345	0,011142	3165,92	5,9642
550	0,0140703	3362,39	6,2422	0,0127352	3339,28	6,1816
600	0,0155467	3512,07	6,4188	0,0141397	3493,69	6,3638
650	0,0169127	3653,11	6,5759	0,0154297	3637,97	6,5246
700	0,0182044	3789,13	6,7195	0,0166433	3776,37	6,6706
750	0,0194430	3922,17	6,8528	0,0178029	3911,23	6,8057
800	0,0206422	4053,50	6,9781	0,0189224	4044,00	6,9324

Abbildungsverzeichnis

https://doi.org/10.1515/9783111017570-007

Tabellenverzeichnis

https://doi.org/10.1515/9783111017570-008

Stichwortverzeichnis

https://doi.org/10.1515/9783111017570-009

www.ingramcontent.com/pod-product-compliance
Lightning Source LLC
Chambersburg PA
CBHW082103220326
41598CB00066BA/4865